ÉLÉMENTS

DE BOTANIQUE

ÉLÉMENTS

DE

BOTANIQUE

I

BOTANIQUE GÉNÉRALE

PAR

PH. VAN TIEGHEM

MEMBRE DE L'INSTITUT

PROFESSEUR AU MUSÉUM D'HISTOIRE NATURELLE

AVEC 143 GRAVURES DANS LE TEXTE

PARIS

LIBRAIRIE F. SAVY

77, BOULEVARD SAINT-GERMAIN, 77

—

1886

TABLE MÉTHODIQUE
DES MATIÈRES

PREMIÈRE PARTIE
BOTANIQUE GÉNÉRALE

CHAPITRE PREMIER
LE CORPS DE LA PLANTE

CHAPITRE DEUXIÈME

LA RACINE

CHAPITRE TROISIÈME

LA TIGE

CHAPITRE QUATRIÈME

LA FEUILLE

CHAPITRE CINQUIÈME

LA FLEUR

CHAPITRE SIXIÈME

DÉVELOPPEMENT DES PHANÉROGAMES

CHAPITRE SEPTIÈME

FORMATION DE L'ŒUF ET DÉVELOPPEMENT DES CRYPTOGAMES VASCULAIRES

CHAPITRE HUITIÈME

FORMATION DE L'ŒUF ET DÉVELOPPEMENT DES MUSCINÉES

CHAPITRE NEUVIÈME

FORMATION DE L'ŒUF ET DÉVELOPPEMENT DES THALLOPHYTES

CHAPITRE DIXIÈME

DÉVELOPPEMENT DE LA RACE

ÉLÉMENTS

DE

BOTANIQUE

L'étude des êtres vivants, la *Biologie*, se divise en deux branches, suivant qu'elle a pour objet spécial les animaux ou les plantes. La Biologie des animaux est la *Zoologie :* la Biologie des plantes est la *Botanique*.

Botanique générale. Botanique spéciale. — L'étude des plantes peut et doit être faite à deux points de vue différents, qui se complètent.

Ou bien, sans faire acception d'aucun groupe de végétaux en particulier, prenant indifféremment les exemples et les preuves partout où il est nécessaire, on se propose de connaître la plante en général, sa forme et sa structure, son origine, son développement et sa fin, les phénomènes dont elle est le siège et ceux qui s'accomplissent entre elle et le milieu extérieur, ses ressemblances et ses différences par rapport aux végétaux dont elle procède et par rapport à ceux qui dérivent d'elle, enfin les modifications qu'elle subit par suite des changements du milieu extérieur. On cherche, en un mot, à comprendre la vie végétale, telle qu'on la voit se manifester sur la Terre à l'époque actuelle et, autant que possible, telle qu'elle s'y est déroulée depuis que l'état de notre planète lui a permis de s'y développer. C'est la *Botanique générale*.

Ou bien, considérant l'ensemble des plantes qui peuplent ou

âges, et aux divers âges de la série à laquelle elle appartient, elle agit sur le milieu ambiant, quelle action à son tour celui-ci exerce sur elle, enfin ce qui se passe à l'intérieur même de son corps entre les divers éléments qui le constituent. Cette étude des forces en jeu dans la forme et des phénomènes qu'elles y provoquent, c'est la *Physiologie*, qui est, pour ainsi dire, la Botanique dynamique.

Morphologie et Physiologie sont également indispensables pour l'intelligence de la vie de la plante ; elles s'éclairent et s'expliquent mutuellement. Aussi, tout en distinguant avec soin ces deux côtés des choses, devrons-nous toujours, dans notre exposition, les maintenir aussi rapprochés que possible. La Morphologie sera notre guide, mais à chaque étape un peu importante franchie dans cette voie, nous ferons appel à la Physiologie, qui vivifiera nos connaissances morphologiques, nous en montrera non seulement l'intérêt, mais la nécessité, et justifiera ainsi la peine que nous aurons prise pour les acquérir. Appliquons de suite cette méthode en traçant dans le premier Chapitre de cette première Partie les caractères généraux du corps de la plante.

CHAPITRE PREMIER

LE CORPS DE LA PLANTE

Considéré dans sa totalité, le corps de la plante offre à l'étude un ensemble de caractères morphologiques, qui feront l'objet de la première section de ce chapitre, et une série de propriétés physiologiques, qui seront le sujet de la seconde section.

SECTION I

MORPHOLOGIE DU CORPS

Pour faire l'étude morphologique du corps, il faut le considérer successivement dans sa forme extérieure à l'état adulte, dans sa forme intérieure, ou structure, au même état, dans la série des phases qu'il traverse depuis le germe jusqu'à l'état adulte et depuis l'état adulte jusqu'à la mort, c'est-à-dire dans son origine et son développement propre, enfin dans le développement général de la série des générations à laquelle il appartient. Cette étude comprend donc quatre paragraphes.

§ 1

Forme extérieure du corps.

Forme simple. Forme ramifiée : membres. — La forme du corps adulte est très diverse. Réduite à sa plus grande simplicité lorsqu'il est sphérique, elle se complique déjà quand il s'allonge en ellipsoïde, en cylindre ou en cône, quand il s'aplatit en disque circulaire, et surtout quand il s'allonge et s'aplatit à la fois en ruban. Mais dans tous ces cas, le contour n'ayant pas d'angles rentrants, la forme demeure *simple*.

Une complication nouvelle intervient quand le contour prend des angles rentrants plus ou moins profonds, qui divisent et découpent le corps en un certain nombre de parties ou segments qu'on appelle des *membres*. Ces segments peuvent se découper à leur tour en membres de second ordre, ceux-ci en membres de troisième ordre, et ainsi de suite. La forme est alors *ramifiée*.

Forme homogène. Forme différenciée. — Si le corps est simple ou si, étant ramifié, tous ses membres sont et demeurent de tout point semblables, il présente les mêmes caractères morphologiques dans toute son étendue, il est *homogène*. Mais le plus souvent, à mesure qu'il se ramifie, ses divers membres prennent les uns par rapport aux autres des différences, d'abord légères, puis de plus en plus accusées; en un mot, il s'établit entre eux, comme on dit, une *différenciation* de plus en plus profonde. Par là, la forme va se compliquant de plus en plus. La complication atteint son plus haut degré quand le corps, composé du plus grand nombre de membres, présente en même temps entre ses membres les différences les plus nombreuses et les plus profondes, quand il est à la fois le plus ramifié et le plus *différencié*.

Différenciation primaire. Différenciations secondaires. — Les plantes dont la forme est ainsi très ramifiée et très différenciée possèdent trois sortes principales de membres, qui vont se répétant ordinairement en grand nombre aux divers points de la surface du corps et auxquels on a donné des noms différents. Ce sont les *racines*, les *tiges* et les *feuilles*, résultats d'une différenciation *primaire*.

Les membres de même nom ainsi séparés peuvent à leur tour, sans perdre jamais leurs caractères fondamentaux, présenter entre eux des différences de moindre importance, qui en varient l'aspect de mille manières et que l'on traduit, toutes les fois qu'il est utile, par des dénominations spéciales. Les feuilles sont tout particulièrement sujettes à cette différenciation *secondaire*, et les tiges y sont plus exposées que les racines.

D'un autre côté, un même membre peut se diviser par des angles rentrants en un certain nombre de parties. Ces segments peuvent être et demeurer tous semblables, mais souvent il s'établit entre eux des différences plus ou moins profondes que l'on exprime, quand il est nécessaire, par des noms différents. C'est encore là une différenciation *secondaire*.

Ainsi, une fois que la différenciation primaire a séparé le corps de la plante en ses trois sortes de membres, il peut s'y produire une différenciation secondaire qui agit de deux manières distinctes : entre membres de même nom, entre parties d'un même membre. La plante la plus différenciée sera donc celle qui présentera réunis, chacun à son plus haut degré, ces trois ordres de différenciations.

Application. Les quatre grands groupes des plantes. — Servons-nous de suite de cette notion pour diviser l'ensemble des plantes en quatre groupes principaux, que nous aurons à citer à tout instant. Il suffit pour cela d'invoquer les trois degrés de la différenciation primaire et d'ajouter au dernier la plus importante des différenciations secondaires des feuilles.

Il y a, en effet, un très grand nombre de plantes chez lesquelles la différenciation primaire est complète, le corps y étant partagé en racines, tiges et feuilles, chez lesquelles aussi la différenciation secondaire, tant entre membres de même nom qu'entre parties d'un même membre, atteint le plus haut degré de variété et de profondeur.

Dans les autres végétaux, la différenciation primaire est, au contraire, incomplète, le corps ne s'y divisant, au plus, qu'en deux sortes de membres, les tiges et les feuilles ; on n'y trouve jamais de racines. Sur les deux membres qui existent, la différenciation secondaire est d'ailleurs peu variée et peu profonde. La distinction fondamentale entre tiges et feuilles va même s'effaçant peu à peu, par d'insensibles transitions, vers le milieu de ce groupe; de sorte qu'on y trouve un grand nombre de plantes dont le corps est homogène, ou du moins ne présente entre ses diverses régions que des différences secondaires, du même ordre que celles qu'on rencontre dans le premier groupe entre les membres de même nom ou entre les parties d'un même membre.

L'ensemble des végétaux se trouve donc, de la sorte, partagé tout d'abord en deux grandes divisions : les plantes à racines et les plantes sans racines.

Parmi les plantes à racines, il en est beaucoup qui, au moins une fois dans leur vie, offrent en divers points de leur corps, entre les feuilles qui s'y trouvent rapprochées, une série de différenciations secondaires de plus en plus profondes, réglées par une loi commune et tendant à un but commun qui est, d'abord, la production des œufs et, en définitive, la formation d'un fruit renfermant des graines capables de reproduire la plante. Un ensemble de feuilles différenciées de cette façon et dans ce but est ce qu'on appelle une *fleur*. Les autres plantes à racines ne présentent jamais entre leurs feuilles ce genre de différenciations secondaires : elles n'ont ni fleurs, ni fruits, ni graines; elles se reproduisent autrement.

Parmi les plantes sans racines, il en faut également distinguer de deux sortes. Les unes possèdent, au moins en grande majorité, des feuilles nettement distinctes de la tige. Les autres, à part quelques exceptions, ne présentent pas cette séparation, et le corps, sauf des différenciations secondaires, y est constitué de la même manière dans toutes ses régions.

On obtient ainsi, par deux coupes successives, une division des plantes en quatre grands groupes, fondée sur l'inégale différenciation de la forme extérieure du corps :

<pre>
                    (à racines   (à fleurs.
                    ((sans fleurs.
          Plantes (
                    ((à feuilles.
                    (sans racines (sans feuilles.
</pre>

Dénomination de ces quatre grands groupes. — Il est nécessaire maintenant de dénommer chacun de ces quatre grands groupes. A cet effet, remarquons d'abord que la racine ayant pour fonction principale d'absorber dans le sol les liquides destinés à nourrir la plante, son existence implique l'existence, à l'intérieur du végétal, de tubes capables de conduire les liquides absorbés dans toutes les régions du corps, tubes qu'on appelle des *vaisseaux*. Toute plante à racines est donc une plante à vaisseaux, une plante vasculaire ; toute plante sans racines est aussi une plante sans vaisseaux, une plante non vasculaire. Observons encore que la présence des fleurs, qui tranchent le plus souvent par de vives couleurs sur le corps de la plante, rend la reproduction par œufs très visible, très apparente, tandis qu'en l'absence de fleurs la reproduction par œufs est plus cachée, plus difficile à apercevoir. C'est cette différence qu'expriment le nom de *Phanérogames* donné aux végétaux à fleurs et celui de *Cryptogames* assigné collectivement à tous ceux qui n'ont pas de fleurs. De ces deux considérations jointes ensemble dérive immédiatement le nom du second groupe : *Cryptogames à racines* ou, comme on dit plus fréquemment : *Cryptogames vasculaires*.

La dénomination du troisième groupe se tire du nom des Mousses (en latin *Musci*), qui en sont les représentants les plus importants : *Muscinées*. Le quatrième groupe, enfin, où le corps est simplement constitué par une expansion de forme variée appelée *thalle*, a reçu le nom de *Thallophytes*. On a donc le tableau suivant :

Plantes	à racines ou vasculaires	à fleurs.	*Phanérogames* (Marguerite, Pomme de terre, Carotte, Fraisier, Renoncule, Lis, Blé, Pin).
		sans fleurs.	*Cryptogames vasculaires* (Lycopode, Prêle, Fougères).
	sans racines ou non vasculaires	ordinairement à feuilles.	*Muscinées* (Mousses, Hépatiques).
		ordinairement sans feuilles.	*Thallophytes* (Algues, Champignons).

Par la manière même dont on les a obtenus, il est clair que ces quatre groupes ne sont pas équidistants, mais bien rapprochés deux par deux. En d'autres termes, les Cryptogames vasculaires ressemblent beaucoup plus aux Phanérogames qu'aux Muscinées, et les Muscinées beaucoup plus aux Thallophytes qu'aux Cryptogames vasculaires. En réalité, la distinction fondamentale, il ne faut pas l'oublier, est entre plantes à racines ou vasculaires et plantes sans racines ou non vasculaires; l'autre est relativement secondaire.

Divisions principales des Phanérogames. — Les Phanérogames, qui forment le groupe le plus important, se divisent à leur tour, et, comme nous aurons souvent par la suite à citer ces divisions, il est nécessaire de les caractériser ici brièvement.

Toutes les Phanérogames, avons-nous dit, produisent des graines dans leurs fleurs. Le plus grand nombre ont leurs graines enveloppées dans chaque fleur par une cavité close; on les dit *Angiospermes*. Les autres n'ont pas leurs graines enveloppées dans chaque fleur par une cavité close; on les dit *Gymnospermes* (Pin, Cyprès, If).

Chez certaines Angiospermes, la jeune plante, renfermée dans la graine, porte au premier nœud de sa tige deux feuilles opposées, nommées *cotylédons*; ce sont les *Dicotylédones* (Grand-Soleil, Pomme de terre, Carotte, Rosier, Renoncule); chez les autres, la jeune plante ne porte au premier nœud de sa tige qu'une seule feuille, un seul cotylédon; ce sont les *Monocotylédones* (Lis, Asperge, Blé).

Les Gymnospermes ne se prêtent pas à une division semblable. Chez elles, la jeune plante porte au premier nœud de sa tige tantôt une seule feuille, tantôt deux, tantôt un plus grand nombre. Le nombre des cotylédons n'y étant pas constant, ce principe de division n'y est pas applicable.

En résumé, le groupe des Phanérogames se trouve partagé de la sorte, par deux coupes successives, en trois divisions : les Gymnospermes, les Monocotylédones et les Dicotylédones. Mais on voit, par la manière même dont on les a tracées, que ces trois divisions ne sont pas équivalentes; les Gymnospermes diffèrent beaucoup plus des Monocotylédones et des Dicotylédones que celles-ci ne diffèrent entre elles.

Critérium externe de perfection. — Si maintenant, anticipant sur ce qui sera dit un peu plus loin, nous admettons, d'abord, qu'une plante est d'autant plus parfaite que son travail total externe est mieux accompli, et ensuite, que ce travail total externe est d'autant mieux accompli qu'il est plus divisé et que les diverses parties en sont plus spécialisées, il en résulte aussitôt qu'une plante est d'autant plus parfaite que sa forme extérieure est plus différenciée. Nous voilà donc munis d'un critérium morphologique, à l'aide duquel nous déciderons aisément, dans chaque cas particulier, si une plante donnée est plus ou moins parfaite qu'une autre plante également donnée. C'est ainsi que les quatre grands groupes que nous venons de distinguer dans les plantes s'échelonnent comme il suit dans la voie ascendante du perfectionnement : Thallophytes, Muscinées, Cryptogames vasculaires, Phanérogames. De même, parmi les trois divisions principales du groupe des Phanérogames, les Gymnospermes sont les moins parfaites et les Dicotylédones les plus perfectionnées. Ce critérium de perfection est trop extérieur cependant pour qu'on puisse compter qu'il suffira seul, et dans tous les cas, sans jamais se trouver en défaut. Mais nous saurons bientôt lui en adjoindre un autre, tiré de la profondeur même du corps, d'une valeur plus haute par conséquent et d'une application plus sûre.

§ 2

Forme intérieure ou structure du corps.

Pénétrons maintenant au dedans du corps de la plante, pour en étudier la forme intérieure ou, comme on dit, la *structure*.

Structure continue. — Le cas le plus simple est celui où, dans toute l'étendue du corps adulte, la substance qui le constitue est indivise et continue avec elle-même, de telle façon qu'un fil rigide enfoncé dans la masse peut y être poussé d'une extrémité à l'autre sans rencontrer de résistance. Il en est ainsi, par exemple, chez bon nombre d'Algues, non seulement parmi celles qui ont une forme simple (Valonie, fig. 1, *A*, etc.), ou bien une forme ramifiée mais homogène (Udotéa, fig. 1, *B*, Vauchérie, etc.), mais même parmi celles dont la forme ramifiée a subi une différenciation très profonde (Caulerpe, fig. 1, *C*, etc.); cette continuité interne a valu à toutes ces Algues le nom de *Siphonées.*Il en est de même encore chez bon nombre de Champignons, précisément chez ceux que la différenciation des organes reproducteurs place au premier rang du groupe et qui, possédant seuls des œufs, sont nommés *Oomycètes* (Mucor, Saprolégnia, Péronospora, Monoblépharis, etc.). La structure de toutes ces plantes est *continue.*

Éléments constitutifs du corps dans la structure continue. — Voyons quels sont, dans ce cas, les éléments constitutifs du corps.

Considérons d'abord une partie jeune quelconque, encore en voie de croissance (fig. 2, *A*). Nous y distinguerons aussitôt quatre choses : 1° à l'extérieur, une couche mince, homogène et continue de substance solide, incolore, ordinairement transparente, qui est protectrice : c'est la *membrane*; 2° à l'intérieur, intimement appli-

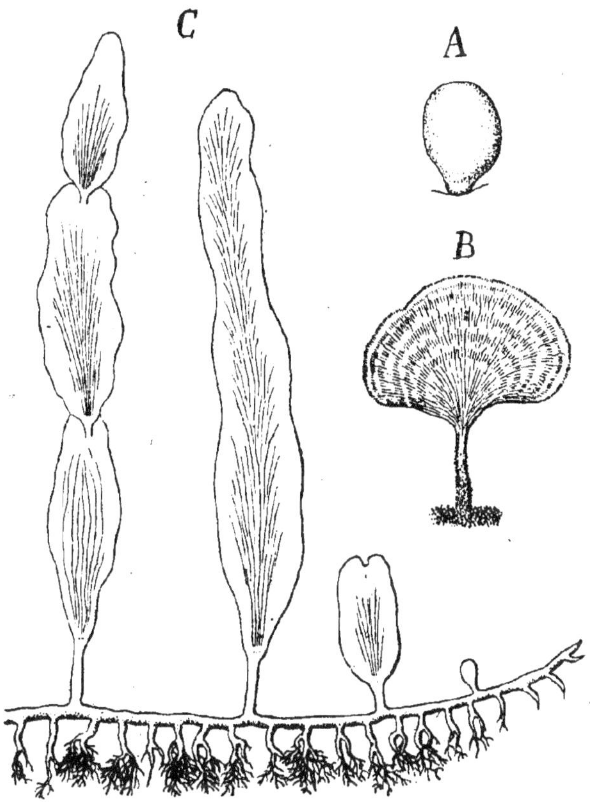

Fig. 1. Trois Siphonées, Algues à structure continue.

A, **Valonie utriculaire**, forme simple. — *B*, Udotéa flabellé, forme ramifiée peu différenciée; les ramifications se serrent en éventail. — *C*, Caulerpe prolifère, forme ramifiée très différenciée.

quée contre la membrane et continue avec elle-même dans toute l'épaisseur de la partie considérée, une matière molle, semi-liquide, non élastique, ordinairement incolore et granuleuse : c'est le *protoplasme*; 3° au sein même du protoplasme et équidistants entre eux, un plus ou moins grand nombre de corpuscules sphériques ou ovoïdes, séparés du protoplasme ambiant par un contour très net : ce sont les *noyaux* ; 4° enfin, dans la masse du protoplasme, parmi les noyaux, des grains plus petits, de forme déterminée, ordinairement sphériques ou ovoïdes, doués d'une activité propre et diverse suivant les cas : ce sont les *leucites*.

Membrane, protoplasme, noyaux et leucites ont une composition chimique analogue, étant tous essentiellement formés par divers principes azotés semblables à l'albumine, associés dans des proportions variées. Aussi offrent-ils en commun les réactions générales des composés albuminoïdes : coagulation et durcissement par la chaleur, l'alcool absolu, les acides picrique, chromique, etc.

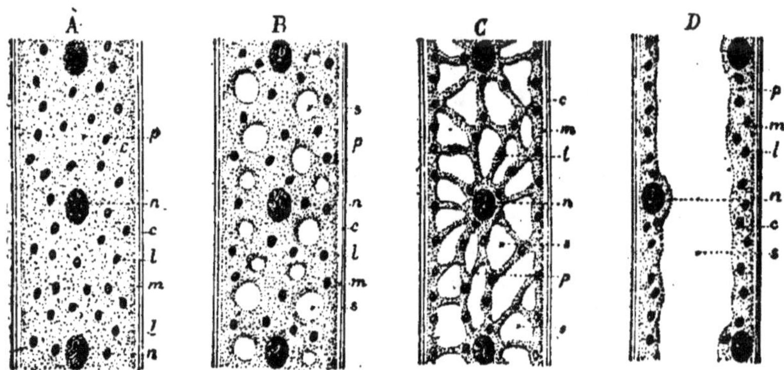

Fig. 2. Section longitudinale d'une portion du corps d'une plante à structure continue. — *A*, premier âge : *m*, membrane ; *c*, sa couche cellulosique ; *p*, protoplasme ; *n*, noyaux ; *l*, leucites. — *B*, après l'introduction du suc *s* sous forme de vacuoles. — *C*, phase des bandelettes. — *D*, après la disparition des bandelettes.

coloration en jaune par l'iode, en rose par l'acide sulfurique en présence du sucre, en rouge par le nitrate acide de mercure, etc. C'est donc surtout par leurs qualités physiques, notamment par leur solidité et leur réfringence diverses, qu'ils se distinguent nettement sur leurs lignes de contact. Pourtant, les noyaux, les leucites et la membrane ont aussi des caractères propres, par où ils diffèrent du protoplasme.

Les noyaux sont composés en majeure partie d'une matière albuminoïde phosphorée, la *nucléine*, dont la composition est exprimée par la formule $C^{58}H^{40}Az^9Ph^5O^{44}$ et qui a la propriété de fixer avec une grande énergie diverses matières colorantes. Celles-ci, par conséquent, colorent fortement les noyaux au sein du protoplasme incolore : en rouge (fuchsine, carmin), en vert (vert de méthyle), en violet (violet de Paris, hématoxyline), en bleu (bleu d'aniline), en noir (nigrosine) ; les noyaux se colorent aussi en noir par l'acide osmique. La nucléine affecte dans le noyau la forme d'un filament enroulé et pelotonné sur lui-même (fig. 2, *n*) ; les interstices sont occupés et le peloton tout entier est revêtu par une matière albuminoïde qui diffère peu du protoplasme.

Les leucites ont la faculté de former dans leur masse diverses substances spéciales, qui permettent de caractériser autant de catégories de ces corpuscules. Bornons-nous à signaler ici les deux plus importantes de ces catégories. Les uns demeurent incolores et produisent de petits grains d'une substance ternaire de formule $(C^{12}H^{10}O^{10})^5$, très réfringente, bleuissant par l'iode, qu'on nomme l'*amidon :* ce sont les *amyloleucites*. Chaque grain d'amidon est formé de couches alternativement plus dures et plus molles, plus brillantes et plus ternes, plus sèches et plus aqueuses, disposées autour d'un globule central ou excentrique qui est la partie la plus molle, la plus terne et la plus aqueuse du grain. D'abord très petit, il s'accroît progressivement de dedans en dehors, par addition de nouvelle matière à sa périphérie ; sa forme est le plus souvent sphérique ou ovoïde. Si plusieurs grains prennent naissance dans le même leucite, ils se soudent en grandissant et constituent ce qu'on appelle des grains d'amidon *composés*. D'autres leucites produisent, sous l'influence de la lumière, un principe colorant vert, la *chlorophylle*, qui les imprègne uniformément dans toute leur épaisseur : ce sont les *chloroleucites ;* dans le langage vulgaire, on les appelle communément des *grains de chlorophylle*. Insoluble dans l'eau, soluble dans l'alcool, se combinant avec les bases à la manière d'un acide, la chlorophylle a une composition quaternaire exprimée par la formule $C^{56}H^{30}AzO^4$. On rencontre des chloroleucites dans toutes les Algues à structure continue, tandis que tous les Champignons en sont dépourvus. Comme les amyloleucites, ils produisent souvent des grains d'amidon dans leur masse, mais ils peuvent aussi n'en pas former.

Enfin la membrane, par un mécanisme analogue à celui par lequel les amyloleucites produisent les grains d'amidon, transforme de bonne heure sa couche externe en une substance ternaire de formule $(C^{12}H^{10}O^{10})^6$, isomère par conséquent de l'amidon, mais plus condensée et ne bleuissant pas directement par l'iode : c'est la *cellulose*, matière très résistante, insoluble dans tous les réactifs, à l'exception du liquide cupro-ammoniacal, se colorant en bleu par l'iode après l'action de l'acide sulfurique ou du chlorure de zinc, qui la ramènent à l'état d'amidon. La membrane propre du corps se trouve ainsi enveloppée d'une couche continue et plus ou moins épaisse de cellulose, qui lui assure à la fois une protection et un soutien (fig. 2, *c*). Cette couche cellulosique de la membrane existe tout aussi bien chez les Algues que chez les Champignons à structure continue. Comme elle est plus épaisse et plus résistante, elle est aussi plus visible que la couche albuminoïde qui la double à l'intérieur et qui peut, au premier abord, passer inaperçue.

Suc. — Si la partie jeune dont nous venons de décrire la structure grandit beaucoup et rapidement, comme c'est le cas ordinaire, le protoplasme ne peut, sans se déchirer, suivre cet agrandissement. Il se fait donc çà et là dans son épaisseur des solutions de continuité, aussitôt remplies par un liquide clair. Elles sont d'abord petites, sphériques et le liquide qui les occupe forme dans le protoplasme des gouttelettes transparentes qu'on nomme des *vacuoles* (fig. 2, *B*, *s*). Plus tard, la cause qui les a produites continuant d'agir, ces gouttelettes vont grandissant peu à peu, puis se touchent et enfin se confondent de proche en proche en une masse liquide unique. Le protoplasme forme alors, pour quelque temps du moins, une couche externe continue qui tapisse la membrane et des bandelettes rameuses traversant toute l'épaisseur du corps en y dessinant un réseau dont les mailles sont occupées par le liquide (fig. 2, *C*). Les noyaux et les leucites se trouvent alors répartis tout aussi bien dans l'épaisseur des bandelettes qu'au sein de la couche pariétale ; chaque noyau est un centre autour duquel les bandelettes rayonnent en tous sens. Plus tard encore, la croissance continuant, les bandelettes s'amincissent, se rompent et leurs portions se rétractent dans la couche périphérique. Désormais, le protoplasme ne forme plus qu'une couche pariétale, dans l'épaisseur de laquelle sont nichés les noyaux et les leucites ; toute la région centrale du corps est occupée par un liquide (fig. 2, *D*).

Qu'il remplisse des vacuoles isolées, les mailles d'un réseau ou une cavité centrale continue, le liquide est appelé dans tous les cas le *suc* du corps. Le suc est la source où le protoplasme, avec ses noyaux et ses leucites, puise l'eau et les substances solubles du dehors dont il a besoin pour s'accroître et pour entretenir son activité; il est aussi le réservoir où le protoplasme déverse les matières solubles qui sont les produits de son activité. Aussi tient-il en dissolution un grand nombre de substances des plus diverses : sels minéraux et organiques, acides et bases organiques libres, corps neutres azotés comme des diastases, des peptones, des amides, corps neutres ternaires comme les dextrines, les sucres, les glucosides, etc.; sa réaction est ordinairement acide. En outre, le suc joue un rôle mécanique important. En affluant dans le corps, il exerce, en effet, de dedans en dehors sur le protoplasme une pression croissante, qui peut atteindre dans certains cas plusieurs atmosphères. Cette pression distend le protoplasme et la membrane, jusqu'à ce que la résistance élastique de la couche cellulosique de celle-ci lui fasse équilibre. La tension ainsi établie entre la membrane de cellulose et tout ce qu'elle contient, d'où résulte une certaine raideur, est ce qu'on nomme la *turgescence* du corps; tout ce qui augmente le volume du suc accroît la turgescence, tout ce qui le diminue l'affaiblit. On verra plus tard que la turgescence joue un rôle important dans la croissance.

Mouvements du protoplasme. — A partir du moment où le suc y devient abondant, le protoplasme se montre animé de mouvements divers, accusant ainsi au dehors le jeu des forces qui agissent en lui. Tant qu'il y a des bandelettes réticulées tendues d'une face à l'autre de la couche pariétale (fig. 2, *C*), on voit ces bandelettes changer incessamment de forme et de position; ici, elles s'amincissent, se brisent, rétractent leurs deux moitiés et disparaissent; ou bien deux ou plusieurs bandelettes se rapprochent et s'unissent en une seule. Là, au contraire, il pousse un bras nouveau qui se ramifie et se soude avec les autres; ou bien c'est un bras ancien qui émet un prolongement pour s'unir à ses voisins. En même temps, les granules protoplasmiques, souvent aussi les noyaux et les leucites, se meuvent en courant le long des bandelettes et le long de la couche pariétale; ordinairement dans une bandelette il y a deux courants de granules de sens inverse sur les deux bords, avec une ligne de repos au milieu. Plus tard, quand le suc s'est rassemblé dans une large cavité centrale (fig. 2, *D*), les mouvements de courant continuent dans la couche pariétale. Il y a d'ordinaire dans cette couche plusieurs courants de granules parallèles à la plus grande longueur de la partie considérée et dirigés soit tous ceux d'une moitié dans un sens, tous ceux de l'autre moitié en sens contraire, soit alternativement dans un sens et dans l'autre. Grâce à ces mouvements, les diverses particules du protoplasme se transportent sans cesse d'un bout du corps à l'autre, avec une vitesse qui peut atteindre et dépasser 1 millimètre à la minute.

Le protoplasme est l'élément fondamental du corps. — Le suc est toujours, comme on l'a vu, d'origine postérieure et par conséquent de valeur subordonnée ; les leucites peuvent manquer. Le corps ne se compose donc que de trois éléments essentiels : la membrane, le protoplasme et les noyaux.

La membrane albuminoïde n'est, au fond, que la couche périphérique du protoplasme, exempte de granules et modifiée dans ses propriétés physiques, devenue notamment plus dure et plus résistante. S'il vient à en être dépouillé, le protoplasme en régénère une autre aussitôt. Que dans une Vauchérie ou un Mucor, par exemple, l'on perce ou l'on déchire la membrane du corps en un point et que, par l'ouverture, on fasse sortir dans l'eau une portion du protoplasme (fig. 3), on la verra d'abord se contracter en boule, et bientôt après former à sa périphérie une membrane nouvelle, qui la sépare du milieu ambiant et la protège : la membrane dérive donc du protoplasme. Quant à la couche de cellulose, résultant comme on sait de la transformation ultérieure de la zone externe de la membrane albuminoïde, elle n'est qu'un dérivé de second ordre du protoplasme.

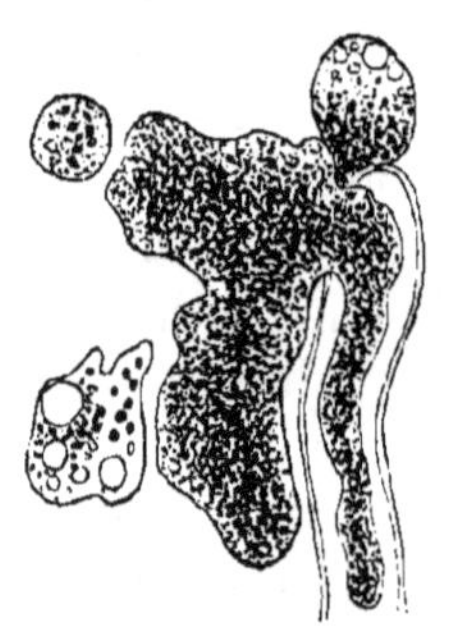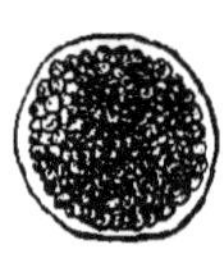

Fig. 3. A gauche, protoplasme s'échappant, avec ses noyaux et ses leucites, d'un tube percé de Vauchérie terrestre ; il se sépare en petites masses arrondies. A droite, une de ces masses a condensé vers le centre ses noyaux et ses leucites, et s'est formé une membrane nouvelle.

Les noyaux diffèrent davantage du protoplasme et ont vis-à-vis de lui une indépendance beaucoup plus grande ; ils n'en dérivent pas. A mesure que le protoplasme augmente de volume, toujours revêtu par la membrane qui s'accroît à mesure, les noyaux grossissent aussi et, en même temps, s'espacent davantage. Quand ils ont acquis une certaine dimension, ils se divisent en deux moitiés égales, et les nouveaux noyaux s'écartent l'un de l'autre, jusqu'à redevenir équidistants; ils grandissent ensuite, pour subir plus tard une nouvelle bipartition, et ainsi de suite. Tout noyau procède donc d'un noyau antérieur par voie de dédoublement. Au moment où un noyau, ayant acquis sa dimension maximum, se prépare à se diviser, son contour s'efface et la portion de sa masse qui n'est pas de la nucléine se confond avec le protoplasme; l'autre portion, formée de nucléine et qui affecte, comme on sait, la forme d'un filament pelotonné, déroule ses tours, puis se fend dans toute sa longueur en deux filaments, qui se séparent, se pelotonnent de nouveau chacun pour son compte, se revêtent et comblent leurs interstices avec du protoplasme ordinaire, enfin s'isolent par un contour tranché d'avec le protoplasme général, pour constituer les deux noyaux nouveaux. Après s'être déroulé et avant de se fendre en long, le filament de nucléine se rompt d'habitude en bâtonnets plus ou moins courts, droits ou courbes; après leur scission longitudinale, ceux-ci s'unissent de nouveau bout à bout pur reconstituer les deux filaments pelotonnés. On voit que chaque noyau nouveau possède exactement la moitié de la nucléine du noyau ancien. On voit aussi que, pendant chacune de ses divisions, le noyau perd, en partie du moins, son autonomie vis-à-vis du protoplasme, dans lequel son filament de nucléine se retrempe, pour ainsi dire, chaque fois.

C'est donc, après tout, le protoplasme qui est l'élément constitutif fondamental du corps de la plante.

Structure cloisonnée : cellules. — Déjà chez la plupart des Thallophytes autres que les Siphonées parmi les Algues et les Oomycètes parmi les Champignons, puis chez tous les végétaux des trois autres groupes, dans la très grande majorité des plantes, par conséquent, la structure que nous venons d'esquisser subit une modification importante. Elle n'est plus continue; un fil rigide, enfoncé à travers la membrane en un point du corps et poussé en divers sens, se heurte bientôt à une forte résistance, et s'il en triomphe à l'aide d'une pression suffisante, après un court trajet dans une partie molle, il rencontre une résistance nouvelle, et ainsi de suite. Rien n'est changé pourtant au fond des choses. Le corps est toujours formé d'une membrane et d'un protoplasme avec des noyaux équidistants et des leucites divers. Il y a seulement quelque chose de plus. De bonne heure, avant l'apparition du suc aux points considérés, il s'est formé au sein du protoplasme, perpendiculairement à la ligne des centres de deux noyaux consé-

cutifs et au milieu de cette ligne, autant de minces cloisons de
même nature que la membrane du corps, c'est-à-dire d'abord tout
entières albuminoïdes, bientôt transformées, dans leur plan médian, en une lame de cellulose doublée de chaque côté d'un feuillet
albuminoïde (fig. 4, *m'*, *c'*). Toutes ces cloisons s'ajustent entre
elles et les plus externes se raccordent avec la membrane générale, de manière à diviser le corps en autant de petits compartiments polyédriques qu'il renferme de noyaux ; chacun de ces
petits compartiments est ce qu'on appelle une *cellule*, et la structure du corps est dite dans ce cas *cellulaire*.

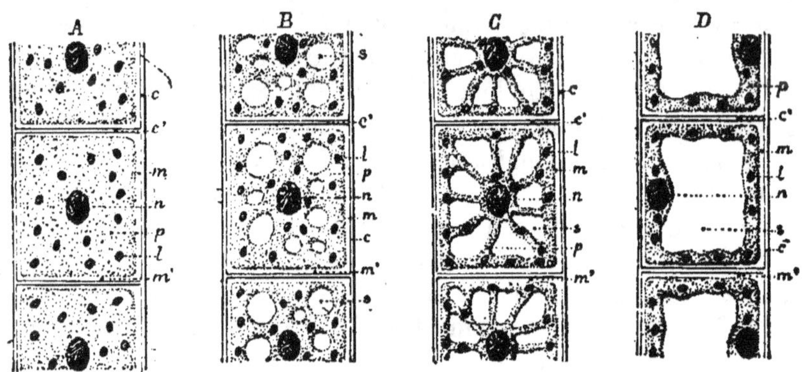

Fig. 4. Section longitudinale du corps d'une plante à structure cloisonnée dans
une seule direction. — *A*, premier âge : *m*, membrane ; *c*, sa couche cellulosique ; *m'*, les deux feuillets albuminoïdes de la cloison ; *c'* sa lame cellulosique mitoyenne ; *p*, protoplasme plein ; *n*, noyaux ; *l*, leucites. — *B*, après
l'apparition du suc *s* sous forme de vacuoles. — *C*, phase des bandelettes. —
D, après la disparition des bandelettes. Comparez cette figure à la figure 2.

Chaque cellule se compose donc d'une membrane, d'un protoplasme, d'un noyau et des divers leucites qui se trouvaient renfermés dans la portion du protoplasme général comprise entre
deux cloisons consécutives. En un mot, chaque cellule possède en
petit la même structure que le corps tout entier.

Si les noyaux se dédoublent toujours dans la même direction,
de manière à être tous disposés en une seule série linéaire, toutes
les cloisons sont parallèles et le corps est formé d'une file de cellules superposées (fig. 4) (Conferve, Spirogyre, etc.). Si les noyaux
se divisent dans deux directions rectangulaires, il y a aussi deux
directions de cloisonnement et le corps est formé d'un plan de
cellules (Ulve, etc.). Enfin, si les noyaux se dédoublent dans les trois

directions, le cloisonnement s'opère aussi dans les trois sens et le corps est composé d'un massif de cellules (fig. 5) (toutes les plantes vasculaires). Dans les deux premiers cas, chaque cellule emprunte une portion plus au moins grande de sa membrane à la membrane du corps, le reste aux cloisons séparatrices des cellules voisines; il en est de même dans le troisième cas pour les cellules périphériques (fig. 5, *ép*), tandis que dans les cellules profondes la membrane est uniquement formée par l'ensemble de ces cloisons mitoyennes.

Une fois la couche externe de la membrane générale et les lames moyennes de toutes les cloisons transformées en cellulose, le corps se trouve donc traversé dans toute son étendue par un réseau rigide, solidement raccordé avec la cuirasse périphérique et qui emprisonne dans ses mailles toutes les parties molles. Toutes les lames de ce réseau étant mitoyennes, les cellules n'ont pas, du moins au début, de membrane propre de cellulose. Elles possèdent, au contraire, chacune une membrane albuminoïde spéciale, directement appliquée sur son protoplasme et

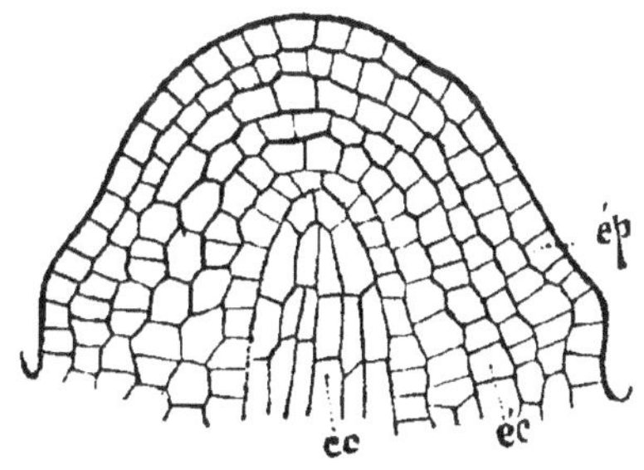

Fig. 5. Section longitudinale du sommet de la tige de la Pesse commune, montrant la structure cloisonnée dans les trois directions : *ép*, cellules périphériques.

séparée des membranes albuminoïdes voisines par toute l'épaisseur des lames mitoyennes cellulosiques. Ces dernières, d'abord minces, s'épaississent ensuite plus ou moins de chaque côté, vers l'intérieur des deux cellules voisines, aux dépens du feuillet albuminoïde correspondant. Plus tard, elles peuvent être continues et d'égale épaisseur dans toute leur étendue; les protoplasmes voisins ne communiquent alors que par voie d'osmose et cette osmose s'opère uniformément dans toute la largeur de la cloison de cellulose. Mais le plus souvent il n'en est pas ainsi. En de certaines places, la cloison albuminoïde demeure mince et ne produit aussi qu'une lame mince de cellulose, tandis que dans les régions intermédiaires elle s'épaissit de chaque côté vers l'intérieur et produit aussi une couche cellulosique de plus en plus épaisse; les places minces qui, par leur mode même de formation, se correspondent toujours exactement d'une cellule à l'autre, dessinent alors une sculpture en creux sur le fond épaissi de la membrane ; quand elles sont circulaires ou ovales, on les nomme des *ponctuations*. C'est par elles que s'opèrent alors presque exclusivement les échanges osmotiques entre les protoplasmes voisins. Dans chaque place mince, il existe ordinairement une série de petits points formant les mailles d'un très fin réseau, dans lesquels la membrane albuminoïde n'a pas du tout formé de cellulose, qui se colorent en jaune par conséquent par le chlorure de zinc iodé. En ces points réservés, les protoplasmes voisins ne sont séparés que par la membrane azotée mitoyenne qui bouche chaque maille du réseau cellulosique ; ils communiquent plus librement entre eux que partout ailleurs, sans être pour cela en continuité directe (fig. 6).

À mesure qu'une cellule grandit, son protoplasme, plein à l'origine (fig. 4, *A*), se creuse, comme le protoplasme général du corps dans la structure continue, d'abord de vacuoles remplies de suc (fig. 4, *B*) ; puis, il forme un réseau de bandelettes (fig. 4, *C*) ; enfin, il se réduit ordinairement à une couche pariétale englobant le noyau et les leucites, et enveloppant la région centrale occupée par le suc (fig. 4, *D*).

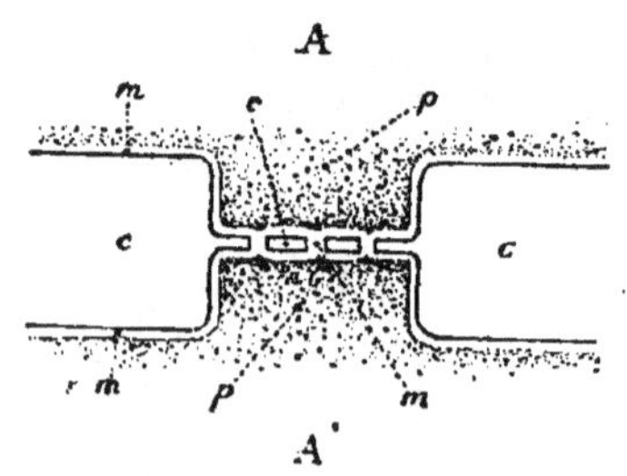

Fig. 6. Section de la cloison séparatrice des cellules *A* et *A'*, passant par une ponctuation : *p*, protoplasmes voisins ; *m*, membrane ; *c*, lame cellulosique mitoyenne (gross. très fort).

D'une cellule à l'autre, les sucs sont donc toujours séparés, si l'on fait abstraction des points réservés des places minces, par deux couches pariétales de protoplasme, deux membranes albuminoïdes et une lame mitoyenne de cellulose. Le suc cellulaire joue dans la cellule le même rôle que le suc général dans le corps tout entier quand la structure est continue. Il provoque notamment, en distendant la membrane de cellulose qui lui résiste, un état de raideur qu'on appelle la *turgescence* de la cellule ; la pression de turgescence peut y atteindre dans certains cas sept (Haricot) et jusqu'à treize atmosphères (Grand-Soleil).

Après l'apparition du suc cellulaire, le protoplasme se montre animé dans chaque cellule de mouvements divers, localisés dans la cellule et sans lien nécessaire avec ceux des cellules voisines (fig. 7).

Ces mouvements sont les mêmes que ceux qui affectent le protoplasme général dans la structure continue, et nous n'y reviendrons pas. Ajoutons seulement qu'ici, une fois toutes les bandelettes disparues, il arrive souvent qu'il n'y ait dans la couche pariétale qu'un seul courant fermé, doué dans chaque cellule d'une direction constante déterminée par la place de cette cellule dans le corps. Dans la tige des Charas, par exemple, le courant est parallèle au grand axe de la cellule, montant toujours du côté correspondant à la première feuille du nœud suivant, descendant du côté opposé et laissant entre ses deux bords une bande mince en repos ; sa vitesse, à la température de 15 degrés, est de $1^{mm},63$ à la minute. Ce courant unique entraîne souvent le noyau et les chloroleucites (Vallisnérie, Elodéa, etc.), quelquefois le noyau seulement, les chloroleucites demeurant immobiles dans la zone externe de la couche pariétale (Chara).

Que la structure soit cellulaire ou continue, on voit donc que le protoplasme est une substance essentiellement mobile. La prétendue immobilité de la plante n'est qu'une apparence, due à ce que la couche cellulosique de la membrane du corps et des cloisons qui le divisent, par sa rigidité, interdit en général au protoplasme toute déformation du contour externe et tout déplacement d'ensemble. Quelquefois pourtant il arrive que cette couche cellulosique soit assez mince et assez flexible pour se déformer légèrement sous l'influence des mouvements internes ; le corps tout entier se déplace alors plus ou moins rapidement dans le milieu ambiant, comme on le voit chez beaucoup d'Algues (Desmidiées, Diatomées, Nostocacées, Bactériacées, etc,).

En somme, on peut se représenter la structure cellulaire comme

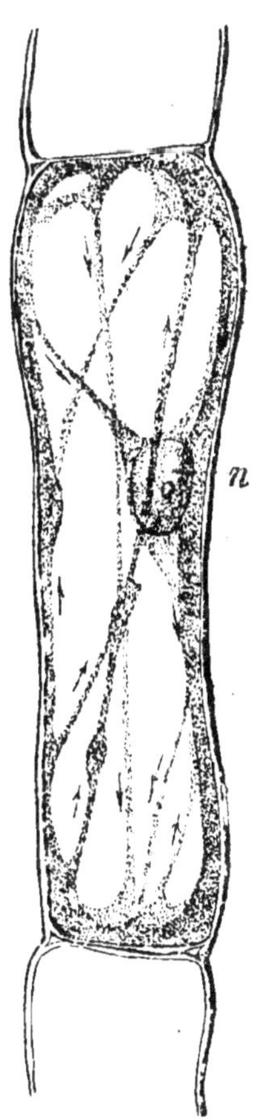

Fig. 7. Cellule d'un poil de Chélidoine.

n, noyau. Les flèches indiquent le sens du mouvement du protoplasme dans les bandelettes et dans la couche pariétale.

dérivant de la structure continue par un simple développement de la membrane générale dans la profondeur du corps, entre tous les noyaux, avec raccordement de tous les prolongements ; ce développement et ce raccordement ont pour but de soutenir l'ensemble et de protéger les parties, tout en permettant, par les places minces des cloisons et surtout par les points où la cellulose y fait défaut, les échanges entre les protoplasmes voisins. Cette manière de voir se trouve confirmée d'ailleurs par de nombreuses formes de transition. Tout en gardant leur structure continue, les Caulerpes, par exemple (fig. 1, *C*), prolongent leur membrane avec sa couche cellulosique dans la profondeur du protoplasme sous forme de bandelettes solides, ramifiées et soudées çà et là bout à bout en réseau, qui se raccordent avec la face opposée et constituent de la sorte un système de contreforts et d'arcs-boutants (fig. 8). Chez d'autres plantes, qui prennent la structure cellulaire,

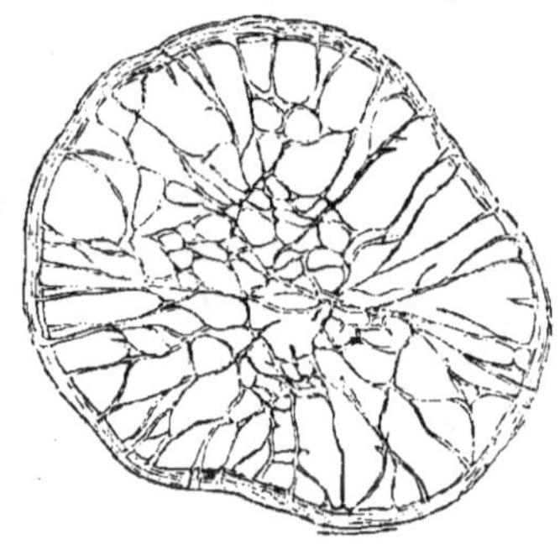

Fig. 8. Section transversale du corps à structure continue du Caulerpe prolifère, montrant le lacis de cordons cellulosiques.

comme les Spirogyres, le cloisonnement, au lieu de s'opérer comme d'ordinaire simultanément dans toute l'épaisseur du corps, part de la membrane externe sous forme d'un bourrelet annulaire, qui s'avance peu à peu en forme de diaphragme dans la profondeur du protoplasme et finit par se fermer au centre en complétant la cloison.

La structure cellulaire n'est donc qu'une simple modification de la structure continue, modification extrêmement répandue, il est vrai, mais dont la fréquence ne doit pas nous faire illusion. Elle ne change rien, on l'a vu, au fond des choses ; une plante cellulaire n'est point, par cela seul, plus compliquée qu'une plante continue ; et dans une plante cellulaire, chaque cellule, avec sa double membrane, son protoplasme, son noyau, ses leucites et son suc, n'est pas plus simple que le corps tout entier.

États intermédiaires entre la structure continue et la structure cellulaire : articles, symplastes. — Nous avons supposé jusqu'ici que des cloisons se formaient partout entre deux noyaux consécutifs, de manière que chaque compartiment ne renfermât qu'un seul noyau : c'est à un pareil compartiment que nous avons donné le nom de cellule. Le cloisonnement s'opère alors à son maximum : c'est le cas de beaucoup le plus fréquent. Entre la structure cellulaire ainsi définie et la structure continue, il existe pourtant des intermédiaires, dont l'étude est très instructive.

Il arrive, en effet, que le corps ne se cloisonne que de loin en loin, sans aucune relation avec la disposition des noyaux, de manière que chaque portion de protoplasme comprise entre deux cloisons consécutives renferme un plus ou moins grand nombre de noyaux, des centaines et jusqu'à des millions. On en voit des exemples chez bon nombre d'Algues filamenteuses, notamment les Cladophores. Les compartiments ainsi découpés dans le corps n'ont évidemment pas la même valeur que dans le cas précédent et ne peuvent pas porter le même nom. En les appelant aussi des cellules, on ferait la faute de désigner par le même nom des choses différentes. Nous les nommerons des *articles* et nous dirons que dans ce cas la structure est *articulée*. La structure articulée comporte bien des degrés, suivant le nombre et le rapprochement des cloisons, en d'autres termes suivant le nombre des noyaux renfermés dans chaque article. Il en résulte autant de transitions entre la structure continue, sans cloisons, et la structure cellulaire, où le cloisonnement atteint son maximum.

L'existence d'intermédiaires entre les deux structures extrêmes se manifeste encore par la présence locale d'articles, aussi bien dans des plantes à structure continue, que dans des végétaux à structure cellulaire. Ainsi dans le thalle des Mucors, il est fréquent de voir certains rameaux latéraux, plus grêles et plus rameux que les autres, se séparer régulièrement des branches principales par des cloisons basilaires, qui en font autant d'articles isolés dans une structure d'ailleurs continue. D'un autre côté, le corps d'un Figuier ou d'un Mûrier, d'ailleurs cellulaire, renferme dans sa masse un certain nombre d'articles en forme de filaments rameux, qui s'étendent sans discontinuité de l'extrémité des racines les plus profondes au sommet des feuilles les plus hautes, en serpentant entre les cellules, et qui renferment des millions de noyaux.

Enfin, ces états intermédiaires se présentent à nous d'une autre manière encore. Dans une structure complètement cellulaire, il arrive que çà et là les cloisons cellulosiques et albuminoïdes se résorbent et que les protoplasmes des cellules voisines se fusionnent en un seul, tandis que les noyaux restent à leurs places respectives ; en ces points, la structure cellulaire primitive fait retour à une structure continue. On appelle *symplaste* un ensemble de cellules ainsi fusionnées : le Pavot, la Campanule, la Chicorée en offrent de beaux exemples (fig. 12). Dans un très grand nombre de Champignons aussi, les filaments cloisonnés et ramifiés qui composent le corps, partout où ils viennent à se rencontrer, résorbent les membranes aux points de contact, unissent les protoplasmes et, de chacun de ces aboutchements, résulte aussi un symplaste local. Dans les Myxomycètes

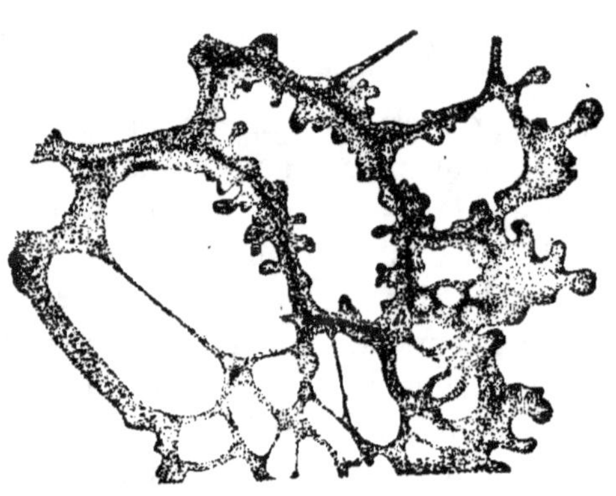

Fig. 9. Portion du symplaste réticulé et mobile vers la droite d'un Didymium ; les noyaux ne sont pas figurés.

de la famille des Endomyxées, toutes les cellules du corps, dont la membrane est ici dépourvue de couche cellulosique, se fusionnent de la sorte à un moment donné, de sorte que pendant un certain temps le corps tout entier n'est qu'un vaste symplaste réticulé et mobile (fig. 9).

Structure cellulaire associée. Structure cellulaire dissociée. — Dans ce qui précède, on a supposé qu'après le cloisonnement du corps, les diverses cellules demeurent unies entre elles, leurs membranes albuminoïdes propres étant comme cimentées par les lames cellulosiques mitoyennes : le corps est alors tout d'une pièce, comme lorsqu'il n'est pas cloisonné. A vrai dire, il suffit, pour que ce résultat soit atteint, que les cellules périphériques demeurent solidement unies. On voit souvent, en effet, les cellules profondes se séparer çà et là les unes des autres par un dédoublement local des lames cellulosiques mitoyennes en deux feuillets, qui s'écartent plus ou moins ; il en résulte des *espaces intercellulaires* plus ou moins grands, qui se remplissent ordinairement de gaz, quelquefois de liquides spéciaux, et le long desquels les cellules ont une membrane cellulosique propre. Si ces espaces sont très petits, ou du moins plus petits que les cellules qui les bordent, ce sont des *méats* (voir fig. 10, *B*) ; s'ils sont plus grands que les cellules de bordure, de manière qu'il paraît manquer en ce point une ou plusieurs cellules, ce sont des *lacunes* (voir fig. 10, *F*); s'ils deviennent énormes, ce sont des *chambres;* quand ces lacunes ou ces chambres s'étendent dans toute la longueur du corps, ce sont des *canaux*. Certaines cellules de la périphérie peuvent aussi se séparer localement de la même manière en produisant des *pores*, qui font communiquer l'ensemble des espaces intercellulaires avec le milieu extérieur. Tant que cette dissociation des cellules demeure localisée en certains points de la profondeur du végétal ou de sa périphérie, de manière que le corps n'en forme pas moins un tout lié, la structure est dite *associée*. C'est le cas de beaucoup le plus fréquent.

Il arrive pourtant assez souvent qu'après chaque cloisonnement la lamelle moyenne de la cloison cellulosique mitoyenne se transforme en une substance soluble et se dissolve en séparant la cloison cellulosique en deux feuillets et isolant complètement les deux cellules, avant qu'un nouveau cloisonnement ne se produise en elles. Le corps se trouve alors *dissocié*, émietté pour ainsi dire, dans le milieu extérieur et, pour l'observer dans son ensemble, il faut par la pensée en rassembler toutes les cellules éparses, les rapprocher au contact et les disposer comme elles l'eussent été si la dissociation n'avait pas eu lieu. Il en est souvent ainsi parmi les Algues chez les Desmidiées, les Bactériacées et les Diatomées, etc., parmi les Champignons chez les Levures, etc. Dans les Myxomycètes, la cloison, sans produire de lame cellulosique, se dédouble aussitôt en deux feuillets et les cellules s'isolent sans être revêtues d'une couche de cellulose. Aussi, grâce aux mouvements du protoplasme, déforment-elles sans cesse leur contour et se déplacent-elles en rampant. Ce sont ces cellules éparses et mobiles qui, chez les Endomyxées, se fusionnent plus tard de proche en proche pour former le symplaste réticulé et également mobile dont il a été question plus haut (fig. 9). Les plantes dont le corps va s'émiettant ainsi, à mesure qu'il croît, sont souvent dites à tort *unicellulaires*, parce qu'on regarde chacune des cellules isolées comme en étant le corps tout entier.

Ailleurs, la dissociation n'a lieu que çà et là suivant certaines cloisons, qui se dédoublent pendant que les autres demeurent entières. Le corps se sépare alors en fragments pluricellulaires, qu'il n'est pas davantage permis de considérer comme étant chacun une plante tout entière.

Structure dissociée libre. Structure dissociée agrégée. — Enfin la dissociation peut avoir lieu d'une autre manière encore. La lamelle moyenne de la cloison cellulosique, au lieu de se dissoudre immédiatement comme il a été dit plus haut, peut se transformer en une couche plus ou moins épaisse de gelée ou de mucilage. Les cellules se séparent alors dans cette gelée interstitielle; mais si cette gelée a une consistance assez ferme, elle maintient en une masse compacte toutes les cellules dissociées en donnant au corps un contour défini. Il en est ainsi, par exemple, chez bon nombre d'Algues gélatineuses, notamment dans le Leuconostoc, Bactériacée qui se nourrit de sucre de canne et que sa consistance a fait nommer *gomme de sucrerie*. Pour distinguer cette dissociation avec agglomération persistante, de la dissociation avec séparation complète, on peut dire que la structure dissociée est *agrégée* dans ce cas, *libre* dans l'autre.

Dans les plantes qui dissocient ainsi leurs cellules, le phénomène paraît dépendre des conditions de milieu. Dans certaines conditions, la dissociation ne se produit pas; dans d'autres, elle a lieu à l'intérieur d'une masse gélatineuse avec agrégation des cellules; dans d'autres encore, elle se produit avec mise en liberté complète des cellules. Ces modifications, qui changent pourtant si profondément l'aspect de la plante, sont donc tout à fait accessoires (¹); il fallait pourtant les mentionner ici.

Différenciation dans la structure continue. — Quand la structure est continue, nous avons vu que le corps adulte est différencié en plusieurs parties : la membrane, le protoplasme, les noyaux, les leucites et le suc. A son tour, la membrane se différencie en une couche externe cellulosique et une couche interne albuminoïde; le protoplasme peut renfermer des granules de composition diverse, des corps gras, des matières colorantes, etc.; les leucites peuvent produire des substances différentes; le suc

---

1. Aussi le mot *microbes*, par lequel il est de mode aujourd'hui de désigner les plantes qui se présentent d'ordinaire à l'état dissocié libre, n'a-t-il aucune valeur scientifique. Il s'applique, en effet, non pas à une certaine catégorie de plantes nettement définie, mais seulement à un certain état sous lequel se présentent, dans les circonstances ordinaires, certains végétaux d'ailleurs les plus différents, végétaux qui, dans d'autres conditions de milieu, gardent, au contraire, leurs cellules unies, atteignent alors de grandes dimensions, en un mot sont des *macrobes*.

cellulaire peut tenir en dissolution des matières très diverses, notamment des principes colorants, etc. Toutes ces différenciations internes, qu'on peut appeler primaires, peuvent aussi n'être pas les mêmes dans les diverses régions du corps, surtout si la forme extérieure est très différenciée, comme on le voit par exemple dans les Caulerpes (fig. 1, *C*). Il en résulte une différence dans la différenciation primaire, en un mot une différenciation secondaire. Mais on comprend aussi que, dans ce cas, toutes les parties du corps se trouvant en continuité parfaite, et le protoplasme en mouvement incessant d'une région à l'autre, cette différenciation secondaire ne puisse pas dépasser un assez faible degré.

Différenciation dans la structure cellulaire. — Il en est tout autrement lorsque la structure est cloisonnée, surtout quand, le cloisonnement s'opérant au maximum, elle est cellulaire. Tout d'abord il y a, ici aussi, une différenciation primaire du corps en une membrane, elle-même séparée en une couche cellulosique et une couche albuminoïde, un protoplasme avec des granules de diverses sortes, des noyaux, des leucites divers et un suc. Seulement, cette différenciation s'arrête quelquefois à un degré moindre. La membrane peut ne pas produire de couche cellulosique externe et se différencier même assez peu par rapport au protoplasme, dont elle conserve la mollesse et la fluidité (Myxomycètes); ou bien, la membrane étant nettement différenciée, c'est le noyau qui ne l'est pas et dont la substance constitutive, la nucléine, demeure confondue dans le protoplasme, qui ne contient alors non plus ni leucites, ni suc (Cyanophycées, notamment Bactériacées, etc.).

Toutes les fois que la structure cellulaire est dissociée, soit libre, soit avec agrégation dans la gélatine, et parfois aussi quand elle demeure associée (Spirogyre, Ulve, etc.), cette différenciation primaire, qui peut être très profonde, comme on le voit notamment chez les Desmidiées, se retrouve avec les mêmes caractères dans toutes les cellules du corps, qui sont identiques ; il n'y a pas de différenciation secondaire. Mais le plus souvent, la structure cellulaire associée présente, dans le mode de différenciation primaire de ses cellules, des différences plus ou moins marquées, en un mot, une différenciation secondaire plus ou moins profonde. C'est tantôt la membrane, tantôt le protoplasme, tantôt le noyau, tantôt l'une ou l'autre sorte de leucites, tantôt enfin le suc, qui se développe d'une manière prépondérante et dans une direction déterminée, de sorte que les cellules, douées grâce aux cloisons qui les séparent d'une certaine indépendance, deviennent de plus en plus dissemblables, aussi bien dans leur forme que dans leur structure. La différenciation secondaire du corps s'exprime ici par

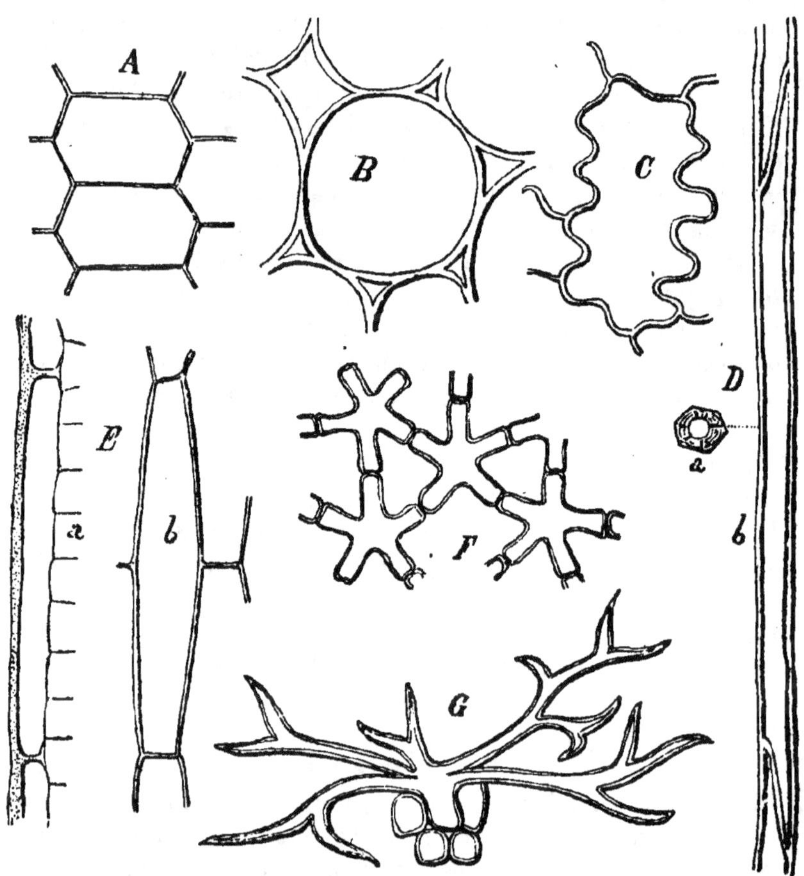

Fig. 10. Diverses formes de cellules : *A*, polyédrique ; *B*, sphérique avec méats aérifères ; *C*, aplatie et sinueuse ; *D*, allongée et pointue aux deux bouts (fibre) avec membrane épaissie et ponctuée (*a*) ; *E*, aplatie en table, à membrane épaissie en dehors (*a*, en section ; *b*, de face) ; *F*, étoilée, à cinq branches, avec lacunes aérifères ; *G*, rameuse. On n'a figuré que la couche cellulosique de la membrane.

une différenciation entre cellules. Outre sa fonction mécanique, le rôle principal du cloisonnement paraît être précisément de donner aux diverses portions du corps une certaine indépendance relative et de favoriser ainsi leur différenciation secondaire.

C'est chez les Cryptogames vasculaires, et surtout chez les Phanérogames, que cette spécialisation des cellules atteint, en variété et en profondeur, son plus haut degré. Là, en effet, le corps adulte renferme le plus souvent des millions de cellules associées et, suivant le point qu'on y considère, ces cellules offrent un grand nombre de formes et de structures différentes, un grand nombre de spécialisations (fig. 10). Chacune de ces différenciations frappe à la fois un groupe de cellules; l'ensemble des cellules différenciées ainsi de la même manière, c'est-à-dire douées de la même forme et des mêmes propriétés, qu'elles soient d'ailleurs isolées au milieu de cellules différentes ou intimement associées en massifs arrondis, en files ou cordons longitudinaux, en assises ou couches concentriques, constitue ce qu'on appelle un *tissu*. Il s'agit maintenant de caractériser brièvement les principaux tissus.

Caractères des principaux tissus. — Méristème. — Il en est un qui doit être signalé le premier parce qu'il est l'origine de tous les autres. Il se compose de cellules polyédriques et intimement unies entre elles sans laisser de méats, riches en protoplasme finement granuleux, entourées de membranes minces et lisses, toutes en voie de croissance, de division nucléaire et de cloisonnement. C'est ce dernier caractère qui a fait donner à ce tissu homogène et indifférent le nom de *méristème* (voir fig. 5). Quand il a cessé de se cloisonner, le méristème différencie progressivement ses cellules et engendre ainsi les divers tissus définitifs du corps : c'est le tissu générateur.

Tantôt, en se différenciant de la sorte, les cellules du méristème se conservent vivantes, avec un protoplasme actif et un noyau, capables de reprendre, dans de certaines conditions, leur faculté de division nucléaire et de cloisonnement en repassant à l'état de méristème; tantôt, au contraire, au cours de leur différenciation, les cellules perdent leur protoplasme, leur noyau et en même temps la faculté de se cloisonner désormais, en un mot elles meurent. Il y a donc à distinguer deux catégories de tissus définitifs : les tissus de cellules vivantes, appelés à jouer dans le corps un rôle actif ou chimique, et les tissus de cellules mortes qui n'ont qu'un rôle passif ou mécanique.

Tissus définitifs vivants. — D'une façon générale, les tissus définitifs de cellules vivantes portent le nom de *parenchyme*, mais il y a bien des sortes de parenchyme. Tantôt les membranes cellulosiques demeurent minces et sans transformation, c'est sur le

protoplasme et ses dérivés que porte la différenciation ; le parenchyme est alors de consistance charnue et molle. Tantôt, au contraire, c'est la membrane cellulosique qui se développe beaucoup,
qui se transforme, et c'est sur elle que s'établit la spécialisation ;
le parenchyme prend alors une consistance sèche et résistante.

Dans le premier cas, si ce sont les chloroleucites qui dominent
dans le protoplasme, le parenchyme est dit *vert* ou *chlorophyllien*.
Si ce sont des matériaux de réserve qui s'y accumulent, il prend
différents noms suivant la nature de ces matériaux : il est *amylacé*, si ce sont des grains d'amidon (voir fig. 16, *e*); *aleurique*, si
ce sont des grains de matière albuminoïde, à surface souvent
inégale et creusée de petites fossettes, solubles dans l'eau alcali-
nisée, qu'on nomme des grains d'*aleurone; oléagineux*, si c'est de
l'huile grasse ; *sucré*, si c'est du sucre de canne tenu en dissolution
dans le suc cellulaire ; *inulifère,* si c'est de l'inuline également en
dissolution dans le suc; *aqueux*, toutes les fois que le suc cellulaire est très développé sans qu'on sache ou veuille préciser la
nature des substances qu'il tient en dissolution (voir fig. 16, *m*,
a, *k*). Dans ces divers parenchymes à réserves, le suc cellulaire
renferme toujours à un certain moment une substance azotée
neutre, destinée à agir sur les matériaux de réserve pour les
transformer par voie d'hydratation et de dédoublement, les rendre
solubles s'ils ne l'étaient pas et leur permettre d'entrer dans la
constitution du protoplasme, d'être, comme on dit, *assimilés* au protoplasme. Ces substances azotées neutres ont reçu le nom général
de *diastases ;* la diastase spéciale qui hydrate et dédouble à plusieurs
reprises l'amidon pour le transformer finalement et totalement en
glucose est l'*amylase;* celle qui hydrate et dédouble l'inuline pour
la transformer finalement en lévulose est l'*inulase ;* celle qui
hydrate et dédouble le sucre de canne en glucose et lévulose, qui
l'*invertit*, comme on dit souvent, est l'*invertine ;* celle qui hydrate et
dédouble les corps gras en glycérine et acide gras correspondant,
qui les *saponifie*, suivant l'expression consacrée, est la *saponase;*
celle qui hydrate et dédouble les matières albuminoïdes, notamment les grains d'aleurone, en formant des peptones est la *pepsine*, etc.

Si ce sont, au contraire, des produits désormais sans emploi,
des produits de *sécrétion*, comme on dit, qui s'accumulent dans
les cellules, le parenchyme est dit en général *sécréteur* et prend
différents noms suivant la nature particulière des produits de

sécrétion. Il est *oxalifère*, si c'est de l'acide oxalique, combiné à la chaux sous forme de cristaux d'oxalate de chaux. Extrêmement répandus dans les plantes, ces cristaux appartiennent au système du prisme droit à base carré, si le sel prend six équivalents d'eau ; ce sont alors des octaèdres, simples ou mâclés en boule, des prismes ou des combinaisons du prisme et de l'octaèdre (fig. 11, *a*, *b*, *c*, *d*). Ils se rattachent au système du prisme rhomboïdal oblique, si le sel ne prend que deux équivalents d'eau, ce qui arrive toutes les fois que le suc cellulaire est épaissi par de

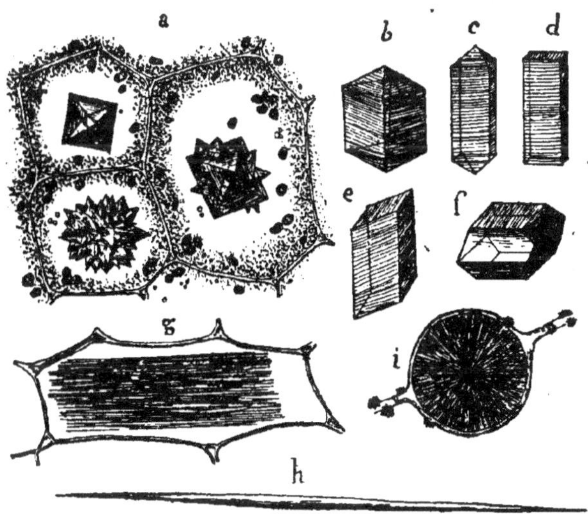

Fig. 11. Principales formes des cristaux d'oxalate de chaux des cellules. *a* à *d*, avec six éq. d'eau ; *e* à *i*, avec deux éq. d'eau ; *a*, *g*, *i* sont en place, les autres sont extraits de la cellule ; *g*, paquet de raphides ; *h*, raphide isolée, plus fortement grossie.

la gomme ; ce sont alors de gros prismes isolés, ou de fines aiguilles associées en grand nombre parallèlement côte à côte en forme de paquets et nommées des *raphides* (fig. 11, *e* à *i*). Le parenchyme sécréteur est *laticifère*, s'il renferme des produits insolubles, des carbures d'hydrogène solides, par exemple, comme le caoutchouc $C^{10}H^8$, tenus en suspension sous forme de fins globules dans le suc cellulaire, lequel prend alors l'aspect du lait et porte le nom de *latex*. Il est *oléifère*, si c'est de l'huile essentielle ; *résinifère*, si c'est de la résine ; *gommifère*, si c'est de la gomme ; etc. D'un autre côté, la forme et l'ajustement des cellules sécrétrices varient beaucoup. Elles sont souvent isolées, tantôt arrondies ou polyédriques (cellules oxalifères des Aroïdées, oléifères des Laurinées, gommifères des Malvacées, etc.), tantôt très allongées (cellules tannifères du Sureau, résinifères du Chardon, etc.). Mais très souvent aussi elles sont juxtaposées, soit en simples files longitudinales avec cloisons transverses persistantes (cellules gommifères et oxalifères des Liliacées, etc.) ou résorbées (cellules laticifères de la Chélidoine, tannifères du

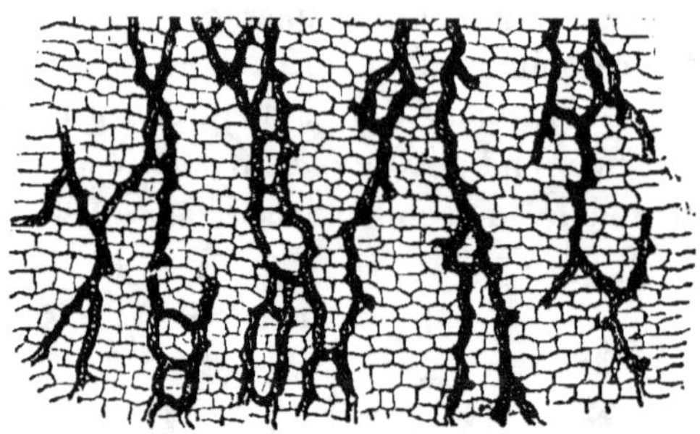

Fig. 12. Cellules laticifères fusionnées en un symplaste réticulé dans la Scorzonère (section longitudinale tangentielle de la racine).

Bananier, etc.), soit en réseaux à cloisons permanentes (cellules tannifères du Rosier, etc.) ou résorbées de manière à former un symplaste réticulé (fig. 12) (cellules laticifères des Composées Liguliflores, des Campanulacées, du Pavot, etc.), soit enfin en une assise continue (cellules oléifères de la Valériane, de l'Acore, etc.). Quand une pareille assise sécrétrice tapisse un espace intercellulaire tubuleux dans lequel elle déverse ses produits, l'ensemble ainsi constitué forme ce qu'on appelle un *canal sécréteur* (fig. 13), canal qui peut être oléifère (Ombellifères, etc.),

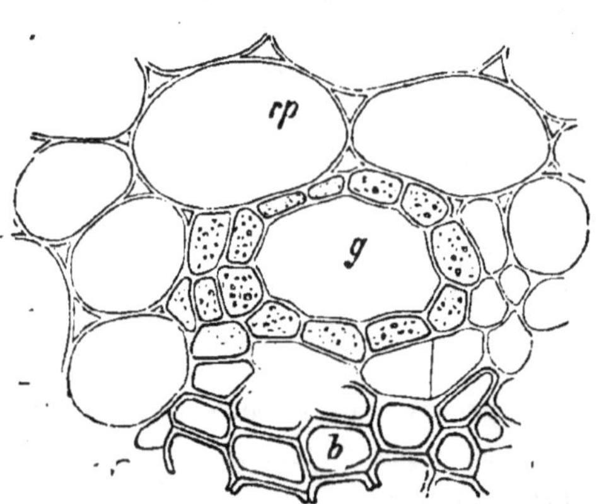

Fig. 13. Canal sécréteur oléifère de la tige du Lierre, en coupe transversale : *g*, canal ; *rp* et *b*, tissus adjacents.

résinifère (Conifères, etc.), gommifère (Cycadées) ou laticifère (certaines Clusiacées, etc.) ; si l'espace intercellulaire est sphérique ou ovoïde, l'ensemble est une *poche sécrétrice* (Rutacées, Myrtacécs, etc.). Enfin, dans les Euphorbiacées, les Urticées, les Apocynées, les Asclépiadées, le tissu sécréteur, qui est laticifère, n'est plus constitué par des cellules, mais par un petit nombre d'articles indéfiniment allongés et rameux, courant sans discontinuité d'un bout du corps à l'autre et contenant chacun des millions de noyaux; il faut se garder de les confondre avec les symplastes signalés plus haut. Par les exemples cités, on voit clairement que la forme et la disposition des cellules sécrétrices sont indépendantes de la nature des substances sécrétées par elles.

Quand le parenchyme épaissit et transforme ses membranes, la chose peut avoir lieu de plusieurs manières. Tantôt la membrane en s'épaississant demeure à l'état de cellulose pure, prend un éclat particulier et des propriétés physiques spéciales qui concilient une grande flexibilité avec une grande solidité; il en résulte que le tissu ainsi constitué, qui a reçu le nom de *collenchyme*, soutient très efficacement le corps sans pourtant gêner en rien sa croissance. Tantôt la membrane en s'épaississant s'imprègne d'une substance ternaire, nommée *lignine*, renfermant plus de carbone et plus d'hydrogène que la cellulose, comme l'indique la formule approchée $C^{19}H^{12}O^{10}$; ainsi *lignifiée*, la membrane est insoluble dans le liquide cupro-ammoniacal, se colore en jaune par l'iode et le chlorure de zinc iodé, en rose par la fuchsine, en jaune par le sulfate d'aniline, en rouge par la phloroglucine additionnée d'acide chlorhydrique. En même temps elle acquiert beaucoup de dureté, devient cassante et souvent se colore en jaune ou en brun. Mais il suffit de la traiter par l'acide nitrique bouillant pour lui faire perdre la lignine qui l'incruste et lui faire reprendre tous les caractères de la cellulose : solubilité dans le liquide cupro-ammoniacal, coloration en bleu par le chlorure de zinc iodé, etc. Quand la membrane lignifiée s'épaissit beaucoup, ses ponctuations prennent l'aspect de canalicules, isolés ou confluant plusieurs ensemble vers l'intérieur, de manière à paraître rameux (fig. 14). A cause de sa dureté, qui lui permet de soutenir le corps quand il a achevé sa croissance, ce tissu a reçu le nom de parenchyme *scléreux* (fig. 14, A).

Ailleurs, la membrane cellulosique, sans s'épaissir beaucoup d'ordinaire, transforme sa couche externe en une substance ternaire nommée *cutine* ou *subérine*, beaucoup plus pauvre en oxygène que la cellulose, puisque sa composition s'exprime par la formule $C^{12}H^{10}O^{2}$. Ainsi *cutinisée* ou *subérifiée*, la membrane se colore en jaune par l'iode et le chlorure de zinc iodé, en rose par la fuch-

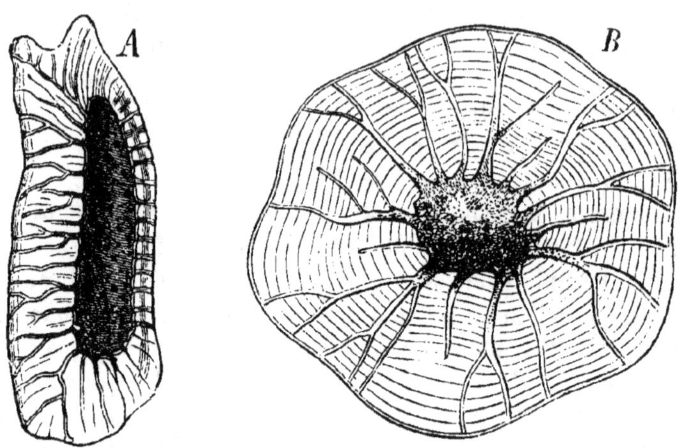

Fig. 14. *A*, cellule de parenchyme scléreux, avec canalicules isolés à droite, confluents à gauche (du rhizome de la Ptéride aquiline). — *B*, cellule de sclérenchyme, avec canalicules confluents (du péricarpe de la noisette).

sine ; elle est insoluble dans le liquide cupro-ammoniacal et dans

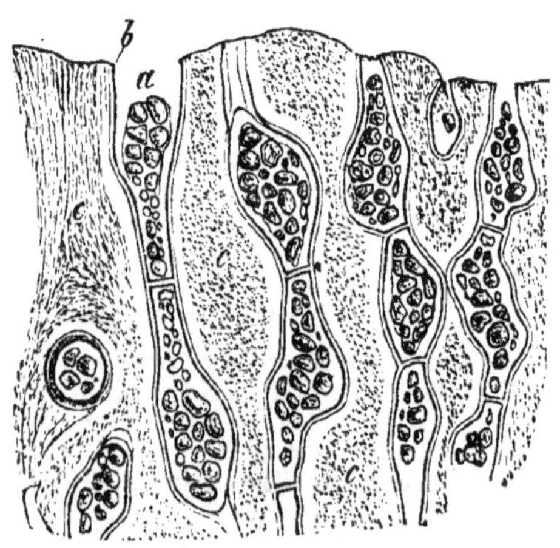

Fig. 15. Parenchyme gélatineux de l'albumen du Caroubier : *a*, protoplasmes avec grains d'amidon ; *b*, couches cellulosiques des membranes ; *c*, lames moyennes gélifiées.

l'acide sulfurique concentré ; l'acide nitrique bouillant l'attaque en produisant de l'acide subérique ; elle se dissout aussi dans la potasse concentrée et bouillante. En même temps, elle devient fortement élastique, imperméable aux liquides et prend toutes les propriétés bien connues du liége. Cette variété de parenchyme, qui se développe principalement à la périphérie du corps et qui a pour rôle de protéger les parties internes vis-à-vis du milieu extérieur, a reçu le nom de parenchyme *subéreux*.

Enfin, il arrive aussi que la membrane en s'épaississant transforme sa couche externe en une substance isomère de la cellulose, de consistance cornée à l'état sec, mais qui, sous l'influence de l'eau, se gonfle énormément et forme une sorte de gelée ou de mucilage. Ainsi *gélifiée*, la membrane ne se colore ni par l'iode, ni par le chlorure de zinc iodé; elle est insoluble dans le liquide cupro-ammoniacal, dans les acides et dans la potasse. Ce parenchyme, où les cellules semblent plongées dans une gelée amorphe (fig. 15), est dit *gélatineux* à l'état humide, *corné* à l'état sec.

Tissus morts. — Les tissus de cellules mortes jouent tantôt le rôle de soutien, tantôt celui de transport. Dans le premier cas, les cellules épaississent et lignifient fortement leur membrane; en même temps, le protoplasme et le noyau disparaissent, ne laissant à leur place qu'un liquide clair, souvent remplacé en partie par de l'air. Quand la membrane lignifiée s'épaissit beaucoup, elle prend ordinairement des couches concentriques et ses ponctuations deviennent des canalicules qui confluent vers l'intérieur en paraissant rameux (fig. 14, *B*). Ce tissu, dont les cellules sont tantôt courtes (fig. 14, *B*), tantôt très allongées, pointues aux deux bouts et formant ce qu'on appelle des *fibres* (fig. 10, *D*), a reçu le nom de *sclérenchyme* (fig. 16, *f* et *n*). Son rôle est purement mécanique; mieux encore que le parenchyme scléreux, il soutient le corps quand sa croissance a pris fin; on trouve d'ailleurs bien des intermédiaires entre le parenchyme scléreux et le sclérenchyme.

Les tissus conducteurs sont de deux sortes. Tantôt les cellules, superposées en séries longitudinales, épaississent et lignifient localement leurs membranes, de manière à produire sur la face latérale des ornements saillants vers l'intérieur, en un mot une sculpture en relief, dont la forme varie : spire continue, anneaux ou bandes parallèles, réseau dont les mailles, quand elles se rétrécissent beaucoup, prennent, comme on l'a vu plus haut, le nom de ponctuations, etc.; les cloisons transverses persistent et sont également sculptées (fig. 16, *d*), ou bien se résorbent à l'exception d'un bourrelet (fig. 16, *g*). En même temps, le protoplasme et le noyau disparaissent, ne laissant à leur place qu'un liquide clair parfois entrecoupé de bulles d'air. Une file longitudinale de cellules différenciées de cette façon est ce qu'on appelle un *vaisseau*, et l'ensemble des vaisseaux constitue le tissu *vasculaire* (fig. 16, *b*, *c*, *d*, *g*). Ce tissu existe chez toutes les plantes à racines, qu'il sert à caractériser comme plantes *vasculaires* (p. 8); son rôle est de transporter des racines aux feuilles l'eau et les matières dissoutes que la racine a absorbées dans le sol.

Tantôt les cellules, superposées aussi en séries longitudinales, ne lignifient pas leur membrane, qui reste à l'état de cellulose pure ; les cloisons transverses, qui persistent toujours, portent

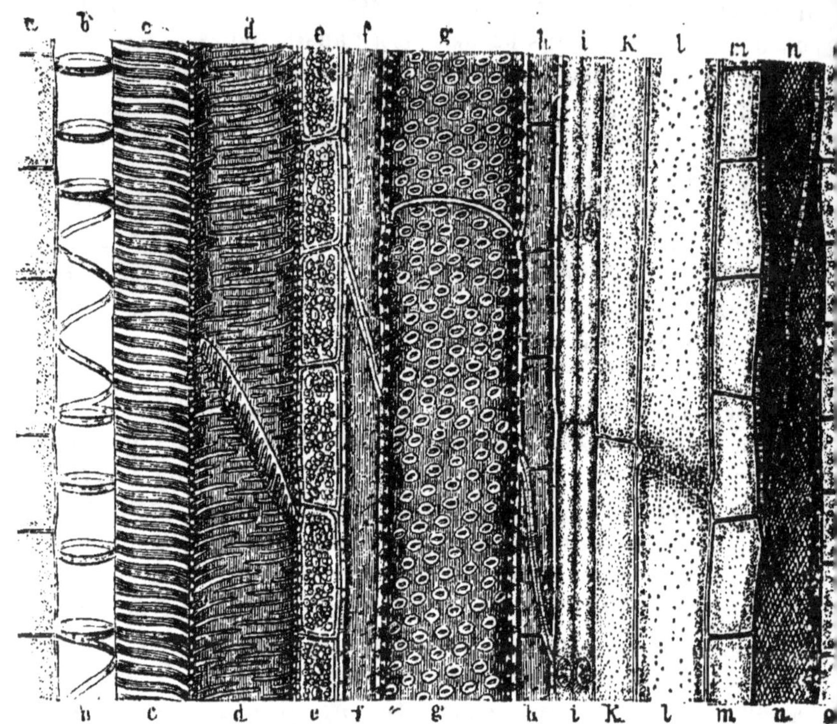

Fig. 16. Portion de la section longitudinale d'une tige de Dicotylédone, montrant divers tissus : *o*, parenchyme chlorophyllien externe ; *m* et *a*, parenchyme de réserve à cellules courtes ; *k*, parenchyme de réserve à cellules longues ; *e*, parenchyme amylacé ; *h*, parenchyme scléreux ; *i*, méristéme secondaire en voie de cloisonnement ; *f* et *n*, sclérenchyme (fibres) ; *b*, vaisseau annelé ; *c*, vaisseau spiralé ; *d*, vaisseau rayé ; *g*, vaisseau ponctué ; *l*, tube criblé dont les cloisons transverses ne portent qu'un seul large crible.

une ou plusieurs places arrondies, sur lesquelles la membrane, d'abord mince, s'est épaissie en réseau, puis s'est percée d'un trou dans chaque maille du réseau ; chacune de ces places arrondies forme donc un crible, par les pores duquel les contenus des cellules superposées communiquent librement ; en même temps, le protoplasme, la membrane albuminoïde et le noyau ont disparu,

laissant à leur place un liquide granuleux de consistance gélatineuse et de réaction alcaline. Chaque file de cellules ainsi différenciée est ce qu'on appelle un *tube criblé*, et l'ensemble des tubes
criblés constitue le tissu *criblé* (fig. 16, *l*). On le trouve, comme
le tissu vasculaire, chez toutes les plantes à racines ; il sert à
transporter des feuilles aux racines le liquide nourricier que les
feuilles fabriquent en transformant par leur activité propre le
liquide clair qui leur parvient par la voie des vaisseaux.

La distinction des principaux tissus peut donc être résumée
comme il suit :

Tissus
- vivants.
  - Méristème.
  - Parenchyme chlorophyllien.
  - Parenchymes de réserve : amylacé, sucré, oléa-gineux, etc.
  - Parenchymes sécréteurs : oxalifère, laticifère, oléifère, etc.
  - Parenchymes mécaniques : collenchyme, parenchyme scléreux, subéreux et gélatineux.
- morts
  - de soutien : sclérenchyme.
  - conducteurs : vaisseaux, tubes criblés.

Tissus secondaires. — Le méristème qui résulte du premier
cloisonnement du corps et tous les tissus définitifs qui dérivent
de la différenciation de ce méristème sont nommés *primaires*.
Dans les Thallophytes, les Muscinées et la plupart des Cryptogames
vasculaires, il ne s'en fait pas d'autres et la structure du corps
en reste à cet état primaire. Dans la tige et la racine de la plupart des Phanérogames, au contraire, surtout chez les Gymnospermes et les Dicotylédones, on voit apparaître, tôt ou tard, au
milieu des tissus primaires, des tissus *secondaires* qui s'y surajou-
tent ou s'y substituent. A cet effet, une série de cellules, disposées
le plus souvent en une assise circulaire, différenciées en l'une des
formes du parenchyme, mais demeurées bien vivantes, se modifient, perdent leurs caractères propres, repassent à l'état de cellules mères, divisent leur noyau, se cloisonnent et forment un
méristème *secondaire* (fig. 9, *i*), dont la différenciation ultérieure
engendre les divers tissus secondaires. Le cloisonnement et la
différenciation peuvent ne s'opérer que d'un seul côté, vers l'intérieur ou vers l'extérieur ; le méristème secondaire est alors simple,
unilatéral, enveloppant les tissus secondaires qu'il engendre ou
enveloppé par eux. Mais le plus souvent, le cloisonnement et la
différenciation se produisent des deux côtés à la fois, en dehors et

en dedans ; le méristème secondaire est double, bilatéral et demeure compris entre les deux massifs de tissus secondaires qui dérivent de lui.

Dans tous les cas, tous les tissus secondaires sont semblables aux tissus primaires et viennent se ranger dans les mêmes catégories ; on observe donc des parenchymes secondaires de toutes les sortes caractérisées plus haut : chlorophyllien, amylacé, sécréteur, scléreux, subéreux, etc., du sclérenchyme secondaire, du tissu criblé secondaire, du tissu vasculaire secondaire, etc.

A leur tour, les tissus secondaires demeurés vivants, c'est-à-dire les diverses formes du parenchyme secondaire, peuvent plus tard repasser à l'état de méristème, qui est *tertiaire*, et par la différenciation de ce méristème donner naissance à des tissus *tertiaires*, qui viennent encore se ranger tous dans les mêmes catégories que les tissus secondaires et primaires.

Appareils. — Qu'ils soient primaires, secondaires ou tertiaires, tous les tissus qui dans le corps concourent en définitive au même but physiologique, à la même fonction, constituent ce qu'on appelle un *appareil*, l'appareil de cette fonction. Ainsi tous les parenchymes chlorophylliens constituent, comme on le verra plus tard, l'appareil de l'assimilation du carbone. Les parenchymes amylacé, oléagineux, aleurique, sucré, etc., composent tous ensemble l'appareil de réserve. Les parenchymes oxalifère, laticifère, oléifère, etc., avec les diverses dispositions que les cellules peuvent y affecter, comme on l'a vu plus haut, constituent l'appareil sécréteur. Ces trois appareils ont un rôle chimique. Le sclérenchyme, le parenchyme scléreux et le collenchyme forment l'appareil de soutien. Le parenchyme subéreux, avec les portions périphériques du collenchyme, du parenchyme scléreux et du sclérenchyme, constitue l'appareil protecteur. Le tissu vasculaire et le tissu criblé forment ensemble l'appareil conducteur. Ces trois derniers appareils ont un rôle mécanique. Enfin il y faut ajouter l'appareil aérifère, constitué par l'ensemble des méats, lacunes, chambres et canaux qui traversent le corps, et dont le rôle est à la fois mécanique et chimique.

Critérium interne de perfection. — En se différenciant comme il vient d'être dit, pour former les tissus et les appareils, les diverses cellules du corps s'adaptent à autant de fonctions différentes, en d'autres termes, la différenciation progressive de la structure correspond à la division progressive du travail interne. Pour le dedans comme pour le dehors, on admettra sans peine, en anticipant un peu sur ce qui sera dit plus loin, que la division progressive du travail mesure le perfectionnement progressif de la plante. La différenciation de sa structure nous livre donc un moyen de juger de sa perfection interne. Ce critérium de perfection interne s'applique d'ailleurs de diverses manières. Si les deux plantes que l'on compare ont une structure continue ou une structure cellulaire avec cellules toutes semblables, la plus parfaite est celle dans laquelle la structure du corps ou la structure d'une cellule quelconque du corps est le plus compliquée et le plus différenciée. Si les deux végétaux ont une structure cellulaire avec cellules au même degré de différenciation primaire, mais inégalement différenciées entre elles, le plus parfait est celui qui offre entre ses cellules les différences les plus nombreuses et les plus profondes. Enfin si les deux plantes, cellulaires toutes deux, diffèrent à la fois par la différenciation primaire et par la différenciation secondaire, c'est à celle qui présente ces deux différenciations au degré le plus élevé qu'appartient la perfection la plus haute.

S'il arrive que l'une des deux plantes données offre une différenciation primaire très profonde avec une différenciation secondaire nulle ou très légère, tandis que l'autre présente, au contraire, une faible différenciation primaire avec une très forte différenciation secondaire, comment jugera-t-on de leur perfection relative? Leur état n'étant pas comparable, on pourra se trouver embarrassé. Toute hésitation cessera cependant si, dans le second cas, les différences entre les cellules constitutives sont si nombreuses et si grandes qu'elles ne puissent être obtenues en pareil nombre et avec une pareille intensité entre les diverses parties toujours assez limitées d'un corps continu ou d'une seule et même cellule. Quand les deux modes primaire et secondaire de la différenciation interne et de la division du travail interne se trouvent en discordance, le doute n'est donc permis qu'entre certaines limites.

Indépendance et valeur relative des deux critériums. — La différenciation de la forme extérieure et la division du travail externe nous ont donné déjà un critérium de perfection externe. La différenciation de la structure et la division du travail interne viennent d'y ajouter un critérium de perfection interne. Ces deux critériums sont indépendants et, pour estimer la perfection relative de deux plantes données, il faudra toujours puiser en même temps à ces deux sources de caractères, s'adresser à la fois au dehors et au dedans. On ne pourra juger par le dehors que toutes choses égales au dedans, et par le dedans que toutes choses égales au dehors.

En général, ces deux critériums s'accordent. La différenciation interne marche ordinairement de pair avec la différenciation externe, la division du travail intérieur avec la division du travail extérieur. Mais cette correspondance n'est pas nécessaire, et il peut fort bien y avoir contradiction. S'il arrive, par exemple, qu'une plante dont la forme est très différenciée et très compliquée offre une structure continue ou une structure cellulaire à cellules toutes semblables, pendant qu'une autre plante dont la forme est homogène et très simple, sphérique par exemple, possède une structure cellulaire à cellules très différenciées, comment jugera-t-on de la perfection relative de ces deux végétaux? Il faudra, ce semble, attacher alors plus d'importance à l'intérieur qu'à l'extérieur et déclarer, malgré l'apparence, le second plus perfectionné que le premier.

§ 3

Origine et développement du corps.

Étudions maintenant le corps de la plante, non plus à l'état adulte, comme nous l'avons fait jusqu'ici, mais aux diverses phases qu'il traverse depuis le germe jusqu'à l'état adulte et depuis l'état adulte jusqu'à la mort, en un mot dans son origine et son développement. Considérons d'abord la forme, puis la structure.

Origine et reproduction de la forme. Hérédité. — Quels que soient sa forme et le groupe auquel cette forme le rattache, le corps de la plante dérive toujours d'un corps antérieurement constitué, dont il n'est qu'une partie détachée. A son tour, il sépare de sa masse, à un moment donné, certaines parties qui sont les points de départ, les germes, d'autant de corps nouveaux, et ainsi de suite. En un mot, il se reproduit comme il est né, par dissociation. Il y a donc continuité corporelle entre les générations successives : en d'autres termes, la plante ne naît pas, elle ne fait que se continuer. Cette continuité exige et par conséquent explique le maintien des caractères acquis, ce qu'on appelle l'*hérédité*.

Si le corps est ramifié, la partie qui s'en détache pour former un corps nouveau peut comprendre déjà tout un système de membres insérés les uns sur les autres, système tantôt homogène, tantôt plus ou moins profondément différencié. Mais elle peut aussi ne comprendre qu'un membre isolé, ou seulement un fragment quelconque d'un membre. Ce fragment peut même être très petit. Il suffit souvent d'une parcelle ayant moins de un millième de millimètre pour servir d'origine à un corps de très grande dimension et y assurer la transmission héréditaire de tous les caractères du corps dont il provient.

Origine et reproduction de la structure. — Quand la structure est continue, au moment où la plante se dispose à mettre en liberté certaines parties de sa masse pour servir d'origine à autant de plantes nouvelles, nécessairement il s'opère au point considéré un cloisonnement avec dissociation ; ce cloisonnement sépare du protoplasme général la portion de protoplasme qui doit abandonner le corps, et souvent aussi fractionne ensuite cette portion en parties plus petites de même forme et de même valeur. La structure continue fait place, à cet endroit et pour un instant, à une structure cloisonnée dissociée ; chaque portion détachée est quelquefois un article (Vauchérie, etc.), le plus souvent une cellule (fig. 17, *A*).

Lorsque la structure est cellulaire associée, la portion qui se détache peut comprendre un plus ou moins grand nombre de

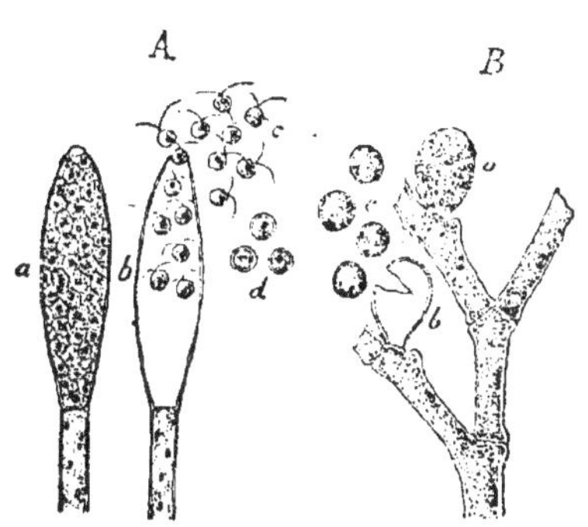

Fig. 17. Formation et émission des spores. — *A*, dans un Saprolégnia, Champignon à structure continue : *a*, cloisonnement local autour de chaque noyau ; *b*, dissociation et sortie des cellules, qui sont des zoospores à deux cils *c* ; *d*, zoospores revêtues de cellulose et immobiles. — *B*, dans une Floridée, Algue à structure cloisonnée : *a*, cloisonnement local ; *b*, dissociation et sortie des cellules, qui sont des spores munies de cellulose et immobiles, *c*.

cellules associées, encore toutes semblables ou déjà différenciées ; mais le plus souvent, elle ne comprend qu'une seule cellule ou se compose de cellules toutes pareilles qui se dissocient aussitôt après leur formation, de manière à se séparer les unes des autres en même temps qu'elles quittent le corps primitif. Dans les deux derniers cas, la plante nouvelle a pour point de départ une cellule détachée de la plante ancienne. Toujours est-il que la structure cellulaire associée fait place, à cet endroit et pour un instant, à une structure cellulaire dissociée (fig. 17, *B*). Quand la structure cellulaire est déjà dissociée, on comprend que le phénomène de croissance de la plante ancienne et le phénomène de production des plantes nouvelles sont absolument confondus.

Puisque la structure continue passe à une structure articulée ou cellulaire dissociée, et la structure cellulaire associée à une structure cellulaire dissociée, on voit que, dans tous les cas, le germe est un article ou une cellule détachée d'un végétal antérieur. Dans le premier cas, pour devenir la plante nouvelle, l'article ou la cellule grandit simplement sans se cloisonner ; dans le second cas, elle se cloisonne à mesure qu'elle s'accroit.

En résumé, toute structure continue finit par se cloisonner à un certain moment (fig. 17, *A*, *a*), toute structure cloisonnée commence par être continue (fig. 17, *B*, *d*). Il en résulte que toute plante, dans le cours de son développement, passe tour à tour par la structure continue et par la structure cloisonnée. La différence n'est que dans la durée des deux états : c'est tantôt la structure cloisonnée qui dure peu, tantôt la structure continue.

Considérée par rapport à la plante ancienne qu'elle perpétue, la cellule détachée en est la cellule reproductrice ; considérée par rapport au végétal nouveau qu'elle va produire, elle en est la cellule primordiale ; on lui donne habituellement le nom de *spore*. De l'une à l'autre elle transmet, comme il a été dit plus haut, à travers les générations successives, les caractères et les propriétés acquises ; elle est le mécanisme de l'hérédité.

Origine et reproduction monomère. — Toutes les fois que le végétal nouveau provient, comme il vient d'être dit, d'un simple fragment détaché d'un corps antérieur, fragment qui peut comprendre tout un système différencié de membres, mais qui peut aussi se réduire à une seule cellule, à une spore, son origine est simple, ou *monomère*, et son hérédité complète. Souvent la membrane de la spore, au moment de sa mise en liberté, est déjà recouverte d'une couche cellulosique ; la spore est alors immobile (fig. 17, *B*). Ailleurs, notamment chez un grand nombre d'Algues, elle est encore tout entière albuminoïde et porte des cils vibratiles ; la spore se meut alors pendant un certain temps dans le liquide ambiant et reçoit alors le nom de *zoospore* (fig. 17, *A*, *c*) : plus tard la membrane perd ses cils, produit sa couche cellulosique et la spore redevient immobile (*d*).

Origine et reproduction dimère : œuf, sexualité. — Mais dans la plupart des végétaux, à côté de ce premier mode d'origine, qui n'est à vrai dire qu'une continuation directe, il en existe un autre, qui établit une barrière entre la plante ancienne et la plante nouvelle. C'est encore, au début, une dissociation de cellules spéciales, de cellules reproductrices, dont la membrane ne produit pas de couche cellulosique et qui peuvent être mobiles (fig. 18, *a*); mais ces cellules, tant qu'on les maintient isolées, demeurent stériles, ne se revêtent pas d'une couche cellulosique et ne tardent pas à se détruire ; elles ne sont donc pas des spores ; on les nomme des *gamètes*. Il faut, en effet, qu'elles s'associent deux par deux, qu'elles se pénètrent, qu'elles se combinent protoplasme à protoplasme et noyau à noyau (fig. 18, *b*, *c*). Le produit de cette combinaison est une cellule nouvelle, dont la membrane ne tarde pas à se couvrir d'une couche de cellulose, qui est capable de développement ultérieur et qu'on appelle un œuf (*d*). L'œuf, dont l'origine est *dimère*, diffère donc profondément de la spore, dont l'origine est monomère. Qu'il y ait réellement dans l'œuf combinaison et non simple mélange des gamètes, c'est ce que démontre suffisamment la contraction progressive qui s'opère toujours pendant la fusion, d'où résulte que le volume de l'œuf est toujours moindre que la somme des volumes de ses composants.

L'association dimère qui donne naissance à l'œuf peut être homogène, en apparence au moins, si les deux gamètes sont semblables et si, pour s'unir, ils font chacun la moitié du chemin : c'est ce qui a lieu, par exemple, chez les Mucorinées parmi les Champignons, chez les Conjuguées parmi les Algues ; la formation de l'œuf est dite alors *isogame* (fig. 18, *A*). Mais le plus souvent l'association di-

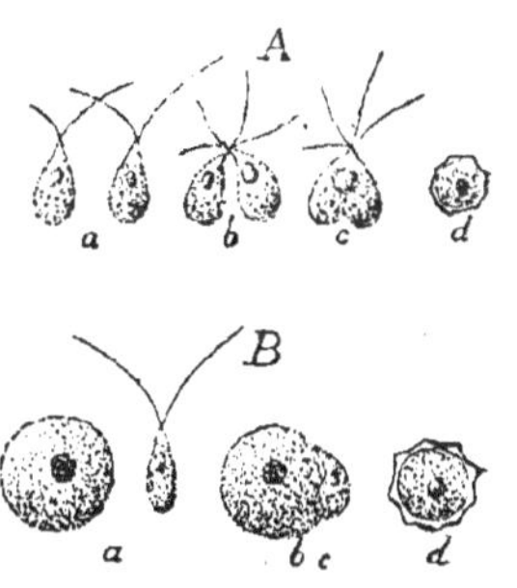

Fig. 18. Formation des œufs. *A*, par isogamie, dans le Botrydium : *a*, les deux gamètes, ciliés et mobiles ; *b*, rapprochement ; *c*, fusion des gamètes ; *d*, œuf enveloppé de cellulose. — *B*, par hétérogamie, dans le Sphéropléa : mêmes lettres.

mère est hétérogène, les deux gamètes étant de formes et de propriétés différentes. L'un, plus gros, parce qu'à côté de son protoplasme fondamental et de son noyau il accumule en lui tous les matériaux de réserve nécessaires aux premiers développements de l'œuf, demeure en place ; l'autre, plus petit, parce qu'il est réduit à son protoplasme fondamental et à son noyau, fait tout le chemin pour s'unir au premier. La formation de l'œuf est alors *hétérogame* (fig. 18, *B*). Dans ce dernier cas, on dit souvent *femelle* le gamète qui demeure en place, *mâle* celui qui fait tout le chemin ; l'union hétérogame est une union *sexuelle*, l'hétérogamie une *sexualité*. Mais ce qu'il faut bien comprendre, c'est que la formation de l'œuf n'exige nullement la différence sexuelle externe des gamètes, la sexualité, puisqu'elle peut tout aussi bien être isogame.

Distinction entre la plante et l'individu. — Pour exprimer cette différence fondamentale d'origine, suivant qu'elle réside dans une simple dissociation monomère, ou dans une dissociation double suivie d'une réassociation dimère, nous appellerons par la suite une *plante* tout ce qui provient d'un œuf, en appliquant le nom d'*individu* à tout corps végétal indivis, tel qu'il se présente à nous à un moment donné. D'un individu à l'autre, le lien est une pure continuité avec dissociation ; la dissociation étant un phénomène tout à fait variable et secondaire, la ressemblance entre les divers individus d'une plante demeure absolument la même qu'entre les diverses parties d'un seul et même individu ; en un mot l'hérédité des individus est complète et il est permis de prendre l'un pour l'autre. D'une plante à l'autre, au contraire, il y a encore continuité, sans doute, puisque les protoplasmes et les noyaux des deux gamètes passent tout entiers dans l'œuf ; mais cette continuité est frappée d'un accident remarquable. Du fait de l'association, de la combinaison dans l'œuf, peuvent et doivent naître, en effet, bien des propriétés nouvelles, peuvent et doivent disparaître aussi par neutralisation bien des propriétés anciennes ; en sorte que, d'une plante à l'autre, l'hérédité est incomplète. La somme de ces gains et de ces pertes est précisément ce qui constitue le caractère propre, la personnalité de la plante considérée, ce qui la distingue à la fois de celle dont elle provient et de celles qu'à son tour elle produira par le même procédé, ce qui fait d'elle, en un mot, dans la série des générations, une unité spéciale qu'on n'a jamais le droit d'identifier avec les autres unités semblables.

Croissance. — C'est en formant et en ajoutant sans cesse des parties nouvelles à son corps, c'est-à-dire à sa membrane, à son protoplasme, à ses noyaux, à ses leucites, à son suc, en un mot en *croissant*, que la plante transforme peu à peu l'œuf dont elle dérive en un individu adulte. Cette croissance a lieu sous l'influence de la pression de turgescence; on s'est assuré, en effet, que tout ce qui diminue ou supprime la turgescence, diminue dans la même mesure ou supprime la croissance. Parvenu à l'état adulte, tantôt le corps produit directement des œufs nouveaux et la plante ne se compose que d'un seul individu. Tantôt, au contraire, il ne forme que des corps reproducteurs monomères, par exemple des spores, et c'est par le même phénomène de croissance que ces spores se développent peu à peu en autant d'individus adultes. La plante comprend alors toute une succession d'individus issus progressivement les uns des autres, et dont la série est close par l'arrivée d'individus produisant des œufs. La croissance de la plante est continue dans le premier cas, discontinue dans le second.

Dans tous les cas, l'augmentation de volume acquise pendant un temps donné, sans tenir compte des parties qui peuvent avoir disparu pendant le même temps, est l'*accroissement* du corps, son accroissement *absolu* pendant ce temps; rapporté à l'unité de temps, il mesure la *vitesse de croissance* du corps. En retranchant de l'accroissement absolu le volume des parties qui ont disparu pendant le même temps, on obtient l'accroissement *relatif*. Égal ou presque égal au début à l'accroissement absolu, l'accroissement relatif décroît à mesure qu'on se rapproche de l'état adulte, et il peut devenir nul à ce moment, parce que dans un temps donné le gain est précisément égal à la perte.

Dépérissement. Mort. — Plus tard, le gain devenant inférieur à la perte, l'accroissement relatif est négatif; le corps vivant de la plante diminue de volume, tout en continuant de croître; il dépérit. Enfin, si, par une cause quelconque, la croissance vient à cesser, lorsque toutes les parties anciennement formées se seront épuisées à tour de rôle, le corps aura cessé d'exister. La cause prochaine de la mort est donc la cessation de la croissance.

§ 4

Développement de la race.

Nous avons considéré jusqu'ici la plante dans l'individu unique ou dans la succession des individus qui la composent, depuis l'œuf d'où elle provient jusqu'aux œufs qu'elle produit. Il faut la rattacher maintenant aux plantes dont elle procède et à celles qu'elle engendre.

Définition de la race. — La suite indéfinie des générations passées d'où procède dans le présent une plante donnée et des générations à venir qui dérivent d'elle, la chaîne dont elle est un des anneaux, est ce qu'on appelle en général la *race* de cette plante. A chaque passage d'une génération à la suivante, si l'œuf résulte d'une union directe des gamètes de la même plante, en un mot si sa formation est *autonome*, la descendance est *directe* et la race est et se maintient *pure*. Mais il peut arriver qu'il y ait dans la formation de l'œuf intervention d'une plante étrangère, qui fournit l'un ou l'autre des gamètes constitutifs, que la formation de l'œuf soit, comme on dit, *croisée;* la descendance est alors *indirecte* et la race *mélangée*. Suivant la nature diverse de la plante étrangère et la fréquence de ses interventions, le mélange comporte bien des degrés, comme il sera dit plus tard.

Variations. — Si dans la chaîne tous les anneaux se succédaient indéfiniment et rigoureusement identiques à eux-mêmes, la race n'aurait pas de développement propre, partant pas d'histoire, et il suffirait une fois pour toutes de constater cette identité. Mais il n'en est pas ainsi. Comme on l'a dit plus haut, la combinaison dont l'œuf est le produit est une source toujours vive de caractères nouveaux qui, latents dans l'œuf, apparaissent peu à peu pendant la croissance et parviennent dans l'état adulte à leur pleine et entière expression. Toute plante adulte diffère donc par quelque côté, à la fois de la plante qui la précède, de celle qui la suit, et des autres plantes de la même génération qu'elle. Il y a lieu, par conséquent, d'étudier ces différences, ou, comme on dit, ces *variations*, de chercher comment elles sont influencées par le mode même de formation de l'œuf, suivant qu'il est autonome ou croisé à divers degrés, par le temps, c'est-à-dire par l'âge de la race ou par le numéro d'ordre de la génération considérée, et par le lieu, c'est-à-dire par l'ensemble des conditions de milieu auxquelles cette génération est soumise. En un mot, il y a lieu d'étudier le développement de la race. Il suffit ici d'avoir posé la question.

SECTION II

PHYSIOLOGIE DU CORPS

Pour faire l'étude physiologique du corps, il faut le considérer d'abord dans son mode d'action sur le milieu extérieur, dans ses fonctions externes, puis dans les phénomènes qui s'accomplissent dans sa structure, dans ses fonctions internes.

§ 5

Fonctions externes du corps.

Influence de la pesanteur, de la lumière et de la température sur la croissance du corps. — La pesanteur modifie d'ordinaire la croissance du corps de manière à en placer l'axe dans sa propre direction, c'est-à-dire suivant la verticale du lieu, et à le rétablir dans cette direction aussitôt qu'une cause quelconque est venue l'en écarter. Une fois cette direction obtenue et fixée, les ramifications du corps, s'il en a, échappent à l'action directrice de la pesanteur d'autant plus qu'elles ont un rang plus élevé par rapport au tronc primitif. On appelle *géotropisme* cette action dirigeante de la pesanteur. Suivant la région du corps, la pesanteur tantôt retarde la croissance sur la face inférieure, qui devient concave, tantôt accélère la croissance sur cette face, qui devient convexe. Dans le premier cas, la région considérée se dirige verticalement vers le bas, dans le même sens que la force, on dit que son géotropisme est *positif;* dans le second, elle se dirige verticalement vers le haut, en sens contraire de la force, on dit que son géotropisme est *négatif.*

La lumière aussi modifie ordinairement la croissance du corps, de manière à en placer l'axe dans la direction des rayons incidents. Plus générale que celle de la pesanteur, puisqu'elle s'étend également à toutes les ramifications du corps, plus constante aussi, puisque dans toutes les régions elle est retardatrice et courbe, par conséquent, le corps vers la source lumineuse, cette action dirigeante de la lumière a reçu le nom de *phototropisme*. Elle varie avec l'intensité lumineuse. Nulle au-dessous d'une certaine intensité faible, elle croît ensuite avec l'intensité pour acquérir son maximum à une certaine intensité moyenne, à partir de laquelle elle décroît à mesure que l'intensité augmente, jusqu'à devenir nulle pour une certaine intensité forte. Suivant les plantes, les deux limites inférieure et supérieure, ainsi que l'optimum, prennent d'ailleurs des valeurs notablement différentes. C'est toujours à l'optimum d'intensité lumineuse qu'il faut exposer la plante pour étudier son phototropisme dans toute son énergie.

Enfin la température exerce sur la croissance du corps une influence décisive, qui varie suivant son degré. Nulle au-dessous d'une certaine limite, la croissance va s'accélérant à mesure que la température s'élève, jusqu'à un certain degré où elle atteint son maximum; elle se ralentit ensuite quand la température continue de croître, jusqu'à une certaine limite où elle cesse complètement. Les deux limites et l'optimum varient d'ailleurs beaucoup suivant les plantes ; il est nécessaire de les connaître dans chaque cas particulier, afin de placer le végétal dans les conditions de température les plus favorables à sa croissance. Si l'échauffement est inéquilatéral, le corps s'infléchit, devenant convexe du côté où la température est le plus voisine de l'optimum, concave du côté opposé ; on appelle *thermotropisme* cette propriété de se courber sous l'influence des différences de température.

Géotropisme, phototropisme et thermotropisme combinent leurs effets, et c'est suivant la résultante de ces trois forces que le corps prend dans l'espace sa direction définitive.

Respiration. — Ainsi dirigé par la pesanteur, la lumière et la température, le corps agit en tous ses points et continuellement sur les gaz du milieu extérieur, sur les gaz libres de l'atmosphère s'il est aérien, sur les gaz dissous dans l'eau s'il est aquatique. Cette action consiste en une absorption d'oxygène et en un dégagement simultané d'acide carbonique, absorption et dégagement qui s'opèrent à travers la membrane du corps conformément aux lois physiques d'osmose et de diffusion. L'oxygène absorbé est constamment consommé par le protoplasme, aux éléments duquel il se combine en les oxydant; l'acide carbonique est constamment produit dans le protoplasme, sans doute comme l'un des termes du dédoublement des matières albuminoïdes et ternaires qui le composent. C'est la continuité de cette consommation interne d'oxygène et de cette production interne d'acide carbonique qui amène la continuité de l'absorption externe de l'oxygène et du dégagement externe de l'acide carbonique.

Entre la combinaison de l'oxygène à certains éléments du protoplasme et la mise en liberté de l'acide carbonique par certains autres éléments du protoplasme, s'étage toute une longue suite encore inconnue de réactions intermédiaires, et l'on commettrait une erreur grave en admettant que l'oxygène se fixe directement sur une partie du carbone du protoplasme pour se dégager immédiatement sous forme d'acide carbonique. Cependant, entre le commencement et la fin de cette série de réactions, qu'il faut toujours avoir présente à l'esprit pour tâcher d'en démêler les termes successifs, il existe une certaine relation fixe. Le rapport du volume de l'acide carbonique émis au volume de l'oxygène absorbé dans le même temps, rapport que l'on peut écrire $\frac{CO^2}{O}$, varie dans une même plante avec l'âge et le membre considéré; il varie aussi d'une plante à l'autre au même âge et dans le même membre; mais pour une même plante au même âge et dans le même membre, il est constant, indépendant des conditions extérieures, notamment de la température, de la lumière, de la pression, etc. Il est souvent égal ou presque égal à l'unité, c'est-à-dire que l'oxygène dégagé à la fin de la réaction dans l'acide carbonique représente exactement l'oxygène libre absorbé au commencement par le protoplasme. Souvent aussi il est plus petit que l'unité et peut s'abaisser jusqu'à 0,5, ce qui veut dire qu'une partie de l'oxygène absorbé est définitivement assimilée au protoplasme. Dans tous les cas, la fixité de ce rapport, en établissant un lien entre l'absorption de l'oxygène et le dégagement de l'acide carbonique, autorise à regarder ces deux phénomènes comme les deux parties d'une seule et même fonction, qu'il est permis de désigner d'un seul mot sous le nom de *respiration*. Le corps respire, et l'intensité de sa respiration varie, comme on le verra plus tard, non seulement avec la nature de la plante, son âge, la qualité du membre considéré, mais encore avec les conditions extérieures : température, lumière, pression, etc.

La respiration est la plus générale des fonctions externes du corps. C'est aussi la plus nécessaire. En effet, si le corps est placé en vase clos, aussitôt qu'il a absorbé la totalité de l'oxygène contenu dans l'atmosphère limitée qui l'entoure, les mouvements de son protoplasme s'arrêtent et sa croissance prend fin. Ensuite il dépérit et meurt plus ou moins rapidement, suivant sa nature propre; il est, comme on dit, *asphyxié*. La série des réactions dont son protoplasme est le siège et dont l'acide carbonique est un des produits finaux ne s'en poursuit pas moins, et par conséquent de l'acide carbonique continue à se dégager sans interruption; mais il faut distinguer avec soin cette production d'acide carbonique contemporaine de l'asphyxie de celle qui a lieu pendant la respiration. Les réactions intermédiaires, en effet, du moins certaines d'entre elles, changent tout à coup de nature dès que l'oxygène vient à manquer; par exemple, toutes les fois que le suc cellulaire contient du glucose, ce qui est très fréquent, il s'y forme aussitôt de l'alcool, qui ne se produit pas dans les circonstances ordinaires. L'acide carbonique dégagé pendant l'asphyxie n'a donc pas, du moins dans sa totalité, la même origine que pendant la respiration normale; il ne paraît pas s'y former non plus, toutes choses égales d'ailleurs, dans les mêmes proportions.

Transpiration. — A moins d'être entièrement submergé, le corps de la plante émet incessamment de la vapeur d'eau dans le milieu extérieur; ce dégagement a lieu par toutes les parties qui ne sont pas plongées directement dans l'eau et dont la membrane externe est demeurée perméable à la vapeur d'eau. On donne à ce phénomène le nom de *transpiration*. Son intensité varie, comme on le verra plus tard, avec les conditions externes : température, lumière, etc., et avec la nature de la plante, son âge, la qualité de ses membres, etc. C'est la transpiration qui s'exerce dans la région aérienne du corps qui provoque l'entrée de l'eau dans la région plongée.

Absorption. — Par tous les points de son corps qui sont perméables à l'eau, s'il est entièrement submergé, par les points perméables de la région plongée dans l'eau, s'il est en partie aérien, la plante absorbe, en effet, l'eau et les substances qu'elle tient en dissolution. C'est la fonction d'*absorption*.

L'absorption de l'eau et des substances dissoutes se fait d'abord à travers la membrane externe en vertu des lois physiques d'osmose et de diffusion, jusqu'à ce que le corps ait atteint l'état de saturation à la fois pour l'eau et pour chacune des substances dissoutes prise séparément : il y a alors équilibre osmotique et l'absorption cesse pour le moment. Ensuite, de deux choses l'une. Ou bien la plante ne consomme ni eau, ni aucune des substances dissoutes ; alors l'équilibre persiste et l'absorption demeure nulle. Ou bien la plante, parce qu'elle s'accroît, ou parce qu'elle perd de l'eau par transpiration dans les régions aériennes de son corps, ou par ces deux causes en même temps, consomme à la fois de l'eau et des substances dissoutes ; alors l'équilibre est rompu, et en conséquence, les phénomènes d'osmose et de diffusion poursuivant leur cours, le corps continue à absorber de l'eau et des substances dissoutes dans le milieu extérieur, dans la proportion même où cette eau et ces substances dissoutes sont consommées par lui. Désormais, la quantité d'eau absorbée dans un temps donné par la surface immergée mesure exactement la somme de l'eau consommée à l'intérieur du corps par la croissance et de l'eau transpirée par la surface libre ; de même, la quantité de chacune des substances dissoutes absorbée dans un temps donné mesure exactement la quantité de cette substance qui est consommée dans le même temps.

En résumé, et c'est ce qu'il faut bien comprendre, la plante n'absorbe pas tel quel le liquide extérieur ; elle tire du liquide extérieur individuellement toutes les substances qu'elle consomme, par cela seul qu'elle les consomme, et dans la proportion même où elle les consomme. Le mécanisme général de l'absorption étant bien compris, nous verrons plus tard comment cette fonction varie avec les conditions extérieures, avec la nature de la plante et, dans une plante donnée, avec l'âge et la qualité de ses membres. Ajoutons seulement que c'est l'absorption qui introduit dans la plante tous les éléments chimiques nécessaires à l'édification de son corps, à l'exception de l'oxygène s'il est privé de chlorophylle, à l'exception de l'oxygène et du carbone s'il possède de la chlorophylle.

Assimilation du carbone. — Les plantes pourvues de chlorophylle prennent, en effet, le carbone nécessaire à l'édification de leur corps à l'acide carbonique du milieu extérieur, au moyen d'une fonction spéciale qui a son siège dans les chloroleucites : c'est l'*assimilation du carbone*, fonction à la fois externe et interne. Elle consiste, en effet, dans la décomposition de l'acide carbonique à l'intérieur des chloroleucites à l'aide des rayons lumineux absorbés par la chlorophylle et qui sont consacrés à ce travail chimique : c'est un phénomène interne. Mais cette décomposition exige l'intervention incessante de la lumière, où la chlorophylle puise continuellement de nouvelles radiations, et elle provoque aussitôt, en vertu des lois d'osmose et de diffusion, d'une part une absorption d'acide carbonique, d'autre part une émission d'oxygène dans le milieu extérieur : trois phénomènes externes. Le carbone de l'acide carbonique demeure fixé dans le protoplasme; il est *assimilé*. Nous ne faisons ici que signaler cette importante fonction; nous l'étudierons plus tard avec tous les développements qu'elle comporte.

Digestion. — En certains points de son corps, la plante émet quelquefois, à travers sa membrane demeurée molle et perméable, une petite quantité de liquide; qu'une substance solide de nature convenable arrive en un de ces points au contact de la surface, le liquide agit sur elle, l'attaque, la dissout, après quoi elle est absorbée par le corps comme si elle lui avait été présentée tout d'abord à l'état de solution. Cette transformation d'une matière insoluble en une matière soluble à l'aide d'un liquide actif exsudé par le corps lui-même, suivie aussitôt de l'absorption de la substance ainsi transformée, a reçu le nom de *digestion*. En certains points de son corps, la plante a donc la faculté de digérer des substances solides situées en dehors d'elle; nous en verrons plus tard de nombreux exemples.

Dégagement de chaleur. — La série des réactions respiratoires, notamment l'absorption d'oxygène et le dégagement d'acide carbonique qui en sont le commencement et la fin, mettent en liberté de la chaleur. Pour chaque quantité d'acide carbonique produit renfermant 1 gramme de carbone, c'est environ 8000 calories qui se trouvent ainsi dégagées. Au contraire, l'absorption, avec les phénomènes osmotiques et diffusifs qui l'accompagnent, la digestion, mais surtout la transpiration et l'assimilation du carbone, consomment de la chaleur. Suivant donc que les causes de consommation, qui sont variables, se trouveront inférieures, égales ou supérieures aux causes de production, le corps de la plante dégagera ou puisera de la chaleur dans le milieu extérieur. Dans les régions où il n'assimile pas de carbone, faute de chlorophylle, et où il transpire peu, les causes de consommation de chaleur sont notablement inférieures aux causes de production, et il dégage de la chaleur dans le milieu extérieur. Des graines qui germent, par exemple, élèvent la température du thermomètre qu'elles entourent de 10° à 12° pour le Blé, de 17° pour le Trèfle, de 20° pour le Navet.

Nature et forme assimilable des éléments chimiques externes qui constituent le corps. — Par l'ensemble des fonctions externes qu'on vient de signaler, la plante prend en définitive au milieu extérieur tous les éléments chimiques nécessaires à la constitution de son corps. Quels sont ces éléments et sous quelle forme doivent-ils être présentés à la plante pour qu'elle puisse se les incorporer ou, comme on dit, se les *assimiler?*

Parmi les nombreux corps simples que la Chimie connaît aujourd'hui, treize seulement entrent nécessairement dans la constitution du corps de la plante. Ce sont le carbone, l'oxygène, l'hydrogène, l'azote, le phosphore, le soufre, le potassium, le magnésium, le calcium, le silicium, le fer, le zinc et le manganèse. La plante doit donc trouver ces treize éléments réunis dans le milieu extérieur; mais il faut encore qu'ils s'y trouvent sous une forme assimilable.

Aux plantes dépourvues de chlorophylle le carbone peut être présenté sous plusieurs formes : le glucose et l'acide tartrique sont généralement préférables, mais la mannite, le tannin, la glycérine, les acides malique et citrique, l'alcool, l'acide acétique et même l'acide oxalique sont des composés où la plante peut aussi, du moins dans certains cas, puiser son carbone. L'acide carbonique et l'oxyde de carbone, au contraire, ne peuvent donner de carbone à une plante sans chlorophylle. Les plantes vertes prennent, comme on sait, leur carbone à l'acide carbonique de l'air, qu'elles décomposent par l'action combinée de la chlorophylle et des rayons solaires; mais elles ne décomposent pas l'oxyde de carbone.

L'oxygène est assimilé sous forme gazeuse libre dans la respiration; il est assimilé en outre à l'état de combinaison soit avec l'hydrogène dans l'eau, soit à la fois avec l'hydrogène et le carbone dans les hydrates de carbone, soit avec les métaux et les métalloïdes dans les oxydes et acides minéraux. L'hydrogène n'est pas assimilé à l'état de gaz libre; il l'est sous forme d'eau et d'ammoniaque : il l'est encore sous forme de glucose ou d'autres composés ternaires ou quaternaires. L'azote n'est assimilé ni à l'état de gaz libre, ni en combinaison avec le carbone sous forme de cyanogène ou avec l'oxygène sous forme d'acide nitreux; il l'est, au contraire, éminemment sous forme d'acide nitrique et d'ammoniaque; il peut l'être aussi sous forme de composés complexes, comme l'asparagine ou l'urée. Le phosphore est assimilé sous forme d'acide phosphorique quel que soit le sel, le soufre sous forme d'acide sulfurique quel que soit le sel, le silicium sous forme d'acide silicique dans un silicate soluble. Le potassium et le magnésium sont assimilés sous forme d'oxydes quel que soit le sel, et aussi sous forme de chlorures. Le fer, le zinc et le manganèse, enfin, sont assimilés également sous forme d'oxydes.

Ainsi, en dissolvant dans l'eau, en présence de l'oxygène libre, les substances suivantes : glucose, nitrate de potasse, phosphate de magnésie, nitrate de chaux, sulfates de fer, de zinc et de manganèse, silicate de potasse, on obtient le milieu complet où une plante privée de chlorophylle pourra se développer. Si la plante est verte, on supprimera le glucose, mais il faudra que l'atmosphère ambiante contienne de l'acide carbonique et que la lumière ait accès.

Symbiose. Parasitisme. — Pourtant, il y a des plantes incapables de puiser ainsi directement leurs éléments constitutifs dans le milieu extérieur; celles-là doivent s'associer à d'autres, qui les nourrissent. Cette association peut affecter deux formes principales, être bilatérale, à bénéfice réciproque, ou unilatérale, au bénéfice exclusif de l'un des deux conjoints.

L'exemple le plus remarquable d'une association à bénéfice réciproque nous est offert par les Champignons du groupe des Lichens. Trouvant dans leur voisinage, sur les écorces ou sur le sol, diverses Algues inférieures : Protocoque, Palmelle, Nostoc, etc., ces Champignons entrent en contact intime avec elles, les enlacent de leurs filaments et fina-

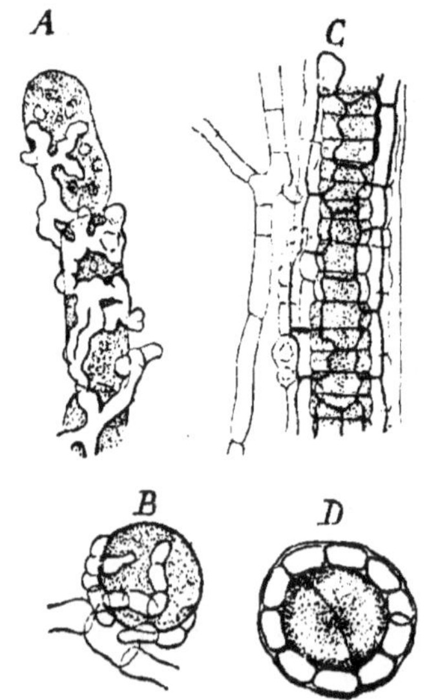

Fig. 19. Symbiose d'une Algue (en pointillé) et d'un Champignon (en clair), pour former un Lichen. — A est pris dans le Byssocaulon neigeux; B, dans la Cladonie fourchue; C et D, dans le Dictyonéma rose. D est la section transversale de C.

lement les incorporent (fig. 19). L'association ainsi formée est profitable aux deux plantes, quoique inégalement. L'Algue vit bien isolée, mais devient plus vigoureuse unie au Champignon, qui lui offre à la fois l'abri, la fraîcheur, l'aliment azoté et minéral. Le Champignon ne se développe le plus souvent que très peu quand il est isolé; il a besoin, tout au moins pour fructifier, de l'Algue, à laquelle il emprunte ses aliments carbonés. En s'entr'aidant ainsi, en réglant leur croissance l'un sur l'autre, ils forment à eux deux le corps des Lichens, plantes innombrables qui jouent, comme on le verra plus tard, un rôle très important dans la végétation du globe. Ce phénomène par lequel, à l'aide de deux unités morphologiques, se constitue une seule unité physiologique, est ce qu'on appelle en général la *symbiose*. Il serait facile de citer d'autres exemples de cette communauté de vie. Bornons-nous à dire que tous les arbres de nos forêts qui appartiennent à la famille des Cupulifères (Chêne, Hêtre, Châtaignier, etc.) abritent et nourrissent dans la couche périphérique de leurs jeunes racines un Champignon qui, en retour, absorbe pour eux l'eau et les matières solubles du sol environnant.

Ailleurs, le bénéfice est tout d'un côté; l'association se compose d'un nourrisson et d'une nourrice qui souffre plus ou moins du rôle qu'elle joue. On dit alors qu'il y a *parasitisme*, que la première plante est *parasite* sur la seconde. On rencontre tous les degrés d'âpreté dans ce parasitisme. Les parasites verts, le Gui qui vit sur la tige d'un Pommier, le Mélampyre qui implante ses racines sur celles des Graminées voisines, etc., ne demandent à la plante nourricière qu'une partie de leur aliment, et le dommage qu'ils lui causent n'est pas très grand. Il en est tout autrement des parasites dépourvus de chlorophylle, comme la Cuscute sur la tige du Chanvre, l'Orobanche sur la racine de la Luzerne, le Cystopus dans les feuilles du Chou, le Péronospora dans tout le corps de la Pomme de terre; ceux-là prennent à leur nourrice tout leur aliment et finalement l'épuisent et la tuent.

Division du travail externe. — Direction sous l'influence de la pesanteur, de la lumière et de la température, respiration, transpiration, absorption, assimilation du carbone, digestion : telles sont donc les principales fonctions extérieures de la plante, dont l'ensemble constitue son *travail externe*.

Simple ou ramifié, toutes les fois que le corps du végétal est ho... agit en tous les points de sa surface de la même manière sur le milieu extérieur ; il exécute en tous ses points le même travail externe et partout il l'exécute tout entier. Le travail externe est *confondu* en chaque point. Pourtant, si le corps s'allonge en cylindre, une légère différence s'accuse déjà entre le mode d'action transversal et le mode d'action longitudinal, et s'il s'aplatit en même temps en ruban, il y a trois directions suivant lesquelles le travail externe n'est pas tout à fait le même.

Quand le corps est différencié, plus les trois ordres de différenciations externes distinguées plus haut sont variées et profondes, mieux aussi chaque membre ou partie de membre s'applique à une tâche déterminée et différente, et c'est la somme de ces tâches spéciales qui représente désormais le travail externe total du corps. Le travail externe est de plus en plus *divisé*. C'est chez les plantes où la forme extérieure est le plus différenciée, que la division externe est poussée au plus haut degré. Dans les plantes vasculaires, par exemple, la racine est l'organe spécial de l'absorption, la feuille l'organe spécial de la transpiration et de l'assimilation du carbone. Cette corrélation étroite entre la division du travail et la différenciation de la forme a été déjà invoquée plus haut (p. 9) et nous a permis de trouver dans la différenciation de la forme un critérium externe de perfection.

§ 6

Fonctions internes du corps.

A vrai dire, toutes les fonctions signalées au paragraphe précédent, puisqu'elles ont leur siège ou leur origine dans le protoplasme, sont déjà internes par un de leurs côtés. Celles dont il nous reste à parler n'en diffèrent que parce qu'elles sont dépourvues d'effet externe et localisées exclusivement à l'intérieur du corps. Elles sont de deux sortes : les unes, chimiques, ont leur siège dans les tissus vivants ou parenchymes ; les autres, mécaniques, résident dans les tissus morts.

Assimilation, réserve et désassimilation. — On a vu (p. 55) quels sont les éléments chimiques nécessaires à l'édification du corps de la plante. On sait que ces éléments peuvent s'introduire dans le corps, c'est-à-dire dans chacune des cellules vivantes qui le composent s'il est cloisonné et différenc... forme de sels minéraux, et là, se combiner progressi... t à l'intérieur du protoplasme pour former des composés de ... s en plus complexes, puis enfin des matières albuminoïdes. Mais ils peuvent aussi être absorbés directement sous forme de combinaisons organiques plus ou moins compliquées, ce qui abrège d'autant le travail synthétique du protoplasme. C'est à ce travail synthétique, par lequel les éléments chimiques des composés minéraux du milieu extérieur deviennent finalement parties intégrantes du protoplasme, des leucites, du noyau et de la membrane, qu'il convient de donner en général le nom d'*assimilation*.

Les matériaux ainsi incorporés au protoplasme alimentent la croissance. Plus tard, ils subissent une série de décompositions chimiques, qui les simplifient de plus en plus et leur font pour ainsi dire redescendre un à un tous les degrés que l'assimilation leur avait fait monter. Ce travail de décomposition chimique, qu'on appelle la *désassimilation*, doit être soigneusement distingué du travail de synthèse chimique qui constitue l'assimilation. Parvenus aux divers degrés de l'échelle descendante, certains produits de désassimilation peuvent d'ailleurs, sur place, c'est-à-dire sans sortir de la cellule où ils se sont formés, être repris par le travail assimilateur, être *réassimilés;* leur apparition n'est alors que transitoire.

Les composés minéraux que la cellule puise dans le milieu extérieur et qui constituent les matériaux premiers de l'assimilation sont, à peu d'exceptions près, fortement oxygénés. Les divers produits de l'assimilation, au contraire, sont pauvres en oxygène et quelques-uns même en sont totalement dépourvus. Il en résulte que l'assimilation est un phénomène général de désoxydation et de consommation de chaleur. La désassimilation, qui, à l'aide de produits pauvres en oxygène, donne naissance à des composés d'ordinaire fortement oxygénés parmi lesquels l'acide carbonique ne manque jamais, est au contraire un phénomène général d'oxydation et de dégagement de chaleur. Il y aura donc, dans une cellule donnée, absorption de chaleur et élimination d'oxygène toutes les fois que dans cette cellule l'assimilation prévaudra sur la désassimilation ; il y aura émission de chaleur et absorption d'oxygène, toutes les fois que le contraire aura lieu.

Assimilation, croissance et désassimilation se suivent quelque-

très près ; consommés et décomposés peu de temps après leur formation, les produits assimilés ne font alors qu'une apparition de courte durée. Souvent, au contraire, ils s'accumulent dans le protoplasme et s'y mettent en réserve sous une forme déterminée, pour n'être que plus tard utilisés par la croissance, puis désassimilés. Entre l'assimilation qui produit ces matériaux de réserve et la croissance qui les consomme, il peut s'écouler un temps très long, comme on le voit pour les tubercules, les graines, etc.; la phase de réserve est alors évidente et frappe tout le monde. Ailleurs, l'intervalle est court et la réserve se trouve dépensée dans la journée même où elle s'est produite; mais alors il se fait quelquefois entre les heures de production et les heures de dépense une alternance remarquable qui met en relief la phase de réserve. Ainsi, pendant le jour, une Spirogyre assimile et amasse sa réserve, mais ne croît pas et ne se cloisonne pas; pendant la nuit, au contraire, elle croît et se cloisonne en dépensant sa réserve, mais n'assimile pas. Ailleurs encore, l'assimilation et la croissance s'opèrent simultanément; il semble alors qu'il n'y ait pas de phase de réserve. Pourtant, même dans ce cas, on peut se convaincre que la croissance actuelle a lieu aux dépens de matériaux de réserve produits par une assimilation antérieure, tandis que l'assimilation actuelle ne fait que reconstituer la réserve à mesure qu'elle s'épuise. La croissance est donc toujours indirecte, toujours précédée d'une mise en réserve, pendant un temps plus ou moins long, des matériaux qu'elle utilise.

Digestion interne. — Les matériaux de réserve s'immobilisent et s'emmagasinent dans le protoplasme à diverses phases du travail assimilateur, mais toujours à un état tel que, pour être utilisés plus tard, ils doivent subir une transformation. Sous leur forme actuelle, ils ne sont pas assimilables : il faut qu'ils le redeviennent. Qu'ils soient insolubles comme l'amidon, l'aleurone, les corps gras, etc., ou dissous dans le suc comme l'inuline, les saccharoses, les glucosides, etc., leur transformation consiste en un dédoublement avec fixation d'eau. Ce résultat est atteint au moyen des diastases dont il a été question p. 30, agents d'hydratation et de dédoublement.

Quand les substances de réserve sont insolubles, les diastases correspondantes les rendent solubles en les dédoublant; d'après la définition rappelée plus haut (p. 52), le phénomène est alors une digestion : c'est une *digestion interne.* Telle est l'action de l'amylase sur l'amidon, de la saponase sur les corps gras, de la pepsine sur les matières albuminoïdes, etc. Quand elles sont dissoutes dans le suc, les diastases correspondantes ne les hydratent et ne les dédoublent pas moins ; sauf le changement d'état physique, chose après tout secondaire, le phénomène est le même et doit aussi recevoir le même nom. En réalité, le saccharose est digéré par l'invertine, l'inuline par l'inulase, l'amygdaline par l'émulsine, etc., ni plus ni moins que l'amidon par l'amylase. Toute utilisation de substance de réserve, c'est-à-dire, comme on vient de le voir, toute croissance, est donc précédée d'une digestion interne. Par suite, la digestion est une fonction interne sans cesse en jeu dans la plante.

Substances plastiques et produits éliminés. Sécrétion. — Tous les composés chimiques qui prennent naissance dans la série ascendante des phénomènes d'assimilation ne sont pas toujours et nécessairement employés à l'édification et à la croissance du protoplasme, des leucites, des noyaux et de la membrane. Par contre, tous les produits qui se trouvent formés dans le cours descendant des phénomènes de désassimilation ne sont pas toujours et nécessairement devenus inutiles à l'organisme. Quelques-uns des premiers peuvent demeurer indéfiniment sans emploi ; plusieurs des seconds peuvent être repris, comme il a été dit plus haut, par le courant synthétique et réassimilés. A l'ensemble des composés susceptibles de prendre part à l'édification et à la croissance des diverses parties du corps, quelle qu'en soit l'origine, on donne habituellement le nom de *substances plastiques*. Quelle qu'en soit l'origine aussi, tous les composés formés dans le corps et qui ne prennent désormais aucune part directe à la croissance sont des *produits éliminés*, et la formation même de ces produits éliminés constitue la fonction de *sécrétion*. Quand cette fonction est localisée dans des cellules spéciales, qui à leur tour peuvent se différencier soit dans leur forme, soit dans leur contenu, et constituer plusieurs tissus distincts, l'ensemble de ces tissus compose, comme il a été dit plus haut (p. 38), l'appareil sécréteur de la plante.

Mais il faut remarquer que la même substance chimique peut être, suivant les plantes et suivant le lieu où elle se produit, une substance plastique ou un produit sécrété. Ainsi les corps gras de la graine du Pavot ou du Ricin sont des matériaux de réserve, partant des substances plastiques, tandis que les corps gras du fruit de l'Olivier sont des produits éliminés; le saccharose de la racine de Betterave est une substance plastique, celui du fruit du Bananier est un produit éliminé, etc.

Aux fonctions internes précédentes, qui sont de nature chimique, s'en ajoutent plusieurs autres, de nature mécanique.

Protection. — En cutinisant ou subérifiant ses membranes cellulosiques, le parenchyme subéreux, primaire ou secondaire, protège les parties qu'il recouvre; aussi se forme-t-il surtout à la périphérie des membres, qu'il revêt d'une cuirasse imperméable. Il est aidé dans son rôle par les portions périphériques du collenchyme, du parenchyme scléreux et du sclérenchyme. L'ensemble de ces tissus périphériques, consacrés à la protection des parties internes, constitue l'appareil tégumentaire ou protecteur de la plante.

Soutien. — Quand les parenchymes épaississent leurs parois, soit en les gardant à l'état de cellulose pure, comme le collenchyme, soit en les lignifiant comme le parenchyme scléreux, ils contribuent déjà à soutenir le corps; mais c'est principalement par ce tissu mort à parois épaissies et lignifiées qu'on nomme le sclérenchyme, que la fonction de soutien est remplie. L'ensemble des tissus, vivants ou morts, primaires ou secondaires, qui dans une plante donnée contribuent à soutenir le corps, constitue l'appareil de soutien.

Transport. — Dans les plantes vertes les plus différenciées, la fonction de transport est double. Le liquide du sol, une fois introduit dans le corps au lieu où s'opère l'absorption et devenu ce qu'on appelle la *sève*, est transporté jusqu'au lieu où s'opèrent à la fois la transpiration et l'assimilation du carbone; ce transport ascendant a lieu par les vaisseaux, primaires et secondaires.

Ensuite la sève, transformée à la fois par la transpiration, qui lui a fait perdre beaucoup d'eau, et par l'assimilation du carbone bientôt suivie des autres phases synthétiques de l'assimilation, qui l'a enrichie de principes nouveaux, devenue, en un mot, ce qu'on appelle la *sève élaborée*, est transportée dans toutes les régions du corps qui en ont besoin pour alimenter leur croissance; ce transport de la sève élaborée s'opère par les tubes criblés, primaires et secondaires. L'appareil de transport se compose donc des vaisseaux et des tubes criblés.

Division du travail interne. — Telles sont les principales fonctions internes, chimiques et mécaniques, dont l'ensemble constitue le *travail interne* de la plante.

En un point donné du corps, que la structure soit continue ou cloisonnée, le travail interne est en relation directe avec la différenciation primaire interne en ce point. Chaque partie distincte : la membrane avec ses deux couches, le protoplasme, les noyaux, les leucites divers, le suc, y accomplit un travail partiel différent. Il y a donc une division primaire progressive du travail interne, comme il y a une différenciation primaire progressive de la structure.

Si la structure est continue, le travail interne s'accomplit, avec le degré de division primaire qui lui est propre, de la même manière dans tous les points du corps, ou du moins, s'il change d'une région à l'autre, la modification qu'il éprouve est très faible, en rapport avec la faible différence qu'on y remarque dans la différenciation primaire. En un mot, le travail total interne du corps ne subit pas de division secondaire, ou n'en subit qu'une très faible.

Si la structure est cellulaire, mais sans différenciation secondaire, il en est de même : chaque cellule accomplit le même travail, plus ou moins divisé entre ses parties constitutives, et le travail total du corps s'obtient simplement en multipliant le travail d'une quelconque de ses cellules par leur nombre. Mais les choses se passent autrement quand les cellules sont différenciées les unes par rapport aux autres.

Chaque cellule différente accomplit alors une tâche spéciale, en rapport avec sa forme et sa structure propres ; il s'établit, en un mot, dans le travail total interne du corps, une division secondaire, en rapport avec la différenciation secondaire de sa structure, et, pour obtenir ce travail total, il faut faire la résultante de tous les travaux cellulaires ; chacun de ceux-ci, à son tour, étant la résultante des travaux élémentaires des parties qui composent les cellules, on voit que le travail total interne du corps s'obtient par une sommation à deux degrés.

En résumé, pour la structure comme pour la forme extérieure, différenciation progressive signifie division progressive du travail. Nous avons déjà signalé plus haut cette corrélation (p. 38), et c'est ce qui nous a permis de tirer de la différenciation de la structure un critérium interne de perfection.

Plan de l'Ouvrage. — Dans ce premier chapitre, nous avons donné un aperçu général du corps de la plante, considéré dans sa forme et sa structure, dans ses fonctions externes et internes, dans sa reproduction, dans son développement propre et dans le développement de sa race. Ces notions préliminaires bien comprises, nous pouvons esquisser la suite des chapitres qui composent la première partie de ces *Éléments*.

Nous prendrons d'abord la plante à l'état adulte. Les végétaux les plus perfectionnés ont alors, comme on sait, leur corps partagé en trois membres : la racine, la tige et la feuille, que nous étudierons séparément dans autant de chapitres distincts, d'abord au point de vue morphologique, puis au point de vue physiologique, ce qui subdivise chacun de ces chapitres en deux sections.

Nous étudierons ensuite la reproduction dimère de la plante, c'est-à-dire la formation des œufs, et son développement depuis l'œuf jusqu'à l'état adulte, avec reproduction monomère quand il y a lieu, et depuis l'état adulte jusqu'à la mort. Comme cette reproduction et ce développement s'opèrent d'une façon différente dans les quatre grands groupes végétaux, nous aurons à considérer séparément dans cinq chapitres distincts : la reproduction dimère des Phanérogames, c'est-à-dire la fleur, le développement des Phanérogames, la reproduction dimère et le développement des Cryptogames vasculaires, des Muscinées et des Thallophytes.

Le dixième chapitre enfin tracera les traits généraux du développement de la race.

CHAPITRE DEUXIÈME

LA RACINE

La racine n'existe, on l'a vu, que chez les plantes vasculaires, c'est-à-dire chez les Cryptogames vasculaires et les Phanérogames. L'étude que nous allons en faire n'intéresse donc que deux des quatre grands groupes des végétaux, mais ce sont les plus perfectionnés. Nous devons la considérer d'abord au point de vue morphologique, dans sa forme extérieure et dans sa structure, puis au point de vue physiologique, dans ses fonctions externes et internes.

SECTION I

MORPHOLOGIE DE LA RACINE

L'étude morphologique de la racine exige que l'on considère ce membre d'abord dans sa forme extérieure et tout ce qui s'y rattache, puis dans sa structure et tout ce qui s'y rapporte.

§ 1

Forme extérieure de la racine.

La racine jeune a ordinairement la forme d'un cylindre étroit, attaché par sa base à une tige ou à une feuille et terminé en cône au sommet; cette forme est symétrique par rapport à l'axe. Le plus souvent c'est dans le sol qu'elle se développe, quelquefois dans l'eau, comme chez les Lemnas qui flottent à la surface de nos étangs, ou dans l'air, comme chez ces Orchidées et Aroïdées qui vivent posées sur le tronc des arbres dans les forêts tropicales et que pour ce motif on qualifie d'*épidendres*. Dans tous les cas, elle se dirige verticalement vers le centre de la Terre, la pointe en bas, sous l'influence de la pesanteur, comme nous le verrons plus tard.

Coiffe de la racine. — Examinée de près, cette pointe offre un caractère particulier. Si l'on en suit le contour à partir du sommet, on voit qu'à une faible distance il cesse brusquement tout autour, et qu'il faut descendre pour ainsi dire d'un degré si l'on veut longer la surface désormais continue du cylindre. C'est comme si la racine avait été dénudée dans toute son étendue, excepté à son extrémité, où la couche enlevée partout ailleurs persiste sous la forme d'un bonnet ou d'un doigt de gant, qu'on appelle la *coiffe* (fig. 20). On verra plus loin que c'est bien ainsi que les choses se passent et que la surface générale de la racine jeune est une surface dénudée.

La coiffe a sa plus grande épaisseur au sommet même, où elle fait corps avec la région interne du membre; elle va s'amincissant à mesure qu'on s'éloigne du sommet, en même temps qu'elle se décolle et s'écarte plus ou moins de la masse sous-jacente ; enfin elle cesse brusquement à une distance du sommet qui n'est souvent que de quelques millimètres, mais qui peut atteindre aussi un à deux centimètres comme dans les grosses racines des Pandanus (fig. 20, *B*).

La coiffe est toujours plus ferme et plus résistante que les parties internes qu'elle recouvre, et même que la surface de la région dénudée qui s'en échappe. Son rôle est évident. Elle protège la pointe molle et délicate de la racine contre la pression et les frottements qu'exercent sur elle les parties solides et anguleuses du sol où d'ordinaire elle se développe. Aussi sa surface s'use-t-elle rapidement en jouant ce rôle protecteur. Cette usure a lieu de différentes manières. Tantôt les cellules périphériques se dissocient complètement, en transformant en mucilage la lame moyenne de leurs

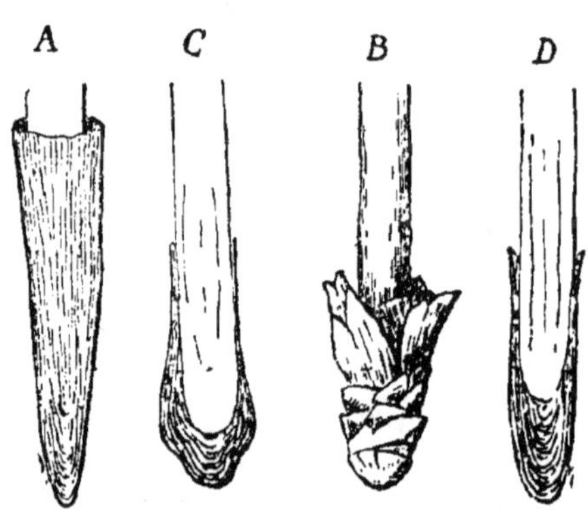

Fig. 20. Extrémités de racines montrant la coiffe : *A* et *B*, vues de l'extérieur ; *C* et *D*, en section longitudinale. *A*, dans le Pontédéria ; *B*, dans le Pandanus ; *C*, dans le Calla ; *D*, dans le Scindapsus.

cloisons cellulosiques, et se détachent une à une au milieu d'une matière visqueuse (Blé, Orge, Trèfle, Althéa, etc.); tantôt c'est l'assise des cellules périphériques, demeurées adhérentes entre elles latéralement, qui se détache tout d'une pièce sous forme d'une calotte, gluante (Pavot, Colza, Pourpier), ou sèche (Glycérie, Pandanus, etc.). A mesure qu'elle se désagrège ou s'exfolie ainsi au dehors, la coiffe se régénère au dedans, de manière à conserver toujours sa même épaisseur et à protéger toujours aussi efficacement les parties sous-jacentes.

Dans les racines aquatiques (Lemna, Hydrocharis, etc.), c'est contre la sortie des principes solubles et aussi contre les animalcules vivant dans l'eau, que la coiffe protège la pointe délicate de la racine. Ne souffrant alors aucune usure, elle ne se désagrège ni se s'exfolie, et n'a pas à se réparer. Elle est très longue, écartée latéralement de la pointe, à laquelle elle ne tient qu'au sommet (fig. 18, *A*). Dans les racines aériennes (Orchidées, Aroïdées, etc.), c'est contre la dessiccation, qui ferait perdre à la pointe molle l'eau dont elle est imprégnée et qui lui est nécessaire, que la coiffe exerce son rôle protecteur.

Quel que soit donc le milieu où elle se développé, la racine a besoin de protection à son sommet, et ce besoin est partout satisfait par la coiffe. Mais si la coiffe doit son existence générale à ce besoin de protection, si sa raison d'être est purement physiologique, on comprend que toutes les fois que la racine, pour une raison ou pour une autre, n'aura pas ou n'aura plus besoin d'être protégée, toutes les fois surtout qu'une pareille protection lui serait nuisible, la coiffe fera défaut. Elle manque en effet, dans ces divers cas, qui sont il est vrai peu nombreux. Ainsi les racines modifiées en suçoirs du Gui et de la Cuscute, plantes parasites, n'en ont jamais : une coiffe, non seulement leur serait inutile, mais ne pourrait que les empêcher de remplir leur fonction spéciale. Ainsi encore, les racines aquatiques des Hydrocharis et des Azollas ont une coiffe très développée tant qu'elles croissent : la croissance terminée, l'extrémité durcit et la coiffe devenue inutile tombe, soit d'un seul coup (Azolla), soit en se partageant en quatre ou cinq calottes emboîtées qui tombent l'une après l'autre jusqu'à la dernière (Hydrocharis). La coiffe disparaît aussi dans les racines renflées des Orchis et de la Ficaire, quand elles ont cessé de s'allonger et que leur extrémité s'est raffermie.

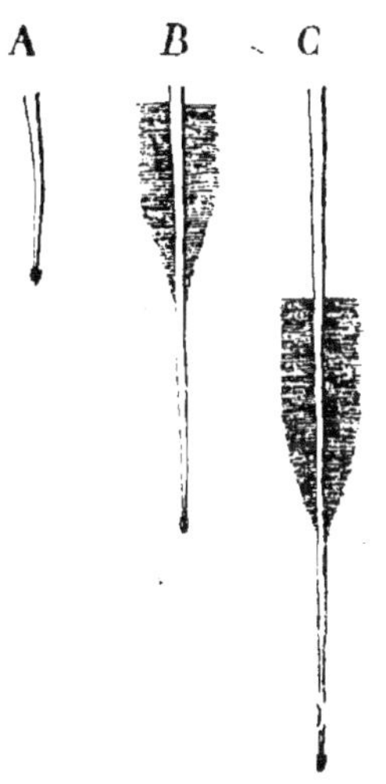

Fig. 21. Jeune racine de Moutarde, à trois états successifs : *A*, encore dépourvue de poils ; *B*, munie de poils, mais n'en ayant pas encore perdu ; *C*, dégarnie de poils dans la région basilaire.

Poils de la racine. — Examinons maintenant l'état de la surface dénudée dans une racine déjà un peu longue (fig. 21, *C*). A partir du bord de la coiffe, en remontant vers la base, on rencontre d'abord une région où la surface est parfaitement lisse ; puis vient une partie plus ou moins étendue, où chaque cellule superficielle s'est prolongée perpendiculairement à la surface en un long tube ordinairement incolore, où la surface est par consé-

4.

quent toute hérissée d'une sorte de velours de poils serrés côte à côte et sensiblement égaux ; enfin une nouvelle région dépourvue de poils, mais où la surface est moins lisse que dans la première et parfois brunâtre, s'étend sans discontinuité jusqu'à la base de la racine.

Fixons un instant notre attention sur la partie moyenne, sur cette région des poils, dont l'importance physiologique est considérable, comme nous le verrons un peu plus tard. Du côté de la pointe, elle se termine par des tubes de plus en plus courts ; il est facile de s'assurer que ce sont là des poils jeunes, qui bientôt s'allongent et prennent la taille des premiers, pendant qu'il s'en forme de nouveaux au-dessous d'eux. La partie lisse voisine de l'extrémité est donc destinée à avoir des poils, mais n'en a pas encore. De l'autre côté, la région des poils se termine brusquement par des tubes qui ont toute leur longueur, et il est aisé de voir que ces poils tombent peu à peu. La partie lisse du côté de la base a donc été, à un certain moment, tout entière couverte de poils, mais elle les a perdus. Les poils n'ont qu'une existence éphémère, ils sont caducs. Gagnant sans cesse de nouveaux éléments vers le sommet,

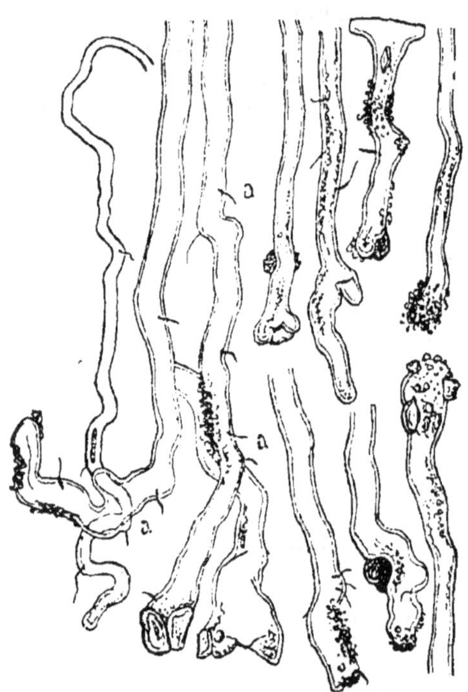

Fig. 22. Forme contournée et irrégulière des poils radicaux dans le sol. A droite : en haut, dans la Sélaginelle ; en bas, dans le Trèfle ; — à gauche, dans l'Avoine. Les granules sombres sont des particules de terre soudées à la membrane ; *a, a,* fins prolongements de la couche cellulosique.

pendant qu'elle en perd tout autant vers la base, la région des poils semble se transporter le long de la racine à mesure que celle-ci s'allonge, de manière à se maintenir toujours à égale distance de la pointe en s'éloignant de plus en plus de l'extrémité opposée.

Les poils radicaux sont presque toujours simples et non cloisonnés. Quand la racine se développe dans l'air humide ou dans l'eau, ils sont cylindriques, droits, d'une régularité et d'une égalité parfaites (fig. 21). Il n'en est pas de même dans le sol, où leur croissance est à tout instant gênée et modifiée par la pression et les frottements des particules solides (fig. 22). Ils s'appliquent alors étroitement sur ces particules, se moulent à leur surface, les enveloppent de leurs replis et prennent en conséquence des formes très irrégulières, tortueuses, dilatées en certains points, étranglées en d'autres. Ils portent aussi comme de petits cils extrêmement minces, insérés çà et là sur leur membrane et qui sont de fins prolongements de la couche cellulosique, facilitant encore l'adhérence avec les corps étrangers (fig. 22, *a*).

La formation des poils dépend beaucoup des circonstances extérieures, comme on le verra plus tard. Aussi peuvent-ils manquer dans certaines conditions de milieu. Les racines de Jacinthe, d'Oignon, de Safran, par exemple, en sont dépourvues quand elles se développent dans l'eau; il ne s'en fait pas non plus sur les racines aériennes des Orchidées épidendres. Ces racines aériennes dépourvues de poils ont une surface lisse, luisante, blanc d'argent; cela tient à ce que les cellules périphériques meurent de bonne heure, se remplissent d'air et forment une couche opaque et nacrée qu'on appelle souvent le *voile* et sur laquelle on reviendra plus loin.

Croissance de la racine. — Douée des caractères extérieurs que nous venons de constater, la jeune racine croît, elle s'allonge dans la direction verticale; voyons où s'opère et se localise sa croissance.

Sur une jeune racine de Haricot ou de Fève, croissant dans l'air humide à une température favorable, et qui mesure, par exemple, 5 centimètres de longueur, traçons à l'encre de Chine cinq traits distants de 1 centimètre et marquons-les de 1 à 5 à partir du sommet. Subdivisons en outre le premier intervalle en millimètres par de petits traits au vernis rouge, marqués de 1 à 10 à partir de la pointe. Abandonnons ensuite la racine à elle-même, en mesurant avec soin de jour en jour les cinq grands et les dix petits intervalles.

Seul le grand intervalle qui sépare la pointe du premier trait noir s'agrandit, les quatre autres conservent indéfiniment leur longueur primitive de 1 centimètre. D'où cette première conséquence : la racine ne s'allonge que dans une région assez courte comptée à partir du sommet, région qui dans les racines terrestres ne dépasse pas un centimètre de longueur. C'est ce qui explique pourquoi une racine tronquée à la pointe ne s'accroît plus, observation que les pépiniéristes savent mettre à profit, comme on le verra plus loin.

Dans cette région de croissance, si l'on mesure au bout de vingt-quatre heures les divers petits intervalles qui avaient 1 millimètre au début, on voit que l'allongement est loin d'y avoir été uniforme. Voici, par exemple, les allongements mesurés sur une racine de Fève à une température de 20°,5 :

NUMÉROS D'ORDRE des disques transversaux à partir du sommet.	ALLONGEMENT en 24 heures.
10.	0,1 millim.
9.	0,2 —
8.	0,5 —
7.	0,5 —
6.	1,3 —
5.	1,6 —
4.	3,5 —
3.	8,2 —
2.	5,8 —
1.	1,5 —

Les disques transversaux 8 et 9 s'allongent très peu et le dixième presque pas; les disques 1, 6, 5 s'accroissent notablement, les intervalles 2 et 4 s'allongent davantage, mais c'est le disque 3, situé à deux millimètres seulement du sommet qui a la croissance la plus forte. La courbe (fig. 23) représente la marche de cet allongement, qui demeure la même dans les plantes les plus diverses. A partir de la pointe, elle s'élève rapidement pour atteindre bientôt le maximum, puis s'abaisse plus lentement au delà.

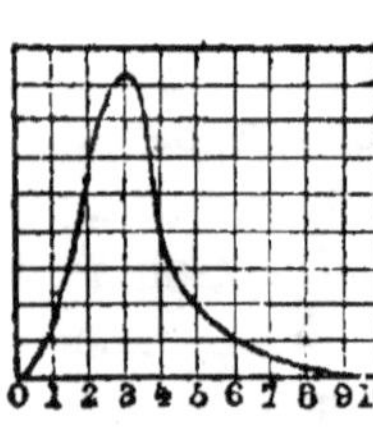

Fig. 23.

Pourvu que les conditions extérieures soient et demeurent favorables, l'allongement de la racine est souvent indéfini et le membre parvient alors à une longueur considérable. Ainsi la Betterave et le Blé peuvent enfoncer en quelques mois leurs racines jusqu'à plus de 1 mètre de profondeur dans la terre, la Vigne et le Câprier jusqu'à 13 mètres. Ainsi encore les grands arbres des forêts tropicales font descendre de leurs plus hautes branches des racines qui s'allongent assez pour atteindre le sol et y pénétrer. A mesure que la racine s'allonge, la région des poils, gagnant vers le sommet et perdant vers la base, se transporte de manière à se maintenir toujours à égale distance de la pointe et à s'enfoncer toujours plus profondément dans le sol. Toute la partie terminale jeune se conserve donc identique à elle-même, mais elle est portée au bout d'une partie âgée et nue de plus en plus longue.

Souvent aussi la croissance est de peu de durée et la racine demeure courte, comme on le voit par exemple dans certaines plantes aquatiques (Lemna, Hydrocharis, Azolla). Dès que l'allongement a pris fin, la région des poils continuant à s'étendre atteint bientôt la pointe et, si la coiffe est caduque (Azolla, Hydrocharis), le sommet lui-même se couvre d'une touffe de poils. Puis, les poils continuant à tomber à partir de la base, la racine se dégarnit peu à peu et enfin devient totalement nue. Elle n'a plus alors que peu de temps à vivre; bientôt elle se détruit, ou bien se détache à la base et tombe (Azolla).

L'allongement de la racine n'a pas la même intensité suivant toutes les lignes longitudinales qu'on peut tracer à sa surface. A un moment donné, il y a une ligne de plus fort allongement, qui se déplace progressivement dans le même sens tout autour de l'axe. Il en résulte que la région de croissance se courbe successivement dans toutes les directions et que le sommet décrit un cercle ou une ellipse; il y a, comme on dit, *circumnutation*. L'amplitude de cette circumnutation est assez faible; dans le Haricot, par exemple, elle ne dépasse pas 2 millimètres. Tout en décrivant ainsi sa petite courbe circulaire ou elliptique, la pointe s'allonge et c'est en réalité sur une hélice descendante que le sommet se déplace. Ce mouvement de vis favorise évidemment beaucoup la pénétration de la racine dans le sol.

Concrescence des racines. — Quand plusieurs racines naissent côte à côte en des points rapprochés sur la même tige ou la même feuille, il n'est pas rare qu'elles croissent en commun en ne formant qu'une seule masse; elles sont, comme on dit, *concrescentes*. Des racines terrestres ou aériennes ainsi unies en faisceaux, *fas-*

ciées comme on dit aussi, dans toute leur longueur au nombre d
2, 3, 4 ou davantage, se rencontrent çà et là dans la Fève, pa
exemple, ou dans certaines Aroïdées épidendres ; leur forme aplati
ou anguleuse et les sillons qui les parcourent en accusent la vrai
nature. Les tubercules simples ou digités des Orchis, Ophrys, etc.
sont de même formés par la concrescence d'un plus ou moin
grand nombre de racines à croissance limitée.

Ramification de la racine. — Quand la racine a acquis un
certaine longueur, souvent elle se ramifie.

C'est vers la base de la racine, c'est-à-dire vers son point d'attach
sur une tige ou sur une feuille, que se montrent les premier
indices de ramification ; ils progressent ensuite et se succèden
régulièrement de la base au sommet. C'est d'abord une petite pr
tubérance hémisphérique de la surface ; puis la protubérance crèv
et il s'en échappe un petit cordon blanc qui s'allonge en se diri
geant perpendiculairement à la racine, c'est-à-dire horizontalemen
Il porte une coiffe au sommet, sa surface se couvre de poils depui
la base jusqu'à une certaine distance de la pointe ; plus tard, le
poils tombent à la base et la région des poils commence son mou
vement de translation. En un mot, il se comporte à tous égard
comme la racine. C'est une racine de second ordre, née à l'intérieu
de la première, entourée souvent à sa base d'une petite manchett
ou d'une petite boutonnière provenant de la protubérance qu'ell
a percée, dirigée horizontalement et persistant dans cette direc
tion ou du moins s'en écartant à peine parce que la pesanteur
peu ou point d'action sur elle. Toutes ces racines secondaires so
semblables, de plus en plus jeunes seulement et de plus en plu
courtes de la base au sommet ; les plus jeunes sont longuemer
dépassées par le prolongement encore simple de la racine prir
cipale. L'ensemble forme un cône dont la racine primaire occu
l'axe, dont elle est, comme on dit, le *pivot*.

Quand le pivot croît longtemps, il porte sur ses flancs un gran
nombre de racines de second ordre. Si en même temps celles-
continuent de croître également, chacune selon son âge, le côn
s'élargissant à mesure qu'il s'allonge, conserve une ouvertu
moyenne et constante ; c'est là le cas normal : l'ensemble form
alors ce qu'on appelle un système *pivotant* ordinaire. Si au con
traire les racines secondaires demeurent courtes, avec leurs point
et leurs poils à peu de distance des flancs du pivot très développ
le cône est très aigu et forme un système pivotant exagéré, comn

dans la Betterave ou la Carotte. Quand le pivot cesse bientôt de croître, il ne porte qu'un petit nombre de racines secondaires. Si celles-ci s'allongent beaucoup, projetant au loin tout autour du pivot rudimentaire leurs sommets et leurs poils, le cône est très obtus et forme un système de cordons rayonnants qui rampent horizontalement à peu de distance de la surface du sol, ce qu'on appelle un système *fasciculé*. La forme générale du système formé par la racine primaire et les racines secondaires varie donc suivant le développement relatif des parties qui le composent; peu importantes au point de vue théorique, ces variations ont, au contraire, une grande valeur au point de vue des applications, comme on le verra plus tard.

A leur tour, les racines secondaires se ramifient souvent. Les choses se passent sur elles absolument comme sur la racine primaire, et il n'y a pas lieu d'y revenir. Par là, chacune d'elles devient un pivot, mais un pivot secondaire, horizontal, autour duquel se développent dans toutes les directions un plus ou moins grand nombre de racines tertiaires. Chacune de celles-ci peut produire et porter une génération de racines de quatrième ordre, et ainsi de suite. Le système conique total va de la sorte se compliquant, se remplissant de plus en plus, tout en conservant sa forme générale.

C'est un pareil système de racines de divers ordres, nées et implantées les unes sur les autres, attaché par la base de son pivot vertical sur une tige ou sur une feuille, qu'on appelle communément une *racine*. Dans cette acception vulgaire, on dit donc une racine pivotante normale, une racine pivotante exagérée, une racine fasciculée, pour les diverses formes qui sont imprimées à ce système par le développement inégal des racines de premier et de second ordre. On a aussi l'habitude de désigner sous le nom commun de *radicelles* toutes les racines de divers ordres, autres que le pivot.

Il est facile de s'assurer que, dans un pareil système, les racines d'un ordre quelconque naissent toujours sur la racine d'ordre précédent exactement les unes au-dessous des autres et y sont insérées par conséquent en un certain nombre de rangées longitudinales. Le nombre de ces rangées est au moins de deux, diamétralement opposées. Sur le pivot, il peut dépasser vingt, trente et au delà; cela dépend du diamètre de la racine primaire, lequel à son tour est en relation avec l'âge de la plante. Sur les racines secondaires, tertiaires, etc., ce nombre va, comme le diamètre lui-même, en décroissant plus ou moins rapidement, jusqu'à se réduire au minimum de deux, qui se conserve ensuite indéfiniment. Si donc ce minimum de deux se trouve établi déjà sur le pivot, comme chez le Cyprès, le Lupin ou le Radis, les radicelles seront disposées sur deux rangs dans toute l'étendue du système. Alors, ou bien elles ont toutes leurs axes situés dans le même plan, et le cône se réduit à un triangle ; il en est ainsi dans toutes les Phanérogames à pivot binaire (Cyprès, If, Lupin, Betterave, Crucifères, etc.). Ou bien, à chaque degré, le plan des axes des deux séries de racines croise à angle droit celui du degré précédent, et c'est seulement après trois ramifications successives qu'on se retrouve dans un plan parallèle au premier ; il en est ainsi dans toutes les Crypto-games vasculaires à pivot binaire (Fougères, etc.). Dans chaque série longitudinale, la distance de deux radicelles consécutives est ordinairement indéterminée ; elles naissent plus rapprochées, quel-quefois jusqu'au contact, ou plus écartées, quelquefois à de grandes distances, suivant les circonstances extérieures et notamment suivant l'humidité du sol.

Racines dichotomes des Lycopodinées. — Dans les Crypto-games vasculaires qui forment la classe des Lycopodinées, la racine ne produit pas de radicelles sur ses flancs, mais se ra-mifie au sommet en dichotomie. Quand la racine d'un Lycopode d'un Isoète ou d'une Sélaginelle a acquis une certaine longueur, sa pointe se divise en deux moitiés égales, qui prennent aussitôt chacune une coiffe spéciale sous la coiffe commune. Les deux bras s'allongent ensuite en exfoliant la coiffe commune, divergent à peu près à angle droit, se divisent de nouveau plus tard en deux moitiés égales, et ainsi de suite un grand nombre de fois. A chaque nouvelle bifurcation, le plan des axes des deux branches est perpendiculaire à celui de la bifurcation précédente. La crois-sance dure aussi plus longtemps et s'étend plus loin à partir des sommets dans ces racines dichotomes que dans les racines ordi-naires. Les intervalles des bifurcations s'y allongent, en effet, pendant un certain temps.

Si l'on compare maintenant un pareil système dichotome tout entier, à partir de son insertion sur la tige, avec un système ordinaire à ramification latérale, considéré à partir du même point, on voit qu'il existe entre eux une différence fondamentale. Le second est un ensemble de racines de générations successives, complètes chacune en soi ; une partie quelconque y jouit de toutes les propriétés du tout et peut être prise pour le représenter. Le premier n'est, au contraire, tout entier qu'une seule et même racine partagée ; chacune de ses parties n'est qu'une fraction de racine, et ne peut être prise, sans autre explication, pour la racine totale.

Origine de la racine. Racine terminale; racines latérales. — Dans les conditions normales, les racines tirent leur origine de la tige.

Dans toutes les plantes vasculaires, l'œuf traverse sur la plante mère et à ses dépens les premières phases du développement qui doit l'amener à devenir une nouvelle plante. Dès cette première période, une racine apparaît sous l'extrémité inférieure de la tige, occupant toute la largeur de cette extrémité et se dirigeant dans le prolongement même de la tige : c'est la racine *terminale*. Plus tard les flancs de la tige, jouissant de la même propriété que son extrémité inférieure, produisent à leur tour, progressivement de la base au sommet, des racines toutes pareilles à la première, dirigées comme elle verticalement vers le centre de la terre, n'en différant que par leur âge plus jeune, leur situation latérale et leur diamètre d'autant plus grand qu'elles naissent sur une région où la tige est plus vigoureuse : ce sont toutes des racines *latérales*. Mais il y en a de deux sortes. Les unes naissent sur la tige en des points déterminés à l'avance, en général en relation étroite et fixe avec les feuilles, une par exemple diamétralement opposée à chaque feuille (Monstéra, etc.), ou plusieurs en cercle soit au-dessus de chaque feuille (Calla, etc.), soit au-dessous de chaque verticille de feuilles et en alternance avec elles (Prêle) : ce sont des racines latérales *régulières*. Les autres se forment çà et là le long de la tige à des places indéterminées ; celles-ci méritent seules le nom de racines *adventives*, que l'on donne souvent à tort à l'ensemble des racines latérales.

Chez certains végétaux, comme dans la plupart des arbres de nos forêts, la racine terminale existe seule et dure autant que la plante : il ne s'y fait pas de racines latérales. Chez beaucoup d'autres, la racine terminale est bientôt suivie de nombreuses racines latérales, qui tout d'abord concourent avec elle à nourrir le végétal. Puis, la racine terminale disparaît et cette destruction gagne de proche en proche et de bas en haut les racines latérales, pendant qu'il s'en forme incessamment de nouvelles dans la région supérieure de la tige. Les racines, comme sur chacune d'elles les poils, sont alors éphémères et caduques, et leurs fonctions passent sans cesse de l'une à l'autre. Il en est ainsi dans les Cryptogames vasculaires, dans les Monocotylédones et chez un grand nombre de Dicotylédones. C'est le cas général quand la tige rampe dans la terre (Muguet, Chiendent, etc.), dans l'eau (Glycérie, etc.) ou à la surface du sol (Fraisier, Lierre, etc.). Mais une tige dressée peut aussi produire sur ses flancs, et jusqu'à une grande hauteur, de nombreuses racines latérales. Naissent-elles de la tige même, comme dans les Palmiers et les Fougères arborescentes, elles descendent en foule serrées côte à côte le long de sa surface, qu'elles couvrent d'un revêtement impénétrable pouvant atteindre plusieurs décimètres d'épaisseur. Partent-elles des branches, elles pendent dans l'air isolément comme des cordes avant d'arriver à la terre ; elles s'y enfoncent plus tard, s'y ramifient et forment autant de colonnes où les branches s'appuient solidement en même temps qu'elles en tirent leur nourriture et qui sont pour elles le point de départ d'une nouvelle croissance : tel est par exemple, au Bengale, le Figuier des Banyans.

Le diamètre des racines latérales est très variable dans la même plante, suivant son âge et suivant la grosseur de la tige aux points où elles s'y développent. Par suite, le nombre des séries longitudinales où sur chacune d'elles se disposent les racines de second ordre est aussi très inconstant. Le diamètre de la racine terminale, au contraire, par le fait même de l'âge et du lieu où elle se forme, demeure toujours sensiblement le même dans un végétal donné. Aussi le nombre des rangées de racines secondaires y est-il fixe, non seulement dans la même plante, mais encore dans de grandes familles. Il est de 2, par exemple, dans les Crucifères, les Papavéracées, le Lupin, le Cyprès, etc. ; de 4 dans les Ombellifères, les Labiées, les Malvacées, le Haricot, etc. : ce sont les deux dispositions les plus fréquentes. On trouve 3 séries de racines secondaires dans le Pois, la Vesce, 5 séries dans la Fève, 6 dans le Noyer et l'Aulne, 8 dans le Hêtre et le Marronnier, rarement davantage.

Régulières ou adventives, les racines latérales naissent de la tige comme naitront d'elles plus tard les racines secondaires, c'est-à-dire à une profondeur plus ou moins grande au-dessous de la surface. Pour s'échapper, elles déchirent, par conséquent, une couche de cellules plus ou moins épaisse, qui forme manchette ou boutonnière autour de leur base : en un mot, elles sont *endogènes*. Cette règle souffre pourtant quelques exceptions. Ainsi dans la Cardamine et le Cresson d'eau, les racines latérales que la tige produit à l'aisselle de ses feuilles se constituent à sa surface même et n'ont rien à percer pour s'échapper au dehors : elles sont *exogènes*.

Cette double manière d'être se retrouve aussi dans la racine terminale, mais les conditions de fréquence sont renversées ; ce qui était la règle devient l'exception et *vice versa*. En effet, la racine terminale se forme le plus souvent à la surface même de la base de la tige et n'a rien à percer pour se développer : elle est exogène. Pourtant dans les Graminées, le Canna, la Capucine, la **Belle-de-Nuit** et quelques autres plantes, elle prend naissance à une certaine distance au-dessous de la surface de base et se trouve d'abord enveloppée dans une sorte de poche, qu'elle doit percer pour s'échapper au dehors et qui forme gaine autour de son insertion.

Production artificielle de racines adventives. Applications : marcottes, boutures. — En *buttant* la tige de la Garance, en *roulant* celle du Blé, on fait développer sur sa région inférieure, ainsi amenée au contact de la terre humide, des racines adventives qui, sans cette pratique, ne s'y formeraient pas. On augmente par là, dans la première plante le rendement en matière colorante, qui est contenue dans les racines, dans la seconde le rendement en graines en lui permettant de puiser dans le sol une nourriture plus abondante.

Si l'on recourbe vers le bas les branches flexibles de l'Œillet ou de la Vigne et qu'on en couche la région moyenne dans le sol en l'y enfonçant et l'y fixant avec une épingle de bois, si l'on entoure d'une petite motte de terre humide retenue par un cornet de plomb ou par un pot fendu une branche élevée d'un Laurier-rose, on fait développer en ces points de nombreuses racines adventives, par où les branches se nourrissent directement. Aussi peut-on ensuite couper la branche au-dessous de la région enracinée. La portion ainsi séparée se suffit à elle-même et forme un individu complet, qui reproduit, comme il a été dit à la page 44, tous les caractères de la plante dont il est issu : c'est ce qu'on nomme une *marcotte.* Une pareille séparation de branches après enracinement, un pareil *marcottage* s'observe souvent dans la nature : le Fraisier en est un exemple bien connu.

Que l'on coupe une branche feuillée de Saule ou de Vigne et qu'on en plonge la région inférieure dans l'eau ou dans la terre humide, on verra bientôt apparaître des racines adventives, qui s'échappent à la fois de la surface latérale de l'organe et des bords de la plaie. La branche devient ainsi un individu complet, ce qu'on appelle une *bouture*. Cette séparation de branches qui s'enracinent après coup, ce *bouturage* s'observe aussi fréquemment dans la nature. Quand il multiplie les plantes par marcottes ou par boutures, l'homme ne fait donc qu'imiter les procédés naturels.

Une feuille d'Oranger ou de Ficoïde, un jeune fruit d'Opontia ou de Jussiéa, détachés de la tige et enterrés à la base, forment aussi des racines adventives tout autour de la plaie. Enfin il suffit d'enterrer un petit fragment de tige (Saule, etc.), de racine (Paulownia, Aralia, etc.), ou de feuille (Gloxinia, Bégonia, Pépéromia, etc., cotylédons de Haricot, de Courge, etc.), pour voir des racines adventives se développer sur les plaies et sur les entailles, qu'on a ainsi intérêt à multiplier.

Différenciation secondaire de la racine. — Beaucoup de plantes n'ont que des racines comme celles qu'on vient d'étudier, des racines ordinaires et toutes semblables. Chez d'autres, pendant que certaines racines suivent leur développement normal, d'autres, au début toutes pareilles, s'accroissent autrement de manière à acquérir une forme et à remplir aussi une fonction différente : en un mot, il s'opère alors entre les racines de la plante une différenciation secondaire. Pour exprimer, **dans** chaque cas particulier, la différence de forme et de fonction que ces racines autrement développées présentent par rapport aux racines proprement dites, on se sert d'un nom tiré de cette forme ou de cette fonction, qu'on joint au mot *racine* pour le qualifier comme tel. Citons quelques exemples.

Racines-suçoirs. — La Cuscute, parasite redouté des agriculteurs, germe sur la terre et y enfonce sa racine terminale, pendant que sa tige filiforme, décrivant une courbe circulaire, vient toucher la tige d'une plante voisine. Si cette plante est capable de la nourrir, si c'est une Luzerne, par exemple, ou un Chanvre, elle l'enlace d'une spire serrée et développe aux points de contact de petits corps coniques qui s'enfoncent dans la tige hospitalière et y pénètrent parfois jusqu'au centre. En même temps, la racine terminale se détruit, ainsi que la partie inférieure de la tige. Les petits corps latéraux sont des racines adventives arrêtées dans leur développement, mais qui, en raison de leur rôle particulier, présentent par rapport au type des différences frappantes. Elles manquent notamment de coiffe ; de plus, leurs cellules externes s'allongent beaucoup dans le corps de l'hôte et y forment des filaments indépendants qui vont au loin puiser la nourriture. Leur fonction étant d'aspirer, de sucer les liquides de la plante nourricière, on les nomme des *suçoirs*.

Le Gui, autre parasite très commun, germe sur l'arbre où les oiseaux ont déposé sa graine, et sa racine terminale, dépourvue de coiffe, s'enfonce aussitôt dans la branche en formant un suçoir primaire. Parvenue à la surface du bois, elle cesse de s'allonger, mais produit des racines secondaires également dépourvues de coiffe, et qui rayonnent en tous sens parallèlement à la surface ; celles-ci à leur tour poussent du côté interne de nouvelles ramifications qui, s'enfonçant directement vers le centre de l'arbre, pénètrent comme autant de coins dans sa masse ligneuse : ce sont des suçoirs de troisième ordre. Dans le Gui, c'est donc la racine terminale tout entière, développée en un système fasciculé, qui constitue un vaste suçoir rameux.

Le Mélampyre, l'Euphraise, le Rhinanthe, parasites sur les racines des Graminées, ne forment également que le système rameux de leur racine terminale. Tout d'abord ce système, composé du pivot et des racines secondaires, tertiaires, etc., se développe dans le sol sans offrir rien de particulier : la plante n'est pas encore parasite. Mais en s'accroissant la racine arrive à toucher en certains points les racines des Graminées voisines ; aussitôt se forment sur elle, aux points de contact, comme sur la tige de la Cuscute, de petits mamelons coniques dépourvus de coiffe, qui s'enfoncent dans la plante nourricière et constituent autant de suçoirs simples.

Les racines-suçoirs des plantes parasites sont donc, suivant les cas, autant de racines adventives simples (Cuscute), une racine terminale rameuse tout entière (Gui), ou seulement certaines radicelles d'une racine terminale rameuse dont les autres parties possèdent les caractères ordinaires (Rhinanthées).

Racines-tubercules. — Dans l'Asphodèle, certaines des racines adventives groupées à la base de la tige se renflent beaucoup, cessent de s'allonger et deviennent autant de *tubercules*. Dans la Ficaire, chaque petit bourgeon né à l'aisselle des feuilles forme à sa base une grosse racine latérale, qui cesse bientôt de s'allonger en perdant sa coiffe et constitue une masse ovoïde, qui est encore un tubercule. Dans les Orchis, les choses se passent comme dans la Ficaire, à deux différences près. D'abord, il n'y a chaque année qu'un seul bourgeon, situé à la base de la tige, qui produise un tubercule; ensuite, ce bourgeon forme sur ses flancs, en des points rapprochés, un assez grand nombre d'origines de racines adventives. Faute de place, toutes ces racines contiguës croissent en commun et ne constituent toutes ensemble qu'un seul tubercule, tantôt arrondi au sommet de façon que rien n'en trahisse au dehors la complication intérieure (Orchis mâle, O. militaire, etc.), tantôt au contraire divisé au sommet, digité, les racines constitutives se séparant peu à peu en divergeant (Orchis maculé, O. latifolié, etc.). Le tubercule de l'Asphodèle est donc formé par une simple racine, celui de la Ficaire par une simple racine avec le petit bourgeon qui l'a produite, celui des Orchis par des racines multiples et concrescentes avec le petit bourgeon qui est leur commune origine. Dans tous les cas, le tubercule sert de réserve nutritive pour le développement ultérieur de la plante.

Racines-crampons. — Fixé au sol par des racines ordinaires, le Lierre forme, comme on sait, le long de sa tige et de ses branches, d'innombrables racines adventives serrées en groupes compacts, qui demeurent courtes et ne servent qu'à fixer solidement la plante aux murs, aux écorces et aux rochers où elle grimpe : on les nomme des *crampons*. Leur différence par rapport au type se réduit à un arrêt de développement; aussi suffit-il d'appliquer la tige sur le sol, comme on fait lorsqu'on cultive le Lierre en bordures, pour voir les crampons poursuivre leur croissance et parvenir à l'état de racines ordinaires.

Racines-flotteurs. — Pour aider la tige des Jussiéas à se soutenir à la surface de l'eau où elle nage, certaines des racines latérales, se développant autrement que les autres, demeurent courtes, ne se ramifient pas, et se renflent en autant de corps ovoïdes, par suite de la production interne de grandes chambres pleines d'air. Ces racines deviennent ainsi de véritables *flotteurs*.

Racines-vrilles. — La Vanille enroule en spirale certaines de ses racines adventives autour des supports voisins, pourvu qu'ils soient assez minces, s'y accroche solidement et s'élève ainsi en grimpant à une grande hauteur. D'une façon générale, on nomme *vrilles* les organes de soutien qui s'enroulent de la sorte en spirale autour des corps voisins. Cette différenciation des racines en vrilles se rencontre aussi chez certains Lycopodes, Philodendrons, Dissochètes, etc.

Racines-épines. — Enfin dans les Derris, les branches âgées produisent de nombreuses racines adventives qui cessent bientôt de croître en s'amincissant et se terminent en pointes dures, formant ainsi autant d'*épines* qui s'enchevêtrent et donnent de la fixité à l'ensemble.

En résumé, les suçoirs et les tubercules jouent un rôle nutritif, tandis que les crampons, les vrilles, les épines et les flotteurs ont une fonction purement mécanique.

Plantes vasculaires dépourvues de racines. — Certaines plantes vasculaires ne forment pas de racine terminale (Orchidées, etc.), tandis que beaucoup d'autres ne produisent pas de racines latérales. Si les deux incapacités se trouvent réunies, la plante sera totalement dépourvue de racines : c'est un cas très rare. On l'observe parmi les Phanérogames chez deux Orchidées humicoles : le Corallorhize et l'Épipoge, ainsi que chez certaines plantes submergées comme le Cératophylle et l'Utriculaire ; on le rencontre aussi parmi les Cryptogames vasculaires chez le Psilotum et beaucoup de Trichomanes, qui sont humicoles, ainsi que chez les Salvinias, qui nagent sur l'eau.

§ 2

Structure de la racine.

Considérons d'abord la racine jeune, à une distance de l'extrémité en voie de croissance assez grande pour que toutes les cellules qui la composent aient achevé leur différenciation. A ce niveau, où elle est déjà dépouillée de sa coiffe, elle se compose d'un manchon épais et mou, l'*écorce*, enveloppant un cylindre intérieur plus grêle et plus résistant, le *cylindre central*.

Écorce de la racine. — L'écorce est constituée par un parenchyme à parois minces, qui se compose d'une succession d'assises et de couches concentriques diversement conformées. Analysons ce parenchyme de dehors en dedans (fig. 24).

L'assise externe est formée de cellules à membrane mince dont la plupart se prolongent au dehors en longs doigts de gant, de manière à constituer les poils étudiés plus haut (p. 65); c'est *l'assise pilifère* (*a*). Elle est ordinairement de courte durée; en remplissant leur rôle, comme on le dira plus loin, les poils s'usent bientôt, se flétrissent, et le plus souvent se détachent. La seconde assise est composée de cellules polyédriques plus grandes que les précédentes, plus allongées suivant le rayon que suivant la cir-conférence, intimement unies par leurs larges faces radiales. A me-sure que l'assise pilifère se flétrit, elles subérifient leurs membranes de manière à protéger le corps de la racine. C'est *l'assise subéreuse* (*b*).

Au-dessous s'étend une couche plus ou moins épaisse de cellules polyédriques disposées en assises concentriques, mais non en séries radiales, intimement unies entre elles sans laisser de méats, dont la dimension va croissant de dehors en dedans et dont le développe-ment est centrifuge. C'est la zone externe de l'écorce proprement dite (*c*).

Elle est suivie d'une couche plus ou moins épaisse de cellules arron-dies ou quadrangulaires sur la section transversale, disposées ré-gulièrement à la fois en assises concentriques et en séries radiales, décroissant de grandeur par con-séquent de dehors en dedans et laissant entre leurs angles arrondis

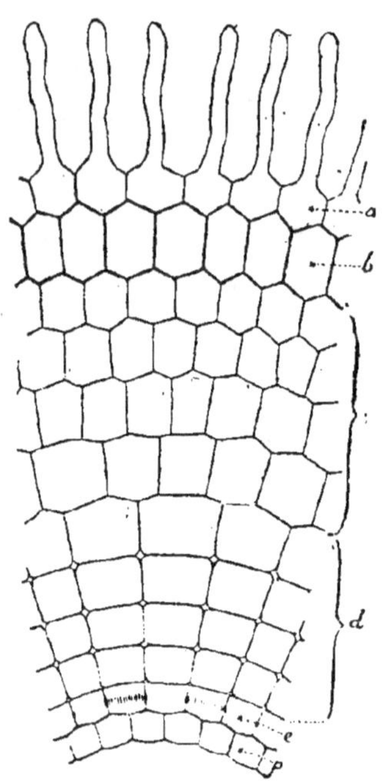

Fig. 24. Portion d'une section trans-versale de l'écorce de la racine : *a*, assise pilifère; *b*, assise subé-reuse; *c*, zone corticale externe; *d*, zone corticale interne; *e*, en-doderme; *p*, péricycle.

des méats quadrangulaires qui vont diminuant de la même ma-nière; leur développement est centripète. C'est la zone interne de l'écorce proprement dite (*d*).

Enfin l'assise la plus interne et aussi la plus jeune de cette couche, exactement superposée aux précédentes, est formée de cellules à membranes subérifiées, fortement unies entre elles et comme engrenées par un cadre de petits plissements régulière-ment échelonnés le long de leurs faces latérales et transverses;

c'est l'*endoderme* (*e*), qui entoure comme d'une ceinture le cylindre central (*p*). Assez souvent les faces latérales des cellules portent seules des plissements et le cadre est complété sur les bandes transverses par une bande d'épaississement. Ces plissements se voient de face, comme autant de petites raies sombres, sur les coupes longitudinales radiales; ils s'aperçoivent de champ, comme autant de petites dents alternativement saillantes et rentrantes, sur les coupes longitudinales tangentielles. Enfin dans la section transversale ils paraissent comme autant de petits points noirs ou de petites raies sombres sur chaque cloison radiale ; ces marques noires, dont la largeur mesure celle des plissements, permettent de distinguer immédiatement l'endoderme du reste du parenchyme (fig. 24, *e*, et fig. 25).

Cylindre central de la racine. — Le cylindre central (fig. 25)

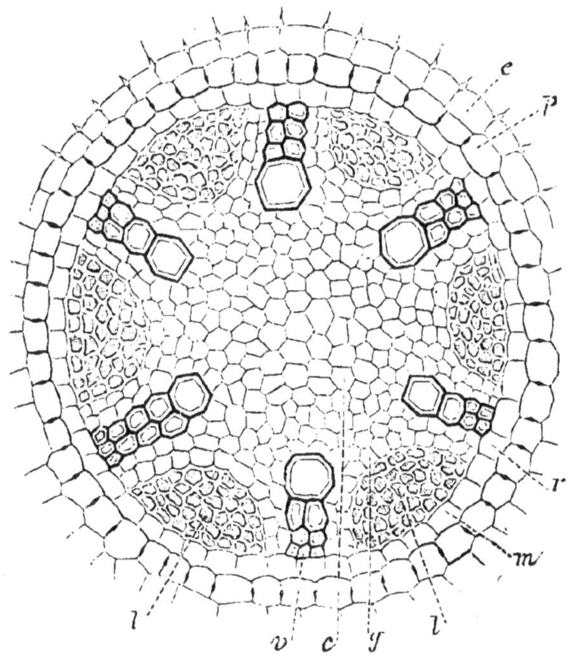

Fig. 25. Section transversale du cylindre central de la racine.
e, zone corticale interne ; *p*, endoderme ; *m*, *r*, péricycle ; *c*, conjonctif ;
v, faisceaux ligneux ; *l*, faisceaux libériens.

commence par une assise de cellules à parois minces, sans plissements ni subérification, alternant avec celles de l'endoderme auxquelles elles sont intimement unies : c'est le *péricycle* (*m, r*). Cette alternance, succédant tout à coup à la superposition radiale des cellules dans la zone interne de l'écorce, s'ajoute aux caractères particuliers de l'endoderme pour rendre très nette la ligne de séparation de l'écorce et du cylindre central.

Contre le péricycle, en des points équidistants, s'appuient dans la section transversale deux sortes de bandes ou de taches, régulièrement alternes : les unes (*v*) fortement projetées vers le centre en forme de lames rayonnantes, amincies en arête vers l'extérieur, progressivement élargies vers l'intérieur, triangulaires par conséquent ou cunéiformes ; les autres (*l*) peu développées vers le centre, dilatées au contraire dans le sens de la circonférence, ovales par conséquent. Entre ces taches et dans tout l'espace qu'elles laissent libre au centre du cylindre, s'étend un parenchyme à parois minces (*c*) dont les cellules prismatiques sont plus étroites en dehors où elles sont plus intimement unies, plus larges en dedans où elles laissent souvent entre elles des méats. On nomme *moelle* la région centrale libre de ce parenchyme, et *rayons médullaires* les lames rayonnantes qui passent entre les taches pour réunir la moelle au péricycle, lames qui ne comptent ordinairement qu'une, deux ou trois épaisseurs de cellules. Péricycle, rayons médullaires et moelle ne sont, en somme, que les trois parties d'un seul et même massif qu'on peut appeler le *conjonctif* du cylindre central, parce qu'il sert surtout à réunir entre elles les parties constitutives essentielles de ce cylindre, c'est-à-dire les deux sortes de taches alternes qu'il convient maintenant d'étudier de plus près.

Les unes et les autres sont des sections de paquets de tubes accolés ; ces paquets de tubes, qu'on appelle des *faisceaux*, s'étendent parallèlement en ligne droite dans toute la longueur de la racine.

Les faisceaux à section triangulaire (*v*) sont composés de tubes ne contenant qu'un liquide clair, sans protoplasme, ni membrane albuminoïde, ni noyaux, morts par conséquent ; leur membrane cellulosique, rigide et lignifiée, est toujours sculptée de diverses manières : en un mot, ce sont des *vaisseaux* (p. 36, fig. 16, *b, c, d, g*). Leur calibre, très étroit en dehors, contre le péricycle, s'élargit de plus en plus vers le centre et leur différenciation est centripète, c'est-à-dire que le vaisseau le plus étroit et le plus externe se forme le premier, le plus large et le plus interne le dernier. La forme de la sculpture dépend aussi du calibre : les vaisseaux les plus étroits sont annelés et spiralés, les moyens réticulés, les plus larges rayés et ponctués. Chaque vaisseau est formé, comme on sait, par une file de cellules cylindriques ou prismatiques d'autant plus longues que le calibre est plus étroit. Sur les faces latérales des cellules, qui forment toutes ensemble la paroi du vaisseau, la membrane, quoique très mince dans les endroits réservés pendant l'épaississement, est persistante; il n'en est pas toujours de même sur les faces transversales, par où les cellules vasculaires s'ajustent entre elles, et sous ce rapport on est conduit à distinguer deux sortes de vaisseaux. Dans les uns, la membrane persiste sur les faces terminales comme sur les faces latérales, de façon que les cellules vasculaires demeurent closes (fig. 16, *d*); le vaisseau est *discontinu* ou *fermé*. Dans les autres, la membrane se résorbe ou se perfore de bonne heure sur les faces terminales de manière à mettre en communication directe tous les articles du vaisseau, qui devient un tube continu : le vaisseau est *continu* ou *ouvert* (fig. 16, *g*). Ouverts ou fermés, les vaisseaux portent d'ailleurs les mêmes sculptures et jouent, avec plus ou moins de perfection, le même rôle, comme il sera dit plus loin; cette distinction n'est donc que secondaire. Dans les Cryptogames vasculaires et les Gymnospermes, les vaisseaux sont tous fermés; il en est de même chez beaucoup de Monocotylédones et de Dicotylédones. Mais souvent aussi, dans ces deux derniers groupes, le faisceau se compose de vaisseaux de deux sortes : les plus étroits et les premiers nés sont fermés, les plus larges et les derniers formés sont ouverts. Les vaisseaux étant les éléments essentiels de ce qu'on appelle le *bois* dans la tige, les faisceaux à section triangulaire sont nommés *faisceaux ligneux*, et leur ensemble constitue le bois de la racine.

Les faisceaux à section ovale (*l*) sont composés de tubes sans protoplasme, ni membrane albuminoïde, ni noyaux, morts par conséquent, contenant à la périphérie une substance albuminoïde épaisse, de consistance gélatineuse, parsemée de gouttelettes grasses et de fins granules qui sont habituellement de l'amidon, et renfermant au centre un liquide clair alcalin; leur membrane, molle et formée de cellulose pure, porte toujours de ces places minces épaissies en réseau et perforées dans chaque maille qu'on appelle des *cribles* : ce sont donc des *tubes criblés* (p. 36, fig. 16, *l*). Leur calibre augmente progressivement de dehors en dedans, mais moins rapidement que celui des vaisseaux dans les faisceaux ligneux et leur développement est également centripète. Chaque tube criblé est formé, comme on sait, par une file longitudinale de cellules cylindriques ou prismatiques, d'autant plus courtes que le calibre est plus large. Toujours permanentes, les cloisons transverses sont tantôt horizontales avec un seul large crible (Courge, etc.), tantôt plus ou moins fortement obliques avec plusieurs cribles superposés, séparés par des bandes de membrane ordinaire (Vigne, etc.). Les faces latérales, où les tubes se touchent, sont également munies de cribles. A l'endroit où va se former un crible, la membrane mitoyenne offre d'abord une large place uniformément mince, à la surface de laquelle se dessine bientôt, de chaque côté, un fin réseau d'épaississement dont les mailles se correspondent exactement d'une cellule à l'autre. Bientôt la mince membrane cellulosique se gélifie, puis se résorbe au centre de chaque maille du réseau ; comme en même temps protoplasme, membrane albuminoïde et noyau disparaissent dans chaque cellule, chaque place mince devient ainsi un véritable crible, à travers les pores duquel les contenus gélatineux des deux cellules voisines communiquent librement et se continuent directement par autant de filaments muqueux très étroits. Puis, la gélification s'étend à la périphérie des bandelettes du réseau cellulosique, qui se gonflent en s'épaississant et en rétrécissant les pores ; on donne le nom de *cal* à la couche gélifiée des bandelettes. En traitant le crible successivement par le chloro-iodure de zinc et par l'acide rosolique ammoniacal, on colore en jaune les filets albuminoïdes, en bleu la partie centrale des bandelettes formée de cellulose, en rose la partie périphérique des bandelettes, c'est-à-dire le cal. La potasse dissout le cal et met à nu le réseau de cellulose ; le liquide cupro-ammoniacal, au contraire, dissout le réseau de cellulose et permet d'isoler l'épaississement calleux. A l'automne, le cal se gonfle souvent jusqu'à oblitérer complètement les pores et à former en se rejoignant une plaque calleuse (Vigne, Érable, etc.) ; au printemps suivant, le revêtement calleux des bandelettes se contracte et les pores se rouvrent. Les tubes criblés étant les éléments essentiels de ce qu'on appelle le *liber* dans la tige, les faisceaux à section ovale sont nommés *faisceaux libériens*, et leur ensemble constitue le liber de la racine.

En résumé, la racine renferme trois sortes de tissus : une série de tissus vivants, de parenchymes, subdivisée en deux régions distinctes, qui sont l'écorce et le conjonctif du cylindre central, et deux tissus morts localisés dans le cylindre central, le tissu vasculaire qui forme les faisceaux ligneux, et le tissu criblé qui compose les faisceaux libériens. Ces trois catégories de tissus sont disposées de manière que la structure totale soit parfaitement symétrique par rapport à l'axe du membre.

Qu'elle soit terminale ou latérale, régulière ou adventive, primaire, secondaire ou d'ordre quelconque, qu'elle appartienne à une Cryptogame vasculaire, à une Gymnosperme, à une Monocotylédone ou à une Dicotylédone, la racine possède toujours la structure que l'on vient d'esquisser, et qui est par conséquent sa structure générale et typique. Mais on y observe aussi, suivant sa nature et suivant les plantes, un certain nombre de modifications de détail dont il faut connaître les plus importantes. Ces modifications intéressent les unes l'écorce, les autres le cylindre central. Reprenons donc une à une, à ce point de vue, les diverses parties qui composent ces deux régions.

Principales modifications de l'écorce de la racine. — Dans certains cas, notamment dans les racines aériennes (nombreuses Orchidées, diverses Aroïdées, etc.), l'assise pilifère est persistante et forme un *voile* (voir p. 67). Incolores ou colorées en brun plus ou moins foncé, mais toujours fortement subérifiées, ses membranes tantôt demeurent minces et sans sculpture (Anthurium, Hoya, etc.), tantôt s'épaississent localement en forme de spires ou de réseau (Vanille, etc.). Il arrive souvent alors que l'assise pilifère ne demeure pas simple, mais cloisonne de bonne heure ses cellules de manière à former une couche plus ou moins épaisse où l'on peut compter jusqu'à 18 rangées cellulaires (certains Cyrthopodes), dont la plus externe se prolonge en poils dans des conditions favorables. Isodiamétriques ou allongées dans le sens de la racine et intimement unies entre elles sans laisser de méats, toutes les cellules de cette couche pilifère sont semblables, pleines d'air ou d'eau, mortes par conséquent, fortement subérifiées, ordinairement incolores, quelquefois brunes. Rarement lisse (divers Crinums, etc.), leur membrane est le plus souvent épaissie en spirale (nombreuses Orchidées épidendres, etc.), quelquefois en réseau (Vanda, etc.); entre les tours de spire, elle se montre parfois percée de trous qui font communiquer les cavités cellulaires entre elles et avec le milieu extérieur.

L'assise subéreuse épaissit quelquefois beaucoup ses membranes, d'abord sur les faces externe et latérales, plus tard aussi sur la face interne (Vanille et beaucoup d'autres Monocotylédones). Parmi les cellules allongées et prismatiques qui la composent, on distingue souvent çà et là des cellules courtes et arrondies ; quand les premières épaississent et durcissent leur membrane, les secondes la conservent mince et molle (racines aériennes d'Orchidées et d'Aroïdées). Celles-ci sont évidemment des places perméables réservées dans la cuirasse subéreuse pour l'échange des gaz et des liquides entre le corps vivant de la racine et le milieu extérieur. Quelquefois, surtout dans les grosses racines, les cellules de l'assise subéreuse se cloisonnent de bonne heure parallèlement à la surface, de manière à former une couche subéreuse plus ou moins épaisse (Asperge, Dracéna, Phénix, etc.). Enfin elles sont parfois toutes sécrétrices, remplies par exemple d'huile essentielle (Valériane, Acore, etc.).

La zone corticale externe à développement centrifuge (*c*, fig. 24) fait défaut dans les racines très grêles (Orge, Élodéa, Lemna, etc.); les séries radiales de la zone interne viennent alors jusqu'au contact de l'assise subéreuse et toute l'écorce proprement dite a un développement centripète. Ailleurs, au contraire, cette zone externe acquiert une très grande épaisseur aux dépens de la zone interne et forme à elle seule la presque totalité de l'écorce proprement dite (Monstéra, Cycas, Marattia, etc.); lorsque ce développement est excessif, la racine se renfle en tubercule (Ficaire, etc.). Quand la racine est aérienne ou aquatique, cette zone est souvent pourvue de chlorophylle. Ses assises externes épaississent et lignifient quelquefois leurs membranes, de manière à former une couche dure sous l'assise subéreuse (diverses Graminées et Cypéracées, Dattier, Lycopode, etc.). Ses membranes sont ordinairement incolores, mais chez bon nombre de Fougères elles se colorent progressivement en brun rougeâtre de dehors en dedans.

La zone corticale interne à développement centripète (*d*, fig. 24) se réduit, dans les racines les plus grêles, à deux assises superposées dont la plus intérieure est l'endoderme (Lemna, etc.); il en est quelquefois de même dans les racines épaisses, quand la zone externe y prend, comme on vient de le dire, un développement prédominant. Ailleurs, au contraire, elle se développe beaucoup plus que la zone externe (Pontédéria, etc.). Dans les plantes aquatiques ou marécageuses, où elle est très épaisse, les méats de sa région externe grandissent beaucoup et s'unissent pour former de larges canaux aérifères, étendus sans discontinuité dans toute la longueur de la racine, séparés latéralement par un seul plan de cellules et qui se prolongent parfois vers l'intérieur jusque contre l'endoderme. C'est quand le développement de ces lacunes est excessif que la racine se renfle en flotteur (Jussiéa), comme il a été dit à la page 78. Dans les Graminées et les Cypéracées, les grandes lacunes de cette zone ont une autre origine; elles proviennent de la mort locale des cellules externes, dont les membranes flétries se rabattent en formant dans la lacune une série de lamelles verticales, tendues radialement chez les Cypéracées, tangentiellement chez les Graminées. Ailleurs au contraire, notamment chez un grand nombre de Fougères, la zone interne de l'écorce est tout aussi dépourvue de méats que la zone externe. Certaines cellules de cette zone épaississent quelquefois et lignifient leurs membranes en formant soit des paquets scléreux épars (Pandanus, Phénix), soit un anneau scléreux continu plus ou moins épais, à quelque distance de l'endoderme (Monstéra, Tornélia, etc.), ou contre l'endoderme même (Carex, Agavé, beaucoup de Fougères, etc.). Chez certaines Conifères (Cyprès, Thuia, If, etc.), l'épaississement se localise sur l'avant-dernière assise corticale, en contact avec l'endoderme, et s'y opère sur les faces latérales et transverses en doublant chaque cellule d'un cadre rectangulaire, ce qui donne à l'assise tout entière une grande solidité.

Les deux zones de l'écorce proprement dite renferment souvent des cellules sécrétrices, le plus souvent isolées, parfois groupées en files longitudinales (cellules tannifères des Marattiacées), en assise continue contre un anneau scléreux (cellules oxalifères des Monstérinées, etc.), ou en canaux sécréteurs (Clusiacées, etc.); ces derniers sont quelquefois entourés d'une gaine de sclérenchyme (Philodendron). Quand l'écorce est lacuneuse, les cellules oxalifères isolées et les cristaux qu'elles renferment font souvent saillie dans les lacunes (Colocase, Pontédéria, etc.).

Enfin l'endoderme, simple partout ailleurs, se divise chez les Prêles, par un cloisonnement tangentiel, en deux assises superposées dont l'externe seule porte les plissements. Il n'est pas rare que les cellules endodermiques épaississent et lignifient fortement leurs membranes, quelquefois également tout autour (Épidendron, Dendrobium, Primevère-Auricule, etc.), le plus souvent beaucoup plus sur les faces internes et latérales, en forme de fer à cheval sur la section transversale (Iris, Lis, Smilax, Fragon, Vanille, etc.). Quand l'endoderme est sclérifié de la sorte, il conserve çà et là, régulièrement disposées en face des faisceaux ligneux, des places plus ou moins larges où les cellules gardent leurs parois minces, places perméables par conséquent, qui assurent le libre échange des liquides entre le cylindre central et l'écorce, et qui sont analogues aux places perméables signalées plus haut dans l'assise subéreuse. Dans les Composées Tubuliflores et Radiées, les cellules de l'endoderme superposées à chaque faisceau libérien sont sécrétrices et produisent de l'huile essentielle; en même temps elles se dédoublent par une cloison tangentielle située en dehors des plissements, arrondissent leurs angles et laissent entre elles des méats quadrangulaires où l'huile se déverse. Vis-à-vis des faisceaux ligneux, l'endoderme conserve ses caractères normaux.

Principales modifications du cylindre central de la racine. — Le péricycle ne manque que chez les Prêles; il y est remplacé par l'assise interne de l'endoderme dédoublé, contre laquelle les faisceaux libériens et ligneux s'appliquent directement. Chez beaucoup de Graminées (Orge, Seigle, Avoine, Poa, Fétuque, etc.) et de Cypéracées (Carex, Scirpe, etc.), il est interrompu en face des faisceaux ligneux, dont les arêtes touchent l'endoderme. Ailleurs, au contraire, il se cloisonne tangentiellement et produit une couche plus ou moins épaisse, soit dans tout son pourtour (Diptérocarpe, Smilax, Dactyle, Pin, Cycas, Lycopode, etc.), soit seulement vis-à-vis des faisceaux ligneux en demeurant simple en face des faisceaux libériens (Papilionacées, etc.), soit seulement vis-à-vis des faisceaux libériens en demeurant simple vis-à-vis des faisceaux ligneux (Vanda, etc.). Il conserve ordinairement ses membranes minces, même quand l'endoderme devient scléreux (Lis, Iris, Massette, etc.); quelquefois pourtant il se sclérifie comme l'endoderme, mais plus tard (Vanille, Vanda, Smilax, etc.). Chez les Ombellifères, les Araliées et les Pittosporées, où il est formé d'une simple assise cellulaire, il offre une particularité remarquable; en face des faisceaux ligneux et vis-à-vis du milieu des faisceaux libériens, ses cellules sont sécrétrices et produisent de l'huile essentielle; en même temps, elles se cloisonnent, arrondissent leurs angles et laissent entre elles d'étroits méats où l'huile se déverse. Il en résulte un arc de petits canaux oléifères en dehors de chaque faisceau ligneux, et un canal unique au dos de chaque faisceau libérien. Dans les places intermédiaires, le péricycle conserve ses caractères normaux.

Le nombre des faisceaux libériens et ligneux qui alternent contre le péricycle varie beaucoup suivant les plantes e. dans la même plante suivant la grosseur de la racine et le diamètre du cylindre central. Il s'abaisse à deux dans les racines les plus grêles (fig. 26) et s'élève au delà de cent dans les plus épaisses (Palmiers, Pandanées, etc.). C'est seulement dans la racine terminale qu'il offre de la fixité : il y est le plus souvent de deux (Crucifères, Ombellifères, Lupin, Betterave, Ail, Cyprès, etc.), quelquefois de trois (Pois, Lentille, etc.), souvent de quatre (Haricot, Courge, Balsamine, Ricin, etc.), rarement de cinq (Fève), six (Aulne, etc.), huit (Hêtre, etc.). Cette fixité n'est d'ailleurs pas toujours absolue : la Capucine et le Tagète, par exemple, ont tantôt deux et tantôt quatre faisceaux libériens et ligneux dans leur pivot; le Marronnier en a tantôt six et tantôt huit.

Quel qu'en soit le nombre, il y a normalement autant de faisceaux ligneux que de faisceaux libériens. Pourtant, quelques Cryptogames vasculaires offrent sous ce rapport une curieuse

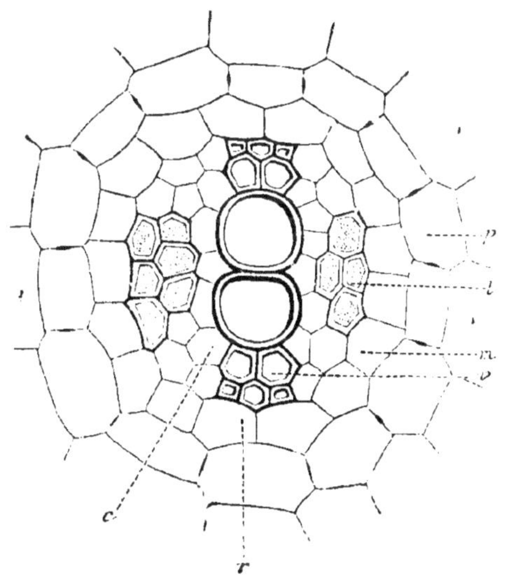

Fig. 26. Section transversale du cylindre central d'une racine binaire (pivot de l'Oignon) : *p*, endoderme ; *m*, *r*, péricycle ; *c*, conjonctif ; *v*, faisceaux ligneux confluents en une bande diamétrale ; *l*, faisceaux libériens.

anomalie. La racine y est binaire, mais l'un des deux faisceaux libériens ne se développe pas, fait complètement défaut; la lame diamétrale formée par la confluence centrale des deux faisceaux ligneux se courbe alors en arc de manière à remplir la place inoccupée et vient s'appliquer latéralement contre le péricycle, embrassant l'unique faisceau libérien dans sa concavité. La racine n'est alors symétrique que par rapport à un plan. Il en est ainsi dans les Isoètes, le Phylloglosse, certains Ophioglosses (O. commun, O. de Portugal, O. bulbeux, etc.) et certains Lycopodes (L. inondé, L. Selago), les autres espèces de ces deux derniers genres ayant leurs racines normalement conformées. Ces racines anomales ne pro-

duisent pas de radicelles; elles restent simples (Ophioglosse, Phylloglosse), ou se ramifient en dichotomie (Lycopode, Isoète).

La dimension des faisceaux, notamment leur développement suivant le rayon, varie à la fois suivant les plantes et, dans une même plante, suivant le diamètre de la racine.

Le faisceau ligneux peut se réduire à un seul vaisseau étroit appliqué contre le péricycle (Hydrocharis, beaucoup de Carex, etc.); on voit alors assez souvent l'axe du cylindre central occupé par un large vaisseau, accolé aux vaisseaux externes (Potamot) ou séparé d'eux par un ou deux rangs de cellules conjonctives (Hydrocléis, Élodéa). Ailleurs il comprend deux ou trois vaisseaux superposés suivant le rayon (Poa, Brome, Orge, Pontédéria, etc.), avec ou sans vaisseau axile. Ordinairement, il contient un plus grand nombre de vaisseaux, disposés soit en une seule série radiale comme les tuyaux d'un jeu d'orgue (Ombellifères, etc.), soit en plusieurs séries accolées en une lame à section cunéiforme, parfois dilatée en éventail (Cycadées). Quelquefois les vaisseaux les plus étroits s'étalent contre le péricycle en une rangée tangentielle, de sorte que le faisceau offre sur la section transversale la forme d'un T (Asperge, etc.). Quand les faisceaux ligneux acquièrent ainsi un développement notable suivant le rayon, il arrive souvent qu'ils se touchent deux à deux par leurs larges vaisseaux internes, en formant sur la section des sortes de V qui comprennent entre leurs branches les faisceaux libériens alternes. Tant qu'il ne se projette pas trop loin vers le centre, le faisceau reste continu, mais si le nombre des vaisseaux y dépasse une certaine limite, il se montre disjoint; les larges vaisseaux internes se trouvent alors séparés de la lame rayonnante externe et les uns des autres par un ou plusieurs rangs de cellules conjonctives (grosses racines de Pandanus, Dracéna, Tornélia, etc.). Les faisceaux ligneux du cylindre ne peuvent, d'ailleurs, pas tous être disjoints, et ceux qui le sont ne peuvent l'être tous au même degré; aussi observe-t-on alors une alternance régulière de faisceaux moins développés qui sont continus, et de faisceaux plus développés qui sont disjoints à divers degrés. Enfin, dans certaines plantes aquatiques, les vaisseaux résorbent leur membrane de cellulose plus ou moins vite après son épaississement et sont remplacés par autant de lacunes pleines d'eau (Alisma, Hydrocléis, Élodéa, etc.); ils la résorbent même quelquefois avant de l'épaissir (Naïade, Vallisnérie, Lemna).

Le faisceau libérien offre une série de modifications parallèles à celles du faisceau ligneux et donne lieu à des remarques analogues. Réduit parfois à un seul tube criblé (Élodéa, Troscart, etc.), ou à deux ou trois tubes criblés (Blé, Pontédéria, etc.), il en renferme ordinairement un assez grand nombre. Le paquet ainsi formé s'étale suivant la circonférence, si les faisceaux sont peu nombreux et espacés, surtout s'il n'y en a que deux (fig. 26) ; il s'allonge suivant le rayon, s'ils sont nombreux et rapprochés, mais toutefois en s'avançant toujours moins loin vers le centre que les faisceaux ligneux (fig. 25). Dans ce dernier cas, les tubes criblés internes sont d'ordinaire beaucoup plus larges que les externes. Si le nombre des tubes augmente au delà d'une certaine limite, le faisceau libérien se montre disjoint, les larges tubes criblés internes étant séparés du paquet extérieur et les uns des autres par des cellules conjonctives (Pandanus, Tornélia, etc.) ; la même racine offre alors des faisceaux libériens de plusieurs dimensions, les uns petits et continus, les autres plus ou moins grands et à divers degrés disjoints, qui alternent assez régulièrement à la périphérie du cylindre central. Remarquons enfin que, dans les plantes aquatiques, la résorption qui frappe de bonne heure la membrane des vaisseaux n'atteint en aucune façon les tubes criblés, qui conservent indéfiniment leur intégrité.

Ligneux ou libériens, les faisceaux renferment quelquefois du tissu sécréteur. On trouve un canal résinifère, par exemple, au bord externe du faisceau ligneux, contre le péricycle (Pin, Mélèze, Diptérocarpe, etc.), ou au bord interne du faisceau libérien, contre le conjonctif (Anacardiacées, certaines Clusiacées et Conifères). Ailleurs le faisceau libérien contient un réseau laticifère sur son bord interne (Composées Liguliflores), ou une file de cellules laticifères sur chaque flanc (Colocase, etc.).

Le volume de la moelle varie beaucoup avec le diamètre du cylindre central. Dans les racines grêles, il arrive fréquemment que les faisceaux ligneux, prenant toute la longueur du rayon, viennent se toucher au centre en formant soit une bande diamétrale (fig. 26), soit une étoile à trois, quatre, cinq rayons, etc.; la moelle est alors supprimée et le conjonctif se réduit au péricycle, aux rayons médullaires et à un ou deux rangs de cellules unissant ceux-ci deux à deux en dedans de chaque faisceau libérien (fig. 26, c). Dans les racines les plus grêles, les rayons médullaires disparaissent à leur tour, le cylindre central se réduisant, sous le péricycle, à deux vaisseaux et à deux tubes criblés alternes, directement en contact. Dans les grosses racines, au contraire, la moelle est très large ; quand son développement est excessif, la racine devient tuberculeuse (Asphodèle, Hémérocalle, etc.). La moelle peut conserver dans toute son étendue ses membranes minces (Valériane, Asphodèle, etc.); mais fréquemment elle les épaissit et les lignifie fortement. Tantôt cette sclérose est complète (Agavé, Lierre, etc.); tantôt elle laisse subsister au centre une région plus ou moins large, formée de grandes cellules à parois minces (Asperge, diverses Orchidées, etc.), ou bien elle ne s'opère que çà et là, par paquets, par exemple, dans les grosses racines à faisceaux disjoints, autour des groupes ligneux et libériens épars (Pandanus, etc.). La moelle contient rarement du tissu sécréteur ; pourtant, on y observe quelquefois un canal résinifère axile (Sapin, Cèdre).

Origine de la structure de la racine. — A mesure qu'on se rapproche de l'extrémité en voie de croissance de la racine, on voit les divers tissus définitifs dont on vient de tracer les caractères perdre peu à peu les différences qui les séparent et se confondre enfin dans un tissu homogène et indifférent, dépourvu de méats, dont les cellules, riches en protoplasme finement granuleux, entourées de membranes minces et sans sculpture, sont toutes en voie de cloisonnement, en un mot dans un méristème (p. 29). Vers la base, le méristème, cessant de se cloisonner, engendre par une différenciation progressive de ses cellules les divers tissus définitifs de l'écorce et du cylindre central; vers le sommet il produit de même le tissu définitif de la coiffe. Il forme donc des tissus définitifs tout autour de lui et se trouve complètement enveloppé par eux.

Si maintenant on remonte à l'origine du méristème, on voit qu'elle est assez diverse. Il procède, en effet, par voie de cloisonnement, tantôt d'une cellule unique, qui est sa *cellule mère* et par conséquent la cellule mère de la racine tout entière, tantôt d'un groupe de cellules mères, qui à son tour peut se comporter de plusieurs manières différentes.

Chez presque toutes les Cryptogames vasculaires, en particulier chez les Fougères (fig. 27), le méristème de la racine prend son origine dans une cellule mère unique en forme de pyramide à trois faces, dont la base convexe et équilatérale est tournée vers le sommet du membre (*v*). Cette cellule se cloisonne tour à tour parallèlement à ses quatre faces; dans l'intervalle entre deux cloisonnements successifs, elle croît de manière à avoir repris sa grandeur primitive avant la formation de la prochaine cloison. . Après trois cloisons successives parallèles aux faces planes, qui détachent trois segments en forme de tables triangulaires (fig. 27, *B*), il s'en fait une quatrième, parallèle à la face convexe, qui découpe un segment en forme de calotte (fig. 27, *A*). A mesure que les segments ainsi découpés vont s'empilant en quatre séries, ils grandissent et à leur tour se cloisonnent pour produire le méristème. Chaque segment courbe se partage par des cloisons d'abord radiales, puis tangentielles et enfin transversales ; après quoi, toutes

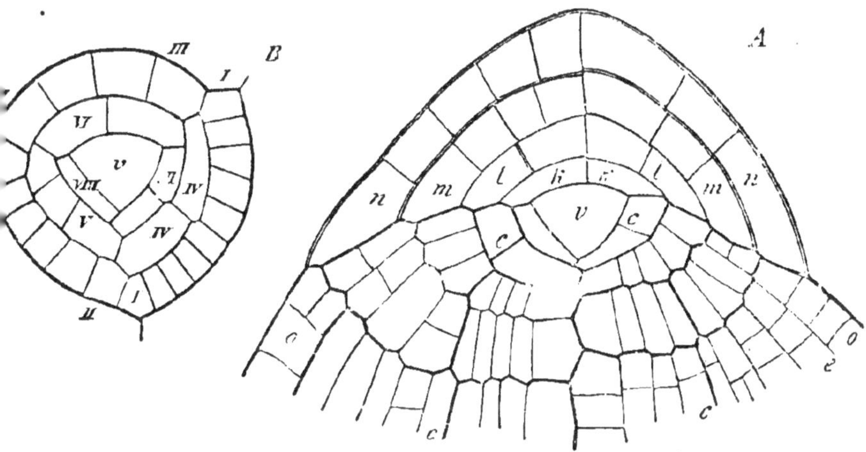

Fig. 27. Formation du méristème à partir de la cellule mère dans la racine des Fougères. — *A*, section longitudinale de l'extrémité de la racine : *v*, cellule mère; *k, l, m, n*, calottes successives de la coiffe; *c*, cloison séparant le méristème de l'écorce de celui du cylindre central. — *B*, section transversale de cette extrémité; *v*, cellule mère; I à VIII, ses segments successifs numérotés de dehors en dedans.

les cellules ainsi formées passent à l'état définitif en constituant une calotte de parenchyme. Toutes ces calottes de parenchyme *k, l, m, n*) emboîtées l'une dans l'autre composent la coiffe, qui va s'exfoliant au dehors à mesure qu'elle se forme en dedans. A partir de la cellule mère, la coiffe a donc une origine indépendante de celle du corps de la racine. Les trois segments plans, d'abord dirigés obliquement sur l'axe, ne tardent pas en grandissant à se placer transversalement, puis ils se dédoublent chacun d'abord par une cloison radiale, puis par une cloison tangentielle (*c*). En se cloisonnant ensuite dans les trois directions, les six cellules externes ainsi séparées produisent le méristème de l'écorce, les six internes celui du cylindre central; les deux régions du corps de la racine sont donc déjà distinctes à l'intérieur du méristème à une petite distance de la cellule mère.

Chez la plupart des Phanérogames et quelques Cryptogames vasculaires (Marattiacées, Lycopode, Isoète), le méristème de la racine procède du cloisonnement d'un groupe de cellules mères, qui peut être homogène ou différencié à divers degrés. S'il est homogène, toutes ses cellules, qui peuvent se réduire à quatre disposées côte à côte (Marattiacées), sont semblables et se cloisonnent de la même manière pour produire un méristème homogène dans lequel la coiffe, l'écorce et le cylindre central ne s'individualisent que plus tard, plus ou moins loin du sommet (fig. 28) (Papilionacées, Cucurbitacées, Prunées, Cupulifères, Capucine, etc.).

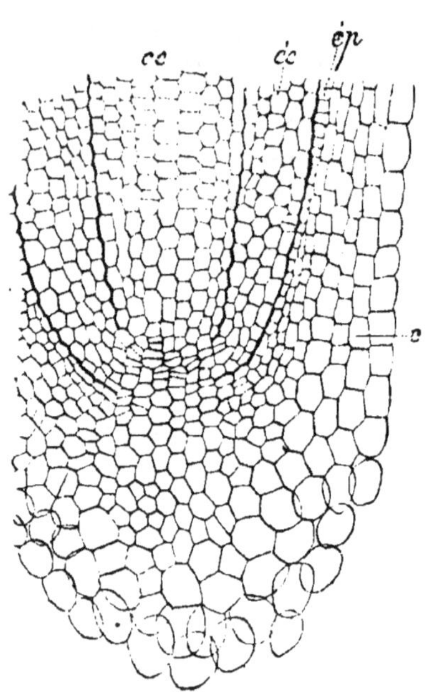

Fig. 28. Section longitudinale de l'extrémité du pivot de la Capucine. Formation du méristème par un groupe homogène de cellules mères : *c*, coiffe; *ép*, assise pilifère; *éc*, écorce; *cc*, cylindre central.

S'il est différencié, il peut ne comprendre que deux sortes de cellules mères, formant deux groupes superposés. Alors le groupe inférieur produit ordinairement à la fois l'écorce et la coiffe, tandis que le groupe supérieur n'engendre que le cylindre central, dont ses cellules sont les *initiales* (Liliacées, Amaryllidées, Césalpiniées, Mimosées, Pin, Éphédra, etc.); dans les Gymnospermes et quelques Dicotylédones (Lupin, Mimose, Gainier, Césalpinia, etc.), l'écorce et la coiffe, formées ainsi aux dépens de cellules mères communes, demeurent même indéfiniment confondues et comme enchevêtrées. Quelquefois pourtant le groupe inférieur ne donne que la coiffe, dont ses cellules sont les initiales, tandis que le groupe supérieur, qui peut se réduire à une seule cellule, produit à la fois le cylindre central et l'écorce (Vallisnérie, Alisma, Blé, Éphémère, etc.). Mais le plus souvent il se compose de trois sortes de cellules mères superposées, de trois sortes d'initiales, dont les inférieures produisent la coiffe, les moyennes l'écorce, les supérieures le cylindre central; en d'autres termes, le cylindre central, l'écorce et la coiffe se continuent à travers le groupe des cellules mères par des initiales propres, dont le nombre peut se réduire à deux ou même à l'unité (fig. 29). Ce cas est de beaucoup le plus fréquent; on le rencontre dans la grande majorité des Monocotylédones et des Dicotylédones , ainsi que dans les Isoëtes. Enfin la spécialisation des cellules mères peut être poussée plus loin encore. Il peut y en avoir de quatre sortes, parce que l'assise pilifère (Pistia, Hydrocharis, Pontédéria, Lycopode), ou l'assise subéreuse (Garance), ou le péricycle (Rubanier, Radis, Coléus) a ses initiales propres, indépendantes de celles de la coiffe, de l'écorce et du cylindre central. Il peut y en avoir de cinq sortes, parce que l'assise subéreuse et le péricycle ont en même temps leurs initiales propres, indépendantes de celles de la coiffe, de l'écorce et du cylindre central (Lin, Ményanthe, Hoya, Menthe, etc.). Dans les Liserons, il y a même plus de cinq sortes d'initiales, parce que plusieurs des assises de l'écorce externe, situées sous l'assise subéreuse, ont, comme cette dernière, des initiales propres.

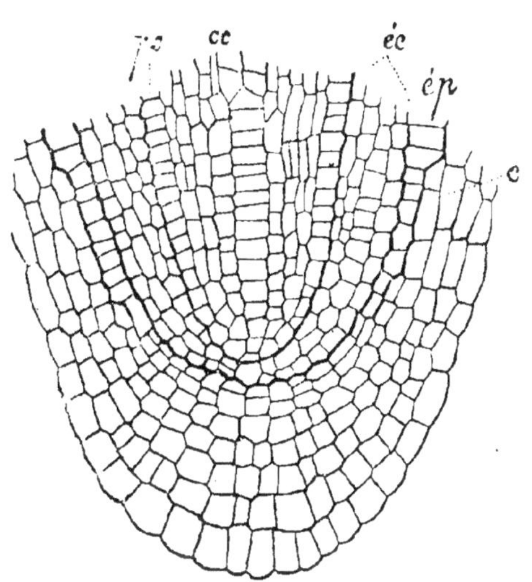

Fig. 29. Section longitudinale axile de l'extrémité du pivot du Sarrasin. Formation du méristème à l'aide de trois groupes d'initiales : l'inférieur donnant la coiffe c et l'assise pilifère ép, le moyen l'écorce éc, le supérieur le cylindre central cc avec son péricycle pc.

Il faut bien se garder d'attacher plus d'importance qu'il ne convient aux divers modes d'origine du méristème que nous venons d'analyser. On trouve souvent sous ce rapport de notables différences entre plantes très voisines, notamment entre les diverses Légumineuses, et de grandes ressemblances entre végétaux très éloignés, comme sont par exemple l'Acacia et le Pin. Bien mieux, les diverses racines de la même plante présentent parfois, suivant leur dimension, différents degrés de spécialisation. Ainsi, par exemple, l'Iris possède dans sa racine terminale des initiales distinctes pour l'écorce et pour la coiffe, dans ses racines latérales un groupe d'initiales communes à ces deux régions.

Une seule de ces modifications s'est montrée jusqu'ici constante et permet de distinguer les Monocotylédones des Dicotylédones, toutes les fois du moins que l'écorce et la coiffe y sont distinctes. Chez les Monocotylédones, l'assise pilifère ou bien a ses initiales propres, ou bien dérive des initiales de l'écorce; elle est toujours indépendante de la coiffe, qui s'exfolie tout entière. Chez les Dicotylédones, l'assise pilifère dérive, au contraire, des initiales de la coiffe, qui en s'exfoliant laisse sa dernière assise adhérente au corps de la racine (fig. 28 et 29, *ép*); elle est toujours indépendante de l'écorce. Sous ce rapport, les Cryptogames vasculaires se comportent comme les Monocotylédones; l'assise pilifère y dérive, en effet, des initiales de l'écorce, et la coiffe s'y exfolie tout entière (fig. 27).

Structure de la coiffe. — On vient de voir que la coiffe, partout où elle est distincte de l'écorce, résulte du cloisonnement transversal centripète d'une ou de plusieurs cellules mères, bientôt suivi de nombreuses cloisons longitudinales dans les segments détachés. Quelquefois les cellules du parenchyme ainsi constitué conservent leur superposition régulière en séries longitudinales, notamment dans la partie centrale située dans le prolongement de l'axe, où elles sont plus nombreuses et où elles dessinent une sorte de colonne souvent très épaisse (fig. 28). Ailleurs, elles sont disposées seulement en couches concentriques (fig. 29); ailleurs encore, elles sont polyédriques et irrégulièrement ajustées. Toujours elles sont unies intimement de tous côtés, sans laisser de méats, et leur membrane est mince, sans sculpture. Jeunes, c'est-à-dire vers l'intérieur, elles renferment un protoplasme avec un noyau et souvent des grains d'amidon mis en réserve pour alimenter plus tard le travail de croissance et de cloisonnement du méristème. Agées, c'est-à-dire vers l'extérieur, elles meurent progressivement et se vident, ou bien ne contiennent que des globules d'huile ou des cristaux d'oxalate de chaux en macles sphériques ou en raphides. En même temps, elles se détachent d'ordinaire et cela de deux manières, comme il a été dit page 64 : tantôt isolément par gélification des lamelles moyennes des cloisons mitoyennes (fig. 28), tantôt par feuillets avec subérification des membranes (fig. 29). Chez les Monocotylédones, la gélification progresse jusqu'aux membranes externes de l'assise périphérique de l'écorce, en détachant les cellules les plus internes de la coiffe comme les autres ; chez les Dicotylédones, elle s'arrête à la ligne de gradins qui sépare l'avant-dernière assise de la coiffe de la dernière, de façon que celle-ci ne se détache pas (fig. 28 et 29).

Origine des radicelles. — Connaissant la structure de la racine et comment cette structure s'édifie peu à peu à partir du sommet, il reste à chercher où et comment ce sommet lui-même prend naissance. S'il s'agit d'une racine primaire, c'est, comme on l'a vu p. 73, à l'intérieur de la tige, et la question ne pourra être étudiée que plus tard ; mais s'il s'agit d'une racine secondaire, tertiaire, etc., en un mot d'une radicelle quelconque, c'est à l'intérieur d'une racine mère, et nous avons à résoudre ce problème.

D'une façon générale, la radicelle naît comme elle croît. Croît-elle par une cellule mère unique, elle naît d'une seule cellule (Cryptogames vasculaires) ; croît-elle par un groupe de cellules mères, équivalentes ou diversement spécialisées, elle naît d'un pareil groupe de cellules (Phanérogames). Où se trouvent situées, dans le corps de la racine mère, les cellules qui engendrent les radicelles, les cellules rhizogènes ? Toujours, toutes les fois du moins que la chose est possible, en face des faisceaux ligneux du cylindre central. Comme ceux-ci ont une course parallèle à l'axe, il en résulte que les radicelles se trouvent disposées sur la racine suivant autant de séries longitudinales qu'elle renferme de faisceaux ligneux, disposition qui a été constatée effectivement à la page 71. Et puisque dans la racine terminale le nombre des faisceaux est constant (p. 89), il s'ensuit que sur cette racine le nombre des rangées de radicelles est également constant, comme on l'a vu p. 74. La position des cellules rhizogènes se trouve ainsi fixée en surface, mais à quelle profondeur sont-elles situées ? Sous ce rapport, les Cryptogames vasculaires se comportent autrement que les Phanérogames.

6

Chez les Cryptogames vasculaires qui forment des radicelles (on sait que les Lycopodinées n'en produisent pas), c'est l'assise la plus interne et la plus jeune de l'écorce, c'est-à-dire l'endoderme chez les Filicinées, la rangée interne de l'endoderme dédoublé chez les Prêles, qui contient les cellules mères des radicelles, qui est rhizogène. Plus grande que ses voisines, la cellule mère forme d'abord, par trois cloisons obliques, une pyramide triangulaire horizontale tournant son sommet en dedans et sa base convexe en dehors; puis une cloison courbe parallèle à cette base convexe sépare le premier segment de la coiffe. Après quoi, le cloisonnement se poursuit, d'abord dans la cellule pyramidale parallèlement à ses quatre faces, puis dans chacun des quatre segments détachés, comme il a été expliqué plus haut (p. 93). Le cône de méristème ainsi constitué refoule l'écorce, la perce et s'allonge en radicelle au dehors. Les cellules du péricycle ne contribuent à la formation de la radicelle qu'en produisant les raccords nécessaires à l'insertion de ses vaisseaux et de ses tubes criblés sur les vaisseaux et les tubes criblés de la racine mère; dans les Prêles, où elles manquent, l'insertion est immédiate. Dans tous les cas, les faisceaux ligneux de la radicelle s'attachent directement au faisceau ligneux correspondant de la racine, tandis que ses faisceaux libériens dévient à droite et à gauche pour aller prendre insertion sur les deux faisceaux libériens voisins. Si la structure de la radicelle est binaire, comme il arrive presque toujours dans ces plantes, ses deux faisceaux ligneux sont situés dans un plan perpendiculaire au faisceau ligneux d'insertion. C'est ce que montre la figure 30, qui représente une section longitudinale tangentielle à travers l'écorce d'une racine de Fougère rencontrant une radicelle binaire.

Fig. 30.

Chez les Phanérogames, l'origine des radicelles est plus profonde : c'est le péricycle qui contient, en face des faisceaux ligneux, les cellules mères des radicelles, qui est rhizogène (fig. 25 et 26, *r*). Ici plusieurs cellules péricycliques formant, vues de face dans la coupe tangentielle, une petite plage circulaire dont le centre s'appuie contre le vaisseau le plus étroit, se cloisonnent à la fois pour former le groupe de cellules mères dont il a été question plus haut. Quand le péricycle est simple et que ce groupe doit contenir trois sortes d'initiales, comme c'est le cas le plus fréquent (fig. 31), un premier cloisonnement tangentiel sépare la plage de cellules mères en deux assises : l'intérieure constitue le groupe d'initiales du cylindre central (*cc*); l'extérieure se dédouble de nouveau tangentiellement et sépare en dehors les initiales de la coiffe, en dedans celles de l'écorce (*éc*). Le cloisonnement ultérieur de ces initiales amène la formation d'un cône de méristème qui refoule l'écorce, y compris l'endoderme, et finit par la percer pour s'allonger en radicelle au dehors. Mais le péricycle ne produit pas toujours la radicelle tout entière. Parfois l'endoderme aussi subit quelques cloisonnements et contribue à épaissir la coiffe (Grand-

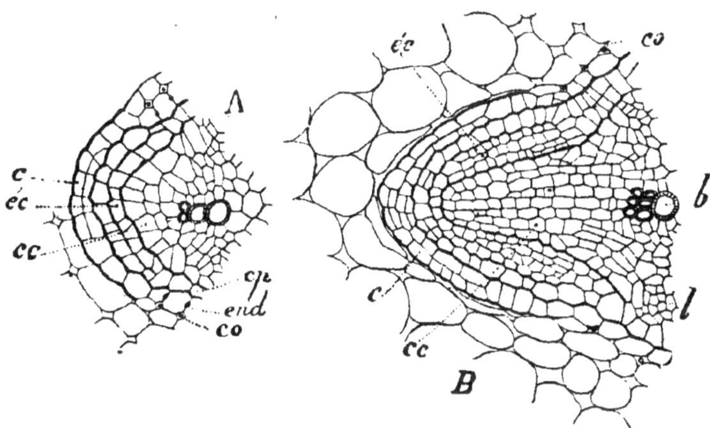

Fig. 31. Section transversale d'une racine de Grand-Soleil, passant par l'axe d'une radicelle en voie de formation : *b*, faisceaux ligneux; *ll*, faisceaux libériens; *end*, endoderme creusé d'un arc de canaux oléifères *co* en dehors de chaque faisceau libérien. — *A*, les initiales de l'écorce *éc* viennent de se séparer de celles de la coiffe; *cc*, initiales du cylindre central; l'endoderme subit quelques cloisonnements et contribue à épaissir la coiffe *c*. — *B*, état plus avancé.

Soleil, fig. 31, *c*); ailleurs le péricycle ne forme que le cylindre central et l'écorce, tandis que la coiffe tout entière, y compris l'assise pilifère, provient des cellules correspondantes de l'endoderme (Pistia). Il peut même arriver que le péricycle ne produise que le cylindre central de la radicelle, tandis que les cellules correspondantes de l'endoderme, jointes à celles de l'assise ou des deux assises corticales voisines, se cloisonnent pour former un groupe d'initiales communes à l'écorce et à la coiffe (Papilionacées, Cucurbitacées, etc.). L'écorce et la coiffe de la radicelle ne naissent donc pas toujours de la même manière au sein de la racine mère ; seul le cylindre central dérive toujours du péricycle. Quand la radicelle

Fig. 52.

est binaire, le plan des deux faisceaux ligneux est longitudinal, c'est-à-dire passe par le faisceau ligneux d'insertion ; c'est ce que montre la figure 52, qui représente une section longitudinale tangentielle à travers l'écorce de la racine du Lupin rencontrant une radicelle. De là une différence avec les Cryptogames vasculaires, où ce plan est transversal. Il en résulte que, chez les Phanérogames, toutes les fois que la racine primaire a une structure binaire, elle se ramifie indéfiniment dans le même plan ; si elle a des faisceaux plus nombreux, il en est de même à partir du moment où le nombre des faisceaux, qui diminue à chaque génération, se trouve réduit à deux.

Exceptions à la règle de position des radicelles. — Chez quelques Phanérogames, les radicelles ne naissent pas en face des faisceaux ligneux de la racine. S'il est démontré que c'est parce que la chose y est impossible, on conviendra que ces exceptions sont de celles qui fortifient la règle. Elles se réduisent d'ailleurs à deux.

Chez certaines Graminées et Cypéracées, le péricycle manque, avons-nous dit p. 88, en face des faisceaux ligneux ; les radicelles ne peuvent donc pas naître à leur place habituelle. Elles se développent là où le péricycle existe et où ses cellules possèdent la plus grande dimension, c'est-à-dire en dehors des faisceaux libériens. Le nombre de leurs rangées n'en est pas changé : il demeure égal à celui des faisceaux.

Chez les Ombellifères, les Araliées et les Pittosporées, le péricycle, en face de chaque faisceau ligneux et vis-à-vis du milieu de chaque faisceau libérien, consacre ses cellules à la production d'huile essentielle, comme il a été dit p. 88. Ces deux places sont donc à la fois interdites aux radicelles. Celles-ci ne peuvent naître que dans les intervalles, où les cellules du péricycle ont conservé leur neutralité et leur pouvoir générateur : c'est là qu'elles naissent en effet. La conséquence de cette disposition est que la racine mère porte deux fois autant de séries de radicelles qu'elle possède de faisceaux libériens ou ligneux ; la racine terminale des Ombellifères, par exemple, dont la structure est binaire, produit ses radicelles en quatre rangées.

Structure des racines dichotomes. — Quand une racine

primaire, d'ailleurs normalement conformée comme celle de la plupart des Lycopodes, se ramifie en dichotomie (voir p. 72), le nombre des faisceaux du cylindre central va diminuant à chaque bifurcation et finit par se réduire à deux pour chaque sorte. A la bifurcation suivante, chaque branche emporte avec elle un seul faisceau ligneux et deux moitiés de faisceaux libériens, qui s'unissent l'une à l'autre en un arc opposé au faisceau ligneux. Désormais le cylindre central n'est plus symétrique que par rapport à un plan. Cette structure anomale se conserve ensuite dans toutes les dichotomies ultérieures, parce que chaque branche entraîne la moitié du faisceau ligneux et la moitié de l'arc libérien opposé. Il en est de même dans les Sélaginelles, avec cette différence qu'ici la racine primaire ayant déjà une structure binaire, l'anomalie apparaît dès la première dichotomie, laquelle s'accomplit à l'intérieur même de l'écorce de la tige avec avortement presque constant de l'une des deux branches.

Il ne faut pas confondre cette anomalie de structure des branches d'une racine dichotome, conséquence nécessaire de la dichotomie, avec celle qui dérive, comme il a été dit à la page 89, de l'avortement d'un des faisceaux libériens dans une racine primaire binaire. Il est vrai qu'elles ont en commun la symétrie bilatérale, mais cette symétrie y est obtenue par deux procédés différents et pour ainsi dire complémentaires, à l'aide d'un faisceau ligneux et de deux faisceaux libériens confluents dans le cas actuel, à l'aide d'un faisceau libérien et de deux faisceaux ligneux confluents dans le cas étudié précédemment. Il faut remarquer encore que dans le cas actuel la racine tout entière conserve sa symétrie par rapport à l'axe, tandis que dans le cas précédent elle est réellement dans sa totalité symétrique par rapport à un plan.

Structure secondaire de la racine. — Chez un grand nombre de plantes, la racine conserve indéfiniment la structure que nous venons d'étudier ; une subérification de plus en plus forte à la périphérie, une sclérose de plus en plus intense à l'intérieur : c'est tout le changement qu'y amènent les progrès de l'âge. Il en est ainsi dans la plupart des Cryptogames vasculaires, dans beaucoup de Monocotylédones et quelques Dicotylédones (Nénuphar, Myriophylle, Ficaire, Renoncule, etc.). Mais ailleurs, surtout chez la plupart des Dicotylédones et chez les Gymnospermes, la structure de la racine se complique bientôt, parce que certaines cellules, différenciées d'abord en parenchyme, et disposées en une assise circulaire, recommencent à se cloisonner et produisent un anneau de méristème secondaire, dont la différenciation ultérieure engendre divers tissus secondaires (p. 37).

En s'adjoignant aux tissus primaires, ceux-ci provoquent en définitive l'épaississement de la racine et en même temps lui impriment une structure nouvelle, qui est sa *structure secondaire.* Bornons-nous pour le moment à en signaler l'existence. Le problème se représentera bientôt dans les mêmes termes pour la tige, et c'est alors que nous l'étudierons. Quand nous aurons démêlé la structure secondaire de la tige, nous connaîtrons du même coup celle de la racine, et il suffira de quelques mots pour marquer les caractères spéciaux à ce membre. Disons seulement qu'à la suite d'une formation exubérante de tissus secondaires, certaines racines, filiformes à l'état primaire, deviennent plus tard tuberculeuses ; ce renflement peut avoir lieu tout aussi bien sur la racine terminale (Navet, Radis, Carotte, Panais, Betterave, etc.), que sur des racines adventives (Dahlia, etc.). Il faut bien se garder de confondre cette tuberculisation secondaire avec la tuberculisation primaire dont il a été question plus haut (p. 78).

SECTION II

PHYSIOLOGIE DE LA RACINE

Pour faire l'étude physiologique de la racine, il faut considérer ce membre d'abord dans ses relations avec le milieu extérieur, dans ses fonctions externes, puis dans les phénomènes qui s'accomplissent en lui, dans ses fonctions internes. De là, comme pour l'étude morphologique, deux paragraphes distincts.

§ 3

Fonctions externes de la racine.

La racine fixe la plante au sol ; elle agit ensuite sur les gaz que renferme la terre, sur les liquides qu'elle contient et sur les solides qui la composent. Examinons tour à tour ces quatre points.

Fixation de la plante. Géotropisme positif de la racine.
— La racine fixe la plante au sol; ce résultat est produit par une
force extérieure qui agit sur l'extrémité en voie de croissance
pour lui imprimer sa propre direc-
tion. Cette force dirigeante est la
pesanteur.

Plaçons une racine primaire horizontalement sur un sol meuble; nous
la verrons bientôt se courber vers le
bas et à angle droit dans sa région
de croissance, de manière à enfoncer sa pointe verticalement dans la
terre, où elle s'allonge ensuite indéfiniment dans la même direction;
c'est vers le premier tiers de la région de croissance, là où (voir p. 68)
l'allongement est le plus rapide, que
la courbure atteint son maximum,
comme on le voit pour la Fève
(fig. 53). La flexion est due à la pesanteur. Fixons, en effet, la racine
au bord d'un disque ou d'une roue
tournant dans un plan vertical; la
pesanteur agit alors successivement
et également sur tous les côtés de la
racine et son action s'annule pour
un tour; en d'autres termes, la racine se trouve soustraite à l'influence
fléchissante de la pesanteur. En
même temps, donnons au disque une
vitesse de rotation assez faible pour
que la force centrifuge développée
soit insensible, résultat qui est atteint par exemple avec une roue de
10 centimètres de diamètre qui met
20 minutes à faire un tour. Dans ces
conditions, la racine croît indéfini-
ment en ligne droite dans la position d'ailleurs quelconque où on
l'a fixée au disque.

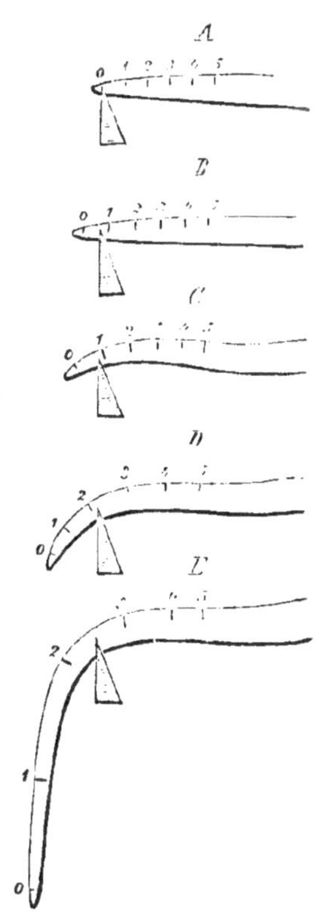

Fig. 53. Diverses phases de la
courbure géotropique d'une
racine de Fève, placée norizon-
talement dans un sol très
meuble. En *A*. la région de
croissance est divisée en cinq
tranches de 2 millimètres; un
index de papier permet d'ap-
précier l'allongement: *B*, après
une heure; *C*, après 2 heures;
D, après 7 heures; *E*, après
23 heures.

Dans les circonstances ordinaires, la flexion provient de ce que, sous l'influence de la pesanteur, la face supérieure de la racine placée horizontalement s'allonge plus et la face inférieure moins que ne s'allonge dans le même temps et au même point la racine placée verticalement. On le démontre par des mesures directes. Ainsi pour la Fève, si l'allongement de la racine verticale est de 24 millimètres, celui de la racine horizontale est dans le même temps : sur le côté supérieur de 28 millimètres, sur le côté inférieur de 15 millimètres ; pour le Marronnier, si l'allongement de la racine verticale est de 20 millimètres, celui de la racine horizontale est : sur la face supérieure de 28 millimètres, sur la face inférieure de 9 millimètres. On remarquera que la croissance de la face supérieure est moins accélérée que celle de l'autre n'est ralentie ; la croissance totale n'est donc pas seulement répartie différemment autour de l'axe, quand il est horizontal ; l'allongement suivant l'axe est lui-même notablement retardé. La flexion ainsi produite par la pesanteur est dite, comme on sait (p. 47), *géotropique* et, puisque la racine se dirige dans le sens même de la force, son *géotropisme* est *positif*.

On peut de diverses manières se rendre compte de l'énergie du géotropisme positif de la racine. Plaçons une racine horizontalement sur un sol très dur ou sur une lame de verre, en la fixant par sa base. En se courbant vers le bas à son extrémité, elle appuie sa pointe sur le verre et c'est en soulevant avec effort toute sa portion ancienne qu'elle parvient à placer verticalement son extrémité. Si l'on met sur la racine un poids assez lourd pour empêcher ce soulèvement et obliger la pointe à continuer de s'accroître horizontalement, on aura une idée de la puissance de flexion. Remplaçons la lame de verre par un bain de mercure ; la pointe de la racine s'enfonce dans le mercure jusqu'à 2 ou 3 centimètres de profondeur, en surmontant la résistance que celui-ci lui oppose en raison de sa très grande densité. Ces deux expériences montrent que la force de flexion est considérable ; essayons de la mesurer. Sur une poulie très mobile, posons un fil de cocon ayant à chaque bout un morceau de cire molle d'environ un gramme. L'un de ces morceaux, creusé en cuiller, reçoit une goutte d'eau et l'on y pose la pointe d'une racine primaire fixée horizontalement ; à l'autre morceau on fixe un cavalier d'étain préalablement pesé. On place le tout sous une cloche dans une atmosphère humide. La racine courbe bientôt sa pointe, presse la cuiller de cire et la fait descendre en soulevant le poids de l'autre côté. Une racine terminale de Fève, par exemple, peut, sans se déformer, soulever ainsi un poids d'un gramme. Ce n'est là qu'une mesure approchée, mais elle suffit à donner une idée du travail minimum accompli par la pesanteur sur la racine.

Dans tout ce qui précède, il n'a été question que des racines primaires : terminale, latérales régulières ou latérales adventives ; toujours le géotropisme y est *absolu*, c'est-à-dire que l'égalité de croissance et la direction rectiligne qui en résulte ne s'obtiennent chez elles que suivant la verticale. Tout écart de la verticale, soit accidentel, soit provoqué par la circumnutation, y est donc aussitôt compensé. Il n'en est pas de même des racines secondaires. Nous savons, en effet, qu'elles s'allongent dans le sol, tout autour du pivot, en suivant une direction légèrement inclinée vers le bas. Mais ces racines ne sont-elles à aucun degré géotropiques ? Retournons le pot de terre où le développement des racines s'est opéré. Après un certain temps, nous verrons toutes les racines secondaires courbées dans la région de croissance et dirigées obliquement vers le bas, en faisant avec la verticale un certain angle. Un nouveau retournement produit une seconde flexion et dirige de nouveau les pointes obliquement vers le bas sous le même angle. Les racines de second ordre sont donc géotropiques, mais seulement jusqu'à un certain angle limite, à partir duquel leur géotropisme s'annule ; elles jouissent d'un géotropisme *limité*. L'angle limite est assez variable le long d'un même pivot : de 80° par exemple pour les racines secondaires les plus hautes, il s'abaisse à 65° dans les plus basses ; ou encore, de 60° pour les premières, il descend à 40° chez les dernières. Il y a pourtant un cas où le géotropisme limité de la racine secondaire se transforme dans le géotropisme absolu de la racine primaire. C'est quand on coupe l'extrémité de celle-ci. Toute la nourriture qui était destinée à la région enlevée se rend alors dans la racine secondaire la plus proche ; en même temps, celle-ci acquiert le géotropisme absolu, se courbe et vient se placer verticalement dans le prolongement du pivot. Elle usurpe, comme on dit, la direction du pivot, qu'elle répare et remplace en quelque sorte.

Les racines de troisième ordre et les suivantes ne sont géotropiques à aucun degré ; elles se dirigent indifféremment dans tous les sens, sans se courber jamais, quelque position que l'on donne au vase de culture.

Les diverses propriétés que l'on vient d'étudier : le géotropisme absolu des racines primaires joint à leur circumnutation, le géotropisme limité des racines secondaires, l'absence de géotropisme de toutes les radicelles à partir du troisième ordre, sont les causes déterminantes de la pénétration et de l'expansion du système radical dans les profondeurs du sol, et par suite de la fixation de la plante.

Dans les divers cas particuliers, l'énergie de la fixation dépend encore du nombre des rangées où se disposent sur le pivot les racines secondaires, ainsi que du développement relatif des racines secondaires et du pivot. Avec un pivot muni de deux rangs de racines secondaires et dont toutes les radicelles se disposent indéfiniment dans le même plan, un Cyprès ou un If est moins solidement fixé au sol qu'un Chêne ou un Hêtre dont la racine se ramifie dans six plans différents ; de même un Lupin ou une Crucifère quelconque est moins ferme sur sa base qu'un Haricot, une Balsamine ou un Grand-Soleil. D'autre part, une plante à racine pivotante normale comme la Luzerne, ou exagérée comme la Betterave et la Carotte, est évidemment mieux fixée, toutes choses égales d'ailleurs, qu'une plante à racine fasciculée comme le Blé ou la Courge ; un Chêne est plus solide qu'un Peuplier.

Enfin la fixation de la plante est encore facilitée par la remarquable propriété que possède la racine de se raccourcir à partir du point où sa croissance a pris fin. Ce raccourcissement, qui se poursuit longtemps dans la région âgée, peut atteindre 10 et jusqu'à 25 pour 100 de la longueur primitive. Il est dû à la contraction progressive de l'écorce interne. L'écorce externe et le cylindre central demeurent passifs dans ce phénomène ; la première se marque de plis transversaux visibles au dehors, tandis que les faisceaux du second se replient et deviennent flexueux. La partie jeune de la racine étant solidement fixée au sol par ses poils, le raccourcissement de la partie âgée a pour effet d'enterrer de plus en plus la partie inférieure de la tige, et par suite de lui faire développer des racines latérales. Les radicelles de divers ordres qui naissent de la racine terminale étant douées de la même propriété, ainsi que les racines latérales issues de la tige, on voit que le corps de la plante est tiré de tous les côtés vers le bas, comme un mât par des cordages de plus en plus fortement tendus ; il en résulte une fixation de plus en plus solide dans la direction verticale.

En même temps que la racine fixe la plante au sol, elle fixe le sol à lui-même et d'autant plus qu'elle s'y ramifie plus abondamment. Pour fixer le sable mouvant des dunes et en arrêter la marche envahissante, il a suffi d'y planter des végétaux capables d'y vivre et d'y développer rapidement des racines fasciculées, tels que le Carex des sables, l'Élyme des sables, le Genêt, le Pin maritime, etc.

Influence de la lumière et de la température sur la croissance de la racine. — La lumière retarde la croissance de la racine (p. 47). Ainsi, dans la Moutarde, si l'allongement est 100 à la lumière, il devient dans le même temps 164 à l'obscurité.

Si l'on mesure à diverses températures l'accroissement de la racine après des intervalles de temps égaux, on voit qu'à partir d'une certaine limite inférieure, au-dessous de laquelle elle est nulle, la vitesse de croissance augmente avec la température jusqu'à un certain maximum ; puis elle diminue et enfin s'annule à une certaine limite supérieure (p. 48). Avec les températures comme abscisses et les accroissements de la racine comme ordonnées, on a construit les courbes (fig. 34), qui représentent pour quelques plantes communes la marche de la croissance de la racine en fonction de la température entre 14° et 37°. Pour le Lupin, le Pois, le Lin, la Moutarde et le Cresson, l'optimum est d'environ 27° ; il s'élève à 33°,5 dans le Maïs et atteint 37° dans la Courge.

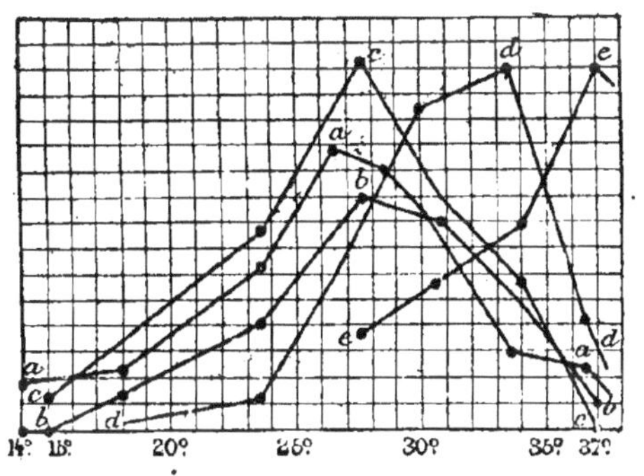

Fig. 34. Courbes de croissance de la racine en fonction de la température, entre 14° et 37° : *a*, dans le Lupin et le Pois ; *b*, dans le Lin et la Moutarde ; *c*, dans le Cresson ; *d*, dans le Maïs ; *e*, dans la Courge.

Action de la racine sur les gaz du sol. Respiration. — Entre ses particules, le sol renferme une atmosphère confinée, composée d'oxygène, d'azote et d'acide carbonique ; en outre, le liquide qui le baigne tient en dissolution de l'oxygène, de l'azote et de l'acide carbonique. Sur ces gaz, libres ou diss us, la racine agit et réagit : elle en absorbe et elle en dégage.

Incessamment et par tous ses points, la racine absorbe de l'oxygène dans le sol et y dégage de l'acide carbonique, en un mot respire (p. 48). Pour mettre ce double fait en évidence, il suffit de disposer la racine d'une plante dans un récipient plein d'air et d'analyser le gaz après un certain temps. Le volume de l'acide carbonique émis dans un temps donné est toujours moindre que celui de l'oxygène absorbé dans le même temps; en un mot le rapport $\frac{CO^2}{O}$ de ces deux volumes est toujours plus petit que l'unité. Pour une plante donnée, et pour des racines de même âge de cette plante, ce rapport est constant, indépendant à la fois de la température, de la lumière et de la pression; il varie, au contraire, avec la nature de la plante et avec l'âge de ses racines.

La respiration est plus active dans les parties jeunes, c'est-à-dire dans la région de croissance et dans la zone des poils, que dans la portion de plus en plus âgée qui s'étend entre la zone des poils et la base. Comme la croissance elle-même, elle est retardée par la lumière. Déjà sensible entre 0° et 5°, elle augmente continuellement avec la température, presque proportionnellement à celle-ci, jusqu'à une certaine limite située au delà de 40°, où elle cesse tout à coup. Sa marche en fonction de la température est donc très différente de celle de la croissance.

Applications à la culture. — Il résulte de ce qui précède que pour être et demeurer propre à la croissance des racines et par suite à la végétation, il faut que le sol soit et demeure aéré. Ainsi s'explique l'avantage des terres légères et meubles, bien plus perméables à l'air, sur les terres lourdes et compactes, où l'air pénètre difficilement. Ainsi se comprend la nécessité des labours qui retournent, divisent, ameublissent la terre et lui permettent de reprendre tout l'oxygène qu'elle a perdu par la végétation antérieure, en même temps qu'elle se débarrasse de l'acide carbonique qui s'y est accumulé. C'est aussi l'un des effets les plus utiles du drainage, de produire dans le sol un courant d'air, qui entraîne l'acide carbonique formé et y ramène incessamment de l'oxygène. Il faut encore tenir compte de cette nécessité lorsqu'on plante des arbres, l'expérience ayant montré que, toutes choses égales d'ailleurs, un arbre végète avec d'autant moins de vigueur qu'il est planté plus profondément. Quand la racine d'un arbre, après avoir traversé en prospérant une couche meuble et perméable à l'air, arrive à pénétrer dans une couche argileuse et impénétrable aux gaz, elle ne tarde pas à périr et l'arbre avec elle. Il en est de même si le sol subit à un moment donné une submersion prolongée; l'air n'arrive plus aux racines, qui sont asphyxiées, et l'arbre meurt. Dans ces conditions, le glucose contenu dans la racine se décompose en alcool qui reste dans les cellules et en acide carbonique qui se dégage. C'est pour conserver sur une certaine surface cette perméabilité du sol, si nécessaire aux racines, que sur les trottoirs des grandes villes on pose des grilles à plat tout autour des arbres.

Action de la racine sur les liquides du sol. Absorption. — La racine absorbe l'eau et les matières dissoutes qui viennent à sa portée dans le sol. C'est là un fait d'expérience journalière; tout le monde sait bien qu'une plante fanée reprend son aspect normal quand on l'arrose.

Où est tout d'abord sur la racine le siège de l'absorption? Prenons quatre plantes à racines déjà longues mais non encore ramifiées, et disposons ces racines dans autant de vases cylindriques. Versons de l'eau, dans le premier de manière que la pointe plonge seule, dans le second jusqu'au niveau des premiers poils, dans le troisième jusqu'à la limite supérieure de la région des poils, dans le quatrième enfin de manière que la racine soit tout entière immergée. Garantissons, dans les trois premiers cas, la portion émergée de la racine contre l'accès de la vapeur d'eau, en versant une couche d'huile à la surface du liquide. Après un certain temps, observons les quantités d'eau absorbée et l'état des plantes. Dans le premier vase, l'absorption est nulle et la plante se flétrit. Dans le second, l'absorption est presque nulle et la plante se flétrit aussi. Dans le troisième, l'absorption est considérable et la plante végète avec vigueur. Dans le quatrième enfin, l'absorption n'est pas plus active que dans le précédent et la plante est aussi dans le même état.

D'autre part, si l'on recourbe la racine de manière à faire plonger dans l'eau à la fois la portion supérieure et la portion inférieure aux poils, en laissant hors du liquide la région des poils, l'absorption est sensiblement nulle et la plante se flétrit. Si c'est au contraire la région des poils qui plonge, pendant que tout le reste est dehors, l'absorption est considérable et la plante végète vigoureusement.

On conclut de ces expériences que l'absorption n'a lieu ni par la pointe extrême, ni par la région de croissance, ni par la région âgée où les poils sont tombés, qu'elle est tout entière localisée sur la région des poils. Et ce résultat se comprend bien. Protégée par la coiffe, la pointe extrême ne peut pas absorber. Immédiatement au-dessus de la coiffe, dans la région trop jeune pour avoir déjà des poils, les cellules en voie de croissance longitudinale et de cloisonnement, à l'état de méristème, n'absorbent que la quantité d'eau qu'elles consomment directement pour s'allonger. Enfin quand les poils sont tombés, l'assise subéreuse a subérifié ses membranes en devenant imperméable. Les poils radicaux sont donc les organes de l'absorption.

Voyons maintenant comment l'absorption s'opère le long de ces poils. L'eau du sol et chacune des substances qu'elle tient en dissolution pénètrent d'abord à travers la membrane continue des poils, conformément aux lois physiques d'osmose et de diffusion, jusqu'à ce qu'il y ait équilibre entre le contenu des poils et le milieu extérieur. Puis, de deux choses l'une. Ou bien la plante ne consomme ni l'eau qu'elle vient d'absorber, ni aucune des substances solubles contenues dans cette eau ; alors l'équilibre n'est pas rompu et aucune absorption nouvelle ne se produit. Ou bien, ce qui est le cas ordinaire dans une plante en voie de croissance, le végétal consomme l'eau absorbée et certaines au moins des matières dissoutes qu'elle renferme ; alors l'équilibre est à tout instant rompu, et les phénomènes d'osmose et de diffusion poursuivant leur cours, les poils continuent à absorber dans le sol l'eau et celles des matières dissoutes sur lesquelles porte la consommation. A partir du moment où l'équilibre osmotique est atteint, c'est donc la consommation de l'eau et des substances dissoutes dans le corps de la plante pendant un temps donné qui provoque et qui règle l'absorption de l'eau et des matières dissoutes par les poils radicaux pendant le même temps. L'eau étant, dans les conditions ordinaires de la végétation, beaucoup plus abondamment consommée est aussi beaucoup plus fortement absorbée que toutes les substances dissoutes prises ensemble. Aussi la dissolution se concentre-t-elle au dehors. Pendant que la Persicaire, par exemple, absorbe la moitié du volume de l'eau qui est offerte à ses racines, elle ne prend de chacune des substances dissoutes dans cette eau que la proportion suivante pour 100 :

Chlorure de potassium	14.7	Acétate de chaux	8
Sulfate de soude	14,4	Gomme	9
Chlorure de sodium	13	Sucre	29
Chlorhydrate d'ammoniaque	12	Extrait de terreau	5
Nitrate de chaux	4		

Ces nombres attestent aussi que les diverses matières dissoutes sont très inégalement absorbées. Chacune d'elles, en effet, pénètre à un moment donné indépendamment dans la racine, dans la proportion même où elle est consommée à ce moment dans le corps de la plante. Son absorption varie, par conséquent, dans le même végétal suivant son âge et à égalité d'âge suivant la nature particulière du végétal. Il en résulte qu'une substance qui existe dans le sol en quantité assez faible pour échapper à l'analyse peut s'accumuler en grande quantité dans le corps de la plante, si elle y est à tout instant combinée et solidifiée. Inversement, une substance qui existe en grande quantité dans le liquide du sol peut se trouver dans le végétal en proportion assez minime pour échapper à l'analyse, si elle n'y est en aucune façon consommée. Toutes les substances dissoutes ne sont d'ailleurs pas absorbables. Les albuminoïdes se montrent incapables de traverser la membrane des poils et de pénétrer dans la racine : telles sont notamment l'albumine, la caséine, la plupart des matières colorantes d'origine animale (cochenille, etc.) ou végétale (suc des baies de Phytolaque, etc.).

Le protoplasme que contient chaque jeune poil étant, comme toutes les matières albuminoïdes qui entrent dans sa composition, doué d'un pouvoir osmotique considérable, le liquide du sol y pénètre jusqu'à ce qu'il ait atteint à l'intérieur une assez forte pression. Comme cette pression est sans cesse diminuée sur la face interne de la cellule périphérique par le passage du liquide dans les couches profondes, de nouveau liquide est sans cesse aspiré du sol dans le poil. Sous l'influence du courant d'eau qui traverse ainsi la cellule, le protoplasme se dissout peu à peu, s'use et disparaît. En même temps, le pouvoir osmotique du contenu cellulaire diminue progressivement et enfin s'annule. Désormais toute nouvelle absorption est impossible en ce point, puisque les conditions nécessaires à l'osmose ont disparu. C'est alors que le poil, devenu inutile, se flétrit et tombe. La fonction use l'organe et le poil absorbant est nécessairement éphémère.

Applications à la culture. — A mesure que la racine se ramifie et s'allonge dans la terre, les lieux d'absorption se multiplient rapidement à sa surface et s'y déplacent en s'éloignant de la base. A chaque instant de nouveaux points du sol se trouvent ainsi atteints par elle et amenés dans sa sphère d'action, en même temps qu'elle abandonne les anciens points épuisés. La disposition de la partie du sol qu'un végétal exploite directement dépend donc de la forme de son système de racines, et, par conséquent, cette forme doit être prise en sérieuse considération dans la pratique agricole. Lorsque la plante n'a qu'une racine terminale ou quand, munie en outre de racines adventives nées à la base de sa tige dressée, elle les enfonce aussitôt dans le sol, il faudra distinguer avec soin si la racine se ramifie en un système pivotant ou en un système fasciculé.

Si la racine est pivotante, la plante épuise la terre jusqu'à une grande profondeur, mais seulement jusqu'à une petite distance de chaque côté, surtout si le pivot est exagéré, comme dans la Carotte ou la Betterave. C'est donc très près de la base de la tige qu'il faudra accumuler en grande quantité les éléments réparateurs : eau d'arrosage, fumure, etc. Si la racine est fasciculée, le végétal n'épuise le sol que dans sa couche superficielle, mais son action s'étend souvent à une très grande distance tout autour de la tige. C'est alors dans un cercle de grande étendue qu'il faut répandre l'eau d'arrosage et les engrais, surtout au voisinage de la circonférence, où se trouvent les éléments absorbants.

Veut-on cultiver côte à côte deux plantes dans le même champ ? il faudra choisir l'une à racine fasciculée, comme l'Avoine, l'autre à racine pivotante, comme la Luzerne ; la première épuisera la surface, la seconde la profondeur, et chacune ayant son étage, elles ne se nuiront pas. Veut-on déterminer l'ordre de succession des cultures dans un champ, ce qu'on appelle l'*assolement* de ce champ ? après une plante à racine fasciculée qui a épuisé le sol à la surface, il conviendra de choisir un végétal à racine pivotante qui ira se nourrir dans les couches profondes ; on fera alterner, par exemple, la Betterave avec le Blé.

Veut-on savoir si un terrain est propice à la culture d'un végétal donné ? il faudra étudier la qualité du sol à une certaine profondeur si la plante a une racine pivotante, au voisinage même de la surface si elle a une racine fasciculée, donner des labours profonds dans le premier cas, superficiels dans le second. Veut-on planter d'arbres le bord d'un chemin ? il faudra choisir de préférence des arbres à racine pivotante, des Ormes par exemple, qui ne nuisent pas aux cultures du champ voisin, comme font des arbres à racine fasciculée, des Peupliers par exemple, dont les racines s'y étendent au bout d'un certain temps.

Comme la transplantation est plus facile et la reprise plus

assurée si la racine est fasciculée que si elle est pivotante, on transforme dans les pépinières les racines de la seconde sorte en racines de la première, en tronquant le pivot à une certaine distance au-dessous de la surface. Les racines secondaires attachées au tronçon, ainsi que leurs diverses ramifications, acquièrent alors un développement beaucoup plus considérable, et le système prend tous les caractères d'une racine fasciculée.

Enfin, comme chaque radicelle porte une zone de poils absorbants, plus les radicelles sont nombreuses et serrées, plus l'absorption est énergique. Aussi cherche-t-on à favoriser le plus possible la multiplication des radicelles, et le moyen le plus sûr est de tronquer de temps en temps les extrémités des racines. Il se produit alors tout autour de la plaie un grand nombre de racines adventives, en même temps que les radicelles voisines déjà formées acquièrent plus de vigueur et se ramifient plus abondamment. C'est ce que font les jardiniers quand ils *serfouissent* ou quand ils *rafraîchissent* les racines des plantes.

Action de la racine sur les solides. Digestion. — L'acide carbonique émis par la respiration des racines reste dans le sol à l'état gazeux, se dissout dans l'eau, ou se combine avec les carbonates alcalins et terreux pour former des bicarbonates ; les derniers passent ainsi de l'état insoluble à l'état soluble. On sait aussi que les phosphates sont plus solubles dans une eau chargée d'acide carbonique que dans l'eau pure. Par l'effet seul de sa respiration, la racine agit donc déjà sur certaines parties constitutives du sol, pour les rendre solubles et absorbables. Mais son action est loin de se borner à ce résultat indirect.

En se développant dans le sol, les poils radicaux ont leur croissance à chaque instant gênée par la pression et les frottements des particules solides ; ils s'appliquent en conséquence étroitement sur elles, se moulent, se soudent à leur surface et les enveloppent de leurs replis (voir p. 66, fig. 22). Aussi, quand on retire avec précaution une racine développée dans du sable fin et qu'on la secoue doucement, voit-on une gaine de grains de sable persister autour d'elle dans la région des poils, pendant que sur les extrémités jeunes et sur les parties âgées le sable n'adhère pas (fig. 35). Si l'on agite plus fortement, ou si l'on essuie la surface, les grains se détachent, mais en entraînant avec eux les poils brisés. Que se passe-t-il dans ce contact intime des poils avec les particules solides ?

Une racine qui se développe dans l'air humide sur du papier bleu de tournesol rougit le papier sur son passage et chaque poil y marque sa trace colorée. La couche cellulosique de la membrane des poils est donc imbibée par un liquide acide. Au contact,

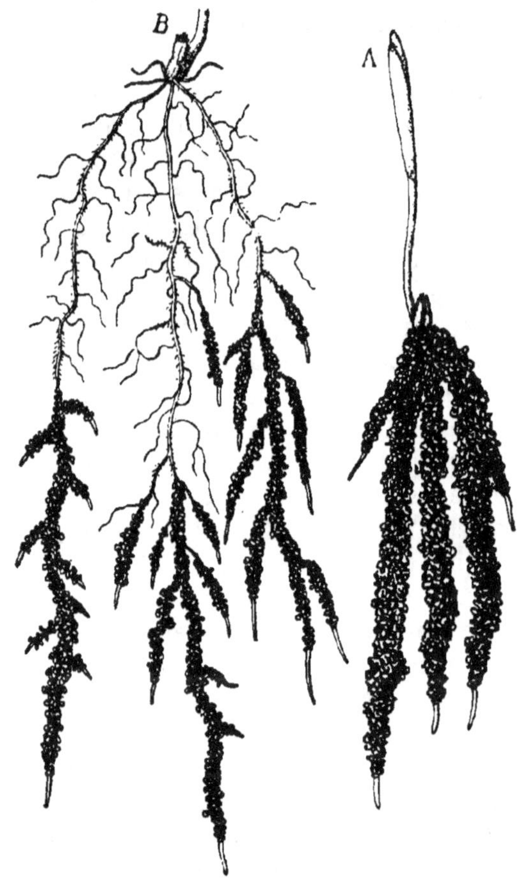

Fig. 55. Deux plantules de Blé, déterrées et secouées. Dans la plus jeune, *A*, les racines sont entièrement enveloppées d'une gaine terreuse adhérente aux poils, excepté dans la région de croissance. Dans l'autre, *B*. plus âgée d'un mois, les parties anciennes, où les poils sont morts, ne retiennent plus la terre; les parties jeunes, où les poils sont vivants, sont seules enveloppées de granules.

ce liquide agit énergiquement sur les particules solides de la terre. Que l'on fasse croître, en effet, des racines de Haricot ou de Maïs sur une plaque bien polie de marbre, de dolomie, de magnésite, d'ostéolithe, etc.; après quelques jours, on voit que, sur

tout leur parcours, les racines et radicelles ont gravé dans la
pierre leur empreinte et celle de leurs poils. Les carbonates de
chaux et de magnésie, le phosphate de chaux, etc., sont donc
attaqués et dissous au contact des poils par le liquide acide qui
en imprègne la membrane; après quoi ils sont absorbés comme
les matières solubles ordinaires. C'est de la même manière que
les racines des plantes qui vivent dans les feuilles mortes et dans
l'humus, comme le Néottia nid-d'oiseau, par exemple, attaquent
les substances ligneuses, les rendent solubles et ensuite les absorbent. En un mot, la racine digère les particules solides du
sol (p. 52), sa fonction digestive ne s'exerçant d'ailleurs que dans
la région des poils et au contact direct de leur membrane imprégnée de sucs acides.

Résumé des fonctions externes de la racine. — En résumé, la racine fixe la plante au sol et exerce sur le sol une triple
action : sur les gaz, en respirant ; sur l'eau et les matières dissoutes, en les absorbant ; sur les solides, en les digérant. Ces
trois phénomènes se manifestent à la fois sur chaque racine ou
radicelle dans la région des poils ; bien plus, ils peuvent s'accomplir tous ensemble le long d'un même poil. Il suffit pour cela que
cette radicelle ou ce poil trouve sur son parcours à la fois des
particules solides et des interstices occupés les uns par du gaz,
les autres par du liquide.

Des quatre fonctions externes que la racine remplit ainsi quand
elle possède sa forme ordinaire, il en est trois qui lui sont spéciales, qui ne se retrouvent pas normalement dans les autres
membres de la plante : ce sont la fixation, l'absorption et la digestion. La racine est donc essentiellement l'organe fixateur, absorbant et digestif de la plante. La respiration, au contraire, n'appartient à la racine que comme partie constitutive du corps ; nous
verrons en effet que les autres membres la possèdent au même
titre qu'elle : c'est une fonction générale.

C'est encore le triple rôle fixateur, absorbant et digestif, que la
racine remplit quand elle est différenciée en suçoir, soit tout
entière comme dans la Cuscute ou le Gui, soit seulement par quel-
quelques-unes de ses radicelles comme dans le Mélampyre ou le
Rhinanthe. Seulement, l'absorption a lieu ici par le sommet même
du suçoir, qui est à cet effet dépourvu de coiffe et dont les cellules
terminales se prolongent directement en poils, comme on le voit
dans la Cuscute.

Les autres différenciations secondaires de la racine, en tant qu'elles correspondent à des fonctions externes, ont un rôle purement mécanique et servent à soutenir la plante, comme le Lierre avec ses crampons, la Vanille avec ses vrilles, le Jussiéa avec ses flotteurs, le Derris avec ses épines (voir p. 78); ce sont des fonctions accessoires.

§ 4

Fonctions internes de la racine.

Conduire le liquide qu'elle a absorbé dans le sol, depuis la région des poils où il a pénétré dans son corps jusqu'à la tige où elle est insérée, ramener de la tige jusqu'à son extrémité en voie de croissance les substances plastiques élaborées, comme on le verra plus tard, par les feuilles : telles sont les deux fonctions internes principales de la racine. Il s'y ajoute diverses fonctions accessoires, mécaniques comme le soutien et la protection, ou chimiques comme la sécrétion et, surtout lorsqu'elle se différencie en tubercule, la constitution d'une réserve nutritive pour les développements ultérieurs de la plante. Considérons tour à tour ces trois points.

Transport vers la tige du liquide absorbé dans le sol par la racine. — Une fois introduit dans les cellules de l'assise pilifère, le liquide du sol traverse horizontalement, conformément aux lois de l'osmose et de la diffusion, d'abord l'assise subéreuse encore perméable à ce niveau, puis l'écorce externe, puis l'écorce interne avec l'endoderme non encore subérifié à cette hauteur, enfin le péricycle, et arrive au contact des faisceaux. Il pénètre dans les faisceaux ligneux dont les vaisseaux, bouchés vers l'extrémité par le méristème où ils se terminent, le conduisent du sommet de la racine vers sa base, jusqu'à son insertion sur la tige. Les faisceaux ligneux sont les voies, et les voies exclusives, du courant ascendant. Pour le prouver, on coupe à une certaine distance de sa pointe une racine assez grosse. A partir de la section, on enlève l'écorce, on évide le cylindre central et l'on entaille le manchon qui reste à l'endroit de chaque faisceau libérien de manière à isoler les faisceaux ligneux. Cela fait, si l'on plonge dans l'eau la région réduite à ces filets, la tige feuillée attenante à la racine se conserve fraîche. Elle se fane au contraire si, dans la base émergée d'une racine entière plongée dans l'eau, on pratique à travers l'écorce, avec une aiguille coupante, la section de tous les faisceaux ligneux ; l'écorce, le conjonctif et les faisceaux libériens demeurés intacts ne servent donc pas au transport. On peut encore couper vers son extrémité une racine attenant à une tige feuillée et plonger la section dans une dissolution colorée, dans la fuchsine, par exemple. Après quelques heures, si l'on pratique des coupes transversales à diverses hauteurs dans cette racine, on voit que le liquide coloré remplit les vaisseaux, dont il colore fortement les membranes lignifiées. Il y est tout d'abord exclusivement localisé ; l'écorce, le conjonctif et les faisceaux libériens demeurent incolores.

Chemin faisant, les cellules voisines des faisceaux ligneux soutirent des vaisseaux par osmose l'eau et les matières dissoutes dont elles ont besoin. Sur le grand courant vertical s'insèrent donc un grand nombre de petits courants horizontaux dérivés, qui se dirigent aussi bien vers l'extérieur dans l'écorce, à travers le péricycle et l'endoderme, que vers l'intérieur jusqu'au centre de la moelle. C'est la raison d'être de la sculpture des vaisseaux, d'assurer par les places minces le passage latéral des liquides, en même temps que leur soutien et le maintien de leur calibre malgré la turgescence des cellules voisines sont obtenus par les places épaissies et lignifiées. C'est aussi en vue de permettre le passage latéral des liquides des vaisseaux dans l'écorce que l'endoderme, quand il est fortement épaissi et lignifié, garde des places minces en face des faisceaux ligneux, comme il a été dit page 88.

Sous quelle impulsion le liquide, une fois introduit dans les vaisseaux et devenu ce qu'on appelle la *sève*, les parcourt-il dans toute leur longueur jusqu'à la tige ? Il faut se rappeler que les phénomènes osmotiques dont l'assise pilifère d'abord, et ensuite les autres assises de l'écorce sont le siège pendant l'absorption, joints à la forte turgescence des cellules qui en résulte, développent une pression qui foule le liquide dans les vaisseaux. Impossible vers la pointe, où les vaisseaux viennent se fermer dans le méristème, le mouvement du liquide, sous l'influence de cette poussée, ne peut se produire que vers la base du membre. Il est facile de mettre en évidence l'existence de cette poussée de bas en haut à partir de la région des poils, et d'en mesurer la force. Après le coucher du soleil, on tranche au ras du sol la

7.

tige de la plante ; on déterre le pivot de la racine sur une étendue de quelques centimètres et l'on y ajuste un tube de verre avec un manchon de caoutchouc. Bientôt la sève sort par la section, monte dans le tube, où elle continue de s'élever pendant six à huit jours, atteignant finalement plusieurs fois le volume de la racine. Si, avant de fixer le tube, on observe la section du pivot à la loupe, après l'avoir essuyée avec du papier buvard, on s'assure que le liquide ne perle que sur les faisceaux ligneux, où il s'échappe surtout par l'ouverture des vaisseaux les plus larges : ce qui vient confirmer encore le résultat établi plus haut. Si maintenant on ajuste à la racine un manomètre approprié, on voit que, même dans des végétaux de petite taille, le liquide continue de s'échapper sous une pression de plusieurs centimètres de mercure. Ainsi la pression s'élève : dans le Haricot, à 159 millimètres ; dans l'Ortie, à 354 millimètres ; dans la Digitale, à 461 millimètres. Dans les plantes ligneuses, cette pression est plus considérable ; dans la Vigne, par exemple, elle atteint et dépasse une atmosphère. Encore ne mesure-t-on pas ainsi la poussée initiale, née du jeu des phénomènes osmotiques dans la région des poils, mais seulement la pression que le liquide peut vaincre encore quand il est arrivé à la base de la tige ; il est évident qu'en parcourant la racine dans toute sa longueur, il a déjà surmonté d'innombrables obstacles dont la grandeur totale est inconnue.

Transport vers le sommet de la racine des substances plastiques venues de la tige. — Les substances plastiques produites par le travail d'assimilation dont les feuilles sont, comme nous le verrons plus tard, les organes essentiels, sont amenées de la tige dans la racine et cheminent ensuite dans toute la longueur de ce membre et de ses ramifications, jusqu'à la pointe extrême. Ce transport descendant s'opère par les tubes criblés, qui composent les faisceaux libériens. On a vu, en effet, que ces tubes sont remplis de substances albuminoïdes, de consistance épaisse et granuleuse, renfermant souvent des grains d'amidon. Ces matières, dépassant la région des poils, parviennent jusque dans le méristème et jusqu'aux cellules mères de ce méristème, dont elles alimentent la croissance et le cloisonnement. L'impulsion qui les déplace lentement dans les tubes criblés n'est autre que l'appel déterminé par la lente consommation au lieu d'emploi. Il n'y a pas ici de poussée, comme pour le liquide clair des vaisseaux.

Résumé des fonctions de transport. — En résumé, le
transport des liquides et des substances nécessaires à la nutrition,
qui est la fonction interne principale de la racine, s'y opère par
deux séries de courants parfaitement rectilignes, de sens inverse
et régulièrement alternes. Les uns, ascendants, dirigés du sommet
à la base, ont leur siège dans les faisceaux ligneux, où se déplace
rapidement un liquide clair chargé surtout de matières minérales.
Les autres, descendants, dirigés de la base au sommet, passent
dans les faisceaux libériens, où glisse lentement une substance
pâteuse. Les premiers partent de la région des poils, les seconds
dépassent ce niveau et parviennent jusque dans les profondeurs
du méristème.

Fonctions internes accessoires. — La racine se protège à
l'aide de son assise subéreuse, surtout lorsqu'elle est cloisonnée
et forme une couche subéreuse plus ou moins massive, quelquefois
aussi à l'aide de son assise pilifère subérifiée et persistante, surtout lorsqu'elle se cloisonne, et forme un voile plus ou moins
épais. L'endoderme, de son côté, surtout lorsqu'il sclérifie ses
membranes, protège directement le cylindre central. La racine se
soutient à l'aide des divers tissus lignifiés qui peuvent se rencontrer, comme on l'a vu plus haut, tout aussi bien dans l'écorce que
dans le cylindre central; l'endoderme notamment, quand il est
fortement scléreux, soutient en même temps qu'il protège. Protection et soutien sont deux fonctions internes mécaniques.

La sécrétion s'opère dans la racine à l'aide de divers tissus, dont
l'ensemble compose l'appareil sécréteur de ce membre et qui
peuvent se rencontrer, comme on l'a vu plus haut, dans toutes
ses régions, depuis l'assise subéreuse jusqu'au centre de la
moelle. Enfin la mise en réserve a lieu dans toutes les portions
du parenchyme cortical ou conjonctif non affectées aux trois fonctions précédentes. Quand la racine se tuberculise dès le début, en
exagérant le développement soit de son écorce comme dans la
Ficaire ou les Orchis, soit de sa moelle comme dans l'Asphodèle
ou l'Hémérocalle, elle devient un dépôt spécial de substances nutritives mises en réserve par les développements ultérieurs de la
plante, ce qu'on peut appeler un *réservoir nutritif* primaire. La
nature des substances ainsi accumulées dans les cellules du
parenchyme et la forme qu'elles y prennent sont très diverses.
Dans la Ficaire, l'écorce a ses cellules bourrées de grains d'amidon.
Dans l'Asphodèle, la moelle a ses cellules pleines d'un suc clair

tenant en dissolution du sucre de canne. Dans les Orchis, le parenchyme qui résulte de la confluence des écorces des racines constitutives contient de l'amidon dans certaines de ses cellules, de la gomme dans les autres.

Quand la racine s'épaissit par la formation de tissus secondaires (p. 101), surtout quand cette formation est assez exubérante pour provoquer la tuberculisation du membre, le parenchyme secondaire se charge de substances de réserve, sucre de canne (Betterave, Radis, Carotte, etc.), amidon (Batate, etc.), inuline (Dahlia, etc.), et il se constitue de la sorte un réservoir nutritif secondaire.

Qu'ils soient renfermés dans un parenchyme primaire ou dans un parenchyme secondaire, les matériaux de réserve sont plus tard transformés et digérés sur place, le sucre de canne par l'invertine, l'amidon par l'amylase, etc.; devenus ainsi assimilables, ils sont utilisés pour les développements ultérieurs. Accumuler des réserves et les digérer est donc une fonction interne accessoire de la racine.

CHAPITRE TROISIÈME

LA TIGE

La tige existe, on l'a vu, chez les Phanérogames, les Cryptogames vasculaires et les Muscinées; c'est à la base de ce troisième groupe qu'elle apparaît et l'on y peut suivre pas à pas, chez les Hépatiques, la différenciation progressive du corps, depuis le thalle le plus simple jusqu'à la tige feuillée la mieux caractérisée. Cette même différenciation commence à se manifester aussi çà et là au sommet du groupe des Thallophytes, notamment, parmi les Algues, chez les Characées et certaines Floridées. Nous allons étudier ce membre, comme nous l'avons fait pour la racine, d'abord au point de vue morphologique, puis au point de vue physiologique.

SECTION

MORPHOLOGIE DE LA TIGE

L'étude morphologique de la tige exige que l'on considère ce membre d'abord dans sa forme extérieure et tout ce qui s'y rattache, puis dans sa structure et tout ce qui en dérive.

§ 1

Forme extérieure de la tige.

Conformation générale de la tige. — La tige jeune a ordinairement la forme d'un cylindre grêle, dressé verticalement sous l'influence de la pesanteur, comme on le verra plus tard, terminé au sommet en un cône obtus et attaché par sa base à la base de la racine terminale qui la fixe au sol. Cette forme est symétrique par rapport à son axe, lequel est dans le prolongement de l'axe de symétrie de la racine terminale. La ligne circulaire de jonction de la tige avec la racine terminale, située d'ordinaire au niveau de la surface du sol, est le *collet*.

Sur les flancs de la tige sont insérés de distance en distance ces membres aplatis qu'on appelle des feuilles. Le disque transversal où s'attache une feuille, souvent un peu renflé, est un *nœud*, et l'intervalle qui sépare deux feuilles consécutives est un *entre-nœud*. La tige se compose donc d'une série alternative de nœuds et d'entre-nœuds. Il faut remarquer seulement que l'entrenœud inférieur s'étend de la base de la tige, du collet, à la première feuille, et l'entre-nœud supérieur, de la dernière feuille au sommet.

A mesure qu'on s'approche du sommet, les entre-nœuds deviennent de plus en plus courts, et les feuilles, toujours étalées, se rapprochent de plus en plus. Au voisinage même du sommet, les feuilles, plus petites et serrées les unes contre les autres, ne sont plus étalées, mais relevées et recourbées autour du sommet de la tige, qu'elles enveloppent en se recouvrant les unes les autres. Cet ensemble conique formé par l'extrémité courte de la

tige et par les petites feuilles serrées et recourbées qui l'enveloppent est un *bourgeon*, c'est le bourgeon *terminal*. Il faut l'ouvrir, en écarter les feuilles une à une, depuis les plus grandes et
les plus basses qui sont en dehors, jusqu'aux plus petites et les
plus hautes qui sont en dedans, pour mettre à nu le sommet
même de la tige. On arrive encore à ce résultat en pratiquant dans
le bourgeon terminal une section longitudinale axile, ou une
section transversale au-dessus des dernières feuilles (fig. 36).

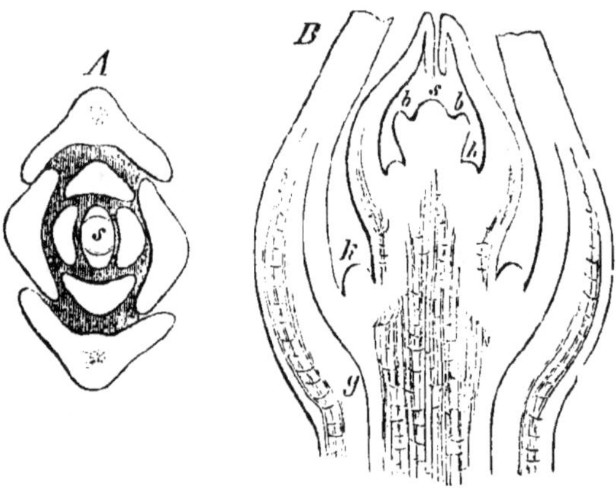

Fig. 36. Bourgeon terminal de la Coriaire. *A*, en coupe transversale; *B*, en coupe
longitudinale axile : *s*, sommet de la tige; *b*, feuilles; *k*, leurs bourgeons
axillaires.

A mesure que la tige grandit, les feuilles externes du bourgeon
s'accroissent, se séparent des autres en s'incurvant vers le bas
et se disposent enfin horizontalement; elles *s'épanouissent*, comme
on dit. Mais, en même temps, il s'en forme de nouvelles à l'intérieur et plus près du sommet, de sorte que le bourgeon conserve
sa composition première. Au centre du bourgeon, le sommet de la
tige se montre, suivant les plantes, arrondi en hémisphère, allongé
en cône ou aplati en forme de plateau; mais dans tous les cas
son contour est la continuation directe de la surface latérale; il
n'y a donc ici rien qui ressemble à la coiffe de la racine. Non pas
que la tige n'ait, tout autant que la racine, besoin de protéger sa
pointe, notamment contre la pluie, le vent, le soleil, les insectes, etc.; mais cette protection, les feuilles recourbées du
bourgeon, qui la recouvrent comme d'un toit, la lui assurent
déjà de la manière la plus efficace : une coiffe lui serait inutile.

Contrairement à ce qui a lieu pour la racine, la surface de la jeune tige est donc dans toute son étendue une surface primitive. Cette surface est d'ailleurs tantôt parfaitement lisse et la tige est *glabre*, tantôt hérissée de poils de forme, de structure et de rôle différents, comme il sera dit plus loin, et la tige est *velue*.

Ordinairement cylindrique, la tige prend quelquefois des protubérances aplaties et acérées qu'on nomme des *aiguillons*, comme dans les Rosiers et les Ronces ; ou bien elle forme des arêtes longitudinales qui lui donnent une forme prismatique, triangulaire comme dans les Carex, quadrangulaire comme dans les Labiées et la Scrofulaire, ou à côtes multiples comme dans les Cierges. Si ces arêtes se prononcent davantage, elles deviennent des *ailes* et la tige est *ailée*, comme dans les Gesses ; s'il n'y a que deux ailes opposées, elle est aplatie en ruban, comme dans les Épiphylles.

Si sa consistance est et demeure molle et charnue, la tige est *herbacée* et la plante une *herbe*; quand elle devient bientôt dure et sèche, la tige est *ligneuse* et la plante est, suivant son mode de ramification, un *arbuste* ou un *arbre*.

Croissance de la tige. — Conformée comme il vient d'être dit, la tige croît dans la direction verticale. Il s'opère d'abord un allongement à l'intérieur du bourgeon. Le cône terminal de la tige s'accroît peu à peu, lentement, et à mesure il forme sur ses flancs de petites feuilles nouvelles au-dessus des anciennes. En d'autres termes, il se fait continuellement, dans le bourgeon et de bas en haut, de nouveaux nœuds et de nouveaux entre-nœuds. En même temps, les feuilles externes s'épanouissent et les entre-nœuds qui les séparent sortent peu à peu du bourgeon. Cette entrée incessante de nouveaux nœuds et entre-nœuds au sommet du bourgeon et cette sortie simultanée d'autant de nœuds et d'entre-nœuds à sa base, constitue la *croissance terminale* de la tige, croissance formatrice et nécessaire.

Une fois sortis du bourgeon par le mouvement de glissement qu'on vient de décrire, les entre-nœuds se comportent de deux manières différentes. Quelquefois ils ne s'allongent pas, les feuilles épanouies demeurent aussi serrées sur les flancs de la tige qu'elles l'étaient dans le bourgeon et en masquent la surface, qu'on ne voit nulle part à nu (Fougères arborescentes, beaucoup de Palmiers, Aloès, Cycadées, Thuia, Cyprès, Plantain, Pissenlit, etc.) ; la tige n'a pas alors d'autre allongement que sa croissance terminale. Mais, le plus souvent, les entre-nœuds s'allongent après leur sortie du bourgeon, parfois jusqu'à atteindre plusieurs milliers de fois leur dimension première ; les feuilles s'écartent de plus en plus, et entre elles la tige se trouve largement mise à nu. Cet allongement entre les feuilles constitue la *croissance intercalaire* de la tige. La même tige peut d'ailleurs tour à tour, aux diverses époques de son développement, allonger ou non ses entre-nœuds, ajouter ou non à sa croissance terminale une croissance intercalaire. Les premiers entre-nœuds, par exemple, restent très courts et les feuilles sont rapprochées en rosette ; les suivants s'allongent beaucoup et du centre de la rosette part une tige élancée ; les derniers demeurent courts de nouveau et il se fait une rosette terminale, qui est ordinairement une fleur ou un groupe de fleurs (Agavé, Plantain, Pissenlit, etc.).

Quand elle a lieu, la croissance intercalaire suit toujours la même marche. Dans un entre-nœud donné, elle est lente au début, puis de plus en plus rapide jusqu'à un certain maximum ; elle se ralentit ensuite de nouveau jusqu'à s'annuler tout à fait. De sorte que si, sur les jours pris comme abscisses, on élève des ordonnées proportionnelles aux allongements quotidiens, on obtient une courbe dont la figure 37 donne un exemple pour la Fritillaire. La croissance d'un entre-nœud de la tige de Fritillaire dure vingt jours, comme on voit, et c'est le sixième jour qu'elle atteint son maximum. Ailleurs, dans le Houblon, par exemple, elle est plus rapide et plus vite épuisée.

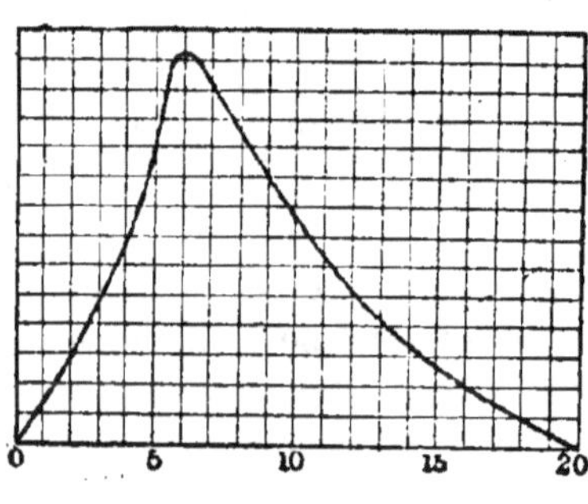

Fig. 37.

Pendant que l'entre-nœud considéré passe par ces diverses phases, d'autres sortent successivement du bourgeon au-dessus de lui, qui le repoussent de plus en plus loin du sommet. Au moment où sa croissance prend fin, la distance qui sépare sa limite supérieure de la base du bourgeon terminal mesure la longueur de tige actuellement en voie de croissance intercalaire. Suivant les plantes, cette longueur est assez variable et ne renferme pas toujours le même nombre d'entre-nœuds. Ainsi par exemple, dans l'Asperge elle mesure 20 centimètres avec un grand nombre d'entre-nœuds, dans la Renouée 15 centimètres avec 5 entre-nœuds, dans la Valériane 25 centimètres et dans la Cardère 40 centimètres avec 4 entre-nœuds, dans la Céphalaire 35 centimètres avec 5 entre-nœuds. Dans la région florifère, la région de croissance peut même se réduire à un seul entre-nœud et être cependant très longue, mesurer par exemple 30 centimètres dans l'Oignon et 40 centimètres dans le Poireau.

Quand la région de croissance intercalaire comprend plusieurs entre-nœuds, chacun d'eux se trouve, à un moment donné, dans une phase différente de sa croissance propre et, si l'on en considère à ce moment toute la série du sommet à la base, on doit trouver, en passant de l'un à l'autre le long de la tige, la même succession de phases que l'on a constatée en passant d'un jour à l'autre dans l'un quelconque d'entre eux, ce que l'observation directe vérifie pleinement. En mesurant une première fois chacun des entre-nœuds de la région de croissance, puis de nouveau le jour suivant, on voit, en effet, que l'allongement, faible sur ceux d'en haut, augmente rapidement et atteint son maximum quelque part sur un entre-nœud moyen, puis diminue progressivement et s'annule sur le dernier d'en bas. La courbe des allongements simultanés des divers entre-nœuds, construite sur la tige elle-même, a donc la même forme que celle des allongements successifs d'un même entre-nœud, construite sur la ligne des temps (fig. 37). Cette forme varie d'ailleurs suivant les plantes, car la vitesse de croissance a son maximum tour à tour dans le second, le troisième, le quatrième ou le cinquième entre-nœud à partir du bourgeon.

Intensité de croissance. — Si l'on appelle *intensité de croissance* d'un entre-nœud la faculté qu'il a d'acquérir en définitive une certaine longueur, on verra que cette intensité varie le long de la même tige suivant une certaine loi. Dans une tige qui a achevé sa croissance, mesurons tous les entre-nœuds, de la base au sommet. Les premiers sont courts, parfois nuls, les suivants de plus en plus longs et il en est un quelque part dans la région moyenne qui est le plus long de tous ; après quoi ils deviennent de moins en moins longs et les derniers sont de nouveau très courts et parfois nuls. En élevant sur la tige, perpendiculairement au milieu de chaque entre-nœud, une ordonnée proportionnelle à la longueur définitive de cet entre-nœud, on obtient la courbe des intensités de croissance de la tige. Le numéro d'ordre du plus long entre-nœud, c'est-à-dire l'âge où la tige acquiert sa plus grande intensité de croissance, varie suivant les plantes, et avec lui la forme particulière de la courbe, qui conserve partout son caractère général.

La largeur définitive des entre-nœuds varie le long de la tige comme leur longueur et suivant la même loi. Les premiers entre-nœuds sont grêles, les suivants de plus en plus larges jusqu'à un certain diamètre, qui se conserve ensuite plus ou moins long-temps; après quoi les entre-nœuds deviennent de plus en plus grêles. Dans son ensemble la tige prend ainsi la forme d'un fuseau; cette forme est souvent très frappante (Fougères arborescentes, Palmiers, Pandanées, Aroïdées, Maïs, etc.). Quelquefois elle s'exa-gère, le renflement se localise, la tige se dilate tout à coup for-tement pour reprendre un peu plus haut et brusquement son diamètre primitif; la région renflée est alors un *tubercule* (Pomme de terre, Safran, Cyclamen, certains Palmiers, etc.). Chez plusieurs Cactées, la tige tout entière n'est ainsi qu'un tubercule arrondi (Mamillaire, Échinocactus, etc.) ou aplati (Opontia).

Circumnutation de la tige. Tiges volubiles. — Si la crois-sance intercalaire de la tige avait la même vitesse sur toutes les lignes longitudinales qu'on peut tracer à sa surface, l'allongement aurait lieu en ligne droite. Il n'en est pas ainsi. A un moment donné, la vitesse de croissance est plus grande suivant l'une de ces lignes que suivant toutes les autres et par conséquent la tige se courbe en devenant convexe de ce côté. La ligne de plus fort allongement se déplaçant progressivement et régulièrement au-tour de l'axe, il en résulte que la tige imprime à son sommet un mouvement circulaire ou elliptique le long d'une hélice ascen-dante. En un mot, elle est douée d'une circumnutation, beaucoup plus ample et plus rapide que celle de la racine, puisque la région de croissance y est beaucoup plus longue. Le sens du mouvement révolutif est constant dans une plante donnée, mais varie d'un végétal à l'autre; il s'opère le plus souvent de gauche à droite en montant, quand on a la tige devant soi (Haricot, Volubilis, etc.), parfois de droite à gauche (Houblon, Chèvrefeuille, etc.). Le nom-bre des tours, cercles ou ellipses, décrits en un temps donné par le sommet de la tige varie beaucoup suivant les plantes. Ainsi en 12 heures, la tige du Chou et de la Courge fait 4 tours, pendant que celle de la Morelle et de l'Opontia n'en fait qu'un seul. La tige de l'Ibéride et de l'Azalée ne décrit en 24 heures qu'une seule large ellipse ; celle du Deutzia trace 4 ou 5 ellipses étroites en 11 heures et demie ; celle du Trèfle fait 3 tours en 7 heures. Parfois les ellipses sont extrêmement étroites : la tige, après s'être courbée dans un sens, se redresse alors et se penche en sens contraire, exécutant ainsi une série de flexions alternatives, une série d'oscillations dans le même plan (tige florifère du Poireau).

Le plus souvent les courbures de circumnutation sont éphémères comme la cause qui les produit ; en cessant de croître, les entre-nœuds reprennent la direction verticale. Il y a pourtant des plantes dont la tige, quand elle vient toucher un support dressé dont la largeur ne dépasse pas l'ampleur de ses révolutions, s'enroule en hélice autour de ce support et conserve ensuite indéfiniment cette courbure, se bornant à la fin de la croissance à resserrer et à écarter les tours de l'hélice, qui sont au début lâches et rapprochés. Une pareille tige est dite *volubile*. Comme celui de la circumnutation qui le produit, le sens de l'enroulement est en général constant dans la même espèce. La plupart des tiges volubiles s'enroulent à droite, comme le Liseron des haies, le Volubilis, le Haricot, l'Aristoloche, le Jasmin, l'Asclépiade, le Ménisperme, etc. ; un petit nombre seulement s'enroulent à gauche, comme le Houblon, le Chèvrefeuille, le Tamier, la Renouée grimpante, etc. Les diverses espèces d'un même genre enroulent ordinairement leur tige dans le même sens ; cependant la Dioscorée batate est volubile à gauche, tandis que les Dioscorées villeuse, cultivée, discolore, etc., sont volubiles à droite. Enfin dans la Douce-amère, le sens de l'enroulement, constant dans toute l'étendue de la tige, varie d'une plante à l'autre de la même espèce. Dans les tiges volubiles, le mouvement révolutif s'accomplit avec une grande uniformité ; dans les conditions favorables, le Liseron des haies, par exemple, met 1 heure 42 pour faire un tour, le Haricot 1 h. 57.

Torsion de la tige. — Quand la tige est douée d'une forte croissance intercalaire, il arrive souvent que cette croissance dure plus longtemps dans la couche externe des entre-nœuds que dans leur région centrale ; il en résulte que les lignes superficielles deviennent plus longues que l'axe et en conséquence s'enroulent autour de lui en forme d'hélices plus ou moins raides, absolument comme si, fixant la tige par une extrémité, on la tordait par l'autre bout ; en un mot, il s'opère une *torsion* de la tige. Le sens de la torsion est ordinairement constant pour une espèce donnée et il est le même que celui de la circumnutation. La tige du Liseron et du Haricot, par exemple, qui tourne vers la droite, est tordue vers la droite ; celle du Houblon et du Chèvrefeuille, qui tourne vers la gauche, se tord aussi vers la gauche.

Ramification de la tige. — A mesure qu'elle s'allonge, la tige se ramifie. C'est en rapport avec les feuilles et généralement au-dessus du milieu de chaque feuille, que le phénomène se produit. Là, le corps de la tige forme une protubérance arrondie, dont la surface est et demeure continue avec la sienne. Cette protubérance s'allonge par son sommet et en même temps forme sur ses flancs, de bas en haut, de petites excroissances qui s'appliquent contre elle en se recouvrant les unes les autres et qui sont autant de jeunes feuilles. Le tout devient, en un mot, un bourgeon, constitué comme le bourgeon terminal de la tige : c'est un bourgeon latéral. Si l'on appelle *aisselle* de la feuille l'angle qu'elle fait avec la partie supérieure de la tige et où naît le bourgeon latéral, on appellera celui-ci *bourgeon axillaire*. La formation de ce bourgeon axillaire a lieu quand la feuille est encore très jeune, au sein même du bourgeon terminal (fig. 36, *k*). Entre le bourgeon latéral le plus jeune et le sommet de la tige, on rencontre cependant un certain nombre de feuilles dépourvues de protubérance axillaire. Le plus jeune bourgeon naît donc plus tard que la plus jeune feuille.

Pour chaque bourgeon axillaire, les choses se passent ensuite comme pour le bourgeon terminal. Il s'y forme sans cesse de nouveaux nœuds et de nouveaux entre-nœuds ; les premiers épanouissent progressivement leurs feuilles ; les seconds, une fois sortis du bourgeon, subissent leur croissance intercalaire en passant par toutes les phases indiquées plus haut. Il en résulte bientôt une tige nouvelle, une tige de second ordre, portant sur ses flancs des feuilles épanouies, terminée par le bourgeon qui lui a donné naissance et qui continue à l'accroître, et attachée par sa base sur la tige primaire.

Il se fait ainsi peu à peu sur la tige, à l'aisselle de ses feuilles et de la base au sommet, toute une génération de tiges secondaires, d'autant plus jeunes et plus courtes qu'on se rapproche de l'extrémité de la tige primaire, laquelle dépasse plus ou moins longuement ses dernières ramifications. Il en résulte un ensemble en forme de cône. Si la tige primaire continue de croître indéfiniment en formant de nouvelles tiges secondaires au-dessus des anciennes et en maintenant toujours sur elles sa prééminence originelle, si en même temps les tiges secondaires poursuivent leur croissance en gardant leur proportion relative, le cône, à mesure qu'il grandit, conserve son ouverture moyenne (Sapin, Épicéa, la plupart des arbres jeunes, etc.). Si la tige primaire continue de croître pendant que les tiges secondaires cessent bientôt de s'allonger, le cône devient très aigu (Thuia, Peuplier d'Italie, etc.). Si, au contraire, la tige principale se développe peu, tandis que les tiges secondaires attachées vers sa base grandissent beaucoup, le cône devient de plus en plus obtus, ce qui est le caractère général des arbustes et des buissons. On voit que le développement relatif de la tige primaire et des tiges secondaires influe sur la forme générale du système aérien, sur ce qu'on nomme le *port* de la plante. Toutes ces différences d'aspect ont été déjà rencontrées dans la racine, où elles sont dues à la même cause.

A leur tour, les tiges secondaires produisent, à l'aisselle de leurs feuilles et de bas en haut, des bourgeons axillaires qui s'allongent en tiges tertiaires. Ces dernières forment de même des tiges de quatrième ordre, et ainsi de suite indéfiniment. On désigne habituellement sous le nom commun de *branches* toutes ces tiges de générations successives implantées obliquement les unes sur les autres et toutes ensemble sur la tige primaire verticale, en réservant pour celle-ci seule le nom de tige ; les branches du dernier ordre reçoivent alors le nom de *rameaux*.

Il n'est pas rare que le bourgeon terminal avorte quand la tige a acquis une certaine longueur. C'est alors la branche formée à l'aisselle de la dernière feuille, qui vient se placer dans la direction de la tige pour la continuer. A son tour, cette branche, comme toutes ses congénères, perd bientôt son bourgeon terminal et c'est la branche de second ordre la plus proche qui en prend la direction, et ainsi de suite. Le tronc, en apparence simple, qui se trouve constitué par cette superposition de branches de génération successive, s'appelle un *sympode* et l'on dit que la ramification est *sympodique* (Tilleul, Orme, Charme, Coudrier, Saule, Bouleau, Prunier, Robinier, Gainier, etc.). Si la même atrophie du bourgeon terminal se produit avec des feuilles opposées deux par deux, les deux branches supérieures, en se développant également, forment une fourche ou, comme on dit, une *fausse dichotomie* (Gui, Lilas, etc.).

Il ne se fait pas toujours un bourgeon à chaque feuille (beaucoup de Mousses, de Conifères, etc.) et tous les bourgeons latéraux ne se développent pas toujours en branches (beaucoup de **Palmiers**, de Liliacées, de Graminées, etc.). Aussi la ramification de la tige est-elle souvent beaucoup moins compliquée qu'elle ne pourrait l'être. Il y a pourtant un moyen de forcer les bourgeons inactifs à s'allonger en branches : c'est de couper la région supérieure de la tige. Non seulement les bourgeons inférieurs se développent alors, mais la branche la plus proche de la section, se plaçant dans le prolongement de la tige, la continue et en répare en quelque sorte l'extrémité supprimée, comme cela se produit dans la formation naturelle des sympodes.

Inversement, il naît assez souvent plus d'un bourgeon à l'aisselle de chaque feuille, de sorte que la ramification est plus touffue que d'ordinaire. Tantôt ces bourgeons multiples sont disposés côte à côte en une série parallèle à l'attache de la feuille : ils sont alors *collatéraux* (Prunier, beaucoup de Graminées, certaines Liliacées, etc.). Tantôt ils sont placés l'un au dessus de l'autre en une série verticale, au-dessus du milieu de l'attache foliaire : ils sont *superposés* (Aristoloche, Noyer, Charme, Robinier, Chèvrefeuille, etc.). Le Noyer possède cinq à huit bourgeons superposés à l'aisselle de ses cotylédons ; le Chicot du Canada en a jusqu'à onze.

Tige dichotome des Lycopodinées. — La tige des Lycopodinées ne produit pas de bourgeons latéraux ; comme la racine de ces mêmes plantes (voir p. 72), elle se ramifie au sommet en dichotomie. A un moment donné et sans aucun rapport avec les feuilles, la pointe de la tige s'y partage en deux moitiés égales, qui se développent en deux branches divergentes. Celles-ci se bifurquent à leur tour au sommet, dans le même plan (Sélaginelle), ou dans un plan perpendiculaire (Lycopode, Psilotum) ; les branches nouvelles se bifurquent de la même manière, et ainsi de suite. Quand, à chaque bifurcation, les deux branches croissent avec la même vigueur, la dichotomie est *égale* (Psilotum) ; cette régularité se rencontre aussi chez les Lycopodes, mais avec moins de constance. Dans les Sélaginelles, au contraire, à chaque bipartition l'une des branches, alternativement celle de droite et celle de gauche, se développe beaucoup plus vigoureusement que l'autre et se place à peu près dans le prolongement de la précédente ; il en résulte un sympode ; on dit que la dichotomie est *sympodique*. Après un grand nombre de bifurcations, l'ensemble prend alors l'aspect d'une tige continue, le long de laquelle seraient insérées de chaque côté de nombreuses branches latérales. La dichotomie est masquée et ne demeure reconnaissable qu'aux extrémités des rameaux.

Diversité d'origine de la tige. — Ordinairement la tige tire son origine des premiers développements de l'œuf. Dès que l'œuf, en se cloisonnant, est devenu un massif de cellules, la tige se différencie dans ce massif et ne tarde pas à former autour de son sommet libre une ou plusieurs feuilles, c'est-à-dire son bourgeon terminal. L'autre extrémité est bientôt occupée par la racine. Plus tard, cette tige, qu'on peut appeler *normale* pour la distinguer de celles qui ont une autre origine, s'allonge et se ramifie comme il vient d'être dit.

Certaines plantes, d'ailleurs pourvues de tiges, n'ont jamais de pareille tige normale, soit parce que l'œuf n'en produit pas, comme dans les Mousses et aussi dans les Orchidées, soit parce que la tige issue de l'œuf s'atrophie aussitôt avec son bourgeon terminal, comme dans quelques Phanérogames (Streptocarpe, etc.); il faut bien alors que la tige prenne son origine ailleurs. Mais même chez les plantes qui ont une tige normale, il arrive qu'il se produit, dans certaines circonstances, des tiges de cette seconde sorte, qui s'ajoutent à la première. Dans les conditions naturelles, ces tiges peuvent naître sur un corps non différencié filamenteux (Mousses) ou lamelliforme (Orchidées), sur une jeune feuille (diverses Doradilles et Cératoptérides, Bryophylle, Cardamine, etc.), ou sur une jeune racine (Ophioglosse, Épipactis, Néottia, Linaire, Cirse, Peuplier, Poirier, etc.) ; dans ce dernier cas, on les nomme habituellement *drageons*. Elles y commencent toujours par la formation d'autant de bourgeons, qui s'allongent ensuite et se ramifient à la manière ordinaire. Comme ces bourgeons viennent sur ces diverses parties en des points quelconques et sans régularité, on les dit *adventifs*. On les distingue par là des bourgeons normaux qui se forment sur la tige en des places fixes en rapport avec les feuilles, qui produisent la ramification de la tige et par conséquent l'architecture de la plante. Toute tige issue d'un pareil bourgeon est dite de même *adventive*. Sur un corps non différencié ou sur une feuille, les bourgeons adventifs sont exogènes, comme le sont toujours les bourgeons normaux ; dans le Bégonia, ils naissent même chacun d'une seule cellule périphérique. Sur la racine, ils paraissent, au contraire, endogènes.

Production artificielle de tiges adventives. Applica-

tions. — Il est facile de provoquer artificiellement sur une feuille, sur une racine ou sur une tige, cette formation de bourgeons adventifs, bientôt développés en autant de tiges. Il suffit d'enterrer des feuilles ou de petits fragments de feuille de Bégonia, Gloxinia, Maclura, Pépéromia, Achimène, Marattia, etc., pour voir s'y développer, d'abord à la face inférieure des racines adventives comme il a été dit p. 76, plus tard à la face supérieure des tiges adventives, et chaque fragment de feuille devenir ainsi l'origine d'une plante nouvelle. Le même résultat s'obtient souvent en enterrant des fragments de racine (Paulownia, Aralia, etc.). Enfin si l'on vient à blesser ou à couper une tige ligneuse, il se forme bientôt sur la plaie un bourrelet qui se couvre de bourgeons adventifs, comme on le voit notamment sur les Saules cultivés en têtards. Dans la nature, une piqûre d'insecte ou l'érosion produite par le développement d'un Champignon parasite suffit pour provoquer sur le Bouleau, le Charme, le Robinier, le Pin et le Sapin, la production d'un grand nombre de rameaux adventifs nés côte à côte en des points très voisins et formant un petit buisson serré, qu'on appelle *balai de sorcière*, ou *buisson de tonnerre*. Sur le Saule, des touffes adventives analogues mais plus petites portent le nom de *roses de Saule*.

C'est par cette double formation, de bourgeons adventifs sur les racines déterrées et de racines adventives sur les branches enterrées, que s'explique l'expérience bien connue du retournement d'un arbre. Les Saules en particulier s'y prêtent aisément. Cette production plus ou moins facile de racines et de bourgeons adventifs, c'est-à-dire de tiges adventives enracinées, sur des parties très diverses encore attachées au corps de la plante et qu'on peut en détacher sans lui nuire, ou qu'on en a séparées à l'avance, la culture l'utilise très fréquemment pour multiplier les végétaux utiles. Un morceau de feuille suffit ainsi à refaire un Bégonia, un morceau de racine un Paulownia, un morceau de tige un Saule nouveau. C'est la facile formation sur les plaies de nombreux bourgeons adventifs, bientôt développés en branches, que l'on met à profit quand on *recèpe* les arbres, c'est-à-dire quand on en sectionne la tige soit au ras du sol pour en faire un *taillis*, soit à une certaine hauteur pour en faire des *têtards*, ou quand on les *émonde*, c'est-à-dire quand on en coupe toutes les branches latérales. Ces deux pratiques, le *recépage* et *l'émondage*, ont pour objet d'obtenir de l'arbre en peu d'années un grand nombre de branches toutes de même âge et de même force.

Définition de la tige par rapport à la racine. — L'étude de sa conformation générale, jointe à celle de sa croissance et de sa ramification, nous permet maintenant de définir la tige par rapport à la racine.

La racine a une coiffe, c'est-à-dire qu'à partir d'une petite distance du sommet sa surface a subi une dénudation précoce par l'arrachement de la couche périphérique, qui ne subsiste qu'autour de la pointe. Il en résulte pour elle l'impossibilité d'avoir des feuilles et des ramifications exogènes; ses ramifications sont endogènes. La tige n'a pas de coiffe, c'est-à-dire que sa surface est continue et primitive. Elle produit des feuilles et ses ramifications sont exogènes. Dans la pratique, la présence des feuilles et des bourgeons axillaires, toujours facile à constater, caractérise la tige, leur absence la racine.

Quand la tige est douée de croissance intercalaire, une nouvelle différence vient s'ajouter aux précédentes, tirée de la longueur de la région de croissance, qui dans la racine ne dépasse ordinairement pas un centimètre.

Différenciation secondaire de la tige. — Il arrive parfois que toutes les parties du système ramifié qui forme la tige sont et demeurent de tout point semblables, ou du moins ne présentent entre elles que des différences d'âge et de position. C'est alors dans toutes ses parties une tige proprement dite, une tige ordinaire. Mais le plus souvent on voit s'établir çà et là, sur certaines branches ou sur les diverses portions de la même branche, des différences de grandeur, de forme et de constitution, qui font remarquer immédiatement ces parties parmi les branches ordinaires. Cette différenciation est due tantôt au passage d'un milieu dans un autre, tantôt dans le même milieu à une adaptation à des fonctions spéciales.

Rhizomes. — Si la tige étend ses ramifications dans deux milieux différents, dans la terre et dans l'air, par exemple, il y a dans ce fait seul une source abondante de caractères différentiels. Les branches souterraines, par leur aspect, leur forme, leur dimension, leur durée et leur structure, diffèrent notablement des branches aériennes de la même tige. C'est cet ensemble de caractères propres qu'on traduit par un nom spécial en les appelant des *rhizomes*. Ces différences atteignent leur maximum quand, en l'absence de racines, c'est le rhizome qui doit absorber les liquides du sol pour lui et pour la tige aérienne (Psilotum, Trichomane, Corallorhize, Épipoge); il se couvre alors de poils absorbants, analogues aux poils radicaux, et les feuilles avortent en ne laissant que de faibles traces de leur présence. De même, les branches submergées ont des caractères propres et une structure spéciale qu'on ne retrouve pas dans les branches aériennes de la même tige (Utriculaire, Hottonie, etc.).

Les rhizomes s'allongent d'ordinaire horizontalement dans la terre, en se ramifiant et se couvrant de racines adventives. Chaque année, ils envoient verticalement dans l'air des tiges feuillées et florifères, qui meurent à l'automne. Tantôt ces tiges sont des branches axillaires du rhizome, qui s'allonge indéfiniment sans sortir de terre (Chiendent, Butome, Primevère, Moschatelline, etc.). Tantôt, et bien plus souvent, c'est l'extrémité même du rhizome qui tout à coup se relève verticalement et vient étaler à l'air ses feuilles et ses fleurs. Cette portion verticale périt à la fin de l'année et le rhizome se trouve tronqué. Mais le bourgeon axillaire le plus proche de la cicatrice se développe alors en une branche horizontale, qui prolonge la tige et, au printemps suivant, redresse à son tour son extrémité dans l'air; et ainsi de suite. En un mot, il se forme un sympode souterrain, non pas, comme on l'a vu dans le Tilleul par exemple (p. 129), parce que le bourgeon terminal avorte, mais parce que toute la partie supérieure de la tige se détruit chaque année. Si les cicatrices sont bien apparentes, on pourra compter l'âge d'un pareil rhizome : la chose est des plus faciles dans le Polygonatum, qui doit à la netteté de ses empreintes le nom vulgaire de Sceau-de-Salomon.

Si maintenant on considère l'ensemble des branches qui s'étendent dans le même milieu, ensemble qui peut embrasser la tige tout entière si ce milieu est l'air, on y remarque des différences qui se produisent dans diverses directions et qui correspondent à une adaptation à tout autant de fonctions spéciales. Bornonsnous à signaler les principales, en insistant surtout sur celles que présente le système aérien.

Rameaux courts. — C'est déjà une différenciation quand, dans les Sélaginelles, un bras de dichotomie demeure beaucoup plus faible que l'autre (p. 130); quand, dans quantité d'herbes (Nummulaire, Lierre-terrestre, Véronique officinale, etc.), la tige a des branches qui rampent à la surface du sol en y enfonçant de nombreuses racines adventives et d'autres branches dressées dans l'air; quand, dans beaucoup d'arbres (Hêtre, Bouleau, Mélèze, etc.), certains rameaux, tout en continuant de croître chaque année, n'allongent pas leurs entre-nœuds et ne se ramifient pas, pendant que la branche ordinaire qui les porte allonge beaucoup les siens et se ramifie abondamment. Cette dernière disposition, en permettant aux arbres d'avoir longtemps leurs longues branches garnies de feuilles, influe beaucoup sur leur aspect général, sur leur port. La différence est plus grande si, comme dans certaines plantes à tige rampante (Fraisier, Égopode, etc.), les branches à longs entre-nœuds qui courent à la surface du sol ne forment que des feuilles rudimentaires, laissant les rameaux courts et dressés porter seul les feuilles normales; dans le langage vulgaire, on appelle les premiers *coulants* ou *stolons*. Elle est encore plus marquée dans le Cyprès-chauve, où les rameaux courts tombent à chaque automne avec les feuilles qu'ils portent, et dans les Pins, où les rameaux courts cessent promptement de croître, tombent après plusieurs années et portent seuls des feuilles parfaites, tandis que les branches longues ont une croissance indéfinie et ne produisent que des feuilles rudimentaires.

Rameaux foliacés. — Dans l'Asperge, toutes les feuilles portées par les longues branches sont imparfaites, mais les rameaux courts n'en portent pas du tout; ils ne forment, en effet, que leur premier entre-nœud et cessent aussitôt de s'allonger, en prenant la forme d'aiguilles. A l'aisselle de chaque feuille rudimentaire, il naît un bouquet de ces rameaux sans feuilles; riches en chlorophylle, ils jouent le rôle des feuilles ordinaires absentes; aussi les appelle-t-on souvent *rameaux foliacés :* c'est un phénomène de substitution.

Rameaux-vrilles, épines, crochets. — Quand la tige, trop frêle pour se soutenir seule, s'attache à des corps étrangers, quand elle est *grimpante*, comme on dit, c'est souvent à l'aide de certains rameaux autrement conformés que les autres qu'elle se fixe aux supports. Tantôt ces rameaux demeurent droits et se terminent en pointe : ce sont des *épines*, simples comme dans le Prunellier et l'Aubépine, ou rameuses comme dans le Févier; tantôt ils se courbent en arc et forment des *crochets* (Ancistrocladus, Uncaria); tantôt ils s'enroulent en spirale autour des supports, pourvu que ceux-ci ne soient pas trop minces, en devenant des *vrilles*, comme dans la Passiflore et la Vigne. Dans ce dernier cas, la vrille est constituée, soit par un rameau axillaire réduit à son premier entre-nœud très allongé, dépourvu de feuilles par conséquent et non ramifié (Passiflore, Serjania, Cardiosperme, Paullinia. Modecca, Brunnichia, etc.), soit par un rameau portant de petites feuilles et ramifié à leur aisselle (Vigne, Vigne-vierge, etc.).

Les rameaux différenciés en vrilles sont doués de circumnutation, comme les branches ordinaires, mais pourtant leur enroulement est dû à une tout autre cause que celui des tiges volubiles. Quand la vrille encore droite est amenée, par sa propre circumnutation et par celle de la branche qui la porte, en contact avec un support, sous l'influence de la pression exercée au point de contact, sa croissance est ralentie en ce point, elle y devient concave et par conséquent s'applique autour du support. Par là, de nouveaux points sont incessamment soumis à la pression et, l'effet se propageant, l'extrémité libre de la vrille s'enroule tout entière et solidement autour du support, en y formant un nombre de tours d'autant plus grand que le premier point de contact se trouve plus éloigné du sommet. Dès lors, la tige grimpante est solidement attachée; mais ce n'est pas tout. Dans la région de la vrille située entre sa base et le premier point du contact, l'influence de la pression se propage de haut en bas et par conséquant cette portion libre s'enroule en tire-bouchon, moitié dans un sens, moitié en sens opposé. Ce second effet s'accomplit douze à vingt-quatre heures après la fixation ; il a pour résultat de tirer en haut la tige grimpante, de la soulever et de la tendre sur son support. Il complète ainsi utilement le premier.

Certaines vrilles, notamment celles de la Vigne-vierge, ont une propriété singulière. Une fois que, grâce à leur circumnutation, les extrémités courbées de la vrille rameuse sont venues se poser et se presser contre le support, elles se gonflent, deviennent d'un rouge brillant et produisent chacune un disque aplati qui se soude intimement avec le support, en pénétrant dans tous ses creux et se moulant sur toutes ses saillies. Ce sont des vrilles *adhésives*. Une fois la fixation opérée, la vrille se contracte, comme d'ordinaire, en spirale, ce qui attire contre le mur ou le rocher la portion de tige où elle est insérée.

Rameaux-tubercules. — Sur les parties souterraines ou submergées de la tige, aussi bien que sur ses parties aériennes, on voit souvent certaines branches se renfler en *tubercules*. Le renflement tantôt se limite à la portion supérieure d'un entre-nœud (Apios) ou à un entre-nœud tout entier (Dioscorée), tantôt

envahit plusieurs entre-nœuds successifs soit au sommet de la
tige (Pomme de terre, Sagittaire, Oxalide crénelée, etc.), soit à sa
base (Maxillaria et autres Orchidées épidendres, Safran, Glaïeul,
Colchique, etc.), tantôt s'étend à toute la longueur d'une branche
(Échinocactus, Cyclamen, Arum, Nymphéa, etc.), ou d'un bourgeon
axillaire (Saxifrage granulée, Dioscorée bulbifère, etc.).

Ces tubercules sont des réservoirs nutritifs. Ils se détachent
ordinairement du corps de la plante et, plus tard, en formant des
racines adventives et en allongeant leurs bourgeons normaux, ils
régénèrent autant d'individus nouveaux. Ils conservent donc et
multiplient le végétal.

Durée de la tige. — Chez un grand nombre de plantes, la tige
meurt tout entière à la fin de sa première année d'existence; ces
plantes sont *annuelles*, comme le Blé et les autres Céréales, le
Pavot, le Ricin, le Grand-Soleil, la Belladone, etc. Chez d'autres,
la tige vit deux ans; elle ne fleurit alors que la seconde année, puis
meurt complètement; ce sont les plantes *bisannuelles*, comme
la Carotte et la Betterave. Chez d'autres encore, la tige végète un
certain nombre d'années, au bout desquelles elle fleurit et meurt
aussitôt après avoir mûri ses graines : tels sont l'Agavé et le
Bambou. Toutes ensemble ces plantes peuvent être dites *monocarpiques*, ne fructifiant qu'une seule fois.

Toutes celles qui, au contraire, ne périssent pas après leur
première fructification sont *vivaces* ou *polycarpiques*. La durée de
la tige y est indéfinie; elle se détruit, il est vrai, continuellement,
mais aussi elle se répare sans cesse. Toutefois on y observe une
différence.

Si, comme dans les arbres ou dans les plantes grimpantes, le
tige vivace est ou se soutient dressée, les jeunes branches et les
jeunes racines vont sans cesse s'éloignant; leur communication,
indispensable à la vie, devient de plus en plus difficile. Au delà
d'une certaine limite, leur croissance languit donc et peu à peu
s'éteint. Aussi la vie des arbres, souvent très longue, a-t-elle un
terme fatal. Il n'en est pas de même pour les plantes rampantes
ou à rhizome. Ici la tige meurt sans cesse en arrière, avec les
racines adventives qu'elle porte, pendant qu'elle s'allonge sans
cesse et produit de nouvelles racines en avant. Elle progresse de
la sorte à la surface ou à l'intérieur du sol, en s'éloignant de plus
en plus de son point de départ. En même temps, elle se ramifie
et ses branches rampantes ou souterraines de divers ordres se

comportent comme elle. A mesure qu'elle se détruit en arrière, les branches qu'elle portait se trouvent mises en liberté ; la destruction progresse ensuite sur chaque branche dont elle isole les rameaux, et ainsi de suite. La tige primitive va donc se fragmentant, se dissociant peu à peu. A un moment donné, elle n'est représentée que par ses multiples sommets, épars à la surface ou dans la profondeur du sol. Chaque fragment, véritable marcotte naturelle, se suffit à lui-même et forme un individu complet. La plante se multiplie par conséquent, en ne faisant après tout que croître et se ramifier. Dans ce mode de végétation, les rapports entre les branches et les racines demeurent indéfiniment ce qu'ils étaient au début. D'autre part, le sol ne saurait être épuisé par la plante, puisqu'elle s'y déplace sans cesse. Il n'y a ici, semble-t-il, aucune raison de croire que la vie de la tige puisse avoir un terme quelconque.

Dimension de la tige. — Haute à peine de quelques millimètres dans certaines Mousses comme les Phascums, la tige acquiert plus de 120 mètres de hauteur dans les Eucalyptus d'Australie et le Séquoia géant de Californie, plus de 300 mètres de longueur dans certaines plantes grimpantes des forêts tropicales, le Rotang, par exemple. Son diamètre varie depuis moins d'un millimètre dans certaines Mousses et dans la Cuscute, jusqu'à 10 et 12 mètres dans le Baobab de la Sénégambie et le Cyprès-chauve du Mexique.

§ 2

Structure de la tige.

Considérons d'abord la tige jeune d'une plante vasculaire, à une distance du bourgeon terminal assez grande pour que toutes les cellules qui la composent aient achevé leur différenciation ; nous verrons ensuite comment la structure se simplifie chez les Muscinées. A ce niveau et vers le milieu d'un entre-nœud quelconque, la tige se montre composée de trois régions : une assise périphérique de cellules spéciales qu'on nomme l'*épiderme*, un manchon mince et mou qui est l'*écorce*, un cylindre intérieur plus large et plus résistant qui est le *cylindre central*.

Épiderme de la tige. — L'épiderme est formé par une seule assise de cellules fortement unies entre elles latéralement et faiblement adhérentes à l'écorce, de façon qu'on en détache facilement de larges lambeaux. Ces cellules sont prismatiques, beaucoup plus longues que larges, parfois aplaties parallèlement à la surface. Elles renferment un protoplasme sans chromoleucites, étendu en une couche pariétale englobant le noyau, et un suc cellulaire incolore; elles sont donc hyalines et laissent voir par transparence la couleur verte de l'écorce. Leur membrane cellulosique est plus épaisse en dehors que sur les faces latérales et interne; ces dernières sont munies de ponctuations dont la première est dépourvue; par contre, celle-ci, souvent lisse, porte quelquefois diverses proéminences dessinant une sculpture en relief : verrues isolées, bandelettes ou crêtes courant longitudinalement d'une cellule à l'autre, etc.

Sur la face externe, la couche la plus extérieure de la membrane cellulosique est de bonne heure transformée complètement en cutine (p. 33). Il se forme de la sorte, courant sans discontinuité d'une cellule à l'autre sur toute la surface de l'épiderme, une pellicule hyaline résistante, élastique, imperméable, douée en un mot de toutes les propriétés du liège, qu'on nomme la *cuticule*.

Une macération dans la potasse, dans les acides ou simplement dans de l'eau où pullule l'Amylobacter, Bactériacée qui a la propriété de dissoudre la cellulose, permet d'isoler la cuticule sur de grandes étendues. Quand la membrane est mince, la cuticule recouvre directement la couche interne restée à l'état de cellulose pure. Quand elle est épaisse, sa couche

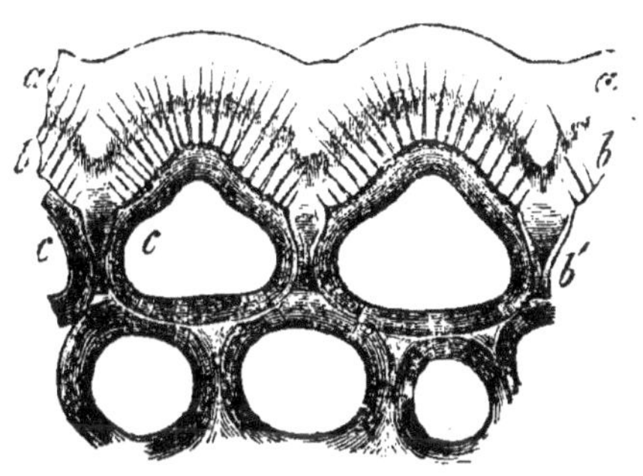

Fig. 58. Section transversale de l'épiderme de la tige du Houx : *a*, cuticule; *b*, couche cutinifère; toutes deux sont striées; *c*, couche cellulosique.

moyenne est imprégnée de cutine dont elle offre les réactions et dont on la débarrasse par l'acide nitrique ou la potasse; elle bleuit ensuite de nouveau par le chlorure de zinc iodé. La membrane est alors subdivisée en trois couches : une couche cutinisée, une couche cutinifère et une couche cellulosique (fig. 58). En somme, le tissu épidermique n'est qu'une forme spéciale du parenchyme subéreux.

Dans les tiges aériennes, la membrane des cellules épidermiques est imprégnée de cire dans la cuticule et dans la couche cutinifère. Quand cette imprégnation est abondante, une partie de la cire exsude de la cuticule et vient former à la surface un revêtement qui empêche la tige d'être mouillée par l'eau et lui donne en même temps la couleur glauque bien connue dans le Chou, le Ricin, l'Avoine et tant d'autres plantes. Ce revêtement se compose de petits granules isolés ou en contact (Tulipe, Ail, Capucine, etc.), de bâtonnets courts (Eucalyptus, Ricin, Seigle, etc.), de baguettes arquées, dressées perpendiculairement à la surface (Canna, Graminées, etc.), ou d'une couche continue plus ou moins épaisse (fig. 59) (Cierge, Euphorbes cactiformes, etc.).

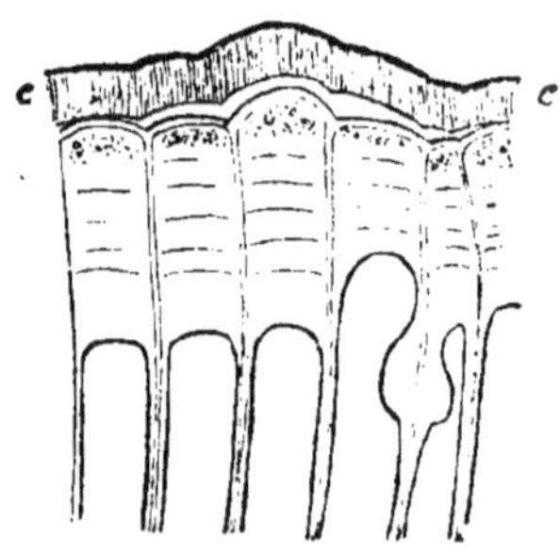

Fig. 59. Section transversale de l'épiderme du Klopstockia cérifère : c, revêtement cireux, çà et là détaché de la cuticule.

La membrane des cellules épidermiques est en outre fortement incrustée de matières minérales, notamment de silice, d'oxalate et de carbonate de chaux. Aussi laisse-t-elle un squelette après l'incinération. C'est surtout dans la cuticule et la couche cutinifère que s'accumule la silice, à l'état d'imprégnation homogène (Prèle, Rotang, Graminées, etc.). L'oxalate de chaux se montre sous forme de granules ou de cristaux très nets, surtout dans la couche cutinifère (Cyprès, If, Dracéna, etc.); l'épiderme en reçoit souvent une coloration blanc mat (Joubarbe, Ficoïde, etc.). Le carbonate de chaux incruste fréquemment la membrane sous forme de fins granules, mais c'est dans certaines cellules spéciales qu'il atteint, comme on verra plus loin, son plus grand développement.

Avec ses membranes cellulosiques épaissies en dehors, durcies par la minéralisation, rendues immouillables par la cérification et imperméables par la cutinisation, l'épiderme joue évidemment le rôle d'une cuirasse protectrice. Mais cette cuirasse n'est pas pareille en tous ses points : elle a ses renforcements, qui sont les *poils*, et ses défauts, qui sont les *stomates*.

Poils épidermiques. — Çà et là, en effet, une cellule épidermique se développe perpendiculairement à la surface et forme ce qu'on appelle un *poil*, dont le pied demeure encastré dans les cellules voisines et parfois même s'allonge vers le bas de manière à plonger profondément dans l'écorce. La-forme des poils épidermiques est infiniment variée et la même tige peut en porter de plusieurs sortes. On les rattache à quatre types. Si la cellule, en s'allongeant perpendiculairement à la surface, ne se cloisonne pas, le poil est et demeure *unicellulaire;* si elle se cloisonne transversalement, le poil se trouve finalement composé d'une file de cellules superposées, il est *unisérié;* si elle se cloisonne dans les deux directions du plan en formant une lame ordinairement appliquée contre l'épiderme, le poil est *écailleux;* si le cloisonnement s'opère dans les trois sens en formant une masse solide, le poil est *massif.* Dans chacun de ces types, il peut d'ailleurs demeurer simple ou se ramifier diversement : de là huit modifications principales, entre lesquelles on trouve d'ailleurs tous les intermédiaires.

Les poils sont parfois éphémères; velus dans le bourgeon, les entre-nœuds se dénudent plus tard, parce que la croissance écarte les poils et parce que ceux-ci s'atrophient. Quand ils persistent, ils se comportent de deux manières. Les uns demeurent vivants, transparents, affectés d'ordinaire à la sécrétion : tels sont, par exemple, les poils dits *urticants* des Orties, des Loasées, etc., qui sont unicellulaires simples et dont la pointe rigide et cassante se brise au contact de la peau en laissant dans la blessure une gouttelette de suc acide et irritant; tels sont encore les poils des Labiées, unisériés (Patchouli, etc.) ou écailleux (Thym, etc.), dont les cellules terminales produisent une huile essentielle qui filtre à travers la couche de cellulose en décollant, soulevant et enfin rompant la cuticule. Les autres meurent, se dessèchent, se remplissent d'air, deviennent opaques et couvrent la tige soit d'un duvet laineux (Épiaire, Sauge, Molène, Immortelle, etc.) ou soyeux (Armoise, etc.), soit d'une couche de fines écailles argentées ou brunâtres (Éléagnées, Oléacées, beaucoup de Broméliacées, etc.), doublant ainsi la cuirasse protectrice formée par l'épiderme. Toujours recouverte sans discontinuité par la cuticule, la membrane du poil s'épaissit souvent, dans ce second cas, en dehors sous forme de verrues ou de crêtes, en dedans jusqu'à faire disparaître parfois la cavité; en même temps elle se lignifie fortement; le poil devient alors rigide et piquant (Borraginées, Cucurbitacées, Malpighiacées, etc.). Ces poils rigides sont parfois couchés sur l'épiderme en forme de navette fixée par le milieu (Malpighiacées,

Houblon, fig. 46, etc.), ou recourbés en crochet vers le bas : ils aident alors la tige à grimper (Gratteron, Houblon, etc.).

Stomates. — Çà et là une jeune cellule épidermique plus courte que les autres, sensiblement carrée, se divise en deux par une cloison longitudinale ; la lame cellulosique mitoyenne se dédouble dans sa région moyenne en deux lamelles qui s'écartent de manière à laisser entre elles une ouverture en forme de bouton-

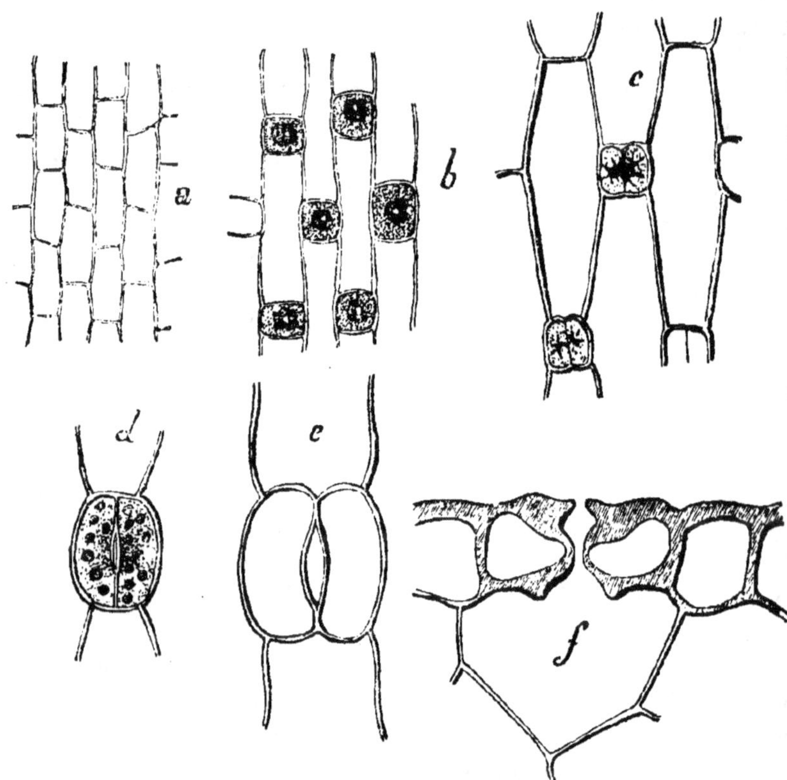

Fig. 40. Stomates de la Jacinthe : *a–d*, états successifs de la formation.
e stomate achevé vu de face ; *f*, le même en section transversale.

nière ; en même temps les deux cellules arrondissent leur contour et deviennent réniformes : le tout forme enfin une petite bouche dont les cellules réniformes sont les deux lèvres et qu'on appelle un *stomate* (fig. 40). Sous le stomate, les cellules de l'écorce laissent entre elles un espace plus ou moins grand qui est la *chambre sous-stomatique* (*f*) ; tous les méats voisins de l'écorce

ommuniquent avec cette chambre qui, à son tour, s'ouvre libre-
nent au dehors par le pore stomatique. Les stomates sont donc
les ouvertures ménagées dans la cuirasse épidermique pour faire
ommuniquer l'atmosphère interne de la tige avec l'air extérieur.

Ce n'est pas seulement par leur forme, mais aussi par leur
tructure que les cellules stomatiques diffèrent des cellules épi-
lermiques ordinaires. Leur protoplasme plus abondant produit
les chloroleucites et des grains d'amidon (d); aussi les stomates
ranchent-ils en vert sur l'épiderme incolore. Leur membrane,
ur laquelle la cuticule s'étend à travers la fente jusque dans la
hambre sous-stomatique, demeure plus mince et plus molle;
outefois, le long de la face concave, elle s'épaissit localement
ers l'extérieur et produit sur chaque cellule deux arêtes, l'une
n dehors, l'autre en dedans; aux extrémités de la fente, les deux
rêtes externes se rapprochent et courent parallèlement côte à
ôte, sans s'unir; les deux internes font de même. Sur la coupe
ransversale, ces quatre arêtes ont l'aspect de petites dents ou
e petites cornes (fig. 40, f). Entre chaque arête et la fente, la
ellule stomatique offre une rainure plus ou moins profonde; l'es-
ace compris entre les arêtes externes et la fente forme, à l'entrée
u stomate, une sorte d'antichambre; entre la fente et les arêtes
nternes, à la sortie du stomate, se trouve de même une arrière-
hambre. Grâce à cette structure, les stomates peuvent facilement
'ouvrir ou se fermer suivant les besoins de la plante.

En effet, quand les cellules stomatiques sont flasques, peu ou
oint turgescentes, elles se touchent par leur face interne : le sto-
nate est fermé. A mesure que la turgescence augmente, la mem-
rane se trouve distendue par la pression interne et le volume
'accroît. Maintenue par ses deux arêtes d'épaississement, la face
nterne résiste à l'extension, tandis que la face externe, qui est
nince, y obéit et s'allonge. Il en résulte, dans chacune des cel-
ules stomatiques, une courbure de plus en plus forte, et entre
lles, une fente de plus en plus large. Chaque cellule stomatique
e comporte comme un morceau de tube de caoutchouc plus épais
'un côté que de l'autre, dans lequel on vient à fouler de l'eau; ce
ube se courbe et devient concave du côté le plus épais. Quelle est
naintenant la cause extérieure qui agit sur la turgescence des
ellules stomatiques pour ouvrir et fermer ainsi les stomates ?
ette cause est la lumière. Au soleil, en effet, les stomates sont
argement ouverts; à l'obscurité, ils sont fermés. Il suffit même,

pour fermer les stomates, de diminuer brusquement par un écran l'intensité lumineuse. Une tige exposée au soleil ferme ses stomates après une demi-heure de séjour à la lumière diffuse.

Ainsi constitués, les stomates sont disposés sur la tige en séries longitudinales et orientés de manière à diriger leurs fentes parallèlement à l'axe ; quelquefois cependant la fente est transversale (Gui, Casuarine, Salicorne, etc.). Ils sont souvent nombreux et rapprochés ; on voit alors des bandes longitudinales riches en stomates alterner régulièrement avec des bandes sans stomates ; les premières sont ordinairement en creux et forment des sillons, les secondes en relief et forment des côtes (Ombellifères, Graminées, Prêle, Casuarine, etc.). Ailleurs, au contraire, ils sont rares, séparés à plusieurs millimètres de distance, comme dans beaucoup de tiges ligneuses (Érable. Sureau, etc.).

L'épaisseur des cellules stomatiques est quelquefois égale à celle des cellules épidermiques ordinaires (Lis, Jacinthe, fig. 40, Hellébore, etc.), mais elle est ordinairement beaucoup plus petite ; la situation des stomates en profondeur est alors très variable et se rattache à trois types. 1° Les cellules stomatiques affleurent à la surface externe de l'épiderme ou même sont soulevées au-dessus de cette surface, sur laquelle les stomates paraissent comme posés ; la chambre sous-stomatique se prolonge alors dans l'épaisseur de l'épiderme ou même la traverse complètement (diverses Primulacées, Labiées, etc.). 2° Les cellules stomatiques affleurent à la surface interne de l'épiderme ; le stomate est situé au fond d'un puits creusé entre les cellules épidermiques voisines, qui surplombent de manière à en rétrécir beaucoup l'ouverture externe ; pour entrer dans la tige l'air doit franchir alors quatre pertuis successifs ; ce cas est très fréquent. 3° Les cellules stomatiques sont situées sensiblement dans le plan moyen de l'épiderme ; le stomate offre à la fois au-dessus de lui un petit puits et au-dessous de lui un prolongement de la chambre sous-stomatique dans l'épiderme.

Écorce de la tige. — L'écorce de la tige est un parenchyme formé de larges cellules à parois minces, de forme polyédrique, irrégulièrement disposées, laissant entre elles de petits méats, contenant ordinairement de la chlorophylle et des grains d'amidon (fig 41, *pc*). Ce tissu présente les mêmes caractères dans toute son épaisseur ; on n'y observe pas d'ordinaire cette zone interne formée de cellules disposées à la fois en séries rayonnantes et en cercles concentriques qui est si fréquente dans la racine.

L'assise la plus interne n'en offre pas moins les caractères assignés
à l'endoderme : plissements échelonnés sur les faces latérales,
subérification précoce, etc. En outre, les cellules endodermiques
contiennent souvent une grande quantité de grains d'amidon,
alors même que le reste de l'écorce n'en renferme pas.

Cylindre central de la tige. — Le cylindre central commence
par une assise de cellules alternes avec celles de l'endoderme, dont
la membrane mince et sans plissements n'est pas subérifiée :
c'est le *péricycle* (fig. 41). Contre le péricycle, sont adossés en
cercle un certain nombre de faisceaux équidistants, tous pareils,

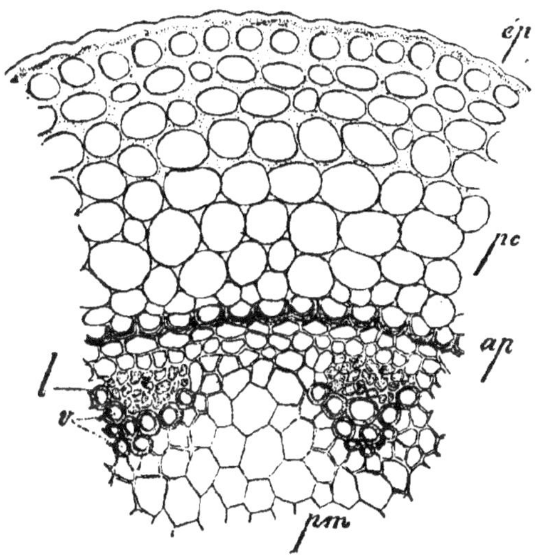

Fig. 41. Portion de la section transversale du rhizome du Maianthème.
ép, épiderme ; *pc*, écorce dont la zone externe est collenchymateuse sans méats
ap, endoderme à cellules épaissies en fer à cheval. Sous l'endoderme, un
péricycle à deux assises ; *lv*, faisceaux libéroligneux ; *pm*, moelle.

à section ovale élargie en dehors et rétrécie en dedans (*lv*). Ils
sont séparés latéralement l'un de l'autre par un parenchyme à
parois minces qui remplit aussi toute la région interne du cylindre
et dont le péricycle n'est en somme que la rangée la plus extérieure. La région centrale de ce parenchyme, limitée en dehors
par la circonférence inscrite aux bords internes des faisceaux, où
les cellules sont plus larges et laissent entre elles de plus grands
méats, est la *moelle* (*pm*) ; les prolongements rayonnants qui séparent latéralement les faisceaux sont les *rayons médullaires*, que

le péricycle unit ensemble en dehors des faisceaux. Moelle, rayons médullaires et péricycle ne sont que les diverses parties d'un seul et même massif, dont le rôle principal est de réunir les faisceaux entre eux et à l'écorce, qui est par conséquent le *conjonctif* du cylindre central.

Chaque faisceau se compose de deux parties très différentes, mais intimement unies. La moitié externe, plus large et moins épaisse suivant le rayon, composée essentiellement de tubes criblés, est un faisceau libérien (l); la moitié interne, plus étroite et plus étendue suivant le rayon, composée essentiellement de vaisseaux, est un faisceau ligneux (v). Pour exprimer cette double nature, on dit que le faisceau est *libéroligneux*. La figure 16 (p. 36) représente la coupe longitudinale d'un pareil faisceau.

Le liber du faisceau est formé de tubes criblés diversement mélangés à des cellules de parenchyme (m à k, fig. 16). Les tubes externes sont plus étroits; ceux qui suivent sont plus larges, bordés de petites cellules et séparés çà et là par des cellules plus grandes. Enfin le liber se termine en dedans par une rangée de ces dernières cellules (i). Le développement de ces divers éléments libériens est centripète.

Le bois du faisceau (b à h, fig. 16) commence au bord interne par des vaisseaux fort étroits, toujours fermés, annelés ou spiralés (b), entourés et entremêlés de cellules de parenchyme. Puis viennent des vaisseaux de plus en plus larges, à mesure qu'on progresse vers l'extérieur (c, d, g), le plus souvent rayés, scalariformes, réticulés et ponctués; les plus larges sont souvent ouverts (g). Ils sont d'habitude entourés par une bordure de cellules plates (f, h), et diversement entremêlés de parenchyme (e). Le développement de ces divers éléments ligneux est centrifuge.

Course des faisceaux libéroligneux. — A la périphérie du cylindre central, sous le péricycle, les faisceaux libéroligneux courent tantôt parallèlement, tantôt plus ou moins obliquement à l'axe; aux nœuds, ils s'unissent d'ordinaire tous ensemble par de petites branches horizontales. Abstraction faite de ces anastomoses transverses, quand on suit les faisceaux de bas en haut sur une assez grande longueur, on voit à chaque nœud certains d'entre eux émettre une branche latérale, puis après passer dans une feuille; plus haut, la branche latérale produit de même une branche latérale, puis entre à son tour dans une feuille, et ainsi de suite. Il en résulte la formation d'autant de sympodes, sur les flancs desquels les terminaisons des branches successives paraissent comme autant de rameaux latéraux.

Quelquefois l'extrémité du faisceau s'incurve en dehors, traverse l'écorce horizontalement et entre dans la feuille au nœud même où elle a produit sa branche latérale. Le plus souvent, au contraire, elle poursuit sa course ascendante, demeure tout d'abord dans le cylindre à côté de la branche qu'elle a produite, et c'est seulement après un parcours d'un ou de plusieurs entre-nœuds qu'elle s'incurve en dehors pour entrer dans une feuille ; le nombre des entre-nœuds ainsi traversés varie d'une plante à l'autre et dans une même tige suivant la région considérée, mais demeure constant dans une même région. Dans le premier cas, la tige ne renferme dans son cylindre central qu'une seule sorte de faisceaux, tous sympodiques, qui lui appartiennent en propre, qui sont *caulinaires*. Dans le second, elle contient dans son cylindre central, interposés aux précédents, un certain nombre de faisceaux directement destinés aux feuilles et qui s'y rendent plus ou moins tard sans se ramifier désormais dans le cylindre central, qui sont déjà *foliaires*. Les faisceaux caulinaires, qui, en se ramifiant en sympode, semblent réparer les foliaires à mesure qu'ils sortent du cylindre, sont dits aussi *réparateurs ;* vers le sommet, soit que la tige continue ou qu'elle ait épuisé sa croissance terminale, ils envoient toutes leurs extrémités dans les dernières feuilles.

Si, à partir d'une de ces dernières feuilles, on suit en descendant la marche d'un faisceau libéroligneux, on le voit traverser l'écorce, entrer dans le cylindre central, longer sa périphérie sous le péricycle et venir, après un certain nombre d'entre-nœuds, s'unir latéralement à un faisceau provenant d'une feuille plus âgée. Si ce dernier a déjà, avant cette union, traversé dans le cylindre un ou plusieurs entre-nœuds, on y distingue désormais deux parties : l'une, située au-dessous du point d'attache, constitue un article du sympode caulinaire ; l'autre, située au-dessus de ce point, n'est autre chose que le faisceau foliaire. Si au contraire la réunion a lieu au point même où le faisceau de la feuille plus âgée pénètre dans le cylindre central, ce dernier constitue dans toute sa longueur un article du sympode caulinaire ; il n'y a pas de faisceau foliaire.

Suivant que l'on décrit la course des faisceaux libéroligneux de bas en haut ou de haut en bas, on est donc amené à se servir d'un langage différent, à parler par exemple de ramification progressive dans le premier cas, de réunion progressive dans le second. Il est nécessaire que l'élève se familiarise tour à tour avec ces deux modes d'exposition.

Chaque feuille reçoit quelquefois de la tige un seul faisceau ; souvent elle en prend plusieurs, trois, cinq ou davantage. Ce nombre varie d'une plante à l'autre et dans une même tige suivant

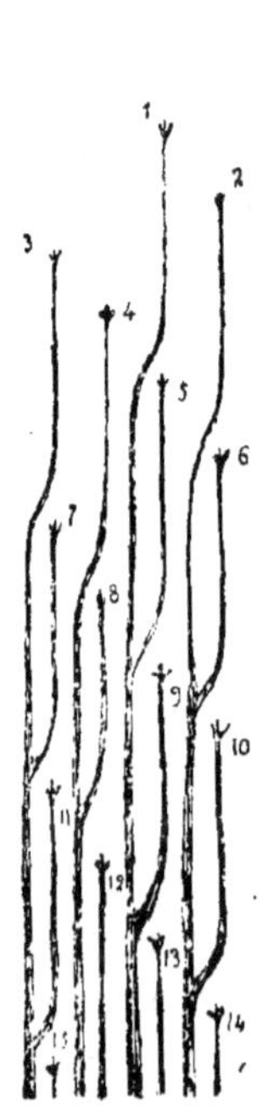

Fig. 42. Course des
faisceaux dans la
tige du Samole.

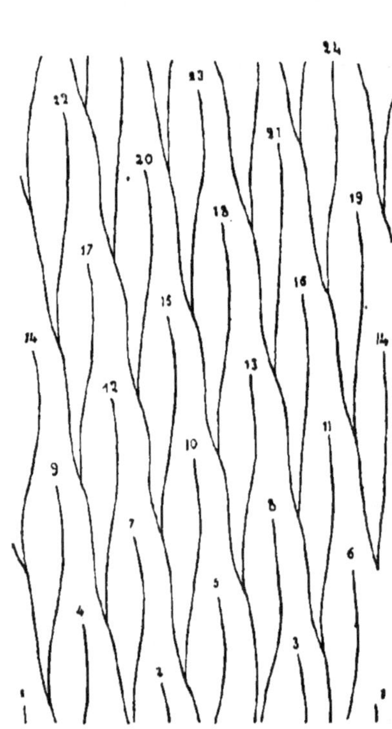

Fig. 43.
Course des faisceaux dans la tige
de l'Ibéride.

la région considérée ; mais il se maintient assez constant dans une même région. Quand les faisceaux foliaires séjournent dans le cylindre central, l'ensemble de ceux qui sont destinés à la même feuille constitue à l'intérieur du cylindre ce qu'on peut appeler la *trace* de cette feuille ; il y a donc des traces foliaires simples, unifasciculées, et des traces foliaires complexes, plurifasciculées. Quand, au contraire, les faisceaux foliaires s'échappent immédiatement du cylindre central, les feuilles n'ont naturellement pas de traces dans la tige.

Pour faire comprendre à la fois la course longitudinale des faisceaux et sa relation avec l'arrangement des feuilles, on la représente sur la surface du cylindre central développé, comme on le voit dans les figures 42, 43 et 44. Dans la figure 42, où les feuilles,

numérotées de haut en bas à partir du sommet de la tige, sont isolées suivant $\frac{1}{4}$, les sympodes, au nombre de quatre, sont verticaux et les foliaires parcourent librement quatre entre-nœuds ; il en résulte que la section transversale contient huit faisceaux, quatre caulinaires et quatre foliaires alternes (Samole, etc.). Dans la figure 43, où les feuilles sont isolées suivant $\frac{5}{13}$ et numérotées de bas en haut, les sympodes, au nombre de cinq, montent obliquement vers la gauche en une hélice ondulée et les foliaires parcourent librement huit entre-nœuds ; la section transversale contient donc 13 faisceaux : 5 caulinaires et 8 foliaires (Ibéride, Arabette, Jasmin, Genêt à balai, etc.). Dans la figure 44, où les feuilles sont opposées

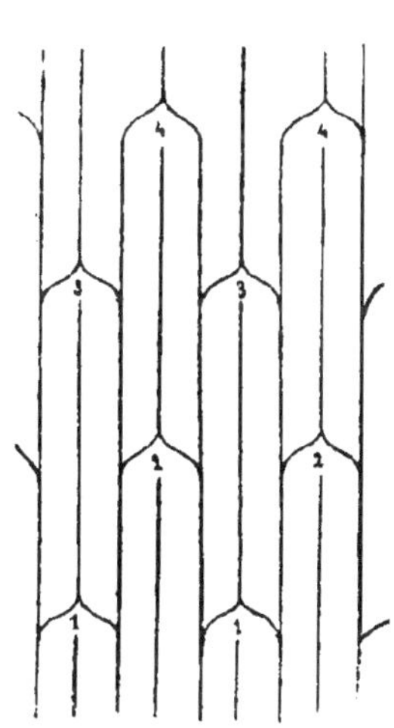

Fig. 44. Course des faisceaux
dans la tige du Céraiste.

et numérotées de bas en haut, les sympodes sont verticaux, au nombre de quatre, et les foliaires, issus par deux branches géminées des deux sympodes voisins, courent librement dans quatre entre-nœuds ; il y a donc 8 faisceaux dans la section : 4 caulinaires et 4 foliaires alternes (Caryophyllées, Frêne, Pervenche, Véronique, Fusain, etc.).

Symétrie de structure de la tige. — En résumé, la tige ne renferme que trois sortes de tissus différents : une série de tissus vivants, de parenchymes, et deux tissus morts : le tissu criblé et le tissu vasculaire. Le tissu criblé est localisé dans le liber et le tissu vasculaire dans le bois des faisceaux libéroligneux ; tout le reste est occupé par du parenchyme, qui forme l'épiderme, l'écorce et le conjonctif du cylindre central ; de plus, il entre aussi du parenchyme dans la composition du liber et du bois des faisceaux libéroligneux.

Le nombre des faisceaux libéroligneux n'étant pas inférieur à deux, on voit que ces trois sortes de tissus sont disposés dans la tige de manière que la structure totale de ce membre soit symétrique par rapport à son axe. Quand les feuilles sont verticillées, cette symétrie de structure se retrouve à toute hauteur, aussi bien au voisinage des nœuds, et aux nœuds mêmes, qu'au milieu des entre-nœuds. Il n'en est pas de même quand les feuilles sont isolées, parce que, à chaque nœud, la tige s'appauvrit du côté de la feuille et met ensuite quelque temps à réparer sa perte. Mais la symétrie se retrouve toujours si l'on s'affranchit de la perturbation apportée par les feuilles en considérant la tige dans une région où elle possède soit des entre-nœuds très longs, soit des feuilles assez petites pour que leur influence perturbatrice puisse être négligée.

Distinction de la tige et de la racine. — On voit qu'entre la structure de la racine et celle de la tige, il y a de grandes ressemblances ; on retrouve, en effet, dans la seconde les divers tissus de la première, avec la même symétrie. Mais il y a des différences aussi, parmi lesquelles deux surtout sont importantes : l'une superficielle, l'autre profonde. La tige a un épiderme ; la racine n'en a pas. La tige a ses faisceaux libériens et ligneux intimement superposés suivant le rayon en faisceaux doubles, libéroligneux, et le bois y est centrifuge. La racine a ses faisceaux simples, libériens et ligneux, séparés et alternes côte à côte, et le bois y est centripète.

Qu'elle soit primaire, secondaire ou d'ordre quelconque, normale ou adventive, ordinaire ou diversement différenciée, qu'elle appartienne à une Cryptogame vasculaire, à une Gymnosperme, à une Monocotylédone ou à une Dicotylédone, la tige possède toujours la structure que l'on vient d'esquisser et qui est par conséquent sa structure générale et typique. Mais on y observe aussi, suivant sa nature et suivant les plantes, un certain nombre de modifications de détail dont il faut connaître les plus importantes. Ces modifications intéressent les unes l'épiderme, d'autres l'écorce, d'autres encore le cylindre central. Reprenons donc une à une à ce point de vue les diverses parties qui composent ces trois régions.

Principales modifications de l'épiderme de la tige. — Les cellules épidermiques se cloisonnent quelquefois de très bonne heure parallèlement à la surface, de manière à former un épiderme composé de plusieurs rangs de cellules superposées (Bégonia,

Pépéromia, etc.). Il n'est pas rare, surtout chez les Dicotylédones,
que le protoplasme des cellules épidermiques contienne des chloroleucites et des grains d'amidon ; dans les plantes submergées,
la chlorophylle et l'amidon se développent même d'ordinaire avec
plus d'abondance dans l'épiderme que dans l'écorce (Cératophylle,
Élodéa, Potamot, etc.), quelquefois même exclusivement (Zostère,
Cymodocée). Autour des stomates, qui sont rares sur les rhizomes
et manquent sur les tiges submergées, on voit quelquefois les cellules épidermiques voisines, au nombre de deux ou davantage, se
différencier et prendre une forme analogue à celle des cellules
stomatiques ; ce sont les *cellules annexes* du stomate. Vu de face,
celui-ci paraît alors formé de deux paires de cellules stomatiques
emboîtées (Graminées, Cypéracées, etc.), ou entouré d'un cadre
de cellules spéciales (Éphémère, etc.). Une différenciation analogue
s'opère souvent autour des poils et donne naissance aux *cellules
annexes* du poil, disposées ordinairement en rosette autour du
pied.

Chez les Urticacées (Figuier, Mûrier, Ortie, Houblon, Chanvre, Micocoulier, etc,) et
les Acanthacées, certaines cellules épidermiques, bases d'autant de poils atrophiés,
plus grandes que les autres et plongeant
profondément dans l'écorce, sont le siège
d'un phénomène singulier. Sur sa face
externe la membrane cellulosique s'épaissit énormément en un point et projette
vers l'intérieur de la cellule une protubérance, dilatée au sommet en forme de
poire ou étalée transversalement en forme
de T ; dans l'épaisseur de ce renflement
terminal, hérissé de verrues coniques et
dont le pied est silicifié, se déposent ensuite et s'accumulent d'innombrables petits granules cristallins de carbonate de
chaux (fig. 45). L'ensemble ainsi constitué,
dont la forme varie d'une plante à l'autre,
porte le nom de *cystolithe*.

Fig. 45. Un cystolithe *cc*
dans une grande cellule
épidermique du Figuier
élastique.

Les cellules à cystolithes sont déjà des cellules sécrétrices ;
l'épiderme en renferme souvent de bien des sortes, soit dans ses
poils, comme il a été dit plus haut (p. 141), soit en certaines

places de sa surface plane. Dans ce dernier cas, ses cellules expulsent parfois au dehors, en soulevant la cuticule, un suc gommeux ou résineux (bourgeons de l'Aulne, du Peuplier, de l'Oseille, etc.; jeunes pousses visqueuses du Bouleau blanc, de diverses Silénées, etc.); la région sécrétante est parfois localisée sur des émergences (Rosier, Robinier visqueux, etc.).

Principales modifications de l'écorce de la tige. — L'écorce peut se réduire à deux ou trois rangs de cellules entre l'épiderme et l'endoderme (Capucine, etc.). Elle peut s'épaissir, au contraire, énormément, soit seulement sur certaines places isolées en formant des mamelons ou des pointes revêtues par l'épiderme et qu'on nomme en général des *émergences* (aiguillons du Rosier, de la Ronce, etc.), soit sur certaines lignes longitudinales en produisant autant d'ailes latérales (Épiphylle, Gesse, etc.), soit sur tout le pourtour en rendant la tige tuberculeuse (diverses Cactées, Euphorbes cactiformes, etc.). Les émergences sont parfois assez étroites pour simuler un poil massif; il n'est pas rare qu'elles portent alors un poil à leur sommet (Ortie, Houblon, fig. 46, etc.).

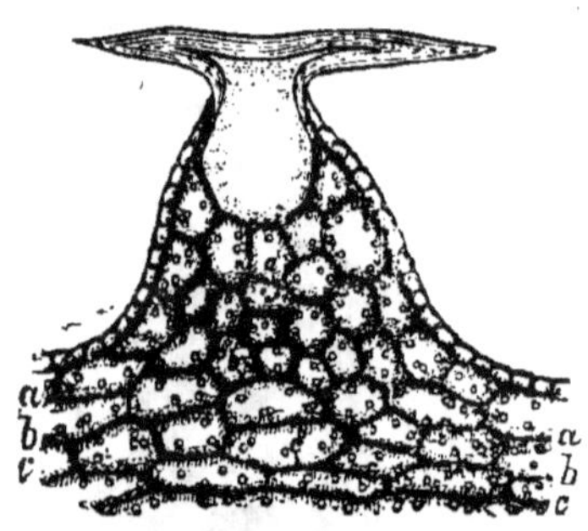

Fig. 46. Émergence de la tige du Houblon, portant au sommet un poil scléreux en navette.

Dans les plantes aquatiques ou marécageuses, les méats de l'écorce grandissent beaucoup et se fusionnent en formant de larges canaux aérifères (voir plus loin, fig. 47). Toujours interrompus aux nœuds par un disque de parenchyme, ces canaux aérifères sont tantôt continus dans toute la longueur d'un entre-nœud (Cératophylle, Myriophylle, Pesse, etc.), tantôt fréquemment entrecoupés par des assises transversales de cellules séparées par des méats. en un mot par des *diaphragmes* percés à jour (Potamot, Massette, Butome, etc.). Ailleurs, c'est par destruction locale des cellules qu'il se fait dans l'écorce des chambres aérifères (Prêles, beaucoup de Graminées et de Cypéracées, etc.). Dans tous les cas, cette écorce lacuneuse allège la tige.

Chez un grand nombre de plantes aériennes, l'écorce acquiert, au contraire, une plus grande solidité. A cet effet, certaines de ses cellules, associées en une couche continue ou en faisceaux

épars, ou même complètement isolées, se différencient en épaississant fortement leurs membranes, et produisent soit du collenchyme (fig. 41), soit du parenchyme scléreux, soit du sclérenchyme. Sous l'une ou l'autre de ces trois formes, le tissu de soutien
peut être localisé dans la région externe, sous l'épiderme, où il se
dispose soit en une couche continue (fig. 41) (Palmiers, etc.), soit
en faisceaux parallèles séparés par des bandes de parenchyme
vert auxquelles correspondent les stomates (Ombellifères, Graminées, etc.). Ailleurs il se différencie dans la profondeur de
l'écorce, en faisceaux plus ou moins épais (Palmiers, etc.), ou en
fibres isolées (beaucoup de Gymnospermes, etc.). Dans ce dernier
cas, il prend quelquefois la forme soit de cellules spiralées, étendues longitudinalement (Népenthès) ou transversalement (Sali--
corne), soit de poils internes, spiralés (Crinum), scléreux en navette
(Monstérinées) ou étoilés (Nymphéacées, Limnanthème), développés
dans les méats et les lacunes.

L'écorce peut renfermer aussi des faisceaux libéroligneux qui
y cheminent dans la longueur, souvent accolés en dehors du liber
à un faisceau de sclérenchyme étalé en arc sur la coupe transversale, ou même enveloppés totalement dans une gaine de sclérenchyme (Viciées, Calycanthées, Casuarine, diverses Aroïdées, etc.).
Cela vient de ce que les faisceaux libéroligneux du cylindre central, au lieu de traverser horizontalement l'écorce au nœud pour
entrer dans la feuille, comme c'est le cas ordinaire étudié p. 146,
s'y relèvent verticalement et y séjournent l'espace d'un ou de
plusieurs entre-nœuds avant de se rendre définitivement aux
feuilles (voir plus loin fig. 48).

L'écorce renferme fréquemment des cellules sécrétrices de
diverses sortes, souvent isolées (cellules oxalifères, etc.), parfois
superposées en file (Liliacées, Convolvulacées, Chélidoine, etc.) ou
groupées soit en poches sécrétrices (Myrtacées, Rutacées, etc.), soit
en canaux sécréteurs (Conifères, Cycadées, Alismacées, Ombellifères et Araliées, etc.). Dans les Composées Tubuliflores et Radiées,
les canaux sécréteurs oléifères sont disposés dans la zone interne
de l'écorce, contre l'endoderme dont ils dérivent. Enfin c'est encore
dans l'écorce que les articles laticifères indéfiniment rameux des
Euphorbiacées, Urticées, Apocynées et Asclépiadées étendent leurs
troncs principaux.

L'endoderme épaissit quelquefois et durcit beaucoup ses membranes, ordinairement plus sur la face interne que sur les faces

latérales (fig. 41, *ap*) (rhizome des Cypéracées, du Maianthème, tige du Potamot, etc.). Le plus souvent il les conserve minces. Lorsque la tige subit, après la différenciation de l'endoderme, une forte croissance intercalaire, les plissements des faces latérales des cellules endodermiques se trouvent à la fois écartés l'un de l'autre et effacés, ou du moins rendus peu saillants. Il est alors plus difficile de les mettre en évidence, surtout sur les sections transversales. La subérification des membranes et surtout la **présence abondante** et parfois exclusive de l'amidon permettent encore de distinguer facilement l'endoderme. Quand ces deux caractères font défaut à leur tour, il reste la forme différente des cellules; mais la distinction peut devenir alors plus difficile.

Principales modifications du cylindre central de la tige. — Les modifications de structure du cylindre central sont naturellement plus nombreuses que celles de l'épiderme et de l'écorce. Elles portent. les unes sur le conjonctif : péricycle, rayons médullaires et moelle, les autres sur les faisceaux libéroligneux.

1° Modifications du péricycle, des rayons médullaires et de la moelle. — Le péricycle multiplie souvent ses cellules, de manière à interposer entre l'endoderme et le liber des faisceaux libéroligneux une couche plus ou moins épaisse, qui se comporte ensuite de diverses manières. Elle peut demeurer tout entière parenchymateuse et semble alors n'être que la continuation de l'écorce (fig. 41); il y a là une erreur grave à éviter. Elle peut se différencier en deux zones, l'externe scléreuse adossée à l'endoderme, l'interne parenchymateuse contre les faisceaux (Cucurbitacées, Caryophyllées, Aristoloche, Chèvrefeuille, Épine-vinette, etc.). Souvent, elle, se convertit tout entière en un anneau de sclérenchyme, contre lequel les faisceaux sont adossés, dans lequel ils enfoncent même plus ou moins leur liber (beaucoup de Monocotylédones, etc.). Ailleurs, elle se partage en petits faisceaux scléreux séparés par des bandes de parenchyme et sans rapport avec les faisceaux libéroligneux. Fréquemment enfin, sa différenciation en sclérenchyme se limite exactement au dos de chaque faisceau libéroligneux (fig. 16, *f*), tandis que, vis-à-vis des rayons médullaires, elle demeure à l'état de parenchyme (beaucoup de Dicotylédones ligneuses). Dans les deux derniers cas, quand les fibres péricycliques disposées en faisceaux sont peu ou point lignifiées, quoique très fortement épaissies, elles joignent à beaucoup de solidité une grande souplesse et fournissent à l'homme de précieux textiles

(Lin, Chanvre, Ortie, Corchorus, etc.). C'est ce sclérenchyme péricyclique que l'on désigne quelquefois improprement sous le nom
de *fibres corticales* ou de *fibres libériennes*; elles confinent bien, en
dehors à l'écorce, en dedans au liber, mais elles n'appartiennent
ni à l'écorce, ni au liber.

Le péricycle peut renfermer aussi des cellules sécrétrices de
diverses sortes, notamment des réseaux laticifères fusionnés
(Composées Liguliflores), et des canaux sécréteurs (Ombellifères,
Araliées, Pittosporées, Millepertuis, etc.)

La largeur des rayons médullaires et le diamètre de la moelle
varient beaucoup suivant les plantes et dans une même plante
suivant le milieu où végète la tige considérée. Dans certaines
tiges tuberculeuses (Pomme de terre, Dioscorée batate, Apios tubé-
reux, etc.), la moelle est énorme et c'est elle qui fait la masse du

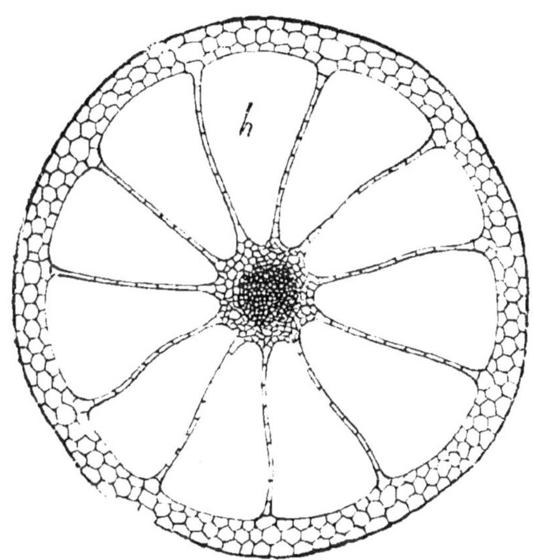

Fig. 47. Section transversale d'une tige d'Élatine.
h, canaux aérifères corticaux.

tubercule. Au contraire, dans les tiges aquatiques et dans certains
rhizomes, le cylindre central est fort étroit, les faisceaux libéroligneux très rapprochés et la moelle très réduite; l'écorce prenant en même temps une grande épaisseur, la proportion relative
des deux régions de la tige ressemble à ce qu'elle est dans la racine (fig. 47). Souvent les rayons médullaires disparaissent alors

tout à fait et les faisceaux libéroligneux confluent latéralement en un tube libéroligneux continu, entourant une moelle plus ou moins large (Marsilia, beaucoup de Fougères, l'esse, Mâcre, etc.). **La** moelle elle-même disparaît fréquemment et le cylindre central est formé, sous le péricycle, par une colonne libéroligneuse pleine ayant le bois au centre et le liber à la périphérie (fig. 47) (Isoète, Myriophylle, Élatine, Cératophylle, Utriculaire, Corallorhize, Adoxe, etc.).

Quand elle est normalement développée, la moelle se creuse parfois, notamment dans les plantes des lieux humides, de grandes lacunes ou de chambres aérifères qui allègent la tige. Ces lacunes naissent par dissociation (Pontédéria, Nymphéacées, etc.), ou par destruction des cellules (tiges creuses d'Ombellifères, Labiées, Composées, Graminées, Cypéracées, Prêles, etc.); comme celles de l'écorce, elles sont tantôt continues dans tout l'entre-nœud, tantôt entrecoupées de diaphragmes.

Ailleurs, au contraire, la moelle et les rayons acquièrent plus de solidité par une différenciation locale de leurs cellules en sclérenchyme, analogue à celle qui se rencontre dans le péricycle. Ce sclérenchyme forme tantôt des faisceaux épars dans la moelle (divers Palmiers, etc.), tantôt une couche continue à la périphérie de la moelle, reliant entre elles les pointes internes des faisceaux libéroligneux (diverses Pipéracées, etc.), tantôt une série d'arcs en face de ces pointes internes (Épine-vinette, Massette, Renoncule, Canna, etc.). Ces arcs internes peuvent s'étendre le long des rayons médullaires sur les flancs des faisceaux et rejoindre les arcs scléreux péricycliques, en enveloppant chaque faisceau libéroligneux d'une gaine complète (beaucoup de Graminées, de Cypéracées, de Fougères, etc.). Ailleurs enfin, la sclérose envahit toute la largeur des rayons, noyant pour ainsi dire les faisceaux libéroligneux dans une épaisse couche fibreuse (beaucoup de Monocotylédones). On voit que le péricycle, la moelle et les rayons médullaires peuvent contribuer, séparément ou simultanément, au soutien du cylindre central.

Enfin la moelle et les rayons médullaires renferment **souvent** des cellules sécrétrices, soit isolées, soit diversement **groupées**, constituant notamment des canaux sécréteurs (beaucoup de Composées, la plupart des Ombellifères, Ginkgo, etc.).

2° **Modifications des faisceaux libéroligneux.** — Le nombre des faisceaux libéroligneux varie beaucoup, non seulement d'une plante à l'autre, mais dans une même plante suivant la région de la tige que l'on considère. Il va généralement en croissant avec l'âge de la plante jusqu'à un certain maximum et plus tard diminue progressivement. Il en résulte, comme il a été dit p. 126, que si l'on considère la tige dans sa totalité, on la trouve fusiforme, renflée au milieu, amincie aux extrémités. Le cylindre central peut n'avoir que deux faisceaux à l'extrémité inférieure, au-dessus de l'insertion de la racine terminale, c'est-à-dire dans la région qui correspond à la première jeunesse de la plante; il peut n'en contenir que quelques-uns et même se réduire à deux à l'extrémité supérieure, dans le pédicelle floral, c'est-à-dire dans la région qui correspond à la vieillesse, tandis qu'il en renferme un grand nombre, jusqu'à des centaines et des milliers dans la région moyenne qui répond à l'âge mûr. Le nombre des faisceaux de la tige est d'ailleurs toujours en rapport avec celui que les feuilles de la région considérée exigent pour leur formation, et avec la disposition de ces feuilles. Plus les feuilles prennent de faisceaux et plus elles sont rapprochées, plus la tige contient de faisceaux à un niveau donné. C'est dans les feuilles engainantes de la plupart des Monocotylédones que ces deux conditions sont remplies à la fois; c'est aussi dans la tige de ces plantes qu'on rencontre le plus grand nombre de faisceaux.

Ces variations dans le nombre en entrainent d'autres dans la disposition. Quand le nombre des faisceaux dépasse une certaine limite, qui dépend du diamètre du cylindre central, il ne suffit plus d'un seul cercle pour les renfermer tous. Ils se disposent alors sur deux ou plusieurs cercles concentriques, autour d'une moelle libre; souvent même ils envahissent aussi toute la région centrale et la moelle disparaît comme telle. Ce phénomène s'observe çà et là chez les Dicotylédones, qui n'ont d'ordinaire qu'un seul cercle de faisceaux; on y trouve deux cercles (Cucurbitacées, Pipéracées, Phytolaque, etc.), deux ou trois cercles (Pavot, Actéa, Pigamon, etc.), trois ou quatre cercles (Artanthe, etc.), ou même une dissémination complète (Podophylle, Léontice, Nymphéacées, Gunnéra, etc.). Chez les Monocotylédones, cette dernière manière d'être est tellement fréquente, qu'on la donne souvent comme l'un des caractères de cette classe; il ne faut pas oublier cependant que bon nombre de Monocotylédones disposent leurs faisceaux libéroligneux en un cercle unique (Dioscoréacées, etc.), et que, chez toutes, cette disposition reparaît dès que les feuilles cessent d'exiger un grand nombre de faisceaux, par exemple dans les pédicelles floraux.

Cette disposition des faisceaux en plusieurs cercles ou en dissémination complète sur la section transversale est due, suivant les plantes, à des causes différentes. Tantôt il n'y a réellement qu'un seul cercle de faisceaux sympodiques, mais les foliaires qui en émanent, au lieu de demeurer dans ce même cercle à côté des premiers, s'incurvent soit en dehors, dans le péricycle, qui est alors très épais (Cucurbitacées et Pipéracées parmi les Dicotylédones, Commélinacées parmi les Monocotylédones), soit en dedans, dans la moelle (Phytolaque parmi les Dicotylédones; Palmiers, Aspidistra, fig. 48, etc., parmi les Monocotylédones); puis ils s'élèvent verticalement dans leur nouvelle région pendant un ou plusieurs entre-nœuds, avant de s'échapper horizontalement dans les feuilles; la section transversale du cylindre central comprend alors un cercle de faisceaux sympodiques, profonds dans le premier cas, périphériques dans le second (fig. 48), et un ou plusieurs cercles de faisceaux foliaires, extérieurs au premier dans le premier cas, intérieurs dans le second (fig. 48). Tantôt il y a réellement plusieurs cercles de faisceaux sympodiques s'élevant verticalement côte à côte et envoyant indépendamment des faisceaux à chaque feuille; les foliaires latéraux proviennent alors des

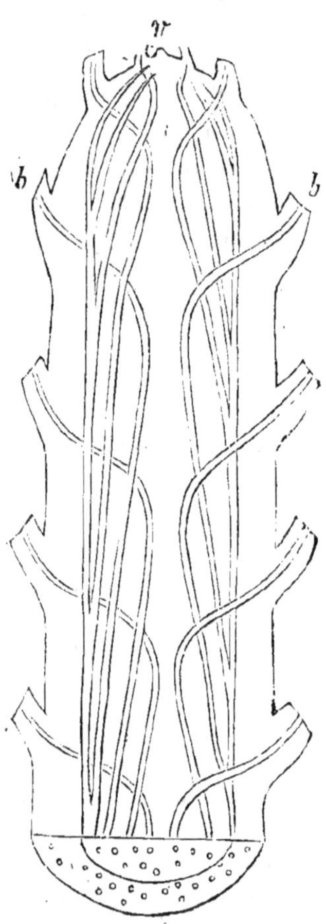

Fig. 48. Section longitudinale de la tige de l'Aspidistra, montrant la marche des faisceaux; b, feuilles.

faisceaux périphériques, tandis que le foliaire médian est fourni par les faisceaux les plus profonds (Amarante, Actéa, Pigamon, Podophylle, Léontice, etc., parmi les Dicotylédones; Lis, Tulipe, Fritillaire, Épipactis, Hédychium, etc., parmi les Monocotylédones).

Non seulement les faisceaux libéroligneux subissent des modifications dans leur nombre et leur disposition, comme il vient d'être dit, mais encore dans leur structure. Le liber y est composé tantôt de larges tubes criblés, séparés par des cellules très étroites de parenchyme (Monocotylédones, Prêles, certaines Dicotylédones : Renonculacées, Ombellifères, Cucurbitacées, Vigne, Aristoloche, etc.), tantôt au contraire de tubes criblés très étroits séparés par de larges cellules de parenchyme (Crassulacées, Cactées, Euphorbe, etc.). Il est très rare que le parenchyme libérien se sclérifie localement; quand elle a lieu, cette sclérose s'opère suivant une bande médiane, dirigée tantôt suivant le rayon, de manière à diviser le liber en deux moitiés symétriquement disposées à droite et à gauche (certains Palmiers : Bactris, Rotang, Rhaphis, Livistona, etc.), tantôt suivant la tangente, en séparant le liber en deux groupes superposés (diverses Dioscorées, Tamier, Testudinaire), tantôt de ces deux façons à la fois (grosses branches de Dioscorée batate). A l'opposite du premier, contre le bord interne du bois, les faisceaux possèdent quelquefois un second liber doué de la même structure que le liber externe; ces faisceaux à deux libers caractérisent un certain nombre de familles de Dicotylédones : Cucurbitacées, Mélastomacées, Solanées, Convolvulacées, Loganiacées, Apocynées, Asclépiadées, Gentianées, Œnothéracées, Lythracées, Myrtacées, etc. Dans le rhizome de diverses Monocotylédones, les faisceaux sympodiques voisins de la périphérie du cylindre central ont leur liber complètement entouré par un bois annulaire, tandis que les faisceaux foliaires possèdent la structure normale (Iris, Acore, Jonc, Souchet, Carex, etc.).

Le bois peut être exclusivement formé de vaisseaux, sans interposition de parenchyme (beaucoup de Cryptogames vasculaires : Marsilia, Sélaginelle, Lycopode, Marattia et diverses Fougères : Polypode, Davallia, etc.); il peut se réduire à un seul gros vaisseau bordé d'un rang de cellules de parenchyme (faisceaux sympodiques de beaucoup d'Aroïdées). Quand la tige est douée d'une forte croissance intercalaire, les vaisseaux les plus internes et les premiers nés, qui sont annelés et spiralés, sont fortement étirés ; leurs spires se déroulent, leurs anneaux s'écartent, leur membrane primitive s'amincit, et si les cellules voisines se dilatent, ils sont comprimés latéralement et disparaissent par endroits. Ni cet écartement des spires et des anneaux, ni l'écrasement qui en résulte n'ont lieu sur les vaisseaux plus externes, qui s'épaississent après la fin de la croissance intercalaire. Ailleurs, notamment dans les plantes aquatiques, le bord interne du bois est occupé par une lacune; cette lacune s'y produit tantôt par dissociation des cellules qui séparent les premiers vaisseaux, et alors elle est pleine d'air (Prêles, Joncées, Cypéracées, Alisma, Butome, Renoncule aquatique, Nélombo, etc.), tantôt par résorption de la membrane même des vaisseaux, et alors elle est remplie d'eau (Colocase, Rubanier, Potamot, Zanichellie, Zostère, Élodéa); cette résorption peut frapper la membrane des vaisseaux avant son épaississement local (Cératophylle, Naïade, etc.). Quand le bois se dégrade ainsi, le liber demeure sans changement; la vie aquatique, qui rend les vaisseaux inutiles, ne diminue donc en rien la nécessité des tubes criblés. Cette remarque a déjà été faite pour la racine (p. 80).

Partout ailleurs centrifuge, le bois du faisceau libéroligneux est centripète chez les Lycopodinées; il y tourne sa pointe en dehors et ressemble tout à fait à un faisceau ligneux de racine (Lycopode, Psilotum, Sélaginelle, Isoète, Sigillaire, Lépidodendron, etc.).

Enfin les faisceaux libéroligneux peuvent renfermer des cellules sécrétrices isolées ou diversement groupées; elles sont plus fréquentes dans le liber (files de cellules laticifères des Aroïdées, canaux sécréteurs des Anacardiacées, du Mamméa, de l'Araucaria, etc.), plus rares dans le bois (canaux sécréteurs des Diptérocarpées, du Liquidambar, du Pin, du Mélèze, etc.).

Structure de la tige des Mousses. — La tige des Mousses se compose souvent d'un cylindre axile, formé de cellules très étroites et à parois très minces, correspondant au cylindre central des plantes vasculaires, et d'un épais manchon de parenchyme à larges cellules, correspondant à l'écorce des plantes vasculaires (fig. 49) (Funaire, Bryum, Bartramia, Mnium, Grimmia, etc.). Mais ce cylindre central demeure complètement homogène, ou se borne à épaissir fortement les membranes de quelques-unes de ses cellules (Polytric, Atrichum, Dawsonia, etc.). Il ne se différencie point en faisceaux et conjonctif; il ne s'y produit ni vaisseaux, ni tubes criblés. Quant à l'écorce, son assise externe, toujours dépourvue de stomates, ne prend pas les caractères de l'épiderme, ni son assise interne ceux de l'endoderme : elle se différencie pourtant en deux couches. La zone interne se compose de cellules larges, à membranes minces et peu colorées, ou même incolores; la zone externe, au contraire, est formée de cellules de plus en plus étroites vers l'extérieur, à membranes fortement épaissies et colorées en jaune rougeâtre ou en rouge vif ; le rang le plus externe, qui tient lieu d'épiderme, a ses cellules plus étroites que les autres et souvent prolongées en poils absorbants (*w*, fig. 49). Dans les Sphaignes, cette zone externe colorée est enveloppée d'une ou de plusieurs assises de larges cellules vides, qui s'ouvrent au dehors et les unes dans les autres par de grands trous ronds et dont la membrane mince et incolore est parfois renforcée par des rubans d'épaississement spiralés ; l'ensemble de ces cellules constitue autour de la tige une gaine aquifère. Du cylindre central partent quelquefois des faisceaux

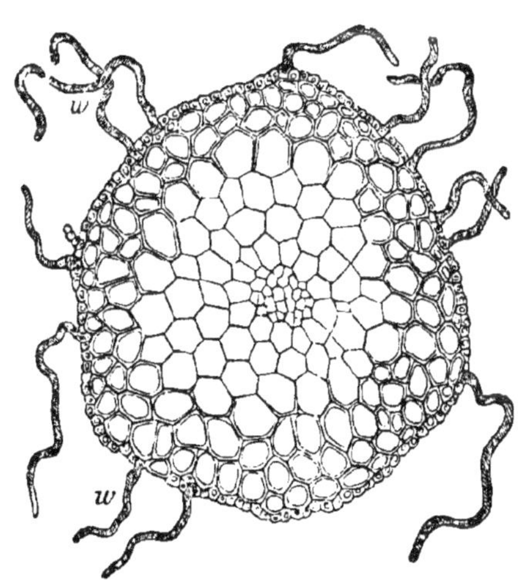

Fig 49. Section transversale de la tige du Bryum rose : *w*, poils absorbants.

très grêles, composés de cellules pareilles à celles du cylindre, qui traversent obliquement l'écorce pour entrer dans autant de feuilles dont ils constituent les nervures médianes (Splachnum, Voitia, etc.). On voit donc que la structure la plus perfectionnée de la tige des Mousses se rattache d'assez près à la structure la plus dégradée de la tige des plantes vasculaires.

Chez d'autres Mousses, la structure se simplifie davantage. On n'y observe pas de cylindre central : le centre est occupé par un parenchyme homogène à larges cellules, continuation directe de la zone corticale interne (Sphaigne, Leucobryum, Barbule, Gymnostome, etc.). Enfin, dans les Hépatiques qui en sont pourvues, la tige se réduit, de la périphérie au centre, à un parenchyme complètement homogène (Jungermanne, etc.).

Origine de la structure de la tige. — A mesure qu'on s'approche de l'extrémité de la tige, on voit les divers tissus définitifs dont on vient de tracer les caractères, perdre peu à peu les différences qui les séparent et se confondre enfin dans un tissu homogène et indifférent, dans un méristème analogue à celui de la racine; mais, contrairement à ce qui a lieu dans la racine, le méristème de la tige ne produit de tissus définitifs que vers le bas, et par conséquent occupe le sommet même du membre. A son tour, ce méristème provient du cloisonnement répété soit d'une cellule unique, qui est sa cellule mère et par conséquent la cellule mère de la tige tout entière, soit d'un groupe de cellules mères, groupe qui peut se comporter de diverses manières. Mais dans tous les cas le cloisonnement n'a lieu que sur les côtés et vers la base, jamais vers le sommet; les cellules en voie de division demeurent toujours extérieures et supérieures aux segments qu'elles engendrent. Il en résulte que la cellule mère unique ou les cellules mères les plus extérieures du groupe ont leur face supérieure libre au sommet même de la tige.

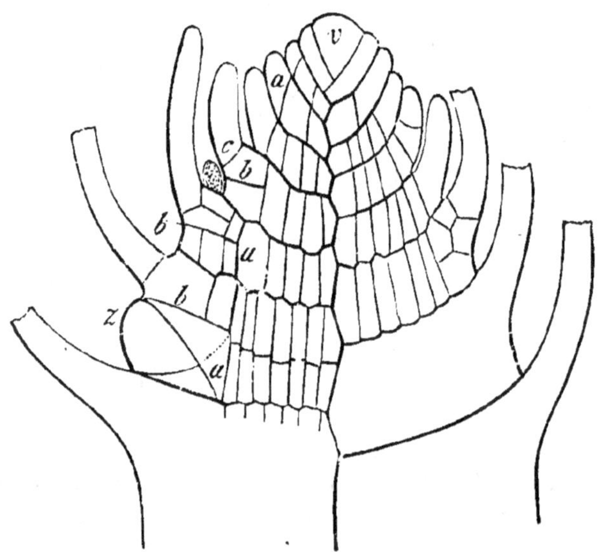

Fig. 50. Section longitudinale axile de l'extrémité de la tige de la Fontinale. *v*, cellule mère pyramidale produisant trois séries de segments; *b*, feuilles; *z*, cellule mère d'une branche.

Les Muscinées et presque toutes les Cryptogames vasculaires édifient leur tige par le cloisonnement répété d'une cellule mère unique, qui en occupe le sommet (fig. 50). Cette cellule mère a quelquefois la forme d'un coin et produit deux séries rectilignes de segments semi-circulaires alternes (Fissident, Schistotège, Ptéride aquiline, Platycérium alcicorne, Polypode doré, etc.); mais le plus souvent elle a la forme d'une pyramide à trois faces planes, dont la base bombée est tournée vers le haut, et découpe trois séries de segments triangulaires de 120° d'ouverture, qui se superposent tantôt en trois séries verticales (Fontinale, fig. 50, Aspidium, Marattia, Prêles, etc.), tantôt suivant trois hélices parallèles (Polytric, Sphaigne, Andréa, etc.). A leur tour, ces segments se découpent en divers sens pour produire un méristème dans lequel, chez les Cryptogames vasculaires, on distingue bientôt trois régions : l'épiderme, l'écorce et le cylindre central. Vers la périphérie de ce dernier, certains groupes de cellules, subissant de nombreux cloisonnements longitudinaux, produisent des cordons d'abord homogènes, qui ne tardent pas à se différencier progressivement de la base au sommet en liber et en bois, pour devenir autant de faisceaux libéroligneux ; tout le reste du cylindre donne naissance au conjonctif.

Chez toutes les Phanérogames et quelques Cryptogames vasculaires (Lycopode, Isoète, certaines Sélaginelles), la tige procède du cloisonnement répété d'un groupe de cellules mères, qui peut être homogène ou différencié à divers degrés. S'il est homogène, toutes ses cellules, qui peuvent se réduire à deux côte à côte (Sélaginelle de Wallich), sont semblables et se cloisonnent de la même manière pour produire un méristème dans lequel l'épiderme, l'écorce et le cylindre central ne s'individualisent que plus tard (Isoète, certaines Sélaginelles, Cycas, Abiétinées). S'il est différencié, il ne comprend parfois que deux sortes de cellules mères, formant deux groupes superposés, qui peuvent se réduire chacun à une seule cellule; tantôt la cellule inférieure produit à la fois l'écorce et le cylindre central, tandis que la cellule supérieure n'engendre que l'épiderme dont elle est l'initiale (Épipactis, etc.); tantôt, au contraire, la cellule inférieure ne produit que le cylindre central dont elle est l'initiale, tandis que la cellule supérieure engendre à la fois l'épiderme et l'écorce (Lycopode). Mais le plus souvent le groupe des cellules mères se compose de trois sortes d'initiales superposées, dont les inférieures produisent le cylindre central, les moyennes l'écorce, les supérieures l'épiderme (Cératophylle, Épine-vinette, Ménisperme, etc.); en d'autres termes, le cylindre central, l'écorce et l'épiderme se continuent au sommet, à travers le groupe des cellules mères, par des initiales propres dont le nombre peut se réduire à l'unité (Cératophylle).

Enfin la spécialisation des cellules mères peut être poussée plus loin encore parce que, l'épiderme et le cylindre central continuant à avoir chacun son initiale propre, l'écorce se continue au sommet, sous l'épiderme, par plusieurs assises ayant chacune à son point culminant une initiale particulière (Pesse, fig. 5, p. 19, Élodéa, Graminées, Polygonatum, Asperge, Canna, Araucaria, Dammara, etc.); on peut compter alors jusqu'à cinq initiales superposées pour l'écorce, sept en tout (Pesse, fig. 5, p. 19, Élodéa).

Au sujet du peu d'importance à attribuer à ces divers modes d'origine du méristème de la tige, il y a lieu de répéter ici la remarque faite au sujet de la racine (p. 84). Ainsi, par exemple, dans les Sélaginelles on observe, suivant les espèces, tantôt une cellule mère unique, tantôt un groupe de pareilles cellules. Bien plus, dans l'Éphédra campylopode, la même tige offre tantôt un groupe d'initiales communes, tantôt trois sortes d'initiales superposées. D'autre part, un même tissu peut provenir d'origines très diverses. Les faisceaux libéroligneux qui vont aux feuilles, par exemple, ont une double origine ; ils procèdent des initiales du cylindre central pour la partie qui est renfermée dans le cylindre, et des initiales de l'écorce pour la partie extérieure au cylindre, laquelle peut être très longue, comme on sait, s'ils séjournent dans l'écorce avant de s'incurver dans la feuille.

Origine et insertion des branches. — Connaissant la structure de la tige et comment cette structure s'édifie peu à peu à partir du sommet, il reste à savoir où et comment ce sommet lui-même prend naissance. Pour la tige primaire, cette origine est à chercher dans les premiers développements de l'œuf et ne pourra être étudiée que plus tard ; mais s'il s'agit d'une tige secondaire, tertiaire, etc., en un mot d'une branche d'ordre quelconque, elle réside dans la branche d'ordre précédent et il faut la préciser.

D'une façon générale, la branche naît au flanc de la tige comme la tige elle-même croît à son sommet, c'est-à-dire par une cellule mère périphérique chez les Muscinées et les Cryptogames vasculaires, par un groupe périphérique de cellules mères chez les Phanérogames. Dans le premier cas, la cellule périphérique se divise par trois cloisons obliques, de manière à produire une cellule ayant la forme d'une pyramide triangulaire à base bombée tournée en dehors : c'est la cellule mère de la branche (fig. 50, z); se cloisonnant ensuite indéfiniment parallèlement à ses trois faces planes, celle-ci produit trois séries de segments superposés, aux dépens desquels la branche s'édifie, comme il a été dit plus haut. Dans le second cas, le groupe de cellules mères, placé à l'aisselle d'une feuille, comprend une ou plusieurs cellules épidermiques et une ou plusieurs cellules corticales. La cellule épidermique ne prend que des cloisons perpendiculaires au plan de l'épiderme, et ne produit par conséquent que l'épiderme de la branche ; en d'autres termes, l'épiderme de la tige se continue purement et simplement sur l'épiderme de la branche. Les cellules corticales n'appartiennent quelquefois qu'à l'assise externe et peuvent même se réduire à l'unité (Cératophylle) ; le plus souvent elles intéressent plusieurs assises et forment un groupe d'initiales qui tantôt demeure homogène, tantôt se sépare en initiales de l'écorce et initiales du cylindre central. Dans tous les cas, le cylindre central de la branche dérive de l'écorce, non du cylindre central de la tige.

Comment donc, à mesure qu'ils se différencient, les faisceaux de la branche se raccordent-ils avec ceux de la tige, de manière à assurer la continuité des deux membres? Bornons-nous à considérer la disposition la plus simple et la plus fréquente, celle où les faisceaux de la tige sont disposés en un seul cercle, comme dans les Gymnospermes et la plupart des Dicotylédones. Le raccordement a lieu d'ordinaire sur le cylindre central au nœud même, quelquefois sur le cylindre central un ou plusieurs entre-nœuds plus bas, quelquefois au contraire sur les faisceaux de la feuille après leur sortie du cylindre central. Dans le premier cas, les faisceaux de la branche se réunissent à sa base en un petit nombre, en deux par exemple ; ces deux faisceaux traversent l'écorce de la tige, pénètrent dans le cylindre central et viennent, au nœud même ou un peu au-dessous du nœud, s'unir avec les deux faisceaux qui bordent à droite et à gauche le vide laissé par le départ du faisceau foliaire médian de la feuille mère (Pin, Génévrier, Ibéride, Ortie, Muflier, Mouron, Clématite, etc.). Dans le second cas, les deux faisceaux de la branche, parvenus comme il vient d'être dit dans le cylindre central, y descendent parmi les faisceaux foliaires voisins l'espace d'un (Aristoloche, etc.), de deux (Céraiste, etc.) et même de trois entre-nœuds (Violette, etc.) ; la section transversale de la tige contient alors, outre les faisceaux caulinaires et les foliaires, deux, quatre ou six faisceaux destinés à une, deux ou trois branches supérieures. Enfin, dans le troisième cas, les faisceaux de la branche s'attachent directement aux faisceaux de la feuille mère, après que ceux-ci sont déjà sortis du cylindre central et pendant qu'ils traversent l'écorce; le raccordement de la branche avec la tige s'opère alors indirectement, par l'intermédiaire de la base de la feuille (Ombellifères, Araliées, etc.).

Origine et insertion des racines sur la tige. — La tige produit normalement des racines. Elle en forme une de très bonne heure à sa base et dans son prolongement : c'est la racine terminale. Plus tard, et à mesure qu'elle s'allonge, elle en produit d'autres dans ses flancs : ce sont les racines latérales.

1° Racine terminale. Passage de la racine terminale à la tige. — En ce qui concerne la racine terminale, on n'a pas à chercher ici son origine; elle apparaît, en effet, comme la tige elle-même, au cours du développement de l'œuf en embryon, sujet qui sera traité plus tard. Mais il faut savoir comment elle s'attache à la tige, comment se raccordent les divers tissus des deux membres, comment on passe de la structure de l'un à celle de l'autre.

La racine se forme le plus souvent, à la base de la tige, de telle manière que dans le premier âge les deux surfaces se continuent directement : elle est extérieure au même titre que la tige. Quelquefois cependant elle naît à l'intérieur de la tige, plus ou moins profondément au-dessous de son extrémité; elle est recouverte alors dans le premier âge par l'épiderme de la tige et par un plus ou moins grand nombre d'assises de l'écorce; plus tard elle perce cette poche pour se développer au dehors et sa base demeure entourée d'une collerette (Graminées, Canna, Capucine, Belle-de-Nuit, etc.).

Dans le premier cas, si l'on suit en descendant l'épiderme de la tige, on arrive à un point où, à une cellule simple, dernière cellule de la périphérie de la tige, succède une cellule dédoublée par une cloison tangentielle, première cellule de la périphérie de la racine. Entre les deux, par la cloison qui les sépare, passe le plan de séparation des deux membres. Dès que la racine entre en croissance, la moitié externe de sa première cellule, qui est à vrai dire son épiderme, se détache comme première assise de la coiffe, et il en résulte un gradin à descendre pour passer de la surface primitive de la tige à la surface dénudée de la racine. Peu après, la moitié interne mise à nu se prolonge en un poil absorbant. Cette dénudation se poursuit ensuite de plus en plus profondément, à mesure que la racine s'allonge et que la coiffe s'exfolie. Il en résulte, à la limite même un contraste frappant dans l'aspect des deux surfaces, contraste qui rend cette limite très nette au premier coup d'œil. La surface de la tige, occupée par son épiderme, est lisse, blanche, dure; la surface de la racine, occupée par son assise pilifère, est hérissée, grisâtre, molle. Le collet, dont on a déjà signalé l'existence p. 121, reçoit ici une définition plus précise : c'est la ligne circulaire qui sépare les deux surfaces, ou le plan qui passe par cette ligne.

Lorsque la racine est intérieure, c'est quelqu'une des assises profondes de l'écorce qui se comporte comme l'épiderme dans le cas précédent, et la limite n'est ni moins nette, ni moins facile à tracer. Elle est même rendue plus frappante au dehors par l'anneau de tissu déchiré qui la borde. Dans les deux cas, le désaccord des deux surfaces permet donc de définir nettement le collet.

Ceci bien compris, si nous suivons en montant l'écorce de la racine, nous la voyons se continuer directement avec l'écorce de la tige, avec toute l'écorce dans le premier cas, avec sa région interne seulement dans le second. L'endoderme de la racine se prolonge par l'endoderme de la tige. Il en résulte que le cylindre central se continue directement, en se dilatant ordinairement beaucoup, dans le cylindre central de la tige. Le péricycle, les rayons médullaires et la moelle du premier se prolongent respectivement dans le péricycle, les rayons médullaires et la moelle du second. Reste à savoir comment se fait la transformation des faisceaux simples, libériens et ligneux, de la racine, dans les faisceaux doubles, libéroligneux, de la tige. La chose peut avoir lieu de trois manières différentes.

1° Les faisceaux libériens de la racine s'élèvent en ligne droite dans la tige. Les faisceaux ligneux, arrivés près du collet, multiplient leurs vaisseaux et se dédoublent suivant le rayon; les deux moitiés se séparent et, s'inclinant à droite et à gauche, vont s'unir deux par deux en dedans des faisceaux libériens alternes, de manière à former le bois des faisceaux libéroligneux. En se déplaçant ainsi, chaque moitié du faisceau ligneux tourne sur elle-même, se tord de 180°, de façon à diriger en dedans la pointe qu'elle présentait en dehors; il en résulte que le bois du faisceau libéroligneux est centrifuge, tandis que le faisceau ligneux était centripète. Pendant ce temps, on a franchi la limite, et l'on est désormais dans la tige. La tige a, dans ce cas, tout autant de faisceaux doubles que la racine avait de faisceaux libériens, et ces faisceaux sont séparés par de larges rayons médullaires, qui correspondent chacun à deux des étroits rayons médullaires de la racine et au faisceau ligneux qui les séparait (Fumeterre, Belle-de-nuit, Cardère, etc.).

2° Les faisceaux libériens se dédoublent latéralement comme les faisceaux ligneux, et leurs deux moitiés vont, pour ainsi dire, au-devant des deux moitiés ligneuses, pour former avec elles deux fois autant de faisceaux libéroligneux, séparés par des rayons médullaires plus étroits (Capucine, Érable, Haricot, Courge, etc.).

3° Quelquefois, enfin, les faisceaux ligneux restent en place en se tordant de 180° et ce sont les faisceaux libériens dédoublés qui font tout le chemin pour venir s'unir, en dehors de chacun d'eux, en autant de faisceaux libéroligneux, séparés par de larges rayons qui correspondent chacun à deux des étroits rayons de la racine et au faisceau libérien qui les sépare (Luzerne, Vesce, Lentille, Dattier, etc.).

Toutes les fois qu'il n'y a pas de croissance intercalaire dans la base de la tige, ni dans la base de la racine, le raccord interne des faisceaux est brusque et son plan moyen coïncide avec le collet; il y a un collet interne, presque aussi précis que le collet externe (Ricin, Courge, Haricot, etc., Canna et beaucoup d'autres Monocotylédones). S'il y a une forte croissance intercalaire frappant la base de la tige, le raccord se trouve longuement étiré vers le haut; le déplacement commence bien à la limite, mais ce n'est qu'après un assez long espace de tige, souvent seulement au voisinage du premier nœud, que le bois se trouve avoir pris sa place et son orientation définitives en dedans du liber; la transformation est progressive et lente : c'est un cas assez fréquent (Crucifères, Caryophyllées, Conifères, etc.). S'il y a une croissance intercalaire dans la base de la racine, le raccord est étiré vers le bas; le déplacement commence alors notablement au-dessous de la limite, pour se terminer un peu au-dessus (Érable, etc.). Enfin, si ces deux modes de croissance intercalaire coexistent, le raccord est étiré à la fois vers le haut et vers le bas; le déplacement des faisceaux commence au-dessous de la limite et ne s'achève que plus ou moins haut dans le premier entre-nœud (Volubilis, Belle-de-nuit, etc.).

Au milieu de toutes ces variations internes, le collet, défini comme il a été dit, ne change pas de position; pris entre deux cellules, il ne peut, en effet, être déplacé par la croissance antagoniste de ces deux cellules.

2° Racines latérales. — Qu'elles soient régulières ou adventives, les racine slatérales des Phanérogames naissent dans le péricycle de la tige, ordinairement de très bonne heure, dès que le méristème achève de se différencier (rhizome d'Iris, d'Acore, de Muguet, etc. ; tige de Graminées, Commélinées, etc.), quelquefois plus tard, assez loin du sommet (tubercules de Safran, Glaïeul, etc.). En de certaines places, situées le plus souvent en face des rayons médullaires, les cellules du péricycle se cloisonnent activement en tous sens et forment une proéminence conique dans laquelle les cellules, confondues au sommet en un groupe d'initiales communes, se séparent vers la base pour donner l'écorce et le cylindre central de la racine. En même temps, les cellules corticales internes situées en face du mamelon se segmentent et constituent la coiffe (Muguet, Fragon, Maïs, etc.). Ainsi formés, ces cônes radiculaires peuvent demeurer pendant un temps plus ou moins long plongés à l'état de méristème dans la profondeur de l'écorce, sans que rien ne trahisse au dehors leur présence (Maïs et autres Graminées, Muguet, Safran, Glaïeul, Saule, etc.). C'est seulement lorsque les conditions extérieures sont favorables que ces racines, dites *latentes*, reprennent le cours interrompu de leur croissance et traversent l'écorce pour apparaître bientôt et s'allonger dans le milieu ambiant.

Chez les Dicotylédones, la racine latérale, née en face d'un rayon médullaire, insère ses faisceaux libériens et ligneux à droite et à gauche respectivement sur le liber et le bois des deux faisceaux libéroligneux voisins. Il en est de même chez certaines Monocotylédones (Carex, etc.) ; mais dans la plupart de ces plantes, il se constitue dans l'épaisseur du péricycle, au lieu où doivent naître les racines latérales, un certain nombre de faisceaux libéroligneux anastomosés en réseau, sans rapport avec les feuilles, reliés çà et là par application directe aux extrémités inférieures des faisceaux normaux périphériques. C'est sur ce réseau, dit *radicifère*, que s'insèrent directement les faisceaux libériens et ligneux des racines latérales, et c'est par son intermédiaire que s'établit la continuité entre eux et les faisceaux foliaires, par suite entre les racines et les feuilles. Ce réseau enveloppe quelquefois complètement le cylindre central ; les racines latérales peuvent alors naître en un point quelconque de la surface de la tige (Acore,

Fragon, Bananier, Sagittaire, etc.). Ailleurs il s'étend encore dans toute la longueur des entre-nœuds, mais n'occupe qu'une fraction plus ou moins grande de la circonférence du cylindre central, d'où il résulte que toutes les racines latérales sont localisées sur la même face de la tige (Monstérinées, Echméa, etc.). Ailleurs encore, il est interrompu suivant la longueur et ne se forme qu'au voisinage des nœuds, où il occupe toute la périphérie du cylindre et où se trouvent aussi concentrées circulairement toutes les racines latérales (Graminées, Calla, Philodendron, Vanille, Smilax, etc.).

Structure secondaire de la tige. — Chez les Muscinées, la plupart des Cryptogames vasculaires, beaucoup de Monocotylédones et certaines Dicotylédones (Nymphéacées, Myriophylle, Utriculaire, Ficaire, Renoncule, etc.), la tige conserve indéfiniment la structure que nous venons d'étudier; une subérification de plus en plus forte à la périphérie, une sclérose de plus en plus intense à l'intérieur, c'est tout le changement qu'y apporte le progrès de l'âge. Ailleurs, au contraire, surtout chez la plupart des Dicotylédones et chez les Gymnospermes, la structure de la tige se complique bientôt, parce que certaines cellules, différenciées d'abord en parenchyme et disposées autour de l'axe en une ou plusieurs assises circulaires, redeviennent génératrices, c'est-à-dire recommencent à croître, à diviser leur noyau, à se cloisonner et produisent ainsi un ou plusieurs anneaux de méristème secondaire, dont la différenciation ultérieure engendre divers tissus secondaires (p. 37). En s'adjoignant aux tissus primaires, ceux-ci épaississent progressivement la tige et en même temps lui impriment une structure nouvelle, une structure secondaire, qu'il convient maintenant d'étudier.

Il se fait ordinairement dans la tige deux assises génératrices concentriques, une externe et une interne; on en fixera plus loin la position. Elles produisent l'une et l'autre un anneau de méristème par le même mécanisme (fig. 51). Chaque cellule c s'accroît suivant le rayon, divise son noyau dans la même direction et se partage en deux par une cloison tangentielle (1); puis l'une des moitiés, l'interne par exemple, s'accroît suivant le rayon, divise son noyau et se dédouble à son tour par une cloison parallèle à la première (2). Des trois cellules ainsi formées a, b, c, la médiane c demeure seule génératrice (3); comme la cellule primitive, elle croit suivant le rayon et découpe d'abord vers l'extérieur un segment a', puis vers l'intérieur un segment b', en demeurant géné-

ratrice entre les deux (4) ; et ainsi de suite indéfiniment (5, 6). Il
se constitue de la sorte, aux dépens de l'assise génératrice primitive, un anneau de méristème de plus en plus épais, formé de
cellules disposées à la fois en séries radiales et en cercles concentriques, divisé en
deux feuillets par l'as-
sise génératrice qui
en occupe toujours le
milieu (6) ; dans le
feuillet externe *a*, *a'*,
a'', etc., les cellules
sont de plus en plus
jeunes vers l'inté-
rieur ; dans le feuillet
interne *b*, *b'*, *b''*, etc.,
elles sont de plus en
plus jeunes vers l'ex-
térieur ; le premier
est centripète, le se-
cond centrifuge. A
mesure qu'il s'épais-

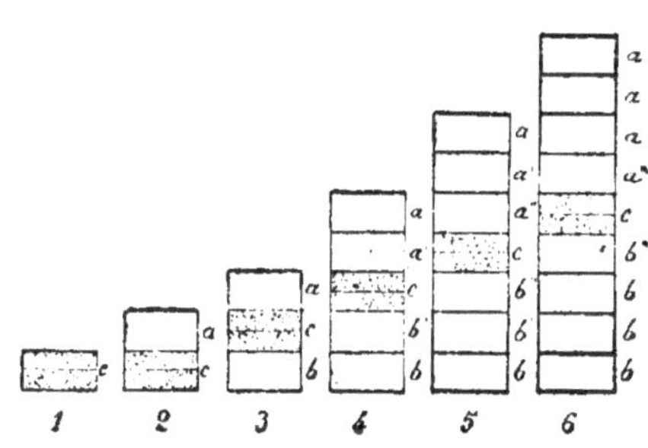

Fig. 51. Figure montrant, en coupe transversale,
la marche du cloisonnement alternatif d'une
des cellules *c* de l'assise génératrice : *a*, *a'*, *a''*.
a''', segments externes formant le feuillet centripète du méristème secondaire; *b*, *b'*, *b''*, *b'''*,
segments internes formant le feuillet centrifuge.

sit, l'anneau de méristème, dont le bord interne est fixe, refoule
de plus en plus tous les tissus primaires situés en dehors de lui et
accroît progressivement le diamètre de la tige. En même temps,
l'assise génératrice est repoussée vers l'extérieur par les segments
internes ; pour suivre ce mouvement et se dilater sans se rompre,
elle dédouble de temps en temps quelqu'une de ses cellules par
une cloison radiale, augmentant ainsi d'une unité le nombre de
ses éléments, et plus tard le nombre des files radiales de l'anneau
de méristème.

Ainsi formés, et à mesure qu'ils s'épaississent, les deux anneaux
de méristème ne tardent pas à différencier leurs cellules et à
produire des tissus définitifs ; dans chacun d'eux, la différenciation suit les progrès de l'âge : centripète dans le feuillet externe,
elle est centrifuge dans le feuillet interne. Mais autant ils se ressemblent par leur mode de formation et d'épaississement, autant
les deux anneaux diffèrent par les tissus définitifs qu'ils engendrent;
il est donc nécessaire maintenant de les étudier séparément.

**Différenciation du méristème secondaire externe. Liége
et phelloderme. Lenticelles.** — Dans l'anneau de méristème

qui a été formé et qui continue de s'épaissir par l'assise génératrice externe, le feuillet extérieur subérifie les membranes de ses cellules et se différencie progressivement de dehors en dedans en un parenchyme subéreux secondaire, auquel on a donné le nom de *liège* (fig. 52, *k*); le feuillet interne conserve les membranes de ses cellules à l'état de cellulose, mais produit dans leur protoplasme de la chlorophylle, de l'amidon, etc., en un mot se différencie progressivement, de dedans en dehors, en un parenchyme secondaire chlorophyllien ou amylacé, semblable au parenchyme de l'écorce, auquel on a donné le nom de *phelloderme* (fig. 52, *pd*). L'assise génératrice externe, le double anneau de méristème secondaire qu'elle produit par ses cloisonnements, enfin la double couche de tissus définitifs que ce dernier engendre par sa différenciation, peuvent donc être dits *subéro-phellodermiques.* Pour abréger, on nomme *périderme* l'ensemble

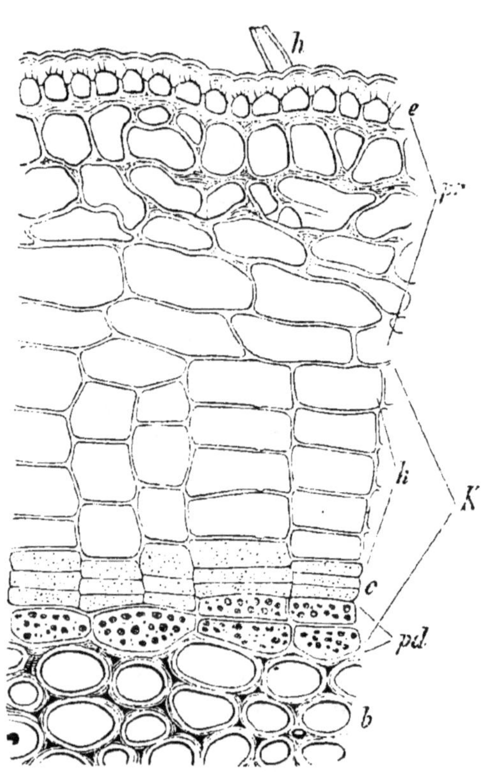

Fig. 52. Formation du périderme dans la tige du Groseillier noir. Portion d'une coupe transversale : *K*, périderme; *k*, liège; *pd*, phelloderme; *c*, assise génératrice, d'origine péricyclique; *pr*, écorce écrasée et morte; *b*, liber primaire.

formé par le liège avec son méristème, le phelloderme avec son méristème et l'assise génératrice commune qui les sépare (fig. 52, *K*).

Les cellules du liège demeurent disposées régulièrement à la fois en séries radiales et en assises concentriques, et intimement unies entre elles sans laisser de méats (fig. 52, *k*). Elles sont parfois cubiques (Chêne liège, Érable, Orme, Aristoloche, Seringat, etc.), le plus souvent aplaties parallèlement à la surface, quelquefois même très fortement (Hêtre, Bouleau, Tilleul, Prunier, etc.), rarement étendues en longueur (Mélastomacées). Leur membrane est tantôt mince et continue (fig. 52) (Érable, Aristoloche, etc.), tantôt plus ou moins épaissie et marquée de ponctuations (Hêtre, Saule, Néflier, Viorne, etc.); le liège est mou dans le premier cas, dur dans le second. Il est homogène quand il est tout entier mou ou tout entier dur, hétérogène quand il est formé alternativement de couches dures et de couches molles (Bouleau, Chêne liège, Seringat, etc.). Dans tous les cas, les cellules demeurent d'abord vivantes, avec un protoplasme, un noyau, du suc, rarement des chloroleucites (Sureau, etc.); le jeune liège est donc transparent et laisse voir la couleur verte de l'écorce (Tilleul, etc.). Par la suite, au plus tard après une année, les cellules meurent, se dessèchent et se remplissent d'air qui les rend opaques ; au début de leur altération, elles renferment quelquefois une substance brune plus ou moins foncée (Hêtre, Châtaignier, Tilleul, Poirier, etc.). Dès qu'il est constitué, le liège, par son imperméabilité, intercepte l'arrivée des liquides dans les tissus primaires au-dessous desquels il se forme ; ceux-ci se dessèchent par conséquent et meurent, puis se déchirent sous l'influence de la pression exercée sur eux par l'ensemble des tissus secondaires internes (fig. 52). C'est alors le liège, devenu ainsi extérieur, qui protège la tige. Plus tard, quand ses assises externes meurent progressivement de dehors en dedans, elles se déchirent à leur tour sous l'influence de la poussée interne, et c'est à un liège de plus en plus jeune que passe le rôle protecteur. On reviendra plus loin sur ce sujet.

Les cellules du phelloderme demeurent aussi d'ordinaire disposées en assises concentriques et en séries radiales, qui continuent celles du liège à travers le méristème et l'assise génératrice (fig. 52, *pd*) ; c'est même surtout à cet arrangement régulier qu'on les distingue nettement de celles de l'écorce. Elles prennent en effet la plupart des caractères des cellules corticales ; elles gardent habituellement leur membrane mince et cellulosique, mais aussi l'épaississent quelquefois, tantôt sans la transformer en formant du collenchyme, tantôt en la lignifiant et produisant du parenchyme scléreux ; elles renferment des chloroleucites, des grains d'amidon, des cristaux d'oxalate de chaux, etc. Le phelloderme ne fait donc qu'épaissir l'écorce et lui permettre de mieux accomplir les

10.

fonctions d'assimilation, de réserve, de sécrétion, etc., qui lui sont dévolues.

Dans son cloisonnement alternatif, l'assise génératrice produit quelquefois exactement autant de cellules de méristème vers l'intérieur que vers l'extérieur ; les deux feuillets du périderme comptent alors le même nombre d'assises (Saule, etc.). Mais le plus souvent le cloisonnement externe prédomine sur le cloisonnement interne ; après une cellule interne, il se fait sucessivement plusieurs cellules externes, avant qu'il ne se fasse de nouveau une cellule interne ; le liège compte alors beaucoup plus d'assises que le phelloderme (fig. 52) (Hêtre, Chêne, Staphylier, etc.). Quelquefois même le cloisonnement commence par être exclusivement externe et centripète : il ne se fait d'abord que du liège ; c'est plus tard seulement que s'opère le cloisonnement interne et centrifuge qui donne naissance au phelloderme (Platane, Érable, Morelle, la plupart des Pomacées, etc.). Enfin il peut arriver que ce dernier ne se forme pas du tout et que le périderme se réduise au liège (Laurier-rose, etc.).

Dans tous les cas, le périderme se montre interrompu à de certains endroits par de petits corps arrondis d'environ un millimètre de diamètre, qui proéminent à la fois en dedans et en dehors en forme de lentilles biconvexes ; on les nomme des *lenticelles*. A l'endroit d'une lenticelle, l'assise génératrice subéro-phellodermique se cloisonne avec plus d'activité sur ses deux faces et produit un méristème plus épais, d'où résulte une double saillie. En outre, le liège et le phelloderme qui résultent de la différenciation de ce méristème exubérant offrent un caractère particulier. Leurs cellules, sensiblement isodiamétriques et disposées comme toujours en séries radiales, s'arrondissent plus ou moins et laissent entre elles des méats pleins d'air ; les cellules du liège s'arrondissent parfois au point de se dissocier complètement et de former une masse pulvérulente (Prunier, Pommier, Bouleau, etc.) ; leur subérification est aussi plus tardive. Il résulte de cette disposition que les lenticelles établissent une communication directe entre les méats aérifères de l'écorce et l'atmosphère extérieure, ce qu'il est facile de vérifier directement par l'expérience ; en un mot, les lenticelles sont les pores du périderme.

Lieu de formation de l'assise génératrice du périderme. — Rien n'est plus variable que le lieu où prend naissance l'assise génératrice du périderme ; en effet, toutes les assises cellulaires qui s'étendent depuis l'épiderme jusqu'au bord externe des faisceaux libéroligneux peuvent, suivant les plantes, devenir génératrices du périderme. C'est quelquefois l'épiderme lui-même, dont la moitié externe avec la cuticule est seule déchirée et exfoliée par le liège (Poirier, Saule, Laurier-rose, Asclépiade, Morelle, Staphylier, etc.). Souvent c'est la première assise de l'écorce et l'épiderme est exfolié tout entier [Quercées, Corylées, Bétulées, Peuplier, Orme, Noyer, Platane, Mûrier, Sumac, Tilleul (fig. 54), Frêne, Sureau, Prunier, Sapin, etc.] ; quelquefois c'est la seconde ou la troisième assise corticale (Cytise, Robinier, Glycine, etc.), ou une assise plus profonde (Caféier, etc.), ou même l'endoderme (Ronce, Mélaleuca, etc.) : une portion de plus en plus grande de l'écorce est alors, en même temps que l'épiderme, tuée et exfoliée par le périderme. Ailleurs encore, c'est dans le péricycle que le périderme prend naissance et l'écorce est rejetée tout entière avec l'épiderme (fig. 52). Si le péricycle est formé d'une simple assise (Mélastome, Groseillier, Cobéa, Cardère, Calcéolaire, etc.) ou si, étant constitué par une couche plus ou moins épaisse de parenchyme, il produit le périderme à l'aide de son assise externe (Millepertuis, etc.), l'écorce seule est exfoliée. Mais lorsque le péricycle, formé d'une couche épaisse, différencie sa région externe en un anneau de sclérenchyme ou en faisceaux de sclérenchyme adossés aux faisceaux libéroligneux, le périderme est produit dans son assise la plus interne, contre le liber, et exfolie non seulement l'écorce, mais encore toute la région scléreuse du péricycle, faisceaux distincts (Vigne, Spirée, Seringat, Grenadier, etc.), ou anneau continu (Chèvrefeuille, Épine-vinette, Saponaire, Œillet et autres Caryophyllées, etc.). Toutes les fois que le périderme est d'origine endodermique ou péricyclique, c'est le phelloderme qui remplace dans ses fonctions l'écorce exfoliée. Quand la tige est munie de côtes saillantes, ordinairement soutenues chacune par un faisceau de collenchyme ou de sclérenchyme sous-épidermique, l'assise génératrice du périderme s'établit à une profondeur différente vis-à-vis des côtes et vis-à-vis des sillons qui les séparent. Dans les sillons c'est par exemple l'épiderme (Genêt à balai, etc.), ou la première assise corticale (Casuarine, Genévrier, Mélèze, etc.), tandis que dans les côtes c'est une assise profonde, passant en dedans du faisceau de sclérenchyme ; les côtes sont de la sorte rejetées et la tige redevient cylindrique.

Quand le périderme est superficiel, épidermique ou sous-épidermique (fig. 54), ses pores, c'est-à-dire les lenticelles, correspondent exactement aux pores de l'épiderme, c'est-à-dire aux stomates. Si les stomates sont peu nombreux et uniformément répartis, il se fait sous chacun d'eux une lenticelle (Sureau, Prunier, Lilas, Troène, Saule, Frêne, Robinier, etc.); s'ils sont nombreux et rapprochés par groupes, il se produit une lenticelle au-dessous de chacun de ces groupes (Peuplier, Noyer, Lierre, etc.). Dans tous les cas, le périderme débute alors par la formation de ces lenticelles sous-stomatiques et se rejoint ensuite progressivement en une couche continue à partir de ces points de départ. Cette jonction est ordinairement rapide; pourtant dans les plantes à épiderme persistant (Sophora, Rosier, Négondo, Érable strié, etc.), les lenticelles apparaissent dès la première année, tandis que le périderme ne se complète que beaucoup plus tard. Quand le périderme est profond, endodermique ou péricyclique, les lenticelles naissent sans aucun rapport avec les stomates et leur apparition est postérieure à l'achèvement du périderme, au sein duquel elles se différencient.

Différenciation du méristème secondaire interne. Liber et bois secondaires ; rayons secondaires. — Contrairement à ce qui a lieu pour le périderme, l'assise génératrice interne affecte dans la tige une situation constante (fig. 53, *A*). Toujours renfermée dans le cylindre central, elle se compose, sur la coupe transversale, de deux séries d'arcs alternes ajustés bout à bout. Les uns, compris dans les faisceaux libéroligneux, se constituent aux dépens de l'assise de parenchyme qui occupe le bord interne du liber contre le bois (p. 146) : ce sont les arcs fasciculaires. Les autres, intercalés aux faisceaux libéroligneux, se forment aux dépens soit du péricycle contre l'endoderme, soit de quelque assise plus profonde appartenant aux rayons médullaires : ce sont les arcs interfasciculaires ou radiaux. Tous ensemble ils se cloisonnent à la fois vers l'extérieur et vers l'intérieur, comme il a été expliqué plus haut, et engendrent un anneau continu de méristème. Les portions de cet anneau produites par les arcs générateurs fasciculaires, différencient de dehors en dedans leur feuillet externe en tubes criblés, mêlés de cellules de parenchyme et parfois de fibres de sclérenchyme, en un mot en un arc de liber secondaire *l'*, superposé au bord interne du liber primaire *l*; elles différencient de dedans en dehors leur feuillet interne en vaisseaux, mêlés de cellules de parenchyme et parfois de fibres de sclérenchyme, en un

mot en un arc de bois secondaire b', appliqué contre le bord
externe du bois primaire b (fig. 53, *B, C, D*). Les arcs générateurs
fasciculaires produisent donc, en somme, autant de faisceaux libéroligneux secondaires, intercalés entre les deux moitiés du faisceau
primaire. Cela **suffit** pour mériter à l'assise génératrice interne
la qualification de libéroligneuse.

Quant aux portions de l'anneau de méristème produites par les
arcs générateurs radiaux, elles se différencient diversement sui-

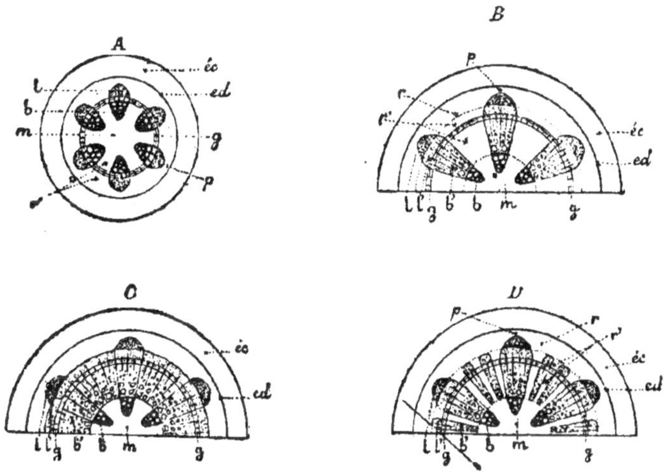

Fig. 53. Figure montrant, en coupe transversale, la formation du liber, du bois
et des rayons secondaires de la tige, dans les deux cas extrêmes *B, C*, et
dans un cas intermédiaire *D. A*, début de l'assise génératrice libéroligneuse.
éc, écorce; *ed*, endoderme; *p*, péricycle; *l*, liber primaire; *b*, bois primaire; *r*, rayons primaires; *m*, moelle; *g*, assise génératrice; *l'*, liber secondaire; *b'*, bois secondaire; *r'*, rayons secondaires.

vant les plantes, et il y a deux cas extrêmes à distinguer : 1° Le
méristème radial, dans ses deux moitiés et sur toute sa largeur,
devient simplement un parenchyme secondaire r', tout semblable
à celui des rayons et qui continue ceux-ci (fig. 53, *B*). A mesure
qu'ils s'épaississent, les faisceaux primaires demeurent alors aussi
nettement séparés qu'ils l'étaient à l'origine; en d'autres termes, la
formation du liber et du bois secondaires est et demeure localisée
à l'intérieur des faisceaux libéroligneux (Cucurbitacées, Ménispermées, Pipéracées, Aristoloche, Casuarine, Bégonia, Épine-vinette, etc.); 2° Le méristème radial se différencie dans toute sa

largeur comme celui des faisceaux, c'est-à-dire donne à l'extérieur un arc de liber secondaire *l'* qui relie les arcs libériens secondaires des faisceaux en un anneau continu, à l'intérieur un arc de bois secondaire *b'* qui rejoint les arcs ligneux secondaires des faisceaux en une couche continue (fig. 53, *C*). L'assise génératrice se comporte alors de la même manière dans tous ses points, produisant un anneau libéroligneux secondaire intercalé au liber et au bois des faisceaux primaires. Sur cet anneau, ceux-ci ne se distinguent plus désormais que par les saillies internes de leur bois primaire et les protubérances externes de leur liber secondaire (Crassulacées, Caryophyllées, Rhinanthées, Campanule, Gaillet, Giroflée, etc.).

Entre ces deux cas extrêmes s'étagent bien des intermédiaires. Le méristème radial peut en effet se différencier, dans certaines portions de sa largeur, en liber et en bois, et dans les portions intermédiaires en parenchyme (fig. 53, *D*); il se produit ainsi, dans chaque rayon médullaire primitif, un ou plusieurs faisceaux libéroligneux tout entiers secondaires (Clématite, la plupart des Rubiacées, Apocynées, Asclépiadées, Fusain, Frêne, Érable, Sureau, etc.). Quand ces faisceaux intercalaires sont nombreux, ils ont une course très flexueuse et s'anastomosent en un réseau dont les mailles étroites sont remplies par les rayons secondaires. On se rapproche ainsi du second des cas extrêmes distingués plus haut.

Qu'ils affectent l'un ou l'autre des cas extrêmes ou quelqu'une des dispositions intermédiaires, le liber et le bois secondaires, à mesure qu'ils s'épaississent et s'élargissent, se partagent en compartiments par des rayons de parenchyme plus ou moins larges et plus ou moins hauts, formés de cellules allongées ordinairement dans le sens radial (fig. 53, *B, C, D*). Ces rayons peuvent être assez étroits pour n'avoir qu'une seule cellule en largeur et assez bas pour ne compter qu'une ou deux cellules en hauteur, comme dans la plupart des Conifères ; ils sont d'autant plus nombreux et plus rapprochés, qu'ils sont plus étroits et plus courts. Ils se prolongent toujours à partir d'une certaine profondeur dans le bois, à travers l'assise génératrice, jusqu'à la profondeur correspondante dans le liber, partageant de la même manière les deux couches contemporaines. On les nomme *petits rayons* ou *rayons internes*, pour les distinguer des grands rayons ou rayons externes qui unissent la moelle au péricycle en séparant les faisceaux dans toute leur épaisseur, et parmi lesquels il en est de deux sortes :

les uns primaires dilatés par du parenchyme secondaire, les autres
tout entiers secondaires.

**État de la structure secondaire de la tige à la fin de la
première année.** — En résumé, c'est par le jeu simultané de
deux assises génératrices, l'une externe subéro-phellodermique,
l'autre interne libéroligneuse, que la tige des Gymnospermes et de
la plupart des Dicotylédones acquiert la structure secondaire qui la
caractérise à la fin de sa première année. Quand la première prend
naissance dans l'épiderme, les deux assises génératrices sont séparées par toute l'épaisseur de l'écorce, du péricycle et du liber primaire ; quand la première se forme au bord interne du péricycle,
elles sont au contraire très rapprochées, n'ayant entre elles, aux
places correspondant aux faisceaux libéroligneux, que la faible
épaisseur du liber primaire, et pouvant, vis-à-vis des rayons médullaires, se trouver en contact immédiat de manière à adosser
directement leurs produits, c'est-à-dire le phelloderme et le liber
secondaire.

L'apparition de l'assise génératrice libéroligneuse est souvent très
précoce et suit de près l'achèvement de la différenciation primaire ;
dans tous les cas, elle fonctionne toujours abondamment dès la
première année ; il y a donc toujours un liber et un bois secondaires
de première année, qui s'ajoutent au liber et au bois primaires pour
constituer la totalité du liber et du bois dans la tige d'un an. Il
n'en est pas de même pour l'assise génératrice péridermique. Elle
entre, il est vrai, ordinairement en jeu dès la première année, parfois de très bonne heure, vers le milieu de mai (Marronnier, etc.),
parfois très tard, vers la fin de juillet (Tilleul, etc.), dans la plupart
des arbres, au mois de juin. Il n'est pas rare cependant qu'elle n'ap-
paraisse ni la première année, ni les années suivantes, mais seulement après un plus ou moins grand nombre d'années (Gui, Houx, Jasmin, Ménisperme, Aristoloche, Sophora, Négondo, Érable strié, etc.);
dans cette dernière plante, c'est seulement vers l'âge de cinquante ans que le liège commence à se former. Dans tous les cas,
tout ce qui est en dehors d'elle dépérit et meurt, comme il a été
dit plus haut, et c'est elle désormais qui, par son liège, constitue
le nouvel appareil tégumentaire de la tige et le répare sans cesse
en dedans à mesure qu'il se détruit en dehors. Outre cette faculté
de réparation, celui-ci présente encore un autre avantage sur
l'appareil protecteur primaire, formé par l'épiderme et les portions
périphériques du collenchyme ou du sclérenchyme cortical, c'est

d'être extensible. Pour suivre sans se déchirer la dilatation provoquée par le jeu de l'assise libéroligneuse et par son propre phelloderme, il suffit en effet à l'assise génératrice péridermique de prendre de temps en temps une cloison radiale et d'augmenter ainsi chaque fois d'une unité le nombre des séries radiales du périderme. Quand le périderme n'apparaît qu'après plusieurs années, comme dans les exemples cités plus haut, l'épiderme, l'écorce et le péricycle jouissent de la faculté de dilater leurs cellules et de les diviser çà et là par des cloisons radiales, de manière à suivre l'épaississement provoqué dès la première année dans le cylindre central par l'assise génératrice libéroligneuse.

Développement de la structure secondaire de la tige pendant les années suivantes. — Si la tige est vivace, ses deux assises génératrices cessent de se cloisonner à la fin de l'automne, demeurent inactives pendant l'hiver et recommencent à se segmenter au printemps suivant (fig. 54). L'externe se reprend à former du liège en dehors et du phelloderme en dedans ; le liège nouveau double en dedans le liège ancien et le répare à mesure qu'il se déchire et s'exfolie ; le phelloderme nouveau épaissit le phelloderme ancien en s'y ajoutant. L'interne se reprend de même à produire du liber en dehors et du bois en dedans ; le liber de seconde année double en dedans le liber secondaire de première année, tandis que le bois de seconde année se superpose en dehors au bois secondaire de première année. Cette double formation se poursuit jusqu'à l'automne, où s'opère un second arrêt, suivi d'une troisième reprise au printemps suivant, et ainsi de suite. Les rayons internes formés la première année se continuent à travers le bois et le liber de seconde année et des années suivantes ; mais en outre il se fait dans chaque couche nouvelle, entre les premiers, de nouveaux rayons internes qui partagent la couche plus large en compartiments plus nombreux, de manière à maintenir un rapport sensiblement constant entre la place qu'ils occupent et celle des compartiments.

La tige va de la sorte s'épaississant chaque année davantage. Dans cet épaississement, la part des deux régions centripètes est faible, celle du liège parce qu'il se perd en dehors à mesure qu'il se produit en dedans, celle du liber parce que ses couches anciennes, molles et fortement refoulées vers l'extérieur, sont progressivement écrasées, réduites à l'état de minces feuillets de consistance cornée, dans lesquels les cavités des tubes criblés et

souvent aussi celles des cellules du parenchyme qui les séparent
sont complètement oblitérées. La part des deux régions centrifuges est plus considérable, parce que leurs tissus ni ne se perdent,

Fig. 54. Portion d'une section transversale d'une tige de trois ans de Tilleul.
L'épiderme est exfolié par un périderme sous-épidermique. Les faisceaux
libéroligneux demeurent séparés par des rayons primaires, minces entre
leurs bois, dilatés en éventail entre leurs libers. Le péricycle est scléreux en
dehors des faisceaux, parenchymateux en dehors des rayons. Le liber secondaire forme chaque année deux arcs scléreux plus ou moins épais; le bois
secondaire comprend trois couches très nettes; l'un et l'autre sont entrecoupés de petits rayons.

ni ne s'écrasent. Le phelloderme ancien, tant qu'il demeure vivant,
suit en effet, en dilatant et cloisonnant ses cellules, l'expansion
du cylindre central. Mais c'est surtout le bois qui joue le principal

Van Tieghem. — Éléments de Botanique.   11

rôle dans l'épaississement, puisque chaque année une couche nouvelle s'ajoute à l'extérieur des couches anciennes dont la dimension et l'aspect ne changent pas.

Sur la section transversale, ces couches ligneuses annuelles se distinguent nettement, de sorte que, pour estimer l'âge d'une tige, il suffit de compter le nombre des couches concentriques de son bois secondaire (fig. 54). Cette distinction nette des couches provient de ce que chacune d'elles est constituée d'une manière différente sur son bord interne, formé au printemps, et sur son bord externe, formé à l'automne. Au printemps, où la transpiration est très active à la surface des feuilles fraîchement épanouies, les vaisseaux, qui sont, comme on sait, les tubes conducteurs de l'eau, sont plus nombreux, plus larges et à paroi plus mince, tandis que le sclérenchyme est peu développé : le bois est lâche et mou. A l'automne, où la consommation d'eau est très amoindrie et où la tige a à supporter la charge des rameaux et des feuilles développés dans la dernière période végétative, les vaisseaux sont plus rares, plus étroits et à parois plus épaisses, tandis que le sclérenchyme est prédominant : le bois est serré et dur. Quand le bois secondaire est composé uniquement de vaisseaux sans sclérenchyme, comme dans les Conifères, la différence, pour ne porter que sur la largeur des calibres et l'épaisseur des parois, n'en demeure pas moins très nette ; dans le Pin sylvestre, par exemple, les vaisseaux d'automne n'ont que le quart du diamètre radial des vaisseaux de printemps, avec une membrane deux fois plus épaisse. C'est le brusque contraste entre le bois le plus dur d'une année et le bois le plus mou de l'année suivante, qui rend si frappante la démarcation des deux couches successives (fig. 54).

Principales modifications de la structure secondaire normale de la tige. — La marche générale de la formation des tissus secondaires et, par suite, de l'épaississement de la tige étant bien comprise, il est nécessaire d'étudier les principales modifications qu'elle subit suivant les plantes. Ces modifications sont de deux sortes : les unes, légères, ne sortent pas du cadre normal et se bornent à varier la structure tant du liège et du phelloderme, que du liber et du bois secondaires ; les autres, plus profondes, font exception à la règle ordinaire et constituent en quelque sorte autant d'anomalies. Étudions d'abord ces variations, puis ces anomalies.

Modifications dans le périderme. Rhytidome. — Quand

l'assise génératrice externe se forme aux dépens de l'épiderme ou de l'assise périphérique de l'écorce, elle demeure quelquefois indéfiniment, ou du moins très longtemps, active au même endroit, comme on l'a supposé plus haut; il ne se fait alors qu'un seul périderme (Hêtre, Charme, Sapin pectiné, Chêne liège, etc.). Mais le plus souvent elle cesse de se cloisonner au bout d'un certain temps; c'est alors une assise corticale plus profonde, qui à son tour devient génératrice et forme, à quelque distance du premier, un second périderme à croissance également limitée; il s'en fait plus tard un troisième en dedans du second, puis un quatrième, etc., et l'assise génératrice reculant toujours, arrive de la sorte à s'établir au bord interne du péricycle, contre le liber primaire.

Chaque fois, une portion nouvelle de l'écorce se trouve frappée de mort, en même temps que le périderme précédent. Finalement, l'écorce périt tout entière et le péricycle avec elle, comme lorsque le périderme s'établit du premier coup au bord interne de celui-ci; seulement, le tissu mort est alors beaucoup plus épais et plus compliqué. A partir de ce moment, que le périderme ait commencé par être profond ou qu'il le soit devenu, les péridermes suivants se forment d'abord à travers le liber primaire, puis à travers le liber secondaire et de plus en plus profondément, aux dépens des cellules du parenchyme libérien. Il faut remarquer seulement qu'une fois entré dans le liber secondaire, le périderme est désormais d'origine tertiaire. Comme le premier, chacun de ces péridermes successifs est pourvu de pores, c'est-à-dire de lenticelles. Celles-ci s'y forment, comme dans le premier périderme lorsqu'il est profond, sans aucun rapport avec les stomates et après l'achèvement de la couche de liège à laquelle elles appartiennent.

A cet ensemble hétérogène de tissus morts, comprenant les péridermes successifs, avec les couches d'écorce, de péricycle, de liber primaire et de liber secondaire qui les séparent, on donne pour abréger le nom de *rhytidome*. Quand le premier périderme est superficiel, le second forme non pas un anneau continu, mais une série d'arcs concaves en dehors, coupant çà et là le premier à l'aide duquel ils se raccordent entre eux; il en est de même du troisième, dont les arcs coupent ceux du second, et ainsi de suite. Il en résulte que les péridermes successifs séparent dans l'écorce une série d'écailles plus ou moins larges; le rhytidome est dit *écailleux* (Pommier, Platane, etc.). Lorsque le premier périderme est profond, endodermique ou péricyclique, les autres sont con-

centriques et le rhytidome est dit *annulaire* (Vigne, Clématite, etc.).
Dans la plupart des arbres dicotylédonés et gymnospermes, le
rhytidome est persistant et recouvre la tige d'une croûte de plus
en plus épaisse, qui se crevasse de plus en plus profondément
pour suivre l'extension du cylindre central (Chêne, Orme, Robinier, etc.); on le désigne alors vulgairement sous le nom d'*écorce
crevassée*. Parfois il est caduc et chaque année se détache, par
plaques s'il est écailleux (Platane, If, Arbousier, Pommier, etc.),
par feuillets s'il est annulaire (Vigne, Clématite, Chèvrefeuille,
Mélaleuca, etc.), laissant à nu la couche de liège vivant récemment produite par l'assise génératrice dans sa situation actuelle.

Le second périderme, et avec lui la formation du rhytidome,
commence plus ou moins tard suivant les plantes : dès la première année dans le Robinier, après 3-4 ans dans l'Orme, 5-6 ans
dans le Bouleau, 8-10 ans dans le Pin sylvestre, 10-12 ans dans
le Tilleul, 15-20 ans dans l'Aulne, seulement après 25-35 ans
dans le Chêne. Les arbres qui ont un périderme épidermique ou
sous-épidermique et qui le conservent toute leur vie, ou du moins
durant de longues années, en pleine activité, n'ont pas de rhytidome, ou mieux le rhytidome s'y réduit à l'épiderme et aux assises
extérieures du liège ; aussi leur surface demeure-t-elle lisse (Hêtre,
Charme, etc.).

Dans le premier périderme, l'épaisseur de la couche de liège
produite chaque année varie beaucoup suivant les plantes ; très
mince dans le Saule, où elle se réduit à une seule assise, dans le
Hêtre, le Charme, etc., où elle n'en comprend qu'un petit nombre,
elle atteint quelquefois plusieurs millimètres d'épaisseur ; la couche
totale de liège mesure alors plusieurs centimètres d'épaisseur et se
montre creusée de sillons profonds, parce que la production du
liège a été plus abondante le long de certaines lignes longitudinales
(Chêne liège, Aristoloche cymbifère, Érable champêtre, Fusain
d'Europe, etc.). Dans les péridermes successifs, la couche de liège
est ordinairement mince, réduite à une dizaine d'assises (Platane,
Pin, etc.); mais elle atteint aussi quelquefois une grande épaisseur
(branches âgées d'Érable champêtre, troncs âgés et intacts de
Chêne liège, etc.).

A la faculté de produire à sa périphérie une couche épaisse de
liège mou, la tige du Chêne liège joint donc celle de renouveler
cette couche dans sa profondeur à un âge avancé. C'est cette
double propriété que l'industrie utilise en l'activant. A cet effet,

quand l'arbre a atteint sa quinzième année environ, on arrache
par larges plaques la couche superficielle du liège, laquelle est de
mauvaise qualité et fort peu élastique. A une petite profondeur de
l'écorce ainsi dénudée, il se fait bientôt une seconde couche de
liège de bonne qualité et fort élastique ; elle s'accroît plus vite
que la première ; après dix à douze ans, quand elle se trouve avoir
acquis environ 5 centimètres d'épaisseur, on l'arrache. Il s'en fait
une troisième, qu'on arrache de même après le même espace de
temps, et l'on continue ainsi jusqu'à ce que l'arbre compte environ
150 ans. Quand on la laisse adhérente, la seconde couche de liège
peut atteindre jusqu'à 17 et 20 centimètres d'épaisseur.

Modifications dans le liber et le bois secondaires. — Le
liber secondaire est toujours formé de tubes criblés et de parenchyme. Celui-ci, qui contient tantôt de la chlorophylle, tantôt des
substances de réserve, notamment des grains d'amidon, non seulement constitue toute la moitié libérienne des rayons internes, mais
encore se rencontre dans les compartiments, diversement associé aux
tubes criblés ; souvent des assises ou des couches de tubes criblés
alternent régulièrement avec des assises ou des couches de parenchyme (Tilleul, Vigne, Poirier, Sureau, Marronnier, Figuier, Peuplier, Hêtre, Conifères, etc.) ; ailleurs, il n'y a aucune régularité et
les tubes criblés sont disséminés par petits groupes au milieu d'un
parenchyme à larges cellules (Apocynées, Asclépiadées, Convolvulacées, Campanulacées, Composées, etc.).

Le liber secondaire se réduit souvent à ces deux formes de tissus
et demeure tout entier mou (Hêtre, Bouleau, Aulne, Platane, Gui,
Groseillier, Épine-vinette, Cornouiller, Laurier-rose, Abiétinées, etc.) ; à partir d'un certain âge, pourtant, certaines cellules
du parenchyme y épaississent beaucoup leurs membranes, les lignifient et forment du parenchyme scléreux (Hêtre, Marronnier, Platane, Sapin, etc.). Mais fréquemment aussi il renferme en outre
des fibres de sclérenchyme, plus ou moins abondantes et diversement distribuées : en assises ou couches concentriques, inter-
rompues seulement par les rayons internes (Cupressinées, Taxinées,
Vigne, Saule, Tilleul (fig. 54) et autres Malvacées, etc.) ; en paquets
dont l'ensemble forme des zones concentriques plus ou moins
régulières (Chêne, Coudrier, Charme, Noyer, Peuplier, Orme, Poirier, Sureau, Olivier, etc.) ; disséminées isolément ou par petits
groupes (Figuier, Mûrier, Quinquina, etc.). Quand les fibres libériennes secondaires sont disposées par couches, il se fait parfois

chaque année un nombre déterminé de ces couches fibreuses : une (Poirier, Vigne, Chèvrefeuille, etc.), deux (Tilleul, Clématite, etc.) : au nombre total de ces couches on pourra donc estimer l'âge de l'arbre, aussi longtemps du moins que le liber secondaire n'aura pas été atteint par le périderme et annexé au rhytidome. Ainsi l'âge de la branche de Tilleul (fig. 54) peut être déterminé tout aussi bien par les six couches des fibres libériennes secondaires que possède chaque faisceau libéroligneux en dedans de son arc fibreux péricyclique, que par ses trois couches de bois secondaire. Dans ces conditions aussi, le liber secondaire d'une tige âgée se laisse partager en une série de lamelles résistantes, superposées comme les feuillets d'un *livre :* d'où le nom donné à cette région de la tige par les anciens anatomistes.

Ainsi constitué, le liber secondaire subit de dedans en dehors, par suite du fonctionnement continu de l'assise génératrice interne, une pression de plus en plus forte qui écrase ses parties molles, notamment ses tubes criblés, les oblitère et les réduit, suivant qu'ils sont par couches ou par paquets isolés, à de minces feuillets ou à des filets étroits de consistance cornée. Grâce à cet écrasement, lorsqu'il est persistant, le liber secondaire ne forme, même après de longues années, qu'une couche mince, très faible par rapport à la couche de bois secondaire produite dans le même espace de temps; dans un Hêtre de cent ans, par exemple, elle ne dépasse guère un millimètre d'épaisseur. Cette minceur est encore bien plus grande lorsque, comme il a été dit plus haut, les couches anciennes écrasées sont progressivement entamées par le périderme et annexées au rhytidome.

Le bois secondaire est subdivisé, comme on sait, en couches annuelles bien distinctes, dont l'épaisseur varie avec les conditions de végétation, avec l'âge et avec la nature de la plante. Elle est plus grande si l'année est humide que si elle est sèche, si la nutrition est abondante que si elle est pauvre; elle est la même en tous les points si la tige croît également de tous les côtés, mais il suffit que la croissance se trouve, par une cause quelconque, accélérée ou ralentie d'un côté, pour qu'elle augmente plus ou moins de ce côté. D'autre part, toutes choses égales d'ailleurs, elle croît d'abord avec les années, atteint son maximum à un certain âge, puis diminue de nouveau. D'une façon générale, les diverses couches annuelles d'une tige donnée sont des documents certains et précis où l'on peut lire, non seulement dans les grands traits, mais jusque dans les moindres détails, toute l'histoire de sa croissance et de sa nutrition. Enfin, dans des conditions identiques d'âge et de nutrition, l'épaisseur de la couche ligneuse varie beaucoup suivant les plantes, comme on peut s'en assurer en comparant par exemple les larges zones annuelles du Paulownia, de l'Ailante, du Pin et du Sapin, aux étroites couches concentriques du Citronnier, du Cornouiller et de l'If.

Dans chaque couche annuelle, le bois secondaire est toujours formé de vaisseaux et de parenchyme. Les vaisseaux sont quelquefois tous fermés (Conifères, Cycadées); le plus souvent ils sont de deux sortes : les uns fermés, les autres ouverts. Ordinairement leur membrane lignifiée demeure mince; parfois cependant elle

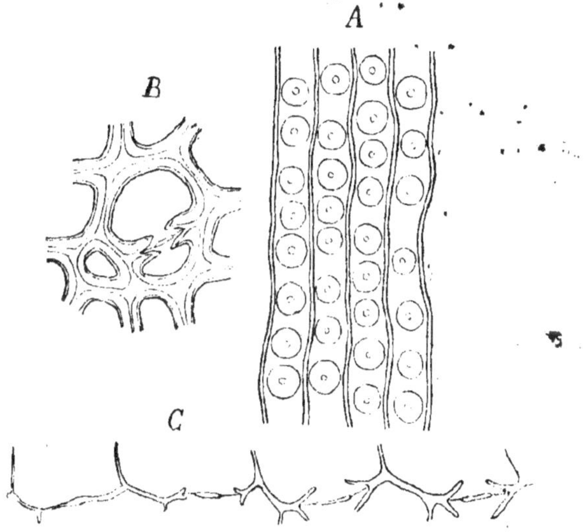

Fig. 55. Ponctuations aréolées des vaisseaux du bois secondaire de la tige du Pin. *A*, de face, dans une section longitudinale radiale; *B*, en section transversale; *C*, développement.

s'épaissit beaucoup (Conifères, Frêne, Laurier-rose, Pipéracées, etc.); la sculpture qu'elle porte consiste le plus souvent en ponctuations, quelquefois en un réseau (Crassulacées, Caryophyllées, etc.). Dans les Conifères, chaque place mince appartenant aux faces latérales du vaisseau est surplombée tout autour par l'épaississement de la paroi (fig. 55, *C* et *B*); vue de face, sur les sections longitudinales radiales, elle se montre alors comme un point clair entouré d'une aréole plus sombre (fig. 55, *A*); elle est dite *aréolée;* les faces externe et interne du vaisseau ne portent que des ponctuations simples.

Le parenchyme, parfois chlorophyllien, souvent amylacé, constitue la moitié ligneuse des rayons internes; presque toujours aussi il entre avec les vaisseaux dans la composition des compartiments; ses membranes, habituellement lignifiées, sont ordinairement minces et pourvues de ponctuations ordinaires; quelquefois elles portent des anneaux ou des spires fortement saillantes vers l'intérieur (Echinocactus, Mamillaire, Mélocactus, etc.), ou s'épaississent uniformément en formant du parenchyme scléreux (Vigne, Lierre, Lilas, etc.). Le parenchyme à parois minces constitue quelquefois la grande mas e du bois secondaire, les vaisseaux y étant disséminés çà et là par petits groupes (Papayer, Fromager, Echinocactus, tubercules de Topinambour, etc.).

Outre ces deux tissus, le bois secondaire renferme souvent du sclérenchyme, sous forme de fibres à parois épaisses et ponctuées, dont la longueur varie de 0^{mm},43 (Marronnier) à 1^{mm},26 (Lauriercerise). Ce sont ces fibres qui donnent au bois sa solidité (fig. 54).

A mesure que de nouvelles couches de bois se déposent à l'extérieur des anciennes, celles-ci se modifient et, à partir d'un certain âge, la masse tout entière du bois secondaire se trouve souvent partagée en deux régions d'aspect différent, que tout le monde distingue sous les noms d'*aubier* et de *cœur*. L'aubier, c'est le bois jeune, périphérique, avec la structure qu'on vient de faire connaître : sa couleur est blanchâtre ou jaunâtre. Chez quelques arbres (Buis, Bouleau, Érable, etc.), le bois conserve toujours ce caractère primitif, au moins dans son aspect extérieur et ses principales propriétés physiques; il demeure indéfiniment à l'état d'aubier. Mais le plus souvent ses couches prennent, en vieillissant, des propriétés chimiques et physiques différentes. Sa couleur devient plus foncée et diverse suivant les plantes, parfois rouge ou violette (Hématoxylon, Ptérocarpe, Brésillet, etc.), vert foncé (Gaïac) ou noir (Ébénier). En même temps sa densité, sa dureté augmentent, il perd de l'eau; ses vaisseaux ont cessé de conduire la sève; son seul tissu vivant, le parenchyme, cesse de contenir du protoplasme et des matériaux de réserve, notamment de l'amidon, en un mot il meurt. Toutes les membranes s'incrustent de substances nouvelles, très riches en carbone et en hydrogène, dont certaines sont des matières colorantes; parfois aussi, elles s'imprègnent de silice (Tectona, Pétréa, etc.). C'est alors seulement, définitivement et tout entier mort, n'ayant plus d'autre rôle à jouer que de soutenir la tige, devenu *cœur*, que le bois acquiert toute sa valeur industrielle. L'âge auquel une couche de bois secondaire passe de l'état d'aubier à celui de cœur varie beaucoup suivant les plantes. Après quarante ans, le bois de Frêne est encore à l'état d'aubier; celui du Hêtre se transforme en cœur vers trente-cinq ans; celui du Chêne après quinze à vingt ans; celui du Châtaignier et du Robinier déjà après quatre ou cinq ans. Dès que le bois de première année a passé à l'état de cœur, phénomène toujours précédé par la mort de la moelle, on voit que la tige meurt progressivement du centre à la périphérie. Comme en même temps, elle meurt graduellement de la périphérie au centre, on voit que dans un arbre âgé, la vie se concentre dans un étui compris entre le bord interne du rhytidome et le bord externe du cœur.

Le liber et le bois secondaires renferment souvent l'un et l'autre des cellules sécrétrices. Dans le liber, où elles sont beaucoup plus fréquentes, ce sont souvent des cellules oxalifères, isolées ou superposées en files longitudinales, renfermant ordinairement des cristaux isolés quand elles accompagnent des fibres (Poirier, Orme, Chêne, Saule, Érable, etc.), des mâcles arrondies quand les fibres manquent (Groseillier, Grenadier, etc.); ce sont parfois des cellules laticifères anastomosées en réseau (Composées Liguliflores, fig. 12, p. 52, Campanulacées, Pavot, etc.), ou des articles laticifères indéfiniment rameux (Figuier, Mûrier, etc.), ou des canaux sécréteurs (Ombellifères, Araliées, Pittosporées, Anacardiacées, diverses Clusiacées, Composées et Conifères, etc.). Dans le bois, où elles sont beaucoup plus rares, ce sont aussi des cellules oxalifères (Vigne, diverses Légumineuses, etc.), des cellules laticifères anastomosées en réseau (Papayer, etc.) ou des canaux sécréteurs (Pin, Mélèze, Epicéa, Diptérocarpe, etc.).

Principales anomalies dans la structure secondaire de la tige. — Chez un certain nombre de plantes ligneuses appartenant aux groupes les plus divers, principalement parmi celles auxquelles leur tige grimpante ou volubile a fait donner le nom de *lianes*, la marche ordinaire du développement des tissus secondaires subit, à partir d'un certain âge, une suite de déviations plus ou moins profondes que l'on peut considérer comme autant d'anomalies.

L'anomalie se réduit quelquefois à une différence d'intensité

dans la formation du liber et du bois secondaires aux divers
points de l'assise génératrice libéroligneuse normale. Le long de
certaines lignes longitudinales, le bois secondaire se développe
beaucoup plus que dans les intervalles; il en résulte à sa surface
autant de côtes plus ou moins saillantes. Alors de deux choses
l'une. Ou bien la production du liber secondaire se poursuit avec
la même intensité faible sur tout le pourtour de la zone génératrice anguleuse, et la tige accuse au dehors la forme rubanée
(divers Héritiéras, Cissus et Poivres) ou cannelée de son bois
(certains Lantanes, Casses, etc.). Ou bien, au contraire, la production du liber s'accélère dans les points où celle du bois se ralentit,

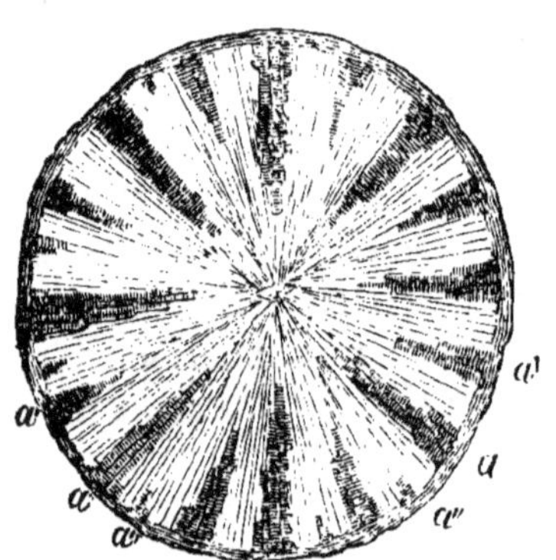

Fig. 56. Section transversale d'une
tige âgée de Bignone : *a, a', a''*, entailles successives du bois secondaire, élargies en gradins.

et précisément dans la même mesure, de manière à combler toujours exactement les sillons du
bois et à conserver à la tige sa
forme cylindrique. Sur la section
transversale, le bois présente
alors un certain nombre d'entailles où s'enfoncent des lames
de liber (fig. 56). Il en est ainsi
dans bon nombre de lianes, appartenant notamment à la famille
des Bignoniacées. Tantôt il n'y
a que quatre entailles en croix
(Arabidéa, etc.), le plus souvent
élargies vers l'extérieur en formant
des gradins (Pétastoma, etc.).

Tantôt, entre les quatre premières entailles, il s'en forme plus
tard quatre nouvelles ; plus tard encore les huit lobes se dédoublent
à leur tour par huit nouvelles entailles moins profondes, et ainsi
de suite (fig. 56) (Bignone, Melloa, etc.). La même anomalie se
rencontre dans certaines Olacinées (Phytocrène), Malpighiacées
(Banistéria, Tétraptérys, etc.), Apocynées (Echite, etc.), Asclépiadées (Gymnéma, etc., etc.).

Ailleurs, l'anomalie consiste en un fractionnement de l'assise
génératrice libéroligneuse. Chez certaines Sapindacées grimpantes,
par exemple, les faisceaux libéroligneux primaires sont très inégalement éloignés du centre, et les cannelures ainsi déterminées
dans le cylindre central sont tellement profondes, que l'assise génératrice ne peut plus, sans se diviser, traverser tous les faisceaux.

Les faisceaux des sillons s'unissent alors tous ensemble par une
assise génératrice enveloppant la région centrale de la moelle et
laissant en dehors ceux des cannelures. Ces derniers, de leur
côté, s'unissent en cercle dans chaque cannelure par une assise
génératrice propre, qui n'est qu'un lobe détaché de l'assise génératrice totale. Il en résulte que la tige comprendra plus tard un
gros cylindre libéroligneux interne, entouré d'autant de petits
cylindres libéroligneux externes qu'il y a de cannelures dans le
cylindre central primaire : trois, cinq ou davantage (fig. 57).
(divers Serjanias , Paullinias,
Urvilléas, etc.).

Bien plus fréquemment, l'a-
nomalie consiste dans la formation d'une assise génératrice
surnuméraire, intercalée entre
l'assise subéro-phellodermique
et l'assise libéroligneuse.
Comme les deux précédentes,
cette assise se cloisonne à la
fois vers l'extérieur et vers l'intérieur, de manière à produire
un anneau de méristène double
dont le feuillet externe, centripète, est très mince, le feuillet
interne, centrifuge, très épais.
L'un et l'autre se différencient
progressivement en une couche

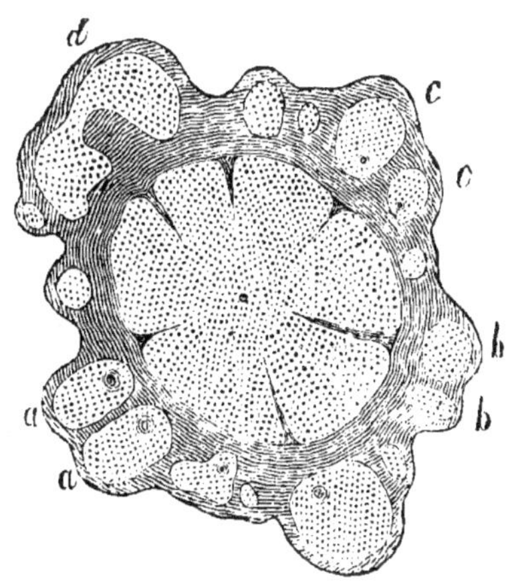

Fig. 57. Section transversale d'une tige
de Sapindacée : *a*, *b*, *c*, cylindres libéroligneux externes.

de parenchyme secondaire. Il est rare que cette assise génératrice
surnuméraire s'établisse au bord interne de l'écorce, dans l'endoderme (Cocculus et autres Ménispermées); presque toujours elle
prend naissance dans le péricycle, séparée seulement de l'assise
génératrice libéroligneuse par le liber primaire (Chénopodiacées,
Phytolaccacées, Nyctaginées, Aizoacées, Stylidium, certaines Liliacées : Dracéna, Aloès, Yucca, etc., certaines Gymnospermes : Cycas,
Gnétum, etc.; certaines Lycopodinées : Isoète, Sigillaire, etc.).
Mais l'anomalie ne s'arrête pas là. Au bord interne du parenchyme
secondaire centrifuge, il se fait bientôt une assise génératrice nouvelle, tertiaire par conséquent, qui, se comportant comme l'assise
libéroligneuse normale, produit, en certains points, du liber tertiaire en dehors et du bois tertiaire en dedans, et dans les inter-

valles, du parenchyme tertiaire. D'où un cercle de faisceaux libéro-ligneux tertiaires, séparés par des rayons tertiaires. Après avoir fonctionné ainsi pendant un certain temps, cette assise génératrice s'arrête; il s'en fait une deuxième dans le parenchyme secondaire, en dehors du premier cercle de faisceaux tertiaires, qui produit un second cercle de pareils faisceaux à croissance limitée, puis une troisième qui engendre un troisième cercle en dehors du second, et ainsi de suite (fig. 58). Ces faisceaux libéroligneux tertiaires sont d'autant plus nombreux et petits qu'ils appartiennent à un cercle plus extérieur; les cercles externes sont souvent incomplets (fig. 58). Le parenchyme secondaire et tertiaire interposé aux faisceaux tertiaires conserve parfois indéfiniment ses parois minces, mais le plus souvent il les épaissit fortement, les lignifie et se

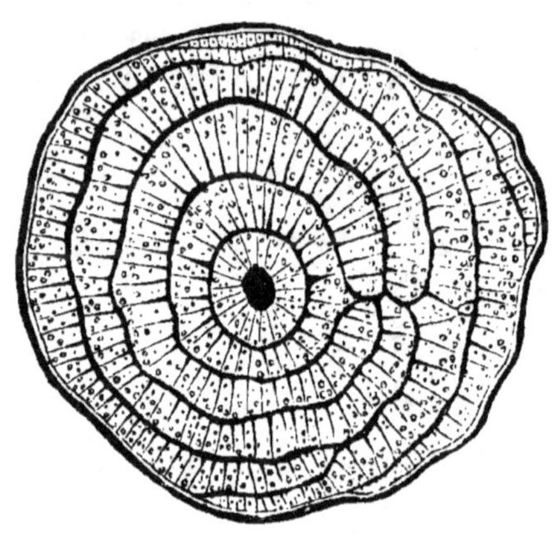

Fig. 58. Section transversale d'une tige âgée de Gnétum, pourvue de six cercles de faisceaux libéroligneux tertiaires péricycliques, les deux derniers incomplets.

transforme en parenchyme scléreux; le tout forme alors, à la périphérie du cylindre central, un anneau d'une grande dureté; quelquefois la sclérose se limite en forme de gaine autour des faisceaux (Dracéna, Yucca, etc.), ou bien encore elle n'atteint que la zone externe, pendant que la zone interne conserve ses parois minces (Belle-de-nuit, Chénopode blanc, Célosie, Achyranthe, etc.).

Parmi les plantes qui offrent cette anomalie, il en est chez qui l'assise génératrice libéroligneuse normale ne se forme pas du tout, qui n'épaississent pas leurs faisceaux primaires, qui ne produisent par conséquent pas de liber et de bois secondaires : telles sont les Lycopodinées (Isoète, Sigillaire, etc.), les Monocotylédones (Dracéna, Yucca, Aloès, etc.) et beaucoup de Dicotylédones (Nyctaginées, Aizoacées, etc.). Il en est d'autres chez qui l'assise génératrice libéroligneuse normale fonctionne d'abord en épaississant les faisceaux primaires; tantôt la formation du liber et du bois secondaires y est de courte durée (Chénopode, etc.), tantôt elle se poursuit pendant plusieurs années (Cocculus, Cycas, etc.). Quand elle a cessé, ou même assez souvent pendant qu'elle est encore en activité, apparaissent les premiers faisceaux tertiaires. Ceux-ci, à leur tour, peuvent ne pas s'épaissir (Dracéna, Aloès, etc.), ou s'accroître pendant un temps très court (Chénopodiacées, Nyctaginées, etc.), ou poursuivre leur croissance pendant plusieurs années (Ménispermées, Cycas, Sigillaire, etc.). Quand ce premier cercle a cessé de s'accroître, ou même pendant qu'il s'épaissit encore, le second cercle se développe en dehors de lui, et ainsi de suite. Quand la période d'activité de l'assise génératrice libéroligneuse secondaire normale et de chacune des assises libéroligneuses tertiaires successives est très courte, la tige possède dès la fin de sa première année plusieurs cercles de faisceaux tertiaires en dehors de ses faisceaux primaires : six, par exemple, dans le Phytolaque, dans le premier entre-nœud de la Betterave, etc. Quand, au contraire, l'activité des diverses assises génératrices est de longue durée, il faut recourir à des tiges très âgées pour y observer plusieurs cercles de faisceaux (fig. 58) ; une tige de Cycas, par exemple, qui possède sept à huit cercles de faisceaux est extrêmement âgée.

Plusieurs de ces anomalies peuvent coexister dans la même tige. Ainsi, dans les Ménispermées, on voit souvent les cercles successifs de faisceaux libéroligneux tertiaires ne se continuer, après un certain nombre d'années, que d'un seul côté ou de deux côtés opposés, en donnant à la tige la forme d'un ruban de plus en plus large, combinant de la sorte la première des anomalies étudiées plus haut avec la troisième.

Comparaison de la structure secondaire de la racine avec celle de la tige. — Les plantes qui produisent, comme il vient d'être dit, des tissus secondaires dans leur tige, en produisent de semblables et par le même mécanisme dans leur racine (p. 101). Celle-ci s'épaissit donc aussi, en général, à l'aide de deux assises génératrices dont l'externe donne du liège et du phelloderme, c'est-à-dire un périderme, tandis que l'interne donne du liber et du bois secondaires.

Dans la racine, comme dans la tige, l'assise génératrice péridermique varie de position suivant les plantes. Elle s'établit rarement dans l'assise pilifère (Solidage), quelquefois dans l'assise subéreuse (Monstéra, Jasmin, Cycas, etc.) ou dans la première assise de la zone externe de l'écorce proprement dite (Tornélia,

Philodendron, Asphodèle, Iris, Clivia, etc.); le plus souvent elle prend naissance dans le péricycle en exfoliant toute l'écorce, y compris l'endoderme. Quand le périderme est superficiel, le phelloderme y est ordinairement peu développé ou même absent; quand il est péricyclique, au contraire, le phelloderme prend un grand développement, de manière à remplacer l'écorce exfoliée. Superficiel ou péricyclique, il est percé de lenticelles, du même ordre que celles qui se forment dans la tige sur les péridermes profonds. Après ce premier périderme, il s'en fait souvent d'autres de plus en plus internes, d'où résulte la formation d'un rhytidome tout semblable à celui de la tige. A partir du périderme péricyclique, dont le phelloderme est, comme on sait, très développé, les péridermes suivants prennent naissance dans ce phelloderme et par conséquent sont tertiaires.

L'assise génératrice libéroligneuse est formée de deux séries d'arcs ajustés bout à bout; les premiers, concaves en dehors, occupent le bord interne de chaque faisceau libérien et sont empruntés à l'assise externe du conjonctif du cylindre central; les seconds, concaves en dedans, occupent le bord externe de chaque faisceau ligneux et sont empruntés à l'assise interne du péricycle, dédoublé d'abord à cet effet quand il est formé au début d'une seule assise. Tous ensemble ils constituent une assise génératrice sinueuse, passant, comme dans la tige, en dedans du liber et en dehors du bois (fig. 59, A).

Les arcs intralibériens entrent en jeu les premiers et produisent autant de faisceaux libéroligneux secondaires, dont le liber continue le liber primaire, tandis que le bois appuie ses premiers éléments contre les cellules de la seconde rangée du conjonctif. Aussi, lorsque, dans les rayons, le conjonctif se trouve n'avoir qu'une seule rangée, les premiers vaisseaux du bois secondaire s'appliquent-ils latéralement contre les vaisseaux du bois primaire. En se développant, chaque faisceau libéroligneux secondaire, solidement appuyé en dedans contre le conjonctif, refoule en dehors le faisceau libérien primaire auquel il est superposé. De concave vers l'extérieur, l'arc générateur devient plan, puis convexe et en même temps il arrive à faire partie de la circonférence qui passe en dehors des faisceaux ligneux primaires. Désormais l'assise génératrice est circulaire. A partir de ce moment, les arcs générateurs extraligneux, jusque-là inactifs, se cloisonnent à leur tour et forment autant d'arcs de méristème, qui rejoignent en un anneau les arcs de méristème produits en même temps par les arcs intralibériens. Mais tandis que ces derniers continuent indéfiniment à produire du liber et du bois secondaires, les autres se différencient, suivant les plantes, de deux manières différentes.

Tantôt ils donnent simplement, aussi bien en dehors qu'en dedans, un parenchyme secondaire à parois minces (fig. 59, *B*): les faisceaux libéroligneux secondaires demeurent alors indéfiniment séparés l'un de l'autre par de larges rayons de parenchyme, comme ils l'étaient au début par les faisceaux ligneux primaires qui oc-

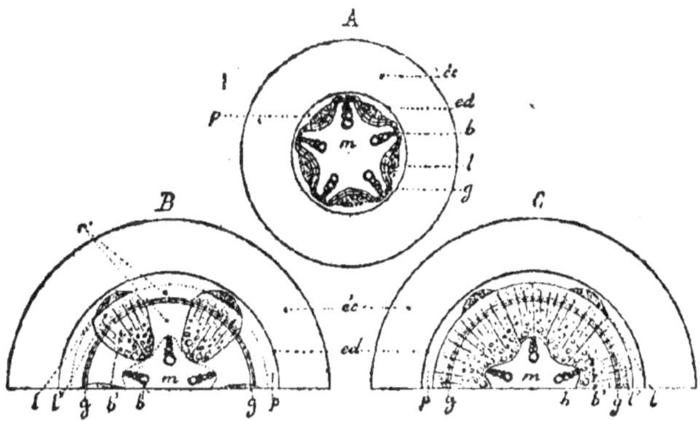

Fig. 59. Figúre montrant, en coupe transversale, la formation du liber, du bois et des rayons secondaires de la racine, dans les deux cas extrêmes *B* et *C*. *A*, début de l'assise génératrice libéroligneuse. *éc*, écorce; *ed*, endoderme; *p*, péricycle; *l*, liber primaire; *b*, bois primaire; *m*, moelle; *g*, assise génératrice libéroligneuse; *l'*, liber secondaire; *b'*, bois secondaire; *r'*, rayons secondaires. Comparer avec la figure 53.

cupent maintenant le fond de chacun de ces rayons (fig. 59, *B* et fig. 60) (pivot de Capucine, d'Ortie, etc., avec deux faisceaux; de Courge, de Haricot, de Liseron, etc., avec quatre; racines latérales de Courge, de Cierge, de Clusia, d'Artanthe, etc., avec un plus ou moins grand nombre). Tantôt ils se différencient en liber à l'extérieur, en bois à l'intérieur, absolument comme les arcs intralibériens; il en résulte un anneau libéroligneux secondaire continu, extérieur aux faisceaux ligneux primaires et aux premiers faisceaux ligneux secondaires, intérieur aux faisceaux libériens primaires et aux premiers faisceaux libériens secondaires (fig. 59, *C*). Dans cet anneau, le nombre des faisceaux primaires se reconnaît facilement au nombre des proéminences que forment, sur le bord externe le liber primaire et le premier liber secondaire, sur le bord interne le premier bois secondaire (Pissenlit, Garance, If, Thuia, etc.). Dans la tige, les arcs de méristème qui alternent avec les arcs intralibériens nous ont offert, on s'en souvient, la même différence dans leur mode de différenciation.

Qu'ils demeurent à l'état de faisceaux distincts ou qu'ils s'unissent en un anneau continu, le liber et le bois secondaires de la racine, à mesure qu'ils s'élargissent, se partagent comme dans la tige en compartiments par des rayons de parenchyme, dits rayons internes (fig. 59, *B* et *C*); les compartiments y offrent aussi la même structure essentielle que dans la tige, avec les mêmes variations secondaires. Dans les racines vivaces, le bois présente les

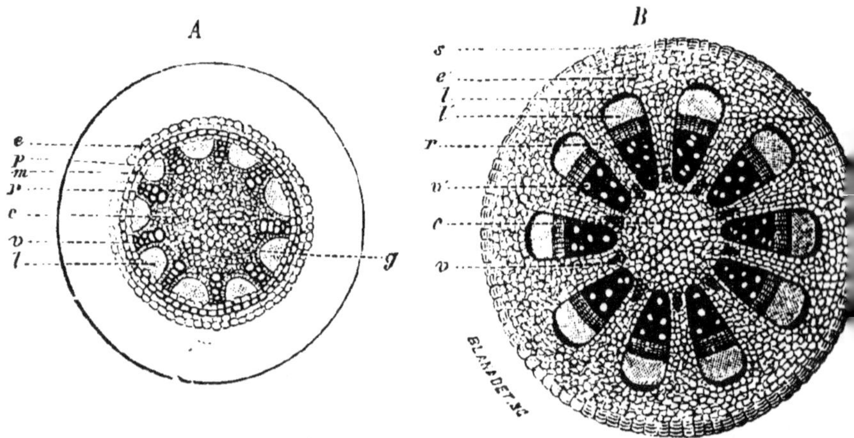

Fig. 60. Section transversale d'une racine latérale de Courge : *A*, avant le début des tissus secondaires; *B*, après la formation du périderme péricyclique *sé*, qui a exfolié l'écorce, et le développement des faisceaux libéroligneux *l'v'*, séparés par les rayons secondaires *r'*; *p*, endoderme; *mr*, péricycle; *l*, liber primaire; *v*, bois primaire; *c*, conjonctif.

mêmes couches annuelles et meurt aussi progressivement à partir du centre; les couches y sont seulement plus minces, les vaisseaux plus larges et le sclérenchyme moins développé, d'où la plus grande mollesse du bois. Les racines tuberculeuses doivent également leur forme à un excessif développement du parenchyme libérien (Pissenlit, Garance, Carotte, Panais, etc.) ou ligneux (Radis, Navet, Chou-Rave, etc.), etc. Enfin les diverses anomalies signalées plus haut dans la structure secondaire de la tige peuvent se retrouver dans la racine. La plus importante de toutes, par exemple, savoir la formation de cercles successifs de faisceaux libéroligneux tertiaires à l'intérieur d'un parenchyme secondaire centrifuge issu des cloisonnements de l'assise externe du péricycle, s'observe tout aussi bien dans la racine des plantes qui la présentent dans leur tige (Chénopodiacées, Nyctaginées, Phytolaccacées, Aizoacées, Dracéna, Cycas, etc.); elle se retrouve même dans la racine de quelques plantes dont la tige est normale (Ecballium, certaines Convolvulacées, etc.). Le pivot de la Betterave, notamment, doit son volume au grand développement de ce parenchyme secondaire péricyclique, renfermant à la fin de la première année environ six cercles de faisceaux libéroligneux tertiaires, parenchyme dont le suc cellulaire tient, comme on sait, du sucre de canne en dissolution.

En résumé, la structure secondaire de la racine ressemble dans tous les points essentiels à celle de la tige. Aussi, à mesure que les tissus secondaires se forment et vont s'épaississant avec les années, voit-on s'effacer peu à peu la différence si nette qui existe à l'origine entre la structure primaire de ces deux membres. Après l'exfoliation de l'écorce et du liber primaire par le périderme, il ne reste plus, pour caractériser la racine, que les lames rayonnantes du bois primaire centripète, situées vers le centre, et pour distinguer la tige, que les pointes ligneuses centrifuges des faisceaux libéroligneux primaires, faisant saillie dans la moelle : deux caractères que la sclérose du conjonctif peut rendre difficiles à reconnaître. Aussi n'est-il pas étonnant que jusqu'au moment où l'on a su analyser la structure primaire de la racine, on ait cru que ce membre possédait, chez les Dicotylédones et les Gymnospermes, une structure identique à celle de la tige.

SECTION II

PHYSIOLOGIE DE LA TIGE

La tige produit, porte et unit les racines et les feuilles; c'est par elle que ces deux sortes de membres échangent sans cesse les produits de leur activité propre. Si, comme dans les Mousses et quelques autres plantes, la tige ne forme pas de racines, elle porte du moins, à sa base ou à sa surface, des poils absorbants; c'est alors entre ces poils et les feuilles qu'elle sert de lien. Ce triple rôle de nourrice, de soutien et de transport est rempli par la structure de la tige et constitue sa physiologie interne. Mais en même temps la tige subit l'influence des forces directrices du milieu extérieur et à son tour agit sur ce milieu, ce qui constitue sa physiologie externe. L'étude physiologique de la tige comporte donc, comme son étude morphologique, deux paragraphes distincts.

§ 3

Fonctions externes de la tige.

Deux causes externes, la pesanteur et la lumière, concourent à diriger la tige dans l'air ambiant, où elle étale ses feuilles et sur lequel elle exerce aussi une action propre.

Géotropisme négatif de la tige. — Plaçons horizontalement une tige primaire d'origine quelconque, normale ou adventive ; nous la verrons bientôt se courber vers le haut dans sa région terminale en voie de croissance, jusqu'à placer sa pointe suivant la verticale. Elle continue ensuite de s'allonger dans cette direction, et si une cause quelconque vient à l'en écarter, elle y revient aussitôt par une courbure nouvelle. Beaucoup plus ouverte que dans la racine, parce que la région de croissance y est beaucoup plus longue, la courbure atteint son maximum dans l'entre-nœud où, au moment considéré, la croissance est à son maximum ; de là elle va diminuant vers le haut et vers le bas.

Cette flexion est due à la pesanteur. On le démontre en fixant la tige à un disque tournant lentement dans un plan vertical, comme il a été dit pour la racine à la page 103 ; soustraite ainsi à la pesanteur, sans être soumise à aucune autre force dirigeante, elle croît indéfiniment en ligne droite dans la direction d'ailleurs quelconque où on l'a fixée au disque. Dans les circonstances ordinaires, la flexion vers le haut provient de ce que la pesanteur accélère la croissance intercalaire de la tige placée horizontalement sur la face inférieure, et la ralentit sur la face supérieure. On le démontre par des mesures directes. Ainsi dans l'Épilobe, l'accroissement étant de 4 millimètres sur la tige verticale, il est de 1 millimètre sur la face supérieure, et de 11 millimètres sur la face inférieure de la tige horizontale ; dans l'Ailante, étant de 10 millimètres sur la tige verticale, il est de 5 millimètres sur la face supérieure, et de 19 millimètres sur la face inférieure de la tige horizontale ; dans la Clématite, étant de 4 millimètres sur la tige verticale, il est de $1^{mm},5$ sur la face supérieure, et de $5^{mm},7$ sur la face inférieure de la tige horizontale. La pesanteur modifie donc la croissance de la tige primaire, comme elle modifie l'allongement de la racine primaire, mais en sens inverse. En un mot, la tige est géotropique comme la racine, mais le géotropisme de la racine étant positif, celui de la tige est *négatif* (p. 47).

Quand la tige a été exposée quelque temps dans la position horizontale, si on la redresse au moment où elle commence à donner les premiers signes de courbure, ou même avant toute trace de courbure, on voit la flexion se continuer ou se prononcer dans le sens primitif, et le phénomène peut se poursuivre ainsi trois heures durant. L'action de la pesanteur sur la croissance de la tige est donc lente et progressive ; l'effet mécanique qui en résulte ne se manifeste qu'au bout d'un certain temps, mais cette manifestation a lieu tout aussi bien si la cause a cessé d'agir au moment considéré que si elle continue son action. Toutes les causes qui modifient la croissance de la tige agissent d'ailleurs de la même manière, et ont ainsi un effet ultérieur. Il n'en est pas de même dans la racine ; on n'a pas eu à y signaler de géotropisme ultérieur ; c'est sans doute à cause de l'étroite localisation et du prompt épuisement de la croissance dans ce membre.

Les tiges secondaires, insérées sur les flancs de la tige primaire, ne sont pas sans être aussi négativement géotropiques ; mais c'est, comme pour les racines secondaires, un géotropisme affaibli, limité. Elles se redressent jusqu'à faire avec la tige primaire un certain angle ; puis, cessant d'être influencées par la pesanteur, elles continuent de s'allonger en ligne droite. La valeur de l'angle limite varie suivant les plantes, et c'est un des éléments qui interviennent pour donner aux branches de premier ordre l'inclinaison, également variable d'un végétal à l'autre, qu'elles prennent sur la tige principale, et à la plante tout entière son port caractéristique. Les branches de second, de troisième ordre, etc., paraissent souvent dépourvues de géotropisme.

Il y a pourtant, comme on l'a vu déjà pour la racine, une circonstance où une tige secondaire prend un géotropisme absolu, où une tige de troisième, de quatrième ordre, etc., acquiert un géotropisme d'abord limité, puis absolu. C'est quand la tige primaire se continue indéfiniment en un sympode dressé, comme dans le Tilleul, par exemple. De même, une branche d'ordre quelconque séparée de la tige, comme dans les marcottes et les boutures, une fois enracinée et directement nourrie, se montre douée d'un géotropisme négatif absolu, tout aussi bien qu'une tige primaire. Le géotropisme peut aussi apparaître tout à coup sur certaines branches d'un système ramifié, quand les branches plus âgées qui les portent en sont totalement dépourvues; il en est ainsi, par exemple, quand, sur une tige rampante ou un rhizome à allongement continu, certaines branches se dressent tout entières verticalement dans l'air (p. 134). Enfin il peut se manifester tout à coup, à une certaine phase de l'allongement, dans une branche qui en était jusque-là dépourvue; c'est ce qui a lieu dans les tiges rampantes ou les rhizomes sympodiques, dont la région terminale se relève tout à coup verticalement dans l'atmosphère (p.134). Dans toutes ces circonstances, une nutrition plus abondante, en provoquant une croissance plus énergique, fait naître et développer de plus en plus le géotropisme.

Phototropisme de la tige. — La lumière agit sur la croissance de la tige primaire et des branches de divers ordres, et son influence est retardatrice. Quand on mesure la quantité dont s'allongent dans le même temps deux tiges de même espèce et de même âge, placées dans les mêmes conditions de température et d'humidité, l'une à l'obscurité, l'autre en pleine lumière, on trouve que la première a une croissance plus rapide et forme des entre-nœuds plus longs que la seconde. Il suffit d'une simple flamme de gaz placée à 35 centimètres, pour réduire l'accroissement de la tige de moitié dans la Fève, du tiers dans le Cresson. C'est quand la lumière possède une certaine intensité moyenne qu'elle exerce sa plus grande action ; plus faible ou plus forte, elle agit moins (p. 48) ; l'optimum varie d'ailleurs suivant les plantes.

Tous les rayons qui composent la lumière blanche, y compris les infrarouges et les ultraviolets, retardent la croissance, mais leur action est très inégale. Ce sont les rayons jaunes (autour de la raie D) qui agissent le moins. A partir du jaune, l'action va augmentant faiblement vers le rouge et l'infrarouge, où elle atteint un premier et faible maximum. Elle augmente plus rapidement vers le bleu, le violet et l'ultraviolet, où elle atteint un second maximum beaucoup plus élevé. Si, sur les divers rayons du spectre pris comme abscisses, on élève des ordonnées proportionnelles à l'effet retardateur de ces rayons, on obtient une courbe à deux branches inégales (fig. 61). En somme, c'est dans la moitié la plus réfrangible du spectre que l'action retardatrice est le plus intense ; isolée, par filtration du faisceau de lumière blanche à travers le liquide cupro-ammoniacal, cette moitié agit presque autant que la radiation totale.

Ceci bien compris, supposons que la tige reçoive la lumière, non plus à la fois et également de tous les côtés comme nous l'avons admis dans ce qui précède, mais suivant une seule direction latérale. Si, pour la tige considérée, l'éclairage unilatéral possède une intensité inférieure ou tout au plus égale à l'optimum, condition le plus habituellement réalisée, le côté tourné vers la source s'allongera moins que le côté opposé et la tige se courbera

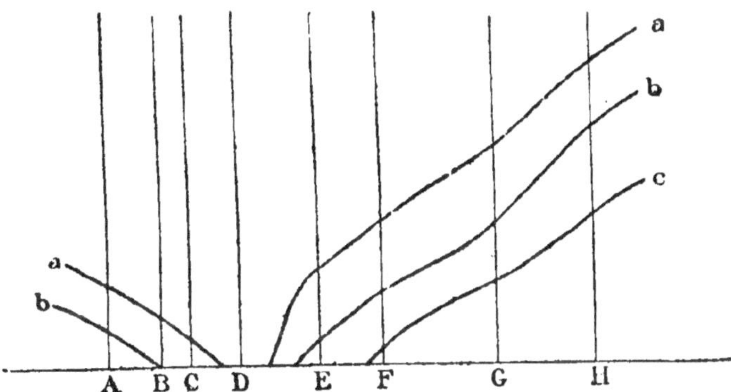

Fig. 61. Courbes montrant comment varie dans le spectre l'effet retardateur de la lumière sur la croissance de la tige : *aa*, pour la Vesce ; *bb*, pour le Cresson ; *c*, pour le Saule. — A-H, raies de Frauenhofer.

vers la source. La flexion est localisée naturellement dans la région de croissance ; elle a son maximum vers le point où, à l'instant considéré, la vitesse de croissance atteint elle-même son maximum ; en deçà et au delà, elle va diminuant peu à peu. Si au contraire l'intensité de l'éclairage unilatéral est supérieure à l'optimum, toutes les fois que l'intensité lumineuse amoindrie qui frappe la face opposée se trouvera plus rapprochée qu'elle de l'optimum, c'est cette face qui s'allongera moins, et la tige se courbera en sens contraire de la source. D'une façon générale, comme on l'a vu p. 48, on appelle *phototropisme* la faculté que possède un corps en voie de croissance de se courber sous l'influence d'une radiation inéquilatérale. La tige est donc phototropique, et son phototropisme qui, dans les conditions ordinaires de l'éclairage naturel, est positif, résulte comme un effet immédiat et nécessaire de l'action retardatrice que la lumière exerce sur sa croissance. La flexion phototropique varie donc, avec l'intensité de la lumière incidente et avec la réfrangibilité des rayons, suivant la même loi que le retard de croissance. Il est d'ailleurs facile de soumettre une tige à un éclairage unilatéral en empêchant toute flexion phototropique de se produire. Il suffit de poser la plante dans son vase de culture sur un plateau horizontal, qui tourne lentement autour d'un axe vertical au moyen d'un mouvement d'horlogerie. Pendant la durée d'une rotation, l'action unilatérale de la source s'exerce successivement sur tous les côtés de la tige et par conséquent s'égalise. Aucune flexion ne peut donc s'y produire et sa croissance est simplement retardée, comme si elle était éclairée également de tous les côtés à la fois.

Comme celle de la pesanteur, l'influence de la lumière sur la croissance de la tige est lente et progressive; ainsi dans la Vesce, dont la tige compte pourtant parmi les plus sensibles, c'est seulement après une heure dix minutes d'éclairement que le retard de croissance accusé par la flexion phototropique commence à s'apercevoir. Par contre, si l'on supprime la lumière quand la courbure commence à peine, ou même avant qu'elle n'ait commencé, après une heure d'éclairage unilatéral par exemple dans la Vesce, la flexion se développe dans la direction primitive de la source, comme si celle-ci était toujours présente. Si l'on appelle phénomènes d'*induction* tous ceux qui suivent cette marche progressive et qui sont doués d'un effet ultérieur, on dira que le géotropisme est un phénomène d'induction géomécanique, que le phototropisme est un phénomène d'induction photomécanique.

Effet combiné du géotropisme et du phototropisme. Direction résultante de la tige. — Dans les conditions naturelles, la pesanteur et la lumière agissent en même temps sur la croissance de la tige, comme il vient d'être dit, et combinent leurs effets. La première force est constante, la seconde varie sans cesse en grandeur et en direction. Sur une tige dressée et complètement isolée, elles agissent, chacune avec son intensité propre, pour la rendre, la maintenir ou la ramener verticale. Mais si la tige est située au pied d'un mur, à la lisière d'un bois, au penchant d'une colline, la pesanteur continue d'agir dans le même sens, mais la lumière frappe inégalement les divers côtés; la tige se dirige alors plus ou moins obliquement, suivant la résultante. Cette résultante est variable, puisque la lumière varie tout le long du jour; la direction de la tige change avec elle. Aussi voit-on des tiges, fortement inclinées le soir par leur phototropisme positif combiné avec leur géotropisme négatif, se trouver verticalement redressées le matin parce que la pesanteur a agi seule pendant la nuit.

L'intensité du géotropisme et celle du phototropisme varient d'ailleurs suivant les plantes et indépendamment. Dans la Fève, par exemple, ces deux propriétés ont une énergie moyenne et sensiblement égale, de façon que si l'on éclaire la tige horizontalement, elle se dirige à 45°. Dans la Vesce, au contraire, le géotropisme est très faible et le phototropisme très fort; aussi la tige éclairée latéralement se dirige-t-elle horizontalement vers la source, comme si elle n'était pas géotropique du tout. C'est l'inverse dans le Grand-Soleil et dans les tiges volubiles; le géotropisme y est très fort et le phototropisme très faible. Il résulte de ce qui précède que pour mettre en évidence un géotropisme faible dans une tige fortement phototropique, ou un phototropisme faible dans une tige fortement géotropique, il est nécessaire d'annuler la force antagoniste. On élimine, comme on sait, le phototropisme seul en mettant la plante à l'obscurité ou en la faisant tourner vis-à-vis de la source lumineuse autour d'un axe vertical. On élimine le géotropisme seul en faisant tourner la tige autour d'un axe horizontal disposé dans la direction des rayons incidents. On élimine enfin ces deux causes fléchissantes à la fois en faisant tourner la tige autour d'un axe horizontal soit à l'obscurité, soit vis-à-vis d'une source lumineuse en disposant l'axe de rotation perpendiculairement aux rayons incidents.

Action de la tige sur l'atmosphère. Respiration. Transpiration. Assimilation du carbone. — Dirigée comme il vient d'être dit, la tige agit sur l'atmosphère ambiante, et son action est triple.

En premier lieu, elle absorbe de l'oxygène continuellement et par toute sa surface; continuellement et par toute sa surface aussi, elle dégage de l'acide carbonique. La membrane des cellules épidermiques, même très fortement cutinisée, demeure, en effet, très perméable à l'oxygène et à l'acide carbonique. Le rapport $\frac{CO^2}{O}$ entre le volume de l'acide carbonique émis et celui de l'oxygène absorbé pendant le même temps est constant pour une

même tige au même âge et indépendant de la température, ainsi
que de la pression ; il est d'ordinaire un peu plus petit que l'unité.
En un mot, la tige respire (p. 48), et cette respiration est nécessaire à sa vie ; les rhizomes respirent dans le sol, à la manière de
racines, et les tiges submergées respirent à l'aide des gaz dissous
comme font les racines aquatiques.

En second lieu, la tige dégage sans cesse de la vapeur d'eau dans
l'air ambiant, elle transpire (p. 50). A l'obscurité, cette transpiration est très faible, presque nulle ; les stomates sont clos (p. 143)
et les membranes cutinisées des cellules épidermiques sont presque
imperméables à la vapeur d'eau. A la lumière, au contraire, les
stomates sont ouverts, une grande quantité de vapeur d'eau se
forme dans les espaces intercellulaires de l'écorce et se trouve
rejetée au dehors par les pores stomatiques, et plus tard par les
lenticelles. Cette transpiration est considérable dans les tiges très
rameuses. Dans les végétaux dépourvus de feuilles parfaites (Cactées, Euphorbes cactiformes, Casuarine, Asperge, Prêle, etc.), c'est
par la tige que s'exécute toute la transpiration de la plante. Mais
d'ordinaire, c'est essentiellement aux feuilles que cette fonction
est dévolue ; c'est pourquoi nous en remettons l'étude détaillée au
moment où nous étudierons la physiologie externe de la feuille.

En troisième lieu, quand la tige a une écorce verte et plus tard
un phelloderme pourvu de chlorophylle, si elle est exposée à la
lumière, elle absorbe par toute sa surface l'acide carbonique de
l'atmosphère, le décompose au moyen de ses chloroleucites, fixe
le carbone dans le protoplasme, et dégage par toute sa surface
l'oxygène au dehors. En un mot elle assimile du carbone (p. 51).
Si les branches vertes sont nombreuses et forment toutes ensemble
une grande surface, la quantité de carbone ainsi assimilé peut être
considérable. C'est même uniquement par cette voie que s'opère
toute l'assimilation du carbone nécessaire à la plante, lorsque la
tige ne porte pas de feuilles parfaites (Cactées, Euphorbes cactiformes, Casuarine, Asperge, Prêle, Psilotum, etc.). Mais en général
ce sont les feuilles qui sont éminemment chargées d'assimiler le
carbone, et c'est quand nous traiterons de la physiologie de la
feuille que nous étudierons cette importante fonction avec tous
les détails nécessaires.

Résumé des fonctions externes de la tige. — La fonction externe principale de la tige est donc de se diriger vers le
ciel et vers le soleil, de manière à épanouir dans l'air et dans la

lumière les feuilles qu'elle porte sur ses flancs. Quand elle subit une différenciation secondaire, les rameaux différenciés concourent encore au même but, toutes les fois qu'ils sont des vrilles, des crochets ou des épines (p. 135) disposés de manière à soutenir la tige dans la direction que lui ont imprimée la pesanteur et la lumière ; c'est aussi le rôle des émergences acérées et des poils en hameçon (p. 142 et p. 152).

Quand les feuilles avortent, la tige tout entière (Cactées, etc.), ou seulement certains de ses rameaux différenciés dans ce but (Asperge), développent davantage leur écorce verte, multiplient leurs stomates et se chargent seuls d'assimiler le carbone et de transpirer : deux fonctions que la tige remplit toujours à un faible degré, mais qui appartiennent essentiellement aux feuilles. C'est une substitution physiologique.

<h2 style="text-align:center">§ 4</h2>

<h3 style="text-align:center">Fonctions internes de la tige.</h3>

Produire les racines et les feuilles aux dépens des réserves emmagasinées dans ses parenchymes ; fixée au sol par les racines, supporter dans l'air la charge des feuilles ; conduire enfin aux feuilles le liquide absorbé dans le sol par les racines et aux racines le liquide élaboré dans l'air et dans la lumière par les feuilles : telles sont les quatre fonctions internes principales de la tige. Il y faut ajouter la sécrétion, fonction qu'elle partage avec la racine.

Emmagasinement des réserves. — La tige, surtout quand elle est vivace, accumule toujours des substances nutritives, qui s'y mettent en réserve pour les développements ultérieurs. Ces réserves, parmi lesquelles figurent surtout l'amidon, l'inuline, le sucre de canne, etc., se constituent dans les divers parenchymes à parois minces, notamment dans l'écorce, le péricycle, la moelle et les rayons médullaires, dans le parenchyme libérien et le parenchyme ligneux primaires, plus tard dans le phelloderme, les rayons secondaires, le parenchyme libérien et le parenchyme ligneux secondaires. Quelquefois la production de ces parenchymes s'exagère localement et la tige se trouve différenciée dans la région considérée en un réservoir nutritif tuberculeux (voir p. 136), constitué tantôt par l'écorce (Cactées), tantôt par la moelle (Pomme de terre, Apios), le plus souvent par le liber et le bois secondaires presque exclusivement parenchymateux (Carotte, Panais, Radis, Navet, etc.), quelquefois par du parenchyme secondaire avec (Betterave, etc.) ou sans (Isoète) faisceaux libéroligneux tertiaires. Mais ce n'est là qu'une manifestation exagérée et particulièrement intéressante d'une fonction générale de la tige.

Support des feuilles. — Quand la tige est grimpante, volubile ou rampante, elle trouve en dehors d'elle son soutien et le support de ses feuilles. Quand elle est dressée, elle se soutient par elle-même et supporte directement le poids de son feuillage. C'est par le sclérenchyme, le collenchyme et le parenchyme scléreux primaires, que cette fonction mécanique est tout d'abord remplie. On a vu plus haut que l'ensemble des tissus de soutien primaires peut affecter des dispositions très différentes, de manière à suffire dans chaque cas particulier à l'effort qu'il doit supporter. Plus tard, quand la tige se ramifie de plus en plus et produit des feuilles de plus en plus nombreuses, la charge augmente; mais, grâce aux tissus secondaires, dont une partie soit dans le liber, soit dans le bois, soit dans les rayons, se différencie en sclérenchyme, le soutien croît dans la même proportion et l'équilibre se maintient. C'est l'une des raisons d'être des tissus secondaires, que d'ajouter sans cesse de nouveaux éléments de soutien aux anciens, à mesure que la tige a besoin d'une plus grande solidité.

Transport vers les feuilles du liquide apporté par les racines.— On sait (p. 116) que c'est par les faisceaux ligneux que chaque racine primaire conduit et apporte à la tige le liquide puisé dans le sol par elle et par ses diverses ramifications. On sait aussi comment les faisceaux ligneux de la racine se raccordent avec le bois des faisceaux libéroligneux de la tige (p. 167), lesquels à leur tour se prolongent directement dans les feuilles (p. 146). On comprend donc que le liquide du sol, une fois parvenu à la limite de la racine et de la tige, n'a qu'à poursuivre la voie des vaisseaux où il se trouve déjà engagé, pour arriver aux feuilles. Et en effet, tout prouve que c'est par les vaisseaux que monte à travers la tige le courant d'eau qui se rend des racines aux feuilles. Si l'on coupe la tige dans sa région inférieure, après avoir placé quelque temps la plante à l'obscurité pour supprimer sa transpiration, l'eau s'écoule par la section et il est facile, en essuyant la tranche avec du papier buvard, de s'assurer que le liquide ne perle qu'aux orifices des vaisseaux. D'autre part, si l'on coupe une branche feuillée et qu'on en plonge l'extrémité inférieure dans un liquide coloré, en l'exposant à la lumière de manière à activer la transpiration de ses feuilles, on s'assure après un certain temps, par des sections transversales à diverses hauteurs, que le liquide coloré est monté tout d'abord et essentiellement par les vaisseaux. Pour mesurer la vitesse d'ascension, on substitue au liquide coloré une dissolution de citrate de lithine dont on cherche ensuite la présence dans les entre-nœuds successifs à l'aide du spectroscope. On trouve ainsi que le liquide monte par heure d'une quantité qui varie, suivant la nature des plantes entre 18^{cm},7 (Podocarpus macrophylla) et 206 centimètres (Albizzia lophantha).

Quelle est la force qui fait monter ainsi le liquide dans les vaisseaux avec cette vitesse, depuis la base de la tige jusqu'aux feuilles les plus hautes. Pour répondre à cette question, il faut anticiper un peu sur la physiologie des feuilles et distinguer deux cas, suivant que la transpiration des feuilles est nulle ou qu'elle est au contraire à son maximum d'intensité.

Dans le premier cas, il y a pression de bas en haut. Le liquide du sol est poussé de bas en haut par la pression osmotique des poils radicaux, pression qui est loin d'être tout entière détruite, on l'a vu (p. 118), par les résistances que le liquide éprouve dans les vaisseaux mêmes de la racine. C'est cette force qui, au printemps, avant l'ouverture des bourgeons, fait écouler le liquide goutte à goutte par toutes les ouvertures accidentelles de la tige, et provoque le phénomène bien connu des *pleurs* (Vigne, etc.). C'est elle aussi qui, après l'épanouissement des feuilles, détermine, la nuit, l'expulsion de gouttelettes d'eau en divers points de leur surface, comme il sera dit plus loin.

Dans le second cas, au contraire, il y a aspiration de haut en bas. A mesure qu'ils se vident par en haut dans les feuilles, les vaisseaux se remplissent par en bas; l'aspiration gagne de proche en proche, d'abord jusqu'à la base de la tige, puis de plus en plus profondément à l'intérieur de la racine, jusqu'aux extrémités dans la région des poils. Enfin à mesure que ceux-ci tendent à se dessécher, ils aspirent le liquide du sol. Chaque goutte d'eau vaporisée sur les feuilles est donc remplacée par une goutte d'eau absorbée par les poils radicaux. Seulement, comme l'absorption est moins rapide que la transpiration, le vide tend à se faire dans les vaisseaux; la colonne d'eau se disjoint, il s'y introduit de l'air à une pression moindre que la pression atmosphérique. Aussi, quand on coupe sous le mercure une branche dont les feuilles transpirent activement, le mercure s'introduit-il dans les vaisseaux en les injectant sur une longueur variable, qui peut aller jusqu'à 12 centimètres dans le Robinier. De même, si l'on adapte un manomètre à un orifice pratiqué au bas d'une tige en voie de transpiration active, ce manomètre accuse aussitôt une pression négative. Enfin si l'on ajuste à l'orifice un tube contenant de l'eau, le liquide est aspiré dans la tige.

Entre ces deux cas extrêmes, celui où la pression des racines existe seule, et celui où l'aspiration des feuilles est assez active pour annuler complètement et au delà cette pression des racines, il y a tous les intermédiaires, et une même plante feuillée peut passer par tous les états dans le cours d'une même journée. Quand les deux forces de poussée et d'aspiration agissent de la sorte simultanément, ce qui est le cas ordinaire, il est difficile de préciser la part de chacune d'elles à un moment donné. Tout ce qu'on peut dire, c'est que la première pousse le liquide jusqu'à un certain niveau dans la tige et que la seconde aspire le liquide à partir de ce niveau.

Transport du liquide ramené dans la tige par les feuilles. — Quant au liquide que les feuilles ramènent à la tige après l'avoir épaissi en lui faisant perdre beaucoup d'eau et en l'enrichissant des produits de l'assimilation, il est transporté dans la tige par le liber des faisceaux libéroligneux, et principalement par les tubes criblés. Du liber des faisceaux libéroligneux de la tige, il passe ensuite dans les faisceaux libériens de la racine, où il se meut comme il a été dit p. 118. La force qui le déplace lentement dans les tubes criblés est simplement la lente consommation au lieu d'emploi ou de mise en réserve. C'est aussi la situation du lieu d'emploi ou de mise en réserve par rapport aux feuilles, qui règle la direction du courant. Pour la portion de ce liquide destiné à la croissance et à la ramification des racines, le courant est descendant; pour celle qui est consommée par la croissance terminale de la tige, ainsi que par la formation et la croissance des jeunes feuilles dans le bourgeon, il est ascendant.

Les deux moitiés du faisceau libéroligneux sont donc le siége de deux courants de nature différente, qui peuvent être de même sens ou de sens contraire. Cette analogie dans le rôle conducteur explique le parallélisme de structure du liber et du bois, comme la diversité des liquides transportés donne la raison de leurs différences. Dans presque toutes les Cryptogames vasculaires actuellement vivantes, la plupart des Monocotylédones et quelques Dicotylédones, les faisceaux libéroligneux primaires suffisent indéfiniment à ce double transport. Il n'en est pas de même chez les Gymnospermes, la plupart des Dicotylédones, quelques Monocotylédones et un petit nombre de Cryptogames vasculaires; à mesure que la tige se ramifie davantage et porte des feuilles plus nombreuses, pour alimenter une transpiration de plus en plus abondante et emmener les produits d'une assimilation de plus en plus active, il y faut des vaisseaux et des tubes criblés de plus en plus nombreux. C'est la principale raison d'être de la formation continue, chez ces plantes, du liber et du bois secondaires.

Sécrétion. — Comme la racine, la tige à mesure qu'elle croît élimine divers produits désormais inutiles, et les amasse dans certaines de ses cellules, en un mot sécrète. La sécrétion est très précoce et s'opère déjà dans le méristème, avant la différenciation des tissus. Suivant les plantes, les produits sécrétés sont de nature différente; les cellules qui les contiennent sont aussi différemment ajustées et situées, comme on l'a vu plus haut; aussi l'appareil sécréteur est-il une source abondante de caractères distinctifs.

Il peut se faire que cet appareil affecte dans la tige la même forme et la même situation que dans la racine. Par exemple, dans les Diptérocarpées, les Pins et les Mélèzes les canaux résinifères du bois, dans les Anacardiacées ceux du liber, se continuent directement dans les régions correspondantes de la tige; dans les Ombellifères, les Araliées et les Pittosporées les canaux oléifères du péricycle, dans les Composées Tubuliflores et Radiées ceux de l'endoderme, se continuent au sein de la même région dans la tige, en se bordant seulement de cellules spéciales. Mais cette unité de lieu n'est pas nécessaire. Ainsi dans les Composées Liguliflores, les réseaux laticifères qui occupent le péricycle dans la racine, passent au bord interne des faisceaux libériens dans la tige; chez les Liquidambars, les canaux oléifères sont libériens dans la racine, ligneux dans la tige. D'autre part, l'appareil sécréteur peut affecter dans la tige une forme différente de celle de la racine. Ainsi les Philodendrons ont dans la racine des canaux sécréteurs qui n'existent pas dans la tige; par contre, la tige des Simarubées, des Alismacées, des Conifères, etc., a des canaux sécréteurs, celle des Rutacées, des Myrtacées, etc., des poches oléifères qui n'existent pas dans la racine. Le lieu où s'exerce et la façon dont s'opère la fonction de sécrétion dans la tige ne peuvent donc pas être déduits de ce qui se passe sous ce rapport dans la racine; l'appareil sécréteur doit être étudié pour chaque membre séparément.

CHAPITRE QUATRIÈME

LA FEUILLE

Toutes les plantes qui ont une tige ont aussi sur cette tige des feuilles plus ou moins développées. Cette corrélation résulte de la nature même des choses. La tige et la feuille sont, en effet, deux membres du corps rameux de la plante différenciés l'un par rapport à l'autre, et les noms qu'on leur donne n'indiquent pas autre chose que cette différenciation. L'étude de la feuille s'applique donc, comme celle de la tige, à certaines Algues, notamment aux Characées et à diverses Floridées, à beaucoup d'Hépatiques, à la totalité des Mousses, enfin et surtout à toutes les plantes vasculaires. Nous allons, comme pour la racine et la tige, considérer ce membre d'abord au point de vu morphologique, puis au point de vue physiologique.

SECTION I

MORPHOLOGIE DE LA FEUILLE

L'étude morphologique de la feuille exige que l'on considère ce membre d'abord dans sa forme extérieure et tout ce qui s'y rattache, puis dans sa structure et tout ce qui en dépend.

§ 1

Forme extérieure de la feuille.

Conformation générale de la feuille. — La feuille est un membre porté par la tige au nœud et ordinairement aplati perpendiculairement à l'axe de la tige. Elle n'est divisible en deux moitiés symétriques, ou du moins similaires, que par un seul plan passant par l'axe de la tige ; elle est *bilatérale*. Son côté inférieur, externe ou dorsal, diffère plus ou moins de sa face supérieure, interne ou ventrale ; elle est donc aussi *dorsiventrale*. Comme celle de la tige, la surface de la feuille est primitive et continue avec elle-même dans toute son étendue ; elle est également en continuité directe avec la surface de la tige qui la porte. Parfois lisse, *glabre*, cette surface est souvent hérissée de poils de forme très variée, *velue*.

Une feuille complète comprend trois parties : la *gaine*, base dilatée par où elle s'attache au pourtour du nœud, en enveloppant plus ou moins la tige à la façon d'un étui ; le *pétiole*, prolongement grêle plus ou plus moins long ; et le *limbe*, lame verte aplatie, qui est la partie essentielle de la feuille. Une telle feuille est dite pétiolée engainante (Arum, Canna, Ficaire, Ombellifères, etc). Souvent la feuille est plus simple. Tantôt la gaine manque et c'est le pétiole qui s'attache directement à la tige par une insertion étroite : la feuille est simplement pétiolée (Hêtre, Chêne, Courge, etc). Tantôt le pétiole manque et de la gaine on passe directement au limbe : la feuille est simplement engainante (Graminées, etc). Tantôt enfin la gaine et le pétiole manquent à la fois et le limbe s'attache directement à la tige : la feuille est dite alors *sessile* (Tabac, Lis, etc). C'est à cet état, le plus simple de tous, qu'on la rencontre toujours dans les Hépatiques feuillées, les Mousses, les Prêles, les Lycopodinées et un grand nombre de Phanérogames.

La gaine attache le pétiole et le limbe, ou le limbe seul, à la tige : aussi est-elle d'autant plus large et plus haute que le limbe est plus grand (Ombellifères, Palmiers, Graminées, etc.). Le pétiole porte le limbe et l'écarte de la tige d'autant plus qu'il est plus long ; aussi sa grosseur et sa fermeté sont-elles en rapport avec la grandeur et le poids du limbe qu'il a à soutenir. Il est toujours arrondi sur sa face inférieure, ordinairement plan ou excavé, creusé en gouttière, sur sa face supérieure ; d'où l'on voit immédiatement qu'il n'a, comme le limbe et la gaine, qu'un seul plan de symétrie. Quelquefois pourtant il est arrondi aussi sur sa face supérieure et sensiblement cylindrique (Lierre, Pivoine, etc.); ou bien il s'aplatit soit dans le plan du limbe comme dans l'Oranger, soit latéralement comme dans le Tremble et d'autres Peupliers, circonstance qui explique l'agitation des feuilles de ces arbres au moindre souffle de l'air; ou bien encore il se renfle à sa base en une masse ovoïde renfermant de grandes cavités pleines d'air, comme dans les feuilles de certaines plantes aquatiques, auxquelles il sert de flotteur (Mâcre, divers Pontédérias).

En résumé, la gaine et le pétiole peuvent manquer, ensemble ou séparément; quand ils existent, ils n'ont de rôle que vis-à-vis du limbe. Il est très rare que ce dernier fasse défaut et la chose n'arrive alors que par suite d'un avortement sur certaines feuilles de la plante; le pétiole au sommet duquel le limbe a ainsi avorté s'aplatit d'ordinaire dans le plan vertical comme pour le remplacer dans ses fonctions, et forme une lame à laquelle on a donné le nom de *phyllode* (divers Acacias et Oxalides; certaines plantes aquatiques : Sagittaire, Potamot. etc). C'est donc le limbe qui est la partie essentielle de la feuille et nous devons l'étudier de plus près.

Forme et nervation du limbe. — Le limbe est ordinairement aplati et le plan d'aplatissement est perpendiculaire à l'axe de la tige. Dans ce limbe aplati, on distingue des côtes résistantes faisant saillie surtout à la face inférieure, diversement ramifiées, partant toutes du pétiole dont elles sont comme l'épanouissement et dont l'une d'elles prolonge la direction : ce sont les *nervures*. Les dernières et les plus fines de ces nervures ne font plus saillie à la surface, elles demeurent tout entières immergées dans l'épaisseur de la lame, où elles s'anastomosent en un réseau délicat; mais il suffit pour les voir de placer le limbe entre l'œil et la lumière. Une couche plus molle et plus verte recouvre toutes les nervures, remplit toutes les mailles du réseau et les relie en un tout contenu : c'est le *parenchyme*. Si l'on fait disparaître le parenchyme, on isole et prépare comme une fine dentelle ce système de nervures, qui est pour ainsi dire le squelette de la feuille. On y arrive facilement soit en battant avec une brosse le limbe préalablement desséché, soit en soumettant la feuille à une longue macération dans l'eau. Dans ce cas, l'Amylobacter qui pullule dans le liquide dissout peu à peu les membranes cellulaires du parenchyme, sans attaquer celles des nervures qui sont lignifiées. On observe souvent dans la nature des préparations de nervures ainsi réalisées.

La disposition des principales nervures dans le limbe, sa *nervation*, comme on dit, est très variable, mais se rattache à quatre types principaux, et comme chaque fois c'est la nervation qui détermine la forme générale du limbe, celle-ci se rattache aussi à quatre types.

Le cas le plus simple est celui d'une nervure unique, médiane, qui ne se ramifie pas : la nervation est *simple*, la feuille est *uninerve*. Il en est ainsi dans les Mousses, les Prêles, les Lycopodes, la plupart des Conifères (Pin, Sapin, Cyprès, If, etc.) et çà et là dans les autres Phanérogames. Le limbe est alors étroit et souvent en forme d'aiguille.

Ailleurs, la nervure médiane, encore unique, se ramifie; elle forme de chaque côté, en s'amincissant à mesure, des nervures secondaires, qui sont insérées sur elle comme les barbes sur le tuyau d'une plume : la nervation est *pennée*, la feuille est *penninerve* (Hêtre, Coudrier, Bananier, etc.). Le limbe est alors de forme ovale plus ou moins allongée.

Si le pétiole, au point où s'atttache le limbe, s'épanouit en un certain nombre impair de nervures divergentes, dont la plus grande est médiane et dont les autres vont décroissant de grandeur de chaque côté comme les doigts de la main, la nervation est *palmée*, la feuille est *palminerve* (Vigne, Mauve, Lierre, etc.). Le limbe est alors de forme plus ou moins circulaire. Lorsque les nervures palmées sont assez nombreuses pour que les plus petites reviennent en avant du pétiole, le limbe forme deux oreillettes arrondies ou allongées (Sagittaire, Liseron, Mauve, Arum, etc); si ces deux oreillettes s'unissent en avant, le limbe se trouve inséré perpendiculairement sur le pétiole par un point excentrique, autour duquel rayonnent les nervures inégales; la nervation est *peltée*, la feuille est *peltinerve* (Capucine, Nélombo, etc.). Ce n'est pas là toutefois un type distinct, mais une simple modification du type palmé.

Enfin, si au sortir de la tige ou de la gaine, un certain nombre de nervures, dont une un peu plus forte est médiane, courent parallèlement de la base au sommet du limbe, la nervation est *parallèle;* quand les nervures sont droites, la feuille est *rectinerve* (Graminées, Jacinthe, Narcisse, etc); quand elles sont courbes, arquées en dedans, la feuille est *curvinerve* (Mélastomacées, etc.).

Dans chacun des trois derniers types, les nervures principales se ramifient à leur tour un certain nombre de fois, le plus souvent suivant le mode penné; enfin les derniers ramuscules s'anastomosent pour fermer les mailles du réseau, ou bien ils se terminent librement dans le parenchyme. On reviendra plus loin sur cette terminaison.

Le parenchyme du limbe a souvent même aspect et même couleur sur les deux faces; il en est ainsi dans les feuilles molles des plantes herbacées. Dans les feuilles coriaces des plantes ligneuses, au contraire, les deux faces du limbe diffèrent plus ou moins profondément : la face supérieure est plus dure, plus luisante et d'un vert plus foncé, la face inférieure plus molle, plus terne et d'un vert plus pâle, quelquefois même blanchâtre. Le parenchyme peut être assez mince pour se réduire, partout ailleurs que sur les nervures, à une seule épaisseur de cellules (Hépatiques feuillées, Mousses, la plupart des Hyménophyllées, etc.). Il peut être, au contraire, assez épais pour noyer dans sa profondeur et masquer complètement toutes les nervures, même les plus grosses; le limbe est alors massif, rebondi et dénué de côtes saillantes : la feuille est dite *grasse* (Crassule, Ficoïde, Agavé, etc.); elle prend alors quelquefois une forme conique (Jonc, etc.). En général, le parenchyme est continu, le limbe est plein. Quelquefois il est discontinu, le limbe est perforé, soit dès l'origine, parce que le parenchyme ne se développe pas dans les mailles du réseau de nervures (feuilles submergées de l'Ouvirandra), soit parce qu'il s'y fait à un certain âge des trous et des déchirures dont les bords se cicatrisent aussitôt et qui vont grandissant ensuite avec le limbe (diverses Aroïdées : Tornélia, Scindapsus, etc.; Palmiers : Chamérops, Phénix, etc.; Bananier, etc.).

Ramification de la feuille. — La feuille peut ne se ramifier ni dans son pétiole, ni dans son limbe; elle est alors *simple* et son limbe, dont le bord est convexe en tous les points, entièrement dépourvu d'angles rentrants, est dit *entier*. C'est ce qui a lieu nécessairement dans les feuilles uninerves, rectinerves ou curvinerves, et fréquemment aussi dans les deux autres modes de nervation (Buis, Lilas, Pervenche, Nénuphar, etc.). Mais souvent la feuille se ramifie soit dans son limbe, soit dans son pétiole.

1° Ramification du limbe. — La ramification du limbe a lieu d'ordinaire dans son plan, rarement perpendiculairement à sa surface. Cette ramification du limbe dans son plan se manifeste, après qu'il est complètement développé, par des découpures plus ou moins profondes du parenchyme entre les nervures, et il faut fixer les principaux degrés de ces découpures.

Considérons un limbe à nervation pennée. Si le contour ne rentre

que faiblement entre les nervures principales, en découpant autour
de leurs sommets autant de festons arrondis ou de dents aiguës,
le limbe est *crénelé* dans le premier cas (Lierre-terrestre, etc.),
denté dans le second (Hêtre, Coudrier, etc.). S'il rentre jusque vers
le milieu de la distance entre le bord et la nervure médiane, les
dents profondes et plus ou moins larges ainsi séparées sont des
lobes et le limbe est *lobé* (Chêne, Artichaut, etc.). S'il rentre jusqu'au voisinage de la nervure médiane, le lobe devient une *partition* et le limbe est *partit* (Coquelicot, etc.). Enfin, s'il atteint la
nervure médiane, chaque lobe devient un *segment* et le limbe est
séqué (Cresson d'eau, Aigremoine, etc.). Entre ces divers degrés,
qu'on adopte comme points de repère et qu'on nomme pour faciliter les descriptions, il y a naturellement tous les intermédiaires.
Plusieurs de ces découpures peuvent aussi se superposer sur le
même limbe : ainsi les lobes peuvent être crénelés ou dentés, les
segments peuvent être lobés, etc.

Pour exprimer d'un seul mot le mode de nervation principale
du limbe, d'où résulte sa forme générale, et son mode de ramification principale, d'où résulte sa conformation particulière, on
dira, dans les divers cas qui précèdent, que la feuille est *penni-
dentée*, *pennilobée*, *pennipartite*, *penniséquée*. Avec la nervation
palmée, les mêmes degrés de ramification donneront lieu respectivement à une feuille *palmidentée* (Mauve, etc.), *palmilobée* (Ricin,
Érable, Vigne, Figuier, Lierre, etc.), *palmipartite* (Aconit, etc.),
palmiséquée (Quintefeuille, etc).

Le limbe peut aussi, quoique rarement, se ramifier perpendiculairement à sa surface. Ainsi, dans le Rossolis, il produit, sur sa
face supérieure, des prolongements grêles renflés en massue, qui
reçoivent chacun une petite nervure perpendiculaire au plan de
la nervation générale, et qui sont autant de segments. Dans
la variété de Houx appelée vulgairement Houx-hérisson, des
segments analogues, dressés sur la face supérieure de la feuille,
sont pointus comme les dents du bord. Chez les Graminées, le
limbe forme à sa base une lame relevée en manchette perpendiculairement à sa direction : on la nomme *ligule*. Quand
elle est très développée, la ligule reçoit des nervures du limbe
un certain nombre de branches qui la parcourent parallèlement ; elle n'est donc pas autre chose qu'une ramification du
limbe à sa base perpendiculairement à son plan, une sorte de
dédoublement.

2° Ramification du pétiole. — Le pétiole se ramifie souvent en produisant de chaque côté une série de pétioles secondaires, terminés chacun par un limbe pareil au sien. Chacun de ces pétioles secondaires avec son limbe est une *foliole* et la feuille tout entière est dite alors *composée*. A son tour, chaque pétiole secondaire peut se ramifier et produire des pétioles avec des limbes tertiaires, ceux-ci des pétioles avec des limbes de quatrième ordre, et ainsi de suite. La feuille est alors composée à deux degrés, à trois degrés, etc., les limbes partiels étant d'autant plus petits que le nombre en est plus grand. Si la ramification est très abondante, ils peuvent se réduire à un très léger aplatissement au bout des pétioles du dernier ordre, et la feuille n'est alors tout entière, pour ainsi dire, qu'un pétiole un grand nombre de fois ramifié (diverses Ombellifères : Fenouil, Férule, etc.).

Si les pétioles secondaires s'échelonnent en deux rangées le long du pétiole primaire, la ramification est pennée et la feuille *composée pennée*, *bipennée*, *tripennée*, etc. Les folioles sont alors le plus souvent opposées deux à deux, par paires (Robinier, Frêne, Ailante, etc.), quelquefois alternes (Cycas, certaines Fougères, etc.); il peut n'y avoir qu'une seule paire de folioles latérales (Haricot, Mélilot, etc.). Si les pétioles secondaires, insérés tous au même point, divergent en décroissant de taille à droite et à gauche à partir du prolongement du pétiole primaire, la ramification est palmée et la feuille *composée palmée* (Lupin, Marronnier, etc.); elle peut alors aussi n'avoir que trois folioles (Trèfle, etc.).

Le limbe avorte quelquefois au sommet du pétiole primaire, qui se termine par une petite pointe au-dessus de la dernière paire de folioles ; la feuille est alors, comme on dit, *composée sans impaire* (Fève, Pois, Acacia, etc.); elle peut, dans ce cas, n'avoir que deux folioles (certaines Gesses).

Stipules. — A droite et à gauche du point où s'insère sur la tige une feuille pétiolée ou sessile, on trouve souvent deux lames plus ou moins développées, appelées *stipules*. Leur forme est dissymétrique, de sorte que chaque stipule est comme l'image de l'autre dans un miroir. Elles sont ordinairement petites, mais dans la Pensée, le Pois, le Tulipier, etc., elles atteignent d'assez grandes dimensions. D'habitude elles diffèrent profondément du limbe, mais dans nos Rubiacées indigènes (Gaillet, Aspérule, Garance, etc.), elles lui ressemblent entièrement de forme et de grandeur et l'on dirait trois feuilles sessiles indépendantes, insérées côte à côte. Souvent les stipules se dessèchent de bonne heure et se détachent quand les feuilles s'épanouissent ; la plupart des arbres de nos forêts ont de ces stipules *caduques* (Chêne, Charme, Châtaignier, etc.).

Les stipules doivent être considérées comme le résultat d'une ramification très précoce du pétiole ou du limbe à sa base et dans son plan. Ce sont, à proprement parler, une première paire de folioles, différenciées le plus souvent par rapport au limbe primaire et par rapport aux autres folioles, s'il y en a, et adaptées à une fonction spéciale, qui est de protéger la feuille dans le bourgeon. Toute feuille stipulée est donc en réalité une feuille composée. Il suffit, pour s'en convaincre, de remarquer que les nervures des stipules vont toujours s'attacher, à peu de distance au-dessous de la surface de la tige, aux nervures du pétiole ou du limbe primaire, dont elles ne sont que des ramifications.

Les stipules peuvent elles-mêmes se ramifier dans leur plan, prendre des dents, des lobes et même se diviser en deux ou plusieurs segments semblables, placés côte à côte. Ainsi, dans les Rubiacées indigènes, il n'est pas rare de voir le limbe avoir de chaque côté deux stipules semblables entre elles et à lui ; la feuille est alors, en réalité, une feuille composée palmée à cinq folioles sessiles, et les deux feuilles opposées à chaque nœud simulent un verticille de dix feuilles.

Les feuilles composées pennées portent quelquefois sur le pétiole primaire, à l'insertion des folioles, de petites languettes qui paraissent être à chaque foliole ce que les stipules sont à la feuille totale : ce sont des *stipelles* (Haricot, Robinier, etc.).

Origine et croissance de la feuille. — C'est dans le bourgeon que s'opèrent la naissance et les premiers développements de la feuille, et c'est là qu'il faut aller les étudier (fig. 36, *b*, p. 122). On y voit poindre d'abord, au flanc du cône terminal de la tige et non loin du sommet, un petit mamelon arrondi formé par une excroissance de la couche périphérique de l'écorce, revêtue par l'épiderme. L'origine de la feuille est donc exogène. Ce mamelon s'élargit bientôt transversalement et en même temps s'allonge plus vite sur sa face externe que sur sa face interne. La jeune feuille se courbe, par conséquent, de manière à recouvrir bientôt la terminaison de la tige et les mamelons plus jeunes qui s'y sont formés au-dessus d'elle. Quand elle se ramifie, elle forme ensuite à droite et à gauche une série de protubérances qui croissent d'abord par leur sommet, puis produisent à leur tour des mamelons de troisième ordre, et ainsi de suite. C'est précisément, comme on sait, l'ensemble de toutes ces jeunes feuilles rapprochées, de plus en plus développées et se recouvrant de plus en plus du sommet à la base, qui constitue à un moment donné le bourgeon terminal d'une tige ou d'une branche.

Comme la racine et la tige, la feuille une fois née croît d'abord par son sommet, où de nouvelles cellules s'ajoutent aux anciennes. Quelquefois cette croissance terminale se poursuit longtemps, comme chez les Fougères et les Ophioglossées ; dans certaines Fougères, non seulement elle dure toute la première année, mais reprend au printemps suivant et se prolonge ainsi des années durant (Gleichénia, Mertensia, Lygodium, etc.). Presque toujours cependant cette croissance terminale est de très courte durée et c'est par un puissant allongement intercalaire que la feuille poursuit son développement dans le bourgeon, s'épanouit et acquiert sa dimension définitive.

La croissance intercalaire du limbe et la formation de ses diverses parties latérales de premier ordre : nervures, dents, lobes, folioles, etc., peut s'accomplir de diverses manières. Elle peut s'opérer également en tous les points ; toutes les parties nouvelles sont alors de même âge : la croissance est *simultanée* (Chamérops, Chamédoréa et autres Palmiers). Mais le plus souvent elle se localise dans une certaine zone, où elle continue d'agir pendant qu'elle a cessé partout ailleurs ; les parties nouvelles sont alors d'âge différent, d'autant plus jeunes qu'elles sont plus rapprochées de cette zone : la croissance est *successive*, ce qui peut avoir lieu de trois façons différentes. Si la zone de croissance intercalaire est à la base du limbe, les parties se succèdent par rang d'âge décroissant du sommet à la base : la croissance est *basipète ;* c'est le cas le plus fréquent (Bouleau, Chêne, Erable, Vigne, Rosier, Pimprenelle, Marronnier, Lupin, etc.). Si la zone de croissance est située vers le sommet, c'est l'inverse : la croissance est *basifuge* (Tilleul, Bégonia, Robinier, Vesce, Ailante, Sumac, Ombellifères, etc.). Enfin si la zone de croissance occupe le milieu de la feuille, les parties se succèdent par rang d'âge décroissant, du sommet à la base dans la moitié supérieure, de la base au sommet dans la moitié inférieure : la croissance est *mixte ;* c'est le cas le plus rare (beaucoup de Composées : Centaurée, Achillée, Anthémis, etc.).

Le pétiole ne naît que tard, après toutes les diverses parties constitutives du limbe, rarement avant la formation de ses parties latérales (Rosier, Tulipier, etc.). Les stipules naissent avant les premières nées des folioles latérales (Gesse, Vesce, etc.), ou pendant leur formation (Carotte, Ciguë, etc.), au plus tard immédiatement après la dernière d'entre elles (Rosier, Panicaut, etc.). Leur croissance est ordinairement très rapide; aussi ont-elles dans le premier âge de la feuille une dimension très considérable et un rôle protecteur important. Dans le bourgeon, elles chevauchent par leur bord interne sur la face dorsale de la jeune feuille pour la recouvrir en tout ou en partie (Tilleul, Orme, Chêne, etc.), ou bien au contraire elles se glissent entre la feuille et la tige de façon à envelopper le reste du bourgeon (Tulipier, Platane, Figuier, etc.). De l'une ou de l'autre façon, les stipules forment des sortes de chambres protectrices, où les jeunes feuilles se développent et qu'elles quittent plus tard pour s'allonger et s'épanouir. Enfin la gaine se développe vers la même époque que les stipules; chez les Ombellifères, par exemple, c'est ordinairement après la formation de la dernière née des folioles de premier ordre.

La feuille peut n'avoir pas du tout d'allongement intercalaire. Une fois sa croissance terminale épuisée, ce qui a lieu presque toujours de très bonne heure dans le bourgeon, elle cesse alors de grandir, elle *avorte*, comme on dit. L'Asperge, beaucoup dé Cactées, les Euphorbes cactiformes, etc., n'ont que de pareilles petites feuilles avortées. Dans le Fragon la première feuille, dans le Pin les dernières feuilles des rameaux acquièrent seules leur développement normal; toutes les autres avortent. Même chez les plantes qui ont les feuilles les plus développées, il arrive souvent qu'un grand nombre d'entre elles s'atrophient ainsi par arrêt de croissance (Cycas, Fraisier, etc.).

Concrescence des feuilles. — Les deux bords de la gaine d'une feuille engainante peuvent s'unir en un étui fermé enveloppant l'entre-nœud supérieur (Cypéracées). Les deux oreillettes du limbe d'une feuille sessile peuvent s'unir du côté opposé de la tige, qui a l'air de traverser la feuille (Uvulaire, Buplèvre, fig. 62).

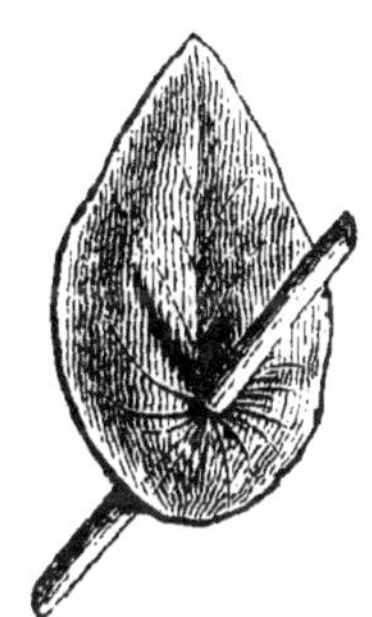

Fig. 62.

Enfin les deux stipules peuvent s'unir avec le pétiole qu'elles touchent (Rosier, Trèfle, etc.), ou entre elles bord à bord soit du côté du pétiole en passant entre lui et la tige (Mélianthe, Houttuynia), soit du côté opposé en formant une lame à deux nervures et souvent bilobée, diamétralement opposée à la feuille (Astragale, Ornithope, etc.), soit des deux côtés à la fois en un étui qui persiste autour de la base de l'entre-nœud (Polygonées) ou en une coiffe qui recouvre toute la partie supérieure de la tige et qui tombe quand la feuille suivante s'épanouit (Figuier, Magnolier, Platane, etc.). Dans tous ces cas, il y a croissance intercalaire commune, concrescence entre les diverses parties d'une même feuille.

Une pareille concrescence peut se produire aussi entre feuilles différentes insérées côte à côte au même nœud, entre les stipules de ces feuilles (Houblon, Croisette, etc.), entre leurs gaines (Saponaire, cotylédons du Radis, etc.), ou même entre leurs limbes sessiles (Chèvrefeuille, fig. 63, etc.).

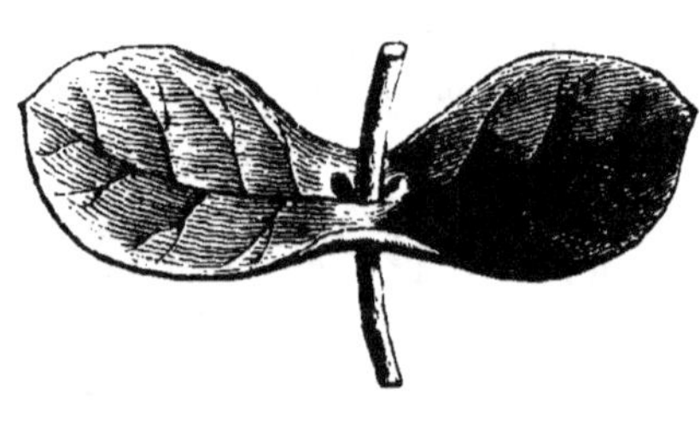

Fig. 63.

Enfin la feuille peut s'unir de la même manière soit avec la tige qui la porte (Épiphylle, etc.), soit avec la branche qu'elle produit à son aisselle (région florifère de diverses Solanées, etc.). Les deux membres ne se séparent alors qu'à une certaine distance du nœud et la feuille semble insérée soit sur la tige au-dessus de son insertion vraie, soit sur sa branche axillaire ; elle est *déplacée* et la distance entre l'insertion apparente et l'insertion vraie, en d'autres termes, la grandeur du *déplacement*, mesure précisément la durée de la croissance commune. Quand les deux choses s'opèrent à la fois, c'est-à-dire quand les feuilles s'unissent en même temps à la branche qui les porte et à leurs rameaux axillaires, il en résulte, si elles sont disposées en deux séries, des organes aplatis portant sur leurs bords de petites dents qui sont les extrémités libres des feuilles et, à l'aisselle de ces dents, de petits bourgeons qui sont les bourgeons terminaux des rameaux concrescents (Xylophylle, Phyllocladus).

Nutation de la feuille. — La face externe ou dorsale de la feuille croît d'abord plus rapidement que sa face interne ou ventrale ; l'organe se courbe donc en tournant sa concavité vers la tige. Plus tard, la face interne croît à son tour plus fortement que l'autre, de sorte que la feuille se dresse perpendiculairement à la tige ou même s'infléchit en sens contraire, la face dorsale devenant concave; c'est ainsi qu'elle sort du bourgeon, qu'elle s'épanouit. Ce mouvement d'épanouissement est déjà une nutation, qui s'opère dans le plan médian de la feuille; il est particulièrement développé chez les Fougères, dont les feuilles sont d'abord enroulées en crosse vers la tige, puis se déroulent et enfin deviennent droites.

Une fois les feuilles épanouies et tant qu'elles s'allongent, leur croissance intercalaire change d'intensité successivement tout autour du membre, d'où résulte, comme dans la racine et la tige, un mouvement révolutif, une circumnutation, dont le siège est en général dans le pétiole, parfois dans le limbe ou dans ces deux régions à la fois. Le sommet décrit une ellipse ordinairement très étroite, de sorte que le mouvement s'accomplit presque dans le plan vertical, c'est-à-dire dans le plan de la nutation d'épanouissement; pourtant l'ellipse s'élargit quelquefois (Camellia, Eucalyptus) jusqu'à devenir presque un cercle (Cissus).

Durée et chute des feuilles. — Nées au printemps, les feuilles meurent ordinairement à l'automne : elles sont caduques. Pourtant certaines plantes, dites pour ce motif *toujours vertes*, les conservent en bon état pendant un ou plusieurs hivers; leurs feuilles sont persistantes. Avant de mourir, les feuilles caduques perdent leur couleur verte, parce que les chloroleucites s'y détruisent; elles jaunissent d'abord, puis brunissent. Parfois elles deviennent d'un beau rouge, comme dans la Vigne-vierge et le Sumac, parce qu'il s'y forme à côté de la matière jaune un principe rouge dissous dans le suc cellulaire.

Morte, la feuille se dessèche parfois sur place et se détruit petit à petit, comme on peut le voir sur les Chênes; le plus souvent elle tombe. La chute a lieu de deux manières. Tantôt la feuille se détache nettement au ras de la tige, laissant à sa place une cicatrice, et tombe tout entière, comme dans nos arbres et arbustes. Tantôt elle laisse adhérente à la tige la partie inférieure de son pétiole, comme dans les Palmiers et les Fougères arborescentes; plus tard, ces bases de feuilles vont se détruisant peu à peu et, quand elle est suffisamment âgée, la tige en est dégarnie dans sa région inférieure.

Disposition des feuilles sur la tige. — Les feuilles sont disposées avec régularité sur la tige qui les produit et les porte;

cette disposition régulière entraîne celle des branches de divers ordres, qui naissent, comme on sait, en superposition avec les feuilles; elle détermine par conséquent toute l'architecture extérieure de la plante. Il y a donc un double intérêt à l'étudier. On a déjà vu plus haut, par quelques exemples (p. 149), qu'elle est en corrélation étroite avec le nombre et la course longitudinale des faisceaux libéroligneux de la tige.

Les feuilles sont disposées tantôt une à chaque nœud, *isolées* (Hêtre, Lis, Pin, etc.), tantôt plusieurs côte à côte à chaque nœud, formant toutes ensemble ce qu'on nomme un *verticille*, *verticillées* (Lilas, Laurier-rose, Pesse, etc.).

La distance longitudinale qui sépare deux feuilles isolées ou deux verticilles consécutifs, c'est-à-dire la longueur de l'entre-nœud, est sujette, on l'a vu, à trop de variations dépendant les unes de l'âge de la tige au moment où elle produit ses feuilles (p. 125), les autres des causes extérieures qui, comme la lumière, la température, etc., modifient la croissance (p. 200), pour qu'on puisse y constater quelque chose de constant. La distance transversale de deux feuilles consécutives, c'est-à-dire la distance des centres d'insertion des deux feuilles projetée sur la circonférence qui passe par l'une d'elles et estimée en degrés, ou encore la valeur de l'angle dièdre formé par les plans médians des deux feuilles se croisant suivant l'axe de la tige, se maintient au contraire constante dans une plante donnée, au moins pour une assez grande étendue de la tige : cette distance transversale est ce qu'on appelle la *divergence* des feuilles. Excepté quand elle est de 180°, il y a deux manières de la compter, du côté où elle est la plus courte, ou du côté où elle est la plus longue; on convient de suivre le plus court chemin, de sorte que la divergence est toujours inférieure à 180°. Ceci posé, considérons d'abord le cas des feuilles isolées, puis celui des feuilles verticillées.

1° Disposition des feuilles isolées. — Deux feuilles isolées consécutives ne sont jamais exactement superposées, en un mot leur divergence d n'est jamais nulle. Sa valeur peut s'exprimer par une fraction rationnelle de la circonférence et se mettre sous la forme $d = \frac{p}{n}$ circ., p et n étant des nombres entiers, p pouvant être égal à 1, n étant au moins égal à 2. Il en résulte qu'à partir d'une certaine feuille prise comme origine, on en trouve toujours une, la $n+1^e$, qui est exactement superposée à la première, c'est-à-dire dont le plan médian coïncide avec celui de la première, et pour atteindre cette feuille superposée, on fait p fois le tour de la tige. En d'autres termes, toutes les feuilles sont disposées sur n génératrices de la tige considérée comme un cylindre. L'ensemble formé par ces n feuilles, qui va ensuite se répétant indéfiniment sur la tige tant que la divergence conserve sa valeur primitive, s'appelle un *cycle*.

Voyons maintenant quelles sont les valeurs particulières de la divergence $\frac{p}{n}$ qui sont habituellement réalisées par les feuilles isolées.

$p = 1$, $n = 2$, $d = \frac{1}{2}$. C'est la plus grande divergence. Les feuilles successives sont écartées transversalement d'une demi-circonférence et se superposent de 2 en 2. Elles sont donc disposées en deux séries longitudinales diamétralement opposées, le long desquelles elles alternent régulièrement. Le cycle comprend deux feuilles en un tour. C'est ce qu'on appelle souvent la disposition *distique* (Graminées, Viciées, Hêtre, Orme, Tilleul, Vigne, Aristoloche, etc.).

$p = 1$, $n = 3$, $d = \frac{1}{3}$. L'écart transversal de deux feuilles successives est de 120°; elles se superposent de 3 en 3 et sont disposées sur trois séries longitudinales. C'est la disposition *tristique* (Cypéracées, Tulipe, Aulne, Bouleau, etc.).

$p = 1$, $n = 4$, $d = \frac{1}{4}$. L'écart transversal de deux feuilles successives est de 90°; elles se superposent de 4 en 4 et sont disposées en quatre séries longitudinales. C'est la disposition *tétrastique*, pour laquelle la figure 42 de la page 148 représente la course des faisceaux dans la tige; elle est beaucoup plus rare que les deux précédentes (Samole, Restio, etc.).

$p = 1$, $n = 5$, $d = \frac{1}{5}$. L'écart est de 72°; c'est la disposition *pentastique*, très rarement réalisée (Costus, etc.).

Toutes les autres divergences observées dans la nature sont comprises par séries entre les précédentes. Il y a d'abord une série de valeurs, et c'est de beaucoup la plus répandue, comprise entre $\frac{1}{2}$ et $\frac{1}{3}$: c'est la série des grandes divergences. En voici les termes :

$p = 2$, $n = 5$, $d = \frac{2}{5}$. L'écart transversal est de 144°, plus petit que $\frac{1}{2}$, plus grand que $\frac{1}{3}$; les feuilles se superposent de 5 en 5 et sont disposées en cinq rangées longitudinales. Le cycle comprend cinq feuilles en deux tours : c'est la disposition appelée souvent *quinconciale*. Elle est de toutes la plus répandue; on la rencontre notamment chez la plupart des Dicotylédones (Saule,

Chêne, Poirier et la plupart des Rosacées, Borraginées, Groseillier, etc.).

$p = 3$, $n = 8$, $d = \frac{3}{8}$. L'écart transversal est de 135°, plus petit que $\frac{2}{5}$, plus grand que $\frac{1}{3}$; les feuilles s'y superposent de 8 en 8 et sont toutes disposées en huit rangées longitudinales. Le cycle comprend huit feuilles en trois tours. Cette disposition est assez fréquente (Chou, Radis, Plantain, Pariétaire, Lin, beaucoup de Mousses, etc.); on la dénomme simplement par sa divergence $\frac{3}{8}$, et l'on fait de même pour toutes les suivantes.

$p = 5$, $n = 13$, $d = \frac{5}{13}$. L'écart transversal mesure un peu plus de 138°,27′, plus petit que $\frac{2}{5}$, mais plus grand que $\frac{3}{8}$; les feuilles se superposent de 13 en 13 et sont disposées sur treize rangées longitudinales. Le cycle comprend treize feuilles en cinq tours. Cette disposition, pour laquelle la figure 43 de la page 148 représente la course des faisceaux dans la tige, est moins fréquente que la précédente (Molène, Sumac, Arbousier, Ibéride, Jasmin, plusieurs Pins, bon nombre de Mousses, etc.).

On trouve encore $\frac{8}{21}$, compris entre $\frac{3}{8}$ et $\frac{5}{13}$ (Isatis, Dracéna, branches grêles de Sapin et d'Épicéa, etc.); $\frac{13}{34}$, compris entre $\frac{5}{13}$ et $\frac{8}{21}$ (la plupart des Pins, grosses branches de Sapin et d'Épicéa, etc.); $\frac{21}{55}$, compris entre $\frac{8}{21}$ et $\frac{13}{34}$ (tige de Sapin et d'Épicéa, Mamillaire, etc.); $\frac{34}{89}$, compris entre $\frac{13}{34}$ et $\frac{21}{55}$ (bractées du capitule de l'Aster de Chine); $\frac{55}{144}$, compris entre $\frac{21}{55}$ et $\frac{34}{89}$ (bractées du capitule du Grand-Soleil), divergences qui deviennent d'autant plus rares que leurs dénominateurs sont plus compliqués.

On a ainsi la série de valeurs :

$$\frac{1}{2},\ \frac{1}{3},\ \frac{2}{5},\ \frac{3}{8},\ \frac{5}{13},\ \frac{8}{21},\ \frac{13}{34},\ \frac{21}{55},\ \frac{34}{89},\ \frac{55}{144},\ \text{etc.},$$

dans laquelle une divergence quelconque, à partir de la troisième, est toujours comprise entre les deux précédentes et s'obtient en additionnant les deux précédentes, numérateur à numérateur et dénominateur à dénominateur; en d'autres termes, ces valeurs sont les réduites successives de la fraction continue :

$$\cfrac{1}{2 + \cfrac{1}{1 + \cfrac{1}{1 + \cdots}}}$$

En suivant toutes ces divergences dans l'ordre indiqué, on oscille entre $\frac{1}{2}$ et $\frac{1}{3}$ du côté de $\frac{1}{3}$, c'est-à-dire dans l'intervalle compris entre $\frac{1}{3}$ et $\frac{2}{5}$, chaque terme étant alternativement plus petit et plus grand que le précédent. Mais les oscillations diminuent rapideent d'amplitude et les divergences diffèrent de moins en moins à mesure que les dénominateurs augmentent. Déjà $\frac{5}{13}$ et $\frac{8}{21}$ diffèrent seulement de 1°; $\frac{13}{34}$ et $\frac{21}{55}$ diffèrent seulement de 6'. Elles tendent donc, en définitive, vers une limite qu'un calcul très simple fait connaître et qui est $\frac{3-\sqrt5}{2}$, correspondant, à moins d'une seconde près, à l'angle de 137°,30',28". Cette série, qui renferme la très grande majorité des divergences foliaires observées, est ce qu'on appelle la *série normale*.

L'espace compris entre $\frac{1}{2}$ et $\frac{1}{3}$ comprend deux parties. L'une de ces parties, voisine de $\frac{1}{3}$, entre $\frac{1}{3}$ et $\frac{2}{5}$, étant occupée par la série précédente, il est facile de prévoir que l'autre, voisine de $\frac{1}{2}$, entre $\frac{1}{2}$ et $\frac{2}{5}$, sera occupée par une série semblable et complémentaire. Les nouvelles divergences, commençant aussi par $\frac{2}{5}$ et obtenues aussi en ajoutant les deux qui précèdent, numérateur à numérateur et dénominateur à dénominateur, ont même numérateur avec un dénominateur plus petit et sont, par conséquent, plus grandes que celles de la série normale. En voici la suite :

$$\frac{1}{3}, \ \frac{1}{2}, \ \frac{2}{5}, \ \frac{3}{7}, \ \frac{5}{12}, \ \frac{8}{19}, \ \frac{13}{34}, \ \frac{21}{50}, \ \text{etc.}$$

On trouve, par exemple, $\frac{3}{7}$ dans le Bananier, $\frac{5}{12}$ dans certains Aloès et Spathiphylles, $\frac{8}{19}$ dans l'Ananas, $\frac{13}{34}$ dans l'épi du Plantain, $\frac{21}{50}$ dans le capitule des Cardères, etc. Mais cette série complémentaire est beaucoup plus rarement réalisée que la normale.

En opérant entre $\frac{1}{3}$ et $\frac{1}{4}$ comme il vient d'être fait entre $\frac{1}{2}$ et $\frac{1}{3}$, on obtient de même deux séries complémentaires de divergences commençant toutes deux par $\frac{2}{7}$, l'une oscillant du côté de la plus petite, entre $\frac{1}{4}$ et $\frac{2}{7}$, l'autre du côté de la plus grande, entre $\frac{1}{3}$ et $\frac{2}{7}$. Les deux séries sont :

$$\frac{1}{3}, \ \frac{1}{4}, \ \frac{2}{7}, \ \frac{3}{11}, \ \frac{5}{18}, \ \text{etc.}, \qquad \text{et} \ \frac{1}{4}, \ \frac{1}{3}, \ \frac{2}{7}, \ \frac{3}{10}, \ \frac{5}{17}, \ \text{etc.}$$

On trouve, par exemple, $\frac{2}{7}$ dans l'Euphorbe heptagone et le Mélaleuca à feuilles de Bruyère, $\frac{3}{11}$ et $\frac{5}{18}$ dans le Sédum réfléchi et les feuilles avortées de l'Opuntia.

En opérant de même entre $\frac{1}{4}$ et $\frac{1}{5}$, on obtient aussi deux séries complémentaires ayant pour point de départ commun $\frac{2}{9}$, et dont quelques termes ont été observés çà et là ; on trouve, par exemple, dans le Lycopode Sélago.

En résumé, la très grande majorité des dispositions réalisées par les feuilles isolées est comprise dans la série normale, qui est aussi la série des plus petites parmi les plus grandes divergences.

13.

Dans cette série, les divergences à petit dénominateur se montrent avec de longs entre-nœuds, celles à grand dénominateur avec de courts entre-nœuds, ce qui prouve que la distance longitudinale des feuilles influe de quelque manière sur leur distance transversale.

2° **Disposition des feuilles verticillées.** — Quand les feuilles sont verticillées, elles sont toujours équidistantes dans chaque verticille; la divergence à l'intérieur du verticille est donc $\frac{1}{m}$ circ., m étant le nombre des feuilles du verticille : $\frac{1}{2}$ s'il y a deux feuilles, $\frac{1}{3}$ s'il y en a trois, etc. D'un verticille au suivant, la divergence n'est jamais nulle dans les feuilles ordinaires; en d'autres termes, deux verticilles successifs ne sont jamais superposés. Dans les feuilles florales, au contraire, comme on le verra plus loin, on trouve des exemples de cette superposition.

Le cas le plus ordinaire est celui où il n'y a que deux feuilles diamétralement opposées à chaque verticille; les feuilles sont dites *opposées*. D'un verticille au suivant, la divergence est le plus souvent de $\frac{1}{4}$, c'est-à-dire que les paires se croisent (Labiées, Caryophyllées, etc.); les feuilles sont alors *opposées décussées*; la figure 44 de la page 149 représente la course correspondante des faisceaux dans la tige.

Quand il y a plus de deux feuilles au verticille, ce qui est le cas des feuilles verticillées proprement dites, il arrive aussi ordinairement que la divergence d'un verticille à l'autre est la moitié de la divergence à l'intérieur du verticille, c'est-à-dire $\frac{1}{2m}$ avec m feuilles. Alors les verticilles *alternent*, comme on dit, de l'un à l'autre et se superposent de deux en deux; toutes les feuilles sont disposées sur $2m$ rangées longitudinales. Il en est ainsi, par exemple, avec 3 feuilles dans le Laurier-rose, l'Élodéa, etc.; avec 4 feuilles dans la Lysimaque quadrifoliée, la Parisette quadrifoliée, le Myriophylle en épi, etc.; avec un plus grand nombre de feuilles dans les Prêles, la Pesse, la Casuarine, etc.

Mais il peut se faire aussi que la divergence $\frac{p}{n}$ des verticilles successifs ne soit pas égale à $\frac{1}{2m}$; les verticilles ne se superposent alors que de n en n. Ainsi les verticilles binaires se superposent de 3 en 3, suivant $\frac{1}{3}$, dans la Mercuriale vivace; de 5 en 5, suivant $\frac{2}{5}$, dans le Globuléa; de 8 en 8, suivant $\frac{3}{8}$, dans le Solidage du Canada, etc. Il en est de même, çà et là, pour des verticilles ternaires, quaternaires, etc.

En somme, et c'est ce qu'il faut bien comprendre, la disposition verticillée est soumise aux mêmes règles que la disposition isolée. Seulement, au lieu d'une seule série de feuilles se succédant avec une divergence déterminée, il y a ici autant de séries semblables que de feuilles au verticille. En outre, il arrive ordinairement que cette première différence retentit sur la valeur même de la divergence dans chaque série, de manière à l'amener chaque fois à être la moitié de la divergence d'une série à l'autre, ce qui détermine l'alternance régulière des verticilles.

Dans tous les cas, les feuilles se disposent sur la tige de manière à se recouvrir le moins possible les unes les autres, afin d'étaler le plus possible leurs surfaces à l'air et à la lumière, c'est-à-dire, comme on le verra plus tard, de façon à remplir le mieux possible les diverses fonctions qui leur sont dévolues. Aussi voit-on le dénominateur de la fraction de divergence devenir d'autant plus grand que les entre-nœuds sont plus courts.

Variations dans la disposition des feuilles sur la tige de la même plante. — La disposition des feuilles se maintient habituellement constante sur une plus ou moins grande étendue de la tige ramifiée qui les porte ; mais, si l'on considère le corps de la plante dans sa totalité, on la voit subir des changements profonds tant le long de la même tige ou de la même branche qu'en passant d'une branche à l'autre. Verticillées à la base de la tige, par exemple, les feuilles s'isolent plus haut, pour redevenir verticillées vers l'extrémité. Là où elles sont verticillées, le nombre des feuilles peut changer d'un verticille à l'autre, de binaire devenir ternaire, par exemple (Laurier-rose), ou quaternaire (Genévrier, Cyprès, Bruyère, etc.). Là où elles sont isolées, la divergence peut se modifier progressivement ou brusquement (Cactées).

De la tige aux branches, la divergence change quelquefois de valeur : de $\frac{2}{5}$ par exemple s'élevant à $\frac{1}{2}$, comme dans le Chêne et le Châtaignier. Dans le passage d'une branche à l'autre, la divergence conserve souvent, entre la feuille mère et la première feuille du rameau, sa valeur normale : avec $\frac{1}{2}$ par exemple, cette dernière est diamétralement opposée à la première (Aristoloche, Lierre, etc.); la disposition distique est dite alors *longitudinale*. Mais souvent aussi elle y prend une valeur différente, pour redevenir ensuite ce qu'elle était ; il y a une *divergence de passage*. Avec $\frac{1}{2}$, par exemple, cette divergence de passage est ordinairement de $\frac{1}{4}$ (Tilleul, Coudrier, etc.) : la diposition distique est dite alors *transversale*. Enfin à ce passage tantôt les divergences des feuilles se comptent sur le rameau dans le même sens que sur la branche : les feuilles sont alors *homodromes*, il y a *homodromie*; tantôt elles se comptent en sens contraire, il y a changement de sens à chaque passage : les feuilles sont *antidromes*, il y a *antidromie* (Liseron, etc.).

Modes de représentation de la disposition des feuilles. — Pour faciliter l'étude de la disposition des feuilles, on la représente aux yeux par divers procédés ou constructions graphiques. Supposant la tige cylindrique, on peut fendre ce cylindre suivant une génératrice, le développer et, sur la surface plane ainsi obtenue, marquer les nœuds par des lignes horizontales et sur ces lignes les centres d'insertion des feuilles par autant de points. Ceux-ci se superposeront en autant de rangées qu'il y a d'unités dans le dénominateur de la divergence ; on figure ces rangées par autant de lignes verticales. On numérote ensuite les points de bas en haut à partir de 1, de gauche à droite ou de droite à gauche en montant, suivant l'ordre où les feuilles se succèdent sur la tige. Il y a un point sur chaque ligne horizontale si les feuilles sont isolées, plusieurs si elles sont verticillées, et d'une ligne horizontale à l'autre les points successifs sont séparés par autant de lignes verticales qu'il y a d'unités au numérateur

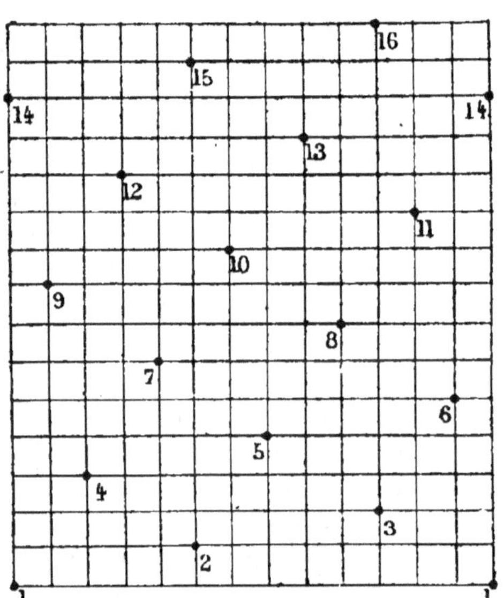

Fig. 64.

de la divergence. La disposition isolée $\frac{5}{13}$ est représentée de la sorte par la figure 64.

Au lieu de représenter la tige par un cylindre qu'on développe, on peut la supposer conique et en figurer la projection horizontale. Les nœuds sont dessinés alors par des circonférences concentriques, et les séries longitudinales des feuilles par autant de rayons. Une pareille projection horizontale s'appelle un *diagramme*.

On y marque habituellement la place de chaque feuille par un arc de cercle rappelant la forme de la section transversale du limbe. Ainsi la figure 65 donne le diagramme de la disposition $\frac{2}{5}$.

Aussi bien dans la projection verticale que dans le diagramme, on peut faciliter l'intelligence de la disposition des feuilles par une hypothèse que nous nous sommes gardés de faire intervenir jusqu'ici, parce qu'elle n'est en aucune façon nécessaire, mais qui peut être utile dans certains cas.

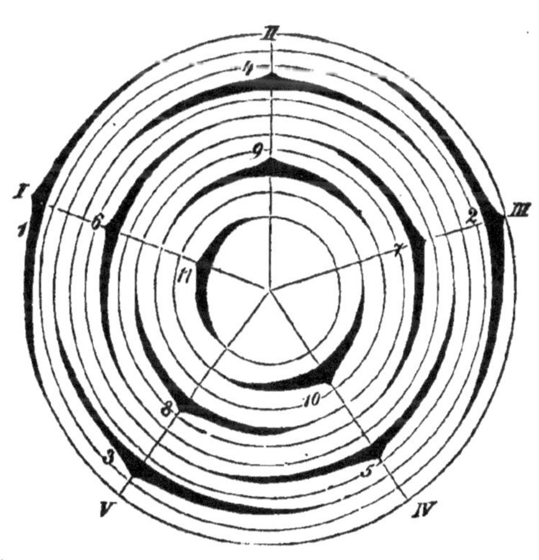

Fig. 65.

Supposons, dans la représentation verticale de la disposition isolée, les divers points d'insertion reliés ensemble, nous aurons une série de lignes obliques parallèles. Ces lignes sont le développement d'une hélice tracée sur le cylindre et qui comprend toutes les feuilles, en montant vers la droite ou vers la gauche, suivant que la feuille la plus rapprochée du point de départ est à droite ou à gauche de lui. La disposition $\frac{3}{8}$ à droite se trouve de la sorte représentée par la figure 66. En faisant de même sur le diagramme, on obtient une spirale d'Archimède, qui est la projection horizontale de l'hélice supposée tracée sur un cône. La disposition $\frac{2}{5}$ à droite est ainsi représentée par la figure 67, où les

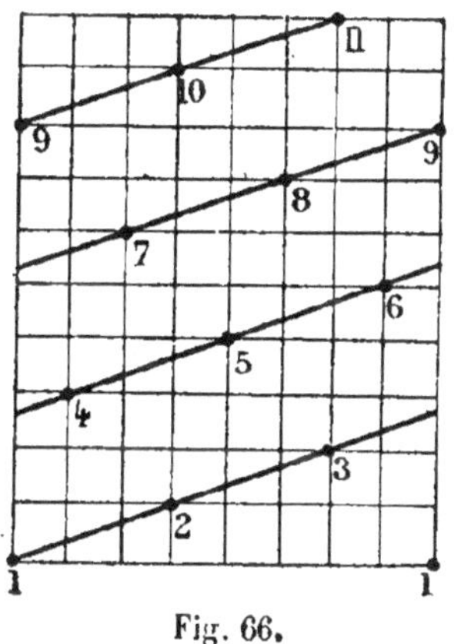

Fig. 66.

feuilles sont marquées par des points. A cette hélice, à cette spirale qui comprend toutes les feuilles dans la disposition isolée, on donne souvent le nom d'hélice ou de spirale *générale*

Dans la disposition verticillée, chaque feuille du verticille dont on part est le point d'origine d'une pareille hélice ou spirale et, pour comprendre toutes les feuilles, il faut construire ici tout autant de spirales parallèles à pas concordants qu'il y a de feuilles au verticille.

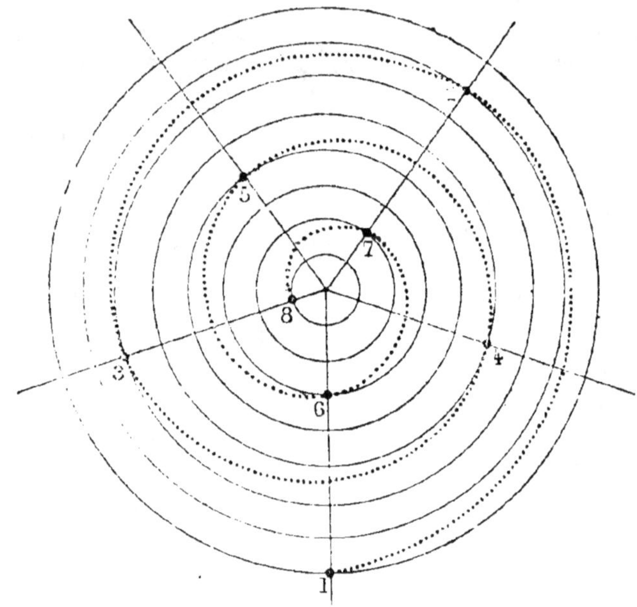

Fig. 67.

Si dans la disposition isolée les entre-nœuds sont très courts, la spirale générale ne s'aperçoit pas et il est difficile d'assigner directement aux feuilles, tant elles sont serrées, le numéro d'ordre qui leur appartient. Mais, en revanche, on distingue alors nettement des spirales plus relevées que la spirale générale et qui tournent les unes vers la droite, les autres vers la gauche : ce sont des spirales *secondaires*; elles joignent la feuille d'origine à la feuille la plus rapprochée de la verticale d'un côté et de l'autre. Si l'on compte le nombre des spirales secondaires dans un sens et dans l'autre, en les ajoutant, on obtient le nombre des lignes verticales et par conséquent le dénominateur de la divergence; le plus petit des deux nombres en est le numérateur. Il est facile ensuite de donner à chaque feuille le numéro d'ordre qui lui appartient dans

la spirale générale; c'est ainsi que dans la figure 68 on a numé-
roté les écailles d'un cône de Pin sylvestre, disposées suivant $\frac{81}{21}$ à
gauche. La spirale générale tourne
alternativement dans le sens du plus
petit et dans le sens du plus grand
nombre des spirales secondaires. Ain-
si, par exemple, dans $\frac{2}{5}$ à droite, il y
a 3 spirales secondaires à droite et
2 spirales secondaires à gauche; le
sens de la spirale générale est celui
du plus grand nombre. Dans $\frac{3}{8}$ à droite,
il y a encore 3 spirales secondaires à
droite, mais il y en a 5 à gauche ; la
spirale générale est du même sens que
le petit nombre des spirales secondaires. Il en est de même pour $\frac{5}{13}$,
$\frac{8}{24}$, etc.

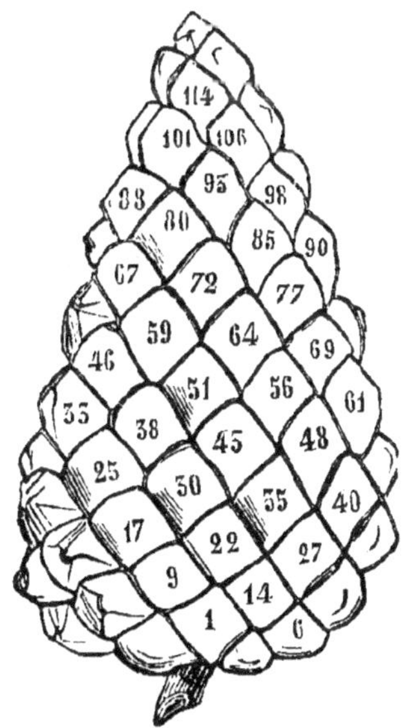
Fig. 68.

Cette manière de déterminer la divergence par le nombre des spirales
secondaires des deux sens ne s'applique d'ailleurs qu'à la série normale
et à sa conjuguée. Pour les séries ac-
cessoires comprises entre $\frac{1}{3}$ et $\frac{1}{4}$ ou entre $\frac{1}{4}$ et $\frac{1}{5}$, elle ne donne que
le dénominateur et non le numérateur de la divergence.

Préfoliation. — A mesure qu'elles grandissent dans le bourgeon, les feuilles s'y reploient ou s'y recouvrent de diverses
manières, afin d'y occuper le moins de place possible. L'arrangement particulier qu'elles affectent ainsi est ce qu'on appelle la
préfoliation de la plante. Les forestiers en tirent de bons caractères pour reconnaître les arbres en hiver.

Voyons d'abord la manière dont se dispose chaque feuille en
particulier. La préfoliation est *plane*, si la feuille ne se reploie
d'aucune manière (Lilas, Frêne); *condupliquée*, quand elle se plie
dans sa longueur de façon que l'une des moitiés s'applique exactement sur l'autre (Chêne, Hêtre, Charme, Amandier); *réclinée*,
quand elle se plie transversalement de manière que sa partie supérieure soit appliquée sur sa partie inférieure (Aconit, Tulipier);
plissée, quand elle se plisse un certain nombre de fois en forme
d'éventail (Bouleau, Érable, Alizier, Vigne, Groseillier, Palmiers) ;
involutée, quand elle roule ses deux moitiés en dedans, c'est-à-dire

sur sa face supérieure (Peuplier, Poirier, Sureau, Chèvrefeuille) ; *révolutée* quand elle roule ses deux moités en dehors, c'est-à-dire sur sa face inférieure (Laurier-rose, Oseille, Renouée) ; *convolutée*, quand elle s'enroule sur elle-même à la façon d'un cornet (Prunier, Épine-vinette, Arum) ; *circinée*, enfin, quand elle s'enroule du sommet à la base en forme de crosse (Fougères, Cycadées).

Considérons maintenant la manière dont les feuilles se recouvrent les unes les autres dans le bourgeon. La préfoliation est *valvaire* quand les feuilles se touchent seulement par leurs bords sans se recouvrir ; *imbriquée* quand, les feuilles étant planes, les plus extérieures recouvrent les plus intérieures (Frêne, Lilas, Laurier) ; *équitante*, quand chaque feuille, d'abord condupliquée, embrasse entre ses deux moitiés toutes les feuilles plus intérieures (Iris, Hémérocalle) ; *semi-équitante*, quand chaque feuille, d'abord condupliquée, reçoit dans son pli la moitié d'une autre feuille pliée de la même manière (Œillet, Scabieuse, Sauge).

Différenciation secondaire des feuilles. — A mesure qu'elles croissent, les feuilles prennent souvent les unes par rapport aux autres des différences variées. Cette différenciation secondaire est parfois en relation avec un changement de milieu, qui la provoque ; mais souvent aussi elle se produit entre feuilles vivant dans le même milieu, en rapport avec les divers besoins qu'elles y doivent satisfaire.

Quand la tige s'étend mi-partie dans la terre et dans l'air, ou mi-partie dans l'eau et dans l'air, ses feuilles souterraines ou submergées ont souvent une forme très différente de ses feuilles aériennes. Ainsi, sur les rhizomes, les feuilles se réduisent à de petites écailles incolores, dépourvues de pétiole, parce que la croissance s'est arrêtée avant son apparition ; elles proviennent tantôt du limbe, la gaine ne s'étant pas formée (Labiées, Scrofularinées, Œnothérées, etc.), tantôt au contraire de la gaine, au sommet de laquelle le limbe a avorté (Anémone, Dentaire, Saxifrage, Moschatelline, etc.). Les feuilles submergées de la Renoncule d'eau, du Salvinia, etc., sont formées de filaments grêles, réduites pour ainsi dire à leurs nervures, entre lesquelles le parenchyme ne se développe pas ; celles du Potamot nageant, de la Sagittaire, etc., sont réduites à un pétiole dilaté en ruban, au sommet duquel le limbe avorte.

Quand la tige s'étend tout entière dans le même milieu, dans l'air par exemple, elle n'en produit pas moins sur ses flancs les formes de feuilles les plus différentes; nous devons en distinguer brièvement les principales catégories.

Les feuilles proprement dites, c'est-à-dire les feuilles vertes complètement développées, forment un premier ensemble. Suivant l'âge de la tige qui les porte, ces feuilles prennent souvent elles-mêmes des formes différentes. Ainsi les feuilles qui occupent le bas de la tige dans beaucoup de plantes herbacées ont une forme différente de celles qui en occupent le milieu (Campanule à feuilles rondes, etc.); ou bien encore les feuilles portées par les tiges stériles diffèrent de celles que produisent les branches à fleurs (Lierre). De même, les plantes à feuilles composées commencent par n'avoir à la base de la tige que des feuilles simples (Haricot, Ajonc) et plus tard reviennent à des feuilles simples le long de leurs rameaux. Ailleurs le même rameau porte à la fois des feuilles entières et d'autres profondément lobées, avec tous les intermédiaires (Symphorine, Broussonétia).

Feuilles protectrices. — A de très rares exceptions près, comme le Nerprun et la Viorne, les plantes ligneuses et à feuilles caduques de nos climats, dont la végétation est interrompue à l'automne, ont leurs bourgeons terminaux et axillaires recouverts d'un certain nombre de feuilles rudimentaires, dépourvues de pétiole, larges et courtes, dures et brunâtres, souvent soudées ensemble par une matière résineuse (Conifères) ou gommeuse (Peuplier); elles servent évidemment à protéger les jeunes feuilles ordinaires, qui occupent le centre du bourgeon : ce sont des *écailles protectrices*. A chaque printemps, ces écailles se détachent en laissant à la base de la branche, ou de la portion de tige qui continue la précédente, une série de cicatrices en forme d'anneaux; au nombre de ces anneaux on peut donc savoir le nombre d'années que la plante a vécu.

En observant avec soin toutes les transitions entre les écailles internes et les feuilles externes du bourgeon, on peut décider quelle est la partie de la feuille qui a formé l'écaille, le reste ayant avorté. Il y a, sous ce rapport, trois types à distinguer. L'écaille résulte, en effet : tantôt du développement du limbe, la gaine et les stipules ne se formant pas (Lilas, Troène, Chèvrefeuille, Daphné, etc.); tantôt du développement de la gaine, au sommet de laquelle le limbe avorte (Frêne, Érable, Marronnier, Sureau, Cytise, Prunier, etc.); tantôt enfin du seul développement des stipules, la gaine ne se formant pas à la base et le limbe avortant entre les stipules (la plupart des arbres de nos forêts : Chêne, Hêtre, Charme, etc.).

Feuilles nourricières. Bulbes et bulbilles. — Les renflements que l'on remarque au bas de la tige chez beaucoup de Liliacées et d'Amaryllidées et qu'on nomme des *bulbes* sont formés d'un plus ou moins grand nombre de feuilles rudimentaires, courtes et larges, blanches, molles et très épaisses, où s'amassent et s'emmagasinent des substances destinées à pourvoir aux développements ultérieurs et dont l'ensemble constitue un réservoir nutritif. Ce sont encore des écailles, mais des *écailles nourricières.* Tantôt elles s'enveloppent complètement comme autant de tuniques (bulbes dits *tuniqués :* Tulipe, Ail, Jacinthe, Scille, etc.); tantôt elles s'imbriquent à la façon des tuiles d'un toit (bulbes dits *écailleux :* Lis, etc.). Dans tous les cas, elles ne sont pas autre chose que les régions inférieures d'autant de feuilles plus ou moins engainantes, arrêtées de bonne heure dans leur croissance et où le limbe a avorté. Pendant que la partie interne du bourgeon s'allonge en développant des feuilles vertes, elles s'épuisent, s'amincissent et se réduisent enfin à autant de lamelles sèches et brunes. Mais en même temps, à l'aisselle de la plus jeune écaille il se fait un bourgeon, qui devient plus tard un bulbe de remplacement pour l'année suivante. La végétation des tiges bulbeuses se poursuit donc en sympode. Les bourgeons qui naissent çà et là à l'aisselle de ces écailles forment aussi, avec leurs premières feuilles épaissies, de petits bulbes, qu'on nomme des *caïeux;* ils se détachent souvent et multiplient la plante.

Enfin, à l'aisselle des feuilles ordinaires de la tige, le bourgeon épaissit parfois beaucoup ses écailles externes, s'arrondit et forme ce qu'on appelle un *bulbille*, qui se détache fréquemment et plus tard s'enracine en multipliant la plante (Lis bulbifère, Lis tigré, Dentaire bulbifère, etc.).

Feuilles-épines. — Les feuilles proprement dites prolongent parfois leur nervure médiane ou leurs nervures latérales en épines (Houx, Chardon, Agavé, etc.). Ailleurs il y a différenciation, et c'est une feuille tout entière ou une partie de feuille qui se développe en épine. Le plus souvent ce sont les stipules qui forment deux épines à droite et à gauche du limbe (Épine-vinette, Câprier, Robinier, Acacia, etc.); le limbe lui-même peut alors se réduire aussi à une épine, de sorte que la feuille totale est représentée par trois épines divergentes. Quelquefois c'est le limbe seul, comme dans l'*arête* ou *barbe* des Graminées, bien connue dans l'Avoine et dans le Blé barbu ; dans certains Astragales (A. tragacanthe, A. aristé), c'est le pétiole d'une feuille composée sans impaire qui se termine en pointe et, après la chute des folioles, persiste en formant une longue épine.

Feuilles-vrilles. — Quelques feuilles ordinaires ont déjà dans leur totalité (Fumeterre officinale, Corydalis claviculé), ou tout au moins dans leur pétiole (Capucine, Fumeterre grimpante, diverses Clématites, etc.), la faculté de s'enrouler autour des supports. Ailleurs la différenciation s'accuse davantage : une partie de la feuille, ou la feuille tout entière, prend la forme d'un filament simple ou rameux, s'enroule autour des supports et devient ce qu'on appelle une *vrille*.

C'est quelquefois la nervure médiane qui se prolonge au delà du limbe pour former une vrille en quelque sorte surajoutée à la feuille (Méthonica, Flagellaria). Souvent la vrille est formée par la dernière foliole d'une feuille composée pennée, ou à la fois par cette foliole et par les premières paires de folioles latérales à partir du sommet simple ; dans le premier cas, elle est rameuse dans le second (Cobéa, Gesse, Pois, Vesce, beaucoup de Bignones, etc.) ; quelquefois même les folioles latérales avortent toutes et la feuille se réduit à une vrille simple entre deux grandes stipules (Gesse aphaca). Dans les Smilax, le pétiole porte à sa base, immédiatement au-dessus de la gaine, deux longues vrilles simples, qui correspondent à deux folioles latérales différenciées. Enfin, dans les Cucurbitacées, c'est une feuille tout entière, savoir la première feuille de chaque rameau axillaire, qui se différencie en une vrille. Cette vrille est ordinairement rameuse et ses diverses branches sont les nervures palmées de la feuille, dont le parenchyme ne s'est pas développé (Courge, Calebasse, etc.) ; elle est quelquefois simple, par avortement des nervures latérales (Bryone, Momordique).

Dans tous les cas, l'enroulement de ces vrilles foliaires s'opère comme celui des vrilles raméales et pour la même cause (voir p. 136) ; elles développent aussi quelquefois des pelotes adhésives (Bignone capréolé).

Feuilles à ascidies. — La différenciation de la feuille consiste quelquefois dans un développement local tout particulier, d'où résulte la formation d'une cavité profonde, ouverte au dehors par un orifice parfois muni d'un opercule. Ces sortes de vases portent le nom d'*ascidies*. Ils ont la forme d'un cornet dans le Sarracénia, d'une cruche munie d'un couvercle à charnière portée à l'extrémité d'un pétiole grêle dans le Céphalotus et le Népenthès (fig. 69), d'ampoules aplaties pourvues d'un opercule, disposées çà et là sur les ramifications de la feuille submergée dans l'Utriculaire, où elles servent de flotteurs.

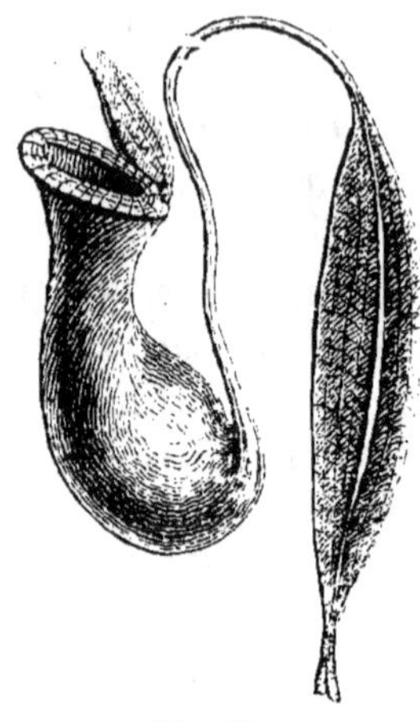

Fig. 69.

Feuilles reproductrices. — La plus importante assurément de toutes les différenciations de la feuille est quand elle se consacre à la formation des corps reproducteurs. Il en est ainsi déjà chez les Cryptogames vasculaires, comme on le verra plus tard en étudiant la reproduction de ces plantes. Chez les Phanérogames, cette différenciation est plus profonde encore ; sur certaines branches ou portions de branches, des feuilles particulières se consacrent en plus ou moins grand nombre à la reproduction et y jouent chacune un rôle indirect ou direct ; c'est à l'ensemble des feuilles différenciées dans ce but, jointes au rameau également différencié qui les porte, que l'on applique, comme on sait, le nom de *fleur*. Cette différenciation des feuilles florales a trop d'importance pour que nous n'en fassions pas l'objet d'une étude séparée ; aussi consacrerons-nous plus loin à la fleur un chapitre spécial.

§ 2

Structure de la feuille.

Considérons d'abord la feuille d'une plante vasculaire, après son épanouissement et quand toutes les cellules qui la composent ont achevé leur différenciation ; nous verrons ensuite comment la structure se simplifie chez les Muscinées.

Structure générale de la feuille et comparaison avec la tige. — L'épiderme de la tige se prolonge avec tous ces caractères sur la feuille, qu'il revêt entièrement. L'écorce de la tige se continue directement dans la feuille dont elle forme le parenchyme.

Enfin, à chaque nœud, un certain nombre des faisceaux libéroligneux de la tige quittent le cylindre central, comme il a été dit à la page 146, traversent l'écorce et pénètrent dans la feuille, où ils se ramifient et dont ils constituent les nervures. Une section transversale, pratiquée dans la feuille à un niveau quelconque, à travers l'une quelconque des diverses parties : gaine, stipules, pétiole et limbe, qui peuvent la constituer, nous montre donc toujours ces trois choses : l'épiderme, le parenchyme et les faisceaux libéroligneux, chacune avec les caractères essentiels qu'on lui connaît dans la tige.

On voit par là combien la structure de la feuille ressemble à celle de la tige; l'analogie est beaucoup-plus grande assurément qu'entre la tige et la racine. Il y a pourtant une différence, qui réside dans la disposition des faisceaux libéroligneux. Dans la tige, les faisceaux libéroligneux sont rangés symétriquement par rapport à l'axe, comme on l'a vu page 150, sous les réserves formulées à cet endroit. Dans la feuille, ils ne sont disposés symétriquement que par rapport à un plan, qui est le plan de symétrie de la forme extérieure, plan qui contient l'axe de la tige et le rayon d'insertion de la feuille. C'est ce qui va résulter de l'étude particulière que nous allons faire des deux parties les plus importantes de la feuille, le pétiole et le limbe.

Structure du pétiole. — L'épiderme conserve sur le pétiole les mêmes caractères essentiels que sur la tige (voir p. 138) et y offre aussi les mêmes modifications principales (voir p. 150).

Le parenchyme du pétiole est formé de cellules plus longues que larges, polyédriques ou arrondies sur la section transversale, pourvues de chlorophylle, et laissant entre elles des méats pleins d'air. Dans les plantes aquatiques ou marécageuses, ces interstices deviennent de larges canaux aérifères, parfois continus (Nymphéacées, Aroïdées), le plus souvent entrecoupés de diaphragmes à jour (Massette, Pontédéria, Pandanus, etc.), çà et là traversés par les anastomoses transverses des nervures (Sagittaire, Scirpe, Acore, etc.). Dans ces méats et canaux, on voit parfois certaines cellules périphériques proéminer de diverses façons, en forme de poils internes. Ces poils internes ont quelquefois leur membrane mince et contiennent des cristaux isolés (Pontédéria) ou groupés soit en paquets de raphides (Colocase, etc.), soit en mâcles arrondies (Mâcre, etc.); mais le plus souvent ils épaississent leur membrane uniformément (Monstérinées) ou en spirale (Crinum) et servent de soutien ; ils peuvent alors s'allonger en navette (Monstéra, etc.) ou se ramifier en étoile dans plusieurs lacunes voisines (Nénuphar, etc.).

Quand l'écorce de la tige possède sous l'épiderme un tissu de soutien collenchymateux ou scléreux, disposé soit en couche continue, soit en faisceaux parallèles, ce tissu de soutien se continue dans le pétiole avec les mêmes caractères (Ombellifères, etc.); mais le pétiole peut aussi posséder des faisceaux sous-épidermiques de collenchyme ou de sclérenchyme quand la tige n'en a pas (Colocase, Arum, etc.). En face de ces faisceaux de soutien, qui correspondent d'ordinaire aux faisceaux libéroligneux internes (Ombellifères, etc.), l'épiderme est toujours dépourvu de stomates.

Les faisceaux libéroligneux, en nombre impair, sont le plus souvent, sur la section transversale pratiquée vers le milieu de la longueur, disposés dans le parenchyme de manière à former un arc plus ou moins largement ouvert en haut (fig. 70, A). Le faisceau médian et inférieur de l'arc est aussi d'ordinaire le plus développé, et les autres vont diminuant de grandeur de chaque côté à mesure qu'ils s'éloignent du premier, les plus petits occupant les bords de l'arc ; dans l'arc même, des faisceaux plus minces alternent quelquefois avec de plus gros.

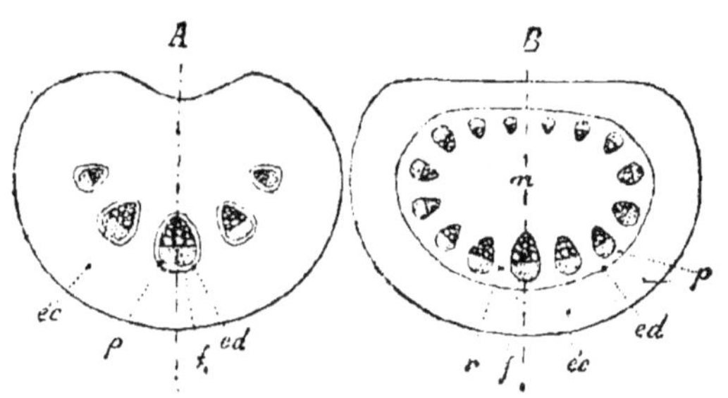

Fig. 70. Section transversale du pétiole dans les deux cas les plus fréquents : *A*, les faisceaux sont disposés en arc, avec endoderme *ed* et péricycle *p* particuliers ; *B*, ils sont disposés en anneau, avec endoderme *ed* et péricycle *p* généraux.

Le faisceau médian dorsal tourne son liber en bas et son bois en haut, les autres s'inclinent progressivement et également de chaque côté à mesure qu'ils s'élèvent le long de l'arc, tournant toujours leur liber en dehors et leur bois en dedans. L'orientation des derniers dépend donc du développement de l'arc; s'il recourbe ses bords en les rapprochant vers le haut, les faisceaux extrêmes tournent leur liber en haut, leur bois en bas. De cette disposition et de cette orientation des faisceaux, il résulte que leur ensemble n'est symétrique que par rapport au plan vertical, qui coupe en deux le faisceau médian.

Assez souvent aussi l'arc rejoint ses bords en haut et se ferme en un anneau complet, enveloppant la région centrale du parenchyme qui ressemble alors à la moelle de la tige (m), tandis que sa région périphérique ressemble à l'écorce ($éc$) et les portions qui séparent les faisceaux aux rayons médullaires (r) de la tige (fig. 70, B). Cet anneau est tantôt aplati en haut en forme de demi-cercle ou de triangle (Chêne, Magnolier, etc.), tantôt arrondi en cercle (Ricin, Pivoine, Géranium, Capucine, etc.) ; mais même dans ce dernier cas, où la disposition ressemble au premier abord à celle de la tige, si l'on tient compte à la fois de la dimension des faisceaux, de leur structure, de leur orientation et de leur écartement, on voit toujours apparaître l'unique plan de symétrie du système : il y faut seulement un peu plus d'attention. Quelquefois l'anneau est surmonté dans l'écorce par deux faisceaux latéraux symétriques (Cytise, Robinier, Noyer, etc.) ou par un arc médian ouvert en haut (Aulne); ou bien il enferme dans la moelle soit deux faisceaux latéraux (Tilleul), soit un arc médian ouvert en haut (Érable, etc.). Ailleurs les faisceaux, en nombre plus grand, se groupent sur plusieurs courbes emboîtées, tantôt sur une série d'arcs superposés, tous plus ou moins largement ouverts en haut (Canna, Aspidistra, Panicaut, etc.), tantôt sur plusieurs anneaux concentriques ayant dans leur moelle un ou plusieurs arcs ouverts (diverses Aroïdées, etc.), tantôt enfin de manière à paraître disséminés dans le parenchyme (Oseille, diverses Ombellifères, beaucoup de Monocotylédones, etc.) ; dans ce dernier cas, c'est seulement par une étude attentive de leur orientation qu'on arrive à fixer le plan de symétrie du pétiole. Rien de plus varié, on le voit, que le nombre et la disposition des faisceaux libéroligneux dans le pétiole, considéré vers le milieu de sa longueur. Il faut ajouter que, par division et par réunion des faisceaux, ce nombre et cette disposition peuvent se modifier beaucoup le long d'un même pétiole.

En s'incurvant horizontalement pour entrer dans la feuille, chaque faisceau libéroligneux de la tige entraîne la portion d'endoderme et la portion de péricycle qui lui est adossée. Si les faisceaux demeurent distincts dans le pétiole, séparés par de plus ou moins larges rayons de parenchyme, l'endoderme et le péricycle se reploient ordinairement autour de chacun d'eux pour l'envelopper d'une double gaine (fig. 70, *A*) (Composées, Ombellifères, Graminées, Cycadées, etc.); il en est toujours ainsi quand il n'y a qu'un faisceau (Conifères, fig. 71, etc.). Si les faisceaux s'unissent au contraire en arc ou en anneau, les portions d'endoderme et de péricycle se rejoignent aussi, de manière à recouvrir l'arc ou l'anneau dans toute son étendue (fig. 70, *B*) (Solanées, Cucurbitacées, etc.). Dans tous les cas, l'endoderme et le péricycle offrent en général dans le pétiole les mêmes caractères que dans la tige de la même plante; quelquefois pourtant le péricycle du pétiole forme au dos de chaque faisceau libéroligneux un faisceau de soutien, scléreux (Lasia, etc.) ou collenchymateux (Colocase, etc.), alors que le péricycle de la tige demeure entièrement parenchymateux.

La structure des faisceaux libéroligneux est aussi la même dans le pétiole et dans la tige; s'ils ont deux libers opposés dans la tige, ils offrent le même caractère dans le pétiole (Solanées, Cucurbitacées, etc.); chez les Lycopodinées, où le bois est centripète dans la tige, il l'est aussi dans la feuille. Seules les Cycadées font exception à la règle. Dans leur tige, le bois est tout entier centrifuge, comme chez toutes les autres Phanérogames; dans leur feuille, il se compose de deux parties : l'intérieure, qui est aussi la plus grande, a tourné sur elle-même de manière à présenter sa pointe en dehors et à devenir centripète; l'extérieure, qui est la plus petite, est restée en place et demeure centrifuge. Ce pivotement partiel du bois s'opère dans le pétiole même, à sa base.

Enfin l'appareil sécréteur conserve en général dans le pétiole la même forme et la même disposition que dans la tige correspondante. Pourtant, on y trouve quelquefois des différences. Par exemple, la feuille des Millepertuis a dans son parenchyme des poches oléifères qui, chez la plupart de ces plantes, manquent à l'écorce de la tige. Inversement, le faisceau libéroligneux de la feuille des Pins (fig. 71) n'a pas dans son bois le canal résinifère que renferme le bois des faisceaux de la tige.

Structure du limbe. — Comme le pétiole, le limbe est formé d'un épiderme, d'un parenchyme vert et de faisceaux libéroligneux constituant les nervures.

1° **Épiderme.** — L'épiderme offre sur le limbe les mêmes caractères essentiels et les mêmes modifications principales que sur le pétiole et sur la tige (voir p. 138 et p. 150). Au-dessus des nervures, il est formé de cellules allongées et dépourvu de stomates.

Au-dessus du parenchyme, ses cellules sont plus longues que larges si le limbe est allongé en aiguille ou en ruban, aussi larges que longues s'il est élargi, penné ou palmé ; leurs faces latérales sont souvent planes et leur contour polyédrique, mais tout aussi fréquemment elles sont courbes, ondulées ou plissées, de manière que les cellules s'engrènent solidement. Quand l'épiderme est pourvu de chlorophylle (grande majorité des Dicotylédones, Gymnospermes à larges feuilles, la plupart des Fougères, etc.), les chloroleucites ne persistent ordinairement que sur la face inférieure, excepté dans les feuilles submergées où les deux faces en possèdent (Cératophylle, Potamot, Élodéa, etc.), parfois même à l'exclusion du parenchyme (Zostère, Cymodocée). Quelquefois, notamment sur la face supérieure, l'épiderme se compose de plusieurs rangs de cellules superposées : deux (Arbousier, etc.), quatre ou cinq (Bégonia sanguin, etc.), sept ou huit et jusqu'à quinze ou seize (certains Pépéromias, etc.) ; dans ce dernier cas, l'épiderme peut être sept fois plus épais que le reste de la feuille.

Les stomates (p. 142), accompagnés ou non de cellules annexes, sont disposés régulièrement en séries longitudinales, avec leurs fentes dirigées longitudinalement, si le limbe est étroit et long (Conifères, Graminées, etc.) ; ils sont, au contraire, disséminés sans ordre et dirigent leurs fentes dans tous les sens si le limbe est court et large. Ils sont toujours beaucoup plus nombreux que sur la tige, mais plus ou moins rapprochés, suivant les plantes. Le maximum est offert par la face inférieure des feuilles de l'Olivier, où l'on a compté 625 stomates par millimètre carré, et du Chourave, où il y en a jusqu'à 716 ; sur la plupart des feuilles, ce chiffre est compris entre 40 et 300. Ils sont quelquefois rassemblés en petits groupes arrondis, séparés par de grands intervalles imperforés (Saxifrage sarmenteuse, divers Bégonias, etc.) ; ces plages stomatifères peuvent s'enfoncer au-dessous du niveau général (Banksia, Dasylirion), parfois jusqu'à former autant de poches en forme de bouteille, qui sont des *cryptes stomatifères* (Laurier-rose, fig. 72, *s*). Dans les feuilles molles des plantes herbacées, les deux faces du limbe en sont pourvues ; elles ont alors aussi le même aspect (p. 214). Les feuilles coriaces des plantes ligneuses n'en ont pas sur leur face supérieure, dont l'aspect est alors tout différent de celui de la face inférieure. Les feuilles submergées en sont totalement dépourvues ; les feuilles nageantes n'en ont que sur la face supérieure. Quand la plante végète en même temps dans l'air et sous l'eau, ses feuilles aériennes ont des stomates, qui manquent aux feuilles submergées (Renoncule aquatique, etc.).

Outre ces stomates, qui s'ouvrent à la lumière pour faire communiquer l'atmosphère extérieure avec la chambre sous-stomatique et par elle avec tous les espaces intercellulaires du corps (p. 143), en un mot qui sont *aérifères*, les feuilles en possèdent d'une autre sorte. Ceux-là ont leur chambre sous-stomatique et leur fente remplies d'eau, demeurent toujours ouverts, leurs cellules étant incapables de se mouvoir, et servent à expulser de la plante le trop plein du liquide : ce sont des stomates *aquifères*. Ils occupent toujours, isolés ou par groupes, les extrémités des nervures. Leur forme se rattache à deux types : les uns ont une fente petite et courte, comprise entre deux cellules semi-circulaires (Crassule, Saxifrage, Figuier); les autres ont une longue fente, toujours largement béante, quelquefois énorme (Colocase, Pavot, Capucine). On y reviendra plus loin (fig. 74).

Les poils épidermiques présentent sur le limbe, avec plus de variété encore, les formes déjà si diverses où ils se montrent sur la tige (p. 140), et souvent la même feuille en porte de plusieurs sortes à la fois. On y trouve notamment des poils sécréteurs : urticants (Ortie, Loasées, etc.), oléifères (Labiées, etc.), à cystolithes (Urticées et Acanthacées), etc., et des poils laineux (Molène, etc.), écailleux (Éléagnées, etc.), scléreux dressés (Borraginées, etc.), ou couchés en navette, (Malpighiacées, etc.), etc. Comme les stomates, ils peuvent se localiser dans des cryptes dont ils tapissent le fond (Laurier-rose, fig. 72, Pleurothallis, etc.). Ils n'ont souvent qu'une existence éphémère. Dans le bourgeon, les feuilles en sont abondamment recouvertes; lorsqu'elles s'épanouissent, l'épaisseur du revêtement diminue à la fois parce que la croissance écarte les poils et parce que ceux-ci s'atrophient. Certaines feuilles entièrement glabres à l'état adulte étaient velues dans le bourgeon (Figuier élastique, etc.).

2° **Parenchyme.** — Entre les deux faces de l'épiderme, les intervalles entre les nervures sont occupés par une couche plus ou moins épaisse de parenchyme à chlorophylle. La structure de ce parenchyme varie suivant les plantes et peut se rattacher à deux types, entre lesquels il y a beaucoup d'intermédiaires.

Dans le premier, qu'on peut appeler homogène, le parenchyme est conformé de la même manière sur les deux faces du limbe, et c'est alors que celles-ci offrent aussi le même aspect et ont leur épiderme également percé de stomates (fig. 71). Ses cellules sont disposées, à partir de l'épiderme, en séries radiales et tangentielles et laissent entre elles des méats aérifères ordinairement étroits. Leur forme est, suivant les cas, arrondie (beaucoup de Monocotylédones, Ficoïde, etc.), aplatie (Iris, Glaïeul, etc.), ou, au contraire, allongée perpendiculairement à la surface en forme de palissade (Myrtacées, Protéacées, etc.). A mesure qu'on s'éloigne de l'épiderme, la disposition sériée devient moins régulière. Vers le milieu, les cellules sont plus grandes, plus lâchement unies et contiennent moins de

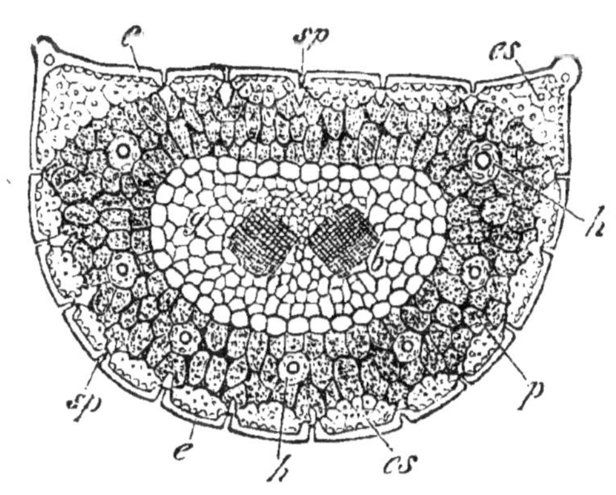

Fig. 71. Section transversale de la feuille du Pin pignon : *p*, parenchyme vert homogène; *e*, épiderme avec stomates *sp* sur les deux faces; *es*, sclérenchyme sous-épidermique; *h*, canaux résinifères; *g*, péricycle incolore entouré par l'endoderme; *b*, faisceau libéroligneux dédoublé.

chlorophylle (Yucca, Blé, Seigle, Crassule, Œillet, etc.); dans les plantes aquatiques, elles laissent entre elles de grandes lacunes pleines d'air (Littorelle, Massette, Rubanier, etc.). Cette région médiane est quelquefois complètement dépourvue de chlorophylle (Agavé, Aloès et beaucoup d'autres Monocotylédones, Ficoïde, certaines Myrtacées et Protéacées, etc.). Au type homogène se rattachent les feuilles non horizontales et bon nombre de feuilles horizontales.

Dans le second type, qu'on peut appeler hétérogène, le parenchyme est vert dans toute son épaisseur, mais partagé en deux couches de structure différente, ce qui donne aux deux surfaces correspondantes un aspect tout différent (fig. 72). Ce type est réalisé par la plupart des feuilles horizontales. D'une façon générale, la couche supérieure tournée vers la lumière est plus dense, pourvue d'interstices plus étroits, et, par conséquent, d'un vert plus foncé que la couche inférieure tournée vers le sol. La première est composée d'une ou de plusieurs assises de cellules allongées perpendiculairement à la surface en forme de palissade, ne laissant entre elles que des méats fort étroits (*p*) ; tandis que la seconde est formée de cellules irrégulièrement rameuses, ajustées par leurs bras de manière à circonscrire des lacunes aérifères (*l*). L'épiderme supérieur est alors dépourvu de stomates, qui existent d'autant plus nombreux sur la face inférieure. Pourtant, lorsque

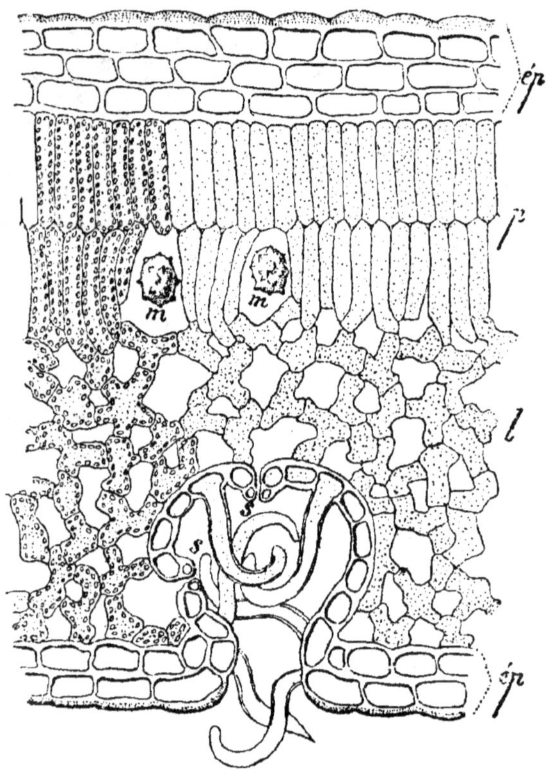

Fig. 72. Section transversale de la feuille du Laurier-rose : *p*, couche palissadique ; *l*, couche lacuneuse du parenchyme hétérogène ; *ép*, épiderme avec cryptes stomatifères et pilifères *s* sur la face inférieure ; *m*, cellules oxalifères à mâcles arrondies. Les grains de chlorophylle ne sont marqués que dans la partie gauche.

la feuille nage sur l'eau (Nymphéa, Potamot nageant, etc.), c'est, comme on l'a vu plus haut, sur la face supérieure éclairée, c'est-à-dire au-dessus de la couche dense, que se trouvent les stomates ; l'épiderme de la face inférieure, en contact avec l'eau, bien qu'il confine à la couche lacuneuse, en est dépourvu.

Que le parenchyme vert soit homogène ou hétérogène, les cellules externes, sous-épidermiques, se différencient quelquefois. Tantôt elles sont incolores, à parois minces, remplies d'un liquide aqueux et forment une couche continue, souvent plus épaisse sur la face supérieure que sur l'autre (fig. 72) (Scitaminées, beaucoup de Broméliacées, Éphémère, Pleurothallis, Roseau, Laurier-rose, Yeuse, Romarin, etc.). Il faut se garder de confondre cette couche périphérique incolore du parenchyme avec un épiderme composé; elle constitue pour la feuille un réservoir d'eau. Le plus souvent, les cellules périphériques du parenchyme s'allongent beaucoup, épaississent et lignifient leurs membranes, en un mot deviennent du sclérenchyme, qui continue le sclérenchyme sous-épidermique du pétiole. Ce sclérenchyme forme tantôt une couche continue, interrompue seulement vis-à-vis des stomates (fig. 71, *es*) (Conifères, Cycadées, Ananas, Olivier, etc.), tantôt des faisceaux distincts qui s'enfoncent plus ou moins dans l'épaisseur du parenchyme (Palmiers, Dracéna, etc.). Ailleurs, de pareils faisceaux de sclérenchyme se différencient dans la profondeur même du parenchyme (Palmiers, Pandanus, etc.), ou bien ce sont des fibres isolées, simples ou rameuses, disséminées dans toute l'épaisseur du parenchyme qui donnent au limbe le soutien nécessaire (Cycadées, Conifères, Camélia, Olivier, etc.). Ailleurs encore, ce sont des poils internes qui remplissent les interstices de la couche lacuneuse, tantôt simples et munis d'épaississements spiralés (Crinum), tantôt scléreux et ramifiés (Monstérinées [fig. 10, *G*], Nymphéacées, etc.).

L'appareil sécréteur est conformé et disposé dans le parenchyme du limbe (fig. 71, *h*) comme dans celui du pétiole et comme dans l'écorce de la tige correspondante, sous la réserve des quelques exceptions signalées plus haut. Les canaux sécréteurs de la tige et du pétiole se découpent quelquefois en petites poches sécrétrices dans le limbe (Tagète, Mamméa, etc.).

3° Nervures et leurs terminaisons. — On sait comment les nervures se distribuent et se ramifient dans le limbe (p. 213). Les plus grosses, qui dessinent des côtes sur la face inférieure, ont, au nombre des faisceaux près, la même structure que le pétiole. Au-dessus d'elles, l'épiderme est renforcé d'ordinaire par une couche collenchymateuse, scléreuse ou aqueuse. Les nervures de plus en plus fines qui procèdent des premières sont plongées dans le parenchyme vert et le faisceau libéroligneux qui constitue chacune d'elles, avec son liber en bas et son bois en haut, est entouré d'un

14.

endoderme propre et d'un péricycle spécial; ce dernier forme souvent un arc scléreux en dehors du liber et parfois aussi en dedans du bois. Ce faisceau va s'amincissant de plus en plus à mesure qu'il se ramifie, parce que ses éléments deviennent à la fois de moins en moins nombreux et de plus en plus étroits. Il conserve pourtant tout d'abord sa structure normale, avec ses éléments sécréteurs s'il en renfermait, et demeure libéroligneux; mais dans les derniers ramuscules, les tubes criblés s'arrêtent et le faisceau, réduit à quelques vaisseaux fermés, constitués par des cellules courtes, annelées ou spiralées, est désormais exclusivement ligneux (fig. 73, *b*). Bientôt d'ailleurs il prend fin en s'anastomosant avec des ramuscules voisins, ou en se terminant librement soit dans la profondeur du parenchyme, soit au voisinage de l'épiderme sous les stomates aquifères.

Dans le premier cas (fig. 73), les vaisseaux, directement accolés, s'arrêtent simplement, la dernière cellule vasculaire appuyant contre une cellule de parenchyme son sommet coupé obliquement ou à angle droit (*a*, *a*); ou bien le ramuscule se renfle en massue en dilatant et en multipliant ses dernières cellules vasculaires, formant ainsi des réservoirs d'eau au sein du parenchyme. Dans le second cas (fig. 74), les vaisseaux sont séparés par des cellules longues à parois minces; arrivés au voisinage de l'épiderme, ils divergent et se terminent; mais les cellules interposées se prolongent, augmentent de nombre et passent peu à peu à un groupe de petites cellules incolores, polyédriques, parois minces, qui recouvre les terminaisons des vaisseaux et

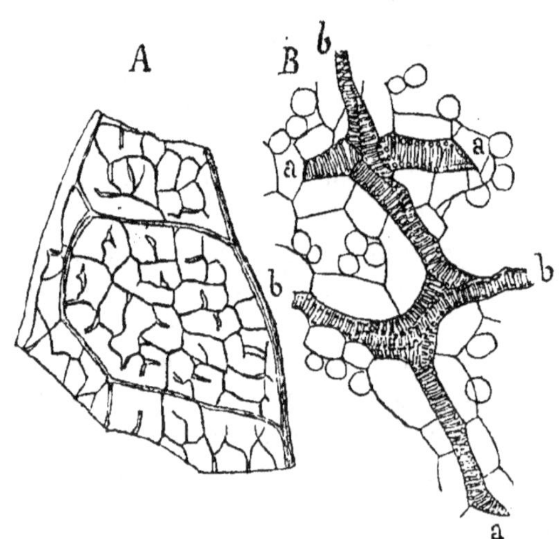

Fig. 73. Feuille de Psoraléa : *A*, fragment du limbe montrant les dernières terminaisons des nervures dans les mailles du réseau; *B*, partie d'une coupe parallèle à la surface; les fascicules ligneux *b b* se terminent librement en *a a*.

se trouve lui-même recouvert directement par l'épiderme. Tantôt chaque ramuscule a son groupe propre de petites cellules (fig 74) (Fuchsia, Primevère, Courge, Crassule, etc.); tantôt plusieurs ramuscules convergent et s'épanouissent dans un massif commun (Pavot, Chou, Capucine, etc.). Sur chaque massif, l'épiderme porte tantôt un seul stomate aquifère (fig. 74) (Rochéa, Primevère, Capucine, etc.), tantôt plusieurs stomates aquifères rapprochés (Saxifrage, Crassule, Figuier, etc.).

Quand le limbe est mince, les nervures s'y ramifient dans un seul plan, situé à la limite des deux couches si le parenchyme est hétérogène. Il n'en est plus de même quand il est épais. On trouve alors plusieurs rangées de faisceaux anastomosés (Agavé, etc.); ou bien les faisceaux de la zone moyenne envoient de tous côtés des branches anastomosées en réseau (Joubarbe, Crassule, Ficoïde, etc.).

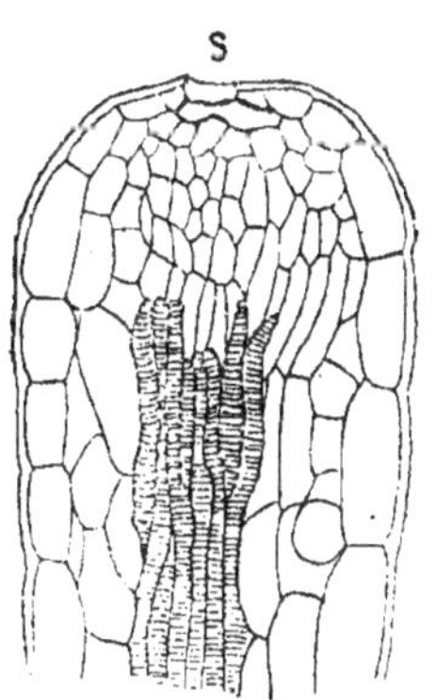

Fig. 74. Section longitudinale d'une dent de la feuille de Primevère. Terminaison du fascicule ligneux sous un stomate aquifère *s*.

Structure de la gaine, des stipules et de la ligu le. — La gaine a essentiellement la même structure que le limbe; les faisceaux libéroligneux y sont toujours disposés en un arc largement ouvert, tournant leur liber en dehors, leur bois en de dans. Les stipules aussi partagent la structure du limbe; les faisceaux libéroligneux qui en constituent les nervures et dont on déterminera plus loin le mode d'insertion, sont orientés comme ceux de la gaine et du limbe, liber en dessous ou en dehors, bois en dessus ou en dedans.

Dans la ligule, au contraire, dont les nervures proviennent, comme on sait, du dédoublement radial de celles du limbe à sa base et sur sa face interne, les faisceaux libéroligneux sont orientés en sens inverse de ceux du limbe, c'est-à-dire tournent leur liber en dedans ou en dessus et leur bois en dehors ou en dessous; les faisceaux du limbe et ceux de la ligule se regardent par leurs bois. A ce caractère, on reconnaîtra toujours une ligule d'avec une double stipule axillaire.

Structure de la feuille des Mousses. — C'est chez les Mousses et les Hépatiques feuillées que la structure de la feuille atteint sa plus grande simplicité. Elle s'y réduit quelquefois à une simple assise de cellules vertes (Hépatiques, Fontinale, etc.); mais le plus souvent, on y voit une nervure médiane formée de plusieurs épaisseurs de cellules, tandis que les deux moitiés du limbe n'en ont qu'une seule assise. Cette nervure médiane est parfois composée de cellules allongées et toutes semblables; mais souvent elle se différencie et l'on y distingue notamment un faisceau de cellules étroites à parois minces, qui descend à travers l'écorce de la tige et vient s'unir à son cylindre central (p. 161) (Sphachnum, Voitia, etc.). Le parenchyme du limbe est formé ordinairement de cellules toutes semblables. Pourtant, dans les Sphaignes, il se différencie en larges cellules incolores en forme de losanges, à membrane munie de bandes spiralées et de larges ouvertures, mortes par conséquent, et en cellules étroites, tubuleuses, vertes, à membrane lisse et pleine, vivantes par conséquent, reliées ensemble en un réseau dont les mailles encadrent les premières.

Origine de la structure de la feuille. — Comme la croissance terminale illimitée de la tige, la croissance terminale limitée de la feuille s'opère, tantôt par une cellule mère unique (Muscinées, Cryptogames vasculaires), tantôt par un groupe de cellules mères (Phanérogames). Dans le premier cas, la cellule mère a la forme d'un coin, et découpe à droite et à gauche, par des cloisons perpendiculaires à la surface, deux séries de segments alternes, qui se cloisonnent ultérieurement. Dans le second cas, il y a, par exemple, deux cellules mères superposées, la supérieure donnant l'épiderme, l'inférieure produisant à la fois le parenchyme et les nervures (Cératophylle, Élodéa).

Origine et insertion de la feuille sur la tige. — Connaissant la structure de la feuille et comment cette structure s'édifie au sommet, il reste à chercher où et comment ce sommet lui-même prend naissance. Au flanc de la tige et près de son extrémité, la feuille naît comme elle croit, c'est-à-dire tantôt par une seule cellule mère (Muscinées, Cryptogames vasculaires), tantôt par un groupe de cellules mères (Phanérogames).

Ainsi dans les Mousses, les Prêles, les Fougères, etc., la portion externe de chacun des segments qui s'empilent, comme on sait (p. 162, fig. 50), pour former la tige, se sépare du reste par une cloison et devient la cellule mère de la feuille (c); celle-ci se découpe, comme il a été dit plus haut, par des cloisons latérales alternatives, pour former les deux séries de segments du limbe. Chez les Phanérogames, au contraire, la feuille prend naissance

par deux groupes de cellules superposées, l'externe comprenant
une ou plusieurs cellules de l'épiderme de la tige, l'interne une
ou plusieurs cellules de l'assise périphérique de l'écorce. Les
premières ne donnent que l'épiderme de la feuille, qui continue
par conséquent celui de la tige; les secondes produisent à la fois
le parenchyme, qui continue l'écorce de la tige, et les faisceaux
libéroligneux, qui se relient à travers l'écorce à ceux du cylindre
central de la tige, dont ils sont les prolongements dans la feuille.

Ces faisceaux traversent souvent l'écorce sans se diviser, ni se
réunir, pour entrer directement et indépendamment dans la feuille;
mais ils peuvent aussi en passant dans l'écorce s'y ramifier ou s'y
réunir de diverses façons, de manière que la base de la feuille
contienne plus ou moins de faisceaux qu'il n'en est sorti du cylindre
central. Il n'est pas rare, par exemple, que les faisceaux foliaires
s'unissent dans l'épaisseur de l'écorce par une anastomose transverse en forme d'arc; de cet arc partent ensuite, en même nombre
ou en nombre différent, les faisceaux qui entrent dans la feuille
(Gesse, Violette, Platane, Houblon, Scabieuse, Sureau, etc.). Quand
les feuilles sont verticillées, l'anastomose transverse peut s'étendre
d'une feuille à l'autre (Houblon, etc.). C'est aussi pendant ce trajet
à travers l'écorce que les faisceaux destinés aux stipules se détachent
des faisceaux foliaires; ce sont tantôt des branches des foliaires
latéraux (Prunier, Chêne, Capucine, etc.), tantôt les foliaires latéraux tout entiers (Violette, Houblon, etc.), tantôt des branches
émises par l'arc transverse formé par l'anastomose des faisceaux
foliaires (Sureau, Gaillet, etc.).

Rappelons enfin que si l'entrée des faisceaux foliaires dans le
cylindre central a lieu ordinairement tout entière au nœud
même, elle se produit quelquefois tout entière un ou plusieurs
entre-nœuds plus bas, de manière que la feuille peut être considérée comme concrescente à la tige, l'espace d'un ou de plusieurs
entre-nœuds (Salicorne, Casuarine, Épiphylle, etc.); ou bien elle
s'opère en deux fois, partie au nœud même, partie un ou plusieurs
entre-nœuds plus bas (Viciées, Monstérinées, etc.).

**Origine et insertion des racines et des tiges adventives
sur la feuille.** — On sait que la feuille peut produire des racines
adventives (p. 76). C'est dans l'intérieur du limbe que la racine
prend naissance : elle est endogène (Bryophylle, Bégonia, Pépéro-
nia, etc.). Quelques cellules du péricycle, qui enveloppe individuellement chaque faisceau libéroligneux au-dessous de son endoderme

particulier, se cloisonnent activement et forment un petit cône, qui est la jeune racine ; celle-ci s'allonge en refoulant et perçant d'abord l'endoderme, puis le parenchyme, enfin l'épiderme, et se développe au dehors. Ses faisceaux ligneux s'attachent au bois, ses faisceaux libériens au liber du faisceau foliaire. Le péricycle étant aussi dans la tige le lieu de formation des racines adventives, on voit que ces racines se forment dans la feuille comme dans la tige.

On sait aussi que la feuille peut donner naissance à des tiges adventives (p. 152). Mais contrairement à ce qui a lieu pour la racine, les bourgeons adventifs d'où proviennent ces tiges procèdent directement soit de la surface intacte de la feuille (Bégonia, Bryophylle, Cardamine, Lis, Jacinthe, etc.), soit des cellules vivantes situées immédiatement au-dessous de la plaie (Pépéromia): ils sont exogènes. Dans le premier cas, le cône de méristème qui constitue la jeune tige et qui ne tarde pas à former des feuilles sur ses flancs dérive tantôt du cloisonnement des cellules épidermiques seules (Bégonia), tantôt du cloisonnement simultané des cellules épidermiques qui ne produisent que l'épiderme de la tige et des cellules du parenchyme sous-jacent qui donnent à la fois l'écorce et le cylindre central (Bryophylle, Cardamine, etc.). Dans le second cas, c'est aux dépens du parenchyme foliaire seul que le bourgeon adventif prend naissance. La nouvelle tige se forme donc toujours indépendamment des nervures de la feuille mère et par conséquent des racines adventives que ces dernières ont produites. Mais elle ne tarde pas à former à sa base des racines qui lui appartiennent en propre et par lesquelles elle se nourrit ensuite directement.

Structure secondaire de la feuille. — La structure de la feuille, telle qu'on vient de la faire connaître, se complique quelquefois par la formation de tissus secondaires. Bien que ces tissus nouveaux soient trop peu abondants pour provoquer dans le membre un notable épaississement, il est nécessaire de constater ici d'une part la possibilité de leur production, d'autre part leur complète analogie avec ceux de la tige et de la racine. Comme ces derniers ils dérivent, en effet, de deux assises génératrices concentriques, l'extérieure produisant du liège et du phelloderme, c'est-à-dire un périderme, l'intérieure formant du liber et du bois secondaires.

Dans les écailles des bourgeons des Conifères, du Marronnier et de plusieurs autres arbres, il se fait sous l'épiderme un périderme plus ou moins épais, qui renforce l'épiderme de manière à assurer l'imperméabilité des écailles et, par conséquent, la protection des jeunes feuilles du bourgeon. Un pareil périderme sous-épidermique se retrouve aussi dans les pétioles de certaines feuilles ordinaires (Hoya, Terminalia, Simaba, etc.); il ne s'y prolonge pas sur le limbe.

Dans les feuilles de bon nombre de Dicotylédones ligneuses et de Gymnospermes, les faisceaux libéroligneux du pétiole ont à la face interne du liber, contre le bois, un arc de cellules de parenchyme qui redevient bientôt générateur et se cloisonne tangentiellement vers l'extérieur et vers l'intérieur. Les cellules externes du méristème ainsi constitué se différencient en liber secondaire, notamment en tubes criblés, les internes en bois secondaire, notamment en vaisseaux. Le faible accroissement d'épaisseur du faisceau libéroligneux, qui résulte de cette intercalation, est racheté d'ordinaire par une simple dilatation des cellules du parenchyme ambiant; en d'autres termes, les arcs générateurs des divers faisceaux ne confluent pas habituellement, à travers les rayons qui les séparent, en une assise génératrice continue. On sait d'ailleurs que dans la racine et la tige cette confluence ne s'opère qu'après le début de la période secondaire.

SECTION II

PHYSIOLOGIE DE LA FEUILLE

La feuille subit l'influence des forces directrices du milieu extérieur et à son tour agit sur ce milieu, ce qui constitue sa physiologie externe. Elle soutient ses diverses parties, transporte les liquides nutritifs dans toute son étendue, emmagasine des réserves et sécrète des produits inutiles, ce qui constitue sa physiologie interne. L'étude physiologique de la feuille comporte donc, comme son étude morphologique, deux paragraphes distincts.

§ 3

Fonctions externes de la feuille.

Deux causes externes, la pesanteur et la lumière, agissent sur la croissance de la feuille et concourent à lui imprimer dans l'atmosphère la direction définitive la plus favorable à l'accomplissement de ses fonctions. La feuille agit ensuite sur l'air ambiant. Enfin, par suite de cette action même, elle exécute divers mouvements. Étudions ces divers points.

Géotropisme de la feuille. — L'influence de la pesanteur sur la feuille ne commence à se faire sentir qu'après son épanouissement ; elle dure tant que la croissance intercalaire se poursuit, et cesse avec elle.

Quelle que soit sa direction originelle sur la branche qui la porte, la feuille en se développant dresse son pétiole et dispose son limbe de manière qu'il tourne sa face ventrale vers le ciel, sa face dorsale vers la terre. Vient-on à changer ou à intervertir cette direction, le pétiole se recourbe pour se redresser et en même temps il se tord de la quantité nécessaire pour ramener le limbe dans sa position primitive. Il suffit quelquefois de deux heures pour obtenir un retournement complet, et l'on a pu voir la même feuille se retourner ainsi jusqu'à quatorze fois de suite. Le phénomène a lieu la nuit comme le jour, à l'obscurité comme en pleine lumière ; il ne se produit pas dans l'appareil à rotation lente qui soustrait la feuille à l'action de la pesanteur. Il est donc bien réellement provoqué par une action directe de la pesanteur sur la croissance.

Le redressement du pétiole, qui devient souvent vertical (Fougères, Courge, etc.), est dû à ce que la croissance est augmentée sur la face tournée vers le bas, diminuée sur la face tournée vers le haut ; d'où la courbure convexe vers le bas, qui s'opère dans la région où la croissance intercalaire est la plus active. En un mot, le pétiole est, comme la tige, négativement géotropique. Il en est de même du limbe, comme on s'en assure aisément dans les feuilles sessiles.

Phototropisme de la feuille. — La lumière agit sur la croissance intercalaire de la feuille de la même manière que sur celle de la tige. Si l'éclairage est équilatéral, la lumière retarde la croissance de la feuille également de tous les côtés ; à l'obscurité, en effet, toutes choses égales d'ailleurs, la feuille s'allonge plus qu'en pleine lumière. Il en résulte que, si l'éclairage est unilatéral et si son intensité ne dépasse pas l'optimum (p. 200), la feuille se courbe vers la source. Les feuilles rubanées dépourvues de pétiole (Graminées, Liliacées, etc.) s'infléchissent tout entières vers la lumière. Dans les feuilles pétiolées, le pétiole se courbe et tend à se placer dans la direction des rayons incidents, tandis que le limbe tend à se disposer perpendiculairement, la face ventrale tournée vers la source, la face dorsale en sens contraire : en un mot, le limbe cherche à prendre par rapport au rayon incident la position qu'il a par rapport à la verticale quand l'éclairage est équilatéral.

L'intensité du phototropisme de la feuille varie beaucoup avec les plantes et n'est nullement en rapport avec l'énergie de son géotropisme. Parmi les plus sensibles, on peut citer celles du Haricot, de la Capucine, de la Vigne et de la Vigne-vierge ; placées à 2 mètres de distance d'une flamme de gaz valant 6 bougies, ces feuilles s'infléchissent déjà fortement vers la source. Parmi les moins sensibles, on peut signaler les feuilles qui se différencient partiellement ou totalement en vrilles (Pois, Courge, etc.).

Effet combiné de la nutation, du géotropisme et du phototropisme. Direction résultante de la feuille. — Supposons que ni la pesanteur, ni la lumière n'agissent sur la feuille, condition qu'il est facile de réaliser, comme on sait (p. 203), en faisant tourner la branche où elle se forme autour d'un axe horizontal dans le plan de la source. Alors, quelle que soit la direction de la branche, la feuille en s'épanouissant s'y dispose de manière à faire avec elle un certain angle dont la valeur dépend du rapport entre les accroissements inégaux des deux faces, c'est-à-dire de la nutation d'épanouissement. Ceci rappelé, si la pesanteur et la lumière agissent en même temps que la nutation, comme dans les conditions naturelles, la feuille, soumise à la fois à ces trois forces dirigeantes, prend une direction résultante où elle se fixe et où elle arrête sa croissance. Cette position est telle que le limbe soit dirigé perpendiculairement à la lumière diffuse la plus intense ; elle est par conséquent aussi favorable que possible au bon accomplissement des deux fonctions les plus importantes de la feuille, qui sont, comme on le verra bientôt, la transpiration et l'assimilation du carbone.

Respiration de la feuille. — Dirigée comme il vient d'être dit, la feuille agit sur l'atmosphère où d'ordinaire elle se développe, et son action est triple : elle y respire, elle y transpire, elle y assimile du carbone. Quand la feuille est submergée, la transpiration est supprimée, mais les deux autres fonctions subsistent ; elles s'exercent seulement aux dépens des gaz dissous dans l'eau.

Comme la racine et la tige, mais avec une énergie bien plus grande, en rapport avec leur plus grande surface, les feuilles consomment sans cesse de l'oxygène et produisent sans cesse de l'acide carbonique. Pour une raison que nous connaîtrons plus tard, c'est seulement à l'obscurité ou à une lumière diffuse très faible, que la feuille absorbe dans l'atmosphère ambiante tout l'oxygène qu'elle consomme et y dégage tout l'acide carbonique qu'elle produit. C'est donc toujours dans ces conditions qu'il faut se placer pour étudier ce double phénomène par l'analyse de l'air ambiant.

On constate alors que le rapport $\frac{CO^2}{O}$, entre le volume de l'acide carbonique émis et celui de l'oxygène absorbé pendant le même temps, est constant pour une même feuille au même âge et indépendant de la température ainsi que de la pression. Ce rapport varie avec les plantes; il est tantôt égal à l'unité (Fusain, Lilas, Marronnier, Lierre, Blé), tantôt plus petit que l'unité (If : 0,9 ; Pin : 0,85 ; Eucalyptus : 0,8 ; Rue : 0,7). Dans le premier cas, l'acide carbonique émis renfermant autant d'oxygène qu'il en a été absorbé, il n'y a pas d'oxygène fixé dans la feuille; dans le second cas, au contraire, une plus ou moins grande quantité d'oxygène se trouve fixé, assimilé dans la feuille. Le rapport varie aussi avec l'âge de la feuille. Il n'est, par exemple, que de 0,6 dans les jeunes feuilles de Blé, tandis qu'il est de 1 dans les feuilles adultes de la même plante. Quoi qu'il en soit, la fixité du rapport, pour une plante donnée au même âge, permet, ici comme pour la racine et la tige, d'exprimer d'un seul mot ces deux phénomènes en disant que la feuille respire.

Dans une plante donnée au même âge, l'intensité de la respiration de la feuille augmente avec la température, et de plus en plus rapidement à mesure que la température s'élève, de manière que la courbe des intensités pour les diverses températures soit représentée par une parabole. Elle varie aussi beaucoup, à égalité de température et d'âge, avec la nature de la plante. Les feuilles grasses (Agavé, Aloès, etc.) et celles des herbes des marais (Alisma, etc.) sont au bas de l'échelle, n'absorbant que 0,7 à 0,8 de leur volume d'oxygène en vingt-quatre heures; les feuilles persistantes des arbres toujours verts se tiennent au milieu; les feuilles caduques des arbres se montrent les plus actives : celles de l'Abricotier et du Hêtre, par exemple, consomment jusqu'à huit fois leur volume d'oxygène en vingt-quatre heures. Enfin, dans une même plante et à la même température, l'intensité respiratoire varie avec l'âge de la feuille : c'est dans l'état de jeunesse et de croissance active qu'elle augmente rapidement, pour atteindre bientôt sa plus grande énergie ; elle décroît ensuite à mesure que la croissance se ralentit.

Transpiration de la feuille. — A moins d'être submergée, la feuille émet incessamment de la vapeur d'eau dans le milieu extérieur, en un mot, transpire (p. 50). La généralité de ce phénomène peut être démontrée et son intensité mesurée par trois méthodes :

1° Une plante feuillée, enracinée dans la terre humide d'un pot, est placée sous cloche sur une assiette. Le pot est vernissé et la terre est recouverte d'un disque de plomb, troué au centre pour laisser passer la tige et en un autre point pour permettre de l'arroser. Dans ces conditions, la vapeur d'eau exhalée par les tiges et les feuilles se condense sur la face interne de la cloche, le liquide ruisselle le long des parois et se rassemble dans l'assiette. Ou bien encore une branche feuillée est introduite dans un ballon de verre et ajustée au col avec un bouchon ; la vapeur se condense et l'eau se réunit au fond du ballon. Dans les deux cas, on recueille ainsi l'eau dégagée et on la pèse directement.

2° La plante feuillée, enracinée de même dans un pot vernissé et couvert, est abandonnée à l'air libre et la vapeur qu'elle exhale se perd dans l'atmosphère ; mais on la pèse avec son pot à des intervalles réguliers et la perte éprouvée mesure chaque fois, à peu de chose près, la quantité d'eau transpirée.

3° Une feuille est coupée à sa base et ajustée par son pétiole à l'aide d'un bouchon dans la branche large d'un tube en U dont l'autre branche est plus étroite et plus longue (fig. 75). On

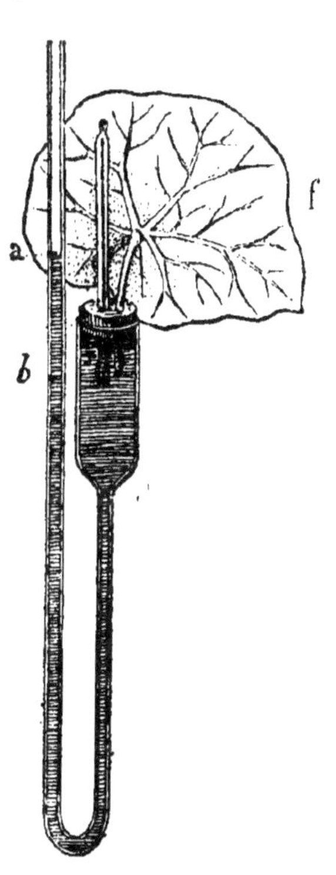

Fig. 75. Appareil pour mesurer l'intensité de la transpiration de la feuille : *a b*, espace jaugé.

remplit d'eau ce tube de manière que le liquide s'élève dans la branche étroite jusqu'au point *a*, et l'on marque quelque part au-dessous un autre point *b*. Cela fait, on abandonne la feuille à elle-même dans les conditions de l'expérience. L'eau transpirée à sa surface sera aussitôt remplacée par une égale quantité d'eau puisée dans la large branche, et le liquide descendra dans la branche étroite. On estimera chaque fois le temps nécessaire pour que le liquide descende de a en b; si l'on a jaugé l'espace ab, on saura ainsi quel est le volume d'eau transpirée pendant ce temps. Cette méthode permet à l'œil de suivre les progrès de la transpiration; si l'on a coloré le liquide, la chose peut se voir de loin : c'est une expérience de cours.

Par ces diverses méthodes, on s'assure facilement que la transpiration des feuilles atteint pendant le jour une grande intensité. On en jugera par quelques exemples. Un Grand-Soleil en pot transpire en moyenne, pendant les 12 heures du jour, $0^k,625$ d'eau. Un plant d'Avoine, pendant la durée entière de sa végétation évaluée à 90 jours, dégage $2^k,278$ d'eau; ce qui donne par jour, pour un hectare d'Avoine contenant un million de plants, 25 000 kilogrammes d'eau. Un champ de Maïs dégage, par hectare contenant 50 plants au mètre carré, en 16 heures de jour, 36 000 kilogrammes d'eau. Un champ de Chou, où les plants sont espacés de $0^m,50$, dégage par hectare, en 12 heures de jour, 20 000 kilogrammes d'eau. Un Chêne isolé, portant environ 700 000 feuilles, a transpiré, de juin à octobre, en 5 mois, une quantité totale de 111 225 kilogrammes d'eau. On peut se figurer par là quelle énorme quantité d'eau est déversée chaque jour dans l'atmosphère par les feuilles des herbes des prairies et des champs, et par celles des arbres des forêts.

Cette grande énergie du phénomène s'explique par l'énorme surface des feuilles, souvent multipliée encore par les poils qui les couvrent. Mais surtout il faut considérer que l'intérieur du parenchyme de la feuille aérienne est creusé de nombreux interstices pleins d'air, communiquant entre eux et formant dans la feuille une sorte d'atmosphère intérieure (p. 244, fig. 72, l). Par les nombreux stomates que porte le limbe, cette atmosphère communique directement avec l'air extérieur. La transpiration a lieu le long de ces surfaces libres internes et la vapeur d'eau tend à acquérir dans les interstices une pression de plus en plus forte, qui s'équilibre à mesure grâce à la sortie de la vapeur d'eau par les stomates. Il y a donc sur toute feuille deux parts à faire dans sa transpiration : l'une par la surface générale externe, par l'épiderme et ses poils, c'est la plus faible; l'autre par la surface interne, le long des interstices, avec sortie par les stomates; c'est de beaucoup la plus forte. Les stomates, les stomates aérifères bien entendu, sont donc les organes essentiels de la transpiration de la feuille.

Mais il va sans dire qu'il n'y a pas pour cela proportionnalité entre la transpiration d'une feuille et le nombre de ses stomates ; c'est de l'étendue des surfaces internes, et non du nombre des orifices de sortie, que la transpiration dépend réellement. Ainsi le rapport de la transpiration de la face supérieure, quand elle est dépourvue de stomates, à celle de la face inférieure, qui en est pourvue, est de 1 à 2 dans la Verveine, de 1 à 2,5 dans le Tilleul, de 1 à 7 dans le Canna; en moyenne, pour une dizaine de plantes assez différentes (Houx, Lilas, Oranger, Vigne, Poirier, Topinambour, etc.), ce rapport est de 1 à 4,3 au soleil, de 1 à 2,4 à l'ombre. Quand les deux faces ont des stomates, l'avantage est à celle qui en possède le plus. Dans la Capucine, par exemple, le rapport des nombres de stomates étant de 4 sur la face supérieure à 5 sur la face inférieure, celui des transpirations est de 1 à 2; dans le Dahlia, le premier rapport est de 1 à 2, le second de 2 à 3 ; dans la Belladone, le premier est de 1 à 5, le second de 5 à 6. Il peut arriver cependant que les deux surfaces, avec des nombres très différents de stomates, aient des transpirations égales ; ainsi, dans la Guimauve, les stomates sont dans le rapport de 2 à 11, et la transpiration est la même.

Influence des conditions externes et internes sur la transpiration de la feuille. — Toutes choses égales d'ailleurs, la transpiration varie avec les conditions extérieures, notamment avec la lumière, la température, l'état hygrométrique et l'agitation de l'air, et avec les conditions internes de la feuille, notamment avec son âge et la nature de la plante à laquelle elle appartient.

La lumière accroît l'intensité de la transpiration de la feuille. Les premiers observateurs avaient déjà remarqué que la transpiration des feuilles, très active le jour, cesse presque complètement au coucher du soleil. Aussi la première démonstration expérimentale de l'influence de la lumière sur la transpiration remonte-t-elle à plus d'un siècle. Trois branches de Douce-amère, attachées à la plante et de même poids (13^{gr},4), furent enfermées chacune dans un ballon et exposées : la première à la lumière directe du soleil, la seconde à la lumière diffuse, la troisième à l'obscurité. Après 6 jours, on recueillit : dans le premier ballon 83 grammes d'eau, dans le second 44 grammes, dans le troisième 14 grammes. Plus récemment, on a montré qu'une feuille de Blé, par exemple, dégage en une heure : au soleil 0ᵍʳ,168 d'eau, à l'obscurité 0ᵍʳ,001. De plus, on a prouvé qu'une source lumineuse artificielle, une flamme de gaz, par exemple, agit comme la radiation solaire, mais avec une moindre intensité ; ainsi trois plants de Maïs ont transpiré en une heure : à l'obscurité, 27 milligrammes d'eau, devant un bec de gaz placé à 1 mètre, 32 milligrammes, à la lumière diffuse, 68 milligrammes, au soleil, 198 milligrammes.

La grande influence de la lumière sur la transpiration de la feuille s'explique aisément si l'on se rappelle que les stomates aérifères, bouches d'émission de la vapeur d'eau interne, s'ouvrent à la lumière et se ferment à l'obscurité (p. 143). A l'obscurité, la transpiration se réduit donc à ce qui peut se dégager dans ces conditions à travers les membranes des cellules épidermiques.

Dans cette action exercée par la lumière blanche, quelle est la part des rayons de diverse réfrangibilité qui la composent? En plaçant des feuilles en voie de transpiration dans les diverses régions du spectre, on a vu que les rayons actifs sont, d'une part, les rayons rouges compris entre les raies B et C, de l'autre, les rayons bleus et violets qui forment l'extrémité la plus réfrangible du spectre. Les rayons jaunes n'ont qu'une très faible action ; les rayons verts n'en ont pas du tout. Or les rayons rouges entre B et C, d'une part, les rayons bleus et violets, d'autre part, sont précisément ceux que la chlorophylle absorbe énergiquement, comme on le verra plus loin, tandis qu'elle laisse passer les rayons jaunes et surtout les rayons verts, qui lui donnent sa couleur vert jaunâtre. Ce sont donc les radiations que la chlorophylle absorbe dans le faisceau lumineux incident qui accélèrent la transpiration de la feuille ; ceux qu'elle laisse passer sont sans action.

Dans une atmosphère non saturée, la transpiration de la feuille varie avec la température. Elle commence déjà à une température très basse : dans les feuilles d'If, par exemple, elle est déjà sensible à — 20°. Elle va croissant à mesure que la température s'élève, d'abord très lentement jusque vers 15°, puis rapidement et de plus en plus vite jusque vers 30° ; elle croît ensuite de moins en moins et atteint un maximum à une température qui, pour le Lierre, est de 44°, mais qui varie suivant les plantes. Ensuite elle diminue, lorsque la plante commence à souffrir,

Toutes choses égales d'ailleurs, la transpiration de la feuille dépend de l'état hygrométrique et des mouvements de l'air. Plus l'air est humide, moins la feuille transpire ; plus il est sec, plus la transpiration est forte. Pourtant, sous l'influence de la lumière, la feuille continue à dégager de la vapeur d'eau dans une atmosphère saturée, ce qu'elle ne fait pas à l'obscurité. La première des trois méthodes d'observation décrites plus haut repose précisément sur ce fait. Cela vient sans doute de ce que, dans ces conditions, la température intérieure du corps est plus élevée que celle de l'air ambiant. Enfin, l'agitation de l'air, le vent, active la transpiration : elle est plus faible dans un air tranquille.

Sous l'influence simultanée des diverses causes externes de variation que nous venons de signaler, la transpiration des plantes soumises aux conditions naturelles suit chaque jour une période régulière. La courbe construite avec les poids d'eau transpirée d'heure en heure va s'élevant progressivement le matin, atteint son maximum vers 2 heures de l'après-midi, puis s'abaisse peu à peu jusqu'au soir.

Dans les mêmes conditions extérieures, la quantité d'eau transpirée dans le même temps, à surface égale ou à volume égal, par une feuille adulte, est très différente suivant les plantes. Ainsi, en rapportant la quantité d'eau transpirée à la surface, on a obtenu les rapports décroissants : Chou $\frac{1}{80}$, Prunier $\frac{1}{100}$, Grand-Soleil $\frac{1}{165}$, Vigne $\frac{1}{494}$, Oranger $\frac{1}{218}$. D'une façon générale, la transpiration atteint sa plus grande énergie dans les feuilles des plantes herbacées, et sous ce rapport les Graminées tiennent le premier rang. Elle est déjà moindre sur les feuilles caduques des arbres et arbustes ; elle atteint son minimum sur les feuilles persistantes ou charnues. Ainsi, en rapportant la transpiration totale annuelle au poids de la plante, on a obtenu les nombres suivants : Sycomore 455, Épine-vinette 522, Chêne 226, Frêne 183, Mélèze 177, If 77, Sapin 52, Houx 30, Yeuse 26.

Enfin, dans les mêmes conditions extérieures et dans la même plante, si l'on considère une feuille à ses divers âges, on voit que la transpiration y est plus forte quand elle vient de terminer sa croissance que plus tôt pendant qu'elle s'accroît, et que plus tard quand sa surface s'est affermie en devenant moins perméable. Ainsi, par exemple, le long de la tige du Topinambour, le maximum a lieu sur la onzième feuille à partir du sommet.

On a souvent comparé la transpiration de la feuille avec l'évaporation de l'eau à la surface d'un corps poreux imbibé. Les deux phénomènes ont en effet des traits communs, mais il faut bien se garder de les identifier, car il y a entre eux de profondes différences. Comme l'évaporation, la transpiration est, en effet, d'autant plus active que l'air est plus sec, plus chaud, plus agité ; mais là se bornent les ressemblances. Les différences sont bien plus grandes. Si après avoir mesuré, dans des conditions données, la transpiration d'une feuille, on vient à tuer cette feuille par un moyen quelconque et si l'on mesure ensuite, dans les mêmes conditions externes, l'émission de la vapeur d'eau, qui est désormais une simple évaporation, on constate qu'elle a beaucoup augmenté. La transpiration est donc moindre que l'évaporation. L'évaporation cesse de s'opérer dès que l'atmosphère est saturée ; la transpiration continue au contraire de s'accomplir dans ces conditions, au moins tant que la plante est éclairée. Enfin, et c'est de toutes les preuves la plus décisive, la lumière n'a sur l'évaporation aucune influence ; on a vu que sur la transpiration de la feuille son influence est, au contraire, considérable. Les différences entre ces deux phénomènes l'emportent donc de beaucoup sur les ressemblances.

La fonction de la feuille que nous venons d'étudier est un des phénomènes les plus importants de la vie de la plante. Abstraction faite de la faible consommation d'eau produite par la croissance, et de la faible quantité d'eau transpirée par la tige, c'est en effet la transpiration des feuilles qui provoque et qui règle l'absorption du liquide du sol par les racines. Grâce à elle, un courant d'eau tenant en dissolution les matières solubles du sol pénètre continuellement dans la plante et parcourt incessamment, des racines aux feuilles, toute l'étendue de son corps. En s'évaporant dans la feuille, ce liquide laisse dans la plante toutes les substances solubles qu'il y a introduites et qui sont les éléments nécessaires à la construction de l'organisme. La transpiration de la feuille est donc l'une des clefs de voûte de la nutrition de la plante.

Émission de liquide par la feuille à la suite d'une transpiration ralentie. Nectar. — Quand leur transpiration se trouve brusquement ralentie, presque annulée, comme il arrive chaque soir au coucher du soleil, les feuilles continuant à recevoir des racines par la tige de nouveau liquide, une pression de plus en plus forte s'y établit et l'eau finit par perler à la surface sous forme de fines gouttelettes. Ces gouttelettes grossissent peu à peu, puis se détachent et tombent ; il s'en forme de nouvelles aux mêmes points, qui tombent à leur tour, et le phénomène se poursuit durant de longues heures, pour cesser chaque matin dès que la transpiration reprend son énergie première. C'est par les stomates aquifères que le liquide s'échappe, rarement par une simple fente produite par déchirure entre les cellules épidermiques à la pointe du limbe, comme dans les Graminées (Blé, Seigle, Maïs, etc.).

Toujours placés au-dessus des dernières terminaisons des nervures qui leur amènent le liquide, comme on le verra plus loin, les stomates aquifères sont situés d'ordinaire au bord du limbe, quelquefois sur sa face supérieure (p. 242). Tantôt ils en occupent l'extrémité, comme dans les Aroïdées (Colocase, Arum, Richardia, etc.), tantôt les dents latérales, comme dans la grande majorité des plantes, soit solitaires (fig. 74) (Fuchsia, Primevère, Saxifrage, etc.), soit groupés par deux (Sureau, Valériane, Groseillier, etc.), trois (Cyclamen), six à huit (Orme, Platane, Coudrier, etc.), ou davantage (Potentille, Chou, Renoncule, diverses Ombellifères, etc.). Les feuilles submergées ont aussi de ces stomates aquifères soit à la pointe du limbe (Callitriche, Pesse, etc.), soit à l'extrémité de chacun des segments latéraux (Renoncule aquatique, etc.).

Le liquide expulsé est de l'eau tenant en dissolution une très petite quantité de substances diverses, notamment du bicarbonate de chaux. Il a des qualités physiques remarquables. Ayant traversé, dans le long trajet de l'extrémité des racines au sommet des feuilles, un nombre incalculable de membranes cellulaires, il est d'une limpidité absolue. Son indice de réfraction est plus grand que celui de l'eau pure. Aussi, quand à l'aurore les rayons du soleil levant viennent raser la prairie, il se fait dans toutes les gouttelettes si limpides et si réfringentes qui occupent le sommet des feuilles, des jeux de lumière éblouissants, bien des fois remarqués et chantés par les poètes, mais attribués à tort à la rosée. Dans les grandes·herbes tropicales (Bananier, Amome, Colocase, Richardia, etc.), la quantité d'eau rejetée est très considérable. Du sommet d'une feuille d'Amome on en a recueilli un litre en quatre nuits. Une feuille de Colocase en a rejeté par sa pointe 20 à 22 grammes en une nuit ; les gouttes s'échappaient brusquement au nombre de 120 par minute et déterminaient chaque

15.

fois dans la feuille un mouvement de recul. Quatre feuilles de Richardia en ont produit 36 grammes en 10 jours. Si la feuille, différenciée en ascidie, est enroulée en cornet (Sarracénia) ou en urne (Népenthès [fig. 69], Utriculaire, etc.), le liquide expulsé n'est pas rejeté au dehors ; il s'accumule peu à peu dans le petit vase et peut être réabsorbé plus tard ; il est alors acide et contient 1 pour 100 de substance solide, proportion beaucoup plus forte que dans les cas ordinaires.

Si la région de la feuille où il se dégage renferme des sucres (saccharose, glucose et lévulose), le liquide est sucré, c'est du *nectar* et l'on appelle *nectaire* la région de la feuille où il est émis. Tel est le suc qui s'échappe des renflements situés à la base des pétioles secondaires de certaines Fougères (Ptéride, Cyathéa, etc.), tout couverts de stomates aquifères qui leur donnent une couleur blanche. Tel est encore celui qui s'écoule à travers les membranes des cellules superficielles sur les renflements latéraux du pétiole dans le Ricin, le Prunier, l'Amandier, etc., sur les stipules de la Vesce, du Sureau, etc. Les insectes, principalement les Bourdons et les Abeilles, sont très friands de ce nectar des feuilles et vont le butiner, notamment sur les stipules dans les champs de Vesce.

Assimilation du carbone par la feuille. — Sous l'influence de la lumière, grâce à la chlorophylle contenue dans les cellules de son parenchyme, la feuille décompose l'acide carbonique qu'elle renferme et produit de l'oxygène résultant de cette décomposition (p. 51). A mesure qu'il est décomposé dans la feuille, l'acide carbonique est remplacé, conformément aux lois d'osmose et de diffusion, par une égale quantité d'acide carbonique venant du milieu extérieur ; à mesure qu'il est produit dans la feuille, l'oxygène se dégage aussi, conformément aux mêmes lois, dans le milieu extérieur. A la lumière, la feuille absorbe donc de l'acide carbonique dans le milieu extérieur et y dégage de l'oxygène. L'ensemble des analyses de l'air ambiant, avant et après le séjour des feuilles à la lumière, exécutées sur les plantes les plus diverses, a montré que le rapport $\frac{O}{CO^2}$, du volume de l'oxygène dégagé au volume de l'acide carbonique décomposé dans le même temps, est un peu plus grand que l'unité ; pour le Fusain, par exemple, il est de 1,2. Les choses se passent donc comme si la décomposition de l'acide carbonique dans la feuille était totale, comme si tout son oxygène, formant comme on sait un volume égal au sien propre, était dégagé et tout son carbone fixé dans la plante. Cette fixation s'opère sans doute par combinaison immédiate du carbone mis en liberté avec les éléments de l'eau, de manière à produire des hydrates de carbone $C^m H^n O^n$. Toujours est-il que le carbone fait désormais partie intégrante du protoplasme; il est, comme on dit, *assimilé* à la plante. En outre, le petit excès d'oxygène émis prouve qu'il y a simultanément décomposition d'un autre corps oxygéné, dont la nature est jusqu'à présent difficile à préciser. Quoi qu'il en soit, l'assimilation du carbone est la fonction la plus importante de la feuille, c'est aussi peut-être le phénomène physiologique le plus extraordinaire, non seulement de la plante, mais de tous les êtres vivants. Nous devons donc l'étudier avec soin sous ses diverses faces.

Action de la lumière sur la chlorophylle. — Considérons en premier lieu l'action de la lumière sur la chlorophylle.

Tout d'abord, c'est un fait bien connu que la lumière est nécessaire à la production même de la chlorophylle dans le parenchyme de la feuille ; à l'obscurité, la feuille demeure incolore ou jaunâtre. La différenciation interne du protoplasme et la production des leucites destinés à porter la chlorophylle qui en est la conséquence, s'y opèrent cependant tout comme en pleine lumière ; de même, le principe colorant jaune qui se trouve mêlé à la chlorophylle dans les chloroleucites s'y développe parfaitement : ces deux phénomènes sont donc indépendants de la lumière. Seul le principe colorant vert, la chlorophylle pure, n'apparaît pas dans ces conditions ; sa synthèse exige l'intervention de la lumière. Celle-ci n'est pas la même pour tous les rayons du spectre ; ce sont les rayons jaunes qui se montrent les plus actifs ; de chaque côté, le verdissement va décroissant vers le rouge et vers le violet, mais se prolonge dans l'infrarouge jusqu'à une distance du bord rouge égale à celle qui sépare ce bord du jaune moyen, et dans l'ultraviolet jusqu'à une distance du bord violet égale à l'étendue de la région lumineuse. L'action de la lumière dépend aussi de son intensité. Il suffit d'une intensité très faible, d'une lumière diffuse telle que l'œil puisse à peine lire les caractères d'un livre, pour amener le verdissement des feuilles. A partir de cette limite inférieure, si l'intensité va croissant, la production de la chlorophylle s'opère de mieux en mieux, jusqu'à une certaine intensité optimum, à partir de laquelle elle s'opère de moins en moins bien. C'est, en effet, un fait bien connu que les feuilles développées à l'obscurité ne verdissent pas ou ne verdissent que très lentement à la lumière directe du soleil.

A égalité d'intensité, l'action verdissante de la lumière blanche varie avec la température. Elle ne commence à s'exercer que vers 4°-5° dans l'Orge et le Pois, à 10° dans le Maïs et le Radis ; elle cesse d'avoir lieu à 57° pour l'Orge, à 40° pour le Maïs et le Pois, à 45° pour le Radis ; la température la plus favorable est de 30° pour l'Orge, de 35° pour le Radis, le Maïs et le Pois. Enfin, à égalité d'intensité et de température, l'action verdissante varie avec la nature de la plante. Ainsi par exemple à 17°, une flamme de gaz valant 6,5 bougies, placée à 1^m,50 de la plante, a produit un verdissement visible à l'œil : dans la Balsamine au bout de 1 heure, dans le Radis au bout de 3 heures, dans l'Ibéride au bout de 4,5 heures, dans le Liseron au bout de 6,5 heures, dans la Courge au bout de 9,5 heures. On voit que la chlorophylle n'apparaît pas aussitôt après que la lumière a frappé la feuille ; sa production exige un certain temps. Elle ne cesse pas non plus brusquement quand, après avoir exposé la plante à la lumière pendant un certain temps, on la place à l'obscurité. Ainsi, après avoir éclairé une plante pendant un temps insuffisant pour que l'œil aperçoive dans ses feuilles la moindre trace de matière verte, une Balsamine, par exemple, pendant trois quarts d'heure, si on la place à l'obscurité, on la voit bientôt verdir comme en pleine lumière. Comme le géotropisme et le phototropisme, la production de la chlorophylle est donc un phénomène induit, c'est-à-dire qu'il est fonction du temps et doué d'effet ultérieur (p. 202) ; en un mot, c'est une induction photochimique.

Une fois produite dans les feuilles, la chlorophylle agit sur la lumière incidente ; elle absorbe une partie des rayons qui la composent et laisse passer les autres sans altération. Il est nécessaire de déterminer avec précision la nature de cette absorption. A cet effet, on fait tomber un faisceau de rayons solaires sur la chlorophylle soit dissoute dans l'alcool ou la benzine, soit vivante dans la feuille, et on l'analyse à la sortie par un prisme qui l'étale en un spectre (fig. 76). Dans ce spectre, il manque tous les groupes de rayons absorbés, qui sont remplacés par autant de bandes plus ou moins sombres, plus ou moins larges. Il y a d'abord dans le rouge, comprise entre les raies B et C, une bande d'absorption assez large, d'un noir très foncé et très nettement limitée sur les bords. Il y a ensuite dans le bleu et le violet trois bandes rap-

prochées, plus larges et moins sombres que la précédente, estompées sur les bords et dont la dernière occupe l'extrémité
violette du spectre ; ces trois bandes ne sont distinctes que si
l'on emploie une dissolution faible ; avec une dissolution moyen-
nement concentrée ou une feuille vivante, elles confluent en une
seule très large bande qui commence au delà de la raie F et
occupe toute la région la plus réfrangible du spectre lumineux.

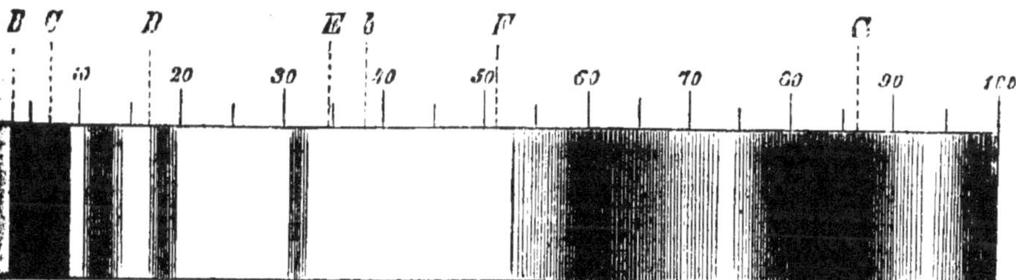

Fig. 76. Spectre d'absorption de la chlorophylle : *B-G*, position des principales
raies ; 0-100, traits divisant le spectre en 100 parties égales.

Ce sont là les deux principales bandes d'absorption. Il y en a
trois autres beaucoup plus faibles, plus étroites et plus estompées,
situées respectivement dans l'orangé, le jaune et le jaune vert ;
mais elles sont négligeables par rapport aux deux autres. Tous
les rayons non absorbés par la chlorophylle, c'est-à-dire les rouges
extrêmes, un peu d'orangés, les jaunes, les verts et un peu de
bleus, se mélangent et composent pour notre œil la couleur résultante verte des feuilles vues par transmission.

**Emploi des radiations absorbées pour l'assimilation
du carbone.** — Ce sont les radiations ainsi absorbées par la
chlorophylle, qui sont transformées immédiatement par les chloroleucites en un double travail : un travail physique, qui est la
vaporisation de l'eau du suc cellulaire le long des surfaces libres
de chaque cellule, c'est-à-dire la transpiration, et un travail
chimique, qui est la décomposition de l'acide carbonique avec
mise en liberté de l'oxygène, c'est-à-dire l'assimilation du carbone. Nous avons vu, en effet (p. 258), que ce sont précisément
les rayons rouges compris entre B et C, ainsi que les rayons
bleus et violets formant la partie la plus réfrangible du spectre,
qui provoquent la transpiration de la feuille ; les autres sont sans
action sur ce phénomène. Il reste à démontrer que la décompo-

sition de l'acide carbonique est aussi localisée dans ces deux régions du spectre.

A cet effet, dans les diverses régions du spectre on dispose côte à côte en batterie un certain nombre d'étroites éprouvettes renversées sur le mercure et séparées l'une de l'autre par des écrans noircis. Chaque éprouvette est remplie d'eau contenant en dissolution une quantité connue d'acide carbonique et renferme une feuille longue et étroite, une feuille de Bambou, par exemple. Après six heures d'exposition, on mesure et on analyse avec toute la précision possible le gaz des diverses éprouvettes et l'on détermine l'acide carbonique disparu dans chacune d'elles. En exprimant les nombres ainsi obtenus par des ordonnées placées dans les positions mêmes occupées dans le spectre par les éprouvettes respectives, on obtient la ligne *a a' b c d e* de la fig. 77. On voit que

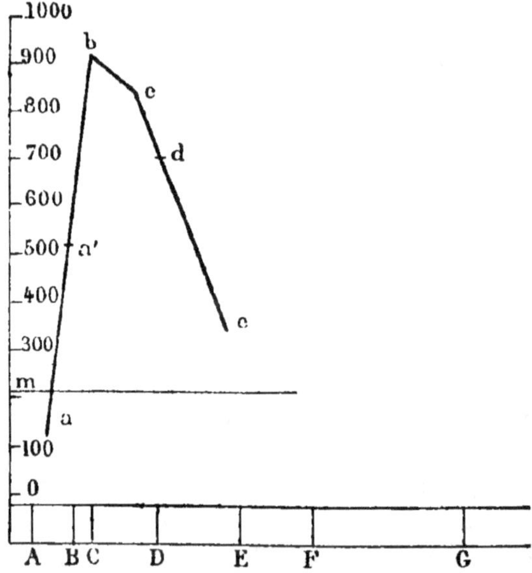

Fig. 77. Courbe représentant la marche de la décomposition de l'acide carbonique dans la moitié la moins réfrangible du spectre; le maximum *b* correspond aux rayons compris entre B et C.

le maximum de décomposition a lieu dans le rouge entre **B** et **C**. A partir de ce point, le phénomène décroît très brusquement du côté le moins réfrangible, de manière à s'annuler dans le rouge extrême; de l'autre côté, il décroît un peu moins vite et s'annule

dans le vert. Ainsi, pour ce qui est de la moitié la moins réfrangible
du spectre, cette méthode démontre que le maximum d'action
de la lumière coïncide avec le maximum de son absorption par la
chlorophylle. Mais pour la moitié la plus réfrangible, sans doute à
cause de l'extrême dispersion des rayons dans cette région quand
on emploie un spectre de prisme, la méthode n'accuse qu'une
très faible décomposition d'acide carbonique et n'est pas assez
sensible pour mettre en évidence la relation qui lie cette décomposition à la bande d'absorption correspondante. Il a fallu l'introduction récente d'une méthode nouvelle et beaucoup plus
sensible, pour obtenir ce résultat et achever la solution du problème.

On sait que diverses Bactéries mobiles sont très avides d'oxygène ; dans une goutte d'eau, sous une lame de verre, on les voit
se rassembler toutes le long du bord, et si l'on introduit une
bulle d'air dans la goutte, elles s'accumulent bientôt en forme
d'anneau tout autour de cette bulle. Si donc, dans une goutte
d'eau où pullulent de pareilles Bactéries, on vient à placer une
petite feuille de Mousse, par exemple, ou une coupe transversale
d'une feuille mince quelconque, on verra, dès que la lumière aura
acquis une intensité suffisante, les Bactéries se déplacer et venir
se rassembler tout autour de la feuille pour absorber l'oxygène à
mesure qu'il se produit.

Il s'agit maintenant de savoir comment le dégagement d'oxygène,
manifesté par le groupement des Bactéries, varie avec la réfrangibilité des rayons incidents. On fait tomber sur le bord de la feuille
de Mousse, ou sur la section de la feuille mince, parallèlement à sa
longueur, un spectre microscopique obtenu à l'aide d'un prisme,
et l'on note la position des principales raies, ainsi que celle des
deux principales bandes d'absorption de la chlorophylle. Dès que
l'intensité lumineuse est suffisante, les Bactéries se localisent,
s'accumulant dans tous les points où de l'oxygène se produit, se
retirant au contraire de ceux où il ne s'en forme pas. Au bout
de quelques minutes, le groupement, devenu stationnaire, dessine
à l'œil la courbe qui lie la production de l'oxygène à la réfrangibilité des rayons (fig. 78). Le maximum a encore lieu dans le rouge
entre les raies B et C, c'est-à-dire à l'endroit de la plus forte
absorption par la chlorophylle. Vers la gauche, la production
d'oxygène décroît encore brusquement et devient nulle à la
limite de l'infrarouge ; vers la droite, elle diminue plus lente-

ment et ne s'annule que dans le vert. En un mot, cette méthode nouvelle confirme pleinement le résultat déjà obtenu par l'analyse des gaz, pour la moitié la moins réfrangible du spectre. Mais elle n'en reste pas là. On aperçoit, en effet, un second groupement de Bactéries dans la moitié la plus réfrangible, où les rayons sont aussi, comme on sait, fortement absorbés par la chlorophylle. Le maximum se trouve dans le violet au delà de la raie F ; il est beaucoup plus faible que l'autre, mais si cette seconde courbe des Bactéries s'élève moins haut, elle s'étend aussi beaucoup plus en largeur que la première, résultat dû à la grande

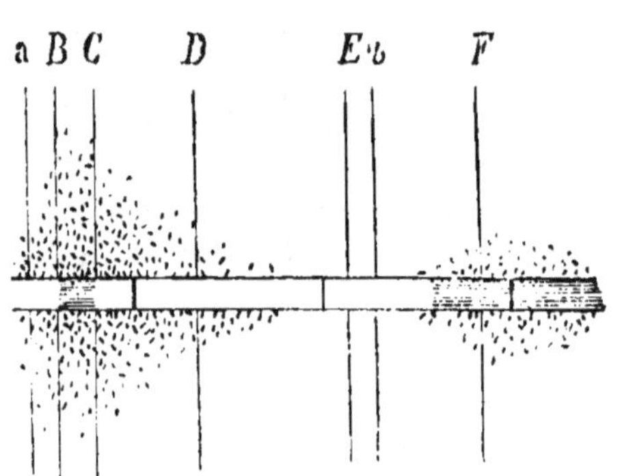

Fig. 78. Filament de Cladophore, soumis, dans une goutte d'eau où pullulent des Bactéries mobiles, au spectre microscopique de la lumière solaire : A-F, principales raies.

dispersion des rayons dans cette région du spectre. En somme les deux groupements, c'est-à-dire les deux dégagements d'oxygène qu'ils accusent, s'équivalent, comme s'équivalent les deux absorptions de rayons qui les provoquent. Si donc l'on partage la région lumineuse du spectre, de la longueur d'onde $\lambda = 0{,}765$ à la longueur d'onde $\lambda = 0{,}595$, en deux moitiés égales par la longueur d'onde $\lambda = 0{,}580$, l'intensité de l'assimilation du carbone par la feuille se trouve être exactement la même dans ces deux moitiés, résultat d'une grande importance, qui avait échappé aux autres méthodes de recherche.

Cette méthode des Bactéries permet encore de démontrer que la décomposition de l'acide carbonique est exclusivement localisée dans les chloroleucites, et ne s'opère pas dans le protoplasme incolore où ils plongent. En choisissant, en effet, des feuilles dont les cellules ont des grains de chlorophylle gros et espacés, on voit les Bactéries s'accumuler uniquement sur ces dernières, laissant inoccupé tout l'espace protoplasmique qui les sépare.

Influence de l'intensité de la lumière et du degré de la température sur l'assimilation du carbone. — L'assimilation du carbone ne dépend pas seulement de la réfrangibilité des rayons incidents, mais encore de leur intensité. Pour commencer la décomposition de l'acide carbonique sous l'influence de la chlorophylle, il faut une lumière beaucoup plus intense que pour produire la chlorophylle elle-même. Il y a donc une certaine intensité faible, et même un certain nombre de degrés d'intensité faible, qui suffisent pour que la chlorophylle prenne naissance, mais où elle est et demeure impuissante à décomposer l'acide carbonique. Ainsi bon nombre de plantes (Haricot, Fève, Courge, Capucine, Dahlia, etc.), exposées au fond d'une chambre à la lumière diffuse d'un jour d'été, verdissent rapidement leurs feuilles, mais sans décomposer d'acide carbonique les jours suivants. Placées contre la fenêtre, ces mêmes plantes verdissent de même, mais ensuite assimilent du carbone. La lumière émise par une lampe à gaz valant 50 bougies a déjà une intensité suffisante pour provoquer dans les feuilles de Blé, de Tulipe, de Bambou, de Chamédoréa, etc., une forte décomposition d'acide carbonique. Le phénomène va croissant ensuite avec l'intensité lumineuse, d'abord rapidement, puis de plus en plus lentement, jusqu'à une certaine intensité où il atteint son maximum; il décroît ensuite à mesure que l'intensité augmente. Il y a donc un optimum. Pour un grand nombre de plantes, cet optimum est certainement inférieur à la lumière solaire directe; elles décomposent mieux l'acide carbonique derrière un écran qu'en plein soleil. Ainsi, par exemple, une feuille de Bambou, qui décompose 9 centimètres cubes d'acide carbonique en plein soleil, en décompose pendant le même temps 17 centimètres cubes, près du double, si on l'abrite derrière une feuille de papier. Ces plantes peuvent donc assimiler tout autant et même plus de carbone à l'ombre qu'au soleil; il en est ainsi pour tous les végétaux qui prospèrent à l'ombre.

Si la lumière est supprimée ou ramenée au-dessous de la limite inférieure des intensités actives, la décomposition de l'acide carbonique cesse aussitôt. Il n'y a donc pas ici d'effet ultérieur. Seulement l'oxygène déjà produit, et qui s'est accumulé dans la feuille, continue à se dégager, jusqu'à ce qu'il y ait équilibre entre l'atmosphère intérieure et le milieu externe; de même, la feuille appauvrie en acide carbonique continue à en absorber dans le milieu extérieur, jusqu'à ce qu'il y ait équilibre. Il semble donc qu'on assiste à une continuation du phénomène, quand il s'agit seulement d'un effet antérieur qui s'épuise peu à peu. La chose est particulièrement nette dans les plantes submergées, à cause du vaste système de canaux aérifères où l'oxygène formé s'accumule sous pression.

La décomposition de l'acide carbonique varie aussi avec la température. Il y a une limite inférieure, au-dessous de laquelle elle ne s'opère pas, une limite supérieure, au-dessus de laquelle elle ne s'opère plus, et quelque part entre les deux une température à laquelle elle s'opère le mieux possible, un optimum de température. Ces trois températures critiques varient beaucoup suivant les plantes. La limite inférieure, par exemple, est entre 0°,5 et 2°,5 pour le Mélèze, entre 1°,5 et 5°,5 pour les herbes des prairies ; elle est à 6° pour la Vallisnérie, entre 10° et 15° pour le Potamot.

Influence de la nature de la plante et de la pression de l'acide carbonique sur l'assimilation du carbone. — Vis-à-vis de l'intensité de la lumière et vis-à-vis du degré de la température, les diverses plantes ont déjà, comme on vient de le voir, des exigences et des préférences très inégales : telle décompose plus énergiquement l'acide carbonique en plein soleil, comme la plupart de nos plantes de grande culture ; telle autre le décompose mieux à l'ombre d'une épaisse forêt, comme les Mousses, les Fougères, les Oxalides, etc. En outre, si l'on expose chacune d'elles à son optimum d'intensité lumineuse et à son optimum de température, on observe que leurs feuilles décomposent, dans le même temps et à égalité de surface, des quantités d'acide carbonique très différentes. Les plantes grasses, par exemple, en décomposent beaucoup moins que les plantes herbacées. Parmi ces dernières, si l'on désigne par 100 la quantité d'acide carbonique absorbée en dix heures par un centimètre carré de feuille dans la Capucine, le Haricot en absorbe 72, le Ricin 118, le Grand-Soleil 124.

Dans une plante donnée, si les deux faces de la feuille sont semblables, c'est-à-dire si le parenchyme est homogène, elles décomposent aussi, toutes choses égales d'ailleurs, la même quantité d'acide carbonique. Cette égalité d'assimilation se retrouve quelquefois quand les deux faces sont différentes et que le parenchyme est hétérogène (Marronnier, Pêcher, Platane, etc.). Mais, dans ce cas, il y a souvent une grande différence entre les deux surfaces ; c'est alors la surface supérieure, plus dure à cause de sa cuticule plus épaisse, d'un vert plus sombre, et privée de stomates, qui absorbe et décompose plus d'acide carbonique que la face inférieure ; dans le Laurier-rose, le rapport moyen au soleil est de 102 à 44; à l'ombre, il ne dépasse pas 2; pour le Framboisier, il est de 2; pour le Peuplier blanc, il s'élève à 6.

La décomposition de l'acide carbonique par la feuille dépend encore de la pression de ce gaz dans l'atmosphère ambiante. Placées à la lumière, dans de l'acide carbonique pur, les feuilles ne décomposent pas ce gaz; pour que sa décomposition ait lieu, il faut qu'il soit fortement dilué dans un gaz inerte ou dans le vide. Elle est encore nulle ou très faible à 75 p. 100, 66 p. 100 et même à 50 p. 100. Elle s'opère ensuite de mieux en mieux, à mesure que la pression de l'acide carbonique diminue, jusqu'à une certaine pression où elle s'opère le mieux possible; plus bas, elle s'opère ensuite de moins en moins bien, mais elle a lieu encore très aisément dans l'atmosphère ordinaire, qui ne contient, comme on sait, que $\frac{3}{10000}$ de son volume d'acide carbonique. L'optimum varie d'ailleurs avec la nature des plantes; il est de 8 à 10 p. 100 dans la Glycérie, de 5 à 7 p. 100 dans la Massette, de moins encore dans le Laurier-rose. D'une façon générale, la dose de 10 p. 100 convient à la plupart des plantes.

Action simultanée de la respiration et de l'assimilation du carbone par la feuille. — La respiration de la feuille a lieu à tout instant et dans toutes les parties, aussi bien dans les cellules incolores que dans les cellules vertes, et dans ces dernières, aussi bien dans le protoplasme incolore que dans les chloroleucites. L'assimilation du carbone n'a lieu que lorsque la feuille est éclairée et lorsque l'intensité de la lumière incidente dépasse un certain degré; elle ne se produit que dans les cellules vertes, et à l'intérieur de celles-ci, seulement dans les chloroleucites. Comment ces deux phénomènes, l'un continu dans le temps et dans l'espace, l'autre discontinu à la fois dans le temps et dans l'espace, superposent-ils leurs effets?

A l'obscurité ou à une lumière diffuse trop faible, la feuille ne fait que respirer; c'est alors dans l'air extérieur qu'elle puise tout l'oxygène qui lui est nécessaire. Mais dès que la lumière devient assez intense pour que les deux bandes de rayons absorbés par la chlorophylle suffisent à décomposer l'acide carbonique que la feuille contient et à en mettre l'oxygène en liberté, c'est à cette source plus directe que le membre prend désormais, d'abord une partie, puis, à mesure que l'intensité lumineuse augmente, la totalité de l'oxygène nécessaire à sa respiration. La feuille absorbe donc de moins en moins d'oxygène dans le milieu extérieur, et enfin n'en absorbe plus du tout. Il y a une certaine intensité lumineuse telle que la décomposition de l'acide carbonique réalisée par la feuille dans un temps donné fournit exactement à la feuille tout l'oxygène dont elle a besoin pendant le même temps ; il n'y a alors ni oxygène absorbé, ni oxygène dégagé par la feuille ; au point de vue de l'oxygène, la respiration et l'assimilation du carbone se compensent exactement. Dès que l'intensité lumineuse dépasse ce point, il y a plus d'oxygène produit que d'oxygène consommé par la feuille et l'excès se dégage dans l'air extérieur ; au point de vue de l'oxygène, l'assimilation excède alors et masque la respiration.

On peut raisonner de même au sujet de l'acide carbonique. A l'obscurité et à une lumière diffuse trop faible, la feuille déverse dans l'air extérieur tout l'acide carbonique qu'elle produit par sa respiration. Mais dès que la lumière a acquis une intensité suffisante pour décomposer en un certain temps une partie de l'acide carbonique produit pendant ce temps, c'est seulement l'excès qui se dégage, et cet excès va diminuant de plus en plus. Il est nul quand l'intensité lumineuse est telle que tout l'acide carbonique produit dans la feuille en un temps donné est exactement décomposé par elle pendant le même temps. A ce moment, la feuille ne dégage ni n'absorbe d'acide carbonique dans l'air extérieur ; au point de vue de l'acide carbonique, la respiration et l'assimilation du carbone se compensent exactement. A cause de la presque égalité des rapports des gaz émis et absorbés, tant dans la respiration que dans l'assimilation du carbone, ce moment correspond sensiblement à celui où la feuille n'absorbe ni ne dégage d'oxygène : de sorte qu'à tous égards la respiration et l'assimilation du carbone s'alimentent l'une l'autre et compensent leurs effets. La feuille n'altère alors en aucune façon l'atmosphère qui l'entoure. Cet état d'équilibre entre les deux fonctions inverses se trouve souvent réalisé d'une façon transitoire dans la nature. Si la lumière croît en intensité, elle décompose bientôt dans un temps donné plus d'acide carbonique que la feuille n'en produit dans le même temps ; la différence est puisée par absorption dans l'atmosphère ambiante. Au point de vue de l'acide carbonique, comme tout à l'heure au point de vue de l'oxygène, l'assimilation excède alors et masque la respiration.

Quand on étudie en pleine lumière l'assimilation du carbone par la feuille, en mesurant l'acide carbonique absorbé et l'oxygène émis pendant un certain temps dans l'air ambiant, on n'étudie donc en réalité que l'excès de l'assimilation sur la respiration pendant ce temps. Pour obtenir l'assimilation vraie, à l'acide carbonique absorbé il faut ajouter celui qui a été produit, à l'oxygène émis celui qui a été absorbé par la feuille pendant le même temps. Avant d'étudier l'assimilation du carbone pour les feuilles d'une plante donnée dans des conditions déterminées, il est donc toujours nécessaire d'étudier la respiration de ces feuilles dans ces mêmes conditions.

Quand la lumière est intense, la décomposition de l'acide carbonique, bien que localisée exclusivement sur les chloroleucites, est beaucoup plus énergique que sa production, quoique celle-ci s'opère à la fois dans tous les points du protoplasme. On en jugera par l'exemple suivant. Au soleil, un mètre carré de feuilles de Laurier-rose absorbe par heure $1^{lit},108$ d'acide carbonique dans l'air ambiant; à l'obscurité, la même surface n'en dégage dans le même temps que $0^{lit},07$, c'est-à-dire environ 16 fois moins. Il suffit donc de trois quarts d'heure d'insolation le matin pour que les feuilles de Laurier-rose aient réparé toute la perte de carbone qu'elles ont subie pendant la nuit précédente. A partir de ce moment, le carbone provenant de la décomposition de l'acide carbonique puisé dans le milieu extérieur s'ajoute au poids de la feuille, qui se trouve, à la fin de la journée, avoir réalisé de ce chef un gain considérable.

Mouvements de la feuille développée. — Outre les courbures de nutation, de géotropisme et de phototropisme (p. 252), dues à une modification de la croissance et qui prennent fin avec elle, la feuille offre divers mouvements qui ne s'y manifestent que quand les premiers sont épuisés, et qui ont pour effet d'altérer momentanément la position fixe qui lui a été assignée par eux. Parmi ces mouvements, les uns sont produits par la lumière, d'autres par les agents mécaniques, d'autres enfin sont spontanés, c'est-à-dire dus à des causes internes. Quelques mots sur chacune de ces trois catégories de mouvements.

1° Mouvements de sommeil. — Chez bon nombre de végétaux, la lumière provoque dans les feuilles développées un mouvement spécial. La plante étant mise brusquement à l'obscurité, ses feuilles tantôt s'abaissent, tantôt se relèvent, suivant les cas, et prennent en quelques instants ce qu'on appelle leur position nocturne ou de sommeil. Une fois le végétal amené à cet état, il suffit de lui rendre la lumière pour voir aussitôt ses feuilles se relever ou s'abaisser, de manière à reprendre une direction étalée dans un plan, qui est leur position diurne ou de veille. Toute augmentation d'intensité lumineuse détermine un mouvement dans le sens de la position diurne; toute diminution d'intensité entraîne au contraire un déplacement vers la position nocturne. Ce sont les rayons de la moitié la plus réfrangible du spectre, bleus, violets et ultraviolets, qui exercent seuls cette action; les rayons jaunes et rouges se comportent comme l'obscurité. La localisation dans le spectre est donc sensiblement la même que pour le phototropisme (p. 201).

C'est dans les feuilles des Légumineuses, des Oxalidées, des Marsilias, que ces mouvements se manifestent avec leur plus grande énergie; mais on les observe aussi chez beaucoup d'autres plantes tant Dicotylédones (Stellaire, Mauve, Ketmie, Lin, Balsamine, Onagre, Volubilis, Tabac, etc.), que Monocotylédones (Colocase, Maranta, etc.) et Gymnospermes (Sapin, etc.). Les feuilles ou folioles ainsi mobiles sont quelquefois pourvues à la base d'un renflement, qui est le siège du mouvement et qu'on nomme renflement moteur (Légumineuses, Oxalidées, etc.); mais ailleurs ce renflement fait défaut, et c'est la région basilaire du pétiole, ou sa région supérieure où s'attache le limbe, qui se courbe pour exécuter les mouvements

La position diurne est toujours caractérisée par l'épanouissement complet des surfaces foliaires; la position nocturne, au contraire, par le reploiement des surfaces, qui se recouvrent de diverses manières en se tournant tantôt en haut, tantôt en bas, tantôt latéralement. Les folioles du Lotier, du Trèfle, de la Luzerne, de la Vesce, de la Gesse, du Baguenaudier, du Marsilia, etc., prennent leur position nocturne en se tournant vers le haut, de manière à appliquer leurs faces supérieures l'une contre l'autre; c'est le cas le plus fréquent; de même le Tabac relève ses feuilles simples en les appliquant contre la tige. Au contraire, les folioles du Lupin, du Robinier, de la Réglisse, de la Glycine, de la Casse, du Haricot, de l'Oxalide, etc., pendent vers le bas, de manière à se toucher par leurs faces inférieures. Dans le Mimose, l'Acacia, le Tamarinier, etc., les folioles se tournent de côté et s'appliquent en avant, le long du pétiole qui les porte. Le mouvement peut d'ailleurs être différent dans les diverses parties d'une même feuille composée. Ainsi le pétiole commun du Haricot, de la

Casse, etc., se relève le soir, tandis que les folioles s'abaissent ; le pétiole primaire du Mimose, au contraire, s'abaisse, pendant que les pétioles secondaires se rapprochent et que les folioles se couchent latéralement sur leurs flancs.

Qu'il s'opère vers le haut, vers le bas ou latéralement, le reploiement des surfaces foliaires caractéristique du sommeil a pour résultat évident. de diminuer le rayonnement nocturne et par suite le refroidissement de la feuille, et de le réduire au minimum. Aussi voit-on la rosée se déposer plus abondante sur les folioles quand on les force, en les fixant, à demeurer étalées pendant la nuit, que lorsqu'elles peuvent se redresser ou se rabattre comme à l'ordinaire. En reployant ses feuilles, la plante se protège donc contre le froid des nuits. Très utile en tout temps, cette protection devient pour elle, à de certaines époques, une question de vie ou de mort.

Quel est le mécanisme de ces mouvements, dont on comprend maintenant toute l'importance? Remarquons d'abord que dans la position nocturne le renflement moteur est rigide, gonflé d'eau, turgescent. La courbure à l'obscurité a donc lieu par suite d'un afflux de liquide ; suivant que le gonflement du parenchyme est plus considérable en haut ou en bas, la flexion se produit vers le bas ou vers le haut. Dans la position diurne, au contraire, le renflement est mou, flasque, pauvre en eau ; la lumière a donc pour effet de retirer de l'eau du renflement et d'en ramener les deux moitiés à la même tension. Ce double effet paraît dû à la variation brusque introduite dans la transpiration de la feuille par la suppression ou l'arrivée de la lumière. A l'obscurité, la transpiration se trouvant brusquement amoindrie, l'eau, qui de la tige afflue dans le pétiole, s'accumule dans le renflement moteur, qui se gonfle et détermine la position nocturne. A la lumière, la transpiration reprend son énergie première, l'eau du renflement est soutirée et la feuille s'étale de nouveau. Les mouvements de sommeil des feuilles sont donc dans la dépendance immédiate de leur transpiration.

2° Mouvements provoqués par une irritation mécanique. — Certaines plantes dont les feuilles sont douées des mouvements de sommeil, et d'autres qui en sont dépourvues, se montrent sensibles à l'attouchement et à l'ébranlement. Si l'on touche légèrement une certaine place déterminée de la feuille, toujours située du côté qui deviendra concave, ou si on la frotte doucement avec un corps solide, aussitôt cette face se raccourcit, ce qui détermine une courbure du côté touché. Le même effet s'obtient en imprimant à toute autre partie de la feuille ou de la plante un choc un peu plus fort, qui retentit naturellement sur la région sensible. Ordinairement la région sensible est couverte de poils, par le moyen desquels tout contact léger, le passage d'un insecte par exemple, se transforme aussitôt en un ébranlement qui excite la feuille. Une fois courbée par cette excitation mécanique, la feuille se redresse plus tard, reprend sa direction normale et redevient apte à se courber de nouveau sous une nouvelle excitation.

Chez les plantes dont les feuilles sont déjà douées de mouvements de sommeil (Oxalide, Mimose, Robinier, etc.), et notamment chez la plus sensible de toutes, la Sensitive (Mimose pudique), le mouvement s'accomplit toujours dans le sens de la position nocturne, et la plante ébranlée offre le même aspect que si elle était en sommeil. Le mouvement a aussi son siège au même endroit, c'est-à-dire dans le renflement moteur du pétiole primaire et des folioles. Mais si l'on remarque que dans l'abaissement dû à l'excitation le renflement moteur est mou, flasque, pauvre en eau, tandis que dans l'abaisssement dû à l'obscurité il est dur, gonflé, riche en eau, on voit de suite que l'explication mécanique du phénomène devra être toute différente. Dans la Sensitive, par exemple, le siège de l'excitation et du mouvement est la région inférieure du renflement moteur. L'expérience montre qu'à la suite de l'excitation, les cellules de la moitié inférieure du renflement se contractent et expulsent de l'eau qui se rend, partie dans les espaces intercellulaires, partie dans la moitié supérieure, partie aussi dans la tige; en conséquence, cette moitié inférieure devient flasque et se raccourcit, tandis que la moitié supérieure reste sans changement ou même s'allonge un peu : d'où résulte nécessairement la courbure du renflement vers le bas et l'abaissement du pétiole. Le raccourcissement des cellules inférieures est amené par une brusque contraction du protoplasme, entraînant avec lui la membrane mince qui l'entoure, tandis que l'eau du suc cellulaire est expulsée et filtre au dehors. Les cellules de la moitié supérieure du renflement ayant une membrane beaucoup plus épaisse, on comprend que cette contraction ne s'y produise pas ou du moins demeure sans effet sur le volume total de la cellule. Le phénomène est ramené ainsi à une contractilité spéciale du protoplasme, mise en jeu par un attouchement léger ou un

faible ébranlement, c'est-à-dire à une cause toute différente de
celle qui provoque les mouvements de sommeil.

Les feuilles du Rossolis et de la Dionée, quoique dépourvues de
mouvements de sommeil, jouissent cependant d'une irritabilité
remarquable. Les premières portent, au bord et sur toute la surface supérieure, une série de segments étroits et renflés à l'extrémité, pourvus chacun d'une petite nervure, et dont le nombre
s'élève en moyenne à 200 (fig. 79, *A*). Ils sécrètent un liquide
extrêmement visqueux, dont les gouttes brillent au soleil comme
de la rosée : d'où le nom de Rossolis. Sous l'influence d'un léger
contact exercé sur eux ou sur la surface même du limbe, ces seg-

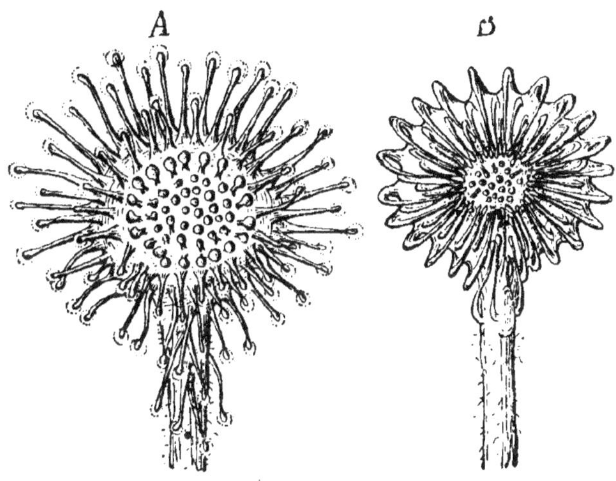

Fig. 79. Feuille de Rossolis : *A*, avant, *B*, après l'excitation.

ments s'inclinent tous et se recourbent autour du point touché
(fig. 79, *B*). De son côté, le limbe se reploie du sommet à la base
en devenant concave sur sa face supérieure. Si c'est un insecte
qui se pose sur la feuille, ou qui se promène à sa surface, les
segments se rabattent autour de lui, le fixent en l'enveloppant du
liquide visqueux qu'ils sécrètent et le limbe en s'enroulant l'enferme complètement. Il est pris au piège.

Chacune des moitiés du limbe bilobé de la Dionée possède au
milieu de sa face supérieure trois poils effilés qui en sont les
points sensibles ; en outre, toute la surface est hérissée de petits
poils courts sécrétant un liquide mucilagineux. Le moindre attouchement de l'un des trois poils sensibles détermine aussitôt le

reploiemement du limbe autour de sa nervure médiane comme charnière; en même temps les segments fins et pointus qui prolongent le bord s'engrènent étroitement. Qu'un insecte, en passant sur la feuille, vienne à frôler l'un de ces poils, il sera pris au piège et enveloppé par le liquide mucilagineux. Ainsi capturé par le Rossolis ou la Dionée, l'insecte est attaqué et peu à peu dissous par le liquide acide et visqueux sécrété par la feuille.

5° **Mouvements spontanés.** — Certaines plantes pourvues de mouvements de sommeil offrent encore dans leurs feuilles des mouvements indépendants de la lumière, dus à des causes internes, *spontanés* comme on dit (Légumineuses, Oxalidées, Marantées, Marsilia, etc.). Ils consistent essentiellement en un abaissement et un relèvement alternatifs de la feuille entière et de chacune de ses parties, si elle est composée. Quelquefois l'oscillation ne dure que quelques minutes et se produit constamment, le jour comme la nuit (folioles latérales du Sainfoin oscillant). Mais le plus souvent il faut, pour le mettre en évidence, annuler l'influence de la lumière en exposant la plante soit à l'obscurité, soit à une lumière d'intensité constante, soit aux vapeurs d'éther ou de chloroforme qui empêchent les mouvements provoqués, sans altérer les mouvements spontanés (Haricot, Trèfle, Mimose, Oxalide, Marsilia, etc.).

Ici encore, c'est dans le renflement basilaire du pétiole que réside la cause du mouvement. La courbure alternative de ce renflement est due à ce que tantôt sa région· inférieure, tantôt sa région supérieure augmente de volume, ce qui porte la feuille tantôt vers le haut, tantôt vers le bas. Ce changement de volume ne peut avoir pour cause qu'un gonflement et dégonflement alternatifs des cellules, sous l'influence d'une absorption et d'une expulsion d'eau, c'est-à-dire sous l'influence d'une augmentation et d'une diminution alternatives dans le pouvoir osmotique du suc cellulaire. A son tour, cette variation périodique du pouvoir osmotique est provoquée par une variation analogue dans la production par la feuille et l'utilisation par la tige des substances solubles contenues dans le suc cellulaire, notamment des sucres, en un mot par une inégalité alternative dans les phénomènes nutritifs.

En somme, les divers mouvements des feuilles développées sont dus à autant de causes distinctes : les mouvements de sommeil à un arrêt de transpiration, les mouvements excités à une contractilité propre du protoplasme, les mouvements spontanés à une inégalité périodique des phénomènes nutritifs.

Résumé des fonctions externes de la feuille. — En résumé, la feuille en voie de croissance se dirige sous l'influence combinée de la pesanteur et de la lumière ; quand elle est développée, elle respire, transpire, assimile le carbone, et peut encore se mouvoir de diverses manières. La direction et la respiration sont des fonctions externes qu'elle partage avec la racine et la tige, dont elle jouit non comme feuille, mais comme partie intégrante du corps de la plante : ce sont des fonctions générales. Au contraire, la transpiration, l'assimilation du carbone et même la motricité, sont des fonctions spéciales, dont elle jouit comme feuille et dont la racine et la tige sont également dépourvues.

Au lieu de ces fonctions principales, qu'elle remplit toutes les fois qu'elle possède sa forme ordinaire, la feuille en prend d'autres toutes les fois qu'elle se différencie, comme il a été dit à la page 252. Différenciée en vrille, par exemple, en épine ou en réservoir d'air, elle soutient la plante, en écaille ligneuse, elle protège le bourgeon, etc. ; ce sont là des fonctions externes accessoires, qu'il suffit de signaler.

§ 4

Fonctions internes de la feuille.

Soutenir ses diverses parties, et notamment son limbe, dans la direction que lui ont imprimée les forces naturelles ; conduire, depuis l'insertion du pétiole sur la tige jusque dans les profondeurs du parenchyme du limbe, le liquide venu du sol, la sève ascendante, qui a traversé la racine et la tige ; transformer ce liquide d'abord par la transpiration, qui lui fait perdre beaucoup d'eau, puis par l'assimilation du carbone, qui y introduit divers composés ternaires, notamment des hydrates de carbone, et l'amener ainsi à un état où il prend le nom de *sève élaborée;* ramener enfin cette sève élaborée, depuis le parenchyme du limbe où elle a pris naissance, jusqu'à la tige qui la distribue ensuite aux lieux d'utilisation ou de mise en réserve : telles sont les principales fonctions internes de la feuille. De toutes, la plus importante est sans contredit la transformation de la sève ascendante en sève élaborée, résultat immédiat de la transpiration et de l'assimilation du carbone, qui sont ses deux plus importantes fonctions externes. Il faut y ajouter les fonctions accessoires que la feuille remplit soit quand elle est ordinaire, comme de contribuer à la sécrétion, soit quand elle subit une différenciation secondaire, comme de servir de réservoir nutritif pour les développements ultérieurs.

Soutien. — Dans la feuille, les tissus de soutien sont disposés, comme il a été dit à la page 238, de diverses manières, mais toujours de façon à supporter le mieux possible, dans chaque cas particulier, la charge qui leur est appliquée. La croissance intercalaire y étant d'assez longue durée, on comprend que le tissu de soutien y soit souvent non du sclérenchyme, tissu mort et incapable d'extension, mais du parenchyme scléreux et surtout du collenchyme, tissu vivant capable de s'allonger pour suivre la croissance du membre.

Transport de la sève ascendante. — En affluant dans la feuille, la sève ascendante poursuit simplement la voie qu'elle a parcourue dans la tige, et c'est par les vaisseaux du bois, situés dans la moitié supérieure de chaque nervure et constituant seuls les terminaisons de leurs derniers ramuscules (p. 246), qu'il se répand dans toutes les parties du limbe. S'il transpire activement, le parenchyme soutire la sève de ces vaisseaux, notamment aux extrémités libres ou anastomosées des plus fines nervures, ce qui permet un écoulement continu. C'est aux dépens du liquide ainsi amené dans le parenchyme, que la transpiration s'exerce sur toutes les faces libres des cellules et que la vapeur d'eau s'accumule dans les méats et lacunes, pour se dégager ensuite au dehors par les stomates aérifères. Si la transpiration est arrêtée, le liquide s'amasse d'abord sous pression dans les vaisseaux, notamment dans les extrémités souvent dilatées en réservoirs aquifères des derniers ramuscules ; puis, l'excès s'échappe lentement à l'état liquide par les stomates aquifères, en filtrant peu à peu à travers le petit massif de tissu incolore situé au-dessous de ces organes (p. 247, fig. 74).

Transformation de la sève ascendante en sève élaborée. — A mesure qu'elle se concentre ainsi par la transpiration, la sève ascendante reçoit en dissolution des hydrates de carbone, qui sont les produits directs de l'assimilation du carbone et de sa fixation sur les éléments de l'eau. Quel est le premier produit immédiatement observable de cette synthèse? C'est très probablement du glucose, qui dans la plupart des plantes se touve produit en excès et dont une partie se met aussitôt en réserve au lieu même de sa production, c'est-à-dire dans les chloroleucites, sous forme de grains d'amidon. On s'en assure en exposant à la lumière, dans de l'air chargé d'acide carbonique, une feuille aux chloroleucites de laquelle on a, par un séjour préalable à l'obscurité, fait perdre toute trace d'amidon. Bientôt on voit apparaître de nouveaux grains d'amidon dans les chloroleucites. Au soleil, il suffit pour cela d'une heure ou deux avec une feuille d'Élodéa ou de Funaire; à la lumière diffuse, il faut quatre à six heures. L'apparition de l'amidon est d'ailleurs d'autant plus rapide que la proportion d'acide carbonique dans le milieu extérieur est plus favorable à sa décomposition (p. 271). Ainsi, dans les feuilles d'une plantule de Radis, l'amidon apparaît dans les chloroleucites après un quart d'heure d'insolation, si l'atmosphère contient 8 p. 100 d'acide carbonique, tandis qu'il y faut une heure dans l'air ordinaire. Si la feuille est placée au soleil dans une atmosphère privée d'acide carbonique, non seulement la production d'amidon n'a pas lieu, mais encore l'amidon préalablement formé disparaît dans ces conditions, comme à l'obscurité.

Dans certaines plantes, comme le Bananier, l'Ail, l'Asphodèle, l'Orchis, la Laitue, etc., le glucose produit dans les chloroleucites se répand en totalité dans le protoplasme, sans former d'amidon; mais si l'on place les feuilles de ces plantes dans des conditions où leur assimilation est plus énergique, le glucose se trouve produit en excès, et cet excès se met en réserve sous forme de grains d'amidon dans les chloroleucites, comme dans les plantes ordinaires (Bananier, Strélitzia, etc.).

La sève ascendante a amené dans la feuille de l'azote à l'état d'acide nitrique et d'ammoniaque, puisé dans le sol par les racines sous forme de nitrates ou de sels ammoniacaux. Le glucose, une fois formé sous l'influence de la lumière et de la chlorophylle, se combine à l'acide nitrique ou à l'ammoniaque pour former d'abord des amides, comme l'asparagine, la leucine, la tyrosine, etc., puis, par un nouveau degré de synthèse, des composés albuminoïdes. L'azote est alors définitivement assimilé. L'azote libre de l'air ne prend aucune part directe dans ce phénomène. A la formation des composés albuminoïdes, contribuent aussi le phosphore des phosphates, le soufre des sulfates, le silicium des silicates, le potassium, le calcium, le magnésium, le fer, le zinc etle manganèse des sels de potasse, de chaux, de magnésie, d'oxyde de fer, de zinc et de manganèse : en tout neuf corps simples nouveaux, trois métalloïdes et six métaux, qui, ajoutés au carbone, à l'hydrogène, à l'oxygène et à l'azote, font les treize corps simples nécessaires et suffisants à l'édification du corps de la plante (p. 53). De ces treize éléments, douze sont absorbés dans le sol par la racine et sont amenés dans la feuille par la sève ascendante; seul, le plus important de tous, il est vrai, celui dont l'assimilation est le point de départ nécessaire de l'assimilation de tous les autres, le carbone, est absorbé dans l'air par la feuille sous forme d'acide carbonique. Le carbone est aussi le seul élément dont l'assimilation exige l'action simultanée de la lumière et de la chlorophylle. Une fois le glucose formé, en effet, tous les degrés ultérieurs de la synthèse progressive des albuminoïdes peuvent s'opérer aussi bien à l'obscurité qu'à la lumière, dans une cellule incolore que dans une cellule verte; à partir du glucose, la synthèse a donc lieu dans le protoplasme incolore et par les forces qui agissent en lui.

Des cellules du parenchyme vert, où ils ont pris naissance, comme il vient d'être dit, les divers produits assimilés : hydrates de carbone, amides, substances albuminoïdes, etc., dissous dans une petite quantité d'eau, sont repris par les tubes criblés qui forment la partie inférieure, libérienne, de chaque nervure ; ils constituent désormais la *sève élaborée*. De proche en proche, cette sève élaborée est amenée, par la voie des tubes criblés, dans la tige, où elle est en partie consommée sur place, en partie mise en réserve pour les développements ultérieurs, tandis qu'une troisième partie descend de la tige dans la racine. Une fois que la feuille a terminé sa croissance, les deux courants dont ses nervures sont le siège cheminent donc toujours en sens inverse, l'un montant rapidement par les vaisseaux du bois, l'autre descendant lentement par les tubes criblés du liber. Il n'en est pas de même pendant la croissance du limbe; le courant libérien y monte alors tout aussi bien que le courant ligneux.

Sécrétion et dépôt des réserves. — La feuille contribue puissamment à la fonction de sécrétion. Le tissu sécréteur y revêt, comme on sait (p. 240 et p. 245), les formes les plus diverses et se rencontre aussi bien dans les faisceaux libéroligneux et le péricycle qui les entoure que dans le parenchyme et l'épiderme. D'une façon générale, il y offre la même forme et y affecte la même situation que dans la tige du végétal considéré.

Dans certaines plantes, les feuilles vertes, assimilatrices, sont elles-mêmes le siège d'un abondant dépôt de matières de réserve, notamment d'amidon, de sucre de canne, etc. Ces feuilles, dites grasses (p. 214), gonflent alors beaucoup leur parenchyme, dont la zone médiane, où la lumière n'arrive pas, demeure incolore et se consacre à la mise en réserve (Crassulacées, Ficoïde, Agavé, Aloès, etc.). Ailleurs, certaines feuilles de la plante se différencient tout entières pour jouer ce rôle, demeurent incolores et forment, comme il a été dit page 234, des écailles nourricières ; réunies en plus ou moins grand nombre autour d'une courte tige, ces écailles constituent des bulbes et des bulbilles ; quand il n'y en a qu'une seule, très épaisse, le bulbe est dit *solide* (Gagéa, Ail moly, etc.). C'est dans leur parenchyme massif que s'accumulent les substances de réserve, amenées par les tubes criblés. Ici donc, les courants des nervures sont tous deux ascendants.

Résumé des fonctions internes de la feuille. — En résumé, parmi les fonctions internes de la feuille, une seule est spéciale à ce membre : c'est la formation de la sève élaborée. Les autres appartiennent au même titre à la tige et à la racine et sont des fonctions générales, que la feuille remplit, non comme feuille, mais comme partie constitutive du corps vivant de la plante : ce sont le soutien, le transport de la sève ascendante, le transport de la sève élaborée, la sécrétion et enfin le rôle de réservoir nutritif, les trois premières essentielles, les deux dernières accessoires.

CHAPITRE CINQUIÈME

LA FLEUR

Sachant comment une plante phanérogame adulte manifeste et entretient sa vie à l'aide des trois membres : racine, tige et feuille, qui composent son corps, il faut étudier comment elle se reproduit. Pour faire ses œufs, la plante phanérogame ne se complique pas d'un membre nouveau ; elle se borne à différencier sur sa tige un rameau, ou une portion de rameau, avec les feuilles qu'il porte ; ainsi différencié, ce rameau feuillé, ou cette portion de rameau feuillé, s'appelle la *fleur*. Si, comme on fait souvent, on appelle *pousse* l'ensemble formé par un rameau et ses feuilles, on dira que la fleur est une pousse ou une partie de pousse différenciée.

La fleur n'étant ainsi qu'un composé de tige et de feuilles, son étude aurait pu logiquement être faite, partie avec celle des différenciations secondaires de la tige (p. 133), partie surtout avec celle des différenciations secondaires de la feuille (p. 236). Cependant il existe ici entre la tige et les feuilles une si intime communauté d'action, le but poursuivi en commun est à la fois si particulier et si important, que la fleur nous apparaît comme une sorte d'organe *sui generis*, comme un tout nettement séparé du reste de la plante. Dès lors, il devient nécessaire de lui consacrer un chapitre spécial. Nous l'étudierons ici, comme nous avons fait pour les trois membres fondamentaux du corps, d'abord au point de vue morphologique, puis au point de vue physiologique.

SECTION I

MORPHOLOGIE DE LA FLEUR

Quand la fleur est une pousse différenciée tout entière, elle est toujours nettement limitée par rapport au reste du corps. Quand elle ne comprend qu'une partie de la pousse, ordinairement sa région terminale, de deux choses l'une : ou bien la différenciation est brusque et la limite nette (Tulipe, Pavot, etc.) ; ou bien elle s'opère progressivement, on observe sur le rameau tous les passages entre les feuilles ordinaires et les feuilles florales et il est impossible de dire exactement où la fleur commence (Hellébore, etc.).

Le rameau de la pousse florale est le *pédicelle*, et son sommet élargi en cône, arrondi en sphère, aplati en assiette ou creusé en coupe, est le *réceptacle* de la fleur. Sur ses flancs, le pédicelle porte souvent des feuilles incomplètement différenciées ou rudimentaires : ce sont des *bractées*. Autour de son sommet, sur le réceptacle, il produit une rosette de feuilles profondément différenciées, qui constituent la fleur proprement dite et, avant son épanouissement, à l'état de bourgeon terminal, le *bouton*. Le rôle du pédicelle se borne à produire et à porter les diverses feuilles qui sont les éléments constitutifs essentiels de la fleur. Aussi, quand nous étudierons la fleur proprement dite, n'aurons-nous pas à nous préoccuper du réceptacle, si ce n'est d'une manière tout à fait accessoire. L'étude de la fleur est essentiellement une analyse de feuilles différenciées.

Il est une circonstance pourtant où le pédicelle joue un rôle important, c'est dans la disposition des fleurs sur le corps de la plante. Cette disposition dépend, en effet, des diverses manières d'être du pédicelle, et comme elle relie l'étude de la fleur à celle du corps végétatif, c'est le premier point que nous avons à examiner.

§ 1

Disposition des fleurs. Inflorescence.

La manière dont la plante fleurit, c'est-à-dire dont les pousses florales sont distribuées sur son corps par rapport aux pousses végétatives, est ce qu'on appelle son *inflorescence*. Constante dans le même végétal et quelquefois dans de vastes groupes de plantes, l'inflorescence subit des modifications nombreuses, mais qui peuvent se rattacher à quelques types bien définis, et ce sont ces types que nous avons à caractériser.

Divers modes d'inflorescence. — Quand le pédicelle, pourvu ou non de bractées, ne se ramifie pas, la fleur tranche isolément çà et là sur la ramification végétative ; l'inflorescence est *solitaire*. Quand le pédicelle se ramifie à l'aisselle des bractées qu'il porte, les fleurs, portées au bout de pédicelles secondaires, tertiaires, etc., sont rapprochées par groupes et ce sont ces groupes de fleurs qui tranchent çà et là sur la ramification végétative ; l'inflorescence est *groupée*. Simple ou rameux, le pédicelle peut n'être que la terminaison différenciée soit de la tige principale, soit de quelqu'une de ses branches feuillées ordinaires ; l'inflorescence est alors *terminale*. Simple ou rameux, il peut provenir aussi de la différenciation d'une branche tout entière, située à l'aisselle d'une feuille ; l'inflorescence est alors *axillaire*. D'où quatre modes :

Inflorescence
- solitaire.
  - terminale (Tulipe, Pavot, etc.).
  - axillaire (Pervenche, Violette, etc.).
- groupée.
  - terminale (Lilas, Blé, etc.).
  - axillaire (Labiées, etc.).

Inflorescence solitaire. — Il y a peu de choses à dire au sujet de l'inflorescence solitaire. Bornons-nous à remarquer que la fleur solitaire, quand elle est terminale, arrive quelquefois, par suite d'une ramification particulière de la tige feuillée au-dessous d'elle, à occuper une situation singulière.

Si les feuilles sont isolées, la première feuille située au-dessous de la fleur peut développer son bourgeon axillaire en une branche puissante, qui rejette latéralement le pédicelle plus grêle situé au-dessus d'elle et vient se placer dans le prolongement de la tige. Après avoir porté un certain nombre de feuilles, cette branche se termine à son tour par une fleur. A l'aisselle de sa dernière feuille, elle forme une nouvelle branche qui rejette la fleur de côté, se place dans le prolongement de la première, et ainsi de suite. En un mot, il se constitue de la sorte un sympode, comme nous en avons rencontré plusieurs fois en étudiant la ramification de la tige, avec cette différence que le sympode prend naissance ici, non par avortement du bourgeon terminal, comme dans le Tilleul, ni par destruction de la région feuillée de la tige, comme dans le Sceau-de-Salomon, mais par différenciation de chaque sommet en une fleur. Le long du sympode, les pédicelles floraux sont rejetés de côté, sans feuilles immédiatement au-dessous, et diamétralement opposés chacun à une feuille. A ces deux caractères, on distingue toujours une fleur terminale, ainsi rejetée latéralement, d'une fleur axillaire. Une pareille fleur solitaire est dite *oppositifoliée* (Némophile, Cuphéa, etc.).

Si les feuilles sont opposées et si les deux dernières feuilles développent chacune une branche puissante, la fleur solitaire conserve sa position terminale, mais se trouve située dans une sorte de dichotomie de la tige (Érythrée, Mouron, etc.). C'est le phénomène déjà constaté dans le Lilas (p. 129), avec cette différence qu'au lieu d'avorter, le bourgeon terminal se développe ici en une fleur.

Inflorescence groupée. — Quand le pédicelle se ramifie à un seul degré, le groupe de fleurs est *simple* et sa forme générale dépend à la fois de la longueur i des intervalles qui séparent les pédicelles secondaires sur le pédicelle primaire et de la longueur p de ces pédicelles secondaires. Elle varie avec ces deux éléments, et sous ce rapport, on peut distinguer quatre types, reliés par beaucoup d'intermédiaires. Avec i et p longs, on a une *grappe* (Cytise, Groseillier, etc.); avec i long et p nul, on a un *épi* (Plantain, Verveine, Charme, etc.); avec i nul et p long, on a une *ombelle* (Cerisier,

Astrantia, etc.) ; avec *i* et *p* nuls, on a un *capitule* (Composées, Panicaut, etc.). Dans le capitule, le pédicelle primaire se dilate au sommet pour porter les petites fleurs sessiles ; cette extrémité élargie, c'est le *réceptacle commun* des fleurs, relevé en cône (Matricaire, Panicaut, etc.), aplati en assiette (Grand-Soleil, Dors-ténia, etc.), creusé en cuvette (Ambora) ou en bouteille (Figuier). Parmi les cas intermédiaires à ces quatre types, on distingue, sous le nom de *corymbe*, celui où la grappe se raccourcit progressive-ment vers le sommet, à la fois dans ses pédicelles et dans les intervalles qui les séparent, de manière que toutes les fleurs arrivent sensiblement à la même hauteur (Poirier, Prunier, etc.). Quand le groupe est simple, le nombre des pédicelles latéraux n'est pas à considérer; il est en général grand et indéterminé. S'il est petit, réduit à deux ou à un seul, on se borne à dire que la grappe, le corymbe, l'épi, l'ombelle, le capitule est pauciflore, triflore, biflore.

Quand le pédicelle se ramifie à plusieurs degrés, les pédicelles secondaires se ramifiant à leur tour, les pédicelles tertiaires faisant de même, et ainsi de suite, le groupe de fleurs est *composé*. Il y a lieu alors de distinguer le cas général, où le nombre des pédicelles secondaires est plus ou moins grand et indéterminé, du cas particulier, où il est petit, réduit à deux ou à un seul.

Dans le cas général, de deux choses l'une. Ou bien la ramifica-ion s'opère suivant le même mode à tous les degrés successifs et on a : une *grappe composée* (Lilas, Vigne, etc.), un *corymbe composé* (Alisier, etc.), un *épi composé* (Blé, Millet, etc.), une *ombelle composée* (Carotte, Fenouil et presque toutes les Ombel-lifères), un *capitule composé* (Échinops, Scabieuse, etc.). Ou bien elle change de mode d'un degré à l'autre, et l'on obtient : une *grappe d'épis* (Avoine, etc.), une *grappe d'ombelles* (Lierre, etc.), une *grappe de capitules* (Pétasite, etc.), un *corymbe composé de capitules* (Achillée, etc.), etc., etc.

Dans le cas particulier, où le nombre des pédicelles latéraux de chaque degré est petit, réduit souvent à deux ou à un seul, mais où par une sorte de compensation, leur puissance de ramifi-ation est très grande, l'ensemble a reçu le nom de *cyme*. Une cyme n'est donc pas autre chose qu'une grappe ou un épi pauci-flore, composé à plusieurs degrés. Elle est *multipare*, s'il y a plus de deux pédicelles secondaires (diverses Euphorbes, Sédum, etc.); elle est *bipare*, s'il y en a deux, égaux (Bégonia, Radiole, etc.) ou iné-

gaux (beaucoup de Caryophyllées, certaines Renonculacées, etc.);
elle est *unipare*, s'il n'y en a qu'un seul. Dans ce dernier cas,
chaque pédicelle tend à se placer dans le prolongement de la région
inférieure du pédicelle précédent, en rejetant latéralement la région
supérieure de ce pédicelle ; en un mot, il se fait **un sympode**, des
flancs duquel se détachent les extrémités florifères des pédicelles successifs ; celles-ci sont diamétralement opposées aux bractées, ce qui
empêche aussitôt de les prendre pour autant de rameaux latéraux.
S'il y a homodromie à chaque degré de ramification (p. 228), c'est-
à-dire à chaque passage d'un article à l'autre sur le sympode, les
fleurs sont, comme les bractées auxquelles elles sont opposées,
réparties également sur une hélice continue tout autour du sympode, qui est droit : la cyme unipare est dite *héliçoïde* (Hémérocalle,
Altréméria, Sparmannia, certaines Solanées, etc.). S'il y a, au
contraire, antidromie à chaque passage d'un degré au suivant, ou
d'un article au suivant sur le sympode, toutes les fleurs sont insérées sur le même côté, et toutes les bractées sur le côté
opposé du sympode, qui s'enroule en spirale : la cyme unipare
est dite *scorpioïde* (Hélianthème, Borraginées, la plupart des
Hydrophyllées, Rossolis, Échévéria, Éphémère, etc.).

Il arrive assez fréquemment que la cyme multipare, en s'appauvrissant, se continue en cyme bipare (Périploca), ou qu'une cyme
bipare dégénère en cyme unipare en ne développant désormais
qu'une de ses branches (Caryophyllées, Malvacées, Linées, Solanées,
Consoude, Bourrache, Hémérocalle, etc.). On remarquera que la
cyme unipare ne diffère de l'inflorescence solitaire oppositifoliée
que parce que les feuilles y sont remplacées par des bractées ; la
même différence se retrouve entre la cyme bipare et les fleurs
solitaires dans une dichotomie.

Le cas particulier se combine d'ailleurs assez souvent avec le cas
général, la cyme avec la grappe, de manière à former un groupe
mixte, et cela de deux manières inverses. Tantôt c'est la grappe
qui, en s'appauvrissant, dégénère en cyme, et l'on a une grappe de
cymes bipares (Chimonanthe, etc.), une grappe de cymes unipares
scorpioïdes (Marronnier, Vipérine, etc.) ou héliçoïdes (Millepertuis, etc.), une ombelle composée de cymes bipares (Viorne,
Tin, etc.), une ombelle de cymes unipares scorpioïdes (Butome, etc.), etc. Tantôt c'est au contraire une cyme qui s'élève
à l'état de grappe, et l'on a, par exemple, une cyme bipare de
capitules (Sylphium, etc.), une cyme unipare scorpioïde de capi-

tules (Chicorée, Vernonie, etc.) ou d'ombelles (Caucalide, etc.), une cyme unipare hélicoïde de grappes (Phytolaque, etc.), etc.

Bractées. Spathe. Involucre. — Le pédicelle de la fleur solitaire est quelquefois nu, dépourvu de bractées ; on passe alors, sans aucun intermédiaire, de la dernière feuille ordinaire à la fleur proprement dite, et la différenciation florale est aussi brusque que possible (Tulipe, Pavot, Mouron, etc.). Le plus souvent cependant quand il est simple, et toujours quand il se ramifie, le pédicelle porte sur ses flancs un certain nombre de bractées. Ce sont ordinairement de très petites feuilles, rudimentaires, incolores ou verdâtres, et il faut quelque attention pour les apercevoir. Quelquefois même elles avortent de bonne heure et complètement (sur le pédicelle primaire dans l'Angélique, le Cerfeuil, le Fenouil, les Graminées, les Crucifères, etc.). Parfois, au contraire, elles prennent un grand développement, de vives couleurs et contribuent à l'éclat des fleurs (Origan, Sauge, etc.) ; c'est même à de pareilles bractées colorées que certaines fleurs, par elles-mêmes petites et peu apparentes, doivent toute leur beauté (certaines Broméliacées, Bananier, Bougainvilléa, Poinsettia, etc.).

Chez un grand nombre de Monocotylédones, notamment chez les Aroïdées et les Palmiers, le pédicelle primaire du groupe floral porte au-dessous des fleurs une large bractée engainante, qui, sans former de pédicelle secondaire à son aisselle, prend une dimension considérable et enveloppe dans le jeune âge le groupe tout entier. Cette grande bractée protectrice, qui s'ouvre plus tard pour permettre aux fleurs de s'épanouir à l'air, est une *spathe*. La spathe peut aussi ne renfermer qu'une seule fleur : elle est *uniflore* (Narcisse, etc.). Dans les Aroïdées, où elle enveloppe un épi simple, elle prend souvent une forme singulière (Arum, Colocase, etc.) et une couleur éclatante, blanche (Richardia, Calla) ou rouge écarlate (certains Anthuriums).

Quand l'inflorescence est en ombelle, les bractées mères des divers pédicelles, rapprochées en verticille, entourent comme d'une collerette le point de départ commun des branches. Ce verticille de bractées, qui enveloppe et protège l'ombelle dans le jeune âge, est un *involucre*. Si l'ombelle est composée, outre l'involucre général, il y a un involucre partiel ou *involucelle* à la base de chaque ombelle simple (Carotte et autres Ombellifères). Quand l'inflorescence est en capitule, les bractées mères de la rangée de fleurs la plus externe se développent plus que les autres, de manière à envelopper le capitule avant son épanouissement ; ce cercle de bractées est encore un involucre (Séneçon, etc.). D'autres bractées, situées plus bas sur le pédicelle et stériles, viennent s'ajouter souvent en plus ou moins grand nombre aux premières, et c'est l'ensemble de toutes ces bractées imbriquées, stériles et fertiles, qui constitue alors l'involucre (Centaurée, etc.). Sans être ramifié, le pédicelle peut porter, à une plus ou moins grande distance de la fleur qui le termine, un certain nombre de bractées stériles très développées, disposées à la même hauteur en verticille et qui enveloppent la fleur avant son épanouissement. C'est encore un involucre, mais qui n'entoure qu'une fleur, qui est *uniflore* (Anémone, Éranthis, Nigelle, Œillet, la plupart des Malvacées, Nyctaginées, etc.). Une spathe n'est après tout qu'un involucre formé d'une seule bractée. Les bractées de l'involucre peuvent aussi s'unir bord à bord par une croissance commune, et former un sac qui enferme soit un groupe de fleurs (Euphorbe, etc.), soit une fleur solitaire (Belle-de-nuit, etc.).

Cupule. — Sous la fleur et après sa formation, on voit parfois se produire une excroissance de l'écorce du pédicelle, d'abord en forme de bourrelet annulaire, qui grandit plus tard, se relève en une sorte de coupe et produit à sa surface un grand nombre d'émergences écailleuses ou épineuses. On appelle *cupule* une semblable production directe du pédicelle, qu'il faut se garder de confondre avec un involucre concrescent. La cupule est quelquefois uniflore et largement ouverte (Chêne) ; ailleurs, elle enveloppe complètement un petit groupe de deux (Hêtre) ou de trois fleurs Châtaignier).

Concrescences diverses du pédicelle. — Né à l'aisselle d'une feuille, le pédicelle floral peut se trouver entraîné avec l'entre-nœud de la tige situé au-dessus de cette feuille dans une croissance commune, de manière à ne s'en séparer que plus haut (diverses Morelles et Asclépiades). Ailleurs, il est concrescent avec la feuille ou la bractée à l'aisselle de laquelle il se développe, de manière à paraître inséré quelque part sur la nervure médiane de la feuille (Fragon, Helwingia) ou de la bractée (Tilleul). Enfin ces deux concrescences peuvent se produire à la fois dans toute la série des pédicelles disposés sur deux rangs le long d'une même branche ; on obtient alors un système aplati, portant des fleurs à l'aisselle de ses dents latérales (Xylophylle, Phyllocladus).

Laissons maintenant de côté le pédicelle et les diverses bractées

qu'il peut porter sur ses flancs, pour concentrer toute notre attention sur la fleur proprement dite qui le termine. Nous en étudierons d'abord la conformation générale, puis nous reprendrons
avec détail chacune des parties qui la constituent.

§ 2

Conformation générale de la fleur.

Les feuilles différenciées qui composent la fleur sont insérées
autour du sommet du pédicelle, c'est-à-dire sur le réceptacle,
suivant les règles bien connues de la disposition des feuilles ordinaires sur la tige (p. 222), c'est-à-dire tantôt en verticilles alternes,
tantôt isolément avec une divergence comme $\frac{2}{5}$, $\frac{3}{8}$, $\frac{5}{13}$, etc., formant alors des cycles superposés de 5, 8, 13 feuilles, etc. ; il peut
arriver aussi que les deux dispositions, verticillée et cyclique, se
rencontrent et se succèdent dans la même fleur, qui est alors
mixte. Voyons quelles sont, dans ces trois cas, les parties constitutives de la fleur, en commençant par la disposition verticillée, qui
est de beaucoup la plus fréquente.

Fleur verticillée complète. — Une fleur verticillée, complète
mais sans complications, possède quatre verticilles différenciés
entre eux et adaptés à tout autant de fonctions spéciales. A chacun d'eux et aux feuilles qui le composent on a donné un nom
différent.

Le verticille le plus extérieur, qui forme l'enveloppe du bouton,
est le *calice;* chacune de ses feuilles, ordinairement vertes, est un
sépale. Le second verticille est la *corolle ;* chacune de ses feuilles,
ordinairement plus grande que les sépales et colorée autrement
qu'en vert, est un *pétale.* Sépales et pétales ne sont le siège d'aucune production destinée à jouer un rôle direct dans la formation
de l'œuf. Aussi le calice et la corolle n'ont-ils qu'une importance
secondaire, subordonnée à celle des deux verticilles suivants. On
les désigne souvent sous le nom collectif d'*enveloppes florales* ou
de *périanthe.*

Le troisième verticille est l'*androcée.* Il est formé de feuilles plus
profondément différenciées que les sépales et les pétales; chacune
de ces feuilles est une *étamine.* L'étamine se compose d'un pétiole
long et grêle appelé *filet,* et d'un petit limbe divisé en deux moitiés

par une nervure médiane qui se prolonge quelquefois en pointe (fig. 80). Le long de chaque bord et habituellement sur sa face supérieure, ce petit limbe présente côte à côte deux proéminences allongées, parallèles à la nervure médiane. Ce sont des protu-bérances du parenchyme, de la nature des émergences. Pleines dans le jeune âge, ces émergences sont l'objet d'un travail interne que nous étudierons plus tard, à la suite duquel elles se trouvent, au moment de l'épanouissement de la fleur, transformées chacune en un sac contenant un plus ou moins grand nombre de cellules isolées en forme de grains arrondis. La paroi du sac se déchire alors et, par l'ouverture, les grains qu'il renfermait s'échappent au dehors. L'ensemble formé par le limbe et par ses quatre émergences en forme de sacs est l'*anthère.* La poussière de grains, ordinairement colorée en jaune, qui s'en échappe est le *pollen.* Chacune des quatre émergences où se produit le pollen est devenue, au moment de l'épanouissement, un *sac pollinique.* Enfin la partie médiane de l'anthère, comprenant la nervure et la partie libre du limbe, parce qu'elle réunit entre elles les deux paires de sacs polliniques, est désignée sous le nom de *connectif.*

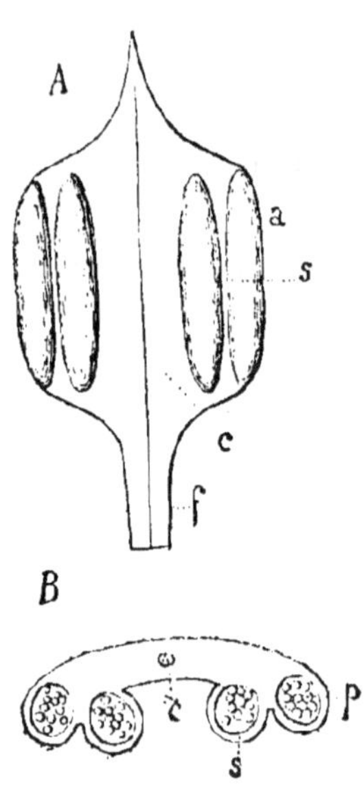

Fig. 80. Étamine : *A*, vue de face ; *f*, partie supérieure du filet ; *a*, anthère ; *s*, sacs polliniques ; *c*, connectif. *B*, anthère coupée en travers ; *p*, pollen.

L'étamine est donc, en résumé, une feuille pollinifère. Le pollen étant destiné, comme on le verra plus tard, à jouer le rôle mâle dans la formation de l'œuf, on donne déjà à l'étamine elle-même la qualification de feuille mâle, et au verticille des étamines celle de verticille mâle : d'où le nom d'*androcée.*

Le quatrième verticille, situé tout au centre de la fleur, et au-dessus duquel avorte le sommet du pédicelle, est le *pistil.* Il est formé de feuilles profondément différenciées aussi, mais tout autrement que les étamines ; chacune de ces feuilles est un *car-pelle.*

Un carpelle est formé d'un limbe sessile, élargi dans sa portion inférieure, se continuant par un prolongement grêle, et se terminant par une languette (fig. 81, *A* et *B*). La partie inférieure élargie, parcourue en son milieu par une nervure médiane, a ses deux bords épaissis et traversés chacun par une nervure marginale. Sur chaque bord épaissi s'attachent, par le moyen de

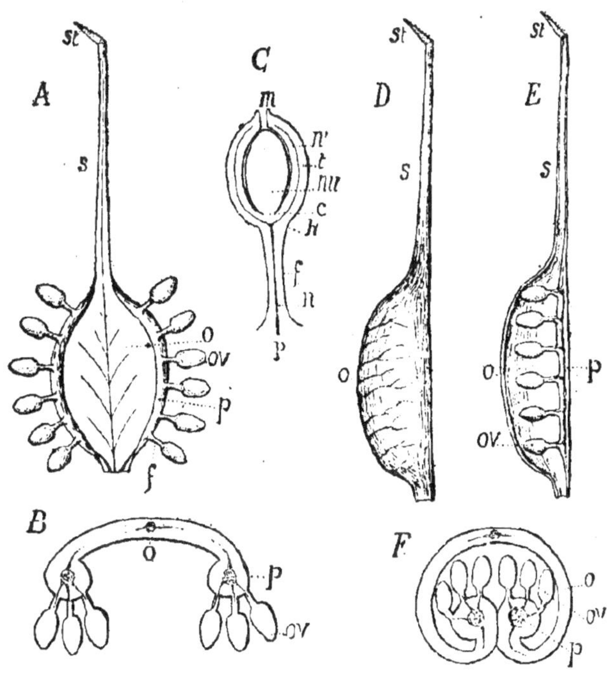

Fig. 81. *A*, carpelle ouvert, vu de face : *o*, ovaire ; *p*, placenta ; *f*, funicules ; *ov*, ovules ; *s*, style ; *st*, stigmate. *B*, ovaire en coupe transversale. *C*, ovule grossi, coupé en long : *f*, funicule avec sa nervure *n* ; *h*, hile ; *t*, tégument avec ses nervures *n'* ; *nu*, nucelle ; *m*, micropyle ; *c*, chalaze. *D*, carpelle fermé, vu de côté. *E*, le même coupé en long. *F*, ovaire en coupe transversale.

petits cordons, un certain nombre de corps arrondis, disposés en une ou plusieurs séries longitudinales. Ces corps arrondis sont autant d'*ovules*. La cordelette qui suspend l'ovule est le *funicule*. Le bord épaissi du carpelle où les ovules s'attachent est le *placenta*. Enfin l'ensemble ainsi formé par la région élargie du carpelle est l'*ovaire*.

Le prolongement étroit du limbe où pénètre la nervure médiane ne porte rien sur ses bords ; c'est le *style*. Enfin la languette, où se termine la nervure médiane, a sa surface hérissée de papilles et de poils qui sécrètent un liquide visqueux ; c'est le *stigmate*.

Le funicule de l'ovule est traversé par une petite nervure, qui est une branche de la nervure marginale ou placentaire du carpelle ; le point où il s'attache à l'ovule est le *hile*. L'ovule luimême est formé de deux parties (fig. 81, *C*). La partie externe, en forme d'urne, est attachée sur le funicule au hile et se trouve ouverte en un autre point, de manière à donner accès vers la partie interne ; c'est le *tégument*. Son ouverture est appelée *micropyle*. La partie interne est une masse de forme ovale ou conique, attachée au tégument par sa base, enveloppée par lui latéralement et tournant son sommet vers le micropyle ; c'est le *nucelle*. Sa surface d'attache au tégument est appelée la *chalaze*.

Le tégument n'est pas autre chose qu'une expansion latérale du funicule, relevée en forme de sac. La nervure du funicule s'y répand d'ordinaire et même s'y ramifie, soit suivant le mode penné, soit suivant le mode palmé sous sa modification peltée. Il en résulte que la conformation du tégument n'est symétrique que par rapport à un plan. En résumé, le tégument est un petit limbe attaché par un petit pétiole, le funicule, sur le bord renflé du carpelle, comme un lobe ou un segment de feuille simple sur le bord du limbe général, ou comme une foliole de feuille composée sur le bord du pétiole général.

Le nucelle, toujours dépourvu de nervures, est une excroissance du parenchyme, une émergence de ce segment ou de cette foliole, insérée sur sa ligne médiane et ordinairement sur sa face supérieure, de manière que son axe soit compris dans le plan de symétrie du segment. Cette protubérance est le siège d'un travail intérieur que nous étudierons plus tard et par suite duquel, au moment de l'épanouissement de la fleur, le nucelle se trouve avoir formé en lui le corpuscule qui joue le rôle femelle dans la formation de l'œuf. Le nucelle du carpelle correspond donc au sac pollinique de l'étamine. Il y a cette différence pourtant, entre l'émergence mâle et l'émergence femelle, que la première est libre et nue, tandis que la seconde est ordinairement enveloppée par le segment carpellaire qui la porte et qui se relève autour d'elle en ne laissant d'accès libre qu'à son sommet. Pour atteindre ce résultat, ce segment est obligé de se séparer à la fois de ses congénères et du carpelle commun qui les porte.

Le nucelle étant l'organe reproducteur femelle, cette dénomination peut être transportée d'abord à l'ovule, puis au carpelle tout entier, qui est ainsi la feuille femelle de la fleur au même titre que l'étamine en est la feuille mâle, enfin à l'ensemble du pistil, qui devient le verticille femelle, le *gynécée*, comme on dit aussi quelquefois.

On a supposé dans tout ce qui précède que le carpelle est une feuille étalée, ouverte, comme sont toujours les sépales, les pétales et les étamines. Il en est ainsi assez souvent, par exemple, dans le Réséda, la Violette, le Groseillier, l'Orchis, etc. L'ovaire est alors plan ou plus fréquemment creusé en nacelle sur sa face supérieure, avec ses deux bords renflés ovulifères reployés un peu en dedans (fig. 81, *B*). Le style est plan ou creusé en gouttière, et le stigmate étalé en languette. Les placentas sont situés sur la paroi interne du pistil, et l'espace que le pistil enveloppe au centre de la fleur n'est pas subdivisé. On dit que les placentas sont *pariétaux*, que la *placentation* est *pariétale*.

Mais bien plus souvent il arrive que le carpelle, en se développant, se reploie et se ferme (fig. 81, *D, E, F*). La face supérieure devient alors de plus en plus concave, les deux bords renflés, reployés d'abord en dedans, puis en dehors, se rapprochent l'un de l'autre et s'unissent le long d'une bande qui appartient à leur face inférieure. L'ovaire forme désormais une cavité close et c'est à l'angle interne de cette cavité, du côté de l'axe de la fleur, que se trouvent les deux bords placentaires. Les placentas et la placentation sont dits *axiles*. Le style se reploie de même en un cylindre qui surmonte comme une cheminée la chambre ovarienne, mais le stigmate demeure étalé, et à sa base s'ouvre la cheminée du style. Il en est ainsi dans la Pivoine, la Spirée, le Butome, etc.

Le carpelle peut donc, avec la même constitution essentielle, présenter deux manières d'être différentes, être ouvert ou fermé. S'il est ouvert, la placentation des ovules est pariétale; s'il est fermé, elle est axile. Ces deux manières d'être se rencontrent quelquefois dans un seul et même carpelle. L'ovaire est alors fermé à la base, ouvert au sommet, et le même placenta est axile dans sa partie inférieure, pariétal dans sa région supérieure. C'est ce qu'on voit par exemple dans certaines Saxifrages (S. granuleuse, etc.).

Toute fleur qui possède l'organisation que nous venons d'étudier, c'est-à-dire de dedans en dehors : un verticille femelle, un verticille mâle et une double enveloppe autour d'eux, est dite *hermaphrodite complète* ou *dipérianthée*. Mais on rencontre souvent des fleurs plus simples et d'autres plus compliquées, et il faut tracer les principaux degrés de cette simplification et de cette complication.

Fleurs verticillées plus simples. — C'est déjà une simplification quand les deux verticilles externes deviennent semblables l'un à l'autre, soit que le calice se colore comme la corolle (Liliacées, Amaryllidées, Iridées, etc.), soit qu'au contraire la corolle demeure verte comme le calice (Joncées, Oseille, etc.). Le périanthe est encore formé, il est vrai, de deux verticilles, mais il n'est plus différencié ; il est tout entier pétaloïde dans le premier cas, tout entier sépaloïde dans le second. Avec quatre verticilles, la fleur n'a plus en réalité que trois formations distinctes : périanthe, androcée et pistil.

La simplification se marque davantage quand la fleur se réduit à trois verticilles, ce qui peut arriver de plusieurs manières différentes.

Si le périanthe ne comprend qu'un verticille enveloppant l'androcée et le pistil, ce verticille unique, quelle qu'en soit la couleur, est considéré comme étant le calice, et la corolle comme absente. La fleur est dite *hermaphrodite apétale* ou *monopérianthée* (Orme, Aristoloche, Belle-de-Nuit, Anémone, Clématite, etc.).

Avec un calice et une corolle, la fleur peut n'avoir qu'un pistil, sans androcée. Mais alors la plante produit soit sur le même individu, soit sur des individus différents, une seconde espèce de fleur, complémentaire de la précédente, qui avec un calice et une corolle possède un androcée, sans pistil. La première fleur est dite femelle, la seconde mâle ; les fleurs sont *unisexuées*. La plante est *monoïque*, si les fleurs des deux sortes sont réunies sur le même individu (Courge, etc.), *dioïque*, si elles se trouvent séparées sur deux individus différents (Dattier, etc.). L'individu qui ne produit que des fleurs mâles est dit lui-même mâle ; celui qui ne porte que des fleurs femelles est désigné tout entier comme femelle.

La simplification fait un nouveau pas, si la fleur ne comprend que deux verticilles, ce qui peut avoir lieu encore de deux manières différentes.

Le périanthe peut manquer complètement, et la fleur, qui se compose d'un androcée et d'un pistil, est dite *hermaphrodite nue* ou *apérianthée*, comme dans le Frêne et le Calla. Le périanthe peut être formé d'un verticille qui est un calice ; le second verticille est alors un androcée dans certaines fleurs, un pistil dans d'autres fleurs, complémentaires des premières. Les fleurs sont encore unisexuées, les unes mâles, les autres femelles, mais en outre elles sont apétales. Il y a tantôt monœcie comme dans le Chêne, le Châtaignier, le Figuier, etc., tantôt diœcie, comme dans le Chanvre, le Houblon, la Mercuriale, etc.

Enfin la fleur peut se réduire à un seul verticille. Ce verticille est l'androcée pour certaines fleurs, le pistil pour d'autres fleurs, complémentaires des premières. Les fleurs sont encore unisexuées, mâles ou femelles, mais en outre elles sont *nues*. Il y a tantôt monœcie (Arum, la plupart des Carex, etc.), tantôt diœcie (Saule, etc.). Si dans ce verticille unique le nombre des parties se réduit à l'unité, on atteint le dernier degré de simplification. Une étamine d'un côté, un carpelle de l'autre : telle est la fleur réduite à sa plus simple expression, comme on la rencontre par exemple dans les Conifères.

Fleurs verticillées plus compliquées. — Souvent, au contraire, la fleur, déjà complète, se complique par l'adjonction de nouveaux verticilles à l'une ou à l'autre des quatre formations qu'elle présente.

Le calice et la corolle peuvent être formés de deux ou de plusieurs verticilles de sépales ou de pétales (Ménispermées, Berbéridées) ; mais surtout il est très fréquent de voir l'androcée comprendre deux ou un plus grand nombre de verticilles d'étamines semblables : deux dans les Liliacées, Amaryllidées, Géraniacées, etc., où on le dit *diplostémone ;* un plus grand nombre dans beaucoup de Rosacées, de Lauracées, dans l'Ancolie, etc. Le pistil multiplie aussi parfois ses verticilles, comme dans le Grenadier où il offre deux rangs de carpelles.

Relations de nombre et de position des verticilles. — Que la fleur ait quatre verticilles ou un nombre plus petit ou plus grand, il peut arriver que le nombre des feuilles demeure le même dans tous les verticilles. Il est partout de 2 dans la Circée et le Maïanthème ; partout de 3 dans les Liliacées, les Iridées, etc.; partout de 4 dans l'Onagre, la Bruyère, etc. ; partout de 5 dans le Géranium, la Crassule, etc.; la fleur est alors *isomère*. Ailleurs le nombre des feuilles change d'un verticille à l'autre. Après 5 étamines à l'androcée, par exemple, il est fréquent de trouver

2 carpelles au pistil (Solanées, etc.); la fleur est alors *hétéro-mère*.

Dans la fleur isomère, la disposition habituelle des verticilles successifs est, comme on sait, l'alternance. Pourtant, on observe aussi quelquefois la superposition. Ainsi dans la Vigne, la Primevère, la Bourdaine, la Mauve, etc., les cinq étamines sont superposées aux cinq pétales, et non alternes avec eux; de même dans le Chénopode, le Protéa, le Santal, etc., où la corolle manque, les étamines sont superposées aux sépales. Ainsi encore, dans un grand nombre de fleurs diplostémones, les carpelles sont superposés aux étamines du second rang et par conséquent aux pétales (Géraniacées, Rutacées, Éricacées, etc.).

Dans la fleur hétéromère, la disposition relative des verticilles successifs ne peut plus se définir d'une manière aussi simple. Tout ce qu'on peut dire de plus général à cet égard, c'est qu'ils se rapprochent le plus possible de l'alternance, sans altérer la symétrie de la fleur.

Dans tous les cas, les verticilles apparaissent successivement sur le réceptacle, suivant la règle générale des feuilles verticillées, c'est-à-dire de bas en haut ou de dehors en dedans : le calice d'abord, puis la corolle, ensuite l'androcée et en dernier lieu le pistil. Si la corolle paraît quelquefois postérieure à l'androcée, c'est parce que les pétales demeurent d'abord très courts et sont de bonne heure dépassés par les étamines.

Fleurs cycliques. — Certaines fleurs, avons-nous dit, ont leurs sépales, leurs pétales, leurs étamines et leurs carpelles disposés isolément à chaque nœud ; les feuilles florales se succèdent alors, par cycles superposés, ordinairement en nombre considérable et indéterminé, le long d'une spire serrée qui fait de nombreux tours à la surface du réceptacle. Ces fleurs cycliques sont relativement rares et ne se rencontrent que dans certains groupes de Dicotylédones (Magnoliacées, Anonacées, Renonculacées, Nymphéacées, Cactées, etc.).

Tantôt les quatre formations y sont aussi distinctes l'une de l'autre que dans les fleurs verticillées, parce que chacune d'elles comprend exactement un ou plusieurs cycles. Ceux-ci peuvent alors conserver dans toute la fleur la même divergence, par exemple $\frac{2}{5}$ (Dauphinelle des champs), ou changer brusquement de divergence à la limite de deux formations, passer par exemple de $\frac{2}{5}$ dans le calice et la corolle à $\frac{3}{8}$ dans l'androcée (Garidelle) ou de $\frac{2}{5}$ dans le calice à $\frac{3}{8}$ dans la corolle et à $\frac{8}{21}$ dans l'androcée (Aconit, etc.). Tantôt au contraire on passe insensiblement, sur la spirale commune, des sépales aux pétales comme dans le Camélia et les Calycanthées, ou des pétales aux étamines comme dans le Nymphéa ; il est alors impossible de dire où le calice finit et où la corolle commence, où la corolle finit et où l'androcée commence. L'étude de ces sortes de fleurs est précisément très intéressante, parce qu'il est facile d'y suivre la marche progressive de la différenciation florale.

Fleurs mixtes. — Dans les fleurs verticillées, le nombre des parties peut varier d'un verticille à l'autre; dans les fleurs cycliques, la divergence, c'est-à-dire le nombre des parties du cycle, peut varier d'un cycle à l'autre. Il n'est donc pas surprenant de voir que la même fleur puisse renfermer à la fois des verticilles et des cycles. On a des exemples de ces fleurs mixtes dans beaucoup de Renonculacées, où le calice et la corolle forment deux verticilles alternes de cinq feuilles chacun, tandis que les étamines et les carpelles se suivent en grand nombre en une spirale continue.

Orientation de la fleur et de ses diverses parties. — Pour faciliter l'étude, il est nécessaire de rapporter la position de la fleur tout entière et celle de chacune de ses parties à une certaine direction fixe convenablement choisie. La fleur naissant, en général, sur une branche ou sur un pédicelle, à l'aisselle d'une feuille ou d'une bractée, on convient de placer toujours la branche ou le pédicelle en arrière ou en dessus, la feuille ou la bractée mère en avant ou en dessous. On nomme dès lors côté *postérieur* ou *supérieur* de la fleur le côté tourné vers la branche ou le pédicelle, côté *antérieur* ou *inférieur* le côté tourné vers la feuille ou la bractée. La fleur prend en même temps un côté droit et un côté gauche.

Puis, si l'on imagine un plan longitudinal mené d'avant en arrière à travers la fleur et comprenant à la fois l'axe de la branche mère, celui du rameau floral, et la ligne médiane de la feuille mère, ce sera le *plan médian* ou la *section médiane* de la fleur ; il la partage en une moitié droite et une moitié gauche. Les feuilles florales que ce plan coupe en deux sont dites *médianes :* médianes antérieures ou médianes postérieures. Si l'on imagine un plan passant encore par l'axe du rameau floral, mais perpendiculaire au précédent, ce plan sera le *plan latéral* ou la *section latérale* de la fleur ; il la partage en une moitié postérieure et une moitié antérieure. Les feuilles florales qu'il coupe en deux sont dites *latérales* : latérales de droite ou latérales de gauche. Les deux plans bissecteurs des précédents peuvent être appelés *plans diagonaux*, *sections diagonales* de la fleur ; les feuilles qu'il coupe en deux sont dites *diagonales*.

Reprenons maintenant avec quelques détails l'étude des quatre formations différenciées qui constituent une fleur complète.

§ 3

Calice.

Forme des sépales. — Les sépales sont des feuilles ordinairement sessiles, dont le limbe, inséré par une large base, est le plus souvent entier et terminé en pointe. Il s'y fait parfois en un point situé vers la base une croissance exagérée : cette région proémine alors en dehors en forme d'une bosse creuse (Scutellaire, Crucifères, etc.) ou, si elle est plus développée, d'un éperon (Dauphinelle, Capucine, etc.). Les sépales sont habituellement verts ; quand ils sont dépourvus de chlorophylle, on les dit colorés ou *pétaloïdes* (Tulipe, Clématite, Fuchsia, etc.). S'ils sont tous de même forme et d'égale dimension, ou si, étant de formes différentes et d'inégales dimensions, ils alternent régulièrement, comme dans les Crucifères, le calice est symétrique par rapport à l'axe de la fleur, il est dit *régulier*. Si, au contraire, l'un des sépales est plus développé que les autres, qui vont décroissant de chaque côté, le calice n'est plus symétrique que par rapport au plan qui passe par l'axe de la fleur et par la nervure médiane du grand sépale ; on le dit alors, par un choix d'expression assez malencontreux, *irrégulier* (Capucine, Aconit, etc.). Le plan de symétrie est généralement médian et divise le calice en deux moitiés gauche et droite, qui sont l'image l'une de l'autre dans un miroir.

Croissance des sépales. — Nés côte à côte et indépendamment sur le réceptacle, les sépales cessent bientôt de croître au sommet et c'est par un allongement intercalaire qu'ils grandissent ensuite pour atteindre leur dimension définitive. Suivant la hauteur où se localise cette croissance intercalaire, le calice prend deux aspects différents. Si la zone de croissance est située dans chaque sépale à quelque distance de sa base, tous les sépales s'allongent indépendamment et demeurent séparés : le calice est *dialysépale* (Tulipe, Renoncule, etc.). Si, occupant la base même de chaque sépale, elle conflue avec ses congénères de manière à former un anneau continu, il y a concrescence, et les sépales se trouvent unis dans une plus ou moins grande étendue de leur région inférieure : le calice est *gamosépale* (Labiées, fig. 82, Silénées, fig. 83, etc.). L'anneau de croissance produit, en effet, une pièce unique, plus ou moins haute, en forme de tube ou de coupe, qui soulève les parties déjà formées et au bord de laquelle ces parties proéminent suivant leur dimension comme autant de festons, de dents, de lobes ou de partitions ; aussi le calice gamosépale est-il dit, suivant les cas, crénelé, denté

Fig. 82.   Fig. 83.

(fig. 83), lobé (fig. 82) ou partit. Au nombre de ces dents ou lobes, on reconnaît facilement combien il entre de sépales dans la constitution d'un pareil calice. Déjà signalée entre les feuilles ordinaires (p. 220) et entre les bractées (p. 290), cette concrescence se montre plus fréquente entre les sépales, sans doute à cause de leur large insertion sur une circonférence relativement étroite.

Dialysépale ou gamosépale, le calice peut, comme il a été dit plus haut, être régulier ou irrégulier ; il en résulte pour lui quatre manières d'être différentes. Le calice dialysépale est régulier dans le Lis et la Renoncule, irrégulier dans l'Aconit. Le calice gamosépale est régulier dans la Primevère, les Silénées, beaucoup de Labiées, etc., irrégulier dans la Capucine, les Papilionacées, etc.

Structure des sépales. — La structure des sépales diffère trop peu de celle des feuilles végétatives pour qu'il soit utile de s'y arrêter longtemps. Le parenchyme s'y rattache ordinairement au type homogène, avec stomates sur les deux faces. Les faisceaux libéroligneux s'y ramifient comme dans une feuille ordinaire. Si le calice est gamosépale, l'union peut n'avoir lieu que par le parenchyme, les faisceaux demeurant indépendants ; mais souvent aussi les faisceaux s'unissent latéralement d'un sépale à l'autre en un système unique, soit par de simples anastomoses transverses, soit parce que les faisceaux marginaux des sépales voisins demeurent confondus en un seul depuis leur départ du pédicelle jusqu'à une hauteur plus ou moins grande où ils se dédoublent (Labiées, fig. 82, etc.).

Ramification des sépales. Calicule. — Il est assez rare que les sépales se ramifient. Pourtant, il en est qui forment des stipules à leur base; les stipules de deux sépales voisins s'unissent alors par une croissance commune, comme on l'a vu pour celles des feuilles ordinaires dans le Houblon ou la Croisette. Il en résulte des folioles géminées, en même nombre que les sépales et alternes avec eux. On appelle *calicule* l'ensemble de ces dépendances stipulaires du calice (Fraisier, Potentille, etc.). Il faut bien se garder de confondre le calicule avec l'involucre uniflore dont il a été question plus haut (p. 290).

Préfloraison du calice. — D'une façon générale, on appelle *préfloraison* la manière dont les diverses feuilles d'un verticille floral, notamment celles du calice et de la corolle, sont disposées dans le bouton avant l'épanouissement : c'est, en un mot, la préfoliation de la fleur. Qu'ils soient libres ou concrescents, égaux ou inégaux, les sépales peuvent affecter dans le bouton plusieurs dispositions relatives, plusieurs préfloraisons, que l'on distingue et dénomme comme il suit :

La préfloraison du calice est *valvaire*, quand les sépales rapprochent simplement leurs bords dans le bouton, sans se recouvrir d'aucune manière (Malvacées, etc.). Elle est *tordue*, quand chaque sépale recouvre en partie l'un de ses voisins et est recouvert en partie par l'autre (Ardisia, Cyclamen). Elle est *spiralée* quand les sépales se recouvrent comme s'ils appartenaient non à un verticille, mais à un cycle; avec trois sépales, par exemple, il y en a un recouvrant, un recouvert et un mi-partie recouvert mi-partie recouvrant, comme dans un cycle $\frac{1}{3}$ (Tulipe, etc.); avec cinq sépales, il y en a deux recouvrants, deux recouverts et un mi-partie recouvrant mi-partie recouvert, comme dans un cycle $\frac{2}{5}$; ce dernier cas, assez fréquent, est souvent désigné sous le nom de préfloraison *quinconciale*. La préfloraison est *cochléaire*, quand l'un des sépales recouvre ses deux voisins, qui à leur tour recouvrent le quatrième s'il y en a quatre, le quatrième et le cinquième s'il y en a cinq. Enfin elle est *imbriquée*, quand l'un des sépales étant extérieur, l'un de ses voisins est intérieur et tous les autres mi-partie intérieurs et extérieurs; elle diffère de la préfloraison cochléaire parce que les sépales externe et interne, au lieu d'être éloignés, sont contigus.

Épanouissement du calice. — A un moment donné, les sépales, appliqués l'un contre l'autre dans le bouton comme il vient d'être dit, se séparent et se rejettent en dehors; fermé jusque-là, le calice s'ouvre, et c'est ainsi que commence l'épanouissement de la fleur. Comme pour les feuilles ordinaires, l'effet est dû à ce que chaque sépale, qui jusqu'alors s'était accru davantage sur sa face externe, s'allonge maintenant davantage sur sa face interne; en un mot, c'est une nutation d'épanouissement. Il y a quelques fleurs où les sépales ne se séparent pas ainsi, où le calice ne s'épanouit pas. Il se détache alors circulairement à sa base et s'enlève tout d'une pièce, comme un bonnet ou un opercule; après sa chute, les pétales et les parties internes s'épanouissent successivement (Papavéracées, Eucalyptus, etc.).

Avortement et absence des sépales. — Quand le calice est dialysépale et irrégulier, certains sépales, avons-nous dit, demeurent plus petits que les autres. Il peut se faire qu'une fois nés ils ne croissent que très peu ou pas du tout, pendant que les autres atteignent une dimension considérable : ils avortent. Ainsi dans la Balsamine, les deux sépales antérieurs avortent, les deux latéraux demeurent petits, le postérieur seul prend un grand développement. Quand le calice est régulier, les sépales peuvent tous à la fois s'arrêter de bonne heure dans leur croissance, avorter tous ensemble, comme dans la Vigne, où le calice se réduit à un petit rebord à cinq festons à peine indiqués.

Enfin nous savons qu'il est des fleurs, hermaphrodites comme celles du Frêne et du Calla, unisexuées comme celles du Saule et de l'Arum, où il n'apparaît sur le réceptacle aucune trace de sépales, qui sont absolument dépourvues de périanthe.

§ 4

Corolle.

Forme des pétales. — Les pétales sont des feuilles souvent sessiles, dont le limbe, inséré sur le réceptacle par une base étroite, s'élargit ordinairement beaucoup dans sa région supérieure; il n'est pas rare cependant d'y voir un pétiole bien développé, qu'on appelle l'*onglet* (Œillet, Laurier-rose, etc.). Le pétiole prend quelquefois en un point une croissance exagérée et proémine à cet endroit en forme de bosse creuse ou d'éperon; c'est généralement vers la base que s'opère cette localisation de croissance et vers l'extérieur que s'allonge la bosse (Fumeterre, Violette, Muflier, etc.) ou l'éperon (Ancolie, Linaire, Dauphinelle, etc.) : mais le phénomène peut se produire aussi vers le milieu de la longueur et de manière à projeter vers l'intérieur la bosse ou l'éperon (Bourrache, Consoude, etc.); il peut s'opérer aussi vers le sommet du pétale, qui se renfle en casque ou en capuchon (Aconit, etc.) ; le pétale peut enfin se creuser tout entier en cornet (Hellébore). Les pétales sont généralement dépourvus de chlorophylle, blancs ou parés des couleurs les plus vives; parfois cependant ils sont verts comme les sépales : la corolle est alors *sépaloïde* (Jonc, Oseille, Érable, etc.).

Si les pétales sont tous de même forme et de même dimension, ou si, de forme et de dimension différentes, ils alternent régulièrement, la corolle est symétrique par rapport à l'axe de la fleur; elle est dite *régulière* (Giroflée, Ronce, Œillet, Ancolie, etc.). Si, au contraire, il y en a un ou deux plus développés que les autres, qui vont en décroissant pareillement de chaque côté, la corolle n'est plus symétrique que par rapport à un plan : elle est *irrégulière* (Papilionacées, Capucine, Linaire, Lamier, Orchis, etc.). Le plan de symétrie est ordinairement médian et divise la corolle en deux moitiés droite et gauche, qui sont l'image l'une de l'autre dans un miroir.

Croissance des pétales. — Nés côte à côte et indépendamment sur le réceptacle, les pétales cessent bientôt de croître au sommet; c'est par un allongement intercalaire qu'ils grandissent plus tard et atteignent leur dimension définitive. Le temps d'arrêt est souvent fort long; les pétales sont encore très petits quand déjà les autres parties de la fleur ont achevé leur développement dans le bouton, et c'est peu de temps avant l'épanouissement du calice qu'ils prennent tout à coup une croissance rapide. Suivant le mode de localisation de leur croissance intercalaire, les pétales s'allongent chacun pour son compte et demeurent séparés : la corolle est *dialypétale* (Crucifères, Rosacées, Caryophyllées, Papilionacées, etc.); ou bien ils deviennent concrescents, s'unissent latéralement dans une pièce commune plus ou moins développée, en forme de tube (Lilas, fig. 84, etc.), de cloche (Campanule, etc.), d'entonnoir (Tabac, etc.), de grelot (Arbousier, fig. 85, etc.) : la corolle est *gamopétale*. Les choses se passent ici comme il a été dit plus haut pour le calice. Le nombre des dents (fig. 85) ou des lobes (fig. 84) plus ou moins profonds qui surmontent la pièce commune permet d'estimer le nombre des pétales qui entrent dans la composition de la corolle gamopétale.

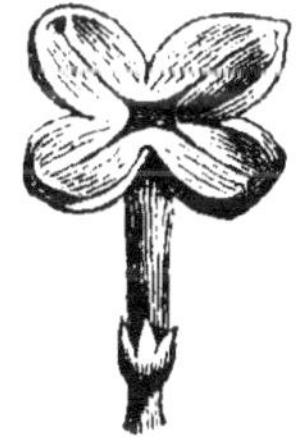

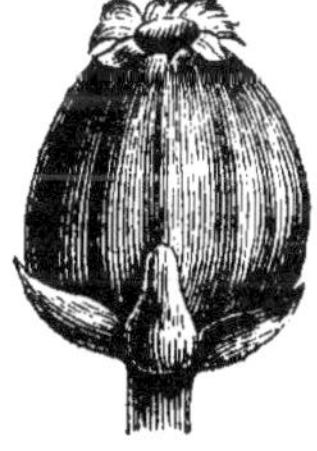

Fig. 84.   Fig. 85.

Dialypétale ou gamopétale, la corolle peut être régulière ou irrégulière : d'où résultent pour elle, comme pour le calice, quatre manières d'être différentes. La corolle dialypétale est régulière dans les Crucifères, les Rosacées, les Caryophyllées, etc.; elle est irrégulière dans les Papilionacées, le Pélargonium, la Capucine, le Réséda, etc. La corolle gamopétale est régulière dans le Lilas (fig. 84), la Campanule, l'Arbousier (fig. 85), les Solanées, les Borraginées, etc.; elle est irrégulière dans les Labiées (fig. 86), où elle offre tantôt deux lèvres (Lamier, etc.), tantôt une seule (Bugle, etc.), dans les Scrofularinées, etc. Chez les Composées, elle est tantôt régulière (Chardon, etc.), tantôt irrégulière (Chicorée, etc.). La même plante peut d'ailleurs porter à la fois des fleurs à corolle régulière et d'autres à corolle irrégulière, comme on le voit chez beaucoup de Composées, où le même capitule contient au centre des fleurs à corolle gamopétale régulière, à la périphérie des fleurs à corolle gamopétale irrégulière (Centaurée, Grand-Soleil, Marguerite, etc.).

Fig. 86.

La présence dans la fleur d'une corolle dialypétale ou gamopétale est plus constante que la différence analogue constatée dans le calice et fournit, par conséquent, un caractère plus important pour la détermination des affinités des plantes. Aussi a-t-on pu s'en servir utilement pour distinguer dans les Dicotylédones à fleurs pétalées deux grandes divisions et pour les dénommer : les *Gamopétales* et les *Dialypétales*.

Concrescence de la corolle et du calice. — Quelquefois la corolle est séparée du calice par un long entre-nœud (Lychnis, etc.); mais ordinairement la distance qui, sur le réceptacle, sépare les jeunes pétales des jeunes sépales dans le sens de la hauteur ou du rayon n'est pas plus grande que celle qui sépare dans le sens de la circonférence les sépales entre eux dans le calice, les pétales entre eux dans la corolle. La communauté de croissance intercalaire qui unit les sépales dans le calice gamosépale, les pétales dans la corolle gamopétale, peut donc tout aussi bien unir entre eux ce calice et cette corolle en les soulevant sur une pièce commune, en forme de coupe ou de tube, au bord de laquelle seulement les deux verticilles se séparent. La corolle paraît alors insérée sur le calice (Capucine, fleurs mâles des Cucurbitacées, etc.).

Ramification des pétales. Couronne. — Les pétales se ramifient plus souvent que les sépales. Leur ramification peut s'opérer dans le plan du limbe et se manifester par la formation de dents, de lobes et de segments latéraux (grand pétale de certaines Orchidées); dans la Stellaire, le Céraiste, etc., le pétale est profondément divisé en deux; il est découpé en franges dans le Réséda. Elle peut se produire aussi perpendiculairement au plan du limbe. Ainsi, quand le pétale est pétiolé, il porte parfois au point d'union de l'onglet et du limbe un certain nombre de franges où ses nervures envoient des ramifications et qui sont analogues à la ligule de la feuille des Graminées; l'ensemble de ces productions ligulaires forme dans la fleur ce qu'on appelle la *couronne* (Lychnis, Saponaire, Laurier-rose, Hydrophyllées, etc.). La couronne est une dépendance interne de la corolle, à peu près comme le calicule est une dépendance externe du calice. Dans le Narcisse, où le calice est pétaloïde et concrescent avec la corolle, les sépales portent une ligule tout aussi bien que les pétales; toutes ces ligules, concrescentes comme les parties dont elles dépendent, forment encore une couronne, qui, dans certaines espèces (Narcisse, faux-Narcisse, etc.), atteint une très grande dimension et contribue beaucoup à l'éclat de la fleur.

Structure des pétales. — Les pétales partagent la structure des feuilles végétatives avec parenchyme homogène et stomates sur les deux faces; les cellules épidermiques y sont parfois relevées en papilles, qui produisent l'effet du velouté. Quand la corolle est gamopétale, les faisceaux libéroligneux des pétales peuvent être distincts, mais souvent aussi ils s'unissent d'un pétale à l'autre soit par des anastomoses transverses (Campanule, etc.), soit parce que les deux faisceaux latéraux des pétales voisins demeurent confondus en un seul dans toute la région commune (Primulacées, etc.). Dans la corolle gamopétale d'un grand nombre de Composées, les pétales manquent de faisceaux médians et le tube ne possède que les cinq faisceaux latéraux ainsi géminés, qui correspondent aux sinus du bord; chacun d'eux, arrivé à l'un de ces sinus, se divise en deux branches qui longent les bords de chaque pétale désormais libre, pour se terminer simplement au sommet ou pour s'y joindre en un faisceau unique qui descend le long de la ligne médiane.

Quand le calice et la corolle sont concrescents entre eux, l'union peut aussi n'atteindre que le parenchyme (Jacinthe, etc.); mais souvent elle s'étend aux faisceaux libéroligneux, qui forment dans la partie commune un appareil conducteur unique, dans lequel les faisceaux marginaux des sépales se trouvent confondus avec les médians des pétales, et réciproquement s'il y a lieu (Cucurbitacées, etc.).

Quand la corolle, ou le périanthe tout entier, produit une couronne, les faisceaux qui entrent dans les dépendances ligulaires proviennent du dédoublement radial des nervures des pétales et ce dédoublement a lieu de manière que les deux branches aient une orientation inverse; les faisceaux de la couronne tournent donc leur bois en dehors, leur liber en dedans (Narcisse, Laurier-rose, Saponaire, etc.). C'est là, comme on sait, le caractère anatomique général des ligules (p. 247).

Préfloraison de la corolle. — La préfloraison de la corolle se laisse rattacher aux cinq types que nous avons définis et dénommés plus haut pour le calice; il suffira donc de citer ici quelques exemples pour chacun de ces types. Elle est valvaire dans la **Vigne**; tordue dans les **Malvacées**, les **Apocynées**, le **Lin**, le **Phlox**, etc.; spiralée, sous la forme quinconciale qui est la plus ordinaire, dans la **Belladone**; cochléaire dans les **Papilionacées**, les **Césalpiniées**, la **Molène**, la **Pédiculaire**; imbriquée dans le **Malpighia**, etc. Il arrive parfois que les pétales, croissant très vite un peu avant l'épanouissement du calice, devenant très larges et n'ayant pour se loger dans le bouton qu'un espace trop étroit, se plissent et se chiffonnent irrégulièrement : c'est ce qu'on appelle quelquefois la préfloraison *chiffonnée* (Pavot, etc.).

Il n'y a d'ailleurs aucun rapport nécessaire entre la préfloraison de la corolle et celle du calice. Ainsi, dans la **Mauve**, la préfloraison du calice est valvaire, celle de la corolle est tordue; dans le **Malpighia**, la préfloraison du calice est quinconciale, celle de la corolle est imbriquée; dans l'Ardisia, la préfloraison du calice est tordue, celle de la corolle est valvaire. La préfloraison est quinconciale à la fois dans le calice et dans le corolle chez le Céraiste; elle est tordue en même temps dans le calice et dans la corolle chez le Cyclamen.

Épanouissement de la corolle. — Après l'ouverture du calice, la corolle continue souvent de grandir en demeurant fermée; plus tard, elle s'épanouit à son tour, en découvrant les deux verticilles internes. Cet épanouissement des pétales est provoqué par la croissance prédominante de leur face interne : c'est un phénomène de nutation. Parfois cependant les pétales ne se séparent pas au sommet. La corolle se détache alors tout d'une pièce par une déchirure circulaire à la base; elle est soulevée ensuite par l'allongement des étamines et enfin rejetée pour les mettre à nu (Vigne, certaines Myrtacées, etc.).

Avortement et absence des pétales. — Quand la corolle est dialypétale et irrégulière, certains pétales, on l'a vu, s'accroissent moins que les autres. Parfois même ils s'arrêtent de bonne heure dans leur croissance et avortent. C'est ainsi que dans le Pavia les deux pétales postérieurs avortent, l'antérieur et les deux latéraux se développant seuls; que dans l'Amorpha et la Dauphinelle le grand pétale postérieur se développe seul, les quatre autres avortant; que dans l'Aconit, sur les huit pétales de la corolle, les deux postérieurs seuls se développent, les six autres avortent. Quand la corolle est régulière, si les pétales avortent, ils avortent tous également. C'est ainsi que dans l'Hellébore, la Nigelle, l'Éranthis, les pétales ne forment que leur partie basilaire et avortent au-dessus; ces parties basilaires sont creusées en cornets et c'est là que se produit et s'accumule le nectar. Enfin dans d'autres plantes, appartenant comme les précédentes à la famille des Renonculacées, les pétales avortent tous et complètement; la fleur est apétale, en effet, dans l'Anémone, la Clématite, le Populage. Cette absence de corolle dans certaines plantes d'une famille dont tous les autres membres en possèdent est un fait qui n'est pas rare et qui peut s'expliquer toujours par un avortement.

Il n'en est pas de même dans un certain nombre de familles dont tous les membres sans exception ont la fleur dépourvue de corolle, parce qu'il ne s'y forme qu'un seul verticille au périanthe ou parce qu'il ne s'y produit pas de périanthe du tout. Ici, il ne peut être question d'avortement. Il en est ainsi dans les fleurs apétales des Chénopodiacées, des Urticacées, des Cupulifères, etc., dans les fleurs nues du Saule, des Graminées, etc.

§ 5

Androcée.

Forme des étamines. — L'étamine est, comme on sait, une feuille à pétiole grêle (filet) dont le limbe peu développé (connectif) porte en général sur sa face supérieure et de chaque côté deux sacs polliniques (p. 292, fig. 80). Si toutes les étamines qui le composent ont même forme et même grandeur, ou si, de forme et de dimension différentes, elles alternent régulièrement, l'androcée est symétrique par rapport à l'axe de la fleur; il est *régulier* (Liliacées, Rosacées, Caryophyllées, Crucifères, etc.). Si, au contraire, une ou deux étamines sont plus grandes que les autres, qui vont décroissant régulièrement de chaque côté, l'androcée n'est symétrique que par rapport à un plan, qui est médian; il est *irrégulier* (Labiées, Orchidées, etc.). Examinons maintenant de plus près chacune des parties qui composent une étamine.

Filet. — Le filet est ordinairement cylindrique, souvent très allongé et filiforme, parfois noueux (Sparmannia) ou aplati en lame (Ornithogale, Ibéride, Nymphéa). Par suite d'une croissance superficielle exagérée en un point, il forme quelquefois un éperon vers sa base (Corydalis). Il peut être très court, ou même nul, et l'étamine est dite *sessile* (Magnolia, Anona, etc.).

Connectif. — Le connectif, c'est-à-dire la partie médiane du limbe qui sépare les deux paires de sacs polliniques, est ordinairement fort étroit, de façon que les deux paires de sacs polliniques sont très rapprochées (Renoncule, Butome, fig. 87, etc.); quelquefois il s'élargit beaucoup en écartant les deux paires de sacs (Apocynées, Asclépiadées, etc.). Il peut être très court et les sacs le dépassent en haut et en bas; en se desséchant ils deviennent alors concaves vers l'extérieur et l'anthère prend la forme d'un X (Graminées); si en même temps il s'élargit beaucoup, il forme une sorte de fléau de balance et, avec le filet, figure un T (Tilleul, Mercuriale, Sauge, Centradénia, etc.). Ailleurs, au contraire, il

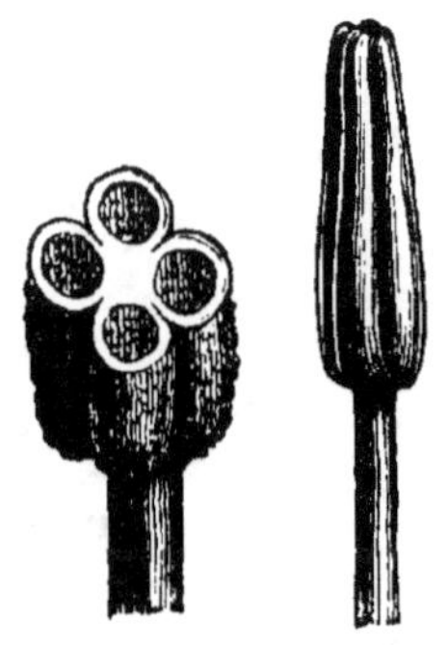

s'allonge fortement au delà des sacs polliniques, en forme de pointe (Asarum) ou de filament grêle revêtu de poils (Laurier-rose). Si au point d'insertion du limbe, le filet conserve sa largueur ou même se dilate, le connectif est continu avec lui : l'anthère est dite *basifixe;* mais s'il s'amincit brusquement en pointe, l'anthère, attachée seulement par un point, tourne facilement et oscille autour de ce pivot : elle est dite *oscillante.* Le point où l'anthère s'articule ainsi sur le filet peut d'ailleurs être situé à la base du connectif (Lopézia), en son mi-

Fig. 87.

lieu (Lis) ou vers son sommet; dans ce dernier cas, l'anthère est *pendante* (Arbousier, Pyrole, etc.).

Sacs polliniques. — Les sacs polliniques sont généralement attachés au limbe qui les porte par toute leur longueur et les deux paires sont alors parallèles. Si le connectif est très court, ils ne s'y attachent que par leur milieu et plus tard les deux paires divergent à la fois en haut et en bas, en forme d'X (Graminées); mais ils peuvent aussi n'être fixés que par leur base en divergeant vers le haut, ou par leur sommet en divergeant vers le bas; dans ce dernier cas, les deux paires s'écartent parfois au point de venir se placer dans le prolongement l'une de l'autre (beaucoup de Labiées). Dans la Courge et d'autres Cucurbitacées, les sacs polliniques s'allongent beaucoup et décrivent à la surface du connectif une courbe sinueuse. Dans les Angiospermes, les sacs polliniques sont situés le plus souvent à la face supérieure du limbe; dans les Gymnospermes, ils appartiennent toujours à sa face inférieure.

Habituellement de quatre, le nombre des sacs polliniques est quelquefois plus petit ou plus grand: deux (Pin, Sapin, Épacridées, Polygalées, etc.), trois (Genévrier, Cyprès, etc.), six (Pachystémon), huit (Cannellier et d'autres Lauracées, Acacia, etc.); sur le large connectif du Gui et des Cycadées, ils sont en nombre considérable et indéterminé, attachés à la face supérieure du limbe dans la première plante, à la face inférieure dans les autres.

Déhiscence des sacs polliniques. — Quand ils sont isolés, comme dans le Gui et les Gymnospermes, les sacs polliniques s'ouvrent chacun séparément par une déchirure de la paroi externe. Quand ils sont rapprochés par paires, comme dans la plupart des Angiospermes, une seule déchirure intéresse et ouvre à la fois les deux sacs voisins. Cette déchirure se fait ordinairement le long du sillon qui les sépare et par la fente ils se trouvent ouverts tous les deux du même coup ; la déhiscence de l'anthère est *longitudinale*. Ailleurs, c'est une fente transversale qui les ouvre tous deux par le milieu (Épacridées, Pyxidanthéra, fig. 88) ; la déhiscence est *transversale*. Ailleurs encore, il se fait au sommet (Morelle, Éricacées, Arum, etc.) ou à la base (Mélastomacées), un petit trou rond, un pore, qui intéresse à la fois les extrémités des deux sacs (Morelle, Myrtille, fig. 89) ou même des quatre sacs de l'anthère (Mélastomacées), et les ouvre en même temps : la déhiscence est *poricide*. Enfin, il se fait quelquefois une fente transversale à la base, qui remonte ensuite de chaque côté jusque vers le sommet en découpant une sorte de valve ou de clapet ; en se soulevant plus tard autour de sa charnière supérieure, ce clapet ouvre largement les

Fig. 88. Fig. 89

deux sacs à la fois (Épine-vinette et autres Berbéridées, Laurier et autres Lauracées).

Quand la déhiscence est longitudinale, la fente est ordinairement tournée en dedans et c'est vers l'intérieur de la fleur que le pollen est projeté : l'anthère est dite *introrse*. Mais il arrive aussi que le connectif, s'accroissant davantage sur sa face supérieure, se reploie de manière à rejeter en dehors les deux paires de sacs polliniques et par suite les deux sillons où se font les fentes, de manière que le pollen est émis vers l'extérieur de la fleur : l'anthère est dite *extrorse* (Iridées, Calycanthées, etc.). Ailleurs enfin, les deux fentes s'ouvrent sur les bords mêmes de l'anthère et le pollen est projeté latéralement à droite et à gauche : la déhiscence est *latérale* (Renonculacées, etc.).

Pollen. — Au moment où ils s'échappent, comme il vient d'être dit, du sac pollinique où ils ont pris naissance, les grains de pollen sont souvent recouverts d'un liquide visqueux ; lorsqu'ils sont alors expulsés par un pore terminal (Arum, Richardia, etc.), ce liquide les tient unis en longs filaments, qui se pelotonnent sur eux-mêmes au sortir de cette espèce de filière. Ailleurs le pollen forme une poussière complètement sèche (Urticacées, Graminées, etc.).

Le grain de pollen est une cellule, avec sa membrane, son protoplasme et son noyau ; on reviendra plus loin sur sa structure.

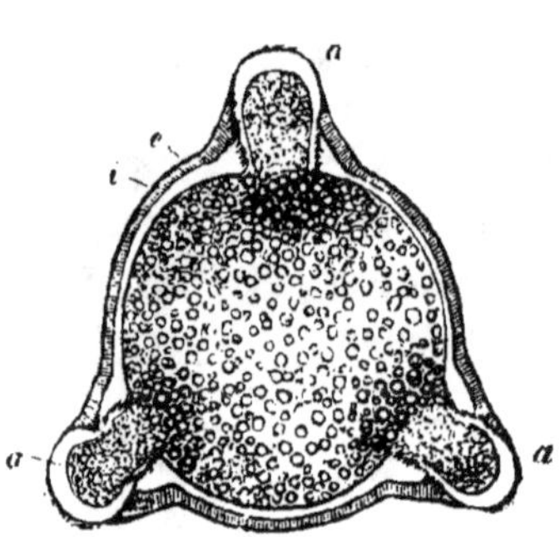

Fig. 90. Pollen d'Épilobe, en coupe :
a, pores saillants ; *i*, intine ;
e, exine.

Sa forme est le plus souvent sphérique ou ovoïde, parfois tubuleuse (Zostère), triangulaire (Œnothéracées, fig. 90) ou cubique (Baselle). Sa dimension est très diverse : atteignant à peine 0^{mm},008 dans le Figuier élastique, elle mesure 0^{mm},040 dans la Fumeterre et acquiert jusqu'à 0^{mm},200 dans la Courge, le Cobéa, la Belle-de-nuit, etc. Sa couleur est ordinairement jaune, quelquefois rouge (Lis de Chalcédoine), brune (Pavot), bleuâtre (Épilobe) ou blanche (Richardia, Actéa, etc.). Sa surface est tantôt entièrement lisse et égale, tantôt inégale et marquée de deux sortes d'accidents, qui y dessinent une sorte de sculpture, les uns en relief, les autres en creux.

Les accidents en relief sont des pointes, des tubercules, des crêtes (fig. 91 et 93), parfois anastomosées en réseau et pectinées (fig. 91 et 92) ; ils sont dus à un épaississement local exagéré de la membrane sur sa face externe. Dans le Pin, le Sapin, le Cèdre, etc., le grain porte de chaque côté une ampoule pleine d'air, creusée dans l'épaisseur même de sa membrane ; ces deux flotteurs l'allègent et facilitent son transport dans l'atmosphère.

Les accidents en creux sont des places incolores où la membrane s'est moins épaissie que partout ailleurs ; arrondies, ce sont des *pores* (fig. 90 et 92) ; allongées en forme de demi-méridiens, ce sont des *plis* (fig. 91 et 93). Il y a tantôt un seul pore (Graminées, Cypéracées), tantôt deux (Colchique), trois (Œnothéracées, fig. 90, Protéacées, Urticacées), quatre (Balsamine) ou un plus grand nombre, soit épars (Malvacées, Convolvulacées, Cucurbitacées, Cobéa, etc.), soit localisés à l'équateur du grain (Aulne, Bouleau, Orme, etc.). La plupart des Monocotylédones n'ont qu'un seul pli (fig. 91); quelques-unes en ont deux (Dioscoréacées); beaucoup de Dicotylédones en ont trois (fig. 93), d'autres six (diverses Labiées et Passiflorées), huit (Bourrache) ou un plus grand nombre (beaucoup de Rubiacées). Le grain peut présenter à la fois des

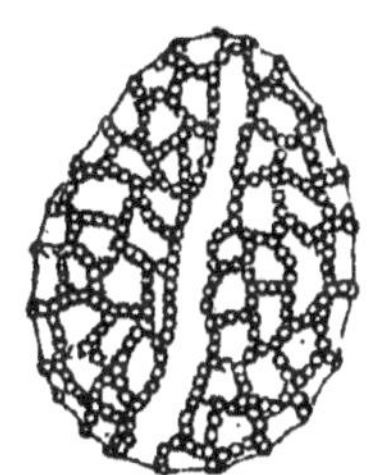

Fig. 91.
Pollen de Funkia,
avec réseau d'épais-
sissement et un pli.

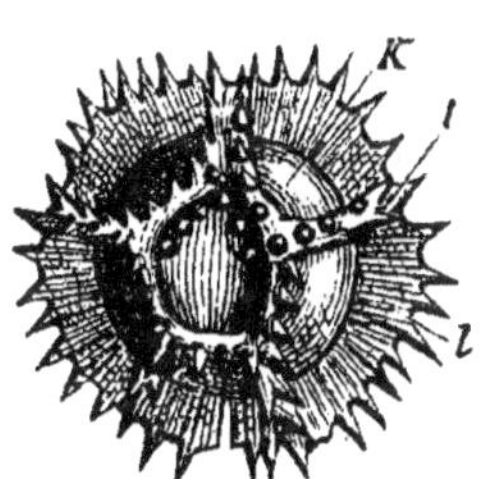

Fig. 92.
Pollen de Chicorée,
avec un réseau de crêtes
épineuses *l*.

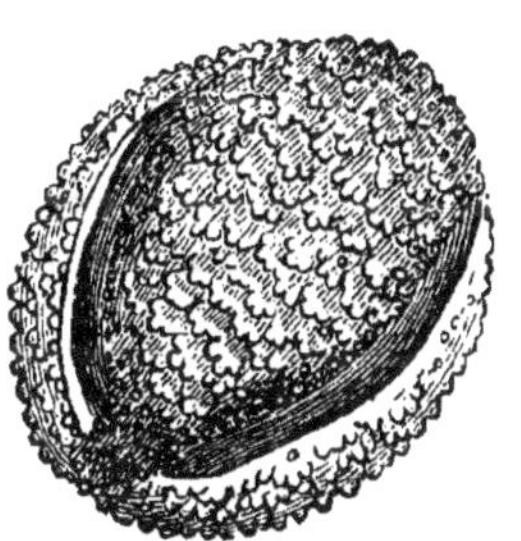

Fig. 93.
Pollen de Plombago,
avec trois plis.

pores et des plis, soit en nombre égal (beaucoup de Dicotylédones), soit en nombre différent, par exemple six plis avec trois
pores (Mélastomacées, Lythracées).
Parfois aussi, il n'y a ni pores, ni
plis (beaucoup d'Aroïdées et d'Euphorbiacées, Canna, Bananier, Renoncule, Phlox, etc.).

Le rôle des accidents en relief est
de faciliter le transport des grains
par l'air et leur fixation aux corps
solides sur lesquels ils viennent à
tomber. Celui des accidents en creux
est de favoriser d'abord l'absorption
des liquides extérieurs et ensuite le
développement du grain, comme il
sera dit plus loin.

Après leur mise en liberté, les
grains de pollen sont quelquefois et
demeurent soudés ensemble quatre
par quatre, en formant des tétrades

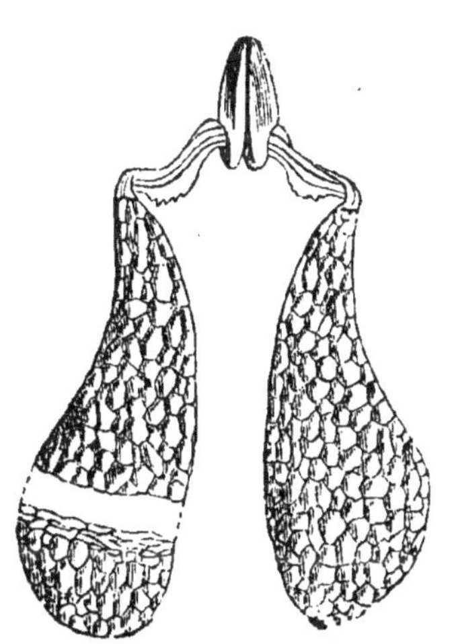

Fig. 94.
Pollinies d'une Asclépiade.

(Bruyère, Rhododendron, Butome, Massette, etc.). Ce sont déjà des
grains composés. Dans certains Acacias et Mimoses, ils sont soudés
par 4, 8, 12, 16, 32 ou 64, suivant l'espèce considérée. Chez

beaucoup d'Orchidées et d'Asclépiadées, la complication est plus grande encore : tous les grains provenant d'un même sac pollinique et même de deux sacs voisins sont soudés en une masse compacte d'aspect cireux, qu'on appelle une *pollinie* (fig. **94**); ils ne peuvent alors se disséminer. Dans la même famille, on peut d'ailleurs, comme chez les Orchidées, rencontrer tous les états, des grains simples (Cypripède), des tétrades (Néottia), des petites masses ou *massules* contenant un grand nombre de grains (Orchis, etc.) et enfin des pollinies (Vanda, Malaxis, etc). La pollinie se réunit souvent par un petit prolongement grêle appelé *caudicule* à un petit corps glanduleux nommé *rétinacle* (fig. **94**).

Croissance des étamines. — L'anthère apparaît d'abord, le filet un peu plus tard en soulevant l'anthère; c'est ensuite par une croissance intercalaire à la base, portant sur le filet, que l'étamine grandit et aquiert sa dimension définitive. Comme le filet est habituellement étroit, les étamines s'allongent d'ordinaire chacune pour son compte et demeurent séparées : l'androcée est *dialystémone*. Mais si les filets s'élargissent et se touchent, il peut y avoir confluence à la base entre leurs zones de croissance et il en résulte la formation d'une pièce commune en forme de tube (fig. **95**), qui soulève les anthères portées sur son bord : l'androcée est *gamostémone*, ce que les botanistes descripteurs expriment souvent en disant que les étamines sont *monadelphes* (Citronnier, Oxalide, fig. **95**, Lysimaque, Passiflore, Cytise, etc.). Quelquefois la concrescence ne porte que sur une partie des étamines; ainsi chez beaucoup de Papilionacées (Haricot, Pois, Trèfle, Robinier, fig. **96**, etc.), l'étamine postérieure demeure libre, pendant que les neuf autres unissent leurs filets en un tube fendu en arrière; les huit étamines des Polygalas s'unissent de même de chaque côté de la fleur en deux groupes de quatre.

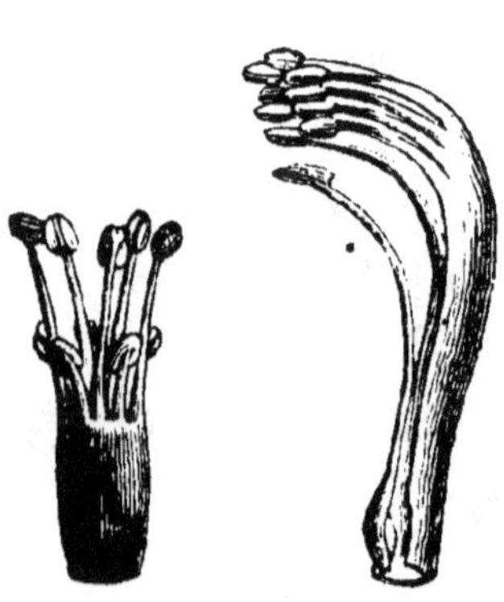

Fig. 95.   Fig. 96.

Il ne faut pas confondre la concrescence dont il vient d'être question avec la simple adhérence que les étamines contractent quelquefois bord à bord dans l'androcée; ces étamines adhérentes peuvent toujours se décoller facilement sans déchirure. L'adhérence a lieu généralement par les parties les plus larges, c'est-à-dire par les anthères; les étamines sont dites alors *synanthérées* (Balsamine, Composées, etc.); toutefois, si l'anthère n'est pas plus large que le filet, l'adhérence se produit en même temps dans toute la longueur de l'étamine (Lobélie, etc.).

Concrescence de l'androcée avec la corolle et avec le calice. — Les jeunes étamines se trouvent ordinairement plus rapprochées des pétales ou des sépales qu'elles ne le sont entre elles; il en résulte que la communauté de croissance basilaire s'établit bien plus fréquemment entre l'androcée et la corolle, ou même entre l'androcée et le calice, qu'entre les étamines dans l'androcée. Ainsi, dans l'Endymion, les six étamines sont concrescentes avec les trois pétales et avec les trois sépales auxquels elles sont superposées, sans que ces sépales et ces pétales soient unis entre eux; mais le plus souvent la concrescence des sépales et des pétales s'ajoute à la précédente, de façon que le calice, la corolle et l'androcée sont unis dans leur région inférieure en une coupe ou en un tube plus ou moins profond, au bord duquel ces trois formations paraissent insérées et au fond duquel se dresse le pistil (fig. 97) (Jacinthe, Muguet, Asperge, Rhamnées, Rosacées, etc.).

Quand les pétales sont concrescents entre eux, la communauté de croissance envahit presque toujours en même temps les bases des étamines voisines et l'androcée est concrescent avec la corolle. En d'autres termes, quand la corolle est gamopétale, les étamines sont unies à la corolle, de manière à paraître insérées sur elle. Cette règle ne souffre qu'un

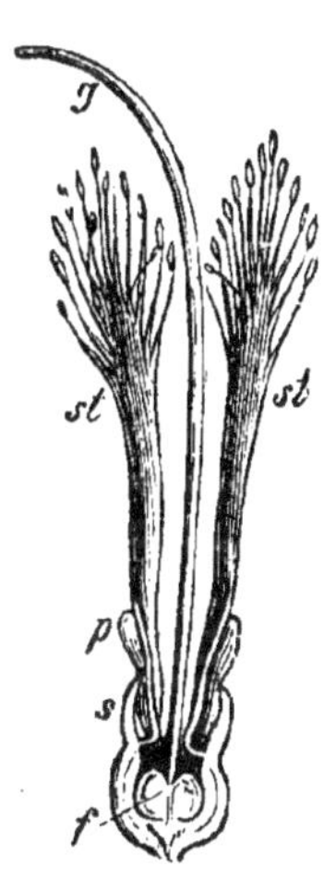

Fig. 97.

Fleur de Calothamnus, coupée en long. Les sépales *s*, les pétales *p* et les étamines ramifiées *st* sont concrescentes en un tube autour du pistil *fg*.

petit nombre d'exceptions (Éricacées, Campanulacées, etc.). Si le périanthe est simple, c'est avec le calice seul que les étamines peuvent s'unir et qu'elles s'unissent en effet quelquefois, soit qu'elles alternent avec les sépales (Thyméléacées, Éléagnées) ou qu'elles leur soient superposées (Protéacées).

Ramification des étamines. — L'étamine se ramifie souvent, et cela de deux manières différentes. Tantôt les branches émanées du filet sont stériles, c'est-à-dire ne portent pas de sacs polliniques : l'étamine est *appendiculée*. Tantôt chaque branche, se comportant comme le filet lui-même, se termine par un petit limbe portant tout autant de sacs polliniques que l'anthère principale : l'étamine est *composée*.

Dans le premier cas, les appendices peuvent se former latéralement dans le plan du filet, un de chaque côté, à la base en forme de stipules (Ornithogale, Ail), vers le milieu (Mélia, Alternanthéra, etc.), vers le sommet sous l'anthère (Mahonia); ou bien d'un côté seulement, à la base (Romarin), au milieu (Crambé), vers le sommet (Brunelle); ils peuvent se former aussi dans le plan perpendiculaire, sur la face dorsale (Bourrache, Asclépiadées, deux étamines postérieures de la Violette) ou sur la face ventrale en forme de ligule (Simaruba, Alyssum).

Dans le second cas, la ramification qui produit l'étamine composée est quelquefois latérale, comme dans une feuille composée pennée (Calothamnus, fig. 97, etc.); ailleurs elle s'opère soit en dichotomie (Ricin, etc.), soit en une ombelle longuement pétiolée (Mélaleuca, etc.) ou sessile (Millepertuis, etc.); dans les Malvacées, les filets principaux des cinq étamines rameuses sont concrescents en tube. Dans ces divers cas, chaque étamine porte en réalité un nombre considérable et indéterminé de sacs polliniques, comme dans le Gui ou les Cycadées; seulement, tous ces sacs sont groupés quatre par quatre (Ricin, Myrte, Tilleul, etc.), ou deux par deux (Mauve, Ketmie, etc.), sur chaque foliole de la feuille composée. Quelquefois la ramification est plus restreinte et s'arrête soit à la formation d'un nombre déterminé de branches latérales, deux par exemple (Fumariées), soit à une seule dichotomie (étamines antéro-postérieures des Crucifères).

Épanouissement des étamines. — Après l'épanouissement successif du calice et de la corolle, les étamines sont mises à découvert. Alors, si elles s'étaient allongées davantage sur la face externe, de manière à se reployer vers l'intérieur dans le bouton, elles s'accroissent davantage sur la face interne et se déploient en se rejetant en dehors. C'est une nutation d'épanouissement, d'autant plus marquée que le filet est plus long. Quelquefois les étamines, ployées dans le bouton, se redressent brusquement et s'épanouissent avec élasticité en projetant leur pollen tout autour (Ortie, Pariétaire).

Avortement et absence des étamines. — Il arrive quelquefois que certaines étamines ne forment pas d'anthère et conservent leurs filets (Érodium) ou les développent en autant d'écailles, quelquefois petites et sans couleur, quelquefois grandes, pétaloïdes et venant s'ajouter à la corolle pour accroître l'éclat de la fleur. On donne le nom de *staminodes* à ces étamines stériles. Tantôt cette modification ne porte que sur une seule étamine, les autres demeurant fertiles (Bananier, Lopézia, etc.); tantôt, au contraire, elle frappe toutes les étamines, moins une seule qui demeure fertile, tout entière (Zingibérées) ou seulement à moitié (Canna); tantôt enfin elle frappe un verticille tout entier, le plus interne (Ancolie, Pivoine, etc) ou le plus externe (Sparmannia, Ficoïde), en respectant les autres. Les choses peuvent aller plus loin ; un certain nombre d'étamines peuvent avorter complètement, ne laissant qu'une place vide pour témoigner de leur existence dans le plan idéal de la fleur. Sur cinq étamines, par exemple, il peut en avorter une (Labiées, Scrofularinées) ou trois (Sauge, Romarin, Véronique); dans la Sauge, les deux étamines qui restent ne développent même que la moitié de leur anthère : l'autre moitié se dilate en une expansion stérile. Enfin, l'androcée avorte quelquefois tout entier dans la fleur, en y laissant pourtant des traces reconnaissables de son existence; la fleur devient alors femelle par avortement (Cucurbitacées, etc.).

Dans d'autres fleurs femelles, au contraire (Conifères, Cupulifères, etc.), l'androcée n'apparaît réellement pas et rien n'autorise à y admettre l'hypothèse d'un avortement. Il est absent et la fleur est femelle par essence.

Structure de l'étamine. — Le filet de l'étamine est constitué par un faisceau libéroligneux, enveloppé d'une couche plus ou moins épaisse de parenchyme homogène, elle-même revêtue d'un épiderme muni de stomates. L'anthère est aussi traversée ordinairement dans toute sa longueur, suivant la ligne médiane du connectif, par un faisceau libéroligneux, prolongement de celui du filet ; elle est revêtue aussi d'un épiderme pourvu de stomates ; mais son parenchyme, situé entre le faisceau et l'épiderme, est le siège de phénomènes particuliers dans lesquels se concentre tout l'intérêt de son étude anatomique. Pour comprendre la structure de ce parenchyme dans l'anthère adulte, il est nécessaire d'avoir suivi pas à pas, dans l'anthère jeune, la marche des cloisonnements cellulaires et des différenciations qui s'accomplissent au sein de chacune des émergences du limbe destinées à devenir les sacs polliniques. Ces cloisonnements et ces différenciations produisent : 1° à l'intérieur, d'abord les cellules mères du pollen, puis les grains de pollen, enfin les cellules filles de ces grains ; 2° à l'extérieur, la paroi des sacs polliniques mûrs. Examinons successivement ces divers points.

Formation des cellules mères du pollen. — Considérons d'abord le cas plus général, celui où le connectif produit quatre sacs polliniques.

Le parenchyme de la jeune anthère est homogène au début ; mais bientôt, le long de quatre lignes longitudinales situées deux par deux près de chaque bord, les cellules de la rangée sous-épidermique grandissent, se différencient et se dédoublent par une cloison tangentielle, tandis que dans les places intermédiaires elles gardent leur dimension , leur forme et leur simplicité premières. Ce sont les cellules du rang interne qui produisent les cellules mères du pollen. A cet effet, tout en épaississant leur membrane et se remplissant d'un protoplasme plus réfringent qui les fait aisément reconnaître , elles commencent toujours par se cloisonner. Quelquefois le cloisonnement ne s'opère que dans les directions horizontale et radiale, de sorte que toutes les cellules mères du pollen sont et demeurent, en définitive, disposées en une seule assise en forme d'arc (fig. 98, A et B) (Datura, Menthe, Chrysanthème, Mauve, etc.). Mais ailleurs la division s'accomplit suivant les trois directions rectangulaires,

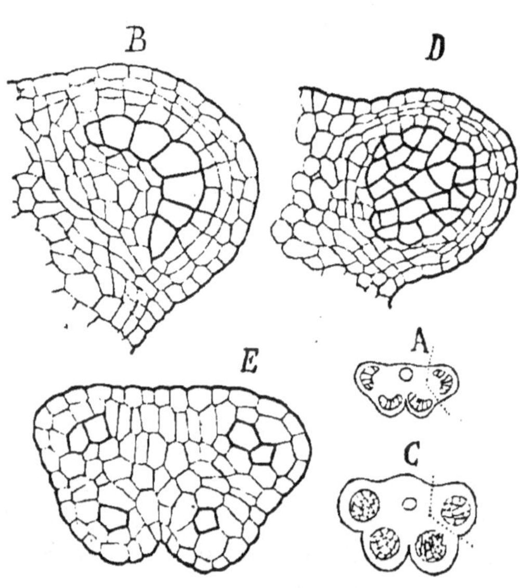

Fig. 98. Sections transversales de l'anthère jeune :
A, de la Menthe ; B, un quart grossi ; C, de la Consoude ;
D, un quart grossi ; E, de la Chrysanthème.

de manière que les cellules mères du pollen forment un massif cylindrique plus ou moins épais (fig. 98, *C* et *D*), terminé en fuseau aux deux bouts parce que le cloisonnement y est moins actif (Consoude, Scrofulaire, Campanule, etc.).

En même temps, les cellules du rang externe se divisent à plusieurs reprises par des cloisons tangentielles centrifuges, de manière à donner au moins trois assises de cellules superposées, qui se segmentent à leur tour par des cloisons horizontales et radiales. La plus interne des assises ainsi formées, immédiatement en contact avec les cellules mères du pollen, prend des caractères tout particuliers (fig. 99, *n*); ses cellules se partagent plus fréquemment que les autres par des cloisons horizontales et radiales, de façon à devenir sensiblement cubiques; puis elles grandissent en s'allongeant surtout suivant le rayon; enfin leur protoplasme s'épaissit et prend d'ordinaire une couleur jaunâtre. Ces mêmes transformations s'opèrent sur toute la rangée de cellules appartenant au parenchyme du connectif qui borde latéralement et en dedans le groupe des cellules mères du pollen. Ce groupe est donc finalement enveloppé par une gaine complète de ces grandes cellules jaunes (fig. 99, *n*), gaine qui est destinée à disparaître un peu plus tard, comme on le verra tout à l'heure. L'assise moyenne (ou les assises moyennes, si le cloisonnement a été abondant) est d'abord comprimée et aplatie par l'accroissement radial de l'assise interne; plus tard, elle se détruit comme elle, mais sans prendre d'abord aucun caractère particulier. Enfin l'assise la plus externe (ou les assises les plus externes, s'il y en a plus de trois), en contact immédiat avec l'épiderme, est persistante; un peu plus tard ses cellules prennent des grains d'amidon, puis épaississent localement leur membrane

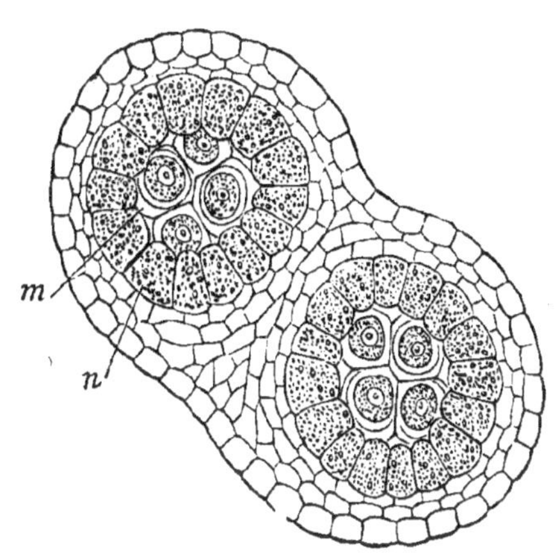

Fig. 99. Section transversale d'une anthère d'Althéa, à deux sacs polliniques : *n*, assise nourricière; les cellules mères *m*, disposées en une seule file, ont déjà formé leurs grains de pollen.

en forme de bandes diversement disposées: on y reviendra plus loin. Quant à l'épiderme, pour suivre le développement de la protubérance issue des divers cloisonnements dont on vient de parler, il divise aussi ses cellules, mais seulement par des cloisons radiales.

Le plus souvent plusieurs cellules sous-épidermiques, disposées côte à côte, sur la section transversale, en un arc plus ou moins large, sont le siège du cloisonnement qu'on vient d'étudier. Quelquefois cependant elles se réduisent à deux ou à une seule sur la section transversale (fig. 98, *E*); dans ce dernier cas, les cellules mères du pollen ne forment aussi qu'une file longitudinale (Malvacées (fig. 99, *m*), Composées, etc.).

Quand l'anthère a moins ou plus de quatre sacs polliniques, les cellules mères du pollen prennent naissance de la même manière, en autant de groupes séparés qu'il y a de futurs sacs, en deux groupes, par exemple (Malvacées (fig. 99), etc.), en huit (Zannichellie, Calanthe, divers Acacias, etc.), en un grand nombre (Gui, Cycadées). Chaque groupe peut se réduire à une seule cellule mère (divers Acacias et Mimoses).

Chez certaines Orchidées (Orchis, Ophrys, etc.), les cellules mères primordiales conservent leur autonomie et épaississent leur membrane pendant leur cloisonnement ultérieur; il en résulte que chaque massif de cellules mères définitives se trouve subdivisé en autant de petits groupes distincts.

Formation des grains de pollen dans les cellules mères. — La membrane des cellules mères du pollen ne tarde pas à s'épaissir, en présentant des couches concentriques. Chez beaucoup de Monocotylédones, la lamelle moyenne se dissout ensuite et les cellules s'isolent en s'arrondissant; ailleurs, notamment chez un grand nombre de Dicotylédones, elle persiste et les cellules demeurent intimement unies et polyédriques. Dans tous les cas, le noyau de chaque cellule mère se divise bientôt en quatre par deux bipartitions successives perpendiculaires l'une à l'autre ; puis il se fait dans le protoplasme deux cloisons rectangulaires, qui s'établissent tantôt successivement après chaque bipartition du noyau (la plupart des Monocotylédones), tantôt simultanément après la formation des quatre nouveaux noyaux (la plupart des Dicotylédones, Asphodèle, Orchidées, etc.).

La cellule mère se trouve ainsi divisée en quatre cellules filles, disposées quelquefois dans le même plan (fig. 99, *m*), le plus souvent en tétraèdre. Celles-ci ne tardent pas à épaissir leur membrane, tant sur les cloisons qui les séparent que sur leur paroi externe. La dernière et la plus interne des couches d'épaississement diffère des autres par sa nature chimique et leur adhère moins fortement que celles-ci ne font entre elles ; elle est formée de cellulose pure, tandis que celles-ci commencent en ce moment à se gélifier. Cette gélification se poursuit rapidement jusqu'à dissolution complète, ce qui met en liberté, dans un liquide gélatineux et granuleux, les quatre cellules filles avec leur protoplasme, leur noyau et leur mince membrane : ce sont les jeunes grains de pollen.

C'est peu de temps après, que se détruit la gaine des grandes cellules jaunes (*n*, fig. 99), qui enveloppait le groupe des cellules mères ; leurs membranes se dissolvent, leurs noyaux préalablement fragmentés s'éparpillent, leurs protoplasmes se confondent et la masse granuleuse qui résulte de tout cela se répand entre les jeunes grains. En même temps disparaît aussi la rangée moyenne (ou les rangées moyennes) de la couche pariétale. Le liquide épais et très nutritif qui provient de toutes ces destructions, joint à celui qui procède déjà de la dissolution des lames moyennes des membranes des cellules mères et des cellules filles, remplit la cavité de ce qui est vraiment désormais un *sac* pollinique ; c'est aux dépens de ce liquide, où ils nagent, que les grains de pollen vont grandir et se transformer de manière à prendre leur forme et leur structure définitives. L'assise des cellules jaunes, qui a principalement contribué à former ce liquide, a donc pour rôle essentiel de nourrir le pollen pendant sa jeunesse.

D'abord mince, la membrane du grain ne tarde pas à s'épaissir par une apposition qui s'opère à la fois sur la face externe aux dépens du liquide nutritif ambiant et sur la face interne aux dépens du protoplasme. Quelquefois l'épaississement est faible, la membrane demeure mince et sans différenciation (Naïade, Orchis, etc.). Mais le plus souvent l'épaississement est considérable et la membrane épaissie se différencie en deux couches plus ou moins faciles à séparer : la couche externe se cutinise et se colore : c'est l'*exine* (fig. 90, *e*) ; la couche interne demeure cellulosique et incolore : c'est l'*intine* (fig. 90, *i*). Ordinairement la différenciation n'a pas lieu à l'endroit des pores ou des plis, le long desquels la membrane s'épaissit moins vers l'extérieur et demeure tout entière à l'état de cellulose pure. Quelquefois cependant l'exine se cutinise et se colore aussi à l'endroit des pores, soit complètement (Arum), soit à l'exception d'un anneau circulaire, le long duquel elle se dissout (Courge, etc.); dans ce dernier cas, le pore est surmonté d'un couvercle, qui sera plus tard soulevé par l'intine. Dans le Pin, le Sapin, etc., l'exine se sépare de l'intine en deux points et se soulève pour former les deux ballonnets déjà signalés page 312. Dans d'autres Conifères (If, etc.), la membrane épaissie du grain se différencie en trois couches : une exine cutinisée, une intine cellulosique, et une couche moyenne qui dans l'eau se gonfle et se gélifie en déchirant l'exine et mettant l'intine à nu. En face des pores, l'intine s'épaissit quelquefois beaucoup vers l'intérieur en formant comme autant de bouchons de cellulose, qui sont utilisés dans le développement ultérieur (Malvacées, Œnothéracées, etc.). Quant aux proéminences externes du grain : épines, crêtes, etc. (voir p. 313, fig. 91, 92 et 93), elles doivent leur formation à l'épaississement local de la membrane sur sa face externe, par une apposition dont le liquide nutritif extérieur, avec les granules qu'il tient en suspension, fournit tous les éléments ; elles se cutinisent ensuite et se colorent, comme l'exine à laquelle elles appartiennent.

En même temps que la membrane s'accroît comme il vient d'être dit, le protoplasme se charge de diverses matières de réserve, les unes azotées, les autres ternaires comme l'huile, l'amidon, le saccharose, etc., destinées à alimenter la croissance ultérieure du grain.

Les membranes des cellules mères et les cloisons des cellules filles ne se dissolvent pas toujours complètement; dans la mesure où elles persistent, les grains de pollen sont *composés* (voir p. 313). Si toutes les cellules mères dissolvent leurs lames moyennes, mais en laissant autour de leurs cellules filles, dont les cloisons persistent tout entières, une mince couche qui se cutinise, le pollen forme des tétrades. Si les cellules mères primordiales seules épaississent leurs membranes et en dissolvent la lame moyenne, en gardant autour de chaque groupe de cellules mères définitives une mince couche cutinisée, le pollen forme des massules (Orchis, Ophrys, etc.). Enfin, si aucune dissolution n'a lieu, tous les grains d'un même sac demeurent emprisonnés dans une pollinie qui en compte un nombre tantôt petit et déterminé (certaines Mimosées), tantôt considérable et indéterminé (certaines Orchidées et la plupart des Asclépiadées).

Formation des cellules filles à l'intérieur des grains de pollen. — Une fois que le grain de pollen a acquis sa grandeur, sa forme et sa structure définitives, le noyau s'y divise en deux moitiés inégales; puis, entre les deux nouveaux noyaux, il se fait à travers le protoplasme une mince cloison en forme de verre de montre, qui partage le grain en deux cellules filles inégales (fig. 100, I). Dans les Gymnosper-

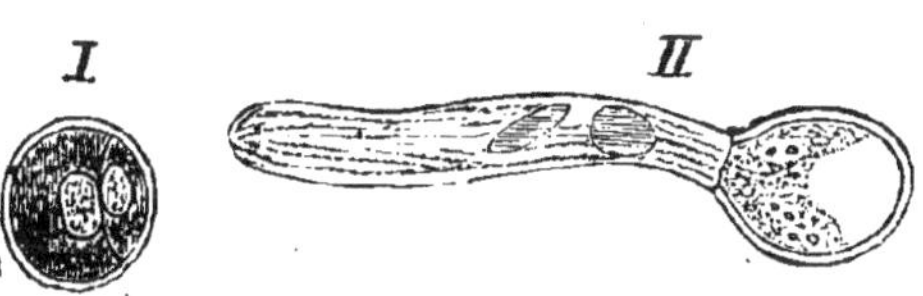

Fig. 100. I, grain de pollen de Monotropa, avec ses deux noyaux et sa cloison; II, le même, émettant son tube pollinique aux dépens de la grande cellule et y faisant passer ses deux noyaux.

mes, cette cloison s'affermit, passe à l'état de cellulose et persiste, maintenant la petite cellule à sa place; celle-ci prend même quelquefois une ou deux cloisons nouvelles (fig. 101). Dans les Angiospermes, au contraire, elle demeure azotée et plus tard se dissout; les deux protoplasmes se réunissent de nouveau et les deux noyaux demeurent les seuls témoins de la bipartition de la cellule (fig. 100, II). Toujours est-il que, dans tous les cas, la

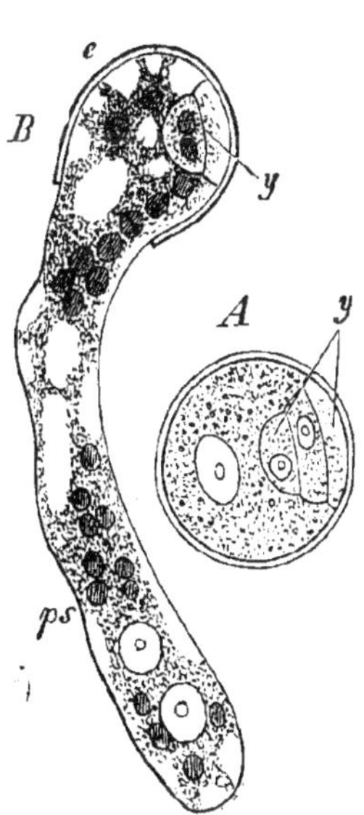

Fig. 101. A, Grain de pollen cloisonné de Cératozamia la petite cellule y a pris deux cloisons. B, le même, émettant son tube pollinique ps aux dépens de sa grande cellule; la petite cellule y n'a pris qu'une cloison.

cellule mère du pollen engendre en définitive huit cellules filles par trois bipartitions successives. Cette remarque sera utilisée plus tard.

Structure et déhiscence de la paroi de l'anthère. — On a vu que, dans le jeune âge, la paroi externe du sac pollinique comprend, sous l'épiderme, au moins trois assises de cellules. L'interne, nourricière, se détruit pour alimenter la croissance des grains de pollen; aussi sa couleur, habituellement jaune, est-elle toujours en rapport avec la couleur du pollen qu'elle nourrit. La moyenne, écrasée d'abord par le développement de la précédente, se détruit ensuite comme elle. L'externe, au contraire, à mesure qu'elle consomme l'amidon qu'elle avait emmagasiné à cet effet, épaissit localement ses membranes, en forme de bandes diversement disposées, qui se lignifient fortement (fig. 102). Souvent ces bandes, portées par les faces radiales, ne s'étendent pas sur la face externe, ou sur la face interne, qui demeure entièrement mince; elles se réunissent au contraire sur la face opposée, soit deux par deux en forme d'U (Lychnis, Grand-Soleil et beaucoup d'autres Composées, etc.), soit toutes ensemble en manière d'étoile ou de griffe (Mauve, Géranium, Poirier, etc.); ailleurs elles forment des anneaux complets (Datura, Orchis, etc.) ou une spirale continue (Ail, Bourrache, Œnothéracées, etc.). C'est cette assise à bandes

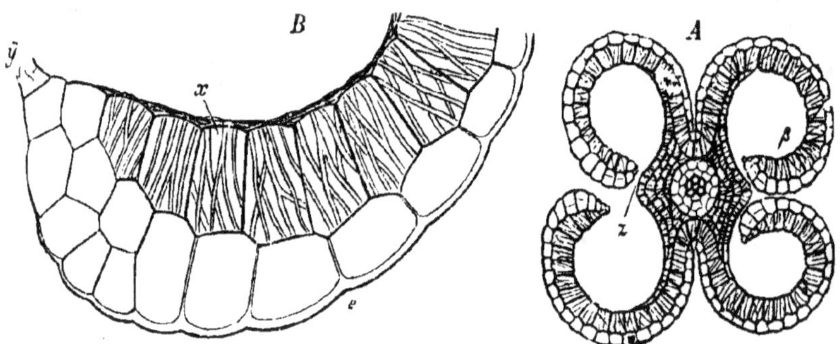

Fig. 102. *A*, section transversale d'une anthère de Butome, mûre, vide, à valves reployées en dedans ; *z*, cloison détruite. *B*, portion grossie de la paroi correspondant à β dans *A* ; *e*, épiderme ; *x*, cellules à bandes ; *y*, ligne de déhiscence.

lignifiées qui, avec l'épiderme dont les cellules se relèvent souvent en papilles, constitue seule la paroi du sac pollinique mûr (fig. 102, *B*). Quand il se forme, entre l'épiderme et les cellules mères du pollen, plus de trois assises, l'interne demeure simple, mais il y a plusieurs assises moyennes transitoires et plusieurs assises externes à bandes lignifiées : deux (Passiflore, Jusquiame, Capucine, etc.), trois ou quatre (Courge, Dictamne, etc.), cinq à dix (Iris, Agavé, etc.).

Dans les anthères ordinaires à quatre sacs polliniques, la cloison qui sépare les deux sacs de chaque côté du connectif, cloison renflée des deux côtés quand les cellules mères sont disposées en une seule assise courbe (Labiées, Scrofularinées, etc.), se trouve détruite par la résorption simultanée de l'assise interne et de l'assise moyenne de la paroi (fig. 102, *A*, *z*). Cette destruction, parfois complète (Luzule, Carex, Érythrée, etc.), laisse le plus souvent subsister la partie postérieure et épaissie de la cloison, qui forme une bande saillante (fig. 102, *A*). Désormais les deux sacs de chaque côté communiquent en une loge unique ; à la maturité, ces anthères n'ont donc que deux loges ; aussi, dans le langage descriptif, les dit-on *biloculaires*. En même temps toutes les cellules à parois très molles, situées vis-à-vis de la cloison, y compris les cellules épidermiques, se détruisent ou se décollent, et il en résulte, au fond du sillon qui sépare les deux sacs, une fente étroite, par où la loge unique se trouve ouverte (fig. 102, *B*, *y*) : c'est la déhiscence longitudinale (p. 311).

Pour permettre aux grains de pollen de s'échapper dans l'air, il faut ensuite que cette fente s'élargisse, ce qui a lieu sous l'influence de la dessiccation, grâce aux propriétés spéciales de l'assise à bandes lignifiées. En effet, dès que la corolle s'épanouit et que l'air accède aux étamines, la paroi de l'anthère se dessèche ; par suite, les membranes de l'assise à bandes se rétractent fortement dans les endroits restés minces et cellulosiques, faiblement dans les places épaissies et lignifiées. Alors de deux choses l'une. Ou bien les places épaissies et lignifiées dominent sur la face interne des cellules, tandis que la face externe en a moins ou en est dépourvue ; c'est ce qui a lieu, par exemple, dans l'épaississement en U ou en griffe, lorsque l'U ou la griffe s'ouvrent en dehors (Lychnis, Mauve, Ancolie, Gesse, etc.) ; alors la paroi se rétracte davantage sur la face externe que sur la face interne, et par suite, les deux valves qui limitent la fente se recourbent en dehors en ouvrant largement la loge. Ou bien les places épaissies et lignifiées dominent sur la face externe des cellules, tandis que la face interne en a moins ou en est dépourvue ; c'est ce qui a lieu, par exemple, dans l'épaississement en U ou en griffe, si l'U ou la griffe s'ouvrent en dedans (Sainfoin, Butome, etc.) ; alors la paroi se rétracte davantage sur la face interne que sur la face externe, et par suite, les deux valves se recourbent en dedans (fig. 102, *A*) ; la fente se trouve encore élargie, mais moins fortement que dans le premier cas. Ainsi mis à nu, et même entraînés sur la face interne des valves quand elles se déploient vers l'extérieur, les grains de pollen ne tardent pas à être emportés et disséminés, comme il sera dit plus loin. L'assise à bandes lignifiées joue donc un rôle mécanique important dans la déhiscence longitudinale des sacs polliniques. Le rôle de l'épiderme dans ce phénomène est purement passif ; on peut l'enlever sans gêner la déhiscence (Tabac, Digitale, etc.) ; dans bien des cas, il disparaît spontanément avant la déhiscence et les valves, réduites à l'assise à bandes, ne se recourbent pas moins (Vigne, Aristoloche, Pin, Genévrier, etc.).

Quelquefois les cellules à bandes dépassent les valves et envahissent soit la cloison (Œnothéracées, Dipsacées, etc.), soit le connectif (Souci, Capucine, Saxifrage, etc.), parfois même dans toute son épaisseur (fig. 102, *A*) (Lis, Iris, Butome, Lin, Chèvrefeuille, etc.) ; leur rôle est le même, mais elles le remplissent avec une plus grande énergie. Ailleurs, au contraire, elles n'occupent qu'une partie de la surface des valves, soit le bord voisin de la ligne de déhiscence (Mélampyre, Rhinanthe, divers Orobanches, etc.), soit le bord voisin de l'attache au connectif (Chlora, etc.), soit divers points çà et là disséminés (Ophrys, divers Orchis, etc.) ; eur rôle est encore le même, mais leur action est beaucoup affaiblie. Quand elles manquent tout à fait (Tomate, Cycas, Calla, divers Orchis, etc.), les bords des valves ne se recourbent pas, mais restent rapprochées sur la ligne de déhiscence.

Quelquefois l'assise interne et l'assise moyenne de la paroi ne se détruisent pas ; alors l'assise sous-épidermique ne prend pas non plus de bandes d'épaississement. Les cloisons ne se résorbant pas non plus, les sacs polliniques demeurent séparés et la déhiscence ne peut être longitudinale ; elle s'opère par la destruction de quelques cellules au sommet des sacs (Éricacées, Pyrole, etc.), ou à leur base (Mélastomacées) : elle est poricide. Il se fait parfois autour du pore quelques cellules à bandes, qui en se rétractant plus en dehors qu'en dedans élargissent l'ouverture (Morelle, Maïs, etc.). Il faut remarquer pourtant que la déhiscence poricide peut se montrer aussi dans des anthères où il y a destruction des assises internes, confluence des sacs polliniques deux par deux et formation de cellules à bandes ; il suffit pour cela que celles-ci forment une assise non interrompue en face de la cloison (Richardia, Alocase, Dianelle, etc.).

Développement du grain de pollen. Tube polllinique. — Une fois mis en liberté, comme il vient d'être dit, avec son appareil protecteur et sa provision de réserves, le grain de pollen est capable de développement. Dès qu'il rencontre dans le milieu extérieur les conditions favorables, il sort de l'état de vie latente, son protoplasme se gonfle, s'accroît et, poussant devant lui, à l'endroit d'un pore ou d'un pli, la membrane qui l'entoure, il s'allonge en un tube grêle (fig. 100 et 101). Celui-ci croît par le sommet et, sans se cloisonner, ni se ramifier le plus souvent, il atteint promptement plusieurs centaines et même plusieurs milliers de fois la longueur du grain primitif : c'est le *tube pollinique*. Dans les grains composés : tétrades, massules ou pollinies, chaque grain pousse son tube indépendamment de ses voisins, et l'ensemble produit en définitive un faisceau de filaments enchevêtrés.

Les conditions de milieu nécessaires et suffisantes pour que le grain de pollen se développe ainsi en un tube se trouvent remplies normalement sur le stigmate de la fleur, comme on le verra plus loin ; mais il est facile de les réunir artificiellement autour du grain. Puisqu'il possède des réserves, il suffit en général de lui donner de l'air, de l'humidité et de la chaleur, pour qu'il produise un tube pollinique ; si l'on ajoute au liquide diverses substances nutritives, comme du sucre, de la gomme, etc., de manière à composer un milieu de culture, la croissance est plus intense et le tube parvient dans le même temps à une plus grande longueur. Il suffit donc de semer les grains dans une goutte d'eau sucrée ou gommée, pour voir les tubes polliniques se former et pour les suivre dans tout leur développement.

Au sommet du tube, le protoplasme est toujours homogène et plein ; la membrane de cellulose qui le recouvre ne s'y distingue pas par un contour interne ; ce contour ne devient apparent qu'après la contraction du protoplasme par les réactifs. Plus bas, le protoplasme est creusé de cavités contenant du suc cellulaire, et dans cette région il est en mouvement actif. Par la facilité avec laquelle on les obtient, ces cultures de tubes polliniques sont certainement l'un des objets qui se prêtent le mieux à l'étude et à la démonstration du mouvement protoplasmique. Plus loin encore, si le tube est suffisamment âgé, la membrane est vide, remplie seulement d'un liquide hyalin. Le protoplasme voyage donc dans le tube, se retirant peu à peu de la région inférieure, pour se concentrer à l'extrémité. Çà et là, la partie pleine des tubes se sépare de la partie vide par un épaississement de cellulose formant bouchon.

C'est toujours la plus grande des deux cellules filles du grain qui se développe seule en tube pollinique ; la petite demeure inactive (fig. 100 et 101). Mais la suite du développement montre, entre les Gymnospermes et les Angiospermes, une différence qu'il est nécessaire de bien préciser. Chez les Gymnospermes, où la cloison est, comme on sait, cellulosique, le noyau de la grande cellule passe seul dans le tube pollinique et s'y maintient à une petite distance de l'extrémité ; celui de la petite cellule reste en place et se détruit peu à peu. Plus tard, le gros noyau terminal se divise en deux nouveaux noyaux, autour desquels tout le protoplasme du tube se condense en se revêtant d'une mince membrane albuminoïde : de là deux cellules filles (fig. 101, *B*). La plus éloignée du sommet ne se divise plus ; l'autre subit bientôt une nouvelle bipartition, tout au moins dans son noyau, car le protoplasme ne paraît pas se séparer en masses bien distinctes autour des deux nouveaux noyaux (voir plus loin, p. 584, fig. 125). Ceux-ci et le protoplasme commun où ils baignent sont étroitement appliqués contre l'extrémité du tube, au moment où celui-ci achève sa croissance. Finalement, ils disparaissent en se fondant dans le protoplasme terminal, tandis que la cellule indivise persiste plus ou moins longtemps (Genévrier, Épicéa, Pin, etc.).

Chez les Angiospermes, où la cloison est, comme on sait, albuminoïde et éphémère, les noyaux passent tous les deux et successivement dans le tube pollinique, d'abord le plus gros, celui de la grande cellule, qui est le noyau propre du tube, puis le plus petit, celui de la petite cellule (fig. 100, II). Ce dernier disparaît bientôt ; l'autre persiste tout d'abord, en se maintenant au voisinage de l'extrémité du tube. Plus tard, sans se partager, il se fond directement dans le protoplasme terminal.

Entre les Gymnospermes et les Angiospermes, il y a donc cette différence que, chez les premières, le noyau qui se fond dans le protoplasme terminal est de troisième ordre par rapport au noyau de la grande cellule du grain de pollen, tandis que chez les secondes, c'est ce noyau lui-même qui se fond directement et tout entier. Cette différence se réduit à un raccourcissement des phénomènes chez les Angiospermes, par suppression de deux bipartitions successives du noyau.

Dans tous les cas, quand la fusion du noyau a eu lieu et que le tube a fini sa croissance, une portion de la substance homogène et très réfringente qui en occupe l'extrémité passe à travers la membrane ramollie et se rassemble au dehors en une petite masse arrondie ; celle-ci se colore fortement par l'hématoxyline, ce qui prouve, qu'outre une portion du protoplasme du tube, elle renferme aussi au moins en partie la substance du noyau dissous.

Quand il vient à tomber sur le stigmate des Angiospermes ou

sur le nucelle des Gymnospermes, le grain de pollen se comporte précisément comme on vient de le voir dans les cultures artificielles sur porte-objet. On y reviendra plus loin.

§ 6

Pistil.

Forme des carpelles. — Le carpelle est ordinairement, comme on sait (p. 293, fig. 81), une feuille sessile formée de trois parties. Son limbe élargi porte les ovules sur ses bords renflés : c'est l'ovaire. Il prolonge sa côte médiane en un filament, qui est le style, et le style à son tour se termine par une languette ou un renflement couvert de papilles, qui est le stigmate. Quelquefois ouvert (Conifères, Violette, Réséda, Orchis, etc.), il est le plus souvent fermé par le rapprochement et la soudure de ses bords recourbés vers l'intérieur. Cette fermeture a lieu à divers degrés : tantôt seulement dans la partie inférieure de l'ovaire, ordinairement dans toute sa longueur, parfois jusque dans le style et même jusqu'au sommet du style enroulé en cylindre. Quelquefois le carpelle est plus ou moins longuement pétiolé (Baguenaudier, Éranthis, etc.).

Si tous les carpelles du pistil ont même forme et même grandeur (Crassule, Butome, etc.), ou si, étant de forme et de dimension différentes, ils alternent régulièrement (Symphorine, etc.). le pistil est symétrique par rapport à l'axe de la fleur : il est *régulier*. Si au contraire l'un des carpelles se développe plus que les autres, ou se développe seul, les autres avortant, le pistil n'est symétrique que par rapport à un plan qui est généralement médian : il est *irrégulier* (Légumineuses, Berbéridées, Graminées, Conifères, etc.).

Étudions maintenant de plus près chacune des trois parties qui composent le carpelle, savoir : l'ovaire, le style et le stigmate.

Ovaire. — Le bord renflé qui forme le placenta porte parfois une seule rangée d'ovules, qui correspondent à une série de dents ou de lobes de la feuille (Liliacées, Légumineuses, etc.); mais souvent il s'épaissit sur une plus grande largeur et produit des ovules plus nombreux, disposés sur plusieurs rangées ou sans ordre (Orchidées, Cucurbitacées, Solanées, etc.).

Toutes les fois que les ovules sont ainsi attachés au bord extrême ou du moins concentrés près de ce bord, on peut dire que la placentation est *marginale*; c'est le cas ordinaire. Mais parfois ils envahissent une beaucoup plus grande étendue de la face supérieure du carpelle, dont la région médiane seule en demeure dépourvue (Pavot), ou bien ils s'attachent sur toute la face supérieure de la feuille, jusqu'au voisinage de la nervure médiane (Nymphéa, Butome, Akébia, etc.); alors les bords du carpelle ne se renflent pas et la placentation est *diffuse*; on la dit aussi *réticulée*, parce que les ovules, tirant toujours leur origine des nervures du limbe, se disposent en réseau comme ces nervures elles-mêmes. Enfin il arrive que la nervure médiane seule porte les ovules, tout le reste de la feuille en étant dépourvu; la placentation est alors *médiane* (Cactées, Ficoïde, etc.). Dans les Conifères, les ovules sont portés sur la face dorsale des carpelles largement ouverts : à la base (Cyprès, etc.), vers le milieu (Pin, Sapin, etc.). ou près du sommet (Araucaria, Ginkgo, etc.).

Revenons à la placentation marginale. Le bord n'y est pas toujours chargé d'ovules dans toute la longueur de l'ovaire; assez souvent, il n'en porte qu'un petit nombre à sa base, ou à son milieu, ou à son sommet. Les ovules sont nécessairement *dressés* dans le premier cas (Arum, Tamaris, etc.), *renversés* dans le dernier (Acore, Pesse, etc.); dans le second, ils sont, suivant les plantes, *ascendants, horizontaux* ou *pendants*. Le bord du carpelle ne s'épaissit alors qu'au point même où il porte les ovules. Le nombre des ovules du carpelle peut se réduire ainsi à un seul pour chaque bord : le carpelle est *biovulé* (Poirier, Vigne, etc.). Il arrive aussi que l'un des bords ne produit pas d'ovule et que l'autre en porte un seul : le carpelle est *uniovulé* (Capucine, Euphorbe, Ombellifères, Graminées, etc.). Il entre quelquefois dans la composition du pistil des carpelles de deux sortes : il peut se faire que les uns soient pluriovulés, les autres uniovulés (Symphorine); mais le plus souvent les uns sont ovulifères, fertiles, les autres dépourvus d'ovules, stériles. Ainsi, des deux carpelles qui forment le pistil des Composées, l'un est stérile, l'autre ne porte qu'un ovule dressé à la base d'un de ses bords : le pistil tout entier est uniovulé. Avec trois carpelles, dont deux sont stériles, le pistil de la Betterave, de l'Oseille, etc., est également uniovulé; avec cinq carpelles, dont quatre demeurent stériles, le pistil des Plombaginées ne contient aussi qu'un seul ovule.

Quand l'ovaire du carpelle est clos, il arrive parfois qu'il se subdivise, par des cloisons longitudinales ou transversales, en un certain nombre de logettes ; ainsi l'ovaire de l'Astragale, du Datura, du Lin, etc., se divise en deux par une cloison longitudinale qui part de la nervure médiane, se dirige en dedans vers la suture des deux bords placentaires et s'y unit; ainsi encore, l'ovaire des Cathartocarpes (subdivision des Casses) se divise, par un grand nombre de cloisons transversales, en logettes superposées contenant chacune un ovule.

Structure de l'ovaire. — Comme tout limbe de feuille, l'ovaire se compose d'un épiderme pouvant porter sur ses deux faces des stomates et des poils, d'un parenchyme ordinairement homogène pouvant renfermer de la chlorophylle, et de faisceaux libéroligneux diversement ramifiés et anastomosés. Il y a un faisceau médian, et si la placentation est marginale, comme c'est le cas le plus fréquent, chaque bord placentaire est occupé d'ordinaire par un faisceau plus gros que les autres, qui envoie des branches aux ovules. Si l'ovaire est ouvert, tous les faisceaux sont orientés de la même manière, liber en dehors, bois en dedans; mais s'il se ferme, en reployant et rejoignant ses bords vers l'axe de la fleur, ses faisceaux marginaux tournent leur bois en dehors et se trouvent orientés en sens inverse du faisceau médian. Lorsque, après s'être unis, les bords, continuant à se reployer, se séparent de nouveau en se réfléchissant vers l'extérieur, leurs faisceaux tournent peu à peu leur liber en dehors, leur bois en dedans, et reprennent ainsi l'orientation du faisceau médian (voir plus loin, fig. 106, *a*). En un mot, l'orientation des faisceaux libéroligneux de l'ovaire est précisément telle qu'il convient à une feuille plus ou moins reployée.

Le long de chaque bord, la face interne de l'ovaire subit le plus souvent une modification spéciale, qui aboutit à la formation d'une bandelette de *tissu conducteur*, ainsi nommé parce qu'il est, comme on le verra bientôt, la voie qui conduit aux ovules le produit du développement des grains de pollen. Tantôt c'est l'épiderme seul qui se modifie : il prolonge simplement ses cellules en papilles (Mahonia, etc.), ou bien il les divise à plusieurs reprises par des cloisons tangentielles en formant une lame plus ou moins épaisse (Labiées, Borraginées, Composées, etc.). Tantôt plusieurs assises du parenchyme sous-jacent, provenant soit directement de la différenciation d'une portion du parenchyme ordinaire (Hellébore, Ronce, etc.), soit du cloisonnement tangentiel répété de l'assise sous-épidermique (Saxifrage, Groseillier, etc.). viennent renforcer l'épiderme et contribuer avec lui à former le tissu conducteur. Quelle qu'en soit l'origine, le tissu conducteur se distingue par le contenu de ses cellules, qui est un protoplasme granuleux, dense et très réfringent, renfermant quelquefois de l'huile, de l'amidon, de la chlorophylle, mais surtout par la nature de leurs membranes, qui sont épaisses, brillantes, molles et en voie de gélification. Quand la gélification des lames moyennes est complète, les cellules se trouvent dissociées dans un mucilage. En un mot, le tissu conducteur n'est qu'une variété du tissu gélatineux (p. 55, fig. 15).

Style. — Souvent très long, pouvant atteindre jusqu'à 20 centimètres de longueur (Colchique, Safran, etc.), le style est parfois très court, réduit à un simple étranglement entre le stigmate et l'ovaire (Crucifères, Réséda, Pavot, Renoncule, Tulipe, etc.) ; le stigmate est dit alors *sessile* sur l'ovaire. Sa face externe porte quelquefois des poils, où viennent s'attacher les grains de pollen échappés des anthères ; on les nomme *poils collecteurs* (Campanulacées, Composées).

Si le carpelle est ouvert, le style est plan ou creusé en gouttière (Violette, Orchis, etc.). Si le carpelle est fermé, le style participe souvent au reploiement de l'ovaire et devient un tube creux, dont le canal continue la cavité ovarienne pour s'ouvrir en haut à la base du stigmate (Papilionacées, Butome, etc.) ; mais fréquemment aussi, il ne se reploie en tube que dans sa région inférieure et se creuse seulement en gouttière dans le reste (Renonculacées, etc.) ; ailleurs il ne se reploie même pas du tout et demeure plein depuis son insertion sur la cavité ovarienne (Maïs, Ronce, Protéacées, etc.).

Quand l'ovaire est fermé, le style, qui en est toujours le prolongement direct, peut cependant se trouver rejeté sur le côté axile de la cavité, de manière à paraître inséré latéralement en son milieu (Potentille), ou même à sa base (Fraisier, Alchimille, etc.). Cela tient à ce que le carpelle, ayant accru plus fortement la région dorsale de son ovaire, s'est considérablement bombé en dehors. Le style est dit alors *latéral* dans le premier cas, *gynobasique* dans le second.

Le style partage la structure de l'ovaire, dont il est le prolongement. Le faisceau médian s'y continue, seul le plus souvent,

accompagné parfois de chaque côté par un faisceau plus petit
(Hellébore, etc.). Les deux bandes de tissu conducteur de l'ovaire
convergent à son sommet et s'unissent en un ruban unique qui
parcourt le style dans toute sa longueur. Ce ruban tapisse le canal,
quand le style est reployé en tube (Papilionacées, etc.), ou le sillon,
quand il est creusé en gouttière (Renonculacées, Orchidées, etc.).
Il forme un cordon superposé au bois du faisceau ligneux quand
le style est plein (Ronce, Protéacées, etc.).

Stigmate. — En s'épanouissant sur la face interne de l'extrémité du style, le tissu conducteur forme le stigmate (Renonculacées, Butomées, etc.); ce dernier est donc toujours latéral; s'il
paraît souvent terminal, c'est que le sommet du style s'est réfléchi
en dehors (fig. 81, *st*). Le stigmate n'est donc en réalité qu'une
surface. Cette surface affecte des formes très diverses, suivant
que l'extrémité du style qui la porte est amincie en pointe, dilatée
en plume (Lin, fig. 103, Graminées, etc.), renflée en tête (Rhubarbe, etc.), ou creusée en entonnoir (Safran, etc.).

L'épiderme du stigmate est quelquefois lisse (Pois, etc.) et formé
de cellules prismatiques (Ombellifères, Euphorbe, Azalée, etc.);
mais le plus souvent ses cellules se prolongent en papilles de
forme très diverse : en cylindre (Sauge, Polémoine, etc.), en tête
(Liseron, Primevère, etc.), en massue (Lilas, Muflier, etc.), en
bouteille à col plus ou moins étiré (Spirée, Mahonia, etc.), en
aiguille (Papilionacées, etc.), etc. Ces papilles s'allongent quelquefois en poils continus (Millepertuis, Glaucière, Philodendron, etc.) ou cloisonnés (Géranium, Lopézia, etc.); ailleurs elles
sont composées, c'est-à-dire formées de plusieurs cellules épidermiques juxtaposées (Réséda, Passiflore, etc.); parfois elles sont
portées sur des émergences de l'extrémité du style (Ronce, San-
guisorbe, etc.). Quelle que soit leur forme, elles produisent et
épanchent au dehors un liquide visqueux, acide et sucré, très
propre à retenir les grains de pollen qui viennent à être transportés sur le stigmate et à les nourrir dans leur développement
ultérieur. La viscosité du stigmate est augmentée quelquefois par
la gélification des membranes des cellules épidermiques, qui se
dissocient dans le mucilage (Groseillier, Morelle, Orchidées, etc.).
Sous l'épiderme s'étend le tissu conducteur avec ses cellules gélifiées.

Dans les Gymnospermes, le style et le stigmate manquent à la
fois, et le carpelle se réduit à un ovaire.

Croissance des carpelles. — Chaque carpelle apparaît d'abord sur le réceptacle comme un mamelon, bientôt élargi à la base en forme d'écaille; la partie inférieure élargie va produire l'ovaire, ouvert ou fermé; la partie supérieure donnera le style et le stigmate. En grandissant, tantôt la région inférieure demeure légèrement concave et les bords se renflent sur place pour produire les ovules; le carpelle est ouvert et la placentation pariétale (Violette, Passiflore, etc.). Tantôt au contraire les bords se replient progressivement vers l'intérieur, se rencontrent, se soudent dans toute leur longueur, puis se gonflent pour porter les ovules : le carpelle est fermé et la placentation axile (Haricot, Ancolie, Spirée, etc.).

Dans un carpelle clos, l'ovaire peut se former d'une façon un peu différente. Si les bords du mamelon, de très bonne heure repliés et soudés en forme de bourrelet, sont frappés d'une croissance intercalaire à la base, il y aura concrescence, l'ovaire apparaîtra comme un sac clos dès l'origine, surmonté par le style et le stigmate (Berbéridées, etc.). Ailleurs les deux modes se combinent dans le même ovaire, qui est formé dans sa région supérieure par soudure, dans sa région inférieure par concrescence (Rutacées, etc.). Quand la fermeture a lieu par soudure, les deux faisceaux marginaux du carpelle sont toujours distincts et les épidermes eux-mêmes s'accolent d'ordinaire sans se confondre (fig. 106, *a*). Quand elle s'opère par concrescence, les faisceaux marginaux sont encore distincts le plus souvent, l'union n'ayant lieu que par le parenchyme (Berbéridées, etc.); mais parfois aussi, ils se trouvent intimement unis en un faisceau impair, qui fait face au médian de l'autre côté de la cavité, mais qui est orienté à rebours (Mercuriale, Géranium, Balsamine, etc.).

Quand la croissance intercalaire qui donne aux carpelles leur forme définitive, et qui s'y localise différemment suivant les cas comme il vient d'être dit, s'opère séparément dans chacun d'eux, ils demeurent distincts : le pistil est *dialycarpelle*. Si chaque carpelle est ouvert, les ovules ne sont alors abrités dans aucune cavité close; après l'épanouissement de la fleur, ils sont exposés au contact direct de l'air extérieur (Conifères, Cycadées). Si chaque carpelle est fermé, les ovules sont protégés par une cavité close, produite par la feuille même qui les porte (fig. 106, *a*) (Pivoine, Spirée, Haricot, Saxifrage, Butome, etc.). Mais si l'on réfléchit que les carpelles sont des feuilles à base élargie, insérées autour du sommet du réceptacle sur une circonférence très étroite, on comprend que cette grande proximité favorise singulièrement chez eux la communauté de croissance intercalaire. Aussi la concrescence des feuilles est-elle plus fréquente dans le pistil que dans n'importe quel autre verticille floral. Quand elle a lieu, le pistil est *gamocarpelle* (Liliacées, Solanées, etc.). Il est nécessaire de passer en revue les divers degrés de cette concrescence et les divers aspects qui en résultent pour le pistil.

Suivant l'époque du développement où elle s'introduit, l'union des carpelles se manifeste à des degrés divers. Quelquefois c'est seulement dans la partie inférieure des régions ovariennes (Colchique, certaines Saxifrages, etc.), mais ordinairement c'est au moins dans toute l'étendue des ovaires. Il en résulte un ovaire composé, au sommet duquel se détachent autant de styles qu'il entre d'ovaires simples dans sa constitution (Caryophyllées, Ricin, Passiflore, Lin, fig. 103, Rhubarbe, etc.). Souvent l'union envahit aussi la partie inférieure des styles et l'ovaire composé se prolonge en un style également composé, qui se divise plus haut en autant de branches qu'il y a de carpelles au pistil (Iris, Capucine, Safran, etc.); dans l'Iris, les trois styles, une fois séparés, se dilatent en lames pétaloïdes. Ailleurs, l'union a lieu jusqu'à la base des stigmates et le style composé est terminé par autant de petites branches stigmatifères dans toute leur étendue qu'il y a de carpelles (Composées, Polémoine, fig. 104, etc.). Ailleurs, les stigmates eux-mêmes sont unis à leur base et forment un stigmate composé en forme d'étoile, ou bilobé, dont les lobes sont les extrémités libres d'autant de carpelles constitutifs. Enfin si les stigmates sont complètement unis en un stigmate composé en forme de tête, de disque ou d'entonnoir, la concrescence des carpelles est aussi complète que possible, et c'est seulement à l'inspection des nervures médianes qui traversent la paroi de l'ovaire

Fig. 103.

Fig. 104.

composé que l'on pourra du dehors déterminer le nombre des feuilles carpellaires qui composent le pistil (Primevère, Violette, fig. 105, etc.).

Les carpelles d'un pistil dialycarpelle rapprochent quelquefois assez intimement certaines de leurs parties pour y contracter adhérence et même pour s'y souder complètement. C'est ainsi que les deux carpelles distincts des Apocynées se soudent par leur stigmates renflés en tête, et que les cinq carpelles séparés des Rutées se soudent dans toute la longueur des styles en gardant leurs ovaires distincts. Il ne faut pas confondre ce phénomène, d'ailleurs très rare, avec la concrescence dont il vient d'être question.

Concrescence entre carpelles ouverts. — Si les carpelles concrescents sont ouverts, l'union a lieu dans les ovaires par les bords ovulifères un peu recourbés vers l'intérieur. Les faisceaux marginaux des carpelles peuvent alors demeurer distincts côte à côte, la concrescence n'atteignant que le parenchyme (Violacées, etc.); mais plus souvent ils s'unissent en un faisceau unique, qui envoie de chaque côté des branches aux ovules des deux bords (Crucifères, Papavéracées, etc.). L'ovaire ainsi composé circonscrit une seule loge traversée en son milieu par l'axe de la fleur et c'est sur la paroi commune de cette loge que s'étendent les placentas (fig. 105). Chaque placenta est formé par l'union des deux bords rentrants de deux carpelles voisins et par conséquent les styles et les stigmates, qui correspondent normalement aux nervures médianes, alternent avec les placentas. Un pareil ovaire composé est dit *uniloculaire à placentation pariétale* (Réséda, Violette, Passiflore, Chélidoine, etc.). Chez les Crucifères, qui se rattachent au même type, chacun des deux placentas pariétaux produit entre

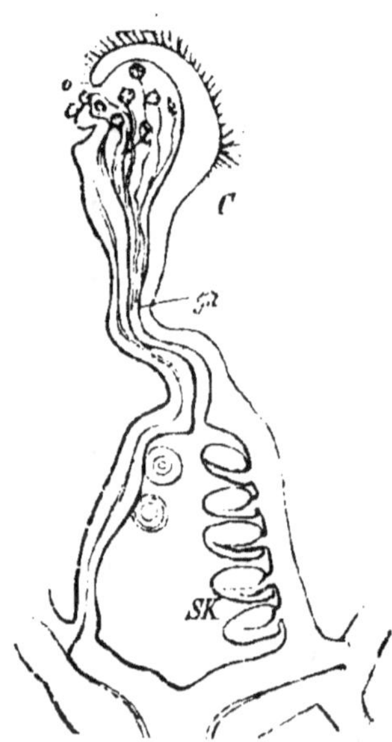

Fig. 105. Section longitudinale du pistil de la Pensée. *C*, stigmate composé, renflé en tête; *gn*, canal du style, ouvert en *o*; *SK*, ovules en placentation pariétale.

ses deux rangées d'ovules et projette vers le centre une lame qui, en rejoignant sa congénère et se soudant avec elle, forme une cloison complète qui divise l'ovaire dans sa longueur en deux compartiments. L'union des styles a lieu, dans un pareil pistil, soit comme celle des ovaires qu'ils prolongent, par les bords seulement, en laissant au milieu un canal commun qui vient s'ouvrir au sommet entre les stigmates (Violette, etc.), soit à la fois par les bords et par les faces internes, de manière à former une colonne pleine, sans aucun canal stylaire (beaucoup de Composées).

Parmi ces ovaires composés uniloculaires à placentation pariétale, il en est qui méritent une mention spéciale. Il arrive parfois, en effet, comme il a été dit plus haut, que chaque carpelle ouvert ne porte d'ovules que sur la base renflée de chacun de ses bords. Ces bases renflées et confluentes forment à chaque carpelle une sorte de talon, et d'un carpelle à l'autre ces talons s'unissent en une proéminence commune, qui forme au fond de l'ovaire une sorte de plancher bombé. C'est sur ce plancher que sont portés tous les ovules dressés recevant leurs faisceaux de la base des nervures carpellaires; le reste de la paroi interne de l'ovaire est lisse et stérile (Arum, Tamaris, etc.). Il n'est même pas rare, comme on le voit dans la Rhubarbe, l'Oseille, l'Ortie, le Chanvre, les Composées, etc., qu'un seul des bords carpellaires porte à sa base un seul ovule dressé; tous les autres bords confluents ne s'épaississent pas et demeurent stériles. L'ovule unique paraît alors continuer, entre les bases des carpelles, le pédicelle floral lui-même, ou du moins être attaché directement au sommet du réceptacle; mais ce n'est là qu'une trompeuse apparence. Une étude attentive montre que l'ovule est en réalité latéral et non terminal, que son attache a lieu non sur le pédicelle, mais sur l'un des carpelles à sa base.

Reprenons le cas où la placentation est basilaire avec ovules nombreux et supposons que la proéminence issue de l'union des talons ovulifères des divers carpelles subisse à sa base rétrécie un notable allongement intercalaire. Il en résultera une sorte de colonne, terminée par un renflement en forme de chapeau qui portera les ovules à sa surface. Telle est précisément la disposition des choses dans les Primulacées, Myrsinées, Théophrastées, etc., disposition que l'on a qualifiée de *placentation centrale*. C'est une simple variété de la placentation basilaire et par conséquent aussi de la placentation pariétale. En d'autres termes, la production des ovules est ici localisée sur une dépendance ligulaire de la base du limbe, qui lui-même ne produit rien. La concrescence qui unit latéralement les limbes unit aussi au centre ces dépendances ligulaires en une colonne à tête renflée. Cette colonne placentaire est située dans la direction prolongée du pédicelle floral dont elle semble, au premier abord, n'être que la continuation pure et simple entre les bases des carpelles. Mais ce n'est là qu'une illusion et la chose est tout autre en réalité. Cette colonne renferme un certain nombre de faisceaux disposés en cercle et orientés à rebours, c'est-à-dire tournant leur bois en dehors, leur liber en dedans (fig. 106, *c*). Sa structure est donc bien celle qui convient à un ensemble de ligules concrescentes (voir p. 247), tandis qu'elle diffère profondément de celle du pédicelle floral ; bien mieux, elle est incompatible avec la structure générale de la tige.

Concrescence entre carpelles fermés. — Entre carpelles fermés, l'union des ovaires a lieu par les faces latérales et ordinairement par toute l'étendue de ces faces. Il en résulte un ovaire composé, où l'on distingue autant de cavités ou de loges qu'il y entre d'ovaires simples concrescents (fig. 106, *b, c, d, f*). Ces loges sont séparées par des cloisons rayonnantes issues de la concrescence des faces latérales des carpelles voisins. Le placenta, formé des deux bords distincts ou concrescents du même carpelle, occupe l'angle interne de chaque loge, vis-à-vis de la nervure médiane ; les styles et les stigmates correspondent donc ici aux placentas. Un pareil ovaire composé est dit *pluriloculaire à placentation axile.* Ces cloisons sont quelquefois traversées par deux systèmes indépendants de faisceaux latéraux, la concrescence n'atteignant que le parenchyme des ovaires (fig. 106, *b*) (beaucoup de Monocotylédones, etc.) ; mais parfois aussi les faisceaux des cloisons, tout au moins les plus gros, s'unissent intimement sur la ligne médiane en faisceaux impairs, qui tournent leur bois en dedans s'ils sont situés dans la partie externe de la cloison, en dehors s'ils appartiennent à la partie interne (fig. 106, *c*) (Tulipe, Géranium, etc.). Dans la colonne parenchymateuse centrale qui résulte de la soudure ou de la concrescence des cloisons, suivant que les ovaires constitutifs se sont fermés par soudure ou par concrescence, les faisceaux marginaux disposés en cercle tournent leur bois en dehors, leur liber en dedans, comme il a été dit plus haut. Quand leur disposition est réticulée dans chaque carpelle,

les ovules occupent toute l'étendue des cloisons et la placentation
est dite *septale* (Nymphéacées, etc.).

Lorsque les styles sont reployés en tube dans toute leur longueur, leur union produit un style composé, creusé d'autant de
canaux parallèles avec autant de bandes du tissu conducteur, qui
viennent déboucher chacun à la base d'un stigmate (Philodendron, etc.). S'ils ne sont reployés que dans leur partie inférieure,
le style composé a d'abord plusieurs canaux distincts, qui se réu-

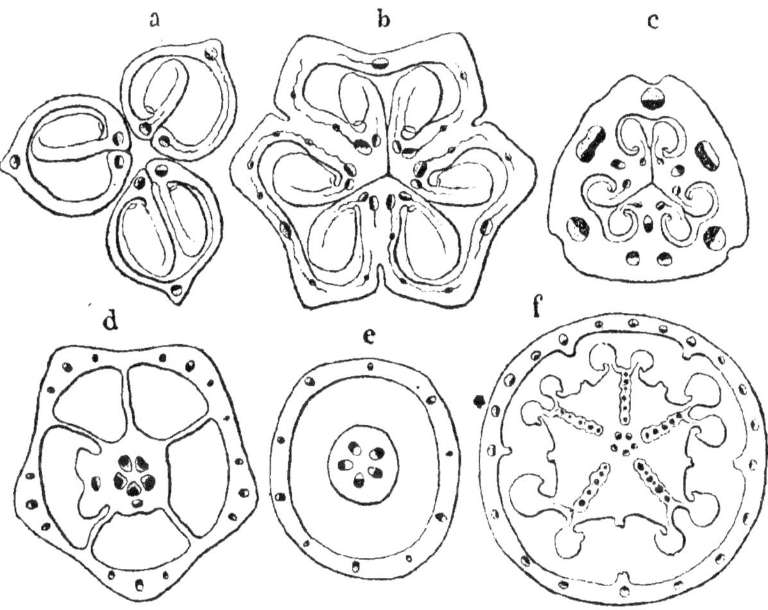

Fig. 106. Section transversale du pistil, montrant l'orientation des faisceaux
libéroligneux des carpelles : *a*, dans l'Éranthis : *b*, dans la Jacinthe ; *c*, dans
la Tulipe ; *d*, dans l'Impatiente ; *e*, dans le Mouron ; *f*, dans le Lychnis.

nissent plus haut en un canal unique bordé par une bande unique
de tissu conducteur (Liliacées diverses, Agavé, Fourcroya, etc.).
Enfin s'ils ne sont pas reployés du tout, ils peuvent s'unir seulement par leurs bords, pour donner un style composé à canal
unique bordé de tissu conducteur (Iridées, Borraginées, etc.), ou
confluer à la fois latéralement et en dedans pour donner un style
composé plein, dont l'axe est occupé par un cordon du tissu conducteur (Labiées, etc.).

Chez les Caryophyllées, le pistil est gamocarpelle à carpelles fermés et à placentation axile. Mais pendant qu'il se développe, les faces latérales unies des carpelles, que ne traverse aucune nervure, se détruisent peu à peu, rompant toute continuité entre la face externe de l'ovaire et l'ensemble des bords placentaires réunis dans l'axe du pistil (fig. 106, *f*). Chez les Monocotylédones, il arrive fréquemment que l'union des carpelles clos ne s'opère pas dans toute l'étendue des faces latérales en contact. Dans une certaine plage, variable de largeur et de position d'un genre à l'autre, la concrescence n'a pas lieu et les deux surfaces en regard y demeurent libres, recouvertes par leur épiderme propre. Dans l'intervalle qui les sépare, les cellules épidermiques déversent un liquide sucré, et ce liquide, qui est du nectar, vient perler au dehors en certains points à la surface de l'ovaire composé. On trouve de ces interstices nectarifères, nommés souvent *glandes septales*, dans les cloisons de l'ovaire composé chez un grand nombre de Liliacées, Amaryllidées, Iridées, Broméliacées, Scitaminées, etc.

Si la concrescence a lieu entre carpelles clos à styles gynobasiques (Ochnacées, Simarubées, etc.), le style composé paraîtra implanté par sa base au fond d'une cavité creusée au centre de l'ovaire composé. Dans les Labiées et les Borraginées, il en est de même, à une différence près. Le pistil résulte ici de l'union de deux carpelles clos biovulés à style gynobasique. Mais les ovules, en grandissant plus vite que l'ovaire, y ont déterminé quatre bosses ; en même temps chaque loge s'est séparée en deux logettes par une fausse cloison. Il semble donc, au premier abord, qu'il y ait quatre ovaires simples et uniovulés, verticillés autour de la base du style.

Ramification des carpelles. — Comme le sépale, le pétale et l'étamine, le carpelle peut se ramifier. La ramification peut porter sur le stigmate, sur le style, sur l'ovaire ou sur la totalité du carpelle. Le stigmate se divise quelquefois en trois branches (Bambou), dont la médiane avorte le plus souvent (la plupart des Graminées, Crucifères) ; de plus, dans les Crucifères, les deux branches stigmatiques des deux carpelles voisins s'unissent ensemble ; il en résulte que les deux corps stigmatiques ainsi constitués sont superposés aux placentas pariétaux et non, comme c'est la règle, aux nervures médianes qui les séparent. Ailleurs, chaque style se bifurque pour terminer chacune de ses branches par un stigmate (Euphorbe, Ricin, etc.).

Quant à l'ovaire, toutes les fois qu'il est fertile, à vrai dire il est ramifié. Les ovules qu'il produit et porte ne sont pas autre chose, en effet, que des dents, des lobes ou des segments du limbe carpellaire ; s'ils ne forment qu'une seule rangée marginale, la ramification qui les produit a lieu dans le plan du limbe, comme pour former les lobes ou les folioles d'une feuille ordinaire ; s'il y en a plusieurs rangées ou s'ils sont éparpillés sur toute la surface, la ramification a lieu perpendiculairement au plan du limbe comme pour former les segments de la feuille du Rossolis, par exemple (p. 277, fig. 79), ou du Houx-hérisson. Quand la formation des ovules est localisée à la base de la feuille, l'excroissance sessile (Arum, etc.) ou pédicellée (Primulacées, Myrsinées, Théophrastées, etc.) qui les porte est déjà le résultat d'une première ramification du carpelle, analogue à celle qui produit une ligule ; ce segment ligulaire à son tour se ramifie au sommet pour former les ovules. Enfin, le carpelle peut se ramifier dans sa totalité. Chez certaines Malvacées, par exemple, le pistil gamocarpelle comprend cinq grands carpelles multiovulés (Ketmie, etc.); chez d'autres (Mauve, Althéa, Malope, etc.), chaque grand carpelle est remplacé par un certain nombre de petits carpelles uniovulés, disposés en arc ou en fer en cheval à droite et à gauche d'un carpelle médian. Ces carpelles proviennent de la ramification du premier : tous ensemble ils sont au premier ce qu'est une feuille composée palmée à une feuille simple, et il n'entre en définitive dans le plan de la fleur que cinq carpelles composés.

Concrescence du pistil avec l'androcée, le calice et la corolle. — Le pistil peut se trouver séparé de l'androcée par un long entre-nœud, qui a reçu le nom de *gynophore* (Câprier, Sterculie, etc.). Mais le plus souvent il en très rapproché, et la communauté de croissance intercalaire, qui unit si fréquemment les carpelles dans le pistil, peut unir aussi le pistil à l'androcée, et par l'androcée à la corolle et au calice.

On a vu (p. 315) que dans la Spirée, dans le Prunier, etc., le calice, la corolle et l'androcée sont réunis dans leur partie inférieure en une coupe, au bord de laquelle ils se séparent et paraissent insérés ; le pistil seul est libre au fond de cette coupe. Que cette union atteigne aussi le pistil dans toute sa région ovarienne, et la fleur d'une Spirée deviendra celle d'un Poirier ou d'un Coignassier. On sait aussi que dans la Jacinthe, l'Asperge, etc., le calice, la corolle et l'androcée sont unis en un tube, au fond duquel le pistil est libre. Que le pistil unisse son ovaire au tube qui l'enveloppe, et la fleur de la Jacinthe deviendra celle du Narcisse ou du Perce-neige. Les choses se passent de même dans un grand nombre de plantes; citons, parmi les Monocotylédones, les Amaryllidées Iridées, Scitaminées et Orchidées; parmi les Dicotylédones, les Ombellifères, Rubiacées, Campanulacées, Cucurbitacées, Composées, etc.

Quand la concrescence, atteignant son maximum, s'étend ainsi à toutes les parties de la fleur, il en résulte la formation d'un corps massif à l'intérieur duquel se trouve l'ovaire et au-dessus duquel se détachent et se séparent les parties supérieures des sépales, des pétales, des étamines et les parties supérieures des carpelles, c'est-à-dire les styles. Le calice, la corolle, l'androcée paraissent alors insérés au niveau où ils se séparent et qui semble être la base de la fleur (fig. 107, *ab*). L'ovaire, se trouvant situé tout entier au-dessous de l'insertion apparente des parties externes, au-dessous de la base apparente de la fleur, est dit *infère;* comme, en même temps, il fait corps avec l'ensemble des parties externes y compris le calice, on le dit aussi *adhérent*. Nous le disons *supère* ou *libre* toutes les fois qu'il n'en est pas ainsi, c'est-à-dire toutes les fois que, dans la fleur complète, les quatre formations sont ou bien toutes séparées, ou bien unies seulement deux par deux ou trois par trois.

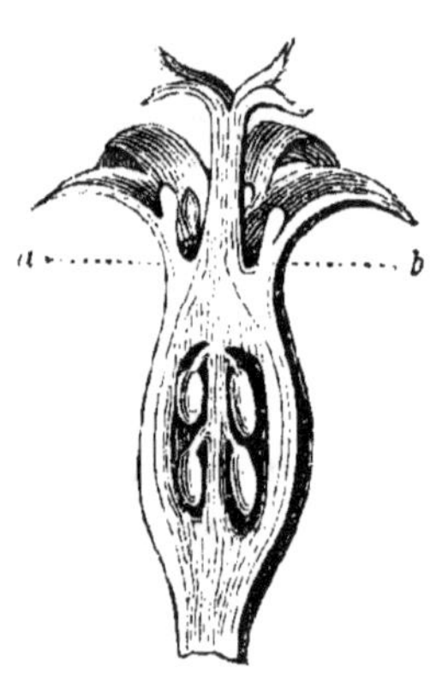

Fig. 107. Fleur de Tamier coupée en long: *ab*, base apparente de la fleur.

Ce caractère d'avoir le pistil libre ou adhérent offre une constance assez grande pour qu'on ait pu l'appliquer utilement à la détermination des affinités et à la délimitation des groupes. C'est ainsi que, chez les Dicotylédones, on a subdivisé chacun des trois groupes principaux : Gamopétales, Dialypétales et Apétales en Supérovariées et Inférovariées. Il est pourtant sujet à exception. Deux familles très voisines peuvent avoir l'une l'ovaire supère, l'autre l'ovaire infère : telles sont, par exemple, les Pittosporées et les Araliées, les Lythracées et les Œnothéracées. Bien mieux, la même famille peut renfermer des genres à ovaire supère et des genres à ovaire infère, comme on le voit chez les Broméliacées, chez les Rosacées, etc. D'ailleurs, si l'on remarque combien est légère la modification de croissance d'où procède ce caractère, on s'étonnera bien moins de sa variabilité dans certains groupes que de sa constance dans la plupart des autres.

La concrescence du pistil avec les verticilles externes de la fleur, eux-mêmes concrescents, peut n'intéresser que le parenchyme, les faisceaux libéroligneux des divers verticilles se trouvant indépendants dans la masse générale (Alstréméria, etc.). Mais le plus souvent les faisceaux dorsaux des carpelles demeurent unis à ceux des parties externes dans toute la région inférieure et ne s'en dégagent que plus haut (Perce-neige, Épilobe, Campanule, etc.).

Quand l'ovaire est infère, il peut se faire que les quatre formations se séparent toutes ensemble au-dessus de la masse commune (Campanule, Perce-neige, etc.); mais il arrive souvent que la concrescence se prolonge ensuite entre les verticilles, deux par deux ou trois par trois. Ainsi dans le Poirier, le Fuchsia, l'Iris, le Narcisse, etc., une fois le style devenu libre, le calice, la corolle et l'androcée demeurent unis dans un tube commun pendant une certaine longueur. De même, dans les Composées, les Rubiacées, etc., après que la partie supérieure des sépales en dehors et le style en dedans sont devenus libres en même temps, la corolle et l'androcée demeurent unis en un tube commun; de même encore, dans les Orchidées, après que les parties supérieures des sépales et des pétales sont devenues libres, l'androcée et le syle composé demeurent unis en une colonne épaisse, appelée *gynostème.*

Concrescence du pistil avec le pédicelle. — Le pédicelle cesse ordinairement de croître après avoir formé le pistil. Pourtant, dans certains cas, il se prolonge pour ainsi dire normalement au-dessus des carpelles clos et entre eux, pour se terminer, à une certaine hauteur au-dessous de la base des styles, par un petit bourgeon. Si le pistil est en outre gamocarpelle, les carpelles s'unissent aussi au centre avec ce prolongement du pédicelle, confondant son écorce avec le parenchyme des faces internes des ovaires. La colonne centrale ainsi formée, qui porte les ovules sur ses flancs, est traversée par deux systèmes de faisceaux indépendants : un cercle interne de faisceaux orientés normalement, qui est le système conducteur propre du pédicelle, et un cercle externe de faisceaux inverses, constitué par les faisceaux marginaux des carpelles (fig. 106, *f*). Il est facile de s'assurer que ces derniers seuls envoient des branches aux funicules et que le pédicelle prolongé demeure totalement étranger à la production des ovules. On trouve des exemples de ce phénomène dans les Caryophyllées (Lychnis, etc.), dans les Éricacées (Rhododendron, etc.), dans les Primulacées, etc.

Avortement et absence des carpelles. — Les carpelles du pistil se développent tous d'ordinaire complètement et également. Pourtant, dans l'Aristoloche, les styles et les stigmates avortent et les six carpelles se réduisent à leurs ovaires. Ce sont alors les connectifs des anthères, épaissis, soudés latéralement en tube, développés et couverts de papilles vers le haut, qui jouent le rôle des stigmates et du style. On pourrait croire le style et le stigmate concrescents avec l'androcée, comme il vient d'être dit pour les Orchidées.

Ailleurs c'est, au contraire, l'ovaire qui s'atrophie et le style qui demeure seul pour représenter le carpelle. Ainsi dans les Anacardiacées, la Viorne, la Valériane, etc., un seul carpelle développe son ovaire et y produit un ovule, les deux autres avortent en se réduisant au style et au stigmate. Ailleurs encore, les carpelles disparaissent sans laisser aucune trace de leur présence; bien plus, ils ne paraissent même pas s'être formés et la place vide qu'ils laissent dans le plan de la fleur permet seule d'admettre leur avortement, qui est complet. Ainsi, des cinq carpelles que comporte la fleur des Légumineuses et que possède en effet le genre Affonséa, l'antérieur se développe seul, les quatre autres avortent; de même, parmi les Rosacées, la tribu des Prunées ne développe qu'un carpelle sur cinq.

Dans d'autres plantes, l'avortement porte à la fois sur tout le pistil. Dans la fleur, complète à l'origine, tous les carpelles cessent de croître de bonne heure et avortent, en laissant d'eux quelque trace reconnaissable; la fleur devient mâle par avortement (Cucurbitacées, etc.). Enfin, il y a des végétaux où le carpelle n'a jamais apparu dans la fleur mâle, où, après avoir formé les étamines, le pédicelle a terminé sa croissance. Ces fleurs-là sont mâles par essence et rien n'autorise à y supposer un avortement du pistil (Pin, Chêne, Peuplier, Noyer, etc.).

Ovule. — Reprenons maintenant l'ovule, pour en étudier de plus près la forme et la structure. Rappelons-nous qu'un ovule complet se compose de trois parties : le funicule, qui l'attache au carpelle sur le placenta, le tégument, inséré sur le funicule au hile et ouvert au micropyle, et le nucelle, attaché par sa base au tégument à la chalaze et présentant son sommet au micropyle (p. 293, fig. 81, *C*).

Quand le nucelle est droit et que le corps de l'ovule est situé dans le prolongement du funicule, le micropyle est opposé à la chalaze, qui elle-même est superposée au hile dont elle n'est séparée que par l'épaisseur du tégument. L'ovule est dit alors *droit* ou *orthotrope* (fig. 81, *C*). Au premier abord, il paraît être symétrique par rapport à son axe de figure, mais en réalité il n'est symétrique que par rapport à un plan, comme l'atteste notamment la disposition des nervures dans le tégument. Cette forme droite est assez rare (Ortie, Oseille, Noyer, Sarrasin, Ceste, Poivre, Gymnospermes, etc.).

Ailleurs le corps de l'ovule, s'accroissant plus fortement d'un côté que de l'autre, se courbe tout entier, nucelle et tégument, en forme d'arc ou de fer à cheval, de façon que le micropyle se trouve rapproché du hile et de la chalaze. L'ovule est dit alors *courbé* ou *campylotrope*. Son plan de symétrie est indiqué immédiatement par le plan de courbure. Cette forme arquée n'est pas très fréquente (Crucifères, Caryophyllées, Chénopodiacées, Alismacées, etc.).

La forme la plus ordinaire est celle où le corps de l'ovule, demeurant droit, se réfléchit autour du hile comme charnière, pour venir s'appliquer contre le funicule et s'unir à lui dans toute sa longueur. Le point où cesse cette union et où la partie libre du funicule s'attache à l'ovule est encore le hile, et ce hile est voisin du micropyle; mais ce n'est là qu'un hile apparent : le hile vrai, c'est-à-dire le point où la nervure du funicule pénètre et s'épanouit dans le tégument, est demeuré à sa place, sous la chalaze et en opposition avec le micropyle. Du hile apparent au hile vrai, la portion soudée du funicule dessine sur le flanc de l'ovule une côte saillante, qu'on appelle le *raphé*. Un pareil ovule est dit *réfléchi* ou *anatrope;* son plan de symétrie est donné immédiatement par la position du raphé. Cette forme réfléchie appartient à la très grande majorité des Angiospermes.

Entre ces trois formes typiques, il y a quelques intermédiaires. Ainsi la courbure de l'ovule peut ne se faire qu'à un moindre degré : l'ovule n'est qu'à demi campylotrope. De même le funicule peut ne s'unir à l'ovule que sur une petite partie de sa longueur :

l'ovule n'est qu'à demi anatrope. Enfin un ovule demi-anatrope peut se courber de manière à devenir plus ou moins campylotrope, comme on le voit dans beaucoup de Papilionacées (Haricot, Fève, etc.).

La courbure ou la réflexion de l'ovule, supposé horizontal, peut s'opérer dans deux directions inverses, vers le haut parce que c'est le côté inférieur qui se développe le plus, ou vers le bas parce que la face supérieure s'accroît davantage. L'ovule est dit *hyponaste* dans le premier cas, *épinaste* dans le second. Cette différence offre une assez grande constance et constitue un caractère dont on se sert fréquemment dans la détermination des affinités chez les Angiospermes.

On remarquera que cette courbure et surtout cette réflexion de l'ovule a pour résultat de rapprocher le micropyle le plus possible du placenta, notamment du tissu conducteur qui en suit le contour. On verra plus tard que ce rapprochement est une condition des plus favorables à la formation de l'œuf. Aussi la forme anatrope doit-elle être regardée comme la plus perfectionnée et la forme orthotrope comme la plus imparfaite.

On a supposé jusqu'ici que l'ovule possède un tégument et un seul. Il en est ainsi chez toutes les Gymnospermes et, parmi les Dicotylédones, chez presque toutes les Gamopétales, ainsi que chez certaines Dialypétales (Ombellifères, etc.). Ce tégument unique est ordinairement épais, dépasse de beaucoup le sommet du nucelle et constitue la masse principale de l'ovule (Ombellifères, Composées, etc.). Il est parfois concrescent avec le nucelle dans sa région inférieure (Gymnospermes, diverses Solanées, Borraginées et Scrofularinées). Mais souvent l'ovule a deux téguments emboîtés l'un dans l'autre (la plupart des Monocotylédones et, chez les Dicotylédones, la plupart des Dialypétales et des Apétales); le micropyle est alors plus profond et devient un canal. Ce canal est formé tantôt par la superposition de l'ouverture du tégument interne, appelée *endostome*, et de celle du tégument externe, appelée *exostome* (fig. 108) (beaucoup de Dicotylédones), tantôt par l'ouverture du tégument interne seule, qui se prolonge à travers l'exostome élargi (beaucoup de Monocotylédones).

Ailleurs, au contraire, l'ovule se simplifie. D'abord, le funicule peut devenir très court, presque nul; l'ovule est dit alors *sessile* (Noyer, Ortie, Graminées, etc.). Ensuite, il y a quelques plantes où l'ovule est dépourvu de tégument, où le funicule, sans s'épanouir tout autour, porte directement le nucelle à son sommet; le hile et la chalaze se confondent alors et il n'y a pas de micropyle : l'ovule est *nu* (Balanophorées, Santalacées, etc.). Enfin dans le Gui, non seulement il n'y a ni funicule, ni tégument, mais le nucelle lui-même n'est pas individualisé par rapport au carpelle; l'ovule se confond alors avec le carpelle, en d'autres termes, il n'y a pas d'ovule.

Structure de l'ovule. — Le funicule est formé par un petit faisceau libéroligneux détaché du faisceau placentaire et dont le plan médian est le plan de symétrie de l'ovule; ce faisceau est enveloppé par une couche de parenchyme homogène, elle-même recouverte d'un épiderme (fig. 108). Tantôt le faisceau libéroligneux du funicule se termine en s'épanouissant au-dessous du nucelle, à la chalaze, sans se prolonger dans le tégument, qui demeure uniquement parenchyma-teux. Tantôt, au contraire, il se prolonge dans le tégument, soit en demeurant simple (fig. 108), soit en se ramifiant suivant le mode penné ou plus souvent suivant le mode palmé, de manière à accuser nettement le plan de symétrie de l'ovule. Ces faisceaux libéroligneux du tégument se développent d'ail-leurs davantage et deviennent plus faciles à étudier pendant que l'o-vule se transforme en graine après la formation de l'œuf; nous aurons à y revenir en étudiant la graine. Quand il y a deux téguments, c'est l'externe seul qui contient les fais-ceaux et qui constitue par consé-quent le segment ou la foliole ovulaire (fig. 108); l'interne, sou-vent réduit à deux rangées de cellules, est de la nature des poils écailleux et ressemble à l'indusie qui recouvre, comme on le verra plus tard, le sporange de certaines Fougères.

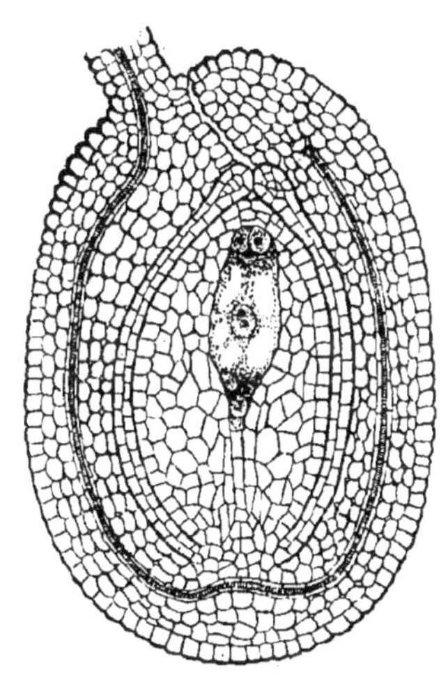

Fig. 108. Section longitudinale de l'ovule anatrope de la Sensitive.

Toujours dépourvu de faisceaux libéroligneux, le nucelle se compose d'une masse de parenchyme recouverte par l'épiderme; il a donc la valeur d'une émergence (fig. 108). Pour connaître sa structure au moment où il acquiert son plein développement, pratiquons dans l'ovule une section longitudinale suivant le plan de symétrie, et considérons séparément les Angiospermes et les Gymnospermes.

1° **Nucelle des Angiospermes.** — Dans les Angiospermes, le nucelle contient toujours vers le haut, allongée suivant l'axe, une cellule beaucoup plus grande que les autres, droite si l'ovule est orthotrope ou anatrope, courbée en arc s'il est campylotrope, pourvue d'un protoplasme abondant et d'un noyau volumineux. Cette cellule, dans laquelle s'accomplira plus tard le développement de l'œuf en embryon, est le *sac embryonnaire* (fig. 108). En haut, ce sac renferme, appendues côte à côte sous la voûte de sa membrane, trois cellules filles de forme ovale allongée, pourvues chacune d'un protoplasme, d'un noyau et d'une mince membrane azotée. Deux d'entre elles sont attachées à la membrane du sac au sommet même et de part et d'autre du plan de symétrie ; elles n'ont à jouer qu'un rôle éphémère et disparaîtront plus tard : ce sont les *synergides*. La troisième est attachée latéralement un peu plus bas et a son centre dans le plan de symétrie ; elle est destinée à recevoir le protoplasme mâle et à former avec lui l'œuf : c'est l'*oosphère*. En bas, reposant côte à côte sur le plancher du sac, on aperçoit trois autres cellules, munies aussi d'un noyau et d'un protoplasme, mais dont la membrane s'est recouverte d'une mince couche de cellulose : ce sont les *antipodes*. Il arrive quelquefois que les cellules du sommet du nucelle sont résorbées quand l'ovule a acquis son plein développement ; le sac embryonnaire vient alors s'appuyer directement contre le tégument, au fond du micropyle.

2° **Nucelle des Gymnospermes.** — Chez les Gymnospermes, le nucelle offre une structure plus compliquée (fig. 109). Il renferme bien aussi une cellule beaucoup plus volumineuse que les autres, le sac embryonnaire (*se*) ; mais de bonne heure ce sac s'est cloisonné et rempli de cellules dont la masse compacte constitue ce qu'on appelle l'*endosperme* (*e*). Certaines cellules supérieures de cet endosperme sont beaucoup plus grandes que les autres, étendues dans le sens de la longueur, et séparées chacune de la membrane du sac par une rosette de quatre petites cellules, écartées l'une de l'autre au centre de manière à laisser entre elles un étroit canal ; chaque grande cellule est une oosphère ; avec sa rosette et son canal, elle constitue ce qu'on appelle un *corpuscule* (*c*). Le nombre des corpuscules varie beaucoup : il y en a 3 à 5 dans les Abiétinées, 3 à 15 et davantage dans les Cupressinées, 5 à 8 dans l'If, etc. Tantôt ils se touchent tous latéralement et prennent une forme prismatique (Cupressinées, fig. 109), tantôt ils sont séparés par une ou plusieurs assises de petites cellules et prennent une forme ovoïde (Abiétinées). En s'accroissant dans sa région supérieure, l'endosperme se relève

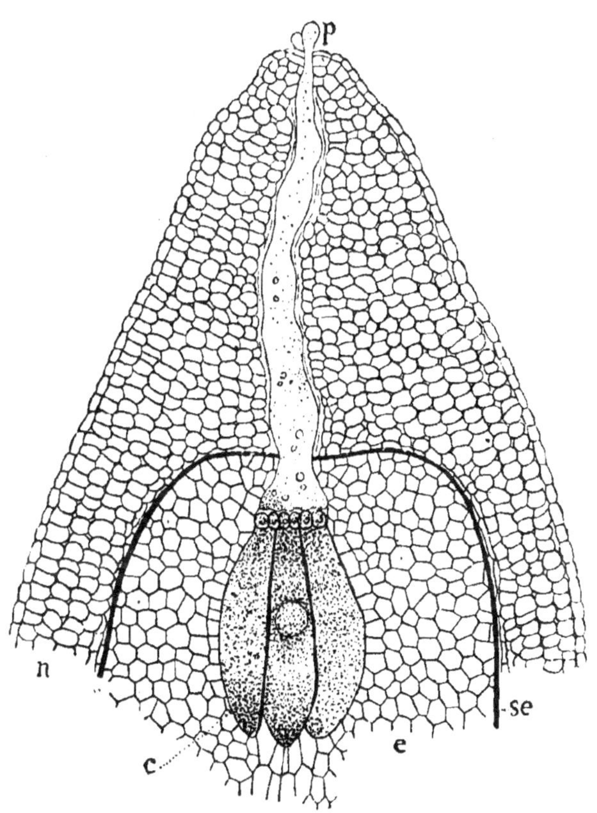

Fig. 109. Section longitudinale du nucelle du Genévrier : *n*, nucelle ; *se*, sac embryonnaire ; *e*, endosperme ; *c*, corpuscules avec leurs rosettes ; *p*, grain de pollen ayant envoyé son large tube jusqu'au contact des rosettes.

en bourrelet autour des corpuscules dont les rosettes se trouvent de la sorte refoulées au fond de dépressions en forme d'entonnoir. Si les corpuscules sont isolés, chacun d'eux est surmonté d'un entonnoir étroit ; s'il sont groupés, leurs rosettes s'étalent au fond d'un large entonnoir commun (fig. 106). De son côté, le sommet du nucelle, en dissociant ses cellules, se creuse souvent d'une cavité plus ou moins irrégulière, destinée à recevoir le pollen et qu'on appelle *chambre pollinique*.

Origine et croissance de l'ovule. — Il faut maintenant suivre pas à pas, à partir de l'ovaire dont il dérive, la série des cloisonnements cellulaires qui donnent naissance à l'ovule et qui l'amènent à la forme et à la structure définitives que nous lui connaissons.

L'ovule apparaît sur le placenta comme une excroissance périphérique, qui s'allonge sans s'épaissir et forme le funicule. Cette excroissance résulte du cloisonnement d'un certain nombre de cellules situées au-dessous de l'épiderme, ce dernier ne faisant que la revêtir en se divisant à mesure par des cloisons perpendiculaires à sa surface. En un mot, le funicule prend naissance sur le carpelle comme une foliole sur une feuille.

S'il s'agit d'un ovule anatrope, on voit poindre ensuite, au-dessous du sommet du funicule et latéralement, un mamelon conique qui est le nucelle; ce mamelon procède du cloisonnement de quelques cellules sous-épidermiques et se trouve recouvert par l'épiderme du funicule. En même temps, le funicule se développe au-dessous du nucelle pour former le tégument; ce développement commence en haut et s'étend latéralement de proche en proche de manière à embrasser le nucelle en forme de fer à cheval. En grandissant, le tégument s'accroît plus fortement du côté du sommet du funicule et renverse par conséquent le nucelle, qu'il recouvre peu à peu complètement en s'unissant latéralement au raphé. Si l'ovule doit avoir deux téguments, l'interne apparaît ordinairement d'abord sous forme d'un bourrelet annulaire; l'externe se développe ensuite comme il vient d'être dit; quelquefois cependant, l'interne ne se forme qu'après l'externe (Aconit, Euphorbe, Réséda, etc.).

S'il s'agit d'un ovule orthotrope, les choses se passent de même, avec cette différence que le bourrelet en fer à cheval qui est l'origine du tégument se ferme promptement en anneau et s'accroît ensuite également de tous les côtés. Enfin, pour un ovule campylotrope, la croissance s'opère comme pour un ovule orthotrope; seulement le jeune ovule tout entier, nucelle et tégument, s'accroît davantage d'un côté et se recourbe, par conséquent, vers son milieu en forme d'arc ou de fer à cheval.

Formation du sac embryonnaire ou cellule mère de l'oosphère. — La formation du sac embryonnaire, c'est-à-dire de la cellule mère de l'oosphère, au sein du nucelle, offre une grande uniformité dans les Phanérogames; elle se retrouve, en effet, avec

les mêmes caractères chez les Gymnospermes et chez les Angiospermes.

Une cellule sous-épidermique du nucelle, qui termine généralement la série axile, se différencie de bonne heure (fig. 110,1). Elle
se partage bientôt, par une cloison tangentielle ou transversale, en
deux cellules superposées (2). L'interne ou inférieure *m* est la cellule

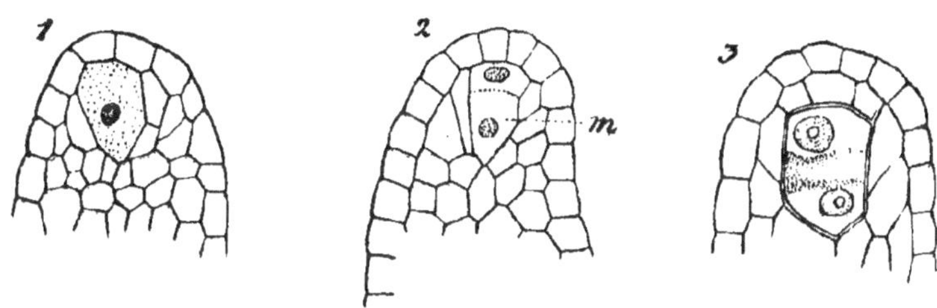

Fig. 110. Formation et bipartition de la cellule mère du sac embryonnaire
dans la Clématite.

mère primordiale, allongée, ovoïde, plus grande que ses voisines,
pourvue d'un protoplasme plus abondant et d'un noyau plus volumineux. L'externe ou supérieure demeure quelquefois simple
(fig. 111, *A*) ou ne prend que quelques cloisons radiales (3), mais
le plus souvent elle se divise par des cloisons d'abord tangentielles,
puis radiales, et forme, entre l'épiderme et la cellule mère, une
couche plus ou moins épaisse qu'on appelle la *calotte*. La cellule
mère (*m*) peut ne pas se cloisonner et devenir directement, en
s'agrandissant, le sac embryonnaire (Tulipe, Lis), mais la chose
est très rare. Presque toujours elle se divise une ou deux fois
par des cloisons tangentielles en donnant deux (Ail, Narcisse,
Comméline, Clématite, fig. 110,3, etc.) ou quatre cellules superposées, qui sont les cellules mères secondaires (Élodéa, Dauphinelle,
Mauve, la plupart des Gamopétales, etc.).

De ces cellules mères secondaires, une seule ordinairement se
développe en sac embryonnaire. C'est le plus souvent la plus inférieure ou la plus interne; comprimées vers le haut et de plus en
plus aplaties par elle, les autres s'atrophient et enfin disparaissent
(fig. 111, *A*, *B*, *C*). Cependant il n'est pas rare de voir plusieurs
de ces cellules superposées grandir en même temps et tendre à
devenir autant de sacs embryonnaires (Narcisse, Mélique, Muguet,
Rosacées, etc.); mais l'une d'elles finit toujours par l'emporter
sur ses voisines et par les détruire. Cette tendance à la pluralité

des sacs embryonnaires se manifeste encore d'une autre manière. Il n'est pas rare, en effet, de voir plusieurs cellules, disposées côte à côte sous l'épiderme du nucelle, se comporter comme il vient d'être dit; elles donnent naissance à une calotte plus large, qui recouvre tout autant de rangées de cellules mères secondaires; après quoi, les plus internes de celles-ci deviennent en grandissant tout autant de sacs embryonnaires (Hélianthème, Rosacées, Conifères, etc.). Un seul de ces sacs arrive généralement à terme, les autres s'arrêtent à divers états.

Le refoulement et la résorption, exercés par le sac en voie de développement sur ses cellules sœurs superposées, s'étendent plus tard en haut à la calotte et même à l'épiderme, et sur les côtés aux cellules latérales du nucelle; cette destruction est le résultat de la nutrition du sac embryonnaire, qui se remplit à mesure de protoplasme, d'amidon, de matières grasses et se prépare ainsi à produire ses cellules filles.

Homologie du nucelle et du sac pollinique. — Avant d'aller plus loin, il est nécessaire de remarquer que la marche des cloisonnements qui s'opèrent dans le nucelle pour former la cellule mère de l'oosphère est exactement la même que celle qui a lieu dans le sac pollinique pour produire les cellules mères du pollen. La calotte correspond à la jeune paroi du sac pollinique et se résorbe comme elle pour nourrir les cellules mères. Comme pour le pollen, la cellule mère primordiale peut rester entière, mais le plus souvent elle se cloisonne en produisant des cellules mères secondaires. La différence la plus frappante est dans l'unité définitive du sac embryonnaire, résultant de l'unité de la cellule mère primordiale et de la résorption consécutive de toutes les cellules mères secondaires moins une. Mais ce n'est là qu'une différence de quantité, qui n'est pas de nature à troubler l'homologie. D'ailleurs, on sait que dans certains nucelles il existe en réalité sous l'épiderme toute une rangée de cellules mères primordiales, tandis que par contre dans certains sacs polliniques il n'y en a qu'une seule. L'avortement de certaines cellules mères secondaires parmi celles qui se développent est aussi un fait dont les sacs polliniques nous offrent des exemples, comme on le voit notamment chez les Cycadées. On en conclut qu'au point de vue de la formation des cellules mères, le nucelle est l'homologue du sac pollinique.

Étudions maintenant les phénomènes qui se passent dans le sac embryonnaire. Ils sont très différents chez les Angiospermes et les Gymnospermes ; il est donc nécessaire de considérer séparément ces deux groupes.

Formation de l'oosphère dans le sac embryonnaire des Angiospermes. — Le noyau du sac se divise au centre en deux nouveaux noyaux, qui se rendent aux deux extrémités, ou plutôt s'y trouvent portés par l'allongement rapide de la cavité (fig. 111, *A, B, C*) ; souvent une large vacuole les sépare et occupe la partie centrale de la cellule (*C*). L'un et l'autre noyau se divisent de nouveau et simultanément, suivant l'axe du sac (*D, E, F*). Puis, chacun des quatre noyaux se partage encore une fois ; pour le plus proche du sommet et pour le plus rapproché de la base, la partition s'opère dans une direction perpendiculaire à la fois à l'axe du nucelle et au plan de symétrie de l'ovule (*G*) ; pour les deux autres, au contraire, elle a lieu parallèlement à l'axe et dans le plan de symétrie. Le sac embryonnaire contient donc finalement huit noyaux en deux tétrades, disposées de la même manière l'une dans la région micropylaire, l'autre dans la région chalazienne. Autour de chacun des trois noyaux les plus élevés se condense une couche de protoplasme revêtue d'une mince membrane albuminoïde, ce qui produit trois cellules en contact. Les deux qui sont situées au même niveau sous la voûte du sac, au sommet duquel elles sont attachées de part et d'autre du plan de symétrie, sont les synergides ; elles sont allongées, avec une vacuole en bas et un noyau médian ou même refoulé vers le haut (*K, L*). La troisième, placée un peu plus bas et attachée latéralement à la membrane du sac, avec son point d'attache et son centre dans le plan de symétrie, est l'oosphère ; elle est plus arrondie, avec une vacuole en haut et un noyau, plus gros que celui des synergides, refoulé vers le bas (*I à M*). Autour de chacun des trois noyaux les plus inférieurs, se condense aussi une couche de protoplasme, avec une membrane dont la couche externe ne tarde pas à devenir cellulosique, ce qui produit trois cellules en contact et disposées comme celles d'en haut par rapport au plan de symétrie : ce sont les cellules antipodes. Le quatrième noyau d'en haut et le quatrième d'en bas demeurent libres dans le protoplasme général du sac ; ils se rapprochent toujours l'un de l'autre et se fusionnent enfin en un noyau unique, qui est le noyau secondaire du sac embryonnaire (*I à M*). Le nucelle se trouve de la sorte avoir acquis sa structure définitive. étudiée plus haut (p. 348, fig. 108).

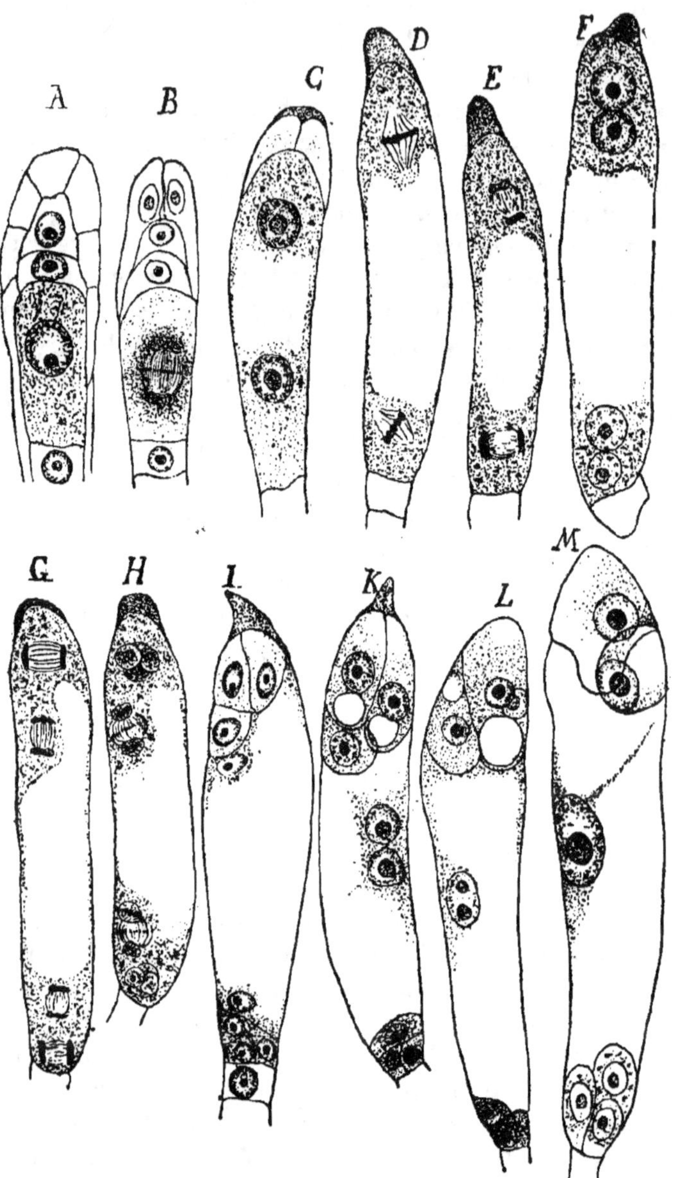

Fig. 111. Phases successives de la formation de l'oosphère dans le sac embryonnaire du Monotropa. Il n'y a pas de calotte ; la cellule sous-épidermique du nucelle se divise en trois, dont l'inférieure devient le sac. *L* et *M* sont vues dans le plan de symétrie de l'ovule, toutes les autres figures dans le plan perpendiculaire.

Homologie de l'oosphère et de la cellule mâle chez les Angiospermes. — Il est facile de voir que l'homologie signalée tout à l'heure entre la cellule mère de l'oosphère et celle des grains de pollen se poursuit entre leurs produits définitifs, c'est-à-dire entre l'oosphère et ses pareilles d'une part, et les cellules filles du grain de pollen d'autre part. En effet, le noyau de l'oosphère est l'un des huit noyaux produits par les trois bipartitions successives du noyau de la cellule mère ; de même, le noyau de la grande cellule fille du grain de pollen est l'un des huit noyaux produits par les trois bipartitions successives du noyau de la cellule mère. Ces deux noyaux, et de même les deux cellules qui les renferment, c'est-à-dire l'oosphère et le tube pollinique, sont donc équivalents. En un mot, il y a équivalence entre les deux éléments, mâle et femelle, qui se combinent, comme on le verra bientôt, pour former l'œuf. Si, des huit noyaux produits par le sac embryonnaire, un seul est destiné à jouer le rôle femelle, quatre autres étant adaptés à des fonctions secondaires et les trois derniers avortant, il faut se rappeler aussi que, des huit noyaux produits par la cellule mère du pollen, il n'y en a que quatre qui remplissent le rôle mâle, les quatre autres avortent. Il est vrai que les huit cellules filles du sac embryonnaire y demeurent incluses, tandis que les huit cellules filles de la cellule mère du pollen s'en échappent en quatre groupes de deux, qui sont les grains de pollen ; mais cette différence est purement physiologique et sans importance au point de vue des équivalences morphologiques.

Formation de l'oosphère dans le sac embryonnaire des Gymnospermes. — Le noyau du sac embryonnaire des Gymnospermes subit aussi trois bipartitions successives et produit de la sorte huit nouveaux noyaux. Mais au lieu d'en rester là pour le moment et de constituer de suite l'oosphère autour d'un de ces huit noyaux, comme chez les Angiospermes, le phénomène de bipartition continue ici sans aucune interruption, et c'est beaucoup plus tard seulement que l'oosphère prend naissance. Les huit noyaux en donnent seize, puis trente-deux et ainsi de suite, jusqu'à ce que les nouveaux noyaux soient assez nombreux pour former, à petite distance les uns des autres, une double assise dans l'épaisse couche protoplasmique qui revêt la paroi du sac. Perpendiculairement à la ligne des centres des noyaux, il se forme alors simultanément autant de cloisons d'abord albuminoïdes, plus tard cellulosiques; il en résulte une double assise de cellules polyédriques tapissant la paroi du sac. Cês cellules s'accroissent ensuite vers l'intérieur, se cloisonnent en séries rayonnantes, se rencontrent au centre et remplissent ainsi le sac embryonnaire d'un parenchyme compact, qui est l'endosperme (fig. 109, *e*).

Toutefois, certaines des cellules périphériques primitives, situées vers le sommet du sac, ne se cloisonnent pas comme leurs voisines, dont elles se distinguent par leur volume plus grand; ce sont les cellules mères des *corpuscules*. Chacune d'elles se partage par une cloison tangentielle en une petite cellule externe et une grande cellule interne. La première se divise, par deux cloisons en croix, en quatre cellules disposées en rosette dans le même plan. La seconde ne tarde pas à se partager vers le haut, par une petite cloison en verre de montre, en deux cellules très inégales : l'inférieure, très grande, à noyau médian, est l'oosphère; la supérieure, très petite, s'insinue entre les cellules de la rosette, les écarte, puis se détruit, laissant à sa place au centre de la rosette un petit canal par où l'oosphère est directement accessible. Le nucelle est parvenu de la sorte à la structure adulte étudiée plus haut (fig. 109, p. 548).

Homologie de l'oosphère et de la cellule mâle chez les Gymnospermes.—On voit que, chez les Gymnospermes, l'oosphère est une cellule de troisième ordre par rapport à la cellule d'endosperme qui lui a donné naissance, tandis que chez les Angiospermes elle est formée directement par une cellule d'endosperme ; car, on peut donner le nom collectif d'endosperme aux six cellules qui s'établissent dans le sac embryonnaire des Angiospermes avant la formation de l'œuf. La différence, sous ce rapport, entre les deux groupes de Phanérogames se réduit donc à un raccourcissement des phénomènes chez les Angiospermes, par la suppression de deux cloisonnements. On a vu qu'un raccourcissement de même nature s'y observe à l'intérieur du tube pollinique. A ce point de vue, il y a donc encore homologie parfaite entre l'oosphère et la cellule mâle. Par rapport aux cellules mères définitives, la combinaison qui donne naissance à l'œuf se produit entre éléments de sixième ordre chez les Gymnospermes, entre éléments de quatrième ordre chez les Angiospermes.

§ 7

Nectaires floraux.

On a vu (p. 260) que les feuilles ordinaires accumulent quelquefois en certains points des réserves de saccharose, constituant ainsi des nectaires dont la surface exsude le plus souvent, sous l'influence d'une transpiration ralentie, un liquide sucré, le nectar. Les diverses feuilles florales et, entre elles, le réceptacle même de la fleur, sont très fréquemment le siège de pareilles accumulations locales de sucres, de pareils nectaires. Rien n'est plus variable d'ailleurs que la place occupée dans la fleur par les nectaires. On peut cependant les grouper en deux catégories, suivant qu'ils appartiennent aux diverses feuilles florales ou qu'ils procèdent directement du réceptacle.

Nectaires dépendant des feuilles florales. — Dans un grand nombre de plantes, on trouve des nectaires sur les feuilles de l'une ou de l'autre des quatre formations florales :

1° Sur les sépales : à la face externe (Ketmie, Técoma), à la face interne (Genêt, Coronille, Trèfle et autres Papilionacées, Tilleul), ou dans un éperon au fond duquel s'accumule le nectar (Capucine);

2° Sur les pétales : à la base, dans la fossette située entre la languette ligulaire et le limbe chez la Renoncule, au fond du cornet qui constitue le pétale rudimentaire chez l'Hellébore, au fond de l'éperon chez l'Ancolie et l'Aconit;

3° A la fois sur les sépales et les pétales, à leur base, dans une large fossette incolore chez la Fritillaire;

4° Sur les étamines : dans un appendice spécial provenant de la ramification externe du filet, soit à sa base (Xanthocéras), soit à son sommet, à l'insertion du connectif (Violette), dans un éperon du filet (Corydalis), dans le filet lui-même épaissi à sa base (Belle-de-nuit), ou dans toute sa longueur, auquel cas l'anthère avorte (étamine postérieure du Collinsia);

5° Sur les carpelles : à la base même de l'ovaire (Orobanchées, la plupart des Solanées); dans un appendice renflé qui provient d'une ramification du carpelle à sa base (Pulmonaire et autres Borraginées), ou dans une sorte d'éperon basilaire du carpelle

(Muflier); dans la partie supérieure des carpelles, formant un bourrelet plus ou moins proéminent autour de la base du style, chez un grand nombre de plantes à ovaire infère (Rubiacées, Ombellifères, Campanulacées, Cornées, etc.); dans la partie latérale des carpelles concrescents, le long de l'espace où la concrescence n'a pas eu lieu, espace qui vient s'ouvrir à l'extérieur, par en bas, par le milieu ou par en haut, pour faire sortir le trop-plein du nectar (beaucoup de Monocotylédones, voir p. 340). Enfin le stigmate lui-même peut contenir des sucres en abondance, devenir un vrai nectaire, tandis que le liquide stigmatique prend toutes les qualités du nectar (Peuplier, Arum, etc.).

Nectaires dépendant du réceptacle floral. Disque. — Entre les insertions du calice, de la corolle, de l'androcée et du pistil, le réceptacle de la fleur développe quelquefois certaines parties accessoires de forme variée, qui sont des nectaires. Ces pièces ne sont pas des feuilles, mais seulement des protubérances, des émergences du réceptacle, qui n'apparaissent que peu de temps avant l'épanouissement; leur nature morphologique est la même que celle de la cupule (p. 290). Pour les distinguer des nectaires de la première catégorie, qui sont foliaires, on en désigne l'ensemble sous le nom de *disque*.

Le plus souvent c'est entre l'androcée et le pistil que le disque est situé. Tantôt il est composé d'un certain nombre de tubercules indépendants, disposés en verticille autour de la base du pistil, en même nombre que les sépales et les pétales et superposés ici aux pétales (Sédum, Joubarbe, Cobéa, Apocyn), là aux sépales (Vigne), ou bien en même nombre que les carpelles et alternes avec eux (Pervenche). Tantôt ces tubercules sont concrescents en un bourrelet à bord uni (Rue) ou en une coupe à bord festonné qui entoure la base du pistil (Tamaris, Diosma). Dans les fleurs irrégulières, le disque aussi est irrégulier, développant davantage et prolongeant en forme d'écaille, tantôt son côté postérieur (Réséda), tantôt son côté antérieur (Labiées, Papilionacées).

Le disque est parfois situé entre la corolle et l'androcée (Astrocarpe, Hippocratéa), ou bien entre le calice et la corolle (Chironia). Ailleurs il s'étend dans toute la partie du réceptacle comprise entre le calice et le pistil, et y forme un renflement épais dans lequel sont enchâssées les bases des pétales et des étamines (Cléome, Cardiosperme). Ailleurs encore, sans produire d'émergences spéciales, le réceptacle accumule des sucres dans toute l'étendue de sa couche superficielle et exsude du nectar par toute sa surface; il n'y a pas alors de nectaires localisés, mais seulement un nectaire diffus (Anémone, Populage). Enfin dans les fleurs dites sans nectaires et sans nectar, on n'en constate pas moins une accumulation de sucres plus ou moins marquée à la base de toutes les feuilles florales et à la périphérie du réceptacle ; il y a encore un nectaire diffus, mais sans exsudation (Mille-pertuis, Pavot, Pomme de terre, Tulipe, Blé, Avoine, etc.).

Si diverses qu'en soient l'origine et la nature morphologique, le nectaire floral existe donc toujours et possède partout la même valeur physiologique. C'est toujours une réserve sucrée, destinée à alimenter la croissance des organes voisins et surtout, comme il sera dit plus tard, le développement de l'ovaire en fruit.

Structure des nectaires. — Partout aussi les nectaires offrent une structure analogue, mais avec de nombreuses variations secondaires. C'est toujours un parenchyme à parois minces, dont les cellules, plus petites que celles du parenchyme ambiant, renferment en dissolution dans leur suc un mélange de saccharose, de sucre inverti et d'invertine. Quand le nectaire émet un liquide, le parenchyme sucré est le plus souvent recouvert de stomates aquifères, par le pore desquels perle le nectar ; sinon la cuticule y est nulle ou presque nulle. Quand il n'émet pas de liquide, l'épiderme est ordinairement dépourvu de stomates et cutinisé ; de plus, les assises sous-épidermiques ont généralement leurs membranes épaissies.

§ 8

Symétrie et plan de la fleur.

Symétrie de la fleur. — Quand elle est verticillée, si tous les verticilles qui la composent sont réguliers, la fleur tout entière est symétrique par rapport à son axe : elle est *régulière* ou *actino-morphe* (Lychnis, Tulipe, etc.). Mais il suffit déjà qu'un seul verticille floral soit irrégulier, pour que la fleur tout entière ne soit plus symétrique que par rapport au plan de symétrie de ce verticille, pour qu'elle soit *irrégulière* ou *zygomorphe*. Ainsi la fleur de l'Héraclée est zygomorphe parce que sa corolle est irré-gulière, bien qu'elle ait un calice, une corolle et un androcée réguliers ; de même la fleur du Prunier est zygomorphe parce que, avec un calice, une corolle et un androcée réguliers, elle a un pistil irrégulier.

Si deux des verticilles sont irréguliers, leurs plans de symétrie se confondent et ce plan unique partage la fleur en deux moitiés symétriques. Avec un calice et un pistil réguliers, les Labiées et les Orchidées, par exemple, ont la corolle et l'androcée irréguliers et symétriques par rapport au plan médian.

S'il y a trois verticilles irréguliers, leur plan commun de symétrie est aussi celui de la fleur tout entière, comme dans les Scrofularinées, qui ont les trois verticilles externes irréguliers avec un pistil régulier, comme dans certaines Papilionacées (Cytise, Genêt, Lupin, Sophora, etc.), qui ont le calice, la corolle et le pistil irréguliers, avec un androcée régulier.

Enfin la zygomorphie atteint son plus haut degré quand les verticilles floraux sont tous irréguliers et symétriques par rapport au même plan. Il en est ainsi, par exemple, dans un grand nombre de Papilionacées (Haricot, Pois, Trèfle, etc.).

Le plus souvent, comme dans tous les exemples qui viennent d'être cités, le plan de symétrie est médian ; il partage la fleur en une moitié droite et une moitié gauche, qui sont l'image l'une de l'autre dans un miroir. Quelquefois cependant il affecte une position différente. Il est transversal dans le Corydalis et partage la fleur en une moitié antérieure et une moitié postérieure symétriques, parce que la corolle, seul verticille irrégulier, prolonge en éperon l'un de ses pétales latéraux. Il est oblique dans le Marronnier, le Sumac, etc. Enfin il y a des fleurs qui sont dépourvues de plan de symétrie ; on les dit *asymétriques* (Valériane, Canna, etc.).

Dans ce qui précède, il s'agit à la fois d'une symétrie de position et d'une symétrie de forme. Quand la fleur est cyclique ou mixte, il ne peut plus être question d'une pareille symétrie de position, puisque les feuilles y sont, en tout ou en partie, insérées à des hauteurs diverses. Mais la symétrie de forme peut encore s'y manifester de deux manières différentes. Si toutes les feuilles d'un même cycle ou d'une même formation sont égales entre elles dans toutes les formations, tous les cycles qui la constituent étant réguliers, la fleur elle-même sera régulière. Si, au contraire, les feuilles de certains cycles sont inégales et de telle manière que le cycle, considéré comme un verticille, soit symétrique par rapport à un plan, qui est commun à tous les cycles irréguliers, la fleur tout entière sera irrégulière et pourra être regardée comme symétrique par rapport à ce même plan. C'est ainsi, par exemple, que les fleurs cycliques de l'Aconit et de la Dauphinelle, qui ont un calice et une corolle irréguliers, sont zygomorphes, partagées en deux moitiés symétriques par le plan médian, qui est le plan commun de symétrie du calice et de la corolle.

Plan de la fleur. — Ceci posé, il est nécessaire, pour faciliter l'étude de la fleur, pour se représenter à chaque instant les rapports de nombre, de position et de symétrie des diverses parties qui la constituent, et surtout pour rendre possible la comparaison de l'organisation florale dans les plantes les plus différentes, d'en tracer le plan au moyen de signes conventionnels. Ce plan peut être dessiné : c'est un *diagramme floral*; il peut être écrit : c'est alors une *formule florale*.

1° **Diagrammes floraux**. — La fleur étant un ensemble de feuilles insérées sur le même rameau, son diagramme s'établira conformément aux principes posés plus haut pour la disposition des feuilles (p. 228), et on l'orientera toujours, comme il a été dit à la page 299, entre la bractée ou la feuille mère en bas et la branche mère en haut.

Pour en simplifier le tracé, on se bornera à marquer dans le diagramme le nombre et la position des diverses parties, en négligeant à dessein les caractères secondaires de grandeur, de forme, de préfloraison, de concrescence, etc. De cette manière, on pourra comparer facilement entre elles un grand nombre d'organisations florales différentes, en y saisissant d'un coup d'œil les ressemblances et les différences de nombre et de position.

Un petit rond placé au-dessus du diagramme marque toujours la situation de la branche mère ; la feuille ou la bractée mère étant au-dessous du diagramme, il est inutile de la représenter. La partie inférieure du diagramme correspond donc au côté antérieur de la fleur. Pour indiquer le nombre et la disposition des feuilles florales de chaque sorte, on fait choix de signes conventionnels différents. Les feuilles du périanthe sont représentées par des arcs de cercle et, pour distinguer à première vue les sépales des pétales, on marque les premiers d'une petite proéminence dorsale figurant une côte médiane. Le signe employé pour les étamines ressemble à une coupe transversale simplifiée de l'anthère; on n'y tient pas compte du nombre et de la disposition des sacs polliniques, ni de leur déhiscence introrse, extrorse ou latérale. Si les étamines sont ramifiées, on l'indique en massant les signes staminaux en autant de groupes serrés, comme le montre la figure 115, où les cinq groupes de signes correspondent à cinq étamines composées. Le pistil est figuré par une section transversale simplifiée de l'ovaire ; les ovules y sont marqués par autant de petits ronds, qui indiquent leur situation et par conséquent celle des placentas.

S'il y a dans l'une ou l'autre des formations florales quelques feuilles avortées, mais nettement représentées pourtant, on les marque par de simples points. Quand les étamines sont réduites à des staminodes pétaloïdes, on les marque par des arcs de cercle à trait simple.

Fig. 112. Diagramme de la fleur des Liliacées.

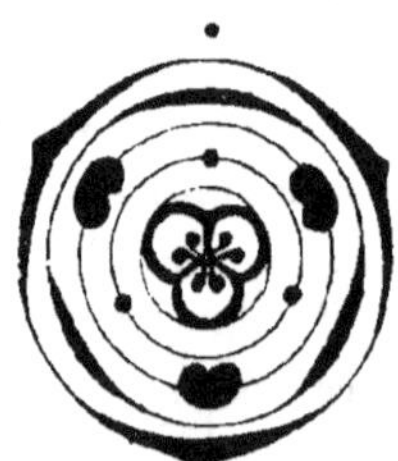

Fig. 113. Diagramme de la fleur des Iridées.

Fig. 114. Diagramme de la fleur des Primulacées.

Fig. 115. Diagramme de la fleur des Hypéricinées.

Fig. 116. Diagramme de la fleur des Célastracées.

[Fig. 117. Diagramme de la fleur des Crucifères.

C'est ainsi qu'ont été construits les six diagrammes ci-joints, ⁗ntent l'organisation florale d'autant de familles, prises les Monocotylédones (fig. 112 et 113) que parmi les s (fig. 114-117).

La séparation ou la concrescence des carpelles se trouve déjà indiquée. Si l'on veut marquer aussi, quand elle a lieu, la concrescence des autres parties, soit dans le verticille qu'elles forment, soit d'un verticille à l'autre, il suffit de relier les signes latéralement ou radialement par des traits minces.

2° Formules florales. — La composition de la fleur peut être résumée aussi dans une expression formée de lettres et de chiffres, c'est-à-dire dans une formule. Une pareille formule a sur un diagramme l'avantage de se prêter à la généralisation; il suffit d'y remplacer les coefficients numériques par des lettres.

Dans l'établissement d'une formule florale, on part de ce fait, préalablement démontré, que la fleur ne renferme pas autre chose que des feuilles, simples ou ramifiées, et que le pédicelle borne toujours son rôle à être la commune origine et le support commun de ces feuilles. Dès lors, il est permis de faire abstraction du pédicelle, de ne considérer que les feuilles et d'écrire que la fleur F se compose de l'ensemble, de la somme de toutes ces feuilles f, en posant $F = \Sigma f$. On développe ensuite cette somme de feuilles, Σf, en autant de termes que la fleur contient de verticilles différents, en quatre termes par exemple si la fleur est complète et si chaque formation ne compte qu'un seul verticille. Ces termes se trouvant séparés par le signe $+$, la formule est très facile à lire. Chaque verticille ou formation s'écrit en fonction des feuilles qui le composent; il suffit pour cela d'affecter la lettre capitale qui désigne une de ces feuilles : S un sépale, P un pétale, E une étamine, C un carpelle, d'un coefficient numérique déterminé indiquant leur nombre, ou d'un coefficient indéterminé m, n, p, q, si l'on veut obtenir une formule générale. Quand une formation comprend plus d'un verticille, on répète l'expression du verticille autant de fois qu'il est nécessaire, en marquant d'un accent les éléments du second verticille, de deux accents ceux du troisième, etc.

Lorsque plusieurs feuilles sont concrescentes soit dans le verticille, soit d'un verticille à l'autre, on les met entre crochets [ ]. Si l'ovaire est infère, la formule est tout entière entre crochets. La lettre C désigne un carpelle fermé, cas le plus ordinaire; pour indiquer un carpelle ouvert, on l'affecte d'une barre médiane, Ꞔ.

Si les verticilles successifs alternent, comme c'est la règle, le fait n'a pas besoin d'indication spéciale. Si deux verticilles successifs ont leurs éléments superposés, comme il arrive quelquefois, on en fait mention en mettant la lettre du premier verticille en indice au bas de la lettre du second ; ainsi, par exemple, E_p désigne une étamine superposée au pétale.

Il est aisé de voir que cette notation se prête plus ou moins facilement à toutes les combinaisons. Aussi, sans y insister davantage, suffira-t-il de citer ici quelques exemples particuliers de ces formules.

MONOCOTYLÉDONES

Colchique.	$F = 3S + 3P + 3E + 3E' + 3C$
Butome.	$F = 3S + 3P + 3.2E + 3E' + 3.2C$
Tulipe.	$F = 3S + 3P + 3E + 3E' + [3C]$
Endymion. . . .	$F = 3[S + E] + 3[P + E'] + [3C]$
Jacinthe.	$F = [3S + 3P + 3E + 3E'] + [3C]$
Amaryllis	$F = [3S + 3P + 3E + 3E' + 3C]$
Iris.	$F = [3S + 3P + 3E + 3C]$
Ériocaulon . . .	$\begin{cases} Fm = 2S + 2P + 2E + 2E' \\ Ff = 2S + 2P + [2C] \end{cases}$

DICOTYLÉDONES

Sédum	$F = 5S + 5P + 5E + 5E' + 5C$
Lychnis.	$F = [5S] + 5P + 5E + 5E' + [5C]$
Bruyère.	$F = 4S + [4P] + 4E + 4E' + [4C]$
Morelle	$F = [5S] + [5P + 5E] + [2C]$
Primevère. . . .	$F = [5S] + [5P + 5E_p] + [5C]$
Spirée	$F = [5S + 5P + 5E + 5E' + 5.2E_p] + 5C$
Poirier	$F = [5S + 5P + 5E + 5E' + 5.2E_p + 5C]$
Noyer.	$\begin{cases} Fm = [2S + 2S' + (6\text{-}20) E] \\ Ff = [2S + 2S' + 2C] \end{cases}$

On voit déjà, par ces quelques exemples pris au hasard, que la formule générale : $F = mS + nP + pE + p'E' + qC$, avec des concrescences diverses, exprime une organisation florale très fréquente.

§ 9

Anomalies de la fleur.

On observe quelquefois dans la nature, et beaucoup plus souvent dans les plantes cultivées, des fleurs déviées de quelque façon de leur organisation normale. Les anomalies qu'elles présentent peuvent être utiles à l'homme, qui a intérêt à les fixer, ce qu'il fait par les moyens habituels de conservation que nous avons déjà indiqués sommairement : marcotte, bouture, greffe, et sur lesquels nous reviendrons plus tard. Elles ont parfois aussi une grande valeur scientifique, parce qu'elles viennent mettre en pleine évidence la véritable nature des feuilles florales les plus différenciées, comme les étamines et les carpelles, en les ramenant par d'insensibles transitions à l'état de feuilles ordinaires. C'est à ce dernier point de vue seulement que nous considérerons ici ces anomalies, nous bornant à signaler les principales et surtout celles qui ont un intérêt direct au point de vue de la démonstration de la vraie nature de la fleur.

Anomalies de l'inflorescence. Inflorescences doubles. — Dans les inflorescences groupées à fleurs nombreuses, on trouve parfois certaines fleurs plus grandes et plus éclatantes que les autres, mais aussi frappées d'un avortement plus ou moins complet. Ainsi dans l'inflorescence de l'Hortensia, les fleurs de la circonférence ont un calice très grand, dans lequel toutes les autres parties ont avorté ; celles du centre ont un calice très court et une organisation normale. Par la culture, on est arrivé à rendre toutes les fleurs du centre pareilles à celles de la circonférence, c'est-à-dire à y exagérer le développement du calice coloré aux dépens des trois autres verticilles, qui avortent. On a transformé ainsi, comme disent les jardiniers, l'Hortensia *simple* en un Hortensia *double*. En faisant de même pour la Viorne Obier, on a obtenu cette variété stérile appelée vulgairement Boule-de-Neige.

Dans le Dahlia, la Reine-Marguerite, et en général dans les Composées dont le capitule a deux sortes de fleurs, les fleurs du centre sont tubuleuses régulières, à corolle petite, mais à organisation complète ; celles de la périphérie sont irrégulières, à corolle grande, mais à pistil avorté. La culture arrive à rendre les fleurs du centre pareilles à celles de la périphérie, c'est-à-dire à y exagérer le développement de la corolle aux dépens du pistil, qui avorte. L'inflorescence acquiert ainsi plus d'éclat, plus de durée, et l'on a transformé le Dahlia simple, la Reine-Marguerite simple, etc., en Dahlia double, en Reine-Marguerite double, etc.

La fleur avorte parfois, en se réduisant à un petit bouton terminant le pédicelle. Ainsi, dans la grappe du Muscari, les fleurs supérieures se réduisent à leurs pédicelles colorés, qui forment une touffe terminale. De même, dans la variété du Chou qu'on appelle Chou-fleur, la culture a exagéré la ramification des pédicelles de l'inflorescence, mais au sommet de chaque pédicelle la fleur avorte.

Anomalies de la fleur. Fleurs doubles, fleurs vertes, etc. — Dans la fleur elle-même, il arrive souvent que les feuilles d'un verticille revêtent en tout ou en partie les caractères des feuilles du verticille qui suit ou de celui qui précède : il y a *métamorphose*, comme on dit, et la métamorphose est *ascendante* ou *progressive* dans le premier cas, *descendante* ou *régressive* dans le second. Citons quelques exemples de ces deux manières d'être.

1° Métamorphose progressive. — On voit des bractées de l'involucre devenir pétaloïdes dans l'Anémone ; des sépales se transformer en pétales dans la Primevère, la Ronce, la Renoncule ; des sépales et souvent des pétales se métamorphoser en étamines, en développant des sacs polliniques à leur surface ; fréquemment aussi des sépales, des pétales et surtout des étamines passer à l'état de carpelles, en produisant des ovules sur leurs bords. Ce dernier cas, particulièrement instructif, se présente notamment dans le Pavot, le Rosier, la Joubarbe, etc. Souvent on y voit les étamines intérieures de l'androcée transformées soit en carpelles tout semblables aux carpelles normaux et qui s'ajoutent à ceux du pistil, soit en feuilles mixtes qui portent des ovules sans cesser de produire du pollen, qui sont déjà devenues des carpelles sans avoir perdu encore leur caractère d'étamines, qui sont des stamino-carpelles.

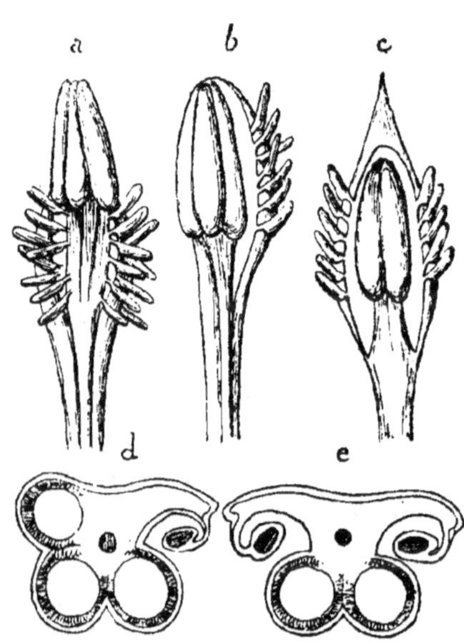

Fig. 118. Stamino-carpelles pris dans une feuille anomale de Joubarbe. *d* est la coupe transversale de *b*, *e* la coupe de *c*.

Dans ces feuilles mixtes (fig. 118), tantôt l'anthère n'a subi

aucune altération et porte, comme à l'ordinaire, quatre sacs
polliniques ; seul, le filet s'est élargi, s'est creusé en gouttière et
a produit sur chaque bord un rang d'ovules (*a*). Tantôt un des
sacs polliniques externes a disparu et, à sa place, le bord correspondant porte un rang d'ovules (*b* et *d*). Tantôt les deux sacs
externes ont été remplacés par deux rangs d'ovules et la feuille
est étamine en dedans, carpelle en dehors (*c* et *e*).

2° **Métamorphose régressive.** — On a observé un retour à
l'état de feuilles ordinaires dans la spathe de l'Arum, dans les
bractées de l'involucre du Pyrèthre, de la Centaurée, etc., dans les
bractées isolées de l'épi du Plantain, du Bugle, de la Valériane, etc.
On voit souvent les sépales et les pétales redevenir feuilles ordinaires (Crucifères, Renonculacées, Caryophyllées, Primulacées, Composées, etc.). S'il est rare que les étamines se transforment en
feuilles vertes, il est très fréquent de leur voir prendre le caractère
de pétales. On sait en effet que dans certaines plantes (Lopézia,
Alpinia, Canna, etc.), quelques-unes des étamines, sans développer
de sacs polliniques, s'élargissent en autant de staminodes pétaloïdes parfois vivement colorés et dont l'éclat s'ajoute à celui de
la corolle (p. 517). Ce qui se produit constamment chez ces plantes
a lieu accidentellement chez beaucoup d'autres. Il y a des Anémones, par exemple, des Cerisiers, etc., dont les fleurs ont une
partie de leurs étamines ainsi transformées en lames pétaloïdes ;
ce sont, comme on dit, des Anémones *doubles*, des Cerisiers
doubles, etc.

On est arrivé par la culture à faire *doubler* de la sorte un grand
nombres de plantes en pétalisant leurs étamines. Le nombre des
pétales surnuméraires ainsi ajoutés aux pétales normaux est
d'autant plus considérable que la fleur renferme un plus grand
nombre d'étamines ; il atteint son maximum dans le Rosier, la
Renoncule, la Pivoine, le Pavot, etc. Par les nombreuses transitions
qu'on y observe entre les étamines normales et les pétales,
transitions dont la figure 119 montre un exemple, ces fleurs
doubles sont très instructives pour la Morphologie.

Enfin, dans les fleurs doubles, les carpelles se transforment
souvent en étamines, en pétales ou en feuilles vertes. Cette transformation a été étudiée avec beaucoup de soin dans un grand
nombre de plantes, notamment dans les Renonculacées, Crucifères, Rosacées, Œnothéracées, Composées, etc. Elle offre, en
effet, un grand intérêt, parce qu'elle entraîne à des degrés divers

celle des ovules et qu'elle nous éclaire sur la véritable constitution de ces corps. Ainsi, quand le carpelle du Trèfle décolle ses bords et s'étale en une feuille, chaque ovule déploie en même temps son tégument en un segment de feuille, sur lequel le nucelle proémine comme une simple émergence. Quand le pistil est gamocarpelle, ses diverses feuilles se séparent en même temps qu'elles s'ouvrent; s'il est, en outre, concrescent avec les parties externes, il s'en dégage et d'infère redevient supère, comme on le voit quelquefois dans la Carotte.

Fig. 119. Transformation régressive de l'étamine *a* en pétale *f* dans une fleur double de Rosier.

C'est encore une anomalie, mais d'une nature différente, quand la fleur, normalement unisexuée, développe à la fois une androcée et un pistil, fait dont le Charme, le Saule, le Peuplier offrent des exemples; ou quand, normalement irrégulière, elle devient régulière, par un retour qu'on appelle une *pélorie*; ou quand le pédicelle continue à croître au-dessus du pistil, en formant un rameau qui traverse la fleur de part en part; ou quand, à l'aisselle des sépales ou des pétales, se développent des bourgeons qui s'allongent en rameaux floraux en rendant la fleur *prolifère*. Il suffit de signaler ces divers cas, sans y insister.

SECTION II

PHYSIOLOGIE DE LA FLEUR

La fleur, on l'a vu, est une pousse ou une portion de pousse différenciée en vue de la formation des œufs. Aussi est-elle douée de deux sortes de fonctions. Comme pousse ou portion de pousse, elle participe aux fonctions générales dévolues à la tige et surtout aux feuilles dans tout le reste du corps. Comme organe de la formation des œufs, elle est le siège d'une série de phénomènes particuliers dont le dernier terme produit l'œuf. Nous avons donc à signaler rapidement ces fonctions générales dont la fleur jouit comme partie constitutive du corps vivant, puis à étudier avec soin les fonctions spéciales qu'elle accomplit comme fleur.

§ 10

Fonctions générales de la fleur.

Comme la tige et la feuille, la fleur est dirigée par la pesanteur et par la lumière; comme elles, elle respire et dégage de la chaleur, elle transpire et laisse écouler du liquide, elle assimile le carbone par toutes ses parties vertes, elle conduit la sève ascendante et la sève élaborée, elle constitue des réserves pour les développements ultérieurs, enfin elle exécute diverses sortes de mouvements. Un mot sur chacun de ces points.

Géotropisme et phototropisme de la fleur. — Les pédicelles qui portent les fleurs ou les groupes de fleurs se montrent doués, à des degrés divers, de géotropisme négatif et tendent à se placer verticalement (Aconit, Muflier, Marronnier, etc.). Les feuilles du périanthe sont aussi parfois fortement géotropiques et le tube qu'elles forment se redresse sous l'influence de la pesanteur (Colchique, Safran, etc.).

La fleur naît et se développe à l'obscurité comme en pleine lumière. Elle y prend la même forme, la même couleur, la même dimension; elle y produit du pollen et des ovules bien conformés. La seule différence, et elle est sans importance, c'est que les sépales et les carpelles, s'ils sont normalement verts, demeurent alors incolores ou jaunâtres. Mais si la lumière n'est pas nécessaire au développement des fleurs, elle agit cependant sur la croissance du pédicelle et des feuilles qu'il porte. Comme partout ailleurs, son action est retardatrice; si l'éclairage est unilatéral et si l'intensité ne dépasse pas l'optimum, il en résulte une flexion vers la source. Cette tendance des fleurs vers la lumière est connue depuis longtemps; c'est même dans la fleur qu'a été aperçue pour la première fois l'action générale que la lumière exerce sur la croissance du corps de la plante.

En se courbant vers la source, le pédicelle se comporte de deux manières différentes, tantôt prenant une situation invariable, tantôt au contraire se déplaçant continuellement avec le soleil. Le premier cas est celui de la grande majorité des fleurs ; mais, suivant les plantes, la flexion exige pour se produire une plus ou moins grande intensité lumineuse. Les unes courbent leurs fleurs en plein soleil (Grand-Soleil) ; les autres les conservent verticales dans les lieux ensoleillés et les penchent au contraire dans les endroits ombragés (Chrysanthème, Achillée, Géranium, etc.). Les fleurs de Scabieuse s'inclinent vers une lumière d'intensité moyenne, où les fleurs de Centaurée demeurent verticales. Il est à remarquer que le Grand-Soleil, regardé par tout le monde comme le type des fleurs qui se déplacent avec le soleil, appartient au contraire à la catégorie des fleurs à position fixe.

Les capitules du Salsifis et de plusieurs autres Composées (Laiteron, Épervière, etc.), les fleurs de Coquelicot et de Renoncule, s'inclinent vers la lumière et suivent plus ou moins complètement la marche du soleil. Dressées verticalement pendant la nuit sous l'influence de leur géotropisme négatif, ces fleurs se penchent le matin vers l'orient, passent au sud à midi, à l'ouest le soir et se relèvent de nouveau la nuit.

Respiration de la fleur et dégagement de chaleur. — La fleur absorbe énergiquement l'oxygène de l'air et en même temps dégage de l'acide carbonique, en volume sensiblement égal à celui de l'oxygène absorbé ; en un mot, elle respire activement. C'est aussitôt après l'épanouissement, que la respiration est le plus intense ; elle est plus forte dans les étamines et les carpelles que dans le calice et la corolle, dans les fleurs mâles que dans les femelles. Elle est plus active à l'obscurité qu'à la lumière ; ici encore, la lumière retarde la respiration.

En même temps, la fleur dégage de la chaleur. Avec une seule fleur, la chaleur dégagée est déjà fort appréciable au thermomètre ; une fleur mâle de Courge, par exemple, donne un excès de température de 4° à 5°, pouvant s'élever jusqu'à 8° à 10° ; une fleur de Victoria donne vers midi, dans la région des étamines, un excès de température de 10° à 15°. Mais l'émission de chaleur est plus considérable et plus facile à constater quand un grand nombre de petites fleurs sont serrées côte à côte en épi, surtout si l'épi est enveloppé d'une spathe. Ces diverses conditions sont réalisées chez plusieurs Aroïdées (Arum, Colocase, Caladium, etc.) ; aussi est-ce chez elles que la production de chaleur a été observée pour la première fois dans les plantes, il y a déjà plus d'un siècle, et

qu'on l'a bien souvent étudiée depuis. En groupant, par exemple,
12 inflorescences de Colocase autour de la boule d'un thermomètre, on a obtenu une différence de température de 30°.

Transpiration de la fleur. Émission de liquide : nectar.
— La fleur exhale continuellement dans l'atmosphère une grande
quantité de vapeur d'eau, en un mot, transpire activement. Cette
transpiration est beaucoup plus active à la lumière qu'à l'obscurité. Le soir elle diminue brusquement, et il en résulte, comme
on l'a vu pour la feuille (p. 260), une émission d'eau liquide en
certains points. C'est à la surface de ces réserves sucrées décrites
plus haut sous le nom de nectaires (p. 357), que l'émission se
produit ; le liquide est donc sucré, c'est du nectar. Si le nectaire a
des stomates aquifères, c'est par ces stomates que le liquide
s'écoule (Pêcher, Fenouil, Vesce) ; s'il en est dépourvu, c'est simplement à travers les membranes amincies des cellules épidermiques (Hellébore, Fritillaire, etc.), le plus souvent au sommet des
papilles ou des poils qui hérissent la surface (Violette, Potentille,
Mauve, etc.). Le nectar émis se rassemble ordinairement au fond
même de la fleur ; mais il est quelquefois recueilli dans des réservoirs spéciaux, où il s'accumule, par exemple dans l'éperon d'un
pétale (diverses Orchidées, Dauphinelle, Violette, etc.). Les insectes
en sont très friands et le recherchent avidement ; quand il leur

échappe, il est fréquem-
ment réabsorbé sur pla-
ce, après la formation des
œufs, pour alimenter
les développements ulté-
rieurs.

Toutes les circonstan-
ces extérieures qui in-
fluent sur la transpira-
tion influent de même,
mais en sens inverse, sur
la production du nectar.
Pendant une suite de
jours, les courbes des
deux phénomènes suivent

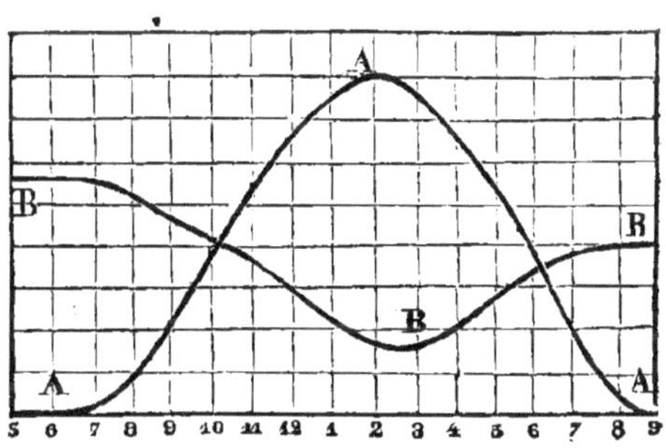

Fig. 120. A, courbe des poids d'eau transpirée
par une Lavande ; B, courbe des poids de
nectar émis par les fleurs de cette plante.
Les nombres indiquent les heures de la journée (27 juin), du matin au soir.

exactement la même marche, mais en sens contraire (fig. 120).
Tout ce qui ralentit la transpiration active la production du nectar ; tout ce qui augmente la première diminue la seconde. En

modifiant ainsi la transpiration, on a pu rendre nectarifères des plantes qui ne le sont pas dans les conditions ordinaires (Jacinthe, Tulipe, Muguet, Rue, etc.) et empêcher la production du nectar dans des plantes habituellement nectarifères. La production du nectar dans la fleur n'est donc qu'un cas particulier, fort intéressant il est vrai, du phénomène général de l'émission de liquide à la surface du corps de la plante, par suite d'une transpiration ralentie.

Assimilation du carbone par la fleur. — Les sépales et les carpelles contiennent souvent de la chlorophylle; les pétales eux-mêmes en sont quelquefois pourvus. Sous l'influence de la lumière, ces feuilles décomposent de l'acide carbonique, dégagent de l'oxygène et assimilent du carbone. Cette assimilation peut s'opérer jusque dans les stigmates, quand ils renferment de la chlorophylle (Pétunia, etc.). De l'extrémité de la racine au sommet du stigmate, on voit qu'il n'y a pas un point du corps de la plante où la chlorophylle ne puisse se développer et qui, à la lumière, ne puisse devenir le siège d'une assimilation correspondante de carbone.

Transport des liquides dans la fleur. — Comme dans la tige et la feuille, le transport des liquides s'opère dans la fleur par les faisceaux libéroligneux. Par les vaisseaux du bois, ceux-ci amènent dans toutes les régions et jusqu'aux ovules l'eau nécessaire à la croissance et à la transpiration; par les tubes criblés du liber, ils apportent les substances plastiques indispensables au développement. Dans la fleur, le courant libérien et le courant ligneux sont donc de même sens, tous les deux ascendants.

Mouvements des diverses feuilles florales. — Après leur épanouissement, dû comme on sait à des mouvements de nutation, les diverses parties de la fleur se montrent souvent douées de mouvements divers : les uns spontanés, dus à des causes internes, les autres provoqués par des causes externes, comme la lumière, la chaleur ou l'ébranlement.

Les sépales et les pétales offrent quelquefois des mouvements périodiques spontanés, c'est-à-dire tout à fait indépendants des variations de lumière et de température. Ces mouvements n'affectent parfois que certains pétales; ainsi dans la fleur irrégulière du Mégaclinium, une Orchidée, le grand pétale seul, ou labelle, exécute des oscillations continues. Mais le plus souvent ils intéressent tout le calice, toute la corolle, ou même à la fois le calice

et la corolle; les sépales et les pétales s'élèvent et s'abaissent tour
à tour, ce qui ferme et ouvre alternativement le calice et la corolle.
Ainsi la Belle-de-Nuit ouvre chaque jour son calice vers cinq
heures du soir pour le fermer vers dix heures. Le Pourpier ouvre
sa corolle à midi pour la refermer à une heure; le Pissenlit ouvre
ses corolles le soir et les ferme le matin. L'Ornithogale, nommée
pour cela Dame d'onze heures, ouvre en même temps son calice et
sa corolle chaque matin à onze heures et les referme chaque soir.
Ces mouvements sont dus au raccourcissement et à l'allongement
alternatifs de la face interne des sépales et des pétales dans
leur région inférieure; la face externe conserve sa dimension. Le
raccourcissement détermine une flexion en dedans et une fermeture, l'allongement une flexion en dehors et un nouvel épanouissement.

Pour mettre en évidence les mouvements dus à la lumière et à
la chaleur, on fait choix de fleurs dont le mouvement périodique
spontané est très faible (Tulipe, Safran, etc.) et on les soumet
tour à tour, à température constante, à des variations d'intensité
lumineuse, et à lumière constante, à des variations de température. A température constante, on voit la fleur se fermer à l'obscurité et se rouvrir en pleine lumière; toute diminution dans
l'intensité lumineuse tend à fermer la fleur, toute augmentation
à la rouvrir. A lumière constante, à l'obscurité complète, par
exemple, on voit que toute élévation de température ouvre la
fleur, que tout abaissement la ferme; une variation de $0^o,5$ se fait
déjà sentir nettement sur le Safran. L'action de la chaleur est
bien plus énergique que celle de la lumière, dont elle triomphe
aisément; ainsi, dans le Safran et la Tulipe, il suffit d'une élévation de température de quelques degrés pour rouvrir une fleur
que l'obscurité a fermée. Le mécanisme de ces mouvements est le
même que pour les mouvements spontanés; ils sont dus, en effet,
à un raccourcissement et à un allongement alternatifs de la face
interne des sépales et des pétales à leur base; la face externe ne
change pas de dimension.

De leur côté, les étamines et les carpelles sont quelquefois capables d'accomplir une quatrième sorte de mouvements, excités par
le contact d'un corps étranger ou par un ébranlement quelconque.
Ainsi, les étamines de l'Épine-vinette et du Mahonia, rabattues en
dehors à l'état de repos, s'infléchissent vers l'intérieur jusqu'à
venir poser l'anthère sur le stigmate, si l'on touche légèrement

la base de la face interne du filet. Les étamines de plusieurs Composées (Chardon, Centaurée, Chicorée, etc.) jouissent d'une propriété analogue. De même, les lobes stigmatiques du Mimule, touchés légèrement, rapprochent aussitôt leurs faces internes jusqu'au contact.

§ 11

Fonction spéciale de la fleur. Formation des œufs.

La fonction spéciale de la fleur, le but commun auquel tendent les quatre verticilles différenciés qui la composent, c'est la formation des œufs, points de départ d'autant de plantes nouvelles.

Rôle des diverses feuilles florales. — Bractées, sépales, pétales, étamines, carpelles, chaque groupe de feuilles différenciées prend sa part, plus ou moins grande, dans ce résultat définitif. Le rôle des bractées, surtout quand elles se développent en spathe ou se rassemblent en involucre, est de protéger les fleurs ou les groupes de fleurs qu'elles entourent. Le rôle du calice est de protéger la formation des parties internes dans le bouton. Celui de la corolle, dont les pétales ont d'ordinaire une croissance tardive et n'acquièrent leur dimension définitive qu'après l'épanouissement du calice, est de protéger l'androcée et le pistil dans la dernière phase de leur développement. Le rôle des étamines est de produire le pollen et habituellement de le mettre en liberté. Celui des carpelles est d'abord de produire et de porter les ovules, ensuite de réaliser les conditions nécessaires pour que le pollen puisse entrer en contact avec eux. C'est, en effet, entre le pollen et les ovules, que se passe l'acte essentiel qui donne naissance aux œufs, acte dont il nous reste à suivre pas à pas l'accomplissement, d'abord chez les Angiospermes, puis chez les Gymnospermes.

Action du pollen sur les ovules chez les Angiospermes. — L'action du pollen sur l'ovule chez les Angiospermes comprend quatre temps successifs, qui sont : 1° le transport du pollen, du sac pollinique ouvert, sur le stigmate; 2° la germination des grains de pollen sur le stigmate ; 3° le développement du tube pollinique à travers le style, la cavité ovarienne et le micropyle de l'ovule, jusqu'à la rencontre de son sommet avec la voûte du sac embryonnaire ; 4° enfin le passage d'une partie de la matière qui remplit l'extrémité du tube dans l'oosphère, et par suite, la constitution de l'œuf. Étudions séparément chacune de ces phases.

1° Transport du pollen sur le stigmate. Pollinisation. — Le transport des grains de pollen sur le stigmate est la *pollinisation*; le stigmate saupoudré de pollen est dit *pollinisé*. Suivant la nature des fleurs, la pollinisation s'accomplit de manières différentes.

Quand la fleur est hermaphrodite, si, au moment où le pollen s'échappe de l'anthère, le stigmate complètement développé se trouve apte à le recevoir, la pollinisation s'opère aisément à l'intérieur de la fleur; elle est directe. Tantôt, au moment où ils s'ouvrent, les sacs polliniques se trouvent en contact même avec le stigmate, et les grains de pollen passent directement de l'un à l'autre (Pois, etc.). Tantôt les étamines en s'allongeant viennent frotter leurs anthères ouvertes contre le stigmate, qui en retient le pollen (Volubilis, etc.). Tantôt chaque étamine s'infléchit vers le pistil et vient poser son anthère sur le stigmate, où elle abandonne son pollen (Épine-vinette, etc.). Mais le plus souvent les anthères et le stigmate demeurent écartés et c'est en tombant que le pollen dépose quelques-uns de ses grains sur la surface stigmatique.

Les choses ne se passent pas toujours ainsi; la pollinisation est loin d'être toujours directe. On observe fréquemment dans les fleurs hermaphrodites un défaut de simultanéité entre le développement de l'androcée et celui du pistil; la plante est dite alors *dichogame*. Tantôt les étamines devancent les carpelles, la fleur est *protandre*; tantôt c'est le contraire, la fleur est *protogyne*. Dans les fleurs protandres, qui sont aussi les plus nombreuses, les sacs polliniques s'ouvrent à une époque où les stigmates ne sont pas encore développés, ou du moins sont encore inaptes à recevoir utilement le pollen. Plus tard, quand s'épanouiront les surfaces stigmatiques, les anthères auront déjà perdu et disséminé leur pollen. La pollinisation ne pourra donc plus s'opérer ici à l'intérieur de la fleur. Le pollen de la fleur devra porter son action en dehors d'elle sur le stigmate d'une fleur plus âgée, et par contre, son stigmate devra recevoir du dehors le pollen d'une fleur plus jeune (Ombellifères, Composées, Campanulacées, Labiées, Digitale, Épilobe, Géranium, Mauve, etc.). Dans les fleurs protogynes, au contraire, le stigmate s'épanouit à une époque où les anthères voisines ne sont pas encore mûres. Plus tard, quand elles s'ouvriront pour émettre leur pollen, le stigmate aura déjà accompli sa fonction, ou se sera flétri. La pollinisation ne pourra donc pas s'opérer non plus à l'intérieur de la fleur. Le stigmate devra recevoir du dehors le pollen d'une fleur plus âgée, et, par contre, le pollen devra porter son action au dehors sur le pistil d'une fleur plus jeune (Plantain, Hellébore, Mandragore, Scrofulaire, Globulaire, diverses Graminées, etc.). Protandre ou protogyne, une plante dichogame n'est donc hermaphrodite qu'en apparence et seulement au point de vue morphologique ; en réalité, au point de vue physiologique, ses fleurs sont unisexuées et elle est monoïque. La pollinisation s'y opère d'une fleur à l'autre ; elle y indirecte. Dans les végétaux monoïques, la pollinisation a lieu nécessairement d'une fleur à l'autre ; elle est forcément indirecte. Elle l'est plus encore dans les espèces dioïques, où elle s'opère d'une plante à l'autre.

Quand la pollinisation est indirecte, le transport du pollen entre deux fleurs, séparées souvent par de grandes distances, a lieu par l'atmosphère et souvent uniquement par cette voie. Projetés dans l'air, quelquefois avec force, par la brusque détente des filets staminaux repliés dans le bouton (Ortie, Pariétaire, Mûrier, etc.), les grains de pollen sont charriés par l'atmosphère, portés par le vent à des distances souvent considérables, puis déposés çà et là à la surface des corps environnants, notamment sur les stigmates des fleurs. La majeure partie se perd en route ; aussi les plantes à fleurs unisexuées produisent-elles du pollen en bien plus grande abondance que les plantes à fleurs hermaphrodites. Le sol des campagnes, ou les champs de neige des Alpes, se montrent quelquefois sur de grands espaces tout couverts du pollen enlevé aux arbres de forêts lointaines, et comme saupoudrés d'une couche de soufre. La pluie qui balaye ces nuages de pollen est connue sous le nom de *pluie de soufre*.

Les chances de pollinisation sont parfois augmentées dans les plantes monoïques par certaines dispositions spéciales, comme le rapprochement des fleurs mâles et femelles dans le même groupe (beaucoup d'Aroïdées), ou la situation sur la plante des fleurs mâles au-dessus des fleurs femelles (Maïs, Carex, etc.). Parmi les plantes dioïques, la Vallisnérie mérite sous ce rapport une mention spéciale. La plante est submergée et forme ses fleurs mâles et femelles sur des pieds différents au fond de l'eau. Quand elles sont mûres, les premières rompent leurs courts pédicelles, et, allégées par une bulle d'air au centre du bouton, elles montent comme de

petits ballons à la surface de l'eau, où elles s'épanouissent. En
même temps, les fleurs femelles allongent leur pédicelle jusqu'à
venir au-dessus de la surface, où elles s'ouvrent au milieu des
fleurs mâles qui flottent librement tout autour. Une fois la pollinisation opérée dans l'air, la fleur femelle contracte son pédicelle
en une spirale à tours serrés et se trouve ainsi ramenée au fond
de l'eau, où elle mûrira son fruit.

Rôle des insectes dans la pollinisation. — Le vent est
souvent le seul moyen de transport du pollen, comme on le voit
dans les arbres de nos forêts (Chêne, Bouleau, Hêtre, etc.) et dans
les herbes de nos prairies (Graminées, Cypéracées, Joncées, etc.).
Mais fréquemment aussi les insectes viennent jouer un rôle actif
dans la pollinisation. Un grand nombre d'insectes, surtout les
Abeilles, les Bourdons et les Guêpes, se nourrissent en effet du
nectar et du pollen des fleurs, et y font de fréquentes et rapides
visites. En une minute, par exemple, un Bourdon peut visiter
24 fleurs de Linaire, une Abeille 22 fleurs de Lobélie ou 17 fleurs
de Dauphinelle. En se posant sur la fleur pour en sucer le nectar,
ces insectes provoquent de diverses manières la pollinisation du
stigmate, soit directement dans la même fleur, soit indirectement
de fleur à fleur.

Dans les fleurs hermaphrodites et non dichogames, tantôt
l'insecte en se posant sur la fleur y détermine une agitation des
parties, qui à son tour projette le pollen sur le stigmate, comme
on le voit dans le Haricot multiflore, par exemple; tantôt, en
entrant dans la fleur, il frotte les anthères par une certaine
partie de son corps qui se charge de pollen, puis en sortant il
touche le stigmate par la même partie de son corps et y laisse
adhérer les grains. L'insecte est donc dans certains cas un agent
de pollinisation directe.

Mais bien plus souvent c'est la pollinisation indirecte, de fleur
à fleur, qui se trouve provoquée par la visite de l'insecte. Il en est
naturellement ainsi dans les fleurs dichogames et unisexuées. En
entrant dans la fleur mâle, l'insecte touche par une certaine
partie de son corps les anthères ouvertes et s'y charge de pollen;
en pénétrant ensuite dans la fleur femelle, il touche les stigmates
par cette même partie et y abandonne le pollen.

2° Germination du grain de pollen sur le stigmate. —
Déposé ainsi sur le stigmate soit de la même fleur, soit d'une
autre fleur de la même plante, soit d'une fleur d'une plante dif-

férente de même espèce, et retenu à la fois par ses aspérités superficielles et par le liquide gommeux sécrété par les papilles stigmatiques, le grain de pollen germe aussitôt, comme nous avons vu qu'il germe quand on le place sur une surface humide ou dans un liquide convenablement choisi (p. 326) (fig. 100 et 101).

Absorbant de l'oxygène et dégageant de l'acide carbonique, puisant dans le liquide stigmatique l'eau et les aliments dont il a besoin pour compléter ceux qu'il tient en réserve dans son protoplasme, il pousse un tube qui va s'allongeant rapidement. La poussée du tube pollinique a lieu en quelqu'une de ces places où la membrane du grain est demeurée le plus molle et le plus extensible, c'est-à-dire à l'endroit d'un pore ou d'un pli. En ce point, la membrane est parfois épaissie vers l'intérieur. Quelquefois, comme dans la Courge, vis-à-vis de chacun de ces épaississements internes, la zone externe de la membrane forme un couvercle arrondi, qui est soulevé par la poussée du tube.

En s'allongeant, le tube tantôt s'enfonce directement dans le stigmate, tantôt rampe d'abord à la surface des papilles, en se moulant sur leurs inégalités et parfois en en perforant la membrane. A mesure qu'il s'allonge, son protoplasme se creuse d'espaces occupés par le suc cellulaire et se montre animé de mouvements actifs. Le stigmate n'est donc pas seulement un appareil récepteur pour le pollen, c'est surtout un sol nutritif, approprié à son développement parasitaire. Quelquefois les grains de pollen germent à l'intérieur du sac pollinique et projettent leurs tubes au dehors tout autour de l'anthère. En s'allongeant, quelques-uns de ces tubes onduleux viennent à rencontrer le stigmate ; désormais abondamment nourris, ils s'y enfoncent, et se comportent ensuite comme s'ils avaient pris naissance à sa surface : certaines Orchidées (Céphalanthéra, etc.).

5° Développement du tube pollinique depuis le stigmate jusqu'au sac embryonnaire. — Si le style est creusé d'un canal, le tube pollinique y pénètre et s'allonge en rampant à la surface ou à l'intérieur du tissu conducteur qui en revêt la paroi (fig. 105). Si le style est plein, le tube pollinique s'allonge directement entre les cellules du tissu conducteur, dans l'épaisseur même des membranes gélifiées qui les séparent ; il en dissout la substance et s'en nourrit. En même temps, il se remplit quelquefois de grains d'amidon, et en conséquence bleuit fortement par l'iode, ce qui permet d'en suivre aisément le cours sinueux à travers le style

(Ketmie, etc.). Son extrémité inférieure parvient ainsi dans la cavité ovarienne.

Il arrive quelquefois que le micropyle de l'ovule est appliqué assez étroitement contre la base du style pour que le tube pollinique, en continuant sa marche descendante, y pénètre directement (Ortie, Oseille, etc.). Mais ordinairement les tubes polliniques continuent à s'accroître dans la cavité ovarienne en suivant, dans chaque cas particulier, un chemin déterminé, nettement tracé par les bandes du tissu conducteur, souvent hérissées de papilles ou de poils, chemin qui les conduit fatalement et par la voie la plus courte aux micropyles des ovules. Le plus souvent c'est à la surface des placentas, toute couverte de papilles, qu'ils s'allongent ainsi en rampant; dans nos Euphorbes indigènes, un pinceau de poils les conduit depuis la base du style jusqu'au micropyle voisin; dans les Plombaginées, le tissu conducteur du style forme une excroissance conique descendante, qui introduit le tube pollinique jusque dans le micropyle. Rien n'est plus variable que ces dispositions, mais aussi rien n'est plus instructif que d'en suivre le mécanisme dans un certain nombre de cas particuliers.

Parvenu au micropyle d'un ovule, le tube pollinique s'y engage. Si à ce moment le sommet du nucelle existe encore, en tout ou en partie, le tube le traverse en s'insinuant entre ses cellules et vient appliquer fortement son extrémité contre celle du sac embryonnaire, au point où sont fixées les deux synergides (Liliacées, diverses Légumineuses, fig. 108; Violette, Renouée, etc.). Mais le plus souvent le sac embryonnaire, en s'agrandissant vers le haut, a résorbé tout le nucelle; son sommet se présente alors à nu au fond du canal micropylaire, dans lequel il s'allonge souvent plus ou moins (Orchidées, Viciées, Scabieuse, Monotropa, fig. 111), parfois même jusqu'à en dépasser l'orifice externe pour s'avancer librement dans la cavité ovarienne (Torénia, Santal, etc.). Tantôt la membrane du sac ainsi dénudé persiste au-dessus des synergides, mais ramollie, très réfringente, comme grumeuse, et c'est contre elle que vient s'appuyer l'extrémité du tube pollinique (Orchis, Ornithogale, Dauphinelle, Monotropa, etc.). Tantôt elle est complètement résorbée au sommet par les synergides qui font saillie au dehors, à travers l'orifice, et sur la pointe desquelles le tube pollinique vient s'appliquer directement (Crucifères, Safran, Ricin, Santal, etc.); dans ce dernier cas, les synergides ont souvent leur extrémité recouverte d'une calotte de cellulose (Safran, Santal, etc.).

Comme chaque ovule s'approprie de la sorte un tube pollinique, le nombre de ces tubes qui pénètrent dans un ovaire donné se règle, d'une façon générale, sur le nombre des ovules que cet ovaire renferme. Il s'introduit même ordinairement plus de tubes polliniques qu'il n'y a d'ovules. Quand ces derniers sont très nombreux, le nombre des tubes qui cheminent en même temps à travers le style et qui viennent ramper dans l'ovaire est donc très considérable (fig. 105). Dans l'ovaire des Orchidées, **par exemple,** ils forment un faisceau soyeux d'un blanc brillant que l'on distingue à l'œil nu.

Le temps qui s'écoule entre la pollinisation du **stigmate et la** rencontre du tube pollinique avec le sac embryonnaire ne dépend pas seulement de la longueur souvent très considérable (Maïs, Safran, Colchique, etc.) du chemin à parcourir, mais aussi des propriétés spécifiques de la plante. Ainsi les tubes polliniques du Safran, pour traverser un style long de 5 à 10 centimètres, n'exigent que de un à trois jours, tandis qu'il faut cinq jours à ceux de l'Arum pour fournir une course de 2 à 3 millimètres seulement Les tubes polliniques des Orchidées mettent quelquefois dix jours, souvent des semaines et des mois entiers, pour arriver à l'ovaire.

4° **Fécondation.** — Une fois le contact opéré et la soudure faite entre le sommet du tube pollinique et la membrane du sac embryonnaire ou la calotte cellulosique des synergides, une partie de la substance terminale du tube, où comme on sait le noyau s'est fondu dans le protoplasme, passe dans l'une des synergides, qui change aussitôt d'aspect. Son contenu protoplasmique se trouble, son noyau et sa vacuole disparaissent; elle se contracte un peu et paraît maintenant formée d'une substance homogène finement granuleuse, fortement réfringente, qui ressemble tout à fait par sa densité, ses granules, sa couleur, au contenu du tube pollinique (fig. 121, *a*). Puis, la synergide perd sa forme, prend un contour irrégulier, difflue et déverse une partie de sa substance dans l'oosphère qui la touche (fig. 121, *b*, *c*, *d*). Cela fait, l'oosphère à son tour se transforme. Elle se revêt d'une mince membrane de cellulose; la substance qui s'y est introduite se sépare en deux portions : l'une, protoplasmique, se mêle au protoplasme de l'oosphère; l'autre, nucléaire, se condense en un noyau (fig. 121, *b*, *c*). On admet que ce noyau nouvellement apparu n'est pas autre chose que le noyau propre de la grande cellule du grain de pollen et du tube pollinique, noyau qui s'est fondu, diffusé, comme on sait, dans le protoplasme général à une phase plus ou moins avancée du développement du tube, de manière à traverser facilement la membrane, et qui s'est solidifié, condensé de nouveau après le passage; aussi lui donne-t-on le nom de noyau mâle. Il est tantôt aussi grand que le noyau propre de l'oosphère ou noyau femelle (Orchis, etc.), tantôt plus petit (Monotropa, etc.). Bientôt les deux noyaux se rapprochent et s'unissent en un seul, de forme ovale (fig. 121, d). Un peu plus tard, le noyau devient sphérique, toute trace de l'origine binaire a disparu et l'œuf a acquis ses caractères difinitifs (fig. 121, e).

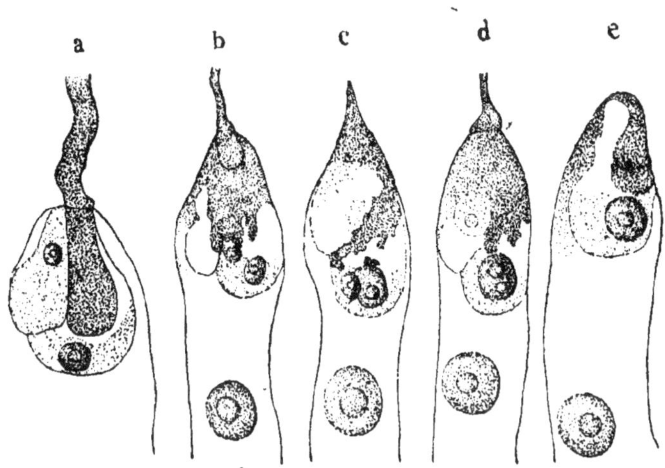

Fig. 121. Fécondation des Angiospermes, d'après le Monotropa : a, déversement du protoplasme du tube pollinique dans l'une des synergides; b, épanchement de la substance de cette synergide dans l'oosphère et reconstitution du noyau mâle; c, le noyau mâle se rapproche au contact du noyau de l'oosphère; d, les deux noyaux sont fusionnés; e, l'œuf est constitué. Cette figure fait suite à la figure 111 (p. 354).

Le passage de la substance qui remplit l'extrémité du tube pollinique à travers la membrane close du tube et à travers celle du sac embryonnaire ou de la synergide active est dû vraisemblablement à la même force qui, peu d'instants auparavant, faisait progresser cette substance dans le tube en voie de croissance. Cette croissance se trouve brusquement arrêtée, mais la poussée qui la provoquait continue et fait franchir l'obstacle. On connait d'ailleurs de nombreux exemples de phénomènes analogues. Pour n'en citer qu'un, ne voit-on pas, dans les réservoirs nutritifs, les substances protoplasmiques traverser un grand nombre de membranes closes pour se rendre au lieu d'emploi ?

L'autre synergide, demeurée inerte dans le phénomène, conserve d'abord son aspect primitif, puis disparaît. Quelquefois la substance du tube pollinique se partage entre les deux synergides, qui subissent ensemble les changements indiqués plus haut et qui transmettent toutes deux la substance mâle à l'oosphère sousjacente. Ailleurs, au contraire, le bout du tube pollinique s'insinue par l'orifice du sac embryonnaire entre les deux synergides, descend jusqu'au niveau de l'oosphère et y introduit directement la substance mâle (Torénia) ; les synergides sont alors toutes deux inactives. Une fois l'œuf constitué, le micropyle se resserre et s'oblitère ; le tube pollinique comprimé se résorbe. Enfin la membrane du sac, quand elle n'a pas été percée, se raffermit au-dessus de l'œuf, quand elle a été perforée, se referme à l'aide des calottes de cellulose qui subsistent après la destruction des synergides et qui bouchent exactement l'ouverture.

C'est à ce passage de la substance mâle dans la substance femelle, suivi d'une pénétration et d'une combinaison protoplasme à protoplasme et noyau à noyau, qu'il convient d'appliquer et de limiter le mot de *fécondation*. En y introduisant son noyau et son protoplasme, le tube pollinique *féconde* l'oosphère ; en recevant ce noyau et ce protoplasme et en s'y combinant terme à terme, l'oosphère *fécondée* produit l'œuf.

Action du pollen sur les ovules chez les Gymnospermes. — Les fleurs des Gymnospermes sont unisexuées. Réduites chacune à un carpelle ouvert, dépourvu à la fois de style et de stigmate, les fleurs femelles y exposent directement à l'air les micropyles de leurs ovules, dont le tégument se prolonge en tube au delà du nucelle (fig. 122). Projetés dans l'air au moment de la déhiscence des sacs polliniques, les grains de pollen bicellulaires de ces plantes sont donc déposés directement par l'atmosphère sur le micropyle des ovules, où les retient une gouttelette liquide. Ils parviennent ensuite facilement à travers le large canal micropylaire sur le sommet du nucelle dans la chambre pollinique.

Là, ils germent ; leur grande cellule s'allonge en un tube pollinique, qui ne s'enfonce d'abord que d'une petite longueur dans le tissu du nucelle ; il se fait ensuite un temps d'arrêt plus ou moins long, pendant lequel l'ovule achève son développement. Dans les Conifères qui mûrissent leur fruit en une année, cette interruption

dans la croissance du tube pollinique ne dure que quelques semaines ou quelques mois; mais dans celles où la graine exige
deux ans pour mûrir (Genévrier commun, Pin silvestre, etc.), elle
se prolonge jusqu'au mois de juin de la seconde année. A ce
moment, les tubes polliniques recommencent à s'allonger à travers
le nucelle, en élargissant de plus en plus leur extrémité inférieure
(p. 349, fig. 109). Ils atteignent enfin la membrane, maintenant
ramollie, du sac embryonnaire, la traversent, pénètrent dans l'entonnoir de l'endosperme et appliquent fortement leurs sommets

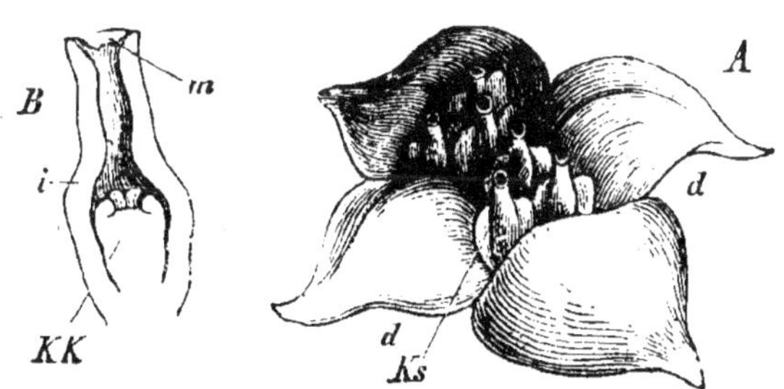

Fig. 122. *A*, groupe de quatre fleurs femelles de Callitris; chacune d'elles se
compose d'un carpelle ouvert *d*, portant deux ovules orthotropes dressés *ks*.
B, ovule coupé en long; *k*, nucelle; *i*, tégument; *m*, micropyle.

contre les rosettes des corpuscules. Avant ce moment, la petite
cellule qui surmonte l'oosphère s'est désorganisée, ouvrant ainsi
l'accès de l'oosphère vers le bas et dissociant vers le haut les cellules de la rosette, ce qui donne naissance au canal.

Chez les Abiétinées et les Taxinées, chaque corpuscule, isolé de
ses voisins au fond de son entonnoir spécial, exige un tube pollinique et par conséquent plusieurs tubes polliniques pénètrent à la
fois dans le sac embryonnaire. L'extrémité du tube s'introduit dans
le canal de la rosette, qui comprend parfois trois étages de cellules
superposées (Pin, Épicéa, etc.), le traverse et pénètre un peu dans
l'oosphère. C'est alors que les noyaux de troisième ordre se
fondent dans la masse protoplasmique qui les entoure, comme il
a été dit plus haut, et qu'une portion de la substance ainsi formée
passe à travers la membrane et entre dans l'oosphère (fig. 123,
a, b, c). Là, elle se sépare en deux parties : l'une protoplasmique,
qui se mêle au protoplasme de l'oosphère; l'autre nucléaire, qui
se condense aussitôt, près de l'extrémité du tube, en un noyau
(fig. 123, *d*). Ici aussi, l'on admet que ce nouveau noyau est formé

par la substance du noyau qui vient de se dissoudre dans le tube pollinique pour passer à travers sa membrane. Bientôt ce noyau mâle se rapproche du noyau propre de l'oosphère, ou noyau femelle, et finalement s'unit à lui pour former le noyau de l'œuf (fig. 123, *e*, *f*). La cellule fille du tube pollinique la plus éloignée de l'extrémité et qui demeure, comme on sait, indivise, ne prend

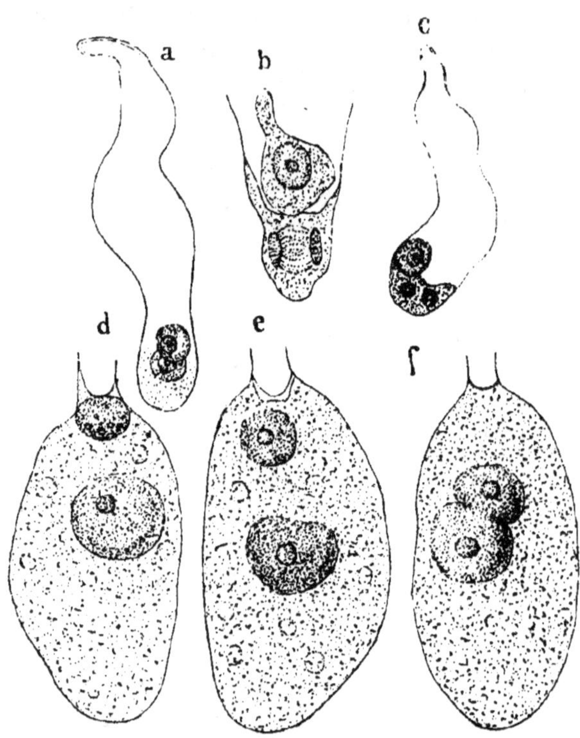

Fig. 123. Fécondation des Gymnospermes : *a*, tube pollinique du Genévrier, avec ses deux cellules filles ; *b*, *c*, bipartition du noyau inférieur ; *d*, oosphère de l'Épicéa, au moment où le noyau mâle vient de se reconstituer au delà du sommet du tube pollinique ; *e*, le noyau mâle descend ; *f*, il se fusionne avec le noyau de l'oosphère, pour former le noyau de l'œuf.

aucune part à la formation de l'œuf (fig. 123, *a*, *b*, *c*). Aussitôt après, le tube pollinique, comprimé par les cellules environnant, se vide et se résorbe complètement.

Chez les Cupressinées, un seul tube pollinique suffit à couvrir en dilatant son extrémité, tout le faisceau de corpuscules serré côte à côte sous le large entonnoir commun de l'endosperme (fig. 109). L'extrémité du tube projette alors dans le canal central de chacune des rosettes un mince prolongement, qui pénètre jusque dans l'oosphère. Les choses s'y passent ensuite comme il vient d'être dit.

La formation de l'œuf s'opère donc essentiellement chez les Gymnospermes comme chez les Angiospermes. Seulement, le chemin est plus long qui met en regard les deux corps à combiner. Il se fait des divisions dans le tube pollinique, il se fait des divisions dans les cellules filles du sac embryonnaire, et c'est entre certains produits de même ordre de ces divisions que s'accomplit l'acte fécondateur. Ces divisions sont supprimées chez les Angiospermes ; il en résulte chez ces plantes un raccourcissement et une simplification des phénomènes.

Caractères généraux de la formation de l'œuf chez les Phanérogames. — Chez toutes les Phanérogames l'œuf résulte donc, en définitive, de la fusion, de la combinaison de deux corps protoplasmiques pourvus de noyau, combinaison qui porte séparément sur le protoplasme et sur le noyau. Ces deux corps diffèrent à la fois par leur origine et par la manière dont ils s'unissent ; il y a donc *sexualité* (p. 44). Celui qui fait tout le chemin pour s'unir à l'autre est dit *mâle*, celui qui reste en place est dit *femelle*. En remontant de proche en proche, on dit aussi mâle : le tube pollinique, le grain de pollen, le sac pollinique, l'étamine, l'androcée, la fleur staminée, enfin la plante tout entière quand elle ne porte que des fleurs staminées. De même on dit femelle : le sac embryonnaire, l'ovule, le carpelle, le pistil, la fleur pistillée et enfin la plante tout entière quand elle ne porte que des fleurs pistillées.

Aux caractères de la plante ancienne, qui lui sont transmis puisqu'ils sont déposés à la fois dans le protoplasme et le noyau de l'oosphère, dans le protoplasme et le noyau du tube pollinique, s'ajoutent dans l'œuf des caractères nouveaux, acquis à l'instant même de la fécondation et par le fait seul de la combinaison des deux protoplasmes et des deux noyaux différents. Virtuellement présents, ces caractères nouveaux se manifesteront plus tard p'' à peu pendant le développement de l'œuf. Pleinement épanouis da.s la plante adulte, ils constitueront la personnalité de cette plar te, par où elle diffère de celle qui lui a donné naissance, ce qu'on appelle sa *variation* (p. 46).

Conséquences de la formation de l'œuf. — Les œufs formés, le rôle de la fleur est rempli. Aussi les diverses parties qui la composent, en dehors du pistil, n'attendent-elles pas l'entier accomplissement du phénomène pour se détacher ou se flétrir. Déjà la pollinisation du stigmate entraîne de grands changements dans la fleur. Le calice et la corolle tombent le plus souvent avec les étamines et le pistil demeure seul. Dans les Orchidées, c'est même seulement à la suite et comme conséquence de la pollinisation du stigmate, que les ovules se forment à la surface des placentas, ou du moins qu'ils y acquièrent leur développement complet.

Une fois les tubes polliniques parvenus dans la cavité ovarienne, le stigmate et le style, qu'ils ont épuisés sur leur parcours pour se nourrir, se flétrissent, se dessèchent et bientôt de la fleur tout entière il ne reste plus que l'ovaire. Quand, plus tard, les œufs se développeront en embryons et les ovules en graines, l'ovaire deviendra le fruit.

CHAPITRE SIXIÈME

DÉVELOPPEMENT DES PHANÉROGAMES

Sachant comment la plante phanérogame forme son œuf, nous devons maintenant parcourir la série des phases par lesquelles elle passe depuis cet œuf jusqu'à l'état adulte, c'est-à-dire jusqu'à la formation des œufs nouveaux, et depuis l'état adulte jusqu'à la mort, en un mot étudier son développement.

Aussitôt formé, l'œuf se développe sur place dans le sac embryonnaire, en puisant sa nourriture dans la plante mère ; en d'autres termes, les Phanérogames sont vivipares. En même temps, l'ovule se transforme et devient la *graine*, tandis que le pistil se modifie et devient le *fruit*. Puis, la graine *germe* et produit une *plantule*. Tantôt cette plantule devient directement en grandissant l'individu adulte ; tantôt elle produit, par fractionnement de son corps, une série d'individus distincts de plus en plus vigoureux, dont le dernier se montre enfin capable de fleurir. Étudions successivement les diverses phases que nous venons d'indiquer.

§ 1

Développement de l'œuf en embryon.

Le développement de l'œuf à l'intérieur du sac embryonnaire aboutit à la formation d'un corps pluricellulaire plus ou moins différencié, qu'on appelle l'*embryon*. Mais en raison de la constitution différente du sac embryonnaire chez les Angiospermes et les Gymnospermes (p. 348), il est nécessaire d'étudier la question séparément dans ces deux groupes de plantes.

Développement de l'œuf en embryon chez les Angiospermes. — Soudé par sa membrane au sommet du sac embryonnaire, l'œuf entre d'ordinaire en développement aussitôt après sa formation. Pourtant, chez bon nombre de plantes, il traverse d'abord une phase de repos plus ou moins longue, qui dure souvent plusieurs semaines (Orme, Chêne, Hêtre, Noyer, Citronnier, Érable, Marronnier, Robinier, Cornouiller, etc.), et qui peut s'élever à cinq ou six mois (Colchique) ou même à une année entière, comme dans les Chênes américains, qui mettent deux ans à mûrir leurs graines.

Dans tous les cas, il grandit d'abord en s'allongeant plus ou moins suivant l'axe du sac ; puis il se divise, par une cloison perpendiculaire à l'axe, en deux cellules superposées. Il arrive quelquefois que ces deux cellules se cloisonnent ensuite de la même manière et contribuent toutes deux au même titre à former le corps de l'embryon ; l'œuf devient alors tout entier l'embryon (Mimosées, quelques Hédysarées, quelques Orchidées, etc.). Mais le plus souvent elles ont un sort très différent. L'inférieure seule produit l'embryon ; la supérieure se divise, tantôt seulement par des cloisons transversales en formant une simple file de cellules (Crucifères, etc.), tantôt à la fois par des cloisons transversales et longitudinales en produisant un cordon cellulaire plus ou moins épais (Viciées, Lupin, Haricot, Géranium, Capucine, etc.) ; ce filament ou ce cordon enfonce plus ou moins profondément l'embryon dans la cavité du sac, à la voûte duquel il le tient suspendu : c'est le *suspenseur*. Outre sa fonction mécanique, le suspenseur joue aussi parfois le rôle de réserve nutritive ; ses cellules se remplissent alors de matières albuminoïdes, d'amidon, de sucre, etc., que plus tard elles cèdent à l'embryon en s'épuisant.

Portée par le suspenseur, la cellule mère de l'embryon s'arrondit d'abord en sphère, puis se divise en deux par une cloison longitudinale dirigée tantôt dans le plan de symétrie de l'ovule (Légumineuses, etc.), tantôt perpendiculairement à ce plan (Ombellifères, Caryophyllées, etc.). Chaque moitié se segmente ensuite par une cloison transversale ; après quoi chaque quart se divise par une cloison tangentielle, qui isole l'épiderme. Les quatre cellules internes se partagent ensuite par des cloisons répétées, d'abord longitudinales, puis transversales et obliques, et la masse ainsi formée ne tarde pas à se différencier en écorce et cylindre central. En même temps, le corps s'allonge et devient la tige de l'embryon, ce qu'on appelle la *tigelle*. A l'extrémité inférieure de la tige, l'écorce, s'accroissant davantage en deux points opposés, qui correspondent aux deux cellules issues du premier cloisonnement longitudinal, forme deux mamelons recouverts par l'épiderme ; ceux-ci grandissent vers le bas, se pressent l'un contre l'autre et constituent enfin les deux premières feuilles, les *cotylédons* de l'embryon ; ceux-ci sont donc tantôt situés de part et d'autre du plan de symétrie de l'ovule, tantôt coupés en deux par ce plan. Entre les deux, dans le prolongement de l'axe, apparaît plus tard un petit mamelon, qui est le cône terminal de la tige. A l'extrémité supérieure, contre le suspenseur, la tige s'amincit en pointe obtuse ; à une petite distance du sommet, l'épiderme divise ses cellules par des cloisons tangentielles centripètes ; la partie conique située au-dessus de la première division constitue la racine terminale, la *radicule* de l'embryon ; ce premier cloisonnement de l'épiderme fixe, comme on sait (p. 167), la position du collet.

Telle est, chez les Dicotylédones, la marche ordinaire du cloisonnement de l'œuf et de la différenciation de l'embryon. Chez les Monocotylédones, où la première cloison longitudinale de la cellule mère de l'embryon est toujours perpendiculaire au plan de symétrie de l'ovule, l'unique différence est que l'écorce ne forme au sommet de la tige qu'une seule protubérance latérale, laquelle se dilate tout autour du cône terminal pour former l'unique cotylédon engainant ; celui-ci est donc toujours coupé en deux par le plan de symétrie de l'ovule.

État définitif de l'embryon. — Arrivé au terme de son développement, l'embryon des Angiospermes atteint, suivant les plantes, des dimensions très différentes. Sa différenciation externe se réduit souvent, comme il vient d'être dit, à la formation sur sa tige d'une radicule et d'un ou de deux cotylédons, entre lesquels se trouve un cône terminal nu (Courge, Grand-Soleil, Ail, etc.). Mais il n'est pas rare que ce dernier poursuive de suite sa croissance et produise sur ses flancs plusieurs feuilles nouvelles, étroitement appliquées les unes contre les autres ; l'embryon possède alors un véritable bourgeon terminal, qu'on appelle la *gemmule* (Graminées, Haricot, Fève, Chêne, Amandier, etc.). Il n'est pas très rare non plus de voir se développer sur la tigelle, outre la racine terminale, un plus ou moins grand nombre de racines latérales, naissant du péricycle comme sur la tige adulte (Graminées, Pistia, Courge, Balsamine, Mâcre, etc.).

La différenciation interne de l'embryon, notamment dans la tigelle, ne s'arrête pas d'ordinaire à la distinction entre l'épiderme, l'écorce et le cylindre central. Dans ce dernier, les cordons qui doivent devenir les faisceaux libéroligneux de la tige sont différenciés au sein du conjonctif, lequel est séparé par eux en trois régions : péricycle, rayons médullaires et moelle. Mais c'est seulement dans quelques gros embryons que l'on trouve des vaisseaux dans la région ligneuse et des tubes criblés dans la région libérienne (Noyer, Chêne, Gui, Pentadesma, etc.); le plus souvent les tissus ne passent à l'état définitif que plus tard, à la germination de la graine. D'autre part, chez diverses plantes parasites ou humicoles dépourvues de chlorophylle (Cuscute, Orobanche, Monotropa, etc.), chez les Orchidées, la Ficaire, etc., l'embryon s'arrête à une phase très précoce de son développement. Il demeure alors formé d'un simple corpuscule arrondi, n'offrant à l'extérieur aucune division en radicule, tigelle et cotylédons, à l'intérieur aucune différenciation entre ses cellules ; celles-ci se réduisent même quelquefois à un petit nombre, à cinq, par exemple, dans le Monotropa, une pour le suspenseur et quatre pour l'embryon.

Orientation de l'embryon. — Normalement développé, l'embryon affecte dans le sac embryonnaire, par rapport au plan de symétrie du tégument et de l'ovule tout entier, une orientation fixe, déterminée par les deux conditions suivantes : 1° La ligne de symétrie de la tige et de la racine coïncide avec l'axe, droit ou courbe, du sac embryonnaire et demeure contenue dans le plan de symétrie de l'ovule, tournant son pôle gemmulaire vers le limbe de la foliole ovulaire et son pôle radiculaire en sens opposé. 2° Si l'on appelle plan médian de l'embryon, le plan médian de sa première feuille ou le plan médian commun de ses deux premières feuilles opposées, ce plan médian tantôt coïncide avec le plan de symétrie de l'ovule (Monocotylédones, Ombellifères, Labiées, Caryophyllées, etc.), tantôt lui est perpendiculaire (Rosacées, Légumineuses, Cucurbitacées, Cupulifères, etc.). Les deux cas peuvent d'ailleurs se rencontrer dans la même famille (Crucifères) ou dans le même genre (Renouée). Il y a donc, comme on voit, des rapports fixes de position entre l'embryon et le tégument de l'ovule, c'est-à-dire entre la plante fille et la plante mère.

Embryons adventifs. — Dans quelques plantes, l'embryon se trouve accompagné, ou même remplacé, par des productions analogues, mais d'une origine et d'une valeur morphologique bien différentes. Ainsi chez divers Citronniers, le Fusain d'Europe, le Clusia rosé, le Funkia ovale, le Nothoscordum odorant, etc., on voit, après la formation de l'œuf, certaines cellules épidermiques de la région supérieure persistante du nucelle s'accroître vers l'intérieur, en refoulant devant elles la membrane du sac embryonnaire, se diviser par des cloisons obliques et former de petits mamelons qui se différencient et deviennent finalement autant de corps tout semblables en apparence à l'embryon normal qu'ils entourent. Ce sont de faux embryons, des embryons adventifs, de même valeur que ceux qui procèdent, comme on sait, des cellules épidermiques des feuilles chez les Bégonias et certaines Fougères. De ces nombreux embryons surnuméraires, quelques-uns seulement arrivent à développement complet, les autres avortent à divers états.

Le même phénomène a lieu dans le Célébogyne à feuilles de Houx, Euphorbiacée dioïque d'Australie, dont on ne possède dans les jardins d'Europe que les individus femelles. Seulement, la fécondation ne pouvant avoir lieu, l'oosphère se résorbe ici avec les synergides, et tous les embryons, dont il ne subsiste en définitive qu'un seul, sont d'origine adventive. Aussi les graines obtenues en Europe reproduisent-elles, non des plantes nouvelles, mais seulement des individus tout pareils à l'individu primitif, c'est-à-dire femelles comme lui.

Formation de l'albumen. — Sitôt l'œuf formé, le noyau et le protoplasme du sac embryonnaire sont le siège de phénomènes particuliers, qui aboutissent à la formation d'un tissu spécial nommé *l'albumen*. Suivant que le sac embryonnaire est large ou étroit, la chose a lieu de deux manières différentes.

Dans le premier cas, qui est le plus fréquent (Monocotylédones,

majorité des Dicotylédones), le noyau du sac subit d'abord un plus
ou moins grand nombre de bipartitions et les nouveaux noyaux
se répartissent à égale distance les uns des autres dans la couche
pariétale du protoplasme. Celle-ci se découpe ensuite, par des cloisons simultanées, en autant de cellules polygonales qu'elle contient
de noyaux. Puis les cellules de l'assise ainsi formée s'accroissent
vers l'intérieur en se cloisonnant à mesure et viennent enfin se
rencontrer au centre du sac, qui se trouve complètement rempli
par l'albumen dès l'époque où l'œuf subit ses premiers cloisonnements. Si le sac embryonnaire devient très volumineux, comme
chez les Papilionacées à grosses graines, le Ricin, etc., il n'arrive
qu'assez tard à se remplir d'albumen et l'on voit longtemps sa
région centrale occupée par un liquide clair, creusé de vacuoles.
Dans l'énorme sac embryonnaire du Cocotier, le remplissage n'a
même jamais lieu ; l'albumen tapisse seulement la paroi d'une
couche de quelques millimètres d'épaisseur, tandis que la cavité
demeure remplie de ce liquide albumineux qu'on appelle *lait de
coco*.

Quand le sac embryonnaire est étroit et allongé en tube, comme
chez un grand nombre de Gamopétales (Scrofularinées, Orobanchées, Labiées, Verbénacées, Éricacées, Campanulacées, etc.), la
première division du noyau est suivie aussitôt d'un cloisonnement
transversal du sac, qui se trouve partagé en deux cellules superposées, et il en est de même après chacune des bipartitions successives des nouveaux noyaux.

Ces deux modes de cloisonnement, l'un tardif et simultané,
l'autre précoce et successif, peuvent d'ailleurs se rencontrer dans
des familles très voisines. Les Solanées et les Borraginées, par
exemple, offrent le premier, tandis que les Scrofularinées et les
Labiées se rattachent au second. Parmi les plantes qui suivent le
premier mode, il en est quelques-unes où, après la bipartition
répétée des noyaux, il ne se fait aucun cloisonnement dans le protoplasme ; le sac embryonnaire demeure alors, jusqu'au moment
où l'embryon le remplit complètement, ce que nous avons appelé
un article (p. 25) ; à vrai dire, il ne s'y constitue pas d'albumen
(Viciées, Haricot, Capucine, Mâcre, Alismacées, etc.). Quelquefois
même le noyau propre du sac disparaît sans se diviser ; toute
trace de la formation d'un albumen est par là supprimée (Canna,
Orchidées).

Digestion de l'albumen par l'embryon en voie de for-

mation. — Dès ses premiers développements, l'embryon se trouve amené en contact avec l'albumen. Il le traverse, non pas en le refoulant devant lui, mais en le trouant, c'est-à-dire en dissolvant sur son passage les membranes et les contenus des cellules, et en absorbant les produits solubles pour sa propre nutrition. En un mot, l'embryon, à mesure qu'il se développe dans le sac embryonnaire, digère l'albumen. Suivant la dimension où l'embryon arrête sa croissance, cette digestion est tantôt incomplète, tantôt complète.

Si l'embryon demeure petit et n'occupe qu'une partie du sac embryonnaire, comme il n'a digéré que la portion d'albumen à laquelle il s'est substitué, on retrouve dans la graine mûre une plus ou moins grande partie de l'albumen primitif (la plupart des Monocotylédones et beaucoup de Dicotylédones : Renonculacées, Euphorbiacées, Papavéracées , etc.). Enveloppant l'embryon de toutes parts (Euphorbiacées, etc.) ou appliqué sur lui d'un côté seulement (Graminées, fig. 126, etc.), cet albumen permanent renferme dans ses cellules , toujours fortement unies entre elles sans laisser de

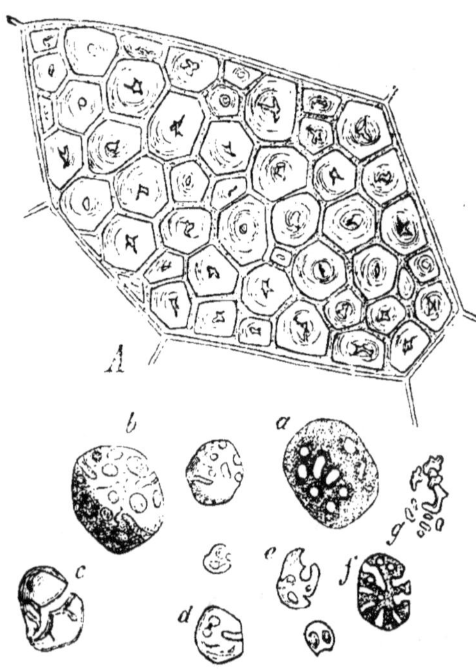

Fig. 124. Une cellule de l'albumen amylacé du Maïs. La matière albuminoïde forme un réseau dont les mailles sont occupées par des grains d'amidon polyédriques, où la dessiccation a produit des cavités et des fissures : *a-g*, grains d'amidon isolés, en voie de corrosion par l'amylase dans une graine en germination.

méats, des matériaux de réserve de diverses natures. Sous ce rapport, on y distingue trois types principaux.

Si les cellules ont des membranes minces et contiennent dans

leur masse albuminoïde une grande quantité de grains d'amidon,
l'albumen est dit *amylacé* ou *farineux* (fig. 124) (Graminées, Polygonées, Nyctaginées, etc.); c'est l'albumen amylacé des céréales qui
nous donne le pain (fig. 126). Si, avec des membranes minces, les
cellules renferment beaucoup de matière grasse, l'albumen est dit
oléagineux ou *charnu* (fig. 125) (Papavéracées, Ricin, etc.); l'huile
d'Œillette, de Ricin, etc., provient de pareils albumens. C'est surtout dans l'albumen oléagineux que
l'on rencontre en abondance ces
grains de substance albuminoïde
que l'on nomme des grains d'aleurone, grains tantôt homogènes (Pivoine, etc.), tantôt munis d'enclaves
qui sont, soit des cristaux de matière albuminoïde (Scorsonère, etc.),
soit de petites sphères de glycéro-
phosphate de chaux et de magnésie
(Coriandre et autres Ombellifères,
etc.), soit à la fois ces cristaux et
ces sphérules (Ricin, fig. 125). Enfin,
si les membranes cellulosiques s'é-
paississent beaucoup et se creusent
de canalicules, l'albumen devient
dur, il est dit *corné* (Dattier, Ombellifères, Caféier, etc.). Le plus souvent ses membranes ainsi épaissies
demeurent à l'état de cellulose
pure; il arrive alors quelquefois à
prendre la consistance et l'aspect
de l'ivoire, et à se prêter aux mêmes
usages, comme dans le Phytéléphas, où il constitue ce qu'on ap-

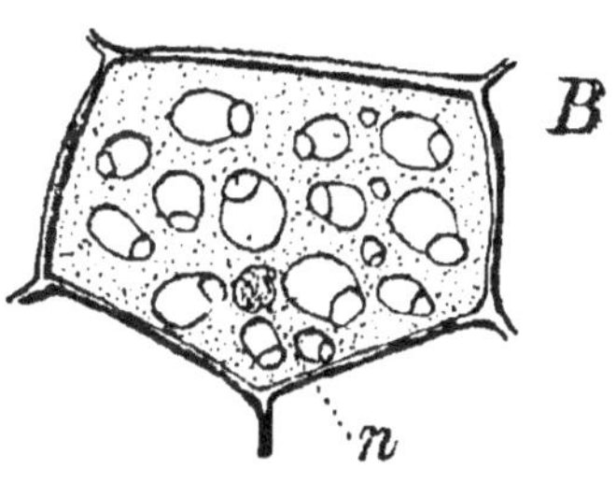

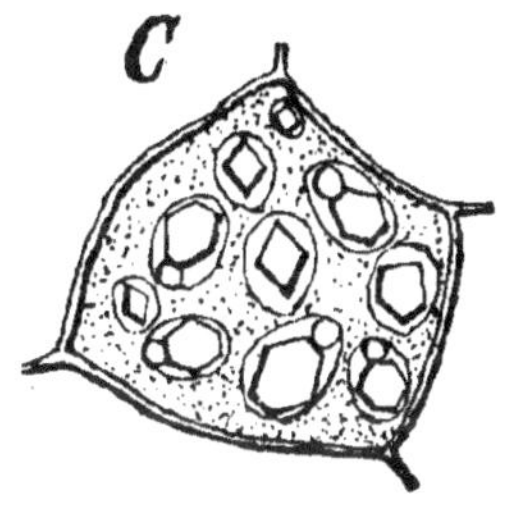

Fig. 125. Une cellule de l'albumen
oléagineux du Ricin : *B*, vue
dans l'huile, montrant les grains
d'aleurone et le noyau *n*. *C*, vue
dans l'eau, après l'action du bi-
chlorure de mercure; le cristal
et la sphérule sont visibles dans
chaque grain d'aleurone.

pelle l'*ivoire végétal*. Quelquefois au contraire ses membranes se
gélifient, à l'exception de la couche interne, et dans l'eau se ramol-
lissent, se gonflent et forment mucilage (Caroubier, etc.) (voir
p. 34, fig. 15). Dans tous les cas, ses cellules contenant des matières grasses et non de l'amidon, l'albumen corné se rapproche
plus de l'albumen oléagineux que de l'albumen amylacé. Il existe
d'ailleurs une foule de transitions entre les albumens charnu et
corné. Aussi ces trois catégories se réduisent-elles à deux, au

point de vue des caractères que l'on en peut tirer pour la détermination des affinités des plantes.

Dans un très grand nombre de Dicotylédones (Composées, Cucurbitacées, Rosacées, Crucifères, Cupulifères, etc.), l'embryon devient très volumineux et, digérant et faisant disparaître jusqu'aux dernières traces de l'albumen, il remplit finalement toute la capacité du sac embryonnaire. C'est principalement sur les cotylédons que porte ce grand accroissement ; la tigelle, la radicule et la gemmule demeurent petites ; c'est en eux aussi, dans leur parenchyme, que s'accumulent et se mettent en réserve les matériaux nutritifs qui demeurent ailleurs dans l'albumen permanent. Aussi deviennent-ils tantôt amylacés (beaucoup de Papilionacées, etc.), tantôt oléagineux et aleuriques (Crucifères, etc.). Extérieure dans le premier cas, la réserve nutritive devient intérieure dans le second : c'est toute la différence. Aussi n'est-il pas surprenant que ces deux manières d'être se rencontrent côte à côte dans la même famille et parfois dans le même genre. Certaines Papilionacées, par exemple, ont un albumen permanent (Trèfle, Lotier, Baguenaudier, Robinier, Astragale, etc.), tandis que d'autres en sont dépourvues (Viciées, Haricot, etc.) ; parmi les Gesses, les Bugranes, les Lupins, etc., certaines ont un albumen permanent qui manque aux autres.

Développement de l'œuf en embryon chez les Gymnospermes. — Dans les Gymnospermes, le noyau de l'œuf descend jusque dans sa région inférieure, et, là, se divise deux fois transversalement, en formant quatre nouveaux noyaux situés dans le même plan. Ceux-ci se divisent ensuite suivant l'axe, ce qui donne deux étages de quatre noyaux. Puis il se fait simultanément une cloison de cellulose entre les deux étages et deux cloisons longitudinales en croix entre les quatre paires de noyaux superposés. Il en résulte que les quatre noyaux d'en bas sont renfermés dans autant de cellules complètes et ceux d'en haut dans de simples alvéoles. Les quatre cellules inférieures se cloisonnent ensuite à deux reprises transversalement, pour donner trois étages superposés. Ce sont ces trois étages de quatre cellules qui vont seuls se développer ; tout le protoplasme supérieur de l'œuf, avec les quatre noyaux des alvéoles est frappé de résorption.

L'étage supérieur et l'étage moyen produisent ensemble le suspenseur. Dans les Abiétinées, les cellules du premier restent courtes et en place, tandis que celles du second s'allongent énormément, subissent de nombreuses divisions transversales et forment un filament qui pénètre dans la région supérieure de l'endosperme, où il se tortille en tous sens. Dans les Cupressinées, ce sont, au contraire, les cellules de l'étage supérieur qui s'allongent et se tortillent de la sorte, tandis que celles de l'étage moyen demeurent courtes. Enfoncées dans l'endosperme par ce long suspenseur, les quatre cellules de l'étage inférieur produisent l'embryon. Le plus souvent, elles restent unies, se divisent par des cloisons transversales, longitudinales et obliques, et constituent toutes ensemble un seul embryon : la tigelle de celui-ci s'allonge et se termine en haut par une radicule, en bas par deux cotylédons opposés (Cyprès, etc.), ou par un plus grand nombre de cotylédons verticillés (Épicéa, etc.). Quelquefois les quatre cellules se séparent complètement et isolent de bas en haut leurs suspenseurs ; chacune d'elles se divise ensuite en quatre par deux cloisons en croix et produit en définitive un embryon distinct. L'œuf donne alors naissance à quatre embryons (Pin, Genévrier).

On voit que normalement l'ovule des Gymnospermes peut produire plusieurs embryons, d'abord parce que dans le même nucelle il y a plusieurs corpuscules fécondés, plusieurs œufs formés, ensuite parce que chaque œuf peut donner naissance à plusieurs embryons. Mais de tous ces embryons nés dans le même nucelle, un seul habituellement l'emporte sur les autres, qui avortent à divers états. Aussi la graine n'a-t-elle d'ordinaire, comme chez les Angiospermes, qu'un seul embryon bien conformé, à l'extrémité radiculaire duquel les divers suspenseurs de plus en plus refoulés finissent par ne plus former qu'un peloton irrégulier et serré.

L'endosperme, à l'intérieur et aux dépens duquel les embryons grandissent en le résorbant, s'accroît à mesure et n'est qu'en partie détruit par eux. Il en reste finalement une couche épaisse, enveloppant l'embryon dans la graine mûre et constituant, comme l'albumen permanent des Angiospermes, une réserve nutritive pour les développements ultérieurs ; cette réserve est principalement albuminoïde et oléagineuse.

§ 2

Développement de l'ovule en graine.

Connaissant ce qui se passe dans le sac embryonnaire, voyons ce

que deviennent pendant ce temps le nucelle, le tégument et le
funicule; nous saurons alors comment l'ovule s'est changé en
graine.

Modification du nucelle. Périsperme. — On sait que, dès
avant la fécondation, le nucelle a souvent disparu tout entier, résorbé
par la croissance du sac embryonnaire (p. 348). Ailleurs, la résorption est incomplète et laisse subsister, tout autour du sac ou
seulement à son sommet, une couche de tissu plus ou moins épaisse.
Pendant que s'y développent l'embryon et l'albumen, le sac embryonnaire grandit beaucoup d'ordinaire et détruit cette couche
en venant s'appliquer contre le tégument. Quelquefois cependant
le nucelle, au lieu de se résorber de suite, s'accroît au contraire,
multiplie ses cellules, puis les remplit de matériaux nutritifs; il
produit ce qu'on appelle un *périsperme*.

Tantôt ce périsperme n'a qu'une existence transitoire et se
trouve en définitive résorbé complètement pendant la dernière
période de la croissance du sac embryonnaire (Prunées, etc.).
Tantôt, au contraire, il est permanent et la graine mûre contient,
entre le tégument et le sac embryonnaire, un périsperme plus ou
moins volumineux, amylacé ou oléagineux. Quelquefois il y a en
même temps un albumen permanent dans le sac; la graine renferme alors, autour de son embryon, deux réserves nutritives emboîtées (Pipéracées, Nymphéacées, Zingibéracées, etc.) ; ailleurs il
ne se fait pas, ou il ne subsiste pas d'albumen, et le périsperme
est la seule réserve nutritive de l'embryon (Canna, etc.).

C'est encore d'un développement particulier de certaines cellules du sommet du nucelle que résultent, comme il a été dit plus
haut, les embryons adventifs de quelques Angiospermes. Chez les
Gymnospermes, le nucelle est toujours entièrement résorbé par
la croissance du sac embryonnaire pendant que les œufs se développent en embryons.

**Modification du tégument et du funicule de l'ovule.
Arille.** — Quand il y a deux téguments, l'interne, très mince et
tout entier parenchymateux, est résorbé d'ordinaire en même temps
que le nucelle; il est rare qu'il subsiste (Euphorbiacées). L'externe,
au contraire, ou le tégument unique, s'accroît de manière à suivre
sans se rompre la croissance du sac embryonnaire. Ses faisceaux
libéroligneux s'accusent plus nettement et se multiplient. Son
parenchyme, d'abord homogène, se différencie souvent d'une façon
très compliquée en couches successives de propriétés différentes,

et le tout constitue le tégument de la graine, sur lequel on reviendra tout à l'heure.

Quant au funicule, il persiste en s'accroissant proportionnellement et devient le funicule de la graine ; le hile de l'ovule devient aussi le hile de la graine. Au voisinage du hile, le funicule est parfois le siège d'un développement particulier. Son parenchyme se relève tout autour en formant une cupule, grandit peu à peu, s'applique sur le tégument, sans contracter adhérence avec lui, et finit souvent par envelopper complètement la graine ; ce tégument accessoire porte le nom d'*arille*. Si l'ovule est orthotrope, l'arille monte de la chalaze au micropyle (If) ; s'il est anatrope, l'arille couvre aussitôt le micropyle et descend ensuite vers la chalaze (Nymphéa). L'arille est généralement un sac charnu, parfois vivement coloré. Dans l'If, dans la Passiflore, ce sac est largement ouvert au sommet ; dans le Nymphéa, il enveloppe complètement la graine. Dans les Dilléniacées, il atteint des proportions très diverses selon les genres, formant une simple cupule à la base de la graine (Pachynéma), une coupe plus profonde, (Hibbertia), ou un sac complet (Tétracéra). Les graines de Bixa, de Cytinus, de diverses Sapindacées, offrent aussi des arilles plus ou moins étendus.

Organisation de la graine mûre. — Quand tous les développements que l'on vient d'étudier sont arrivés à leur terme, l'ovule est devenu la graine, et celle-ci n'a plus qu'à mûrir avant de se détacher.

La maturation de la graine s'accuse principalement par une diminution de volume et de poids, due à la perte graduelle de la plus grande partie de l'eau qu'elle renfermait en abondance. Cette dessiccation détermine en elle une foule de changements internes. La surface perd sa transparence et son éclat spécial, elle devient opaque, pendant que le tégument revêt sa couleur définitive. Les substances plastiques de réserve, notamment l'amidon et l'aleurone, se condensent à l'état solide dans les cellules de l'albumen et de l'embryon. Finalement il ne reste plus dans la graine, arrivée à cet état où elle se sépare du fruit et où l'on dit qu'elle est *mûre*, que 4 % d'eau en moyenne, proportion qui peut s'élever à 8 % (Ricin) et descendre à 1 % (Cresson) et même à 0,50 % (Vélar).

Arrivée ainsi à maturité, la graine ne tarde pas ordinairement à se séparer de l'ovaire devenu le fruit, pour se disséminer dans le milieu extérieur. Cette séparation a lieu au point où le funicule s'attache sur le corps de la graine, c'est-à-dire au hile, le funicule restant tout entier attaché au fruit. S'il y a un arille, c'est au-dessous de lui que la rupture a lieu. Une graine, ainsi mise en liberté, se compose donc, arille à part, de deux choses : le tégument et un ensemble de pièces, dont il peut y avoir jusqu'à trois, incluses dans ce tégument, ensemble qu'on appelle l'*amande*. Étudions de plus près ce tégument et cette amande.

Tégument de la graine. — A la surface du tégument de la graine, on aperçoit la cicatrice laissée par la rupture du funicule : c'est le hile, à l'intérieur duquel on distingue les orifices béants des vaisseaux du faisceau libéroligneux. Souvent peu étendu, il s'allonge parfois en une bande comme dans la Fève, ou se dilate en un large cercle comme dans le Marronnier. Fréquemment on y reconnaît aussi le micropyle qui, dans les graines anatropes ou campylotropes, est situé tout à côté du hile et offre l'aspect d'une petite verrue creusée au centre (Haricot, Fève, etc.).

L'épiderme extérieur du tégument est toujours nettement différencié ; ses cellules s'allongent quelquefois beaucoup perpendiculairement à la surface et en même temps s'épaississent fortement (Fève, Pois et autres Légumineuses, etc.). Suivant la conformation des cellules épidermiques, la surface du tégument est tantôt lisse et même luisante (Haricot, Fève, etc.), tantôt relevée de verrues (Corydalis, etc.), de crêtes ondulées (Tabac, etc.) ou d'aréoles polygonales (Pavot, Glaucière, Muflier, etc.). Il n'est pas rare de voir ces cellules se prolonger en poils, tantôt répartis uniformément sur toute la surface, comme dans le Cotonnier, où ils fournissent le coton, tantôt localisés en certains points où ils se dressent en forme d'aigrette. L'aigrette peut prendre naissance au sommet de la graine anatrope, près du hile, comme dans les Asclépiadées, ou à sa base, près de la chalaze, comme dans l'Épilobe, le Saule et le Peuplier. Quelquefois, c'est toute une rangée de cellules épidermiques, disposées en forme de méridien, qui se développe de la sorte vers l'extérieur en entourant la graine d'une aile délicate (Bignoniacées, etc.). Poils et ailes sont évidemment des organes de dissémination. Chez quelques plantes (Lin, Coignassier, certains Plantains, etc.), les cellules épidermiques du tégument gélifient leurs membranes ; en se gonflant dans l'eau, ces membranes enveloppent la graine d'une couche gélatineuse, qui la colle au support.

Le parenchyme demeure quelquefois homogène, et alors de deux choses l'une : ou bien il est épais, ses cellules se remplissent de liquide et le tégument est *charnu*, comme dans la Grenade, la Passiflore et l'Opontia, où il est comestible : ou bien il demeure mince, ses cellules se dessèchent en épaississant et durcissant plus ou moins leurs membranes, et le tégument prend la consistance du papier ou du bois : il est *papyracé* (Chêne, Noyer, Amandier, etc.) ou *ligneux* (Vigne, Pin, etc.). Ailleurs, le parenchyme se différencie en deux couches, faciles à séparer. Quelquefois la couche externe est molle et charnue, l'interne dure et ligneuse (Ginkgo, Cycadées); mais le plus souvent c'est au contraire la couche externe qui est dure et ligneuse, tandis que l'interne est plus molle et papyracée (Ricin, etc.). La différenciation du parenchyme en couches de propriétés différentes peut être poussée beaucoup plus loin. Rien n'est plus variable que la structure définitive du parenchyme du tégument, laquelle est d'ailleurs en corrélation étroite avec la structure du fruit qui enveloppe les graines, comme on le verra plus tard.

Le parenchyme du tégument s'accroît quelquefois davantage en certains points où il développe des expansions diverses. Tantôt c'est au pourtour du micropyle que se forme une excroissance en forme de bourrelet, nommée *caroncule* (Euphorbe, etc.) : cette expansion descend quelquefois en s'appliquant sur le tégument et forme de haut en bas un sac, qui finit par envelopper toute la graine à la façon d'un arille : c'est ce qu'on appelle un *arillode* (Polygala, Fusain, etc.). C'est un arillode de ce genre qui forme sur la graine du Muscadier l'enveloppe irrégulière et déchirée, charnue, de couleur orangée, très parfumée, qu'on appelle vulgairement le *macis* de la muscade. Tantôt c'est le long du raphé que le tégument se prolonge en forme d'aile, en formant ce qu'en langage descriptif on appelle une *crête* ou une *strophiole* (Chélidoine, etc.).

Nervation du tégument. — Les faisceaux libéroligneux se ramifient de diverses manières dans le tégument de la graine, comme il a déjà été dit pour l'ovule (p. 347). Considérons d'abord et surtout les graines anatropes.

Tantôt le faisceau du funicule se prolonge dans le raphé, passe sous la chalaze et remonte du côté opposé jusque vers le micropyle, sans se ramifier en aucun point, enveloppant la graine d'une boucle plus ou moins complète ; le tégument est uninerve (Acacia, Lilas, Cardère, diverses Cucurbitacées, etc.). Tantôt le faisceau, simple dans le raphé, se divise à la chalaze, suivant le mode palmé, en un plus ou moins grand nombre de branches, qui remontent ensuite jusqu'au pourtour du micropyle, en demeurant simples ou en se divisant et s'anastomosant (Chêne, Hêtre, Châtaignier, Prunier, Cacaoyer, etc.) : c'est le mode le plus fréquent ; il arrive alors assez souvent que ces branches palmées demeurent courtes et se bornent à former sous la chalaze une griffe ou une cupule vasculaire (Citronnier, Poirier, Pivoine, Géranium, Lin, etc.). Tantôt le faisceau produit, le long du raphé, des branches pennées, et plus tard à la chalaze des rameaux palmés (Laurier, Caféier, Cocotier, etc.), ou bien il se prolonge en boucle du côté opposé en donnant des branches pennées dans toute sa longueur (Momordique, Cyclanthéra, etc.). Tantôt enfin le faisceau se ramifie de suite, au hile même, en un certain nombre de branches palmées, dont la médiane descend dans la direction du raphé (Cynoglosse, Capucine, Canna, Phytéléphas, etc.).

Quand la graine est campylotrope, sa nervation est palmée autour du hile (Marronnier, Liseron, Érable, etc.). Il en est de même quand elle est orthotrope, avec moins d'inégalité entre les diverses branches, ce qui rappelle la disposition peltée (Noyer, Caryota, Gnétum, Torreya, Cycadées, etc.).

En résumé, quel qu'en soit le caractère particulier, la ramification des faisceaux libéroligneux dans le tégument s'opère toujours comme il convient à une foliole, c'est-à-dire symétriquement par rapport à un plan, qui est le plan de symétrie de la graine.

Amande. — L'amande est tantôt simple, formée par l'embryon seul, tantôt double, constituée par l'embryon et l'albumen chez les Angiospermes, par l'embryon et l'endosperme chez les Gymnospermes, tantôt enfin triple, comprenant à la fois un embryon, un albumen et un périsperme. Dans tous les cas, sa partie essentielle est l'embryon, qu'il faut maintenant considérer de plus près.

Embryon. — C'est quand il constitue à lui seul toute l'amande que l'embryon est le plus volumineux. On y distingue un cylindre court terminé, d'un côté par un petit cône, de l'autre par une masse ovoïde ou aplatie, relativement considérable. Le cylindre est la tigelle, le cône la radicule. Quant à la masse ovoïde, chez les Dicotylédones, elle se laisse facilement séparer en deux moitiés appliquées l'une contre l'autre par leur face plane : ce sont les cotylédons. Entre les deux, mais invisible au dehors tant qu'ils sont accolés, se trouve le cône végétatif de la tige, tantôt nu (Courge, etc.), tantôt développé en gemmule (Haricot, Fève,

Chêne, etc.). Les cotylédons se prolongent quelquefois au-dessous de leur insertion sur la tigelle, qui se trouve alors enveloppée comme d'un manteau par ces deux prolongements descendants, et ne laisse poindre au dehors que le sommet de la radicule (Chêne, Châtaignier, etc.).

Chez les Monocotylédones, la masse ovoïde est formée d'une seule pièce en forme de capuchon, épaisse d'un côté où elle est fermée, mince du côté opposé, où elle présente une petite fente : c'est l'unique cotylédon engainant. Dans la cavité, au niveau de la fente et de son côté, se trouve niché le cône végétatif de la tige, nu (Liliacées, etc.), ou développé en gemmule (fig. 126) (Graminées). Ici aussi, le cotylédon se prolonge quelquefois au-dessous de son insertion sur la tige, en forme d'é-cusson, de manière à envelopper la tigelle et la radicule dans le même manteau qui recouvre déjà la gemmule (fig. 126) (Graminées).

Chez les Gymnosper-mes, la masse ovoïde com-prend un nombre de co-tylédons variable d'un genre à l'autre, et qui est loin d'être toujours con-

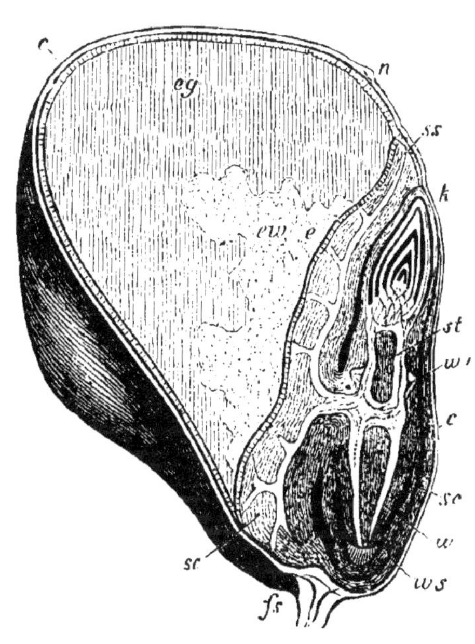

Fig. 126. Section longitudinale du fruit du Maïs. c, péricarpe doublé par le tégument; n, ci-catrice du style; fs, pédicelle; eg, portion jaunâtre et dure de l'albumen; ew, portion blanche et molle du même; ss, sc, cotylédon enveloppant tout l'embryon; e, son épiderme en contact avec l'albumen; st, tige; w, radi-cule endogène; k, gemmule; w', premières racines adventives. Les cordons blancs sont les futurs faisceaux libéroligneux.

stant dans la même plante. Il y en a deux dans un grand nombre de Conifères (Cupressinées, Taxinées); on en trouve de 5 à 14, verticillés autour de la gemmule dans d'autres Conifères (Abiéti-nées), et leur nombre varie alors dans la même plante suivant les embryons considérés. Dans certaines Cycadées, il y en a deux (Cycas); chez d'autres, il y en a un, deux ou trois, suivant les graines (Cératozamia, Zamia); quand il n'y en a qu'un, il est engainant comme chez les Monocotylédones.

Chez certaines Dicotylédones, les cotylédons contractent sur leur face de contact une soudure partielle (Marronnier, etc.) ou totale (certaines Cactées). Chez d'autres, ils s'échancrent au milieu et se séparent en deux lobes plus ou moins profonds (Tilleul, etc.). Chez d'autres encore, ils s'accroissent très inégalement : l'un d'eux devient très grand, l'autre demeure très petit (Mâcre, etc.).

Par rapport à la tigelle, les cotylédons sont le plus souvent très développés ; quelquefois, au contraire, la tigelle est longue et les cotylédons sont courts (Saxifrage, Molène, etc.). Quand la graine est dépourvue d'albumen, les cotylédons sont épais et renflés ; quand elle possède un albumen, ils sont minces et foliacés, différence qui s'explique aisément par ce qui a été dit plus haut.

Pendant qu'il se développe, l'embryon est souvent vert; plus tard, il se décolore ordinairement, mais quelquefois la chlorophylle y subsiste à l'état de maturité (Gui, Violette, Érable, Géranium, diverses Crucifères, etc.)

L'embryon est le plus souvent droit, mais il n'est pas rare qu'il se courbe en arc (Garance, Gypsophile, etc.), en cercle (Chénopode, Amarante, Phytolaque, etc.) ou même en spirale (Cuscute) dans le plan de symétrie de l'ovule, qui est alors courbé lui-même et campylotrope. Ailleurs une brusque flexion a lieu au-dessous de l'insertion des cotylédons, et la tigelle avec la radicule vient s'appliquer le long de la face dorsale de l'un d'eux, si le plan médian de l'embryon coïncide avec le plan de symétrie de l'ovule et de la graine, le long de leurs bords si ce plan médian est perpendiculaire au plan de symétrie. Dans le premier cas, les cotylédons sont dits, dans le langage descriptif, *incombants* sur la tigelle, dans le second, *accombants.* Les deux sortes de flexion se rencontrent dans la famille des Crucifères, où ce caractère est utilisé pour la classification.

Que l'embryon soit droit ou courbe, ses cotylédons peuvent être plans ou au contraire se plisser, s'enrouler de diverses manières pour occuper moins de place dans la graine (Belle-de-nuit, Érable, Mauve, Géranium, etc).

Direction de l'embryon. — On sait que l'embryon dirige sa radicule contre le tégument sous le micropyle, c'est-à-dire près du hile quand la graine provient d'un ovule anatrope ou campylotrope, à l'opposite du hile quand elle est issue d'un ovule ortho-

trope. On sait aussi que son axe, droit ou courbe, est toujours
compris dans le plan de symétrie de la graine, c'est-à-dire dans
le plan qui passe par le micropyle et le faisceau médian du tégument. Enfin, on a vu que le plan médian de l'embryon, tantôt
coïncide avec le plan de symétrie, tantôt lui est perpendiculaire ;
ce qu'on peut exprimer en disant, dans le premier cas, que les
cotylédons sont *incombants* à la nervure médiane du tégument, ou
au raphé si l'ovule est anatrope, dans le second, qu'ils sont *accombants* à cette nervure ou au raphé.

Dans quelques cas l'embryon subit, pendant la transformation de
l'ovule en graine, un déplacement qui éloigne sa radicule du micropyle, quelquefois jusqu'à la placer transversalement (Mouron, etc.).

Albumen, endosperme et périsperme. — On connaît l'origine de l'albumen de la graine des Angiospermes, et celle de
l'endosperme de la graine des Gymnospermes. On sait aussi la
diversité de nature des principes nutritifs que ces tissus mettent
en réserve. Ajoutons seulement que si les parois de la cavité où il
se développe offrent des saillies et des enfoncements, la surface de
l'albumen présentera des sinuosités correspondantes. Quand il est
ainsi entaillé de fissures plus ou moins profondes, l'albumen est
dit *ruminé* (Anonacées, Myristica, Aréca, etc.).

Quand la graine est albuminée, l'embryon, beaucoup moins volumineux que lorsqu'il est seul, est habituellement plongé dans la
masse de l'albumen au voisinage du micropyle. Mais parfois aussi
il est situé extérieurement à ce tissu, contre lequel il applique la
face externe de son cotylédon, comme dans les Graminées (fig. 126),
ou autour duquel il s'enroule pour l'envelopper complètement dans
un de ses cotylédons, comme dans la Belle-de-nuit.

On a vu plus haut l'origine du périsperme. Il est habituellement
amylacé. Dans les Cannées, où il est seul, il tient lieu à l'embryon
d'un albumen farineux : c'est une substitution physiologique. Dans
les Zingibérées, Pipéracées, Nymphéacées, il ajoute une réserve
amylacée à la réserve oléagineuse déjà fournie par l'albumen.

§ 5

Développement du pistil en fruit.

Pendant que les ovules se développent en graines, le pistil, qui
les porte et le plus souvent les enferme, s'accroît, mûrit en même

temps que les graines et devient le *fruit*. Le fruit est donc le pistil de la fleur, fécondé, accru et mûri. Aussi y retrouve-t-on la conformation et la structure étudiées plus haut, avec des modifications plus ou moins profondes introduites après la fécondation et dont il s'agit d'abord de signaler les principales.

Différences entre le fruit et le pistil dont il provient. — Ces modifications consistent, soit dans la suppression de certaines parties du pistil, soit au contraire dans la formation de parties nouvelles ; dans le premier cas, le fruit est plus simple, dans le second, il est plus compliqué que le pistil dont il provient.

Le stigmate se dessèche toujours, et souvent le style tombe après la fécondation, de sorte que c'est la région ovarienne du pistil qui habituellement forme seule le fruit. Pourtant le style persiste dans certains cas et s'accroît beaucoup en forme de queue plumeuse (Clématite, Anémone, etc.), ou de bec crochu (Benoîte, Géranium, etc.). Quelquefois les carpelles du pistil avortent avec les ovules qu'ils renferment, à l'exception d'un seul qui devient le fruit. Cette simplification a lieu notamment dans les Cupulifères et les Palmiers. Ainsi l'Aulne et le Bouleau, le Charme et le Coudrier ont deux loges à l'ovaire, le Chêne et le Hêtre en ont trois, le Châtaignier en a six, et pourtant le fruit de tous ces arbres est uniloculaire. De même, le pistil du Dattier a trois carpelles libres et ne donne qu'une datte ; le fruit du Cocotier, la noix de coco, n'a qu'une loge, quoique provenant d'un ovaire triloculaire, etc.

Ailleurs, au contraire, le nombre des loges de l'ovaire se trouve augmenté dans le fruit, parce qu'il s'y développe des cloisons surnuméraires après la fécondation. Ces cloisons sont tantôt longitudinales, tantôt transversales. Ainsi, par exemple, l'ovaire uniloculaire à deux placentas pariétaux de la Glaucière relie ses deux placentas par une épaisse cloison longitudinale et donne un fruit biloculaire. L'ovaire uniloculaire des Hédysarées et des Mimosées parmi les Légumineuses, du Radis parmi les Crucifères, se subdivise par de nombreuses cloisons transversales en autant de petits compartiments que de graines, et donne un fruit multiloculaire.

Quand le pistil est dialycarpelle à plusieurs carpelles, le fruit se compose d'autant de pièces qu'il y avait de carpelles (Renoncule, Pivoine, etc.), abstraction faite des avortements dont il a été question plus haut. Quand le pistil est gamocarpelle, ou dialycarpelle à un seul carpelle (Légumineuses, Prunées, etc.), le fruit est au contraire habituellement d'une seule pièce. Mais dans ce dernier cas, il arrive pourtant quelquefois que le fruit se sépare avant la maturité en plusieurs pièces distinctes. Ainsi, bien que provenant d'un ovaire à deux loges, le fruit des Labiées se compose de quatre parties distinctes : celui des Ombellifères et celui de l'Érable se séparent en deux fragments ; de même, le fruit à trois loges de la Capucine, le fruit à cinq loges du Géranium, se divisent en autant de coques que de loges, etc.

Structure du péricarpe. — La paroi de l'ovaire est devenue la paroi du fruit, qu'on nomme le *péricarpe*. Son épiderme externe est tantôt lisse et parfois recouvert de cet enduit cireux qu'on appelle la *pruine* ou la *fleur* (Prunier, Vigne, etc.), tantôt hérissé de poils (Argémone, etc.) ; quelquefois il prend des émergences épineuses (Marronnier), ou des prolongements aplatis en forme d'ailes (Orme, Frêne, Érable, etc.). Son épiderme interne est souvent garni de poils qui prennent parfois un grand développement et remplissent toute la cavité ovarienne en s'insinuant entre les graines. Tantôt ces poils sont très longs, secs, laineux et enveloppent les graines d'une sorte de bourre de coton (Bombacées, Crassulacées, Rhinanthées, etc.) ; tantôt ils sont épais, succulents et les graines se trouvent plongées dans une pulpe charnue (Citronnier, diverses Aroïdées, etc.) ; c'est cette pulpe, production accessoire du péricarpe, qui est la partie comestible des oranges et des citrons.

Le parenchyme du péricarpe demeure souvent homogène dans toute son épaisseur. Il est alors tout entier sec et résistant, ou tout entier charnu et mou. Dans le premier cas, il peut se réduire à une (Salicorne) ou deux (Chénopode, Ortie) assises cellulaires, mais d'ordinaire il en compte un plus grand nombre. Ces cellules sont quelquefois scléreuses (Plantaginées, Caricées) ; le plus souvent elles gardent leur membrane mince et c'est l'épiderme externe qui se slérifie pour protéger le fruit (Joncées, Caryophyllées, Polygonées, Borraginées, etc.).

Ailleurs le parenchyme se différencie en deux couches : l'externe garde ses membranes minces et renferme les faisceaux libéroligneux ; l'interne se sclérifie et forme une zone dure (Labiées, Asclépiadées, Papilionacées, Euphorbiacées, Crucifères, Fumariacées, Alismacées, etc.). La distinction de ces deux couches atteint son plus haut degré quand l'externe est charnue et quand l'interne, ligneuse, enveloppe une seule graine dans un noyau dur (Prunier, etc.). Quelquefois on distingue trois couches dans le parenchyme différencié, soit parce que la couche molle externe s'est divisée en deux par la forme des cellules (certaines Crucifères et Papavéracées), soit parce que la couche dure interne se trouve séparée de l'épiderme intérieur par une zone à parois minces (Composées). En comptant les deux épidermes, le péricarpe comprend alors cinq couches différentes.

Maturation du fruit. — Quand il a achevé sa croissance, le péricarpe passe à cet état particulier où l'on dit que le fruit est *mûr*, en un mot il mûrit.

Si le péricarpe est sec, les cellules achèvent simplement de se vider, meurent, se dessèchent et se remplissent d'air. S'il est charnu, ses cellules renferment un certain nombre de composés ternaires, notamment de l'amidon, du tannin, des acides organiques, etc., qui sont l'objet de transformations remarquables pendant la maturation. L'amidon et le tannin disparaissent ; les acides diminuent en subissant une combustion lente. En même temps, du sucre de canne apparaît et va croissant ; puis il se fait de l'invertine, qui dédouble ce sucre en un mélange de glucose et de lévulose. Le dédoublement est quelquefois complet et le fruit mûr ne renferme que du sucre inverti (raisin, cerise, groseille, figue) : le plus souvent il est incomplet et le fruit contient à la fois du sucre de canne et du sucre inverti (ananas, pêche, abricot, prune, pomme, poire, fraise, orange, citron, banane). La banane non mûre renferme surtout de l'amidon et se prête alors aux mêmes usages alimentaires que la pomme de terre ; pendant la maturation, cet amidon est remplacé par du sucre de canne, dont il se forme jusqu'à 22 pour 100, et c'est seulement au moment de la maturité que celui-ci est transformé en sucre inverti.

Après la maturation, le péricarpe des fruits charnus s'altère, il devient *blet*, comme on dit, et enfin se détruit complètement pour mettre les graines en liberté.

Déhiscence du péricarpe. — Chez les Gymnospermes, le péricarpe est, comme on sait, ouvert à toute époque. Chez les Angiospermes, il arrive quelquefois qu'il ne s'ouvre pas à la maturité, et que les graines y demeurent incluses ; mais le plus souvent il s'ouvre pour disséminer les graines. Sa déhiscence a lieu par dissociation du tissu le long de certaines lignes qui deviennent des fentes, soit longitudinales, soit transversales, ou dans certaines places arrondies qui deviennent des pores. Les lignes de déhiscence sont marquées de très bonne heure par des bandes d'un

tissu spécial traversant le péricarpe de part en part et dont la formation est contemporaine de la différenciation même du carpelle.

Relativement au nombre et à la position des fentes, la déhiscence longitudinale peut s'opérer de quatre manières différentes :

1° Le long de la ligne de soudure des bords carpellaires. Si les
ovaires sont libres et clos, ils s'ouvrent en dedans en forme de
nacelle ou même s'étalent en forme de feuille (Pivoine, Spirée,
Sterculie, etc.) ; s'ils sont concrescents et ouverts, ils se séparent
simplement (Gentiane, etc.) ; s'ils sont concrescents et fermés,
ils se séparent d'abord par le dédoublement de la cloison en deux
feuillets, puis s'ouvrent en dedans, comme dans le premier cas,
et l'on dit que la déhiscence est *septicide* (Colchique, Tabac,
Scrofulaire, etc.).

2° Le long de la nervure médiane du carpelle. Si les ovaires
sont libres et clos, ils s'ouvrent en dehors (Magnolia, etc.) ; s'ils
sont concrescents et ouverts, l'ovaire composé se divise en autant
de valves en forme de nacelle portant au milieu un placenta
chargé de graines (Violette, etc.) ; s'ils sont concrescents et clos,
l'ovaire composé s'ouvre au dos de chaque loge et l'on dit que
la déhiscence est *loculicide* (Liliacées, Amaryllidées, Joncées, Po-
lémoniacées, diverses Scrofularinées et Éricacées, etc.).

3° A la fois des deux manières précédentes. Si les ovaires sont
libres et clos, chacun se sépare en deux valves portant des graines
sur un seul des deux bords (Légumineuses, etc.) ; s'ils sont concrescents et ouverts, l'ovaire composé se sépare en deux fois autant de
valves qu'il a de carpelles (la plupart des Orchidées, etc.) ; s'ils
sont concrescents et clos, ils se séparent d'abord par le dédoublement des cloisons et s'ouvrent ensuite chacun en deux valves
comme dans le premier cas (Hura, etc.).

4° Le long de deux lignes latérales situées non loin des bords,
séparant chaque carpelle en deux parties, une valve médiane et
deux bords séminifères, unis ou séparés. Si les ovaires sont libres
et clos, les deux bords de chaque carpelle, chargés de graines,
demeurent unis au centre ; s'ils sont concrescents et ouverts, les
bords placentaires des carpelles voisins demeurent également unis
entre eux (Crucifères, Papavéracées, etc.) ; s'ils sont concrescents et
clos, les fentes se font de chaque côté des cloisons, et les valves en se
séparant laissent à nu les bords placentaires unis au centre et les
cloisons qui les séparent (Balsaminées, Cédrélacées, Rhododendron,
Hydroléa, etc.), ou ces bords placentaires seuls si les cloisons ont

disparu (Caryophyllées); on dit alors que la déhiscence est *septifrage*.

La déhiscence longitudinale peut d'ailleurs être incomplète et ne porter que sur la partie supérieure du fruit (Lychnis, Céraiste, etc.).

La déhiscence transversale a toujours lieu par une seule fente circulaire, intéressant à la fois la paroi externe de tous les carpelles; l'ovaire composé s'ouvre en deux parties comme une boîte (Mouron, Plantain, Jusquiame, etc.).

Dans la déhiscence poricide, les pores se forment soit sous le sommet (Pavot, Muflier, etc.), soit vers la base (Campanule, etc).

La déhiscence longitudinale s'opère quelquefois avec élasticité en projetant les graines à une certaine distance (Balsamine, Clandestine, Euphorbiacées, Diosmées, etc.); le Hura crépitant, Euphorbiacée d'Amérique, est ainsi nommé parce que son fruit éclate avec fracas. Cette brusque rupture est due, quand le péricarpe est charnu, à la croissance et à la réplétion prédominantes, quand il est sec, à la contraction et à la dessiccation prédominantes de l'une de ses couches. Le péricarpe charnu de l'Ecballium est, à vrai dire, indéhiscent, mais à la maturité il se détache brusquement de son pédicelle et, par l'ouverture ainsi formée, il projette ensuite ses graines, mélangées à une pulpe liquide.

Classification et dénomination des principales sortes de fruits. — Suivant que le péricarpe est tout entier sec, tout entier charnu, ou mi-partie sec et charnu, on distingue trois catégories principales de fruits; chacune de ces catégories se subdivise ensuite, selon que le péricarpe s'ouvre ou ne s'ouvre pas. Un fruit sec qui ne s'ouvre pas est un *akène;* s'il s'ouvre, c'est une *capsule.* Un fruit charnu qui ne s'ouvre pas est une *baie;* s'il s'ouvre, c'est une *capsule charnue.* Un fruit mi-partie sec et charnu, en d'autres termes un fruit charnu à noyau, qui ne s'ouvre pas, est une *drupe;* s'il s'ouvre, tout au moins dans la couche charnue qui enveloppe le noyau, c'est une *capsule drupacée.*

L'akène peut affecter plusieurs modifications, la capsule surtout peut s'ouvrir de bien des manières. Il est d'usage, dans le langage descriptif, de désigner les plus fréquentes de ces modifications par des dénominations spéciales. Ainsi, un akène qui soude son péricarpe au tégument de la graine de manière à ne pouvoir s'en séparer est un *caryopse* (fig. 126) (Graminées); un akène ailé est une *samare* (Frêne, Orme).

L'akène ne renferme qu'une graine. Un fruit sec indéhiscent qui contient plusieurs graines se sépare habituellement en autant de compartiments clos qu'il y a de graines, et chacun de ces compartiments est un akène; le fruit est alors, suivant le nombre de ces compartiments, un *diakène* (Ombellifères, Rubiacées) ou une *disamare* (Érable), un *triakène* (Capucine), un *tétrakène* (Borraginées, Labiées), un *pentakène* (Quassia), un *polyakène* (Mimosées, Hédysarées, Raifort, etc.).

Quand la capsule s'ouvre par une déhiscence longitudinale, si elle est formée d'un carpelle unique séparant ses bords soudés pour reprendre la forme foliaire, c'est un *follicule* (Pivoine, Ancolie, etc.); si elle est formée d'un carpelle unique s'ouvrant à la fois le long de la soudure et le long de la nervure dorsale, en deux valves, c'est un *légume* (la plupart des Légumineuses). Si elle comprend deux carpelles ouverts, et s'ouvre par quatre fentes voisines des deux placentas, en détachant deux valves et laissant en place un cadre portant les graines, c'est une *silique* (Crucifères, Papavéracées, etc.). De toute autre façon, c'est une capsule tout court, dont la déhiscence est dite, suivant les cas, loculicide, septicide ou septifrage, comme il a été expliqué plus haut.

Quand la capsule s'ouvre transversalement, on la nomme *pyxide*. Enfin, quand elle s'ouvre par des pores, c'est une *capsule poricide*.

Le tableau suivant résume cette classification et rapproche ces dénominations :

Fruits			
secs	indéhiscents (akène).		Akène proprement dit (Composées, Châtaignier, Coudrier). Diakène (Ombellifères), triakène (Capucine), tétrakène (Borraginées, Labiées, etc.). Caryopse (Graminées). Samare (Orme). Disamare (Érable).
	déhiscents (capsule)	longitudinalement.	Capsule proprement dite. Follicule (Pivoine, Aconit). Légume (Légumineuses). Silique (Crucifères, Papavéracées).
		transversalement .	Pyxide (Jusquiame, Plantain).
		par pores.	Capsule poricide (Muflier, Pavot).
charnus	indéhiscents.		Baie (Vigne, Groseillier, Courge, Asperge, Dattier).
	déhiscents.		Capsule charnue (Balsamine, Marronnier, Nénuphar).
mi-partie secs et charnus	indéhiscents.		Drupe (Prunier, Cerisier, Amandier).
	déhiscents.		Capsule drupacée (Noyer).

Il va sans dire qu'entre ces diverses formes principales il existe beaucoup d'intermédiaires, et que nombre de fruits ne rentrent exactement dans aucune de ces catégories.

Relation entre la structure du péricarpe et celle du tégument de la graine. — Entre la structure du péricarpe et celle du tégument de la graine qui s'y trouve enfermée, on observe une certaine relation, un certain rapport inverse. En général, plus le tégument est épais, dur et solide, plus le péricarpe est mince, mou et charnu. Ce balancement est particulièrement évident quand le péricarpe est indéhiscent. S'il est tout entier charnu, le tégument de la graine est dur et ligneux (Vigne, etc.); si, au contraire, il est ligneux, tout entier ou seulement dans sa couche interne, le tégument de la graine est mou (Grenade), ou du moins très mince (Coudrier, Prunier, etc.). Ces deux enveloppes se suppléent pour ainsi dire l'une l'autre vis-à-vis de l'amande, qu'il s'agit dans tous les cas de protéger. Les akènes et surtout les caryopses revêtent tout à fait le même aspect extérieur que les graines, quand elles sont mises en liberté; aussi, dans le langage vulgaire, ces fruits sont-ils appelés des « graines ». Les aigrettes de poils qui se dressent sur certaines graines se retrouvent sur certains akènes, comme on le voit chez beaucoup de Composées; de même, la saillie du tégument des graines ailées a son analogue dans l'aile des samares. Il n'est pas jusqu'à la faculté qu'ont certaines graines de gélifier l'épiderme de leur tégument, qui ne se retrouve dans l'épiderme du péricarpe de certains akènes (Sauge et d'autres Labiées).

Le même but, qui est ici la dissémination des graines, se trouve atteint, comme on voit, par des procédés différents suivant les cas; c'est une nouvelle preuve, ajoutée à tant d'autres, de cette vérité, que la Physiologie domine la Morphologie.

Annexes du fruit. — Le pistil n'est pas toujours la seule partie de la fleur qui se développe après la fécondation. D'autres organes floraux persistent quelquefois et s'accroissent beaucoup, de manière à former plus tard autour du fruit des annexes souvent plus volumineuses que lui.

C'est souvent le calice qui se développe de la sorte. Il persiste quelquefois simplement au-dessous du fruit (Fraisier, Benoîte, etc.) ou grandit jusqu'à l'entourer d'un sac clos (Coqueret). Parfois il s'applique intimement à sa surface, sans toutefois se souder au péricarpe. Ainsi, dans le Mûrier, le calice des fleurs femelles s'épaissit beaucoup, devient pulpeux, comestible, et forme au fruit une enveloppe épaisse. De même, le fruit de la Blite, qui est un akène, se trouve enveloppé par le calice devenu charnu. Dans la Belle-de-nuit, la base du calice forme autour de l'akène une tunique sèche et dure.

Ailleurs, c'est la coupe ou la bouteille formée par la concrescence basilaire de toutes les parties extérieures au pistil : calice, corolle et androcée, qui se développe autour du fruit. Dans le Rosier, par exemple, cette bouteille devient épaisse, charnue et comestible. Il en est de même dans les Pyrées (Cognassier, Poirier, Néflier, etc.), avec cette différence que, l'ovaire étant infère, la substance charnue de la coupe est intimement unie à la substance charnue du fruit, qui est une drupe. Dans ces plantes, la partie comestible du fruit est donc due à la fois à la coupe externe et au vrai péricarpe; mais, par la place qu'y occupent les faisceaux dorsaux des carpelles, on peut juger que c'est la coupe qui y prend la plus grande part. Dans d'autres ovaires infères, c'est au contraire le péricarpe qui forme la plus grande partie de l'épaisseur totale (Groseillier, Cucurbitacées, etc.). Mais il n'est ni possible, ni utile de faire la part exacte du péricarpe dans la constitution de la paroi des ovaires infères. Il suffit de savoir que, dans tous ces ovaires, cette paroi est composée des bases réunies de toutes les feuilles florales. Aussi les fruits provenant d'ovaires infères se distinguent-ils des fruits analogues issus d'ovaires supères par la présence, à leur sommet, d'une couronne plus ou moins large, marquant le niveau de séparation du calice (Poirier, Néflier, Groseillier, etc.).

Ailleurs, c'est l'extrémité intra-florale du pédicelle, en un mot le réceptacle, qui s'accroît beaucoup, se renfle et porte les fruits à sa surface, comme dans le Fraisier, où ce réceptacle renflé, tout couvert de nombreux petits akènes, constitue la partie comestible de la fraise.

Quelquefois, c'est la partie du pédicelle située au-dessous de la fleur qui se développe en un gros corps charnu, ayant la forme et la grosseur d'une poire, dont il partage aussi la consistance et la saveur (Anacardier, Séméçarpus, Hovénia). Dans le Figuier, c'est le réceptacle commun du capitule, creusé en forme de bouteille et tout couvert d'akènes, qui devient charnu, pulpeux et comestible. De même, dans l'Ananas, l'axe de l'épi devient charnu et comestible, en même temps que les bractées mères des fleurs.

Fruit composé. — Quand les divers fruits qui proviennent des fleurs d'une inflorescence condensée, d'un épi par exemple ou d'un capitule, se soudent pendant leur croissance, ils forment tous ensemble une masse unique, qu'on peut appeler un *fruit composé*. Mais il faut remarquer que tout fruit composé est nécessairement hétérogène. Il entre, en effet, dans sa constitution, non seulement les fruits simples, mais encore les pédicelles des fleurs, leurs bractées mères et le pédicelle commun de l'inflorescence. Ainsi, par exemple, tous les fruits ouverts provenant de l'épi femelle des Conifères forment ensemble, joints à leurs bractées mères et au pédicelle commun, le fruit composé ou cône, auquel ces plantes doivent leur nom. La Figue est aussi un fruit composé. L'Ananas est dans le même cas, et comprend à la fois les fruits, les calices, les bractées mères et le pédicelle commun, le tout confondu en une masse charnue et comestible.

§ 4

Germination de la graine et développement de l'embryon en plantule.

L'embryon sommeille dans la graine ; il respire pourtant, absorbant à travers le tégument l'oxygène de l'air et dégageant de l'acide carbonique, mais sa respiration est très faible. Pour sortir de cet état de vie très ralentie, qu'on appelle souvent la *vie latente*, pour *germer*, comme on dit, la graine doit remplir certaines conditions et elle doit trouver réunies autour d'elle dans le milieu extérieur certaines autres conditions. Les conditions nécessaires et suffisantes à la germination sont donc de deux sortes : les unes intrinsèques ou de graine, les autres extrinsèques ou de milieu.

Conditions intrinsèques de la germination. — Il faut d'abord que la graine soit bonne, c'est-à-dire bien conformée dans toutes ses parties. Il y a des graines, en effet, de forme et de grandeur normales, dont le tégument régulièrement développé ne renferme qu'une ébauche d'amande ; le reste de l'espace intérieur est occupé par de l'air. Il est nécessaire de savoir séparer ces mauvaises graines d'avec les bonnes. On y réussit d'ordinaire par un procédé très simple. Les graines bien conformées étant en général plus denses que l'eau, il suffit de jeter le lot de graines à trier dans un vase plein d'eau, en ayant soin d'agiter jusqu'à ce que l'air adhérent au tégument ait entièrement disparu : les bonnes graines vont au fond, les mauvaises surnagent et le triage est fait Cet *essai par l'eau* n'est pas cependant d'une application générale. Certaines graines, en effet, quoique pleines, flottent sur l'eau, soit parce qu'elles renferment dans l'albumen ou dans l'embryon une très grande proportion d'huile (Ricin, etc.), soit parce que le parenchyme des cotylédons est lacuneux, creusé de méats aérifères (Érythrine, Apios, Glycine, etc.), soit parce que le tégument renferme une grande quantité d'air (Iris, Concombre, Pin, etc.). Il ne faut donc employer ce procédé qu'après s'être assuré qu'il est réellement applicable à l'espèce de graines que l'on considère.

La graine étant bonne, il faut encore qu'elle soit intérieurement mûre, c'est-à-dire que ses réserves soient à un état tel qu'elles puissent être assimilées aussitôt que les conditions du milieu extérieur se trouveront remplies. Cette maturité intérieure coïncide quelquefois avec la maturité extérieure et se confond alors avec la maturité du fruit; mais chez beaucoup de plantes, elle la précède, tandis que chez d'autres, au contraire, elle la suit. Le premier cas se présente, par exemple, chez beaucoup de Légumineuses (Haricot, Fève, Pois, Lentille, Cytise, Sophora, etc.) et de Graminées (Blé, Seigle, Orge, etc.), dans le Frêne, etc.; les graines de ces plantes germent déjà lorsqu'elles n'ont encore atteint que la moitié de leur dimension normale, et les plantes qu'elles produisent sont aussi vigoureuses que les autres. Le second cas est offert par les graines de Rosier, d'Aubépine, de Pêcher, etc., qui, placées dans les conditions de milieu les plus favorables, attendent deux années et plus avant d'entrer en germination.

La graine ayant acquis sa maturité interne, il faut encore qu'elle ne l'ait pas perdue. Le même travail intérieur qui donne à la graine sa maturité, en se continuant la lui enlève. La durée de la maturité interne, ou, comme on dit souvent en jugeant de la cause par l'effet, la durée du pouvoir germinatif, varie beaucoup suivant la nature des réserves renfermées dans la graine. Les graines qui ont un albumen corné (Caféier, Ombellifères, etc.) perdent leur maturité par le seul fait de la dessiccation. Pour les conserver quelque temps, il faut les maintenir dans un milieu humide en les *stratifiant*, c'est-à-dire en les disposant dans des pots par couches minces, qu'on fait alterner avec des couches de terre ou de sable légèrement imbibées d'eau. Les graines oléagineuses, soit par leur embryon, soit par leur albumen, conservent plus longtemps leur faculté germinative; mais on sait qu'à la longue l'huile s'oxyde à l'air et rancit. Pour y être retardée par le tégument, cette oxydation lente ne s'en produit pas moins dans ces graines et, après quelques années d'exposition à l'air, elles cessent de pouvoir germer. L'amidon, le sucre, les substances albuminoïdes, au contraire, sont moins altérables à l'air. Aussi les graines amylacées sont-elles celles qui conservent le plus longtemps leur pouvoir germinatif; les Légumineuses et les Malvacées se montrent sous ce rapport plus résistantes encore que les Graminées.

En leur interdisant l'accès facile de l'air, de manière à empêcher les oxydations, en les enfouissant par exemple à une grande profondeur dans le sol, on prolonge beaucoup la durée de la maturité des graines. C'est ainsi qu'on a pu faire germer des graines extraites des tombeaux gallo-romains et celtiques (Mercuriale, Bleuet, Héliotrope, Romarin, Camomille, Framboisier, etc.).

Quand elles sont bien sèches, le froid le plus intense que l'on sache produire, — 80°, est sans action sur les graines. Mais la chaleur les tue à un certain degré; il faut distinguer pourtant entre la chaleur sèche et la chaleur humide. Ainsi, dans l'air sec, on peut porter des graines de Blé, de Maïs, etc., à 100° pendant un quart d'heure, à 65° pendant une heure, sans leur faire perdre leur faculté germinative, tandis que dans l'eau un séjour d'une heure à 53° ou 54° suffit à les tuer.

Conditions extrinsèques de la germination. — A une graine bien conformée, ayant acquis sa maturité interne et ne l'ayant pas perdue, il faut et il suffit que le milieu extérieur apporte de l'eau, de l'oxygène et de la chaleur pour qu'aussitôt elle germe. A l'exception de l'eau et de l'oxygène, elle renferme en effet, à l'état de réserve directement assimilable, tout l'aliment dont l'embryon a besoin pour reprendre et poursuivre sa croissance; l'apport de ces deux corps complète donc l'aliment. Quant à la chaleur, elle est nécessaire à la germination, qui est une phase particulière de la croissance, comme à la croissance en général (p. 48). C'est-à-dire qu'il y a une limite inférieure de température au-dessous de laquelle la germination n'a pas lieu, une limite supérieure au-dessus de laquelle elle ne se produit plus et, quelque part entre les deux, un optimum où elle s'opère le plus rapidement possible, et dont il faut toujours se rapprocher dans la

pratique. A cet effet, voici, pour quelques plantes cultivées, la
valeur des trois températures critiques :

	LIMITE INFÉR^{re}.	OPTIMUM.	LIMITE SUPÉR^{re}.
Moutarde	0°	27°,4	57°,2
Cresson et Lin.	1°,8	21°	28°
Orge.	5°	28°,7	57°,7
Blé	5°	28°,7	42°,5
Trèfle	5°,7	21°,25	28°
Haricot et Maïs.	9°,5	55°,7	46°,2
Courge	15°,7	55°,7	46°,2

On voit qu'elles varient beaucoup suivant la nature du végétal
et que telles plantes, comme l'Orge, le Blé, et mieux encore le Haricot, le Maïs et la Courge, germent le mieux possible à une température à laquelle telles autres plantes, comme le Cresson, le
Lin et le Trèfle, ne germent plus du tout.

Toutes les conditions intrinsèques et extrinsèques étant remplies, la graine germe, et si toutes ces conditions sont remplies le
mieux possible, si la température, par exemple, est à son optimum
pour la plante considérée, elle germe le plus rapidement possible.
Nous avons à étudier maintenant les phénomènes, tant morphologiques que physiologiques, qui caractérisent la germination.

**Phénomènes morphologiques de la germination. Déve-
loppement de l'embryon en plantule.** — Considérons donc
une graine couchée sur un sol humide et chaud. Gonflée par l'eau,
l'amande distend d'abord le tégument et, comme en même temps
la radicule cherche à s'allonger, c'est au micropyle que la tension
est la plus forte et que se fait la déchirure.

Par la fente, la radicule s'allonge au dehors, en se courbant en
bas sous l'influence de son géotropisme positif (p. 105, fig. 57) ;
elle croît désormais suivant la verticale, en devenant la racine
terminale de la plante, avec tous les caractères de forme et de
structure qu'on lui connaît. Pour faciliter la sortie de la radicule,
la tigelle développe quelquefois à sa base une excroissance, soit sur
tout son pourtour (Eucalyptus), soit d'un côté seulement en forme
de talon (Cucurbitacées). Quand la racine a atteint une certaine
longueur, la tigelle à son tour s'allonge par croissance intercalaire
et, se courbant vers le haut sous l'influence de son géotropisme
négatif (p. 198), forme d'abord une sorte d'anse, puis enfin se
place tout entière verticalement dans le prolongement de la racine.
Elle continue pendant quelque temps de croître dans cette direc-

tion, en soulevant de plus en plus la graine à son sommet, et devient enfin le premier entre-nœud de la tige, ou, comme on dit souvent, la tige hypocotylée.

Plus tard, les cotylédons à leur tour se développent, se séparent l'un de l'autre en élargissant la déchirure du tégument et en le rejetant sur le sol, et enfin s'épanouissent horizontalement en autant de feuilles vertes au sommet de la tige hypocotylée. Plus tard encore, le cône terminal de la tige, nu ou déjà développé en une gemmule, s'allonge au-dessus des cotylédons, forme sur ses flancs et épanouit progressivement des feuilles nouvelles, constitue enfin toute la tige épicotylée. Dès lors, la plantule est complète. Son développement comprend, comme on voit, quatre temps : la radicule, la tigelle, les cotylédons et la gemmule entrant successivement en croissance.

Quand la graine est albuminée, c'est pendant les deux premières phases que les cotylédons, enfermés avec l'albumen dans le tégument, en absorbent peu à peu la substance ; le peu qui en reste est rejeté sous forme d'une mince pellicule avec le tégument pendant la troisième phase.

Telle est la marche, pour ainsi dire régulière et normale, du développement de l'embryon en plantule. Mais cette marche se raccourcit souvent, par suppression d'une ou de deux des quatre étapes dont elle se compose.

Ainsi la tigelle peut ne pas s'allonger ; le cotylédon (Oignon, etc.), ou les deux cotylédons (Anémone, Éranthis, Dauphinelle, etc.) ne s'en développent pas moins, sortent du tégument et s'épanouissent dans l'air en feuilles vertes. Il y a simplement alors suppression de la seconde des quatre phases ordinaires. Mais le plus souvent la seconde et la troisième phases se trouvent supprimées à la fois. Après le développement de la radicule, la tigelle ne s'accroît pas, les cotylédons ne s'épanouissent pas non plus et demeurent enfermés dans le tégument ; la gemmule seule s'allonge verticalement, après avoir été poussée dehors à travers l'orifice de sortie de la radicule par un allongement plus ou moins considérable des pétioles cotylédonaires, ou de la gaine du cotylédon. Au premier temps succède alors immédiatement le quatrième. Jointe à la racine, la tige épicotylée, dont le développement est beaucoup plus précoce que dans le premier cas, forme alors un cylindre vertical tangent à la graine.

Pour distinguer l'un de l'autre les deux modes extrêmes de germination et les deux formes très différentes qu'ils donnent à des plantules de même âge, on dit que les cotylédons sont *épigés*, portés au-dessus de la terre, dans le premier cas, *hypogés*, demeurant sous la terre, dans le second. La germination est épigée chez un grand nombre de Dicotylédones (Crucifères, Convolvulacées, Euphorbiacées, Cucurbitacées, Érable, Hêtre, Amandier, etc.) et chez la plupart des Conifères (Pin, Thuia, If, etc.). Elle est hypogée chez bon nombre de Dicotylédones (Viciées, Chêne, Noyer, Marronnier, etc.), chez la plupart des Monocotylédones (Graminées, Liliacées, Palmiers, Scitaminées, etc.), dans quelques Conifères (Ginkgo) et dans les Cycadées. Chez les Monocotylédones et notamment dans les Palmiers, le pétiole et la gaine du cotylédon s'allongent beaucoup vers le bas et enfoncent profondément dans le sol la base commune de la radicule et de la tigelle, c'est-à-dire le collet. La gemmule a donc à remonter une épaisseur considérable de terre avant de pointer au dehors, d'où il résulte que la tige de ces arbres est profondément enterrée. Cet allongement du pétiole cotylédonaire peut se réduire à quelques centimètres (Phénix, Chamérops, Arenga, etc.), mais atteint quelquefois soixante-cinq centimètres (Copernicia, Phyléléphas, Hyphène, etc.).

Phénomènes physiologiques de la germination. — Pour étudier la physiologie propre de la période germinative, il est nécessaire de fixer la fin de cette période à la première apparition de la chlorophylle dans les cotylédons ou dans les feuilles de la gemmule, de manière à éviter la complication qui résulte du fait de l'assimilation du carbone. On prolonge d'ailleurs autant qu'on veut la période germinative ainsi définie, en maintenant la plante à l'obscurité. On peut de la sorte faire durer les expériences pendant un laps de temps qui atteint : pour le Haricot 26 jours, pour le Blé 50 jours, pour le Pois 55 jours.

Parmi les phénomènes physiologiques de la germination, les uns s'accomplissent entre la graine et le milieu extérieur, les autres ont leur siège à l'intérieur même de la graine. Étudions-les séparément.

1° Phénomènes physiologiques externes. — Dès le début et pendant toute la durée de la période germinative, la plantule absorbe de l'oxygène et dégage de l'acide carbonique, en un mot respire activement ; elle émet aussi de la vapeur d'eau, c'est-à-dire transpire ; en même temps, sa substance sèche va diminuant de poids. Il est facile de s'assurer de ce triple phénomène, en faisant germer un poids connu de graines sous cloche sur le mercure ; on analyse le gaz avant et après l'expérience, on recueille l'eau qui s'est condensée sur les parois de la cloche, et l'on pèse les plantules, après les avoir desséchées au même degré que les graines.

Pour obtenir des résultats quantitatifs plus précis, on fait l'analyse élémentaire d'un poids P de graines qui, desséché à 110°, donne un poids p de substance sèche ; ce dernier renferme c de carbone, h d'hydrogène, o d'oxygène, a d'azote, m de matières minérales. Cela connu, on prend un second poids P de ces mêmes graines, que l'on met à germer dans l'obscurité. Quand les plantules ont acquis tout leur développement, on les réunit, on les dessèche à 110° : elles donnent un poids p' de substance sèche. On en fait l'analyse élémentaire ; il renferme c' de carbone, h' d'hydrogène, o' d'oxygène, a' d'azote, m' de matières minérales. On fait les différences : $p\text{-}p'$ est la perte de poids subie par les graines en passant à l'état de plantules ; elle se compose : de la perte $c\text{-}c'$ de carbone, de la perte $h\text{-}h'$ d'hydrogène et de la perte $o\text{-}o'$ d'oxygène ; a' et a, m' et m sont égaux, en d'autres termes, il n'y a eu perte ni d'azote, ni de matières minérales. Or, si l'on considère l'oxygène perdu, on voit que son poids est exactement égal à huit fois celui de l'hydrogène perdu ; l'hydrogène et l'oxygène ayant été éliminés dans le rapport qui constitue l'eau, on peut dire qu'il y a eu perte d'eau. En résumé, la perte totale peut s'exprimer par du carbone plus de l'eau : $C+HO$.

Le carbone perdu a été rejeté à l'état d'acide carbonique, et tout l'oxygène absorbé doit se retrouver en définitive dans l'acide carbonique dégagé ; en d'autres termes, le volume d'acide carbonique dégagé doit être égal au volume d'oxygène absorbé. C'est, en effet, ce que montre l'analyse des atmosphères confinées où l'on a fait germer les graines. De là un contrôle réciproque des deux méthodes, celle des poids et celle des volumes.

Telle est la marche générale et résultante du phénomène, envisagé dans sa totalité. Mais, suivant la période considérée pour la même plante, et suivant les plantes pour une même période, il y a aussi des variations secondaires. Ainsi, dans les graines oléagineuses (Lin, Chanvre, Ricin, etc.), pendant les premiers temps de la germination après la sortie de la radicule, il y a plus d'oxygène absorbé que d'acide carbonique dégagé ; le rapport $\frac{CO_2}{O}$ s'abaisse à 0,6. En d'autres termes, il y a de l'oxygène fixé définitivement dans les tissus de la plante, sans doute combiné à l'huile qui s'oxyde en produisant des hydrates de carbone.

En même temps que perte de matière, il y a perte de chaleur ; toute graine germante, en effet, dégage de la chaleur. Pour s'en convaincre, il suffit de plonger le réservoir d'un thermomètre dans un lot de graines en voie de germination et d'en comparer les indications à celles d'un thermomètre témoin. Avec le Maïs, par exemple, l'élévation de température a atteint 6^0-7^0, avec le Blé 10^0-12^0, avec le Trèfle 17^0, avec le Navet 20^0.

2° Phénomènes physiologiques internes. Digestion des réserves. — On sait peu de chose encore sur les transformations chimiques que les matériaux de réserve accumulés dans la graine éprouvent pendant la germination et qui les rendent assimilables. Il paraît certain que la plupart de ces transformations sont des dédoublements avec hydratation, accomplis sous l'influence de diastases appropriées, en un mot, des digestions (p. 52 et p. 58).

A. **Digestion interne.** — Considérons d'abord le cas le plus simple, celui où toutes les réserves sont renfermées déjà dans le corps de l'embryon. Si la réserve est amylacée, le suc des cellules devient acide, en même temps qu'une partie des substances albuminoïdes y passe à l'état d'amylase ; dans ce milieu acide, l'amylase attaque, comme on sait, les grains d'amidon, les corrode (fig. 124, *a-g*), les dissout et les dédouble en définitive en dextrine et maltose ; on ignore le mécanisme par lequel cette dextrine et ce maltose sont à leur tour dédoublés en glucose. Si la réserve est du sucre de Canne (Lupin, etc.) ou du synanthrose (Composées), il s'y fait de l'invertine, qui dédouble ces saccharoses en glucose et lévulose. S'il s'agit de glucosides, comme l'amygdaline (Prunées) ou l'acide myronique (Moutarde), il s'y fait de l'émulsine qui dédouble la première en glucose, essence d'amandes amères et acide cyanhydrique, ou de la myrosine qui dédouble la seconde en glucose, essence de moutarde et acide sulfurique. Le glucose, produit définitif de ces diverses transformations, est ensuite transporté de cellule en cellule jusqu'au lieu d'emploi et enfin directement assimilé au protoplasme.

Quand la réserve est composée de corps gras, ceux-ci sont saponifiés par la saponase, c'est-à-dire hydratés et dédoublés en acide gras et glycérine. La glycérine est assimilée directement et disparaît à mesure ; les corps gras subissent des transformations ultérieures. Ils s'oxydent et paraissent se convertir en hydrates de carbone, dont une partie se dépose dans les cellules sous forme de de grains d'amidon. Plus tard, ceux-ci subissent les dédoublements connus et disparaissent à leur tour.

Les corps albuminoïdes mis en réserve sont hydratés et dissous par des pepsines qui les dédoublent en peptones correspondantes (Lupin, Vesce, Lin, Chanvre, etc.). Celles-ci s'hydratent et se dédoublent de nouveau, sous l'influence de diastases encore inconnues, et certains de leurs produits définitifs vont s'accumulant dans les cellules sous forme d'amides diverses : asparagine, glutamine, leucine, tyrosine, dont la plus répandue est l'asparagine. L'accumulation d'asparagine est d'autant plus considérable que l'embryon renferme moins d'hydrates de carbone; le Lupin, par exemple, qui ne contient pas d'amidon, renferme jusqu'à 30 % d'asparagine après douze jours de germination. Dès que la chlorophylle apparaît, la synthèse des hydrates de carbone a lieu et l'asparagine disparaît peu à peu en s'y combinant; mais, suivant la définition posée au début, on n'est plus alors dans la période germinative. On peut comparer la formation de l'asparagine dans ces conditions à la production de l'urée chez les animaux.

En second lieu, considérons le cas où une grande partie de la réserve est demeurée en dehors de l'embryon, dans l'albumen et dans le périsperme. Quand l'albumen est oléagineux, la transformation des divers matériaux de réserve s'y opère, comme il vient d'être dit de l'embryon, par l'activité propre de ses cellules, qui sont demeurées vivantes ; en un mot, l'albumen digère lui-même ses réserves. L'embryon n'a qu'à absorber ensuite les produits solubles ainsi formés. Cette absorption se fait par l'épiderme de la face inférieure des cotylédons, intimement appliqué contre l'albumen.

B. **Digestion externe**. — Il en est tout autrement quand l'albumen est à un haut degré amylacé ou corné ; ses cellules étant mortes, il ne peut que demeurer passif pendant la germination. C'est l'embryon qui l'attaque, le dissout et le digère. Les agents d'hydratation et de dédoublement : amylase, invertine, etc., sont formés dans le cotylédon et épanchés à la surface de son épiderme inférieur, dont les cellules s'allongent parfois perpendiculairement (fig. 126, e). De là, ils pénètrent l'albumen et le dissolvent de proche en proche, pendant que la même surface épidermique absorbe à mesure les substances dissoutes. Tantôt l'action n'a lieu qu'au contact immédiat de l'épiderme; pour qu'elle puisse se continuer jusqu'à la fin, il faut que le cotylédon s'accroisse à mesure, de manière à se substituer au tissu qu'il a détruit et à se maintenir appliqué contre celui qui reste (Palmiers, etc.). Tantôt l'action, commencée au contact, se continue à distance et le cotylédon ne s'accroît pas (Graminées, fig. 126, etc.). Quand l'action digestive de l'embryon porte sur des substances aussi dures et aussi résistantes que les membranes cellulosiques de l'albumen corné du Dattier ou du Phytélephas, son énergie est telle que les animaux les mieux doués sous ce rapport, les Rongeurs par exemple, ne sauraient lui être comparés.

§ 5

Développement de la plantule en plante adulte.

Développement associé. — Arrivée au point où nous l'avons laissée, la plantule n'a très souvent qu'à poursuivre la croissance et la multiplication des diverses parties qui la constituent, pour parvenir avec le temps à l'état adulte, état où elle fleurit en produisant de nouveaux œufs et de nouvelles graines. Pendant leur croissance et leur multiplication, toutes les parties du corps demeurent alors liées, associées en un tout continu, de façon qu'un embryon devient en définitive un individu adulte; en d'autres termes, la plante ne se compose, à tout âge, que d'un seul et même individu. Ce mode de développement peut être dit *associé*. On le rencontre chez toutes les Gymnospermes, et chez un très grand nombre d'Angiospermes, non seulement parmi les arbres et les arbustes, mais encore dans les plantes annuelles ou bisannuelles et chez bon nombre de végétaux herbacés vivaces (Polygonatum, Millepertuis, Potentille, Luzerne, Panicaut, Centaurée, Scorsonère, Sauge, Plantain, etc., etc.).

On y observe plusieurs modifications. La racine terminale et ses ramifications persistent et s'accroissent indéfiniment dans les Gymnospermes et les Dicotylédones ligneuses; elles cessent de croître, au contraire, disparaissent de bonne heure et sont remplacées par des racines latérales chez les Monocotylédones et beaucoup de Dicotylédones herbacées. Aérienne ou souterraine, la tige et ses branches de divers ordres persistent tout entières dans les végétaux ligneux et certaines herbes vivaces; les entre-nœuds

24

inférieurs subsistent seuls dans beaucoup d'autres herbes vivaces, pendant que toutes les parties aériennes se détruisent.

Développement dissocié. — Ailleurs les choses se passent autrement. La plantule devient un individu de petite taille, incapable de fleurir, qui cesse de croître et périt dès la première année, en ne laissant subsister que certaines petites parties de son corps. Celles-ci croissent la seconde année, se complètent s'il y a lieu par des formations adventives, et deviennent autant d'individus nouveaux, plus vigoureux que le premier, mais le plus souvent trop faibles encore pour fleurir, et qui périssent bientôt à leur tour. Les parties subsistantes se développent la troisième année, et les choses continuent ainsi, jusqu'à ce que, après un certain nombre de ces étapes annuelles, on arrive enfin à des individus assez vigoureux pour fleurir et porter graines. La plante se compose, dans ce cas, d'une succession d'individus distincts de plus en plus nombreux et de plus en plus forts, issus les uns des autres et tous de la plantule primitive par fractionnement du corps végétatif. Un embryon y produit, en définitive, un grand nombre d'individus adultes. Pourtant, ce nombre peut se réduire à l'unité, si chaque individu transitoire ne laisse, après sa mort partielle, qu'un seul fragment pour le continuer (Orchis, etc.). Ce mode de développement peut être nommé *dissocié*. On en trouve des exemples chez un grand nombre d'herbes vivaces, à tige rampante ou souterraine.

La dissociation peut s'y produire de deux manières différentes. Tantôt les rameaux ou bourgeons ont déjà, avant de se séparer, acquis des racines adventives absorbantes; ils ne se renflent pas alors en réservoirs nutritifs. Au moment de leur dissociation, les individus sont complets (Fraisier, Cresson d'eau, Épilobe, Samole, etc.). Tantôt, au contraire, les parties séparées sont dépourvues de racines absorbantes et doivent d'abord, à la reprise de végétation, en former pour compléter l'individu; avant de s'isoler, elles se renflent alors, dans l'une ou l'autre de leurs régions, en une réserve alimentaire qu'on nomme un tubercule. Dans le fragment détaché, c'est tantôt la tige qui se tuberculise (Pomme de terre, etc.) (p. 136), tantôt la racine (p. 77) (Ficaire, etc), tantôt les feuilles (p. 254) (Lis, etc.).

Durée du développement. — Que le développement soit associé ou dissocié, sa durée varie beaucoup suivant les végétaux. Tantôt la plante fleurit dès la première année, quelques semaines ou quelques mois après la germination. Mais, même alors, il est rare que la tige primaire issue de la gemmule de l'embryon se termine par une fleur, de manière que les étamines et les carpelles soient des feuilles de même degré que les cotylédons (Pavot, etc.). Le plus souvent ce sont des branches d'ordre plus ou moins élevé qui forment les fleurs à leur sommet.

Tantôt la plante ne fleurit que la seconde année (Betterave, Carotte, etc.). Tantôt enfin elle croît pendant plusieurs années avant de fleurir, comme on le voit dans les arbres et en général dans les végétaux ligneux. Le Pin et le Mélèze, par exemple, mettent quinze ans à fleurir, l'Épicéa quarante ans, le Hêtre et le Sapin cinquante ans.

Quand la plante ne développe chaque année qu'une génération de branches et que les fleurs n'apparaissent que sur les branches d'un certain ordre, on peut hâter la floraison en forçant le végétal à produire deux générations de branches. On y arrive en effeuillant les branches, ou mieux en les coupant à une petite distance de leur base ; les bourgeons de la portion qui reste, au lieu de ne se développer que l'année suivante, s'épanouissent aussitôt. On parvient de la sorte à faire fleurir un Pommier dès sa seconde année.

Applications : Marcottage, Bouturage, Greffe. — L'étude du développement dissocié nous a montré la plante se multipliant d'ordinaire en même temps qu'elle se développe, et cela de plusieurs manières différentes : soit par affranchissement de portions du corps déjà complètes et se suffisant à elles-mêmes avant leur séparation (Fraisier, etc.), soit par mise en liberté de parties qui ont à se compléter plus tard pour régénérer un individu entier (Ficaire, Pomme de terre, etc.). L'homme applique ces procédés de la nature à la multiplication des végétaux qu'il juge utiles et il en généralise même l'emploi en les étendant aux plantes à développement associé.

Une portion du corps végétal, complète en soi, c'est-à-dire ayant tiges, racines et feuilles, séparée artificiellement de l'ensemble et autonomisée, est ce qu'on appelle une marcotte et son affranchissement un marcottage, comme il a été dit p. 75. La multiplication du Fraisier pendant son développement n'est en somme qu'un marcottage naturel.

Une portion du corps végétal, incomplète à divers degrés et qui doit, après sa séparation, se compléter par conséquent à divers degrés pour donner un individu nouveau, est une bouture et l'opération qui la transforme en un individu complet un bouturage, comme il a été dit p. 76. Le développement dissocié de la Pomme de terre, de la Ficaire et de tant d'autres plantes vivaces n'est qu'un bouturage naturel.

Si la branche ou le bourgeon, une fois séparés, refusent de former des racines, on les porte sur une racine toute faite ou sur une tige munie d'une pareille racine, de manière que la soudure ait lieu et que les deux parties ne fassent qu'un individu. La partie détachée et rapprochée est le *greffon*, la partie fixe est le *sujet*, et l'opération qui les unit est la *greffe*. Pour greffer, la condition générale est d'établir entre le greffon et le sujet le contact le plus intime et le plus étendu, et surtout de disposer les choses de manière que la juxtaposition ait lieu par les tissus les plus vivants, notamment par les méristèmes. Suivant les cas, cette condition pourra être satisfaite de bien des manières différentes. Bornons-nous ici à caractériser les types autour desquels se groupent tous les procédés particuliers. Il y en a trois : la *greffe par approche*, la *greffe de rameaux* et la *greffe de bourgeons*.

La greffe par approche se fait entre tiges de plantes voisines ou entre branches encore attachées à la tige. On les juxtapose, après avoir pratiqué aux points de contact des incisions ou des entailles de diverses formes qui mettent à nu les tissus vivants, et on les maintient accolées par une ligature. Cette greffe est fréquente dans la nature ; on l'observe souvent dans les forêts, entre branches du même arbre ou entre arbres différents de même espèce, plus rarement entre arbres d'espèces ou même de genres différents. Une fois la greffe réalisée, on peut couper l'une des branches au-dessous du point d'union, elle demeurera nourrie par l'autre ; elle sera devenue par là un greffon et l'autre un sujet. La greffe par approche ressemble donc au marcottage.

La greffe de rameaux consiste à détacher d'une plante un rameau encore herbacé ou déjà ligneux et à le porter sur un sujet, avec les précautions nécessaires pour qu'il reste vivant pendant le temps exigé pour la formation du tissu de soudure et l'établissement à travers ce tissu des communications libéroligneuses. La greffe de rameaux ressemble, on le voit, au bouturage de branches. Pour établir les contacts, on taille en biseau la partie inférieure du greffon et on l'introduit dans une fente pratiquée dans l'écorce du sujet et pénétrant jusqu'au bois, ou dans une fente obtenue en écartant du bois toute la couche de tissus extérieure à l'assise génératrice; dans l'un et l'autre cas, les assises génératrices libéroligneuses du greffon et du sujet sont mises en contact intime : c'est la *greffe en fente*. Si l'on fait une section transversale de la tige du sujet, puis qu'on fixe de la sorte tout autour du bois un certain nombre de greffons, la greffe en fente devient une *greffe en couronne*. La greffe de rameaux peut se faire aussi bien sur racine que sur tige. La base du greffon se trouvant alors près de la terre, ou même enterrée, produit quelquefois tardivement des racines adventives qui nourrissent en partie le greffon par lui-même; si la racine du sujet s'atrophie plus tard, le greffon, désormais nourri uniquement par ses propres racines, *affranchi*, comme on dit, devient une marcotte.

La greffe de bourgeons se fait en transportant sur le sujet un simple bourgeon, avec une plaque plus ou moins large comprenant tous les tissus extérieurs à l'assise génératrice de la branche qui le porte. On applique cette plaque contre la surface externe du bois du sujet, préalablement mise à nu. Les deux assises génératrices libéroligneuses, accolées ainsi l'une à l'autre par toute la surface, se soudent facilement, et quand le bourgeon s'épanouit, il tire sa nourriture directement du sujet. Si la plaque est détachée en forme d'anneau sur toute la périphérie de la branche, on dénude également sur toute la périphérie et sur la même longueur le bois du sujet, et l'on applique le cylindre creux du greffon sur le cylindre plein du sujet : c'est la *greffe en flûte*. Si la plaque détachée est rectangulaire ou en forme d'écusson, on pratique sur le sujet deux incisions en T, on décolle les deux lèvres d'avec le bois, on insinue l'écusson dans l'entaille en l'appliquant contre le bois, on referme les lèvres au-dessus de lui et on les maintient par une ligature : c'est la *greffe en écusson*, celle de toutes qui est le plus fréquemment appliquée.

De quelque manière qu'on la réalise, la greffe réussit, non seulement entre parties de la même plante ou entre plantes de la même espèce, mais aussi entre espèces du même genre (Rosiers, etc.) et assez souvent entre genres différents d'une même famille, par exemple entre le Poirier et le Coignassier, le Prunier et l'Amandier, le Poirier et le Néflier, le Poirier et l'Aubépine, etc. Comme on peut appliquer sur le même sujet et nourrir sur la même racine autant de greffons différents qu'on voudra, comme ensuite on peut, sur chaque branche de ces greffons, appliquer de nombreux greffons qui à leur tour peuvent en porter d'autres, on arrive à réaliser de la sorte les associations les plus compliquées et les plus singulières.

Le marcottage, le bouturage et la greffe ne font en somme que séparer une partie du corps vivant d'une plante pour la nourrir soit indépendamment (marcottage et bouturage), soit en parasite sur une autre (greffe). Par là, cette partie n'acquiert ni ne perd aucun caractère : elle garde toutes les propriétés qu'elle possédait quand elle faisait partie de l'ensemble d'où on l'a séparée, c'est-à-dire tous les caractères de la plante que cet ensemble représente. En multipliant ainsi la plante, on la conserve donc simplement avec toutes ses propriétés, même les plus délicates, telle en un mot qu'elle a été formée dans l'œuf. On fait des individus nouveaux et on les multiplie à l'infini, mais c'est toujours la même plante. Ce sont des moyens précieux de fixer et de conserver toutes les variations introduites une fois dans l'œuf, précisément parce qu'ils sont hors d'état de produire la moindre variation nouvelle.

Durée de la plante adulte. — Parvenue à l'état adulte, la plante a, suivant les cas, un sort très différent. Tantôt les réserves accumulées dans son corps pendant son développement émigrent en totalité dans ses graines ; en même temps qu'elle mûrit ses fruits, elle meurt d'épuisement. Les plantes qui ne fleurissent et ne fructifient ainsi qu'une seule fois sont dites, comme on sait (p. 157), *monocarpiques;* suivant que leur développement exige une, deux, ou un plus grand nombre d'années, elles sont *annuelles, bisannuelles, pluriannuelles.*

Tantôt une partie seulement des réserves émigrent dans les graines, le reste demeure dans le corps, qui persiste après la dissémination des graines, pour fleurir de nouveau plus tard et se conserver de même après chaque floraison. La plante est alors *polycarpique* ou *vivace* (p. 157). La persistance est totale, si les réserves demeurent distribuées dans toute l'étendue du corps, comme dans les végétaux ligneux ; les pédicelles floraux périssent seuls après la maturation des graines. Elle n'est que partielle, si les réserves s'accumulent dans certaines parties du corps, tout le reste disparaissant alors après chaque floraison.

Suivant la nature et la disposition des parties qui meurent et de celles qui persistent, la plante ne fait que se conserver, sans se multiplier, ou bien au contraire se multiplie en même temps qu'elle se conserve. Dans la Tulipe par exemple, il ne subsiste de la plante, après la première floraison comme après toutes les floraisons suivantes, qu'un bourgeon situé à l'aisselle de l'écaille supérieure du bulbe. L'année suivante, ce bourgeon, qui est une bouture, devenu bulbe à son tour, fleurit au sommet et périt en ne laissant de même qu'un bourgeon. Il n'y a jamais de la plante vivace qu'un individu à la fois. Dans la Pomme de terre, au contraire, il subsiste de la plante, après chaque floraison, un plus ou moins grand nombre de bourgeons terminaux isolés, boutures qui se développent au printemps prochain en autant d'individus nouveaux. La plante vivace est représentée par un nombre d'individus d'autant plus considérable qu'elle est plus âgée. Dans tous les cas, la plante vivace se maintient à l'état adulte exactement par le même procédé qu'elle a employé pour y parvenir.

Si la plante vivace végète horizontalement à la surface ou à l'intérieur du sol, ou si ses parties dressées dans l'air meurent à chaque saison, en un mot si elle conserve à toute époque ses mêmes relations avec le sol où elle puise sa nourriture, elle ne meurt jamais (Fraisier, Pomme de terre, etc.). Si au contraire, comme dans les arbres, elle élève de plus en plus ses branches dans l'air, et plonge de plus en plus ses racines dans le sol, la distance entre les poils radicaux et les feuilles croît indéfiniment, le trajet des sucs nourriciers dans les deux sens devient de plus en plus long et difficile. De là, d'abord un ralentissement progressif de l'énergie végétative et finalement la mort. A moins que, naturellement ou par l'action de l'homme, quelque branche, ramenée à la surface du sol, n'y prenne racine et ne devienne ainsi l'origine d'une nouvelle série de développements ascensionnels.

Cette mort naturelle des arbres est quelquefois devancée dans la nature par une mort accidentelle, due à des causes mécaniques. A partir d'un certain âge, il arrive souvent que le *cœur* du bois se détruit progressivement du centre à la périphérie ; la tige, de plus en plus évidée, devient de moins en moins capable de résister au poids toujours croissant de son branchage. Elle se rompt enfin, et l'édifice tombe en ruines. S'il n'arrive pas alors que quelque branche prenne racine sur le sol, ou que le tronc brisé produise des bourgeons adventifs, la plante meurt. Mais souvent quelqu'un de ces débris se complète, la plante continue de vivre et même se multiplie. On voit, en somme, que la mort d'une plante polycarpique est un accident assez rare dans la nature.

CHAPITRE SEPTIÈME

FORMATION DE L'ŒUF
ET
DÉVELOPPEMENT DES CRYPTOGAMES VASCULAIRES

Sachant, par le chapitre V, comment l'œuf se forme chez les Phanérogames, et par le chapitre VI comment il s'y développe d'abord en un embryon dans la graine, puis en une plante adulte à la suite de la germination de cette graine, nous devons maintenant refaire cette double étude pour les Cryptogames vasculaires. A cet effet, nous prendrons pour type la division la plus nombreuse et la plus répandue de ce groupe, celle des Fougères ; il suffira de quelques mots ensuite pour indiquer comment les choses se passent dans les autres divisions et en même temps pour rattacher les Cryptogames vasculaires aux Phanérogames.

§ 1

Formation de l'œuf chez les Fougères.

La formation de l'œuf des Fougères comprend deux phases successives, séparées souvent par un long temps de repos. La plante adulte produit d'abord et met en liberté des cellules spéciales que, pour nous conformer à l'usage, nous nommerons des *spores*. Puis, ces spores germent et donnent naissance chacune à un petit corps lamelliforme ou *prothalle*. C'est sur ce prothalle enfin que l'œuf se forme et qu'il se développe en embryon [1].

---

1. C'est très improprement que les cellules profondément différenciées qui engendrent les prothalles sont désignées sous le nom de *spores*. En germant,

Formation des spores. — Les spores des Fougères sont renfermées en grand nombre dans des sacs
pédicellés ou *sporanges*, ordinairement groupés à la face inférieure des feuilles et sur
les nervures. Chaque groupe de sporanges
est un *sore*. Quelquefois nu (Polypode, Osmonde, etc.), le sore est le plus souvent
protégé par une excroissance membraneuse
de l'épiderme, sorte de poil écailleux, qu'on
nomme *indusie* (fig. 127 et 128).

La paroi du sporange mûr ne comprend
qu'une seule assise de cellules, dont une
rangée, ordinairement située dans le plan
méridien où elle s'étend sur la plus grande
partie de la circonférence, se développe autrement que les autres (fig. 128). Elles sont
plus grandes et proéminent en dehors; leur
membrane s'épaissit, se lignifie et se colore

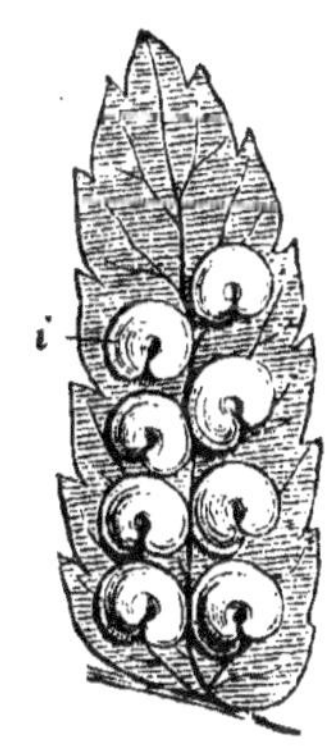

Fig. 127. Face inférieure
d'un segment du limbe
de l'Aspidium fougère-
mâle, avec huit sores
indusiés *i*.

fortement sur la face interne et sur les faces latérales en contact,

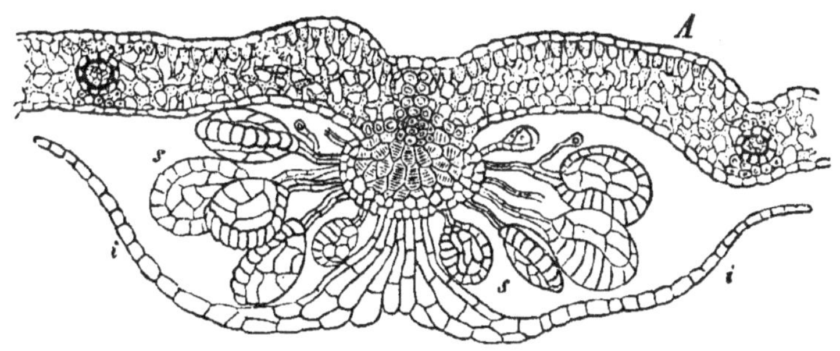

Fig. 128. Section transversale de la feuille de l'Aspidium fougère-mâle, passant
par un sore, avec ses sporanges *s* et son indusie *i*.

mais demeure mince sur la face extérieure convexe : elles constituent ce qu'on appelle l'*anneau*. En se desséchant, ces cellules

elles produisent en effet, non pas un individu pareil à celui qui les a formées,
comme les vraies spores (p. 42), mais seulement un corps rudimentaire très
différent du premier, dont il est le complément indispensable, puisqu'il est
destiné à produire les œufs et à alimenter leurs premiers développements.
Dans sa totalité, la plante est donc coupée ici en deux tronçons, un grand
tronçon végétatif et un petit tronçon reproducteur : les cellules en question
établissent simplement le passage entre les deux tronçons : ce sont, si l'on
veut, des spores de passage.

se contractent davantage sur la face externe ; l'anneau cherche par conséquent à se redresser et par là déchire la paroi du sporange, d'abord entre ses bords, puis de chaque côté, perpendiculairement à sa propre direction. Les spores se trouvent de la sorte projetées vers le bas et tombent sur le sol. Ce sont de simples cellules. Leur membrane cellulosique, tout entière cutinisée, est partagée en deux couches dont l'externe, diversement colorée, est souvent munie d'épaississements variés ; leur protoplasme contient autour du noyau diverses matières de réserve et quelquefois des chloroleucites (Osmondacées, Hyménophyllées).

Le sporange naît du développement particulier d'une cellule de l'épiderme ; il a donc la valeur morphologique d'un poil. Des cellules voisines se développent d'ailleurs souvent en poils ordinaires, qui entrent avec les sporanges dans la composition du sore et qu'on nomme des *paraphyses*. Pour produire un sporange, la cellule épidermique se prolonge d'abord au dehors en formant une papille, dont la partie saillante se sépare de la base par une cloison transversale. Puis, elle se divise par une nouvelle cloison transversale en deux cellules, dont l'inférieure, prenant des cloisons à la fois transversales et longitudinales, donne naissance au pédicelle, formé le plus souvent de trois rangées cellulaires, tandis que la supérieure est la cellule mère du sporange.

Par quatre cloisons obliques successives, celle-ci produit d'abord quatre cellules externes aplaties et une cellule centrale tétraédrique. Les premières se divisent par des cloisons perpendiculaires à la surface et forment la paroi du sporange, dans laquelle l'anneau se différencie plus tard. La cellule tétraédrique se cloisonne de nouveau une ou deux fois parallèlement à ses quatre faces, pour donner une ou deux rangées de cellules doublant la paroi externe et qui se détruisent plus tard dans un liquide granuleux. Après quoi, elle se divise en deux à plusieurs reprises et produit les cellules mères des spores, ordinairement au nombre de seize. Chacune de celles-ci divise deux fois de suite son noyau, puis se cloisonne simultanément en quatre. Les cloisons s'épaississent, leurs lames mitoyennes se gélifient ainsi que la couche externe des cellules mères, et par là les cellules filles se trouvent isolées dans un liquide mucilagineux, auquel s'ajoute la substance granuleuse provenant de la destruction des assises internes de la paroi. Aux dépens de ce liquide, les cellules filles grandissent, épaississent leur membrane, la dédoublent en deux couches différenciées

comme il a été dit plus haut et constituent enfin les spores mûres, bientôt disséminées par la rupture de la paroi du sac qui les
renferme.

Remarquons la profonde analogie qui existe entre la formation
des spores des Fougères et celle des grains de pollen des Phanérogames. La seule différence est que le sac pollinique a la valeur
d'une émergence, tandis que le sporange des Fougères n'est qu'un
poil ; mais cette différence est sans importance ; elle s'efface d'ailleurs chez d'autres Cryptogames vasculaires (Lycopode, Isoète, Sélaginelle), où le sporange a également la valeur d'une émergence.

Germination des spores et formation du prothalle. —
Sur le sol, la spore germe après un temps de repos plus ou moins

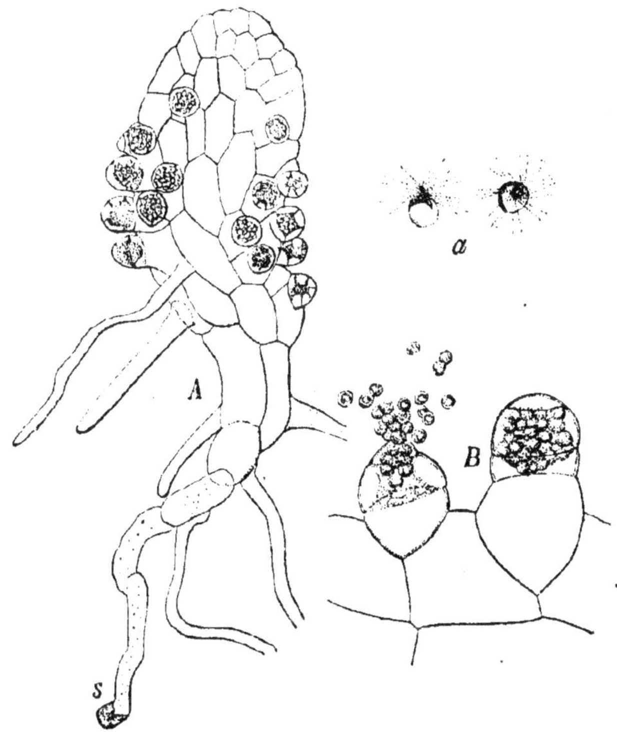

Fig. 129. *A*, prothalle de la Ptéride aquiline, encore dépourvu de coussinet et
ne portant que des anthéridies, vu par sa face inférieure ; *s*, spore primitive. *B*, anthéridie, encore fermée à droite, ouverte à gauche ; *a*, anthérozoïdes libres.

long. Tout d'abord sa membrane albuminoïde produit une nouvelle couche de cellulose, qui tapisse la couche ancienne complétement cutinisée. Puis celle-ci se déchire et, à travers la fente, le protoplasme, revêtu par la nouvelle membrane cellulosique, se développe en un tube court, bientôt pourvu de chloroleucites et cloisonné transversalement (fig. 129). A mesure qu'elle s'allonge, l'extrémité de ce tube s'élargit de plus en plus, se divise par des cloisons longitudinales et obliques, et forme enfin une lame verte d'abord triangulaire, plus tard échancrée en avant en forme de cœur ou de rein : c'est le *prothalle* (fig. 129, *A*, et fig. 131). Il est étroitement appliqué contre la terre humide, dans laquelle ses cellules se prolongent en un grand nombre de poils absorbants. En arrière de l'échancrure, on voit un coussinet formé de plusieurs épaisseurs de cellules; partout ailleurs, le prothalle n'a qu'un seul plan de cellules. Le coussinet se prolonge quelquefois d'un bout à l'autre du prothalle, en y formant une sorte de nervure médiane (Osmonde).

C'est aussi sur cette face inférieure qu'on voit naître des proéminences de deux sortes, dont le concours est nécessaire à la formation de l'œuf : les unes, plus précoces, situées en grand nombre dans toute la région postérieure et latérale, jouent le rôle mâle et sont appelées *anthéridies;* les autres, plus tardives, disposées en petit nombre sur le coussinet voisin de l'échancrure antérieure, jouent le rôle femelle et sont nommées *archégones.* Quand le prothalle est insuffisamment nourri, il demeure plus petit, ne prend ni échancrure ni bourrelet et ne forme que des anthéridies (fig. 129, *A*).

Formation et déhiscence de l'anthéridie ; anthérozoïdes. — L'anthéridie naît, comme un poil, de la proéminence d'une cellule du prothalle sur sa face inférieure. La partie saillante se sépare par une cloison transversale et s'arrondit en hémisphère. Puis il s'y fait une cloison en forme de dôme, qui la divise en une cellule interne hémisphérique et en une cellule externe en forme de cloche; cette dernière se partage ensuite, par une cloison transversale annulaire, en une cellule supérieure en forme de couvercle et une cellule inférieure en forme de tore (Ptéride, Cératoptéride, Aneimia, etc.). Ce couvercle et ce tore, pourvus tous deux de chloroleucites appliqués contre leur face interne, constituent ensemble la paroi de l'anthéridie (fig. 129, *B*). La cellule centrale se divise, par des cloisons transversales et longitudinales, en petites cellules munies d'une vacuole et dont chacune produit un *anthérozoïde.* A cet effet, la substance du noyau se condense à la périphérie et se fend en hélice pour donner une bandelette spiralée entourant la vacuole, tandis que le protoplasme pariétal se divise en un certain nombre de minces filaments attachés par un bout à cette bandelette.

Arrivée à maturité, l'anthéridie absorbe de l'eau, qui la gonfle et soulève le couvercle (fig. 129, *B*). Les cellules mères des anthérozoïdes se dissocient, s'arrondissent et s'échappent par l'ouverture; aussitôt, leur membrane se dissout dans l'eau et chacune d'elles met en liberté son anthérozoïde, qui se déploie dans le liquide ambiant, y prend sa forme définitive et s'y meut rapidement. C'est un ruban spiralé, enroulé deux ou trois fois en tire-bouchon; son extrémité antérieure amincie porte de nombreux cils vibratiles; son extrémité postérieure plus épaisse traine d'abord après elle une vésicule contenant des granules incolores (fig. 129, *a*); mais cette vésicule ne tarde pas à se détacher et le filament spiralé continue seul sa course. Sa translation est accompagnée d'une rotation autour de l'axe; il se visse, pour ainsi dire, dans le liquide. La vésicule n'est autre chose que la vacuole centrale de la cellule mère, dont le noyau est devenu le ruban spiralé et le protoplasme les cils vibratiles.

Formation et déhiscence de l'archégone; oosphère. — Comme l'anthéridie, l'archégone procède d'une cellule de la face inférieure du prothalle, mais sa formation est toujours localisée à la surface du coussinet. Cette cellule proémine au dehors et se divise en trois par deux cloisons transversales (fig. 130). La cellule

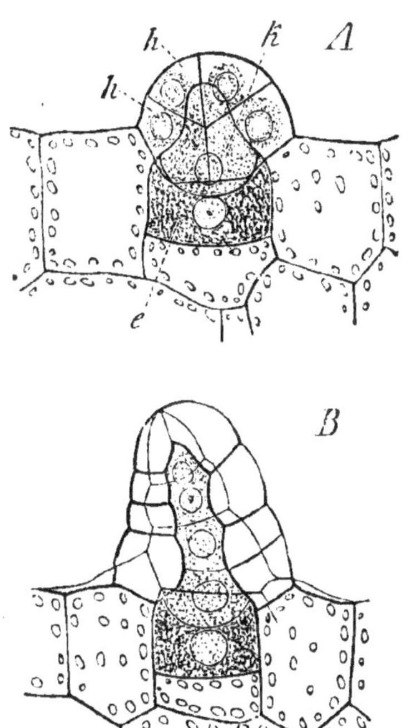

Fig. 130. Formation de l'archégone sur le prothalle de la Ptéride dentelée : *e*, oosphère; *hh*, col; *k*, cellule du canal.

inférieure demeure stérile et correspond à la cellule basilaire de l'anthéridie; la moyenne est la cellule centrale de l'archégone; la supérieure se divise par deux cloisons longitudinales en croix, puis par des cloisons transversales et produit enfin le *col* de l'archégone, qui consiste en quatre séries de cellules, se touchant suivant l'axe (fig. 130, *B*). La cellule centrale se divise ensuite par une cloison transversale en deux portions inégales : l'inférieure, plus grande, d'abord discoïde, s'arrondit plus tard et constitue l'oosphère ; la supérieure, plus petite, s'accroît vers le haut entre les quatre rangées de cellules du col, qu'elle dissocie (fig. 130, *A*), et en même temps son noyau se divise une ou deux fois de manière à produire deux ou quatre noyaux superposés (fig. 130, *B*). Finalement, cette cellule se détruit en gélifiant sa membrane ; la substance mucilagineuse ainsi formée se gonfle, écarte les cellules terminales du col, s'échappe brusquement au dehors et s'arrondit en une gouttelette qui demeure en face de l'ouverture, prolongée à travers le col et jusqu'à l'oosphère par un filet gélatineux. Du même coup, l'oosphère se trouve dénudée par en haut, où elle présente une tache claire, et devient en ce point accessible du dehors. La petite cellule qui surmonte l'oosphère, ayant pour rôle de creuser le col d'un canal ouvert au dehors et conduisant en dedans jusqu'à l'oosphère, est appelée *cellule de canal*.

Fécondation et formation de l'œuf. — Dans la couche d'eau qui baigne la surface du sol, sous le prothalle, nagent déjà en tous sens de nombreux anthérozoïdes, au moment où les cols des archégones viennent s'y ouvrir et y suspendre comme des bouées leurs gouttes de mucilage. Retenus par ces gouttelettes, pris au piège en quelque sorte en face du col, quelques-uns d'entre eux suivent le chemin tracé par le filet gélatineux, traversent le canal et arrivent à l'oosphère ; l'un d'eux au moins y pénètre à l'endroit de la tache claire et s'y perd en confondant, noyau à noyau et protoplasme à protoplasme, sa substance avec celle de l'oosphère. L'œuf ainsi formé s'enveloppe aussitôt d'une membrane propre de cellulose, pendant que s'oblitère le col de l'archégone.

Formation de l'œuf chez les autres Cryptogames vasculaires. — Chez beaucoup d'autres Cryptogames vasculaires, l'œuf se forme, à de très légères différences près, comme chez les Fougères, c'est-à-dire sur un prothalle qui produit à la fois les anthéridies et les archégones, qui est *monoïque* (Marattia, Ophioglosse, Prèle, Lycopode, etc.) ; pourtant quelques-unes de ces plantes ont deux sortes de prothalles : les uns, plus petits, ne portant que des anthéridies, sont mâles ; les autres, plus grands, ne portant que des archégones, sont femelles ; en un mot, il y a *diœcie*, sans que les spores qui produisent les uns et les autres cessent pourtant d'être de tout point semblables (la plupart des Prêles, etc.). Toutes ensemble, ces Cryptogames vasculaires peuvent donc être nommées *isosporées*.

Chez d'autres, non seulement cette différenciation des prothalles s'accuse davantage, mais encore elle retentit jusque sur les spores dont ils dérivent. La plante adulte produit alors deux sortes de spores : les unes plus petites, ou *microspores*, forment les prothalles mâles ; les autres plus grandes, ou *macrospores*, engendrent les prothalles femelles (Pilulaire, Marsilia, Salvinia, Azolla, Sélaginelle, Isoète). Toutes ces Cryptogames vasculaires peuvent être dites *hétérosporées*. En même temps, les prothalles des deux sortes se réduisent beaucoup, demeurent rudimentaires et sortent à peine, ou même ne sortent pas du tout de la spore qui les a formés. Dans les Isoètes, par exemple, la microspore en germant se partage par une cloison en deux cellules très inégales ; la petite reste stérile et représente à elle seule la portion végétative du prothalle mâle ; la grande se cloisonne et produit l'anthéridie, avec ses anthérozoïdes, qui s'échappent par une déchirure de la membrane. De même la macrospore en germant se cloisonne dans les trois sens, et produit un tissu incolore qui la remplit complètement : c'est le prothalle femelle, qui se gonfle et fait éclater la membrane en un point ; sur cette place, mise à nu, se forme bientôt un archégone aux dépens d'une cellule périphérique, comme il a été expliqué chez les Fougères.

Passage des Cryptogames vasculaires aux Phanérogames. — Ces Cryptogames vasculaires hétérosporées à prothalles rudimentaires nous mènent directement aux Phanérogames.

Considérons d'abord les Gymnospermes. Leurs grains de pollen sont en réalité des microspores. Ils naissent, en effet, dans le sac pollinique, qui est une émergence foliaire, comme les microspores dans le microsporange d'un Isoète ou d'une Sélaginelle, qui est également une émergence foliaire. En germant, ils se comportent aussi, tout d'abord, comme les microspores d'Isoète, découpant une petite cellule stérile qui représente la portion végétative du prothalle mâle et développant la grande ; la seule différence est que cette grande cellule, au lieu de produire des anthérozoïdes et de les mettre en liberté, s'allonge en un tube dont l'extrémité se met directement en rapport avec l'oosphère. Les anthérozoïdes sont donc supprimés : d'où un raccourcissement tardif dans la marche du phénomène. Du même coup, la formation de l'œuf, qui exigeait l'intervention de l'eau, qui était aquatique chez les Cryptogames vasculaires, devient aérienne chez les Phanérogames.

D'autre part, dans le nucelle des Gymnospermes, qui est une émergence foliaire, tout se passe comme dans le macrosporange d'un Isoète ou d'une Sélaginelle, qui est aussi une émergence foliaire. Les cellules mères des sacs embryonnaires y prennent naissance, en effet, comme les cellules mères des macrospores; et, si l'une d'elles étouffe les autres et parvient seule à maturité, c'est là un fait qui se présente aussi dans les macrosporanges (Isoète, Sélaginelle, etc.). Le sac embryonnaire se comporte comme une macrospore d'Isoète, se remplissant d'un prothalle femelle, nommé provisoirement endosperme (p. 348), lequel produit des archégones, nommés provisoirement corpuscules (p. 348). La rosette du corpuscule est le col de l'archégone; la petite cellule, qui se détruit en dissociant la rosette et ouvrant l'accès à l'oosphère, est la cellule de canal : l'analogie est complète. Il y a seulement cette différence que la cellule mère du sac embryonnaire, au lieu de se diviser en quatre cellules filles, dont une seule parfois se développe, il est vrai, en une macrospore (Pilulaire, Salvinia, etc.), ne se cloisonne pas et devient directement le sac embryonnaire. C'est un raccourcissement précoce, qui a pour effet, en supprimant les macrospores, de maintenir le prothalle femelle en place dans le tissu de la plante mère.

Deux raccourcissements dans la formation de l'œuf, le premier dans l'appareil mâle, très tardif, n'intervenant qu'après la germination de la microspore, pour supprimer les anthérozoïdes ; le second dans l'appareil femelle, très précoce, frappant la cellule mère des macrospores en supprimant celles-ci et en empêchant du même coup la mise en liberté du prothalle : c'est à quoi se réduit, en définitive, la différence entre les Gymnospermes et les Cryptogames vasculaires. On peut la résumer en disant que les Gymnospermes sont des Cryptogames vasculaires hétérosporées à prothalle femelle inclus dans la plante adulte; c'est cette inclusion qui exige la suppression des anthérozoïdes et, par suite, l'abouchement direct du prothalle mâle avec l'oosphère.

Le passage des Cryptogames vasculaires aux Gymnospermes une fois bien compris, il suffit de se rappeler que les Angiospermes dérivent des Gymnospermes par deux nouveaux raccourcissements, l'un dans le prothalle mâle (p. 258), l'autre dans le prothalle femelle (p. 556), pour comprendre comment à leur tour elles se rattachent aux Cryptogames vasculaires. C'est ainsi que, par une suite ininterrompue de transitions, on passe des Fougères aux Cryptogames vasculaires hétérosporées, de celles-ci aux Gymnospermes, enfin des Gymnospermes aux Angiospermes.

L'étude des Cryptogames vasculaires jette donc une lumière nouvelle sur les caractères des Phanérogames ; elle permet, malgré la différence des termes employés pour les désigner, de restituer aux diverses parties de la fleur et aux diverses phases de la formation de l'œuf leur véritable signification. Elle fait comprendre aussi comment les Phanérogames ont pu dériver des Cryptogames vasculaires. En un mot, la connaissance des Cryptogames vasculaires est nécessaire à la pleine intelligence des Phanérogames.

§ 2

Développement de l'œuf chez les Fougères.

Formé comme il vient d'être dit, l'œuf des Fougères se développe de suite sur le prothalle et aux dépens des matériaux nutritifs qu'il contient. Les Cryptogames vasculaires sont donc vivipares, comme les Phanérogames.

Développement de l'œuf en plantule. — Par deux cloisons successives, transversales par rapport à la ligne médiane du prothalle et perpendiculaires l'une à l'autre, l'œuf se divise d'abord en quatre cellules, disposées comme les quartiers d'une pomme. Ces quatre cellules ont un sort très différent. La supérieure d'arrière forme par ses cloisonnements une masse conique qui s'enfonce dans le tissu du prothalle et qui a pour fonction de servir de suçoir pour nourrir les trois autres : c'est ce qu'on appelle le *pied* (fig. 151). La supérieure d'avant produit la tige, l'inférieure d'avant la première feuille, l'inférieure d'arrière la première racine ou radicule.

Développement de la plantule en plante adulte. — A mesure que ces trois dernières cellules continuent de se cloisonner pour accroître les trois membres correspondants, le corps différencié pousse hors de l'archégone, d'abord sa radicule qui s'enfonce verticalement dans le sol, en devenant la racine terminale de la plante, puis sa première feuille qui s'allonge en se dressant vers le

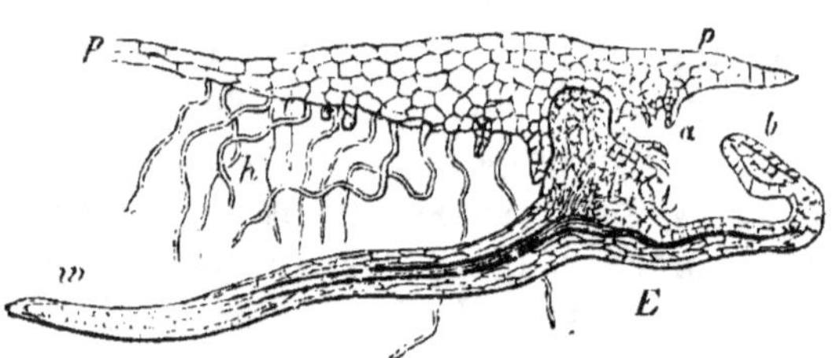

Fig. 131. Section longitudinale médiane d'un prothalle de Capillaire avec sa plantule E. p, prothalle; n, archégones non fécondés; h, poils absorbants; b, première feuille; w, première racine.

ciel (fig. 131 et 132). Après quoi la tige, qui demeure courte, donne naissance à une seconde feuille, puis à une troisième et ainsi de suite. En même temps elle produit vers le bas de nouvelles racines (fig. 132). Plus tard le prothalle et le pied se dessèchent et la plantule est affranchie.

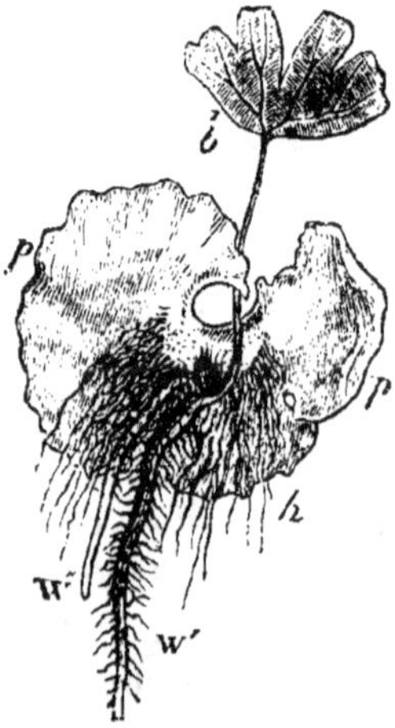

D'abord très petites et très simples, les feuilles se succèdent de plus en plus grandes et de plus en plus compliquées. Les entre-nœuds qui les séparent se superposent de plus en plus gros et de plus en plus complexes dans leur structure. Les racines latérales que ces entre-nœuds produisent sont aussi de plus en plus vigoureuses. En un mot, la Fougère s'accroît et se fortifie peu à peu, jusqu'à ce que toutes ses parties aient acquis leur dimension, leur forme et leur structure définitives ; après quoi, les nouveaux membres formés sont sensiblement égaux aux précédents et l'état adulte est atteint. A cet état, la plante peut, comme une Phanérogame, se multiplier, soit par marcottage naturel sur les feuilles (Doradille, Cératoptéride, etc.),

Fig. 132. État plus avancé de la plantule de Capillaire, avec sa première feuille épanouie b et ses deux premières racines w', w''. Le prothalle p est vu d'en dessous, avec ses poils absorbants h.

soit par boutures ou marcottes artificielles.

Chez toutes les autres Cryptogames vasculaires, le développement de l'œuf en plante adulte se retrouve tel qu'on vient de l'exposer chez les Fougères.

On n'observe donc pas chez les Cryptogames vasculaires, entre le développement de l'œuf en embryon et le développement de l'embryon en plantule, ce passage à l'état de vie latente et cette dissémination qui donnent naissance à la graine chez les Phanérogames. Le développement de l'œuf en plante adulte y est continu; en d'autres termes, il n'y a pas de graine. Cette continuité compense en quelque sorte l'interruption de leur développement par les spores, un peu avant la formation des œufs, interruption qui est supprimée chez les Phanérogames pour l'appareil femelle et ne subsiste que pour l'appareil mâle, comme on l'a vu plus haut.

CHAPITRE HUITIÈME

FORMATION DE L'ŒUF
ET
DÉVELOPPEMENT DES MUSCINÉES

Pour étudier comment l'œuf se forme chez les Muscinées et comment il se développe en plante adulte, il convient de prendre pour type la division la plus nombreuse et la plus répandue de ce groupe, celle des Mousses.

§ 1

Formation de l'œuf chez les Mousses.

Contrairement à ce qui a lieu chez les Cryptogames vasculaires, l'œuf des Mousses se forme directement sur la plante adulte. Les deux organes qui concourent à sa formation sont d'ailleurs encore des anthéridies et des archégones, ayant la valeur morphologique de poils. Ils sont portés au sommet soit de la tige principale, soit d'un rameau de second ou de troisième ordre, entremêlés de poils stériles, nommés aussi paraphyses ; le tout est entouré d'un involucre, constitué par plusieurs tours de feuilles spiralées, semblables aux feuilles végétatives et qui diminuent progressivement de grandeur vers l'intérieur. Quelquefois l'involucre renferme à la fois des anthéridies et des archégones : il est *hermaphrodite* (divers Bryums, etc.); le plus souvent il ne contient que l'un ou l'autre de ces organes : il est *mâle* ou *femelle* (Polytric, etc.).

Formation et déhiscence de l'anthéridie ; anthérozoïdes. — L'anthéridie est un sac ovoïde pédicellé, dont la paroi est formée d'une seule assise de cellules, renfermant des chloroleucites qui se colorent en jaune ou en rouge à la maturité. L'intérieur est rempli de petites cellules cubiques contenant chacune un anthérozoïde (fig. 133).

L'anthéridie naît, comme un poil, d'une cellule périphérique de la tige. Cette cellule proémine en forme de papille dont la partie saillante se sépare par une cloison transversale. Elle se divise ensuite par une nouvelle cloison transversale en deux cellules, dont l'inférieure en se cloisonnant donne le pédicelle, la supérieure l'anthéridie. A cet effet, celle-ci se divise d'abord par deux séries de cloisons obliques alternes, puis par des cloisons tangentielles ; l'assise externe ainsi formée se segmente suivant le rayon et se différencie pour former la paroi, pendant que les cellules internes se cloisonnent dans les trois directions pour donner un très grand nombre de petites cellules mères d'anthérozoïdes. A l'intérieur de chacune de

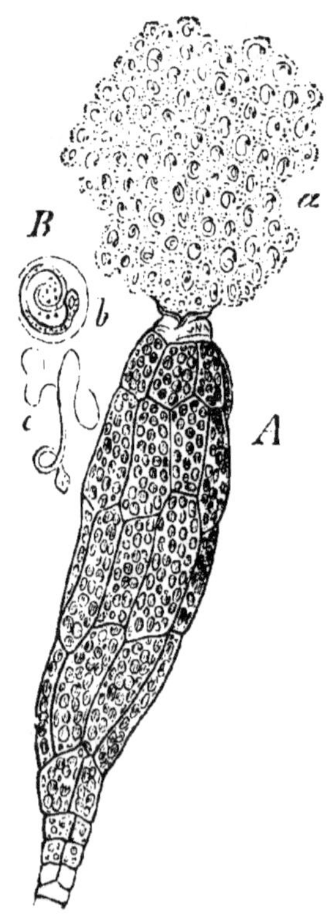

Fig. 133. Anthéridie de Funaire hygrométrique, ouverte au sommet et laissant échapper les anthérozoïdes *a* ; *b*, anthérozoïde plus fortement grossi, encore dans sa cellule mère ; *c*, le même libre.

celles-ci, l'anthérozoïde naît comme il a été dit plus haut pour les Fougères (p. 433).

A la maturité, sous l'influence de l'eau qui remplit l'involucre, la paroi se fend au sommet et, par l'ouverture, les anthérozoïdes s'échappent, encore renfermés dans leurs cellules mères, comme une épaisse bouillie mucilagineuse (fig. 133, *a*). Les membranes des cellules mères se dissolvent dans l'eau et mettent en liberté les anthérozoïdes, qui se déploient, prennent leur forme et nagent dans le liquide (fig. 133, *b*, *c*). Ce sont de minces filaments enroulés en spirale : leur extrémité postérieure est renflée : leur extrémité antérieure, au contraire, est effilée et porte deux longs cils grêles, dont les battements provoquent la translation de la spirale et en même temps sa rotation autour de l'axe.

Formation et déhiscence de l'archégone : oosphère. — L'archégone a la forme d'une bouteille pédicellée, dont le col est mince, allongé et ordinairement tordu autour de son axe (fig. 134). La paroi du ventre comprend deux épaisseurs de cellules ; celle du col ne contient qu'une assise formée de quatre à six rangs. Ventre et col renferment une rangée axile de cellules dont l'inférieure devient l'oosphère arrondie, tandis que toutes les autres se détruisent et se transforment en mucilage. Ce mucilage disjoint les quatre cellules terminales, ouvre le canal du col et se répand en partie au dehors, en une gouttelette qui demeure en face de l'orifice, retenue par un filet gélatineux.

Comme l'anthéridie, l'archégone procède d'une cellule superfi-

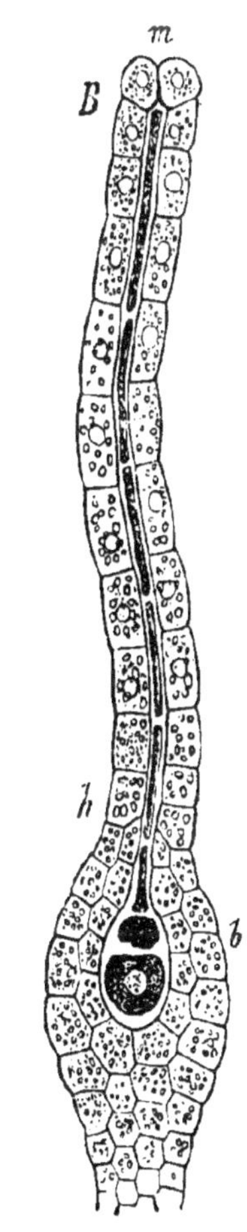

Fig. 134. Archégone de Funaire hygrométrique : *b*, ventre avec l'oosphère et la première cellule de canal ; *h*, col encore fermé au sommet *m*, avec les autres cellules de canal, commençant à se transformer en mucilage.

cielle de la tige et a la valeur d'un poil. Cette cellule proémine au dehors et sa partie saillante se sépare par une cloison transversale. Puis elle se divise, par une nouvelle cloison transversale, en deux cellules dont l'inférieure en se cloisonnant donne le pédicelle, et la supérieure l'archégone. A cet effet, celle-ci prend d'abord quatre cloisons tangentielles, trois sur les côtés, une en haut; il en résulte une cellule centrale, entourée de quatre cellules périphériques. De ces dernières, les trois latérales, en se cloisonnant ultérieurement, donnent la paroi du ventre et du col, tandis que la supérieure, en se partageant par deux cloisons en croix, produit les quatre cellules terminales du col. La cellule centrale se divise par une cloison transversale en deux moitiés inégales : l'inférieure plus grande est l'oosphère; la supérieure, plus petite, est la cellule de canal. Celle-ci s'accroît dans le col et se divise en plusieurs cellules superposées, qui se détruisent plus tard en ouvrant le canal du col et mettant à nu l'oosphère, comme il a été dit plus haut.

Fécondation et formation de l'œuf. — Quand la pluie ou la rosée ont rempli d'eau l'involucre, les anthéridies s'ouvrent et les anthérozoïdes nagent en grand nombre dans le liquide ; ceux qui viennent à rencontrer une boulette gélatineuse retenue en face du col d'un archégone s'y trouvent pris ; suivant alors le filet de mucilage qui les conduit à travers le canal, ils pénètrent dans l'oosphère, où ils disparaissent comme tels. La substance de l'anthérozoïde se combine à celle de l'oosphère, noyau à noyau, protoplasme à protoplasme, et des deux se forme un œuf qui s'entoure aussitôt d'une membrane de cellulose.

§ 2

Développement de l'œuf chez les Mousses.

L'œuf des Mousses se développe immédiatement sur la plante mère et à ses dépens; comme les Phanérogames et les Cryptogames vasculaires, les Muscinées sont donc vivipares. Mais ce développement comprend deux phases très inégales, séparées par une formation de cellules spéciales qui se disséminent; comme chez les Cryptogames vasculaires, et tout aussi improprement, ces cellules spéciales sont nommées *spores*. L'œuf devient d'abord un corps rudimentaire qui produit les spores dans un sporange et que dans son ensemble on nomme *sporogone*. Les spores germent ensuite et donnent naissance à la plante adulte.

Développement de l'œuf en sporogone. — L'œuf se divise d'abord par une cloison horizontale, puis par des cloisons obliques alternes, enfin par des cloisons radiales et tangentielles, de manière à former un corps fusiforme; celui-ci continue de croître par son sommet, tandis que son extrémité infé-rieure s'enfonce, à travers la base de l'archégone, dans le tissu de la tige et s'y greffe en quelque sorte pour y puiser sa nourriture (fig. 135). Le ventre de l'archégone suit d'abord, en se dilatant, la croissance longitudinale du corps fu-siforme (fig. 135, *c*); mais plus tard il se déchire circulairement à sa base et se trouve soulevé par l'allongement de ce corps, au sommet duquel il forme une sorte de capuchon qu'on appelle la *coiffe*. En même temps, le tissu de la tige proé-mine tout autour de la base du corps fu-siforme, en formant une petite gaine qu'on nomme la *vaginule*.

Plus tard le jeune sporogone cesse de croître au sommet ; sa partie supérieure s'élargit en un renflement sphérique ou ovoïde, souvent dissymétrique, qui est le sporange ou, comme on dit commu-nément, la *capsule* (fig. 136, *B*); tout le reste forme un long pédicelle cylindri-que, ou *soie*, parfois renflé au-dessous du sporange en une sorte de nœud qu'on

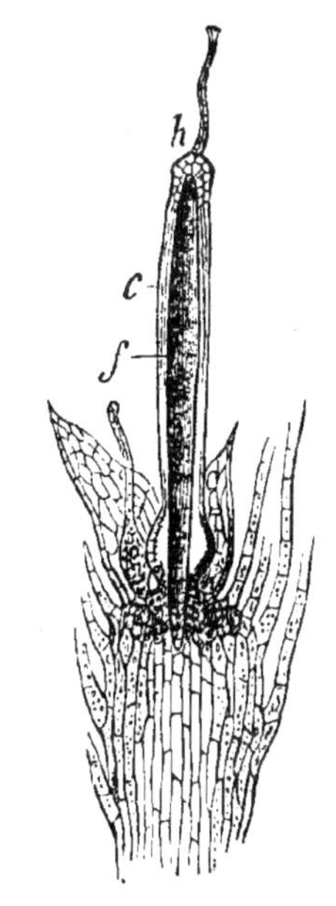

Fig. 135. Jeune sporogone de Funaire hygrométrique, en-core fusiforme *f*, et enfoncé par sa base dans la tige ; *c*, ventre dilaté de l'arché-gone dont le col *h* est obli-téré.

nomme l'*apophyse* (Polytric, Splachnum, etc.). Les deux parties constitutives du sporogone une fois séparées, tout le travail ulté-rieur porte sur le sporange.

Formation et dissémination des spores. — D'abord homo-gène, le tissu du sporange ne tarde pas à se différencier. L'assise externe devient un épiderme nettement caractérisé, muni de stomates et fortement cutinisé en dehors (fig. 136, *C*). Au-dessous de cet épiderme et séparée de lui ordinairement par trois assises de parenchyme, se trouve une lacune annulaire pleine d'air, traversée par des séries de cellules à chlorophylle tendues entre la couche externe et le tissu intérieur (*h*). C'est la troisième ou la quatrième assise à partir de cette lacune qui produit les spores (*s*). A cet effet, ses cellules, qui renferment un protoplasme plus dense et un noyau plus grand que les autres, se divisent d'abord deux ou trois fois; puis elles ne tardent pas à s'isoler par la gélification des lames moyennes de leurs membranes et à nager librement dans l'espace circulaire qu'elles occupent. Ensuite, comme il a été dit pour les Fougères (p. 430), chacune d'elles se segmente en quatre cellules filles, bientôt séparées, qui sont les spores. Tout le tissu interne, dont les larges cellules sont pauvres en chlorophylle, constitue dans l'axe de la capsule une colonne pleine qu'on nomme la *columelle* (*c, c'*). Les assises externes de la columelle,

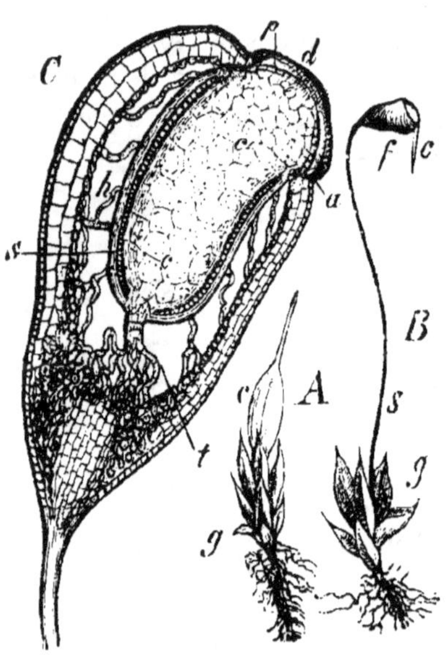

Fig. 136. Funaire hygrométrique. *A*, tige feuillée *g*, avec un sporogone encore enfermé dans la coiffe *c*. *B*, tige feuillée *g*, portant un sporogone presque mûr, avec son pédicelle *s*, son sporange *f* et sa coiffe *c*. *C*, section longitudinale du sporange : *d*, opercule; *a*, anneau; *p*, péristome; *c c'*, columelle; *h*, lacune aérifère; *s*, cellules mères des spores.

jointes à celles qui séparent les cellules mères des spores de la lacune annulaire, forment la paroi souvent plissée d'un sac circulaire qui renferme les spores et qu'on nomme *sac sporifère*.

Ni la lacune annulaire, ni le sac sporifère ne se prolongent jusqu'au sommet du sporange, dont la partie supérieure demeure pleine. A la maturité, la coiffe tombe et la partie pleine se détache circulairement, en formant une sorte de couvercle nommé *opercule* (*d*). Une fois l'opercule tombé, la partie inférieure du sporange, appelée désormais *l'urne*, n'est pas encore ouverte. On y voit en effet, fixées au bord en *a* et rabattues vers le centre au-dessus du sac sporifère et de la columelle, un ou deux cercles de

dents (*p*) dont le nombre, toujours multiple de 4, est ordinairement de 16 ou de 32 : l'ensemble de ces dents constitue le *péristome*, simple ou double. Par la des-
siccation, ces dents se relèvent en se
rejetant au dehors, ou même en se
tortillant en spirale (fig. 137). C'est
seulement alors que le sac sporifère
est ouvert et que les spores mûres
s'en échappent pour se disséminer.
Elles sont arrondies ou tétraédriques,
recouvertes d'une mince couche cutinisée, jaune ou brune, et pourvues
de chloroleucites.

**Germination des spores; pro-
tonéma.** — Après un temps de repos
plus ou moins long, la spore germe
sur la terre humide (fig. 138, *A*).

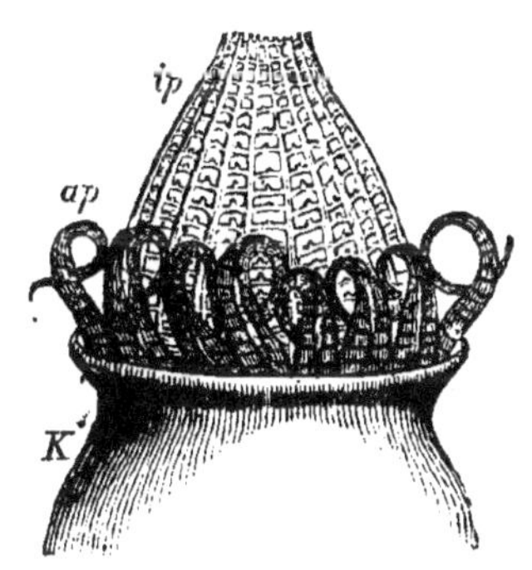

Fig. 137. Ouverture de l'urne de
la Fontinale : *ap*, péristome
externe; *ip*, péristome interne.

La couche cutinisée de sa membrane se déchire (*s*) et la couche
interne s'allonge au dehors en un tube, qui croît indéfiniment
à son sommet, en se divisant à mesure par des cloisons transversales. Au-dessous de ces cloisons, les cellules poussent des
branches également cloisonnées, qui à leur tour portent des rameaux. Il en résulte bientôt un lacis de filaments verts, qui se
nourrissent directement et acquièrent souvent une assez grande
dimension, recouvrant plusieurs pouces carrés de leurs rameaux
enchevêtrés et gazonnants; à ce lacis on donne le nom de *protonéma* (fig. 138, *B*).

Une fois le protonéma bien développé, on voit se former çà et là,
sur la cellule inférieure de ses branches, un tube court, qui se
sépare par une cloison basilaire et prend encore une ou deux
cloisons transversales. Après quoi, sa cellule terminale se divise
rapidement par un grand nombre de cloisons obliques et produit
un petit tubercule, qui continue de croître verticalement par son
sommet (fig. 138, *k*). Vers sa base, ce tubercule produit des poils
qui se dirigent aussitôt vers le bas et s'enfoncent dans le sol pour
le nourrir directement. Vers son sommet (*w*), il forme des feuilles,
d'abord réunies en bourgeon et qui s'épanouissent à mesure qu'il
s'allonge. En un mot, chacun de ces petits tubercules se développe
en une tige feuillée d'origine adventive. Toutes les tiges issues du
même protonéma forment, serrées les unes contre les autres, une

petite forêt qui dérive en définitive d'une seule spore. Plus tard, le protonéma qui relie leurs bases à la surface du sol disparaît et toutes ces tiges se trouvent affranchies par une sorte de marcot-

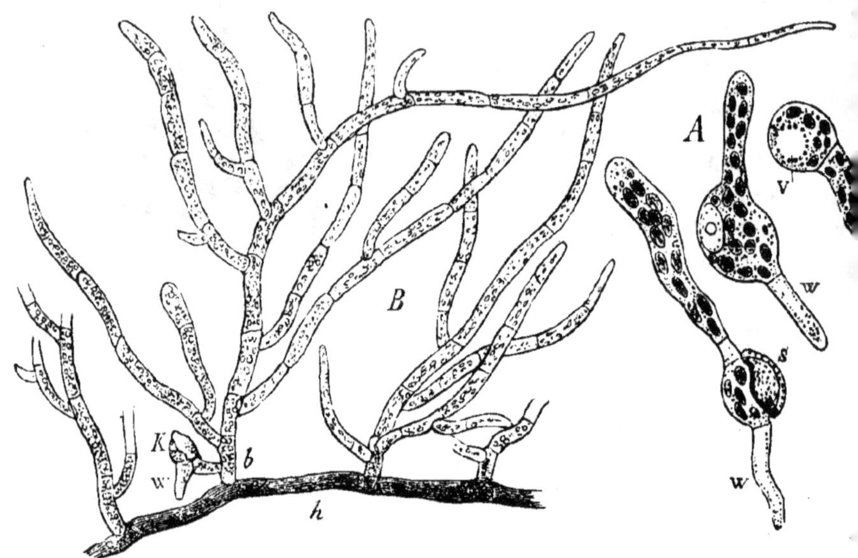

Fig. 138. Funaire hygrométrique. *A*, spores germant; *s*, couche cutinisée de la membrane; *w*, poil absorbant. *B*, portion du protonéma, trois semaines après la germination; *h*, branche rampante, d'où partent les branches dressées *b*; *k*, début d'un bourgeon adventif avec un poil absorbant *w*.

tage naturel. En continuant de croître et de se ramifier, chacune d'elles parvient enfin à l'état d'individu adulte, qui nous a servi de point de départ.

On voit que grâce aux deux modes de multiplication interposés successivement pendant le cours du développement entre l'œuf et la plante adulte, multiplication par les spores, multiplication par le protonéma, un seul œuf de Mousse donne naissance en définitive à un très grand nombre d'individus.

Arrivée à l'état adulte, la Mousse peut se multiplier, soit en formant des filaments protonématiques sur ses poils absorbants, sur sa tige ou sur ses feuilles, soit en produisant au sommet de sa tige des corps pluricellulaires pédicellés, fusiformes ou lenticulaires, qu'on nomme des *propagules* ; une fois tombés sur le sol, ces propagules émettent des filaments protonématiques.

Chez les Hépatiques, qui, avec les Mousses, composent le groupe des Muscinées, la formation de l'œuf s'opère exactement comme dans les Mousses. Quant au développement de l'œuf en plante adulte, il n'offre avec celui des Mousses que trois différences : 1° le protonéma y est rudimentaire ou nul; 2° le sporogone demeure jusqu'à la maturité inclus dans l'archégone; il n'y a pas de coiffe; 3° le sporange s'ouvre ordinairement par deux fentes longitudinales en quatre valves.

Comparaison du développement des Muscinées avec celui des Cryptogames vasculaires. — Chez les Muscinées et chez les Cryptogames vasculaires, l'œuf se forme par un mécanisme analogue. Dans l'un et l'autre groupe aussi, le développement de la plante, de l'œuf primitif aux œufs nouveaux, est discontinu, coupé en deux tronçons séparés par des spores de passage, qui se disséminent et passent à l'état de vie latente. Mais la rupture a lieu en des points très différents, et pour ainsi dire complémentaires, de la série totale, dans les Cryptogames vasculaires avant l'œuf, dans les Muscinées après l'œuf.

En d'autres termes, si l'on part de l'œuf, on rencontre : chez les Muscinées, d'abord le petit tronçon, puis les spores de passage, enfin le grand tronçon ou individu adulte; chez les Cryptogames vasculaires, d'abord le grand tronçon ou individu adulte, puis les spores de passage, enfin le petit tronçon. On voit par là que la différence est beaucoup plus profonde entre le développement des Muscinées et celui des Cryptogames vasculaires, qu'entre le développement des Cryptogames vasculaires et celui des Phanérogames.

CHAPITRE NEUVIÈME

FORMATION DE L'ŒUF

ET

DÉVELOPPEMENT DES THALLOPHYTES

La structure du thalle des Thallophytes est quelquefois continue (Algues Siphonées, Champignons Oomycètes, etc.), le plus souvent cloisonnée, rarement en articles (Cladophore, etc.), presque toujours en cellules. Dans ce dernier cas, le cloisonnement peut s'opérer dans une seule direction et le thalle est filamenteux (la plupart des Champignons, Spirogyre, etc.), dans deux directions et le thalle est membraneux (Ulve, etc.), ou dans trois directions et le thalle est massif (Fucus, Laminaire, etc.). Que l'on ait affaire à l'une ou à l'autre de ces structures, qu'il s'agisse des Algues, qui sont pourvues de chlorophylle, ou des Champignons, qui n'en possèdent pas, la formation et le développement de l'œuf chez les Thallophytes sont loin de présenter l'uniformité qu'on y observe dans chacun des trois autres groupes. Il est donc nécessaire de distinguer ici plusieurs types pour la formation de l'œuf et plusieurs types aussi pour son développement.

§ 1

Formation de l'œuf chez les Thallophytes.

Les Thallophytes forment leur œuf, tantôt par une hétérogamie tout aussi prononcée que dans les Phanérogames, les Cryptogames vasculaires et les Muscinées, tantôt par une isogamie complète, procédé dont elles ont le monopole exclusif. Ces deux modes y sont d'ailleurs reliés par de nombreux intermédiaires. Étudions-les sur quelques exemples.

Formation de l'œuf par hétérogamie. — 1° Dans l'Œdogonium. — Considérons d'abord un Œdogonium, Algue verte vivant dans les eaux douces stagnantes, dont le thalle se compose d'un filament simple, transversalement cloisonné, fixé à la base par un crampon rameux et souvent terminé au sommet par un poil hyalin.

Certaines cellules du filament, plus courtes et moins riches en chlorophylle que les autres, tantôt isolées, tantôt superposées jusqu'à dix et douze, deviennent d'ordinaire directement les anthéridies. A cet effet, chacune d'elles se partage par une cloison longitudinale en deux cellules, qui produisent chacune un anthérozoïde ; ces deux anthérozoïdes sont ensuite mis en liberté par une fente circulaire pratiquée dans la membrane de la cellule mère, qui s'ouvre à la façon d'une boîte. Emportant avec eux tout le protoplasme de la cellule condensé autour de son noyau, ils ont une forme ovoïde et se meuvent dans l'eau à l'aide d'une couronne de cils vibratiles qui borde leur extrémité antérieure.

Pour former l'oosphère, une des cellules du filament se renfle, devient sphérique ou ovoïde, et se remplit d'un contenu plus abondant que les autres. Puis, le protoplasme se condense dans la partie inférieure autour du noyau, et devient l'oosphère, à l'intérieur de laquelle les chloroleucites sont étroitement serrés. La cellule mère de l'oosphère est un *oogone*. Le plus souvent la membrane de l'oogone se perce latéralement d'un trou ovale ; la partie de l'oosphère tournée vers cet orifice est constituée par une substance gélatineuse hyaline, qui fait hernie dans le liquide extérieur.

A ce moment, quelqu'un des anthérozoïdes verts qui nagent dans le liquide vient à rencontrer cette hernie muqueuse, qui le retient et, en se rétractant, l'entraîne dans l'oosphère. Une fois entré dans l'oosphère, l'anthérozoïde s'y combine, protoplasme à protoplasme, noyau à noyau, et des deux corps confondus résulte l'œuf. Celui-ci s'entoure aussitôt d'une membrane de cellulose, qui plus tard se cutinise et se colore ; il demeure enfermé dans la membrane perforée de l'oogone, qui se sépare des cellules voisines et tombe au fond de l'eau, où l'œuf traverse une assez longue période de vie latente.

C'est de la même manière que se forme l'œuf dans le Sphéropléa, comme il a été dit p. 45 (fig. 18, *B*), avec cette différence que l'anthérozoïde ne porte que deux cils à son extrémité antérieure.

2° **Dans le Fucus.** — Comme second exemple, prenons ces grandes Algues marines de couleur brune qu'on nomme des Fucus. Attaché aux rochers par un crampon rameux, leur thalle cloisonné dans les trois directions, massif et de consistance cartilagineuse, se ramifie par dichotomie dans un seul et même plan et atteint plusieurs pieds de longueur. Il est creusé dans toute son étendue de cryptes pilifères (p. 412) par l'ostiole, desquelles les poils supérieurs s'échappent quelquefois en forme de pinceau (Fucus platycarpe). C'est dans certaines de ces cryptes, rapprochées en grand nombre à l'extrémité renflée des branches, que se forment, par différenciation de certains poils, ici les anthéridies, là les oogones ; on appelle *conceptacles* les cryptes ainsi modifiées. Quelquefois le même conceptacle renferme, à côté de poils stériles, nommés ici aussi paraphyses, des anthéridies et des oogones, et la plante est monoïque (Fucus platycarpe) ; mais le plus souvent certains thalles ne portent que des conceptacles à anthéridies, d'autres que des conceptacles à oogones, et la plante est dioïque (Fucus vésiculeux, F. denté, etc.).

Les anthéridies naissent sur des poils rameux, dont elles ne sont

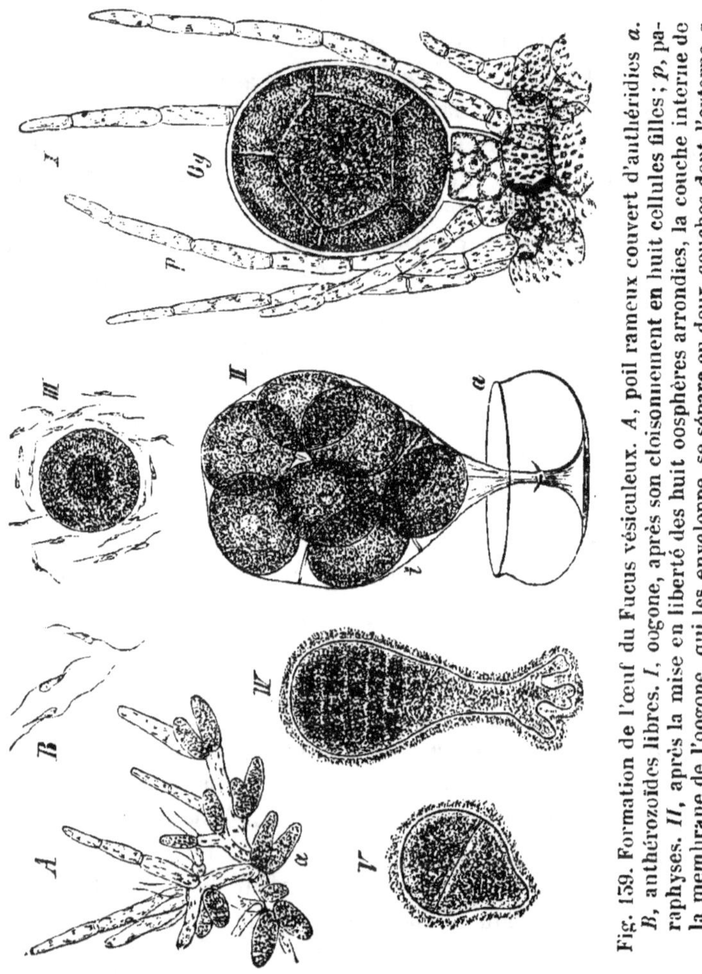

Fig. 159. Formation de l'œuf du Fucus vésiculeux. *A*, poil rameux couvert d'anthéridies *a*. *B*, anthérozoïdes libres. *I*, oogone, après son cloisonnement en huit cellules filles ; *p*, paraphyses. *II*, après la mise en liberté des huit oosphères arrondies, la couche interne de la membrane de l'oogone, qui les enveloppe, se sépare en deux couches dont l'externe *a* se rompt d'abord en forme de cupule, l'interne *i* se déchirant plus tard à son tour. *III*, oosphère libre, entourée d'anthérozoïdes qui la font tourner. *IV* et *V*, germination de l'œuf.

que des branches transformées (fig. 159, *A*). Chacune d'elles est une cellule à paroi mince, qui divise un grand nombre de fois son noyau, se cloisonne entre tous ces noyaux, puis dédouble les cloisons albuminoïdes et isole les cellules filles, qui s'arrondissent et constituent autant de petits anthérozoïdes. Ceux-ci sont pointus en avant, renflés en arrière, piriformes par conséquent, incolores, mais munis latéralement d'un point rouge orangé, au voisinage duquel sont attachés deux cils vibratiles dirigés l'un, plus court, en avant, l'autre, plus long, en arrière; le premier fait fonction de rame, le second de gouvernail (fig. 139, *B*). Les anthéridies mûres se détachent et se rassemblent en une masse orangée autour de l'ouverture du conceptacle, pendant que le thalle est exposé à l'air humide à marée basse; dès que l'eau de mer revient les toucher, elles s'ouvrent et laissent échapper les anthérozoïdes, qui se meuvent aussitôt dans le liquide en tournant autour de leur axe.

Pour former un oogone, une cellule de la paroi du conceptacle se développe en forme de papille, qui se sépare par une cloison basilaire et se divise ensuite en deux : la cellule inférieure est le pédicelle ; la cellule supérieure se renfle en sphère ou en ellipsoïde, se remplit d'un protoplasme brun sombre et devient finalement l'oogone. Celui-ci divise trois fois de suite son noyau, se cloisonne entre les huit noyaux ainsi formés (fig. 139, *I*), puis dédouble les cloisons albuminoïdes et isole les huit cellules filles, qui s'arrondissent et constituent autant de grosses oosphères; elles ne tardent pas à s'échapper de l'oogone par une ouverture au sommet, en demeurant toutefois enveloppées par la couche interne de la membrane. Elles viennent ainsi, par groupes de huit, se rassembler à marée basse autour de l'orifice du conceptacle en une masse olivâtre; au retour de l'eau, elles brisent en deux fois leur mince enveloppe (fig. 139, *II*) et se dispersent dans le liquide où déjà nagent, comme on sait, les anthérozoïdes.

Ceux-ci se rassemblent en grand nombre autour des oosphères (fig. 139, *III*), s'attachent solidement à leur surface et, s'ils sont assez nombreux et assez vifs, leur communiquent un mouvement de rotation qui dure environ une demi-heure. Pendant ce mouvement, un anthérozoïde pénètre dans la masse brune de l'oosphère et s'y combine protoplasme à protoplasme, noyau à noyau. Devenue ainsi un œuf, la sphère s'entoure d'une membrane de cellulose et tombe au fond de l'eau à la surface de quelque corps solide.

En lavant dans un bocal plein d'eau de mer des thalles mâles d'un Fucus dioïque, après qu'ils ont séjourné quelque temps à l'air humide, on obtient un liquide orangé dont chaque goutte contient un grand nombre d'anthérozoïdes. En lavant de même des thalles femelles dans un autre bocal, on prépare un liquide olivâtre dont chaque goutte renferme quelques oosphères. On peut alors procéder à des expériences et, mélangeant sur le porte-objet une goutte d'eau mâle avec une goutte d'eau femelle, assister à toutes les phases de la formation des œufs.

On voit que la formation de l'œuf des Fucus diffère surtout de celle des Œdogoniums parce que l'oosphère y est mise en liberté et parce que sa rencontre avec l'anthérozoïde a lieu quelque part dans le liquide ambiant.

3° **Dans les Floridées**. — Notre troisième exemple sera tiré

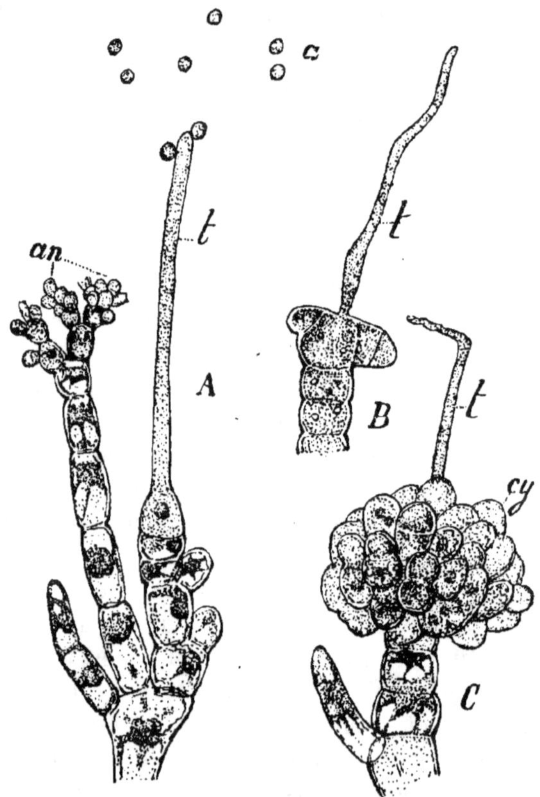

Fig. 140. Némalion multifide. *A*, formation de l'œuf : *an*, anthéridies ; *a*, anthérozoïdes immobiles ; *t*, oogone allongé en trichogyne, au sommet duquel adhèrent deux anthérozoïdes. *B*, premiers cloisonnements de l'œuf. *C*, sporogone en forme de buisson, issu de l'œuf, et dont chaque cellule externe est une spore de passage.

du vaste groupe des Algues rouges, connues sous le nom de Floridées (fig. 140, *A*). Là les anthéridies, cellules terminales d'un système de ramifications très serrées, sont très petites et rapprochées en grand nombre ; chacune d'elles condense son protoplasme autour de son noyau et forme un anthérozoïde arrondi, qui s'échappe par une ouverture de la membrane au sommet. Mais avant de sortir, l'anthérozoïde consolide sa membrane propre et la revêt d'une couche de cellulose ; aussi manque-t-il de cils vibratiles et est-il immobile (*a*). D'autre part, l'oogone, qui est aussi la cellule terminale d'un filament, développe son sommet en un long appendice grêle, nommé *trichogyne* (*t*), et en même temps condense à sa base son protoplasme autour de son noyau pour former l'oosphère. Ceux des anthérozoïdes qui, portés par les courants de l'eau, viennent à heurter le trichogyne, y adhèrent fortement ; au point de contact, l'un d'eux résorbe sa membrane de cellulose, ainsi que celle du trichogyne, et par l'ouverture déverse son protoplasme et son noyau d'abord dans le trichogyne, puis dans l'oosphère ; dès lors celle-ci, devenue un œuf, s'entoure d'une membrane de cellulose qui tapisse la paroi interne de l'oogone, excepté en haut, où elle isole le trichogyne.

La formation de l'œuf des Floridées diffère donc de celle des Fucacées et des Œdogoniées, d'abord parce que l'anthérozoïde est muni d'une membrane de cellulose et immobile, ensuite parce que l'oogone, prolongé en trichogyne, ne s'ouvre pas spontanément ; l'anthérozoïde est obligé de le percer au point de rencontre.

4° Dans le Pythium. — Enfin, comme quatrième et dernier exemple, nous

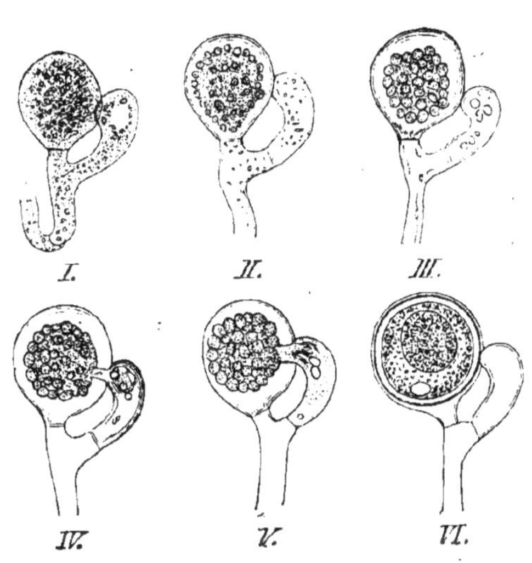

Fig. 141. Formation de l'œuf du Pythium grêle. *I* à *VI*, états successifs. *V*, l'anthéridie déverse une partie de son protoplasme dans l'oosphère. *VI*, l'œuf est formé.

prendrons les Péronosporées et les Saprolégniées, deux familles de Champignons Oomycètes, dont le thalle, doué d'une structure continue (p. 10), est formé de filaments rameux enchevêtrés. Considérons en particulier un Péronospora ou un Pythium (fig. 141).

Une branche du thalle se renfle en sphère à son extrémité, qui se sépare par une cloison basilaire du reste du filament et devient un oogone (*I*); à l'intérieur de celui-ci, la masse centrale du protoplasme se condense en une oosphère, pendant que sa couche périphérique se transforme en une substance nutritive (*II*).

En même temps, un rameau émané soit de la même branche au-dessous de l'oogone (fig. 141), soit d'une branche voisine, se renfle en massue à son extrémité, qui se sépare par une cloison (*II*) et forme l'anthéridie. Ce rameau se recourbe vers l'oogone et vient y appliquer étroitement l'anthéridie. Celle-ci pousse alors vers l'intérieur un fin ramuscule qui perce la membrane de l'oogone, traverse la couche de substance nutritive, rencontre l'oosphère et s'y soude (*IV*); aussitôt le ramuscule s'ouvre au sommet et, par l'orifice, l'anthéridie déverse dans l'oosphère une partie du protoplasme qu'elle renferme (*V*). Cette partie, sans affecter pourtant de forme déterminée, est quelquefois nettement séparée du reste, qui demeure adhérent à la membrane de l'anthéridie (Pythium); il se fait alors dans l'anthéridie une différenciation de protoplasme analogue à celle qui s'opère dans l'oogone.

De la fusion de ces deux protoplasmes et de leurs noyaux résulte l'œuf, qui s'entoure aussitôt d'une membrane de cellulose (*VI*). Celle-ci s'épaissit progressivement et se différencie bientôt en plusieurs couches. Les œufs ainsi constitués passent l'hiver sans changement et ne germent qu'au printemps.

On voit qu'ici l'anthéridie ne produit pas d'anthérozoïdes, mais vient elle-même s'établir directement en contact avec l'oosphère. Les choses s'y passent donc à peu près comme chez les Phanérogames, où le tube pollinique doit aussi, comme on l'a vu (p. 435), être regardé comme une anthéridie sans anthérozoïdes.

Formation de l'œuf par isogamie. — La formation de l'œuf par isogamie, c'est-à-dire par combinaison de deux gamètes semblables de forme et de dimension (p. 43), se manifeste chez les Thallophytes de deux manières différentes, suivant que les gamètes sont captifs et immobiles, ou libres et mobiles.

1° Dans le Zygogonium et la Spirogyre. — Comme exemple du premier mode, prenons un Zygogonium, Algue verte vivant sur la terre humide et dont le thalle, constitué par un filament simple et cloisonné transversalement, renferme dans chaque cellule deux grands chloroleucites étoilés. Deux de ces filaments s'approchent et se disposent parallèlement ; les cellules en regard poussent l'une vers l'autre des protubérances latérales, qui s'allongent jusqu'à se rencontrer. Puis, le protoplasme de chacune des deux cellules se contracte, se détache de la membrane de cellulose, s'arrondit en ellipsoïde et se rassemble autour du noyau en une masse de plus en plus compacte, en expulsant progressivement tout le suc cellulaire qu'il renfermait : les deux gamètes sont constitués. La membrane de cellulose se résorbe ensuite et se perce au sommet des deux proéminences en contact ; après quoi, les deux gamètes s'engagent ensemble dans le canal de communication ainsi établi, se rencontrent au milieu du canal qui se dilate à mesure, s'y pénètrent et s'y combinent protoplasme à protoplasme, noyau à noyau. L'œuf ainsi constitué s'entoure aussitôt d'une membrane de cellulose ; son volume est à peine plus grand que celui de l'un des deux gamètes (fig. 142). Il s'est donc fait, au cours même de la fusion, une nouvelle et forte contraction, preuve évidente qu'il s'agit ici non d'un simple mélange, mais d'une véritable combinaison.

Les Spirogyres, Algues vertes aquatiques voisines de la précédente, qui doivent leur nom à la forme spiralée de leurs chloroleucites, nous offrent une transition vers l'hétérogamie (fig. 142). L'un des deux gamètes en regard s'y engage, en effet, seul dans le canal, le traverse en entier et se rend dans la cellule opposée, où il

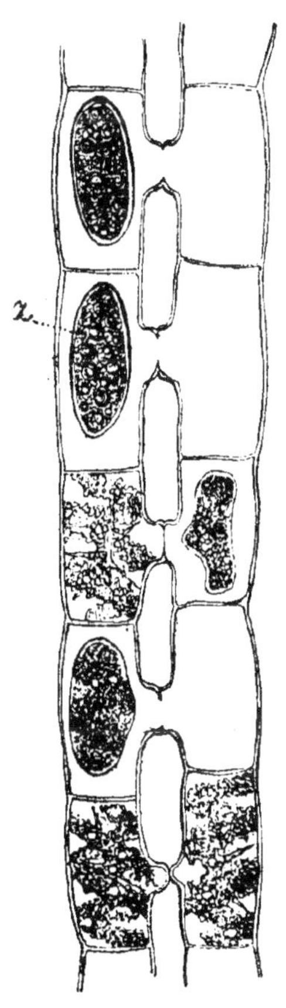

Fig. 142. Formation de l'œuf par isogamie à gamètes captifs dans une Spirogyre. Pour former l'œuf z, l'un des gamètes fait tout le chemin vers l'autre.

se fusionne avec l'autre demeuré en place et où l'œuf se trouve également situé. Celui des deux gamètes qui fait ainsi tout le chemin pour s'unir à l'autre peut déjà être dit mâle, l'autre femelle.

2° **Dans l'Ulothrix**. — Comme exemple du second mode, pre-

nons un Ulothrix, Algue verte dont le thalle est formé par un
filament simple cloisonné transversalement. Une cellule du filament divise plusieurs fois son noyau de manière à en produire 16
ou 32, se cloisonne entre les nouveaux noyaux, dédouble les cloisons albuminoïdes et isole enfin autant de petites cellules filles,
dépourvues de membrane de cellulose, qui s'échappent par un
orifice latéral pratiqué dans la membrane primitive : ce sont les
gamètes. Ils sont piriformes, pourvus en avant d'un point rouge
et de deux cils vibratiles (p. 43, fig. 18, *A*). Isolés, ces corpuscules
périssent sans se développer ; réunis, ils se fusionnent deux par
deux, se combinent protoplasme à protoplasme et noyau à noyau,
et produisent des corps à deux points rouges et à quatre cils (*b*, *c*).
Ceux-ci se meuvent encore pendant quelque temps, puis perdent
leurs cils, s'entourent d'une membrane de cellulose et passent à
l'état de vie latente : ce sont les œufs (*d*).

L'isogamie à gamètes mobiles est le mode le plus simple de
formation de l'œuf ; il n'en est pas moins très fréquent. On l'a
rencontré chez les Algues les plus diverses, aussi bien dans la
structure continue (Botrydium [fig. 18, *A*], Acétabulaire, Bryop-
sis, etc.) que dans la structure articulée (Cladophore, etc.) et dans
la structure cellulaire (Ulve, Laminaire, etc.), aussi bien chez les
Algues brunes (Ectocarpus, Laminaire, etc.) que chez les Algues
vertes.

§ 2

Développement de l'œuf chez les Thallophytes.

Aussitôt formé suivant l'un des deux modes que l'on vient d'étudier, l'œuf des Thallophytes tantôt se développe immédiatement
sur la plante mère et à ses dépens, tantôt est mis en liberté et ne
se développe que plus tard dans le milieu extérieur, sans aucun
lien avec la plante mère. Les Thallophytes de la première catégorie sont vivipares comme les Phanérogames, les Cryptogames
vasculaires et les Muscinées ; celles de la seconde catégorie, qui
sont aussi de beaucoup les plus nombreuses, sont au contraire
ovipares. L'oviparité est donc un phénomène localisé dans le
groupe des Thallophytes, mais qui est loin d'appartenir à tous ses
représentants.

Développement de l'œuf sur la plante mère. — Le développement de l'œuf sur la plante mère se rencontre à la fois parmi les Algues, chez les Floridées, et parmi les Champignons, chez les Mucorinées.

Chez les Floridées, l'œuf pousse aussitôt en divers points de sa surface des proéminences en forme de papilles, qui se séparent par des cloisons (fig. 140, *B*). Ces papilles poussent latéralement des branches qui se cloisonnent, se ramifient à leur tour, et ainsi de suite ; le tout forme bientôt une sorte de buisson plus ou moins serré, qui cesse de croître au bout d'un certain temps. Les cellules terminales des rameaux se renflent alors, se remplissent d'un protoplasme plus dense, se séparent du buisson et les unes des autres, et passent à l'état de vie latente (fig. 140, *C*). Plus tard, chacune de ces cellules se développe et donne soit directement le thalle adulte, soit d'abord un corps rudimentaire, filamenteux ou lamelliforme, sur lequel le thalle adulte prend naissance par voie de bourgeonnement adventif. Le développement de l'œuf en plante adulte suit donc, chez les Floridées, la même marche que chez les Muscinées. Il se fait d'abord un corps rudimentaire, produisant des cellules spéciales, en un mot un sporogone avec des spores de passage ; puis, ces spores germent et développent soit directement le thalle adulte, comme chez les Hépatiques, soit d'abord un protonéma sur lequel le thalle adulte bourgeonne plus tard, comme chez les Mousses. La seule différence est que les spores de passage naissent ici à l'extérieur du sporogone, et non à l'intérieur d'un sporange comme chez les Muscinées. C'est donc par les Floridées que le groupe des Thallophytes se relie à celui des Muscinées.

Chez les Mucorinées, l'œuf naît par isogamie à gamètes captifs (fig. 143). Deux courts rameaux du thalle, doué, comme on sait, d'une structure continue (p. 10), se renflent au sommet, croissent l'un vers l'autre en demeurant droits (Mucor, etc) ou en se courbant en forme de tenaille (Phycomycès, etc.), jusqu'à venir se toucher et se presser en aplatissant leurs extrémités l'une contre l'autre (I). En même temps, le bout de chaque rameau se sépare du reste par une cloison transversale (II) ; puis, la double membrane en contact se résorbe et les deux cellules discoïdes se fusionnent en une seule, qui dès ce moment est l'œuf (III).

Mais aussitôt celui-ci s'accroît rapidement, absorbant à cet effet, à travers les cloisons latérales, le contenu des rameaux renflés et des branches du thalle qui les supportent. Il devient ainsi un corps volumineux, mesurant parfois jusqu'à $\frac{1}{4}$ de millimètre de diamètre, qui s'enveloppe d'une épaisse membrane cartilagineuse, souvent hérissée de verrues, et passe à l'état de vie latente (fig. 143, V). Il est recouvert par la membrane des deux cellules fusionnées, qui a suivi le développement de l'œuf et forme à sa surface une mince pellicule, ordinairement brun foncé ou noir. Ce corps est un embryon à structure continue, pourvu de nombreux noyaux et de substances de réserve où dominent les matières grasses. Souvent

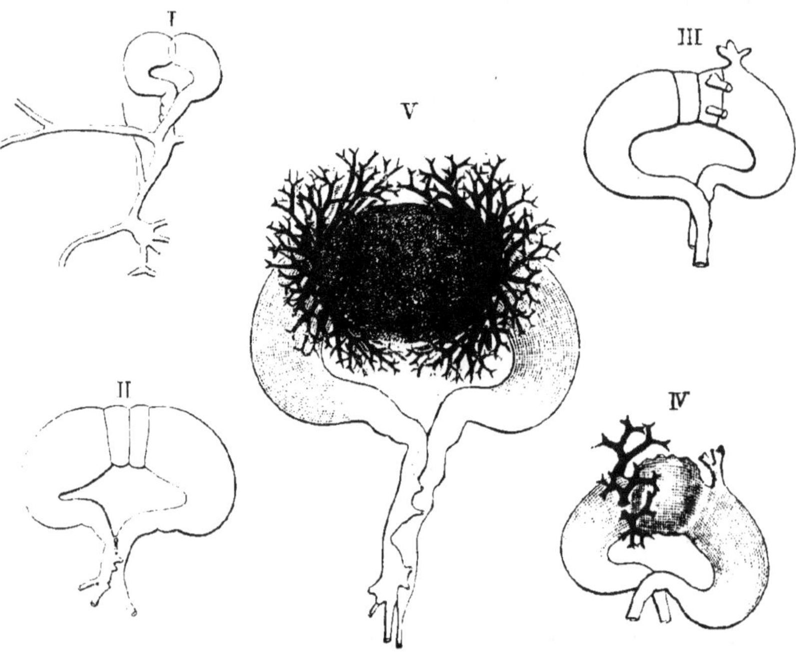

Fig. 143. Formation et développement de l'œuf du Phycomycès brillant. *I*, rapprochement au contact des deux rameaux renflés. *II*, chacun d'eux découpe une cellule discoïde. *III*, ces deux cellules fusionnent leurs protoplasmes, et l'œuf est constitué *IV*, aussitôt il grossit et parvient enfin à l'état *V*. L'œuf formé, des poils dichotomes naissent d'abord d'un côté *III*, puis de l'autre *IV*; ces poils s'enchevêtrent ensuite autour de l'embryon, plus complètement encore que ne le montre la figure *V*.

nu (Mucor, etc.), il est quelquefois recouvert par des poils colorés et cutinisés, produits en verticille par les deux rameaux, au-dessous des cloisons qui en ont séparé les gamètes ; ces poils sont tantôt simples et arqués (Absidia), tantôt dichotomes et droits (Phycomycès, fig. 143), tantôt ramifiés et enchevêtrés en une épaisse capsule qui enveloppe complètement l'embryon (Mortiérelle). Toujours ils constituent un appareil de protection et de dissémination, rappelant les aigrettes et le duvet des graines des Phanérogames.

Placé dans des conditions favorables, l'embryon des Mucorinées germe et produit directement le thalle rameux et continu qui caractérise ces plantes. Il n'y a donc pas ici de spores de passage.

Développement de l'œuf en dehors de la plante mère. — Quand l'œuf est mis en liberté, son développement s'opère quelquefois de suite, sans avoir à traverser une période de repos. C'est ainsi que chez les Fucus, aussitôt formé, comme il a été dit plus haut, il se cloisonne dans les trois directions et peu à peu produit le thalle (fig. 159, *IV* et *V*). Mais le plus souvent l'œuf passe d'abord à l'état de vie latente et ne germe qu'après un temps plus ou moins long. Quand les circonstances sont favorables, il déchire la couche cutinisée de sa membrane et, par l'ouverture, s'accroît au dehors en devenant peu à peu le thalle adulte de là plante (Spirogyre, Vauchérie, etc.).

Multiplication des Thallophytes. Spores et zoospores. — Parvenues à l'état adulte, les Thallophytes se multiplient par fractionnement du thalle, c'est-à-dire par boutures et marcottes, comme les plantes des trois autres groupes. Il en est même qui n'ont pas d'autre mode de multiplication et qui, sous ce rapport, ressemblent aux Phanérogames, aux Cryptogames vasculaires et aux Muscinées, si l'on fait abstraction des propagules de ces dernières plantes : telles sont, par exemple, les Conjuguées et les Characées parmi les Algues vertes, les Diatomées et les Fucacées parmi les Algues brunes, etc. Mais le plus souvent le thalle produit des cellules spéciales, qui se disséminent et plus tard germent en produisant autant de thalles nouveaux, pareils de tout point au premier, en un mot de vraies *spores* (p. 42). La multiplication par spores est donc localisée dans le groupe des Thallophytes, mais elle est loin d'appartenir à tous ses représentants.

Les spores se forment, suivant les plantes, par deux procédés différents. Ce sont quelquefois des cellules externes, qui se différencient et se détachent tout entières avec leur membrane de cellulose ; les spores sont alors exogènes et immobiles, comme on le voit, parmi les Champignons, chez les Basidiomycètes, les Urédinées, les Ustilaginées, etc. Bien plus fréquemment les spores naissent dans une cellule mère, qui multiplie ses noyaux et tantôt se cloisonne, dédouble les cloisons et isole les cellules filles, tantôt condense autour de chaque noyau une portion seulement du protoplasme, qui se revêt d'une membrane propre et se sépare du protoplasme non employé; elles sont alors endogènes et la cellule mère porte le nom de *sporange* dans le premier cas, d'*asque* dans le second. Si les cellules filles, avant de sortir du sporange ou de l'asque, se sont revêtues d'une couche cellulosique, les spores sont immobiles (Mucorinées et Ascomycètes parmi les Champignons, Floridées parmi les Algues) (p. 41, fig. 17, *B*); mais si elles ne possèdent que leur mince membrane albuminoïde, prolongée çà et là en cils vibratiles, elles nagent dans l'eau : ce sont des *zoospores* (Saprolégniées et Chytridinées parmi les Champignons, Siphonées, Confervacées, Phéosporées parmi les Algues) (p. 41, fig. 17, *A*). Suivant les plantes, les zoospores ont un seul cil postérieur (Chytridinées) ou antérieur (Botrydium), deux cils, un en avant et l'autre en arrière (Phéosporées) ou tous les deux en avant (fig. 17, *A*) (Protocoque, Coléochète, etc.), ou quatre cils en avant (Cladophore, Ulothrix, Ulve, etc.). Quelquefois la cellule mère, sans diviser son noyau, consacre tout son protoplasme à la formation d'une seule grosse zoospore, qui porte alors une couronne de cils en avant (Œdogonium, etc.). Ailleurs, c'est un article, pourvu de nombreux noyaux, qui consacre tout son protoplasme et tous ses noyaux à former une seule zoospore, très grande et toute couverte de cils, qui est elle-même un article et non une cellule (Vauchérie). Dans tous les cas, la zoospore, après avoir nagé quelque temps, perd ses cils, s'entoure d'une membrane de cellulose et repasse ainsi à l'état de spore immobile.

Ces deux modes de formation exogène et endogène peuvent d'ailleurs se rencontrer dans des plantes assez voisines : ainsi, par exemple, les Péronosporées ont leurs spores exogènes, tandis que les Saprolégniées les ont endogènes (fig. 17, *A*).

Il faut remarquer encore que les spores ne sont pas liées nécessairement à l'état adulte du thalle. Quand les conditions de nutrition sont défavorables, elles peuvent prendre naissance aux divers degrés où s'arrête le développement du thalle, aux dépens des réserves antérieurement constituées. Ainsi l'embryon des Mucorinées (fig. 143, V), quand il germe non dans un milieu nutritif, mais simplement dans l'air humide, développe non un thalle, mais seulement un sporange pédicellé. Les spores peuvent même, si elles sont endogènes, se former directement dans l'œuf, quand celui-ci vient à germer dans des conditions de nutrition insuffi-

santes à la formation d'un thalle. L'œuf d'un Œdogonium, par
exemple, ou d'un Cystopus, germe de la sorte en un zoosporange.
La multiplication de la plante s'opère alors au sortir de l'embryon,
ou même au sortir de l'œuf. De pareilles spores précoces ressemblent assez aux spores de passage des Muscinées et des Floridées.

Polymorphisme de l'appareil sporifère. Conidies. —
Beaucoup de Thallophytes n'ont qu'une seule sorte de spores; il
en est ainsi par exemple de toutes les Algues, car il faut bien se
garder de confondre les spores de passage des Floridées (fig. 140, *C*)
avec leurs vraies spores (fig. 17, *B*); il en est de même, parmi
les Champignons, dans la division des Myxomycètes. Mais dans les
autres divisions de ce vaste groupe, on voit fréquemment le thalle
adulte produire, suivant les conditions de nutrition où il se trouve
placé, plusieurs sortes de spores, souvent très différentes les unes
des autres, appropriées respectivement à la multiplication de la
plante dans ces conditions; il y a alors différenciation ou, comme
on dit aussi, *polymorphisme* dans l'appareil sporifère.

Parmi ces diverses sortes de spores, il en est une qui ne manque
jamais et qui conserve ses caractères dans toute l'étendue de
chaque division considérée; c'est à elle seule que l'on réserve le
nom de spores. Aux autres, qui manquent souvent, et dont les
caractères varient beaucoup dans des plantes très voisines, on
donne collectivement le nom de *conidies*. C'est ainsi qu'outre les
spores endogènes qui appartiennent à toute la famille, plusieurs
Mucorinées ont des conidies exogènes plus grosses que les premières, portées au sommet de petits rameaux du thalle (Mortiérelle,
Syncéphalis). C'est ainsi encore qu'à côté des spores nées par huit
à l'intérieur d'un asque, qui caractérisent la grande division des
Ascomycètes, le Pénicillium, l'Aspergille, l'Érysiphe forment, bien
plus fréquemment que les premières, des conidies exogènes disposées en chapelet. De même, outre les spores nées par quatre au
sommet d'une cellule mère nommée *baside*, qui caractérise la
grande division des Basidiomycètes, plusieurs Agarics, Coprins, etc.,
produisent sur leur thalle des conidies en bâtonnets, beaucoup
plus petites et plus délicates que les premières.

Souvent même le thalle produit plusieurs sortes de conidies,
appropriées à tout autant de conditions différentes. Ainsi la Puccinie du Blé, parasite qui envahit au printemps l'Épine-vinette, en
été le Blé, outre ses spores, qui naissent à la fin de l'été sur le
Blé, produit quatre sortes de conidies. Les premières en date,

26.

issues de la germination des spores sur la terre au premier printemps, tombent sur l'Épine-vinette et y établissent la plante. Celle-ci ne tarde pas à produire sur l'Épine-vinette deux sortes de conidies ; les unes qui propagent la plante sur l'Épine-vinette, les autres qui tombent sur le Blé et y inoculent le parasite. Sur ce nouvel hôte, celui-ci forme ensuite une quatrième sorte de conidies, qui le multiplie sur le Blé pendant tout l'été, avant de produire enfin les spores, qui le conservent pendant l'hiver. Pour bien comprendre maintenant le caractère accessoire et tout adaptatif des conidies, il suffit de comparer à la Puccinie du Blé, qui en est si richement dotée parce qu'elle habite deux hôtes différents, la Puccinie des Malvacées, qui passe toute l'année sur la même plante ; celle-ci ne possède, outre ses spores, que les conidies nées sur le sol au premier printemps et qui lui sont nécessaires pour monter à la plante hospitalière et s'y établir.

CHAPITRE DIXIÈME

DÉVELOPPEMENT DE LA RACE

On a défini la race, et l'on sait que dans la race pure, comme dans la race mélangée, à chaque passage de plante à plante, il y a variation (p. 46). Il faut chercher maintenant comment, dans une race donnée, la variation est influencée par le mode même de formation de l'œuf, suivant qu'il est autonome ou croisé à divers degrés, par le temps, c'est-à-dire par l'âge de la race ou par le numéro d'ordre de la plante considérée, et par le lieu, c'est-à-dire par l'ensemble des conditions du milieu auquel cette plante est soumise. En un mot, il faut étudier le développement de la race.

§ 1

Race pure.

Toutes les fois que l'œuf résulte de la combinaison des gamètes de la même plante, condition que nous avons toujours supposée réalisée dans les cinq chapitres précédents, en un mot toutes les fois que sa formation est autonome, la race est pure (p. 46).

La diverse parenté des gamètes est sans influence sur la variation. — Les gamètes peuvent être deux cellules sœurs, qui s'unissent peu de temps après s'être séparées au sein de la cellule mère, ces quelques instants ayant suffi à y établir la différence interne qui les rend stériles séparément et qui rend possible leur combinaison dans l'œuf (Cladophore, Ulothrix, etc.). Ils peuvent provenir de deux cellules sœurs, ce qui les éloigne déjà un peu plus, comme on le voit dans les Conjuguées quand l'isogamie s'exerce entre deux cellules contiguës du même filament. La parenté des gamètes est encore très étroite dans les Vauchéries, dans les Péronosporées (fig. 141), etc., où ils procèdent de deux rameaux issus du même tube en des points voisins, dans les Œdogoniées, où ils sont produits par des cellules voisines du même filament, etc. Mais le plus souvent, les cellules mères des gamètes sont séparées par un grand nombre de divisions cellulaires et même appartiennent à des membres différents, quoique rapprochés, comme on le voit pour l'étamine et le carpelle chez les Phanérogames à fleurs hermaphrodites. Chez ces plantes, il arrive même souvent, comme on sait, par suite de diverses dispositions : dichogamie (p. 375), pollinisation par les insectes (p. 377), etc., que les gamètes qui s'unissent pour former l'œuf proviennent non de la même fleur, mais de fleurs différentes, fort espacées sur le corps de la plante ou sur des individus différents de la même plante, ce qui éloigne d'autant leur parenté. Cette pollinisation indirecte devient même nécessaire quand les fleurs sont unisexuées avec monœcie.

Ces différences de parenté des gamètes ont-elles de l'influence sur le produit de leur combinaison dans l'œuf, c'est-à-dire sur la variation de la plante nouvelle? Les quelques expériences que l'on possède sur ce sujet portent à répondre négativement à cette question. Dans cinq plantes phanérogames à fleurs hermaphrodites, appartenant à autant de genres pris dans quatre familles différentes, on a comparé, toutes choses égales d'ailleurs, un certain nombre de plantes issues de pollinisation directe au même nombre de plantes produites par pollinisation indirecte entre fleurs distinctes du même individu ou d'individus différents de la même plante. Pour trois de ces plantes (Mimule jaune, Pélargonium zoné, Origan vulgaire), les deux lots se sont montrés de tous points équivalents. Dans la quatrième (Volubilis), le lot direct a été légèrement supérieur au lot indirect ; dans la cinquième (Digitale pourpre), c'est au contraire le lot indirect qui a pris une légère avance sur le lot direct. En somme, la pollinisation directe s'est montrée sans avantage, comme sans inconvénient.

Tant qu'on ne sort pas de la plante, la différence de parenté des gamètes parait donc sans influence sur la variation.

Influence de l'âge de la race sur la variation. — Au moment où la plante nouvelle forme à son tour des œufs, la variation particulière qui la caractérise est soumise, au même titre que toutes ses autres propriétés, d'une part à l'hérédité, d'autre part à la variation. Le plus souvent elle est atteinte par la variation et disparait sans laisser de traces ; quelquefois elle est prise par l'hérédité et se conserve à tous les degrés dans la descendance. Dans le premier cas, la propriété acquise se trouve localisée dans un seul des anneaux de la chaîne ; pour la maintenir ou la répandre, on est réduit à user des divers moyens qu'on a de conserver et de multiplier la plante. Il en est ainsi, par exemple, dans les Tulipes, les Calcéolaires, les Pélargoniums, les Poiriers, les Pommiers, les Pruniers, les Pêchers, etc., dont aucune des nombreuses variations ne se propage par les œufs, c'est-à-dire par le semis de graines. Dans le second cas, la propriété nouvelle est fixée et se retrouve désormais dans tous les anneaux de la chaîne, caractérisant ainsi dans la race générale un rameau différencié, une race particulière, qu'on nomme une *variété*.

Ordinairement le caractère nouveau ne se fixe pas complètement dès le début, mais progressivement. A la première génération, il se perd chez certaines plantes, et il en est de même dans plusieurs générations suivantes ; mais comme le nombre des plantes où il se perd va chaque fois diminuant, sa transmissibilité augmente de plus en plus et il finit enfin par avoir la même fixité que les autres caractères de la plante primitive. Cette perte du caractère acquis, que l'on observe chez certains descendants pendant les premières générations, ce retour à la forme ancestrale, est désigné d'une façon générale sous le nom d'*atavisme*.

La même plante peut produire, en même temps ou successivement, un nombre plus ou moins grand, parfois même des centaines de variétés. On en voit de nombreux exemples dans les plantes sauvages (Rosier, Ronce, Épervière, etc.), et surtout dans les végétaux cultivés (Dahlia, Pensée, Courge, Melon, Chou, etc.). Sous ce rapport, on constate quelquefois de grandes différences entre plantes d'une même famille. Ainsi le Seigle, malgré une longue culture, n'a encore fourni aucune variété, tandis que le Blé et le Maïs ont produit un grand nombre de variétés déjà anciennes et ne cessent pas d'en former de nouvelles.

A l'origine, la différence qui existe entre deux variétés issues de la même plante est le plus souvent assez faible et n'intéresse que quelques caractères. Mais ces variétés varient à leur tour et leurs variations, héréditaires comme les premières, donnent lieu à des variétés de second ordre, qui se comportent, par rapport aux varélés de premier ordre, comme celles-ci vis-à-vis de la plante d'origine. Ces variétés de second ordre varient de même. donnent des variétés de troisième ordre et ainsi de suite. Les effets s'ajoutant chaque fois, la différence va s'accusant de plus en plus et par conséquent les variétés divergent de plus en plus dans le cours des générations. En un mot, la variation croit avec le temps, non pas d'une manière continue, mais par saccades. Aussi, après un certain nombre de ces variations successives, les variétés finales se trouvent-elles si éloignées l'une de l'autre, que leur communauté d'origine ne peut être démontrée qu'en remontant dans l'histoire ou en étudiant les formes de transition qu'elles peuvent présenter. Si les documents historiques font défaut, si en même temps les transitions manquent par suite de causes que nous chercherons tout à l'heure, les variétés paraitront désormais isolées et sans lien.

Influence des conditions extérieures sur la variation. Lutte pour l'existence. — La cause de la variation en général, de la variation héréditaire en particulier, étant tout entière dans le mode même de formation de l'œuf, les conditions extérieures n'ont aucune influence sur la production des variations. On en trouve une preuve directe dans ce fait, que les graines formées dans le même fruit produisent souvent plusieurs variétés différentes, en même temps que la forme primitive. Le milieu extérieur agit, il est vrai, sur le corps de la plante pour en modifier les diverses parties, comme on l'a constaté bien souvent au cours de cet ouvrage; mais ces modifications ne sont pas héréditaires; replacés dans les conditions premières, les descendants reprennent bientôt les caractères primitifs.

Une variation étant produite, ce sont au contraire les conditions de milieu qui décident si la plante qui la présente vivra et sera fertile, si elle périra ou demeurera stérile, en d'autres termes, à supposer qu'il s'agisse d'une variation héréditaire, s'il y aura ou non variété. Quand donc une variété ne se rencontre que dans une station déterminée, ce n'est pas parce que sa variation originelle a été provoquée ou favorisée par cette station, mais bien parce que, cette station lui offrant seule les conditions de milieu qui lui sont nécessaires, elle s'y conserve et périt partout ailleurs. Quand une variété vient à varier à son tour, ce sont encore les conditions de milieu qui décident, parmi les nouvelles variations, lesquelles vont se conserver, en s'ajoutant à la variation ancienne pour caractériser une variété de second ordre plus éloignée du type primitif, lesquelles vont au contraire disparaître, en entraînant dans leur chute la variété ancienne.

Dans cette action des conditions de milieu sur la conservation et le développement des variétés, il faut distinguer deux parts : celle du milieu non vivant, c'est-à-dire de l'aliment, de la chaleur, de la lumière, etc., et celle du milieu vivant, c'est-à-dire de la totalité des animaux et de l'ensemble des végétaux autres que la plante considérée. Ces derniers ayant besoin, comme la plante, des diverses conditions du milieu non vivant, entrent en lutte avec elle pour ces conditions et, dans cette lutte, c'est le plus apte qui survit. Or, comme c'est la conformité des besoins qui la provoque, cette *lutte pour l'existence*, comme on l'appelle, sera d'autant plus âpre que la conformité des besoins sera plus complète. C'est donc entre plantes de la même variété que la concurrence est le plus active ; elle l'est déjà un peu moins entre variétés voisines, moins encore entre variétés plus éloignées, etc. Il en résulte que deux plantes pourront prospérer côte à côte, si elles sont de variétés très éloignées, tandis que l'une étouffera l'autre, si elles appartiennent à des variétés très voisines.

De là une conséquence très importante au point de vue de la divergence et de l'isolement progressif des variétés, dont il a été question plus haut. De toutes les variétés produites par une même plante, ce sont celles qui diffèrent le plus qui doivent se conserver le mieux, tandis que les formes intermédiaires, qui se ressemblent davantage, doivent disparaître peu à peu. C'est ce qui explique l'absence si fréquente de transitions entre des variétés éloignées, qui paraissent complètement isolées, bien qu'elles dérivent d'une même origine et ne soient que des rameaux différenciés d'une même race.

§ 2

Race mélangée.

Quand les gamètes qui se combinent pour former l'œuf appartiennent à des plantes différentes, c'est-à-dire proviennent en définitive d'œufs différents, la race est mélangée (p. 46). La parenté diverse des gamètes influe alors beaucoup sur la variation, de sorte que la plante nouvelle diffère beaucoup de la postérité directe de ses générateurs. Quand il a lieu entre plantes différentes de même espèce, ce croisement sexuel est un *métissage* et la plante qui en provient est un *métis*. Quand il s'opère entre plantes d'espèces différentes, c'est une *hybridation* et la plante qui en procède est un *hybride*.

Métissage. — Déjà toutes les plantes dioïques ne produisent que des métis et ne sont elles-mêmes que des métis; seulement, comme elles n'ont pas de postérité directe qui puisse servir de terme de comparaison, l'influence propre du croisement ne saurait y être appréciée. Mais le métissage se manifeste aussi très fréquemment dans la nature entre plantes monoïques et hermaphrodites, c'est-à-dire dans des conditions où la comparaison avec la postérité directe permet de mettre en évidence les caractères propres des métis.

Chez les Phanérogames, par exemple, diverses dispositions étudiées plus haut : dichogamie (p. 375), pollinisation par les insectes (p. 377), etc., tendent à amener ce résultat; aussi beaucoup de ces plantes fonctionnent-elles habituellement comme dioïques, en ne produisant que des métis. Il en est même qui se montrent tout à fait incapables de former des œufs à l'aide de leurs propres gamètes, qui sont stériles par elles-mêmes et, hermaphrodites au point de vue physiologique, sont nécessairement dioïques au point de vue morphologique (Corydalis creux, Hypécoum à grandes fleurs, Pavot somnifère, Molène noire, Passiflore ailée, etc.).

L'homme s'applique aussi à produire des métis par voie de pollinisation artificielle, en vue de certaines qualités avantageuses qu'ils possèdent, comme on va voir, et dont la postérité directe des générateurs est dépourvue. Quelle que soit l'espèce que l'on considère, les essais dans ce sens sont presque toujours couronnés de succès, même quand les deux plantes croisées présentent le maximum des différences que comporte leur espèce, en d'autres termes, quand elles appartiennent aux variétés les plus éloignées.

Le métissage est aussi toujours réciproque, c'est-à-dire qu'entre deux plantes monoïques ou hermaphrodites A et B, il s'opère tout aussi bien si A donne le gamète mâle et B le gamète femelle pour former le métis AB, que si A fonctionne comme mâle et B comme femelle pour produire le métis BA.

Caractères propres des métis. — La différence entre les métis et la postérité directe des générateurs s'accuse à la fois dans le nombre des plantes, dans la dimension, le poids et la force de résistance du corps végétatif, dans l'époque et l'abondance de la floraison, enfin dans la fécondité, appréciée par le nombre des fruits et des graines. Sous tous ces rapports, les métis ont une supériorité marquée sur les descendants directs des deux générateurs.

Pour fixer les idées, prenons pour exemple le Volubilis. Toutes choses égales d'ailleurs, les métis y sont supérieurs aux descendants directs dans les rapports suivants : pour la hauteur des tiges, 100 à 76 ; pour le poids du corps végétatif aérien, 100 à 44 ; pour la fécondité, appréciée par le nombre des capsules produites et le nombre des graines par capsule, 100 à 55 ; enfin pour le poids du même nombre de graines, 100 à 83. Ils fleurissent plus tôt et plus abondamment. Ils sont plus robustes ; par exemple, ils résistent mieux à un hiver long et rigoureux, et vivent plus longtemps. Ils varient aussi beaucoup plus, comme le prouvent notamment les couleurs différentes de la corolle.

Tous ces avantages se conservent ensuite dans la descendance directe des métis. Ils persistent encore sans changement, si l'on croise les métis de la première génération entre eux, ceux de la seconde génération entre eux, et ainsi de suite ; en d'autres termes, les croisements entre métis sont sans effet.

Métis dérivés. Métis combinés. — Il n'en est pas de même si l'on croise un métis avec une autre plante de la même espèce, mais différente des deux générateurs, pour produire ce qu'on appelle un *métis dérivé*. Comme on devait s'y attendre, l'effet de ce nouveau croisement est semblable à celui du premier et s'y ajoute en le doublant ; en d'autres termes, le métis dérivé a, sur les descendants directs de premier ordre du métis primitif, la même supériorité que celui-ci sur les descendants directs de second ordre de ses deux générateurs. Ainsi, l'effet d'un croisement est indépendant des croisements antérieurs .

En croisant un métis provenant de deux plantes A et B avec un autre métis issu de deux plantes C et D de la même espèce, on obtient un métis de métis, ou un *métis combiné*, qui réunit en lui en les mélangeant, en les fusionnant plus ou moins, les caractères propres de ses quatre générateurs.

Hybridation. — L'hybridation est beaucoup moins facile que le métissage. On n'en connaît que quelques exemples chez les Cryptogames ; ainsi on a obtenu un hybride en mêlant dans le même liquide les oosphères du Fucus vésiculeux aux anthérozoïdes du Fucus denté. Chez les Phanérogames, au contraire, on a produit un grand nombre d'hybrides, par voie de pollinisation artificielle ; ainsi par exemple les Œillets, les Tabacs, les Pétunias, les molènes, les Digitales, etc., s'hybrident facilement.

L'hybridation est ordinairement réciproque, c'est-à-dire qu'entre deux espèces A et B, si B fécondé par A donne des hybrides AB, A fécondé par B donne également bien des hybrides BA. Pourtant il y a des exceptions. Ainsi, par exemple, les oosphères du Fucus denté ne sont pas fécondées par les anthérozoïdes du Fucus vésiculeux.

Caractères propres des hybrides. — Par l'ensemble de ses caractères, l'hybride se montre intermédiaire aux deux formes spécifiques qui l'ont produit ; le plus souvent il réalise même assez bien une sorte de moyenne entre les deux, de manière que les hybrides réciproques AB et BA des espèces A et B se montrent identiques.

Outre les propriétés qu'ils héritent ainsi de leurs générateurs, les hybrides possèdent aussi des caractères nouveaux, par où ils se distinguent à la fois des deux formes originelles. Ceux qui proviennent d'espèces voisines ont souvent une croissance plus vigoureuse que leurs parents ; ils participent en cela des caractères des métis. Ce surcroît de vigueur se traduit en général par la formation de feuilles plus nombreuses et plus grandes, de tiges plus grosses et plus hautes, de branches plus touffues et de racines plus abondamment ramifiées. Ils ont une tendance à vivre plus longtemps : de plantes annuelles, par exemple, naissent des hybrides bisannuels, de plantes bisannuelles des hybrides vivaces. Leur floraison est plus précoce, plus longue et plus abondante ; parfois même ils fournissent une quantité extraordinaire de fleurs et ces fleurs sont, en outre, plus grandes, plus vivement colorées, plus odorantes et de plus longue durée ; elles ont aussi une tendance

marquée à doubler, c'est-à-dire à multiplier leurs étamines en les
pétalisant (p. 356). On comprend par là tout l'intérêt que l'horti-
culteur attache à la production de nouveaux hybrides, qu'il sait
ensuite conserver indéfiniment par bouture, marcotte ou greffe.

Contrastant avec cette croissance luxuriante, la sexualité et par
suite la fécondité des hybrides est en général affaiblie, mais à des
degrés très différents. Il en est qui se montrent presque aussi
féconds que leurs générateurs (hybrides de Daturas, de Pétu
nias, etc.); d'autres sont, au contraire, entièrement stériles (hybrides de Molènes, de Digitales, etc.); entre ces deux extrêmes, on
trouve tous les intermédiaires. Dans la proportion où elle a lieu,
la stérilité paraît due beaucoup plus à l'affaiblissement des étamines qu'à celui des carpelles.

Les hybrides d'espèces très éloignées, et qui se croisent très difficilement, non seulement sont complètement stériles, mais encore
se montrent affaiblis dans leur croissance et plus ou moins ra-
bougris.

Cette diminution de fécondité, allant jusqu'à la stérilité absolue,
établit une différence très nette entre les hybrides et les métis
qui sont, au contraire, comme on sait, plus féconds que leurs
générateurs.

Postérité directe des hybrides. — Les hybrides de même
origine se ressemblent tous, naturellement, à de très légères
différences près, et forment, quel qu'en soit le nombre, une collec-
tion tout aussi homogène que peut l'être la descendance directe
de leurs générateurs. Quand ils sont féconds, cette uniformité de
caractères se maintient-elle, comme chez les métis, dans leurs
générations directes successives ? L'expérience a montré qu'il n'en
est rien.

La première génération issue d'une hybride se partage ordinairement en trois lots : le premier, homogène, est composé de
plantes que rien ne distingue de l'un des générateurs; le second,
non moins uniforme, est constitué par des plantes qui ressemblent
en tout point à l'autre générateur; le troisième, plus large que les
deux autres, offre au contraire une excessive variabilité en tous
sens, tellement irrégulière qu'on l'a qualifiée de *désordonnée;* on n'y
rencontre pas deux plantes qui se ressemblent exactement. En
semant les graines obtenues de l'un des hybrides du lot variable,
on obtient une seconde génération d'hybrides, qui se comporte
comme la précédente, se décomposant en trois lots, deux qui font

retour aux parents, le troisième livré à la variation désordonnée. Il en est de même dans les générations suivantes.
Il résulte de là que la race des hybrides semble impuissante à fixer
ses caractères, à moins de faire retour aux générateurs. Par
contre, on trouve en elle une source inépuisable de variations.

Hybrides dérivés. Hybrides combinés. — Si l'on croise un
hybride, ou l'un quelconque de ses descendants directs, avec l'un
de ses générateurs, on obtient un *hybride dérivé*, que l'on peut
unir à son tour avec le même générateur, et ainsi de suite. On
voit alors les hybrides successifs devenir de plus en plus féconds
et reprendre de plus en plus les caractères de la forme qui a servi
à la dérivation ; finalement, l'hybride dérivé revient complètement
à ce type primitif et à la fécondité normale.

Si l'on croise un hybride fécond AB avec un autre hybride
fécond CD, on obtient un hybride d'hybrides ou un *hybride combiné*, qui réunit, combine en lui les caractères de ses quatre
générateurs. En croisant un pareil hybride avec un hybride simple,
issu de deux espèces différentes des quatre premières, ou avec un
autre hybride combiné, on réunira dans un hybride combiné de
second ordre les caractères de six ou de huit espèces distinctes,
ce qui a été fait avec succès pour les Saules. Ces hybrides combinés suivent, en général, dans leur forme et leur manière d'être,
les règles données plus haut pour les hybrides simples. Ils sont
d'autant plus stériles qu'il entre en eux un plus grand nombre de
formes spécifiques différentes.

Hybrides de genres. — En croisant deux espèces appartenant à
des genres différents, on obtient un hybride de genres. Ces hybrides
sont beaucoup plus rares que les hybrides d'espèces. On en connaît
chez les Mousses entre Funaire et Physcomitrium, chez les Phanérogames entre Lychnis et Silène, entre Rhododendron et Kalmia,
entre Echinocactus, Cactus et Phyllanthus, entre Blé et Egylops.
Ils sont plus souvent et plus complètement stériles que les
hybrides d'espèces. Mais on peut en extraire des hybrides dérivés,
parfaitement et indéfiniment féconds. L'hybride du Blé et de
l'Egylops, par exemple, est stérile ; mais, fécondé par le pollen du
Blé, il donne un hybride dérivé parfaitement fécond et dont les
générations successives offrent, chose remarquable, un degré de
constance et de fixité comparable à celui d'une espèce ordinaire.

Conclusion. — Par ce qui précède, on voit qu'il n'y a aucune
différence essentielle entre la formation de l'œuf par les gamètes

d'une même plante et sa production par des gamètes de deux plantes différentes de même espèce, d'espèces différentes où de genres différents. Mais on voit aussi qu'en général, une fois qu'on est sorti de la plante, plus la parenté des gamètes s'éloigne, plus leur union est avantageuse, jusqu'à une certaine limite, où l'avantage obtenu est maximum. Au delà de cette limite, la parenté des gamètes continuant à s'éloigner, le produit de leur union s'affaiblit de plus en plus, jusqu'à devenir nul.

Cette valeur moyenne de la différence d'origine des gamètes, qui correspond à la meilleure qualité de leur produit, est atteinte dans le métissage, c'est-à-dire quand les gamètes proviennent de plantes différentes dans la même espèce. En deçà, dans la race pure, au delà dans l'hybridation, le produit s'affaiblit également et des deux parts il arrive à s'annuler, comme on le voit d'un côté par les plantes qui sont impuissantes à se féconder elles-mêmes (p. 467), de l'autre par celles qui refusent de s'hybrider.

FIN DE LA BOTANIQUE GÉNÉRALE

TABLE ALPHABÉTIQUE

DES MATIÈRES

12815. — Imp. A. Lahure, 9, rue de Fleurus, à Paris.

PETITE
FLORE PARISIENNE

CONTENANT LA DESCRIPTION .

DES FAMILLES, GENRES, ESPÈCES ET VARIÉTÉS

De toutes les plantes spontanées
ou cultivées en grand dans la région parisienne

AVEC DES CLEFS DICHOTOMIQUES CONDUISANT RAPIDEMENT AUX NOMS DES PLANTES

AUGMENTÉE

D'UN VOCABULAIRE DES TERMES DE BOTANIQUE

ET D'UN MEMENTO DES HERBORISATIONS PARISIENNES

par

LE Dʳ ED. BONNET

PRÉPARATEUR DE BOTANIQUE AU MUSÉUM D'HISTOIRE NATURELLE
MEMBRE DE LA SOCIÉTÉ BOTANIQUE DE FRANCE

Paris 1883. Un volume in-18 jésus de 540 pages

Prix : 5 francs

ENVOI FRANCO EN ÉCHANGE D'UN MANDAT DE POSTE

Il n'existe pas en France de région qui soit mieux connue, au point de vue botanique, que la région parisienne. Cette contrée a été l'objet d'explorations continues et méthodiques qui ont amené la connaissance de sa végétation à un degré de précision sans égal. Il en est résulté de nombreux travaux ; mais il a semblé qu'il y avait encore place pour une *Flore parisienne*, plus spécialement destinée aux herborisations, et qui, tout en restant suffisamment élémentaire, serait mise au courant de la science.

L'auteur s'est appliqué à rédiger, sous une forme très condensée, la description des familles, des genres et des espèces, sans cependant omettre aucun des caractères ; il a, en outre, ajouté des clefs dichotomiques, qui permettent à l'élève le moins exercé d'arriver rapidement au nom des plantes qu'il ne connaît pas, c'est-à-dire que l'on a combiné la méthode analytique avec la méthode descriptive tout en laissant à chacune une complète indépendance.

On a, pour chaque espèce, indiqué sa durée, l'époque de floraison et de fructification, son abondance ou sa rareté, ses stations, ses localités, etc., etc.

Depuis quelques années, la botanique descriptive s'est augmentée d'un assez grand nombre d'espèces. L'auteur s'est appliqué à indiquer ces formes généralement négligées des auteurs parisiens, et il a distingué ces espèces de création récente par une typographie spéciale.

M. Bonnet a adopté, comme bornes de la région parisienne, la délimitation généralement admise aujourd'hui, c'est-à-dire 95 kilomètres de rayon en prenant Paris comme centre; il a mentionné, de préférence, les localités qui sont le plus à la portée des botanistes parisiens, et, en auteur scrupuleux, il s'est assuré par lui-même ou par l'examen d'échantillons authentiques, que la plante citée existait bien dans la localité indiquée; dans quelques cas très rares, le nom est suivi d'un ?, ce qui signifie que la plante a été indiquée en cet endroit, mais qu'elle a échappé aux recherches de M. Bonnet, et qu'il n'a vu aucun échantillon de cette provenance.

En ce qui concerne la rédaction de cet ouvrage, l'auteur a évité de se servir de termes nouveaux ou peu employés, dans la description des familles et des genres. Il a adopté, relativement à l'évolution de certains organes, l'interprétation qui lui a paru la plus rationnelle et la plus simple.

L'auteur a disposé les familles végétales suivant l'ordre de A. P. de Candolle, avec de légères modifications.

M. Bonnet a pensé rendre service en ajoutant à la fin du volume un memento contenant, sous une forme très succincte, l'indication des herborisations parisiennes les plus intéressantes et les plus faciles à faire.

La Flore se termine par une table alphabétique et synonymique de tous les noms scientifiques ou vulgaires mentionnés dans le cours de l'ouvrage.

Rédigée sous un format très portatif, cette Flore rendra de grands services pour les herborisations.

Malgré les difficultés de mise en œuvre et d'impression d'un ouvrage comme la *Petite Flore parisienne*, le prix en a été réduit autant que possible.

Nous reproduisons à titre de spécimen les pages 13 et 275 de la *Petite Flore parisienne*.

brièvement velus-soyeux, en tête subglobuleuse, surmontés d'un
bec unciné. ♃ avril-mai. —T. C. Bois, haies et buissons.

7. R. acer L. (Bassin d'or).— Souche rhizomateuse, horizontale,
plus ou moins épaisse et allongée; tige souv. assez élevée, dressée,
fistuleuse rameuse au sommet, couverte à la base de poils apprimés
ou subétalés, feuilles plus ou moins velues, palmatipartites, à 3-5
lobes cunéiformes, plus ou moins larges, incisés-dentés; les radicales et les caulinaires moyennes, longuement pétiolées, les supér.
sessiles; fleurs grandes, au sommet de pédoncules lisses ; réceptacle glabre; achaines lisses, glabres, surmontés d'un bec courbé
au sommet, disposés en tête subglobuleuse. ♃ mai-juill.— T. C.
Prés, bois, lieux herbeux, bords des chemins. — Les deux formes
suivantes démembrées de cette espèce sont assez fréquentes aux
environs de Paris :

R. **vulgatus** Jord. ; *R. lanuginosus* Thuill. pro parte (non L.). — Rhizome ord.
oblique et un peu grêle; feuilles à segments larges, ne se recouvrant pas par leurs
bords ; achaines à bec presque doit.

R. **Steveni** Andrz. ; *R. sylvaticus* Thuill. pro parte. —Rhizome ord. épais, horizontal ; tige et pétioles couverts ord. de poils étalés ; feuilles velues presque soyeuses
à segments plus étroits, ne se recouvrant pas par leurs bords ; achaines à bec unciné.

8. R. nemorosus DC.; *R. sylvaticus* Auct. mult. (non Thuill.).—
Souche assez épaisse, courte, verticale, couronnée par les débris
des anciennes feuilles; tiges dressées ou ascendantes, rameuses,
munies ainsi que les pétioles de poils roux, ord. étalés ; feuilles
plus ou moins longuement pétiolées et velues, cordées à la base,
palmatipartites à 3 lobes cunéiformes plus ou moins larges, trifides
ou incisés-dentés, les supér. sessiles à divisions sublinéaires ;
réceptacle velu ; achaines glabres et lisses, à bec plus ou moins
enroulé, disposés en tête globuleuse. ♃ mai-juill.—R. Bois et forêts,
plus rar. lieux herbeux, humides. — Les formes suivantes démembrées de cette espèce ont été observées dans le rayon de notre
flore :

R. **Amansii** Jord. ; *R. villosus* St-Am. (non DC.). — Tige et pétioles couverts
de poils ord. réfléchis ; feuilles à divisions largement obovales-subrhomboïdales, souv.
se recouvrant par leurs bords dans les feuilles radicales ; achaines à bec roulé en
cercle, largement épaissi à la base, égalant le tiers de la hauteur de l'achaine. — R.
Bois d'Orsay, forêt de Ste-Geneviève près Épinay, Fontainebleau, Nemours, Com-
piègne, etc.

R. **Delacouri** Gaudefroy et Mabille. — Tige et pétioles couverts de poils dressés-
appliqués ; feuilles à divisions très profondes, cunéiformes, se recouvrant un peu par
leurs bords, mais toujours plus étroites que dans la forme précédente ; achaines à bec
à peine roulé en cercle au sommet, très peu épaissi à la base, égalant le tiers de la
hauteur de l'achaine. — T. R. Bois des Longues-Mares, près Montfort-l'Amaury.

R. **polyanthemoïdes** Bor. — Souche et tige plus grêles que dans les formes
précédentes et dans la suivante ; tige et pétioles couverts de poils ord. dressés-appli-

$$5 \begin{cases} \text{Capsule épineuse, nue, s'ouvrant au sommet par 4 valves.} \\ \hspace{2cm} \textit{Datura} \text{ (5).} \\ \text{Capsule lisse, recouverte par le tube du calice; s'ouvrant au} \\ \text{sommet par un opercule.} \ldots \ldots \ldots \textit{Hyoscyamus} \text{ (6).} \end{cases}$$

1. SOLANUM Tourn. (Morelle). — Fleurs en cymes ou en grappes extra-axillaires ou terminales ; calice à 5 lobes plus ou moins profonds, peu ou point accrescent, appliqué sur le fruit ; corolle rotacée à limbe plissé, à 5 divisions, var. à 4-10 lobes ; étamines ord. 5, à anthères conniventes, s'ouvrant au sommet par 2 pores ; fruit bacciforme ord. biloculaire.

$$1 \begin{cases} \text{Tige ligneuse à la base; fleurs d'un beau violet. } S. \textit{Dulcamara.} \\ \text{Tige herbacée, fleurs blanches ou d'un violet pâle } \ldots \ldots \text{ 2} \end{cases}$$

$$2 \begin{cases} \text{Feuilles pennatiséquées; fleurs grandes; baies de la grosseur d'une} \\ \text{cerise} \ldots \ldots \ldots \ldots \ldots \ldots S. \textit{tuberosum.} \\ \text{Feuilles simples, sinuées ou dentées ; fleurs et fruits beaucoup} \\ \text{plus petits.} \ldots \ldots \ldots \ldots \ldots \ldots \text{ 3} \end{cases}$$

$$3 \begin{cases} \text{Tige et feuilles tomenteuses-grisâtres.} \ldots \ldots S. \textit{villosum.} \\ \text{Tige et feuilles glabres ou pubescentes, mais non tomenteuses-} \\ \text{grisâtres} \ldots \ldots \ldots \ldots \ldots \ldots \text{ 4} \end{cases}$$

$$4 \begin{cases} \text{Feuilles à odeur musquée ; baies rouges.} \ldots S. \textit{miniatum.} \\ \text{Feuilles non musquées; baies jamais rouges.} \ldots \ldots \text{ 5} \end{cases}$$

$$5 \begin{cases} \text{Rameaux cylindracés presque lisses; baie noire. } S. \textit{nigrum.} \\ \text{Rameaux anguleux, tuberculeux ; baies d'un jaune-citrin.} \\ \hspace{3cm} S. \textit{ochroleucum.} \end{cases}$$

1. S. Dulcamara L. (Douce-amère). — Tiges ligneuses grêles, sarmenteuses ; feuilles ovales, acuminées, glabres ou pubescentes, souvent cordées à la base, les supér. souv. triséquées, à lobes latéraux petits ; fleurs petites, violettes, pédicellées, en cymes latérales pédonculées et penchées : baies ovoïdes, rouges. ♄ juin-sept. — C. Haies, lieux humides, bords des eaux.

Var. *tomentosum* Kch.; *S. littorale* Raab ; feuilles toutes entières, tomenteuses. Décombres, lieux secs.

2. S. nigrum L. (Morelle noire). — Tige herbacée, rameuse, un peu diffuse ; feuilles ovales, acuminées, entières ou sinuées-dentées, glabres ou glabrescentes ; fleurs petites, blanches, pédicellées, en grappes latérales, penchées à la maturité, brièvement pédonculées ; baies globuleuses noires. ☉ juin-oct. — C. Champs cultivés et lieux incultes, bords des chemins.

S. och'roleucum Bast. ; *S. nigrum* var. *ochroleucum* Coss. et Germ. — Taille et port du précédent dont il se distingue par ses tiges plus nettement anguleuses, tuberculeuses, parsemées ainsi que les feuilles de poils raides, par ses baies d'abord d'un jaune-verdâtre, puis d'un jaune-citrin à la maturité. ☉ juill.-oct. — A. C. Avec le précédent.

S. miniatum Bernh. *S. nigrum* var. *miniatum* Gren. et. Godr. — Port du

Librairie F. Savy, 77, boulevard Saint-Germain, Paris

COURS ÉLÉMENTAIRE

DE

GÉOLOGIE

STRATIGRAPHIQUE

PAR

CH. VELAIN

MAITRE DE CONFÉRENCES DE GÉOLOGIE A LA FACULTÉ DES SCIENCES DE PARIS

DEUXIÈME ÉDITION, REVUE ET AUGMENTÉE

1885

Un volume in-18 jésus de 400 pages, avec 373 gravures dans le texte et une carte géologique de la France imprimée en couleur

Prix : 4 francs

ENVOI FRANCO EN ÉCHANGE D'UN MANDAT DE POSTE

M. Ch. Vélain, chargé depuis plusieurs années des conférences de géologie pour les candidats à la licence, était parfaitement placé pour résumer en un traité élémentaire l'enseignement de M. le professeur Hébert, dont il est depuis

Spécimen des gravures

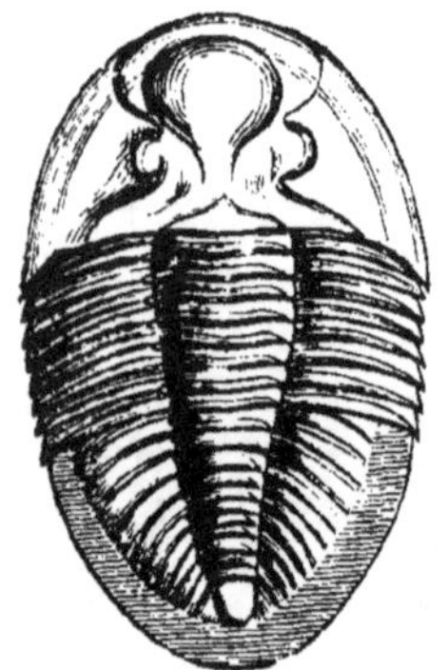

Trilobite.

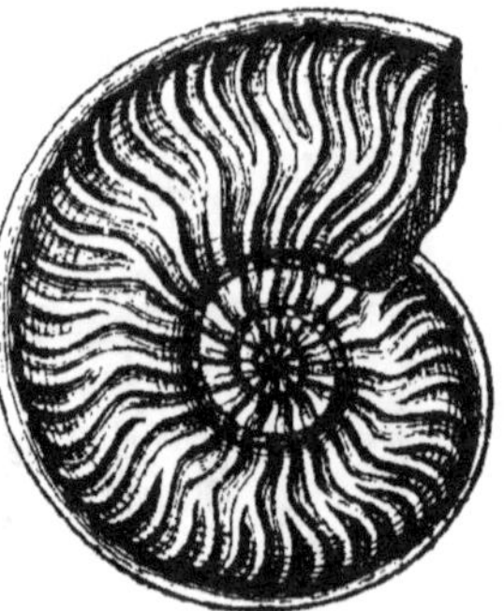

Ammonite.

Nummulite.

Habitations lacustres.

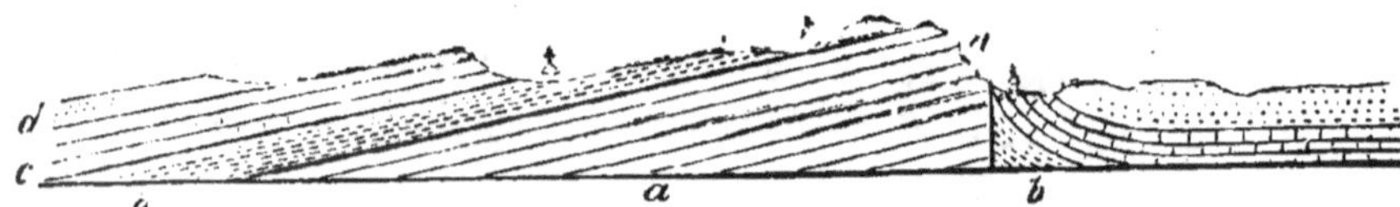

Coupe du trias d'Alsace-Lorraine.

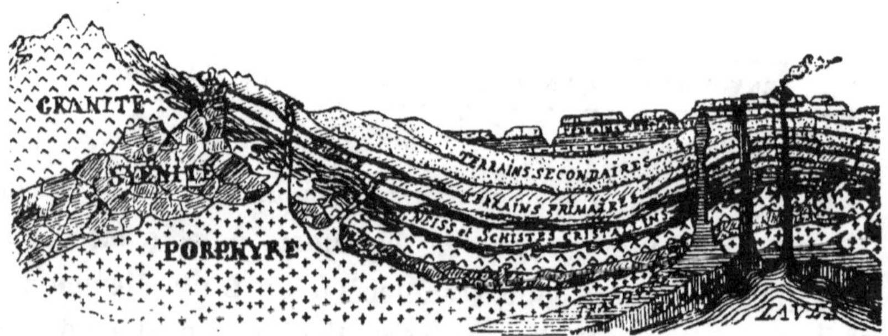

Coupe théorique montrant la disposition relative des roches éruptives
avec les terrains stratifiés.

si longtemps l'élève. On trouvera dans ce volume un reflet de ce remarquable enseignement de la Sorbonne, qui a donné une impulsion si féconde à l'étude de la géologie.

La première édition du Cours de Géologie de M. Vélain a été épuisée en quelques mois.

Cette deuxième édition, considérablement augmentée, se compose de 400 pages, illustrées de 373 gravures exécutées avec soin.

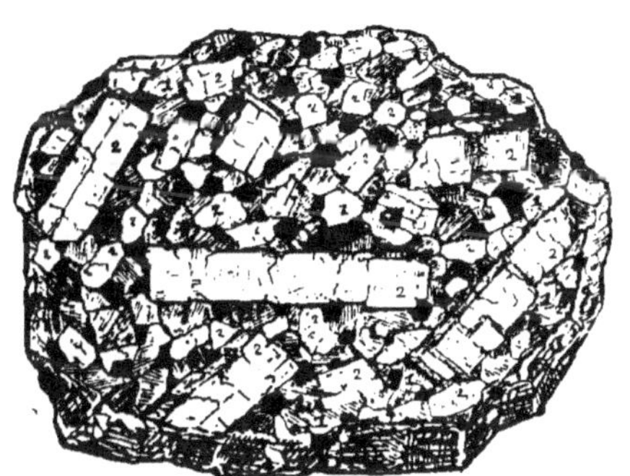

Granite.

Écrit par un géologue déjà connu par des travaux spéciaux, cet ouvrage a été d'autant mieux accueilli qu'un livre semblable faisait depuis longtemps défaut à l'enseignement élémentaire de la géologie.

EXTRAIT DE LA TABLE DES MATIÈRES

PREMIÈRE PARTIE — PHÉNOMÈNES ACTUELS

I. Agents extérieurs. — Chapitre I. Actions chimiques exercées par les eaux. — Chap. II. Actions mécaniques exercées par les eaux. — Chap. III. Action de la mer. — Chap. IV. Action de l'eau à l'état solide.

II. Agents intérieurs. — Chapitre I. Phénomènes éruptifs. — Chap. II. Manifestations volcaniques. — Chap. III. Mouvements du sol; soulèvements et affaissements.

DEUXIÈME PARTIE — NOTIONS SOMMAIRES SUR LA COMPOSITION DE L'ÉCORCE TERRESTRE

Chapitre I. Roches d'origine externe; Roches de sédiment. — Chap. II. Roches d'origine interne; Roches éruptives. Roches cristallophylliennes. — Chap. III. Gîtes minéraux et métallifères; Filons.

TROISIÈME PARTIE — GÉOLOGIE PROPREMENT DITE

Chapitre I. Notions sommaires sur les principaux terrains. — Chap. II. Terrains primitifs. — Chap. III. Terrains primaires. — Chap. IV. Terrains secondaires. — Chap. V. Terrains tertiaires. — Chap. VI. Terrains quaternaires.

QUATRIÈME PARTIE — HISTOIRE DE LA FORMATION DU SOL DE LA FRANCE — ÉTUDE DE LA CARTE GÉOLOGIQUE DE LA FRANCE DANS SES TRAITS PRINCIPAUX

PREMIÈRES NOTIONS

DE

GÉOLOGIE

PAR

CHARLES VÉLAIN

MAÎTRE DE CONFÉRENCES DE GÉOLOGIE A LA FACULTÉ DES SCIENCES DE PARIS

A L'USAGE DE LA CLASSE DE SEPTIÈME

(conforme aux programmes officiels).

Un volume in-18 de 216 pages, avec 142 gravures dans le texte.

Prix : 2 fr. 50

ENVOI FRANCO EN ÉCHANGE D'UN MANDAT DE POSTE.

EXTRAIT DE LA TABLE DES MATIÈRES

PREMIÈRE PARTIE. — LES PIERRES.

Chapitre I. Notions préliminaires. — Chap. II. Roches calcaires. — Chap. III. La pierre à plâtre. — Chap. IV. Roches argileuses. — Chap. V. Roches siliceuses. — Chap. VI. Le granite.

DEUXIÈME PARTIE. — LA TERRE VÉGÉTALE.

Chap. I. Notions préliminaires. — Chap. II. Relations de la terre végétale avec la nature du sous-sol. — Chap. III. Amélioration de la terre végétale.

TROISIÈME PARTIE. — LES EAUX.

Chap. I. La circulation des eaux sur la terre. — Chap. II. La mer. — Chap. III. Glaces du pôle et glaciers.

QUATRIÈME PARTIE. — TERRAINS DE SÉDIMENT.

Chap. I. Roches sédimentaires. — Chap. II. Les animaux et les plantes fossiles. — Chap. III. Dislocations du sol.

CINQUIÈME PARTIE. — TERRAINS IGNÉS.

Chap. I. Phénomènes geysériens. — Chap. II. Les Volcans.

SIXIÈME PARTIE. — CARRIÈRES ET MINES.

Chap. I. Carrières. — Chap. II. Mines. — Chap. III. Les minerais. — Chap. IV. Roches combustibles.

13397. — Imp. A. Lahure, 9, rue de Fleurus, à Paris.